U0068840

汽车碰撞安全

（日）水野幸治　著

韩　勇
陈一唯　译

人民交通出版社股份有限公司
China Communications Press Co.,Ltd.

内 容 提 要

本书由名古屋大学水野幸治教授所著，依据作者多年来在各类高等院校、汽车技术会、汽车制造厂以及零件制造厂讲座的经验总结，结合碰撞生物力学、生物医学、材料力学、汽车工程学、运动学等多个学科领域，以力学为中心对汽车碰撞安全进行了细致、详尽的介绍。

本书用于指导以大学生和研究生为主的学习汽车碰撞安全的研究者和设计者。

图书在版编目（CIP）数据

汽车碰撞安全 /(日) 水野幸治著 ; 韩勇 , 陈一唯译 .-- 北京 : 人民交通出版社股份有限公司 ,2016.12
ISBN 978-7-114-13189-9

Ⅰ . ①汽… Ⅱ . ①水… ②韩… ③陈… Ⅲ . ①汽车试验－碰撞试验 Ⅳ . ① U467.1

中国版本图书馆 CIP 数据核字 (2016) 第 158726 号

著作权合同登记号 图字 : 01-2016-9539

Crash Safety of Passenger Vehicles
书　　名：汽车碰撞安全
著 译 者：（日）水野幸治　著，韩　勇、陈一唯　译
责任编辑：姚　旭
出版发行：人民交通出版社股份有限公司
地　　址：（100011）北京市朝阳区安定门外外馆斜街 3 号
网　　址：http://www.ccpress.com.cn
销售电话：（010）59757973
总 经 销：人民交通出版社股份有限公司发行部
经　　销：各地新华书店
印　　刷：北京盛通印刷股份有限公司
开　　本：787×1092　1/16
印　　张：22
字　　数：390千
版　　次：2016年12月　第1版
印　　次：2016年12月　第1次印刷
书　　号：ISBN 978-7-114-13189-9
印　　数：0001—3200册
定　　价：68.00元
（有印刷、装订质量问题的图书由本公司负责调换）

推荐序

水野幸治教授是汽车碰撞安全领域里的国际知名学者、日本汽车工程学会的资加会士和美国政府安全工程优秀奖的获得者。我与水野幸治教授是同行，每次我参加汽车碰撞安全和人体碰撞损伤防护方面的国际学术会议，往往能一如预期见到水野教授。近年来，随着中国汽车行业的发展壮大，我也常有机会在国内的汽车安全学术会议上见到水野教授。水野教授还经常访问中国的大学进行学术交流，并给学生开设课程和讲座。

《汽车碰撞安全》是水野幸治教授根据其在名古屋大学多年的教学经历和研究成果编著的一部教材。全书共有12章，涵盖了汽车碰撞安全和人体碰撞损伤防护的各个方面。该书体系完整，以碰撞生物力学开篇，介绍人体碰撞损伤机理，进而引入依据人体碰撞生物力学研究结果设计的碰撞假人及汽车碰撞安全性评价方法。该书以较大篇幅完整地介绍了在正面和侧面碰撞下汽车车身和乘员人体动态响应的基本原理、车身结构吸能特性以及乘员约束装置等知识。除此之外，本书还介绍了行人碰撞保护、儿童乘员保护、颈部挥鞭伤机理、评价和防护以及汽车碰撞事故再现等内容。

除了完整的内容体系以外，我认为水野教授的《汽车碰撞安全》还有另外两个显著的特点。一是对应不同的汽车碰撞工况，对人体各部位的解剖结构和损伤机理的描述都面向汽车碰撞安全设计方面的工程师和研究人员，恰到好处，具有很强的针对性。二是对车身碰撞响应以及人体不同部位的冲击与损伤响应，除进行概念介绍和力学分析以外，大多还给出了简化力学模型及力学控制方程，尽管有些方程并不能获得理论解，但这些力学分析和控制方程能帮助读者更深入地理解碰撞条件下复杂的车身结构变化情况和人体碰撞响应的机理。此外，有不少章节的内容结合了水野幸治教授及其团队针对汽车碰撞事故中人体损伤和防护等方面的研究成果，可以说，本书的讲解非常全面、详尽。

我也感谢《汽车碰撞安全》一书的译者，花费了很大的精力将全书翻译成中文。我相信水野幸治教授编著的《汽车碰撞安全》，不仅可以成为高校车辆工程专业里汽车碰撞安全课程的教材和相关科研的参考书，也对中国汽车企业中从事汽车碰撞安全设计的工程师具有很高的参考价值。此外，对其他涉及汽车行业和产品的人员的工作，包括企业管理、政策制定、汽车保险产品的风险和费用评估、汽车乘员和其他道路使用者的碰撞安全意识的提升等，也都会具有很强的指导意义。

周青

2016年10月1日于北京

译者序

水野幸治教授是我在名古屋大学联合培养博士期间的导师，2011 年我回国之后一直和他保持良好的科研合作关系。在 2013 年我邀请水野教授来校进行学术交流时，我认真地阅读了他的专著《自動車の衝突安全》(原著的日文书名)，认为该书对国内在汽车碰撞安全领域的学生、相关企业的工程师和研究人员都有很高的参考价值，便与水野教授商议在国内出版该书的译著作为教材使用，水野教授欣然同意并着手准备相关文稿。

怎么也没有想到，本书历时近 4 年才得以出版，原因在于水野教授在原著的基础上进行了大量文献研究和细致的改写，删除了有限元模型章节，将乘员保护章节拆分为两个章节，增加了挥鞭伤章节，同时加入了近 3 年本领域最新的研究成果。为了能够让书中内容通俗易懂，水野教授在译稿、校稿、甚至是出版前还在对文中的内容进行修改。实属难能可贵，也是工匠精神的体现。

全书共分 12 章节，涵盖了人体损伤生物力学及汽车碰撞和人体碰撞损伤防护各个方面的知识。本书最大的特点是著者从力学体系解释汽车碰撞安全现象，建立汽车碰撞涉及的基本力学方程，再从试验法的角度帮助读者理解汽车安全性设计的方法，为读者提供综合和全面的汽车碰撞安全知识。另一个显著的特点是全书以汽车碰撞中“人”的安全作为本书的理论逻辑顺序，从人员保护的角度对汽车安全性设计提供理论模型和实证方法。

本书得到了水野教授的中国留学生陈一唯，厦门理工学院日语系高年生王氚、沈美晴(现就读日本筑波大学)、王颖祺(现就读日本筑波大学)在部分章节初译及日语语法上的帮助。厦门理工学院王方博士、彭倩博士、广东省医学生物力学重点实验室(南方医科大学)钱蕾博士研究生为本书进行了部分校对工作。本书同时要感谢以下项目的资助：国家自然科学面上基金 (51675454)、国家自然科学青年基金项目 (31300784)、国家外专局高端团队项目 (GDT20143600027)、福建省自然科学基金面上项目 (2016J01748)、福建省外专局高端团队项目(闽人外专〔2014〕42 号)、福建省外专局”外专百人计划”(闽人外专〔2016〕59 号)、厦门市科技计划项目(3502Z20153023)、“福建省高校杰出青年科研人才培育计划”(闽教科〔2015〕54 号)、厦门理工学院学术出版基金和教材出版基金。除此之外，本书还得到了北京全华科友文化发展有限公司和人民交通出版社股份有限公司的大力支持。在此表示衷心感谢！

为充分尊重原著，本书沿用了部分原著中的术语，部分图表也尊重了原著的绘制及排版方式。由于译者水平有限，本书有不足之处，恳请广大读者批评指正。

韩　勇

2016 年 10 月 9 日于厦门

著者序

在以减少交通事故受害者数量为目标的交通政策的实施、法规的制定及汽车的设计中，如何确保汽车发生碰撞时乘员的安全，这类“碰撞安全技术”的知识是不可或缺的。为了保护人体在汽车碰撞过程中的安全，必须对碰撞时汽车如何变形产生加速度、人体在受到加速度和撞击时如何响应、碰撞是否会导致乘员受伤等知识有深入的理解。因此，除了应用一般的力学知识外，汽车工程学、生物力学及医学知识都是不可缺少的。由于汽车的安全性评价是根据有关法规进行试验的，所以应对安全法规体系有一定的理解。另一方面，在关于事故分析、试验、计算机模拟等领域的研究中，也需要掌握碰撞安全的研究方法。因此，汽车碰撞安全是一个包含多学科的综合性知识领域，需要学习很多知识。然而，由于汽车本身是一种全球化的商品，与汽车安全相关的研究和法规具有国际化的特点，因此，重要的文献大多为英语，加之没有合适的教材，所以在短时间内掌握该领域的知识并不是一件容易的事。

本书结合笔者在任职的名古屋大学以及在中国的湖南大学、厦门理工学院、汽车技术会、汽车制造厂以及零件制造厂的多次讲座经验，以力学为中心，对汽车碰撞安全进行了细致、详尽的总结。由于汽车碰撞安全与汽车的设计、开发相关，因此笔者对与汽车碰撞安全专业相关的内容进行了深入思考，认为将碰撞安全作为汽车工程学或机械工学的一个领域，从力学体系对碰撞安全进行理解比从技术方面理解更为合适。特别是针对大学生和研究生，相比从技术和试验法开始学习，从碰撞现象本身的力学特性来理解碰撞安全性更为有效。

我第一次访问中国是参加2000年在天津举办的汽车技术研讨会。从那之后，我出席了很多中国的汽车学术会议，也访问了许多大学和企业，对汽车安全性相关内容进行了有益的讨论。另外，我还与活跃在海外的中国研究者进行研究合作。汽车安全的不断提升需要相关研究者、设计者的不懈努力。如果本书能为学习汽车安全的中国学生、研究者和设计者提供帮助，对中国交通事故中受害者的防护起到一定作用，本人将不胜欣喜。

水野幸治

2016年5月

目　　录

第1章 碰撞生物力学

1.1 损伤控制

很多方法可以减少交通事故中受伤的人数，降低其受伤程度。例如，暴露控制、主动安全、碰撞安全、教育和急救体系的配置等。碰撞安全的目的是防止碰撞时人体受到的损伤或降低其受伤程度。为此，有必要理解人体受到冲击时的响应以及损伤发生的过程，从统计学角度求得人体损伤发生的阈值，并基于此对碰撞中施加给人体的冲击力加以控制，设计出不超过损伤发生阈值的车辆和约束装置。

碰撞安全中针对汽车乘员的保护方法有以下4种：

（1）通过改变车辆周围的碰撞环境来控制事故条件，如改变护栏的设置方式等。

（2）通过车辆结构设计对车辆碰撞特性进行改善。

（3）碰撞时对乘员运动进行控制。

（4）控制人体与车内的冲击接触。

1.2 碰撞生物力学

人体会由于力学、化学、热以及电的负载等而受到损伤。碰撞生物力学领域特别着眼于力学的冲击载荷对人体损伤影响的研究。

碰撞生物力学又被称为损伤生物力学，属于生物力学研究领域的一个分支。碰撞生物力学以研究冲击时人体的响应和降低损伤风险为目的。它的研究领域包括损伤的定义、受伤机理的分析、人体冲击响应、损伤参数和损伤阈值的定量化、保护系统的开发以及冲击发生时与人体产生同样响应的碰撞假人和计算机模型的开发等。

1.3 碰撞生物力学模型

因为要分析事故发生时人体生物力学的响应、损伤机理以及人体的耐受性，所以需要使用志愿者、尸体、动物、碰撞假人和计算机模型等。以下将对他们的特征进行说明。

1.3.1 志愿者

志愿者实验是在不产生损伤和疼痛的低负荷条件下实施的，可以用来分析无损伤情况下人体的响应。志愿者实验的结果能在分析肌肉紧张对动态响应产生影响方面发挥作用，并且在开发碰撞假人和计算机模型时作为参考。需要注意的是，志愿者多为运动员等参加过训练的年轻人，并不能代表儿童、老年人和女性等弱势群体的特征。志愿者实验在实施之前需要向伦理审查委员会提交实验计划书并得到其认可。伦理审查委员会是根据赫尔辛基宣言（以人为对象的医学研究的伦理原则）的宗旨成立的机构，它会从严格的伦理角度考虑被实验者，例如进行知情同意书的签署等。

1.3.2 尸体

由于人类尸体或是剖检后的尸体在几何学形状上与活体相同，所以经常被用于针对碰撞时人体响应的实验中。例如，被用于针对车辆发生碰撞时乘员的运动特性和与车辆发生碰撞的步行者的运动特性等实验中。但是，由于尸体各器官组织的力学特征取决于尸体的保存技术和死后经过的时间，所以要注意使用死亡时间较短的尸体。尸体实验的结果会作为碰撞假人和计算机模型的开发基准，具有重要的作用。但尸体实验的问题在于尸体不具有肌肉紧张性和生理响应，因此，我们无法得知这两者对实验结果的影响。另外，由于尸体死亡时年龄普遍较高，而人体的耐受性能一般会随着年龄的升高而下降，所以尸体实验的结果并不一定能代表实际情况下大多数人体所受的损伤程度。另外，实施尸体实验必须要得到伦理审查委员会的认可，并严格从伦理角度考虑捐献者的事前意愿以及家人的同意等。

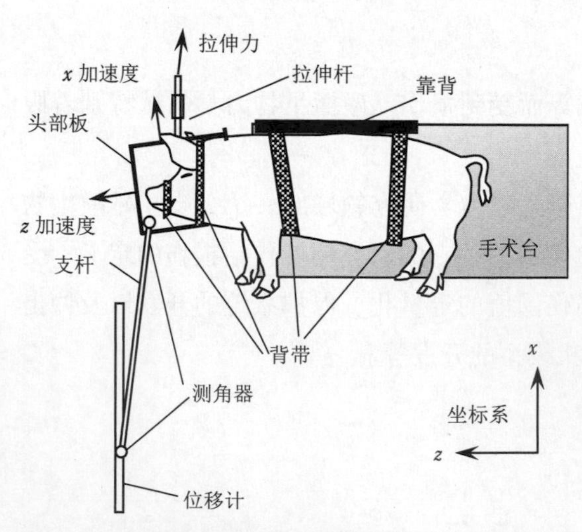

图 1-1 动物实验（为探明挥鞭伤机理，测量当头部受到后方负载时颈部脊椎管的压力）

1.3.3 动物

动物实验的进行是为了得知在承受足够对人体的脑、脊髓和内脏等重要部位产生损伤程度的荷重时活体的反应（图 1-1）。通过动物实验可以明确尸体与活体响应的不同，对解释尸体实验有帮助。由于动物和人体解剖学形状及大小具有差异，所以要使动物实验的结果适用于人体存在一定困难。而且，在实施动物实验时也需要得到伦理审查委员会的认可，并严格从伦理角度考虑动物的痛苦程度和处死方法等。

1.3.4　碰撞假人

碰撞假人由金属或塑料制成的骨骼和模拟覆盖在骨骼表面的软组织的塑料或泡沫材料组成。在制作碰撞假人时应注重使其具有生物逼真度，即在形状、尺寸和质量分布方面与人体相同，且碰撞时的运动特性与人体相同。碰撞假人上安装有判断损伤所必需的测量加速度、力和挠度等数据的传感器。由于车辆的认证实验中要用到碰撞假人，因此碰撞假人必须要满足拥有在同一实验中能反馈相同的响应的反复性和再现性这一必要条件。

碰撞假人根据碰撞方向和体型的不同分为很多种类（图 1-2）。正面碰撞时使用正面碰撞假人 (Hybrid III, THOR)，侧面碰撞时使用侧面碰撞假人 (ES-2, WorldSID, SID IIs)。在针对安全气囊和车门的碰撞中，体格越小的乘员受到的损伤越大。因此，在 50% 标准体型的乘员 (AM50) 之外，还应进行以 5% 的女性 (AF05) 和儿童为对象的实验。在美国联邦机动车标准 (FMVSS 208) 的乘员保护（正面碰撞）中，使用到小体格女性假人 (Hybrid III AF05) 和儿童假人，在 FMVSS 214 侧面碰撞保护中使用侧面碰撞假人 SID IIs。

图 1-2　碰撞假人

1.3.5　计算机模型

碰撞生物力学的研究中要用到集中质量模型、多体模型和有限元模型等计算机模型。如图 1-3 所示，碰撞假人、人体被模型化，运用于事故再现、安全的车辆结构和安全装置的设计中。运用计算机模型可以获得实验中无法得到的相关力学参数信息，这些信息有助于理解人体响应和损伤发生的过程。另外作为车辆结构和安全装置的设计辅助工具也非常有效。计算机模型的精度对模型化的假定具有很强的依赖性，因此对模型的验证非常重要。

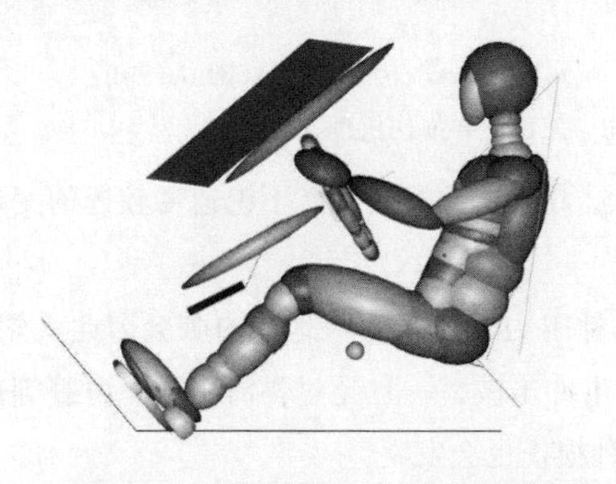

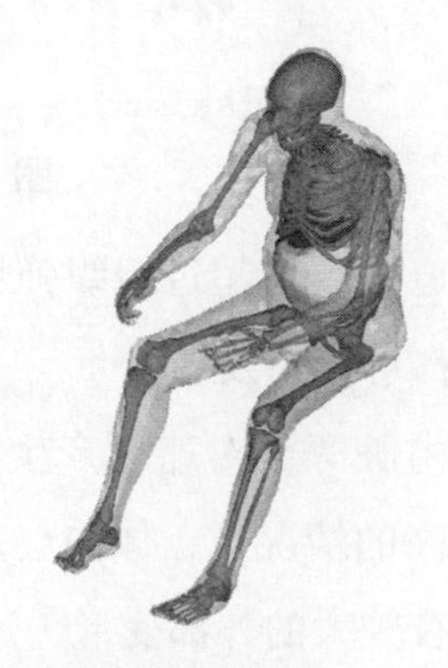

图 1-3　计算机模型（左图为多体模型，右图为有限元模型）

1.4 负载引起的损伤发生过程

事故中，人体在受到力学载荷时会产生相应的生物力学响应。活体的力学响应包括随时间变化的人体各部位位置、形状等力学变化，以及伴随其产生的生理学变化。例如，头部碰撞时脑的运动和变形属于力学变化，而引起的眩晕和头痛就属于生理学变化。图 1-4 所示为过载荷造成损伤的过程模型。损伤是指人体产生生物力学响应后，活体上发生无法恢复的变形，导致解剖学组织和结构受损，正常机能无法完成。损伤发生的机理被称为损伤机理。理解损伤机理是碰撞生物力学的中心课题之一。

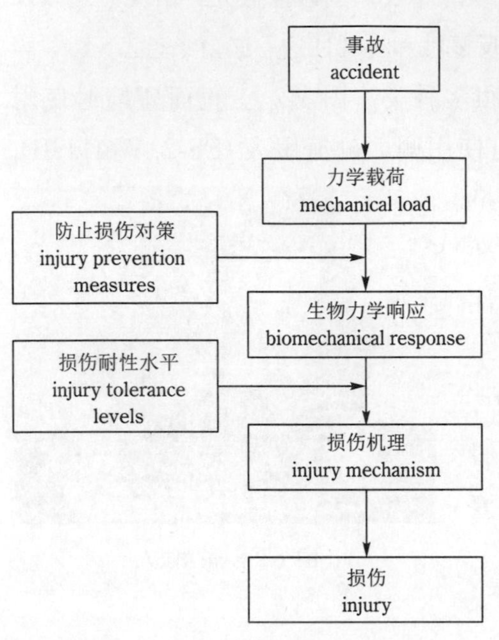

图 1-4 过载荷造成损伤的过程模型

损伤分为穿透伤 (penetrating injury) 和钝性伤 (blunt injury)。穿透伤是指活体被小刀之类的尖锐物体或者弹丸般的高速发射物贯穿所引起的损伤，其特征是造成损伤的力学能量都集中在局部区域。钝性伤是指活体与钝器接触，大面积受到载荷时产生的损伤。损伤机理十分复杂，人体各部分的惯性、弹性以及黏性性质都会对载荷分布与损伤的产生造成影响。以下三点被认为是损伤产生的原因（图 1-5）：

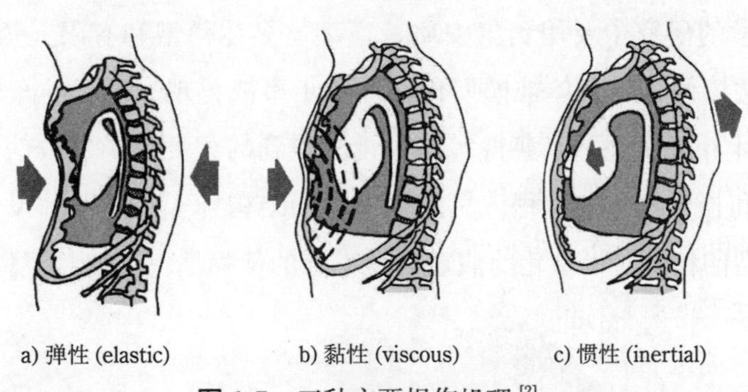

图 1-5 三种主要损伤机理 [2]

（1）因压迫导致力超过组织弹性阻力而引发的损伤。不论速度较慢的变形（压溃）或是高速的变形都可能引发。

（2）虽然内脏等会对速度产生黏性阻力，但是相应地，内脏会因此受到巨大的压力。在冲击速度较高的情况下，体内会产生冲击波，一旦超过黏滞阻力，内脏等部位就会产生损伤。即使没有较大的外部变形，这种损伤也会发生。

（3）因惯性力导致内部组织断裂。

损伤可通过损伤严重程度表示，与其相关的物理量或其函数被称为损伤准则或者损伤值。其中经常会用到一些物理量，它们可以通过使用碰撞假人等活体替代品进行实验来测定，如人体各部位的平移加速度、受力大小、力矩以及挠度等物理参数。当损伤准则超过阈值时，损伤将发生。此阈值被称为损伤耐限或损伤基准值 (Injury Assessment Reference Value, IARV)。由于损伤耐限在个体间存在很大差异，因此判断研究对象的损伤耐限时要用到统计学的分析方法。

通过碰撞假人和计算机模型也可得到生物力学响应并评估出损伤基准。将此损伤基准水平换算成人体的损伤是碰撞生物力学领域的重要课题。此时，碰撞假人和计算机模型是否能产生与人体相同的响应，即二者是否具有生物逼真度是非常关键的问题。生物逼真度是通过比较模型的响应与志愿者实验和尸体实验的结果来判定。

1.5　损伤分级

我们使用损伤分级将损伤的种类和严重程度通过数值的方式表达。损伤分级的分类方法大致分为三组：①解剖学分级；②生理学分级；③机能障碍 / 能力障碍 / 社会性受损分级。解剖学分级注重对损伤的解剖学部位、损伤内容和严重程度等损伤本身的特征进行评估，而不针对损伤结果，因而不涉及机能障碍和后遗症方面的内容。生理学分级用来评估受伤后人体生理学机能的变化。与解剖学分级中一种损伤只配有一个分数不同，生理学分级的特征是其分数会随着治疗期间人体生理学状态的变化而变化，因此常被用于临床实践中。而机能障碍 / 能力障碍/社会性受损分级评估的既不是损伤本身的特征，也不是人体受伤后生理学机能的变化，而是从长期预后和生活质量的角度对损伤进行经济价值方面的评估。例如损伤主导指标(Injury Priority Rating, IPR)、危害概念和损伤成本分级 (Injury Cost Scale, ICS)。

碰撞生物力学中最常用到的是解剖学分级中的简明损伤准则 (Abbreviated Injury Scale, AIS)。为了提供可供人体损伤发生机理研究使用的数据，美国交通事故调查组于 20 世纪 60 年代开始着手该分级的制订工作，并在 1971 年发行了最初的 AIS。之后，汽车医学促进协会 (AAAM) 对其主体进行修订，最新版是 AIS 2005 Update 2008。在 AIS 中，一处损伤只配有单一的 AIS 代号，通过整数部分的 6 位数字和表示损伤程度的小数点后一位，共 7 位数来表示（见表 1-1，表 1-2）。AIS 代码的第一位数字表示损伤的分类，分别为 1：头部；2：面部；3：颈部；4：胸部；5：腹部及骨盆内脏器；6：脊椎；7：上肢；8：下肢；9：其他。第二位数字表示损伤部位的解剖学结构，基本分为 1：全域；2：血管；3：神经；4：内脏；5：骨骼；6：意识丧失。第三到四位数字表示解剖学部位或损伤种类，第五到六位数字对应各部位的损伤程度。小数点后的数值表示所有部位共同的损伤程度，AIS 分数分为 1~6，分别为 1：轻度创伤；2：中度创伤；3：重度创伤；4：严重创伤；5：危重创伤；6：当场死亡。

AIS 分级的代号表示活体受损伤风险的定性值，数值本身并不具有定量的含义（图 1-6）。

AIS 分 级 代 号 表 1-1

AIS 分级代号	损伤程度	AIS 分级代号	损伤程度
1	轻度创伤	4	严重创伤
2	中度创伤	5	危重创伤
3	重度创伤	6	当场死亡

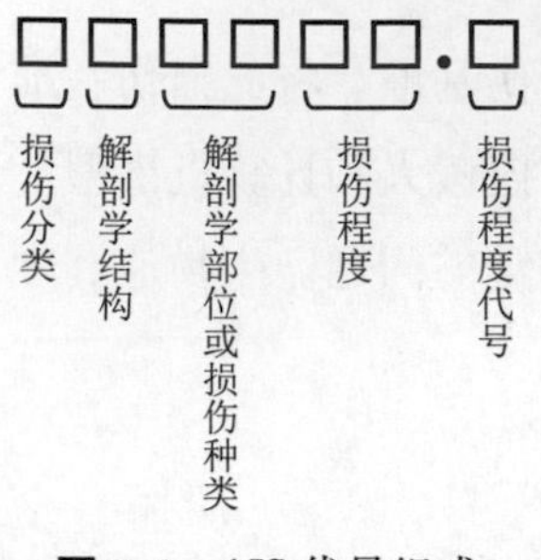

图 1-6 AIS 代号组成

AIS 是对应一处损伤的代号，无法用来评估同一人遭受多发性创伤的损伤程度。因此，选取人体各部位中 AIS 分数最高的值表示综合的损伤程度，其值为 M（最大的）AIS。但是，即使 MAIS 相同，死亡率也有可能受到 AIS 分级第二高的因素影响而发生变化，因此 MAIS 仅限在外伤的研究中使用。

损伤严重程度评分 (Injury Severity Score, ISS) 经常被用作评估多发性创伤的指标。ISS 将人体分为以下 6 个部位，1：头颈部；2：面部；3：胸部；4：腹部及骨盆内脏器；5：四肢或骨盆；6：皮肤。ISS 是将 6 个部位的 AIS 分数中最高 3 个值的平方合计得出的值。但需要注意的是，只要有 1 个部位 AIS 代号为 6，ISS 的值便为最高值 75（相当于三个部位为 AIS5 的情况）。ISS 与死亡率的相关性非常高。

人体各部位的 AIS 示例 表 1-2

AIS	头 部	胸 部	腹部及骨盆内脏器	脊 椎	四肢或骨盆
1	头痛或眩晕	1 根肋骨骨折	腹壁的浅表裂伤	扭伤（不伴随急性骨折和脱臼等）	脚趾骨折
2	不满 1 h 的意识丧失 颅骨线性骨折	2~3 根肋骨骨折 胸骨骨折	脾脏、肾脏或肝脏的裂伤或挫伤	不伴随脊髓损伤的轻度骨折	胫骨，腓骨，骨盆，髌骨单纯骨折
3	1~6 h 的意识丧失 颅骨凹陷性骨折	4 根以上肋骨骨折 伴随血胸或气胸的 2~3 根肋骨骨折	脾脏或肾脏的显著裂伤	伴随神经根损伤的椎间盘损伤	股骨骨折
4	6~24 h 的意识丧失 颅骨开放性骨折超过	伴随血胸或气胸的 4 根以上肋骨骨折 伴随肺挫伤的连枷胸	肝脏的显著裂伤	不全麻痹	膝盖以上的切断 翻书型骨盆骨折（出血量在全血液量的 20% 以下）
5	超过 24 h 的意识丧失 超过 30 ml 的脑内血肿 弥漫性轴索损伤	主动脉裂伤 张力性气胸	肾脏、肝脏、结肠破裂	完全麻痹	翻书型骨盆骨折（出血量超过全血液量的 20%）

1.6 损伤风险函数

如图 1-7 所示的骨折实验，不同人体受到的负载和骨折发生与否之间存在大的变化关系。因此，损伤程度和损伤基准值之间的关系需要在统计学基础上通过损伤风险函数（或称损伤风险曲线）来表示。损伤风险函数 $F(z)$ 为损伤的累积频率分布，即将损伤引发的概率用损伤基准值 z 表示的函数，如图 1-7 所示为 $F(0)=0$，$F(\infty)=1$ 的单调递增函数。以骨折为例，它意味着当外力为 0 时，发生骨折的概率是 0；当外力无限大时，骨折发生的概率为 1。找到与损伤耐受性相关的一系列实验结果最相似的函数 $F(z)$ 是碰撞生物力学的重要课题之一。经常被使用的 $F(z)$ 函数有呈"S 形"曲线的韦伯累积分布函数和逻辑曲线，其各系数通常通过最大似然估计法求得。损伤风险曲线被用于设定损伤基准值。

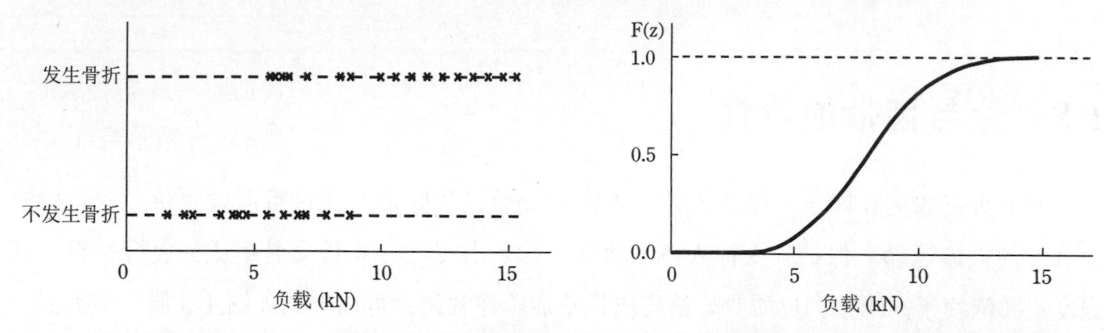

图 1-7　骨折实验的假说实验与骨折风险

注：✖代表发生的事情。

1.7　解剖学用语

为了表示人体构造，解剖学中对与方向相关的用语作出了规定（图 1-8）。即身体的某个部位用它相对其他部位的位置表示。例如，上面 (superior) 表示从身体的某个部位开始往上的方向，下面 (inferior) 则表示往下的方向。外侧 (lateral) 表示从身体的中心指向远离中心的方向，内侧 (medial) 则表示指向身体中心的方向。前方向叫作 anterior，后方向叫作 posterior。另外，四肢中距离和躯干相连部位近的方位称为近端，远的方位称为远端。

接下来对人体横截面的相关用语进行说明。矢状面是将身体和器官左右分开的垂直面。当其穿过身体和器官的中心时，称为正中矢状面。将身体和器官分为前后部分的面叫作冠状面（或额面），分为上下的面叫作横断面。

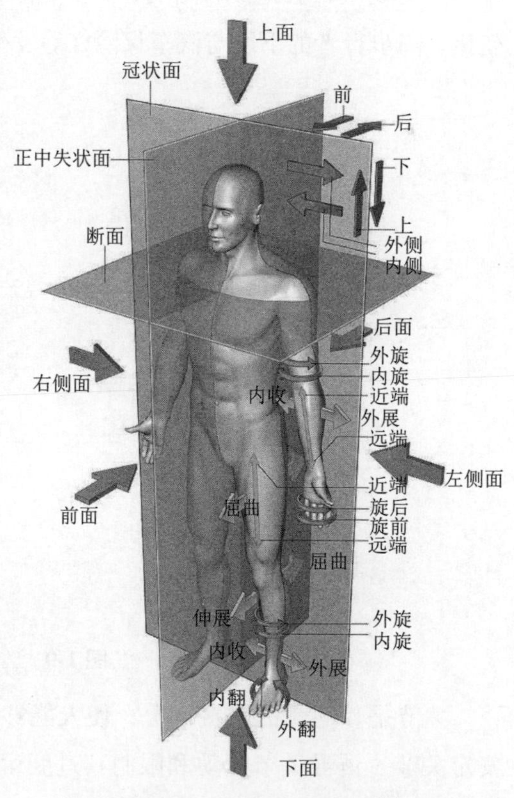

图 1-8　人体方向的定义 [3]

接下来，对与解剖学基本肢体位置（图 1-8）关节运动相关的用语进行说明。相关关节两骨之间的角度向变小方向的运动称为屈曲，向变大方向的运动称为伸展，屈曲和伸展多数是矢状面上的运动。超过关节可动域的弯曲以及持续伸展的情况被称做过屈曲和过伸展。在冠状面上的运动中，外展是骨远离身体正中矢状面的运动，内收是接近正中矢状面的运动。回旋是骨以其长轴为旋转轴进行回转的运动，向外部的回旋称为外旋，向内部的回旋称为内旋。

1.8 骨与韧带的特性

为了研究如何在冲击中保护人体，需要对骨折以及韧带损伤进行风险评价。骨在力学上具有使人体运动、保护和支撑人体的功能。骨是由皮质骨和松质骨组成的复合材料，其强度主要依赖于高刚性的皮质骨。给皮质骨施加拉伸载荷，可以看到如图 1-9 所示的类似金属的弹性域、屈服点和塑性域。皮质骨的弹性系数是 (10~15)GPa，极限强度是 (100~150) MPa，断裂应变是 1%~3%。骨具有各向异性，从长轴方向看，压缩的强度最大，接下来依次是剪切和抗拉强度。因此，如图 1-10 所示，骨由于负荷的不同，显示不同的骨折线。当负荷为长轴方向的拉伸时，发生横形骨折；压缩时为剪切应力造成的斜形骨折；扭转时由于在 45° 方向上产生最大拉伸应力，故发生螺旋形骨折。此外，在弯曲载荷的作用下，压缩和拉伸同时发生，会造成楔形骨折。再进一步同时施加轴向力和压缩载荷时，骨折线会发生变化。当步行者的下肢与汽车保险杠等发生碰撞时，伴随长骨的弯曲也会发生楔形骨折。

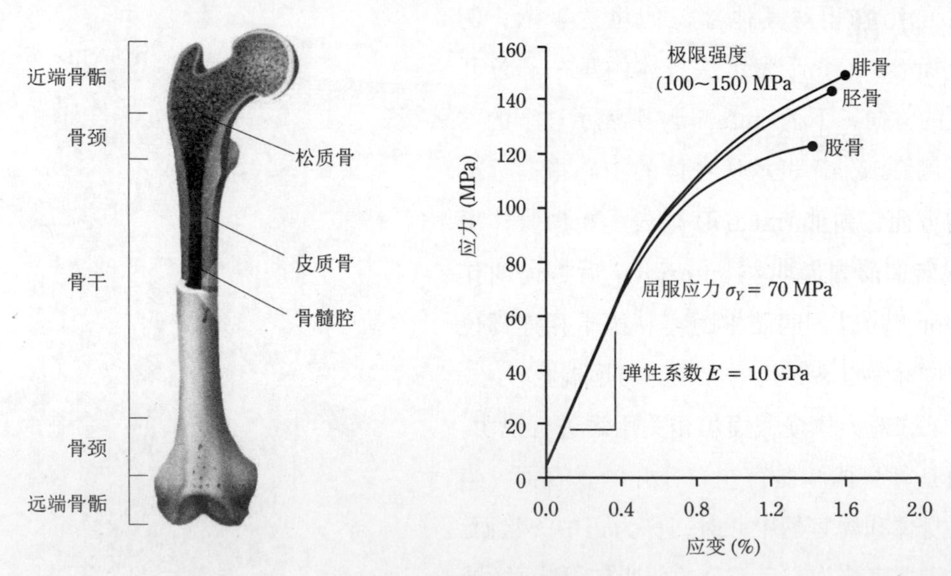

图 1-9 骨的结构和拉伸特性

关节是骨与骨的连接部分，使人能够运动。关节分为可动关节和不动关节。韧带具有安定关节、诱导关节运动和限制其过度运动的功能。韧带由胶原纤维、弹性纤维和网状纤维组成。胶原纤维赋予其强度，弹性纤维赋予其张力，网状纤维赋予其容积。由于大部分的韧带主要由胶原纤维组成，所以随着形变量的增大，韧带所承受的荷重会急剧增大。而脊柱的项韧带和黄韧带等由于弹性纤维较多，所以表现为弹性运动。考虑到膝韧带可能发生的损伤，正面碰撞的乘员保护中关于膝的前后位移与步行者下肢保护试验中关于膝关节横向弯曲角和剪位移都被设定了阈值。骨和韧带的应力均随着加载速度的增大而增大，其力学特性表现为与时间相关的黏弹性响应。

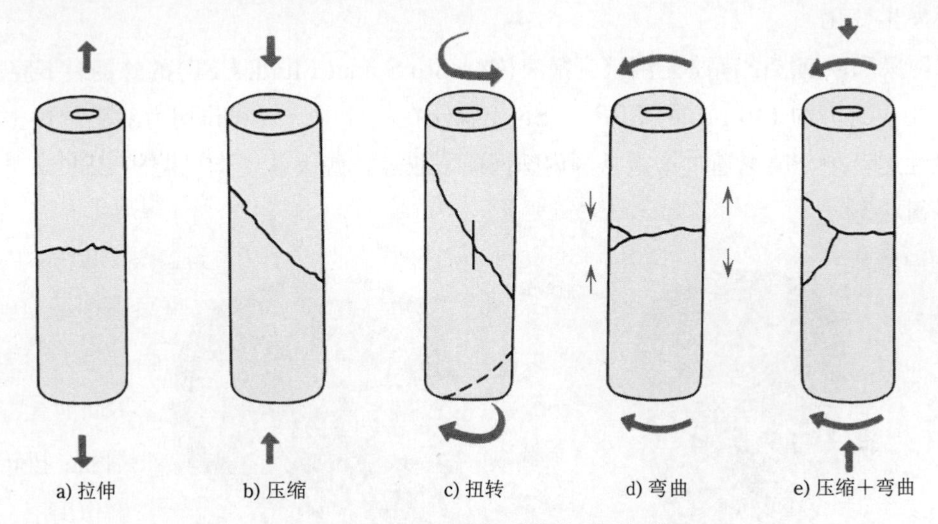

图 1-10　作用于长管骨的载荷和骨折线

1.9　头部

1.9.1　解剖学

造成死亡和重伤最重要的原因是头部受到损伤，因此，头部是最需要保护的人体部位。头部分为面部和头部（不包括面部）两个部分。面部位于头部的前部，为前额部到下颌的部分，且包含了耳的外侧。头部（不包括面部）位于头部的中央和后部。下面以头部（不包括面部）为中心进行说明。

头部具有多层结构，由头皮、颅骨、脑膜和脑组成。头皮厚 5~7 mm，由覆盖了头发的皮肤、结缔组织、腱膜、疏松结缔组织和骨膜组成。对头皮施加拉力，外侧的三层会整体发生移动。

颅骨大致分为容纳脑的脑颅和形成面部的面颅（图 1-11）。颅骨由多块骨组成，骨之间由骨缝线相互连接。下颌骨例外，它通过自由活动的关节与颅骨相连接。颅骨呈夹层结构，由外侧和内侧的密质骨和两者间的松质骨结合而成。脑颅由头盖圆盖部和头盖底组成。颅盖的底部很厚，是不规则的骨板，上面有可以使动脉、静脉和神经通过的小孔以及呈大孔状的枕骨大孔（脊髓从此处进入脑）。

颅骨和脑之间是由硬脑膜、蛛网膜和软脑膜组成的脑膜（图 1-12）。硬脑膜是结实的纤维膜，覆盖在颅骨的内表面。其在头盖正中部形成大脑镰，将大脑半球分为左右两边；在后头部形成小脑幕，将脑部分为大脑和小脑。硬脑膜的作用是保持脑的各部分结构相对稳定。在硬脑膜两层的分离部分上有上矢状窦和直窦等静脉窦。蛛网膜是蜘蛛网状的膜，通过狭窄的硬膜下腔与硬脑膜发生分离。软脑膜是包裹在脑表面的薄膜，其作用是保持脑的形状不发生变化。

蛛网膜和软脑膜之间是充满脑脊髓液(Cerebro Spinal Fluid, CSF)的蛛网膜下腔。脑(和脊髓）覆盖有大约 140 mL 的 CSF。CSF 使脑浮在颅骨中，缓和作用力对脑的冲击。在脑的一般性运动中，就会通过增减从颅内蛛网膜下腔经枕骨大孔流向髓腔的 CSF 来迅速保持压力平衡状态。

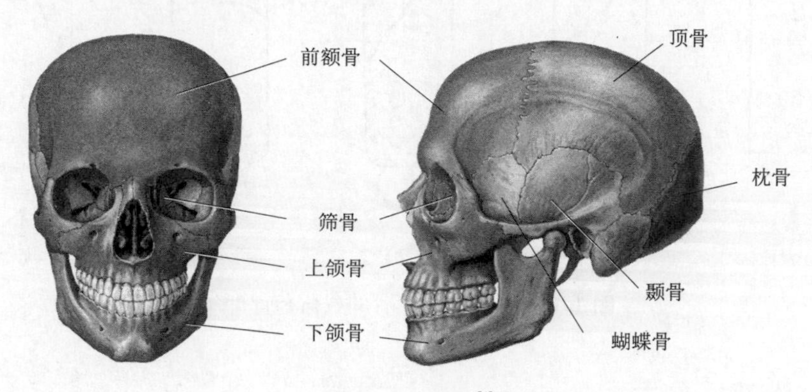

图 1-11 脑颅[4]

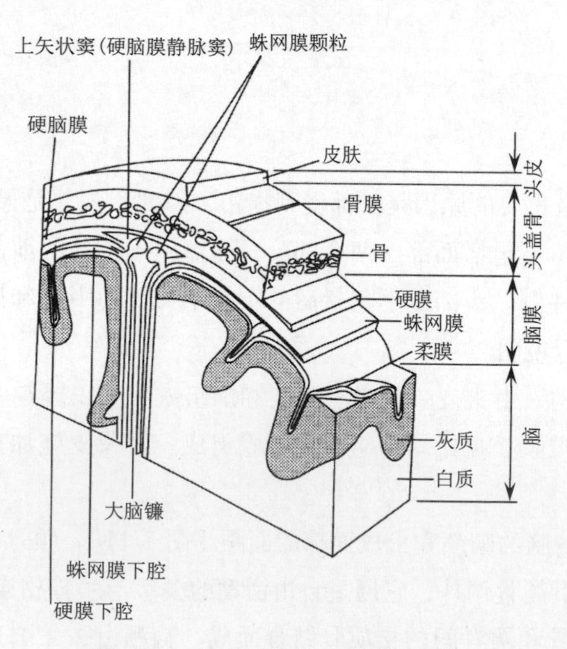

图 1-12 头皮、颅骨、脑膜、脑[5]

脑和脊髓由神经细胞（神经元）和支持组织构成，形成由神经元相互传递信息的神经网。

神经元由神经细胞体和神经细胞体上的突起（树状突起和轴索）构成。灰白质位于脑的表层，其内含有很多神经细胞体。白质位于脑的深层，由神经纤维（轴索）构成，是使中枢神经系统相互连接的路径。

图 1-13 是脑的解剖图。大脑被分为左右大脑半球，并通过左右走向的、被称为胼胝体的、由白质构成的神经纤维束与大脑深部相连接。大脑半球具有灰白质的表层，被称为大脑皮质。大脑的表面有很多褶皱，褶皱的凸起部叫脑回，凹部叫脑沟。大脑半球根据沟可划分为额叶、顶叶、颞叶和枕叶四个大脑叶。

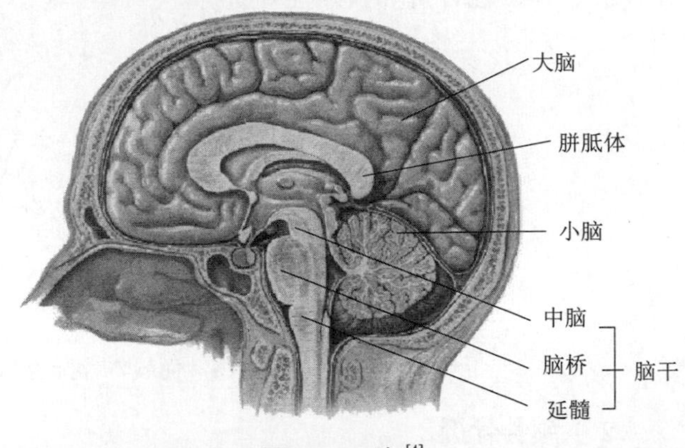

图 1-13　脑[4]

位于大脑下方中心部的中脑、脑桥、延髓并称为脑干。脑干是连接脑和脊髓的神经传导路径，包括传入神经（从末梢向中枢传递信息）和传出神经（从中枢向末梢传递信息）。小脑位于脑干的背面，由蚓部连接的两个半球组成。外侧的小脑皮质由灰白质构成，内侧由白质构成。小脑外侧的表面由以深沟分隔开的、狭窄的褶皱构成。

1.9.2　头部损伤

由于解剖学结构和受冲击形态不同，头部会产生各种各样的损伤。头部外伤根据发生原因和损伤程度被分为不同种类（图 1-14）。程度最重的头部外伤是脑颅和脑的外伤。

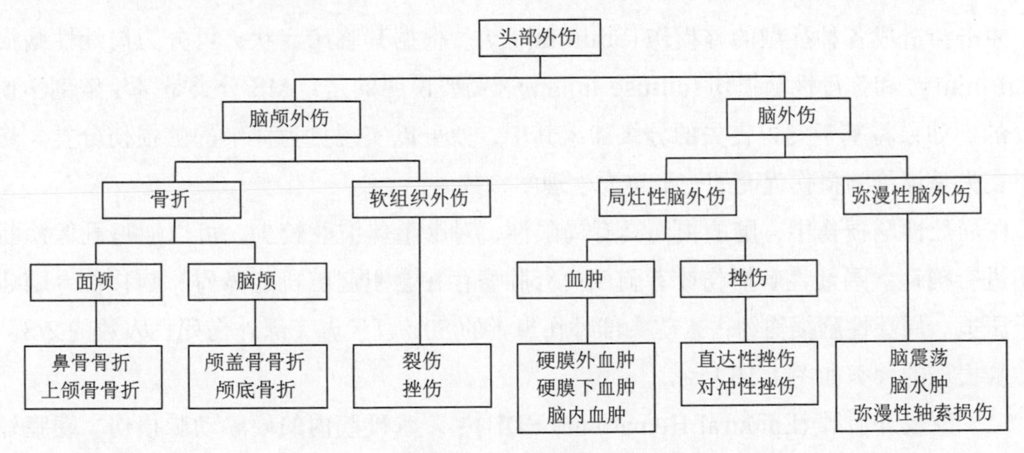

图 1-14　头部损伤分类

1）面部外伤

目前为止，汽车碰撞中关于头部外伤的研究仅关注了面颅骨损伤。这是由于面部与汽车的接触冲击会引发脑损伤。如今，面部外伤的高发生频率和高额的治疗费用使人们对其越来越关注。在面部外伤（AIS 3 以上）中，上颌骨骨折由 LeFort 按骨折线的高低位置不同被分为三种类型 (LeFort Fracture)（图 1-15）。其他严重的面部外伤还有眼窝周围的开放性骨折、移位性骨折和粉碎性骨折等。

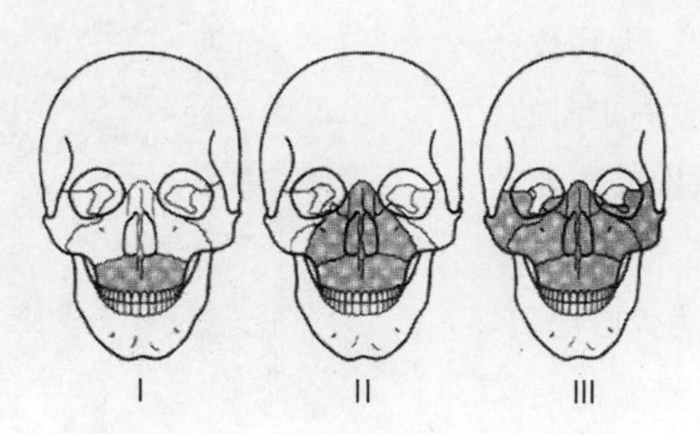

图 1-15 面颅骨骨折的 LeFort 分类 [6]

2）颅骨骨折

根据骨折部位的不同，脑颅骨折分为颅底骨折和颅盖骨骨折（颅底以外部位的骨折）。脑颅骨折本身并不会造成生命危险，但是根据骨折类型的不同，有时会伴随有头部软组织的重度损伤。

（1）根据骨折线的形状，颅盖骨骨折分为线性骨折和凹陷性骨折。线形骨折（骨不发生位移）不属于重度伤 (MAIS 2)，对脑损伤来说不那么重要。在凹陷性骨折（伴随骨位移的骨折）中，特别是凹陷程度超过颅骨厚度时，可能会并发神经损伤和颅内血肿等。

（2）在颅底骨折中，颅盖骨骨折延伸至颅骨的情况较多。由于位于颅底的硬脑膜紧靠着骨，所以伴随着硬脑膜损伤，从颅底到外部会有脑脊液流出。由于脑脊液与外界有接触，所以伤者感染的风险很高。颅底骨折在临床检查中很难查清，X 射线也很难将其描画出来。

3）局灶性脑损伤

冲击会造成各种症型的脑损伤 (brain injury)。根据其临床症状，可分为局灶性脑损伤 (focal injury) 和弥漫性脑损伤 (diffuse injury)。需要说明的是，AIS 分类是基于解剖学损伤进行的，如果将基于意识丧失的分级加入其中，便可以实现更为详细的脑损伤分类。伤员意识丧失是评价脑损伤程度的一个重要生理学参数。

在局灶性脑损伤中，脑的损伤具有局限性，对脑整体波及较少，可以通过画像诊断对损伤进行确认。局灶性脑损伤或者脑颅内有肿瘤存在会引起脑机能障碍、脑移位、脑疝和脑干压迫。局灶性脑损伤约占入院头部外伤患者的 50%，且占头部外伤死亡人数的 2/3。局灶性脑损伤的种类如图 1-16 所示。

（1）硬膜外血肿 (Epidural Hematoma, EDH)：多为硬膜内的硬膜动脉损伤。硬膜外血肿的死亡率相比其自身更是由于并发的损伤造成的。因为硬膜外血肿的发生频率较低，所以并没有成为临床中的重要课题。

（2）硬膜下血肿 (Subdural Hematoma, SDH)：是指硬膜和蛛网膜之间（硬脑膜下腔）血肿的状态，急性硬膜下血肿 (Acute Subdural Hematoma, ASDH) 是最严重的症状。造成急性硬膜下血肿重要的原因是桥静脉通过大脑表面和蛛网膜下腔连接硬脑膜静脉窦（特别是上矢状窦）的结构和脑表面血管的出血。由于硬脑膜和蛛网膜之间没有强固的结合，所以血肿的范围较广。这种脑损伤预后情况不佳，所以是临床中十分重要的课题。

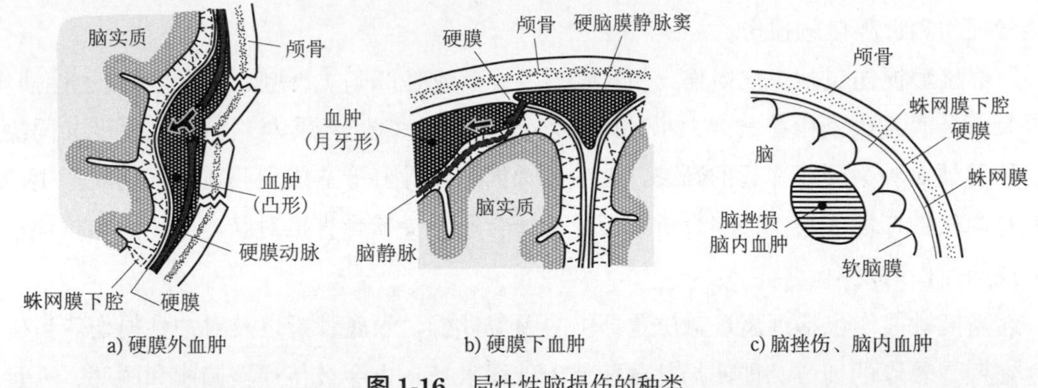

图 1-16　局灶性脑损伤的种类

（3）脑挫伤 (cortical contusion)：是头部受冲击引起频率最高的外伤，它同时伴有脑损伤和血管损伤，可以通过肉眼观察到脑实质的小出血。它的产生部位有外力的作用侧（直达性挫伤）和对侧（对冲性挫伤）。对后头部冲击易引发对冲性挫伤（前头部或侧头部前端的脑挫伤）。对头部前侧冲击会造成额叶和颞叶的直达性挫伤，而引起对冲性挫伤的情况则相对较少。

（4）颅内血肿 (Intracerebral Hematoma, ICH)：是指在脑内呈均一状态血液的滞留，通过血肿较明显的局部化（通过 CT 扫描诊断）与脑挫伤做出区分。颅内血肿通常从表面向脑白质内扩散。

4）弥漫性脑损伤

弥漫性脑损伤是指脑受到大范围的损伤。弥漫性脑损伤约占头部外伤入院患者的 40%，头部外伤死亡人数的 1/3。相比血肿，弥漫性脑损伤及皮质挫伤在外科上的处理更为困难，也较易残留后遗症。弥漫性脑损伤分为两种：

（1）脑震荡 (cerebral concussion)：是短暂性神经机能的损伤，不伴随脑的器质性变化。脑震荡分为轻微脑震荡和典型脑震荡。轻微脑震荡症状包括意识模糊、方向感缺失和轻度的意识丧失。意识丧失时间在 15min 以内时为轻微脑震荡，可完全恢复。典型脑震荡为未满 24h 的暂时性意识丧失，也可复原。这种外伤患者的临床预后取决于脑挫伤、颅底骨折或凹陷性骨折等与脑震荡并发的外伤状况。

（2）弥漫性轴索损伤 (Diffuse Axonal Injury, DAI)：是发生长时间（24h 以上）意识丧失的弥漫性脑损伤。其虽然不具有脑颅内占位性病变，但意识障碍却会持续。弥漫性轴索损伤是范围广的脑轴索和脊髓鞘受到损伤的状态（通过显微镜确认轴索的伸展和断裂），同时伴随脑干机能障碍。CT 中所见较少，但是核磁共振 T2 强调画像却能高亮度地显示出损伤部位。弥漫性轴索损伤易发生于脑内密度不同的构造间或连接左右的长白质纤维上。多发部位除了大脑的皮髓边界（皮质和白质的边界）以外，还有神经纤维聚集的胼胝体和脑干部。

1.9.3 头部损伤机理

1）接触损伤机理

接触损伤由接触造成的冲击导致，不一定伴随头部运动。它分为在接触部位发生的局部接触损伤和远隔接触损伤。

局部接触损伤包括头皮损伤、颅骨骨折（线型或是凹陷）、硬膜外血肿和直达性挫伤。颅骨骨折是否发生是由接触力大小、接触力分布面积、局部颅骨材料特性及厚度共同决定的。硬膜外血肿为硬膜血管的断裂，在颅骨骨折和颅骨变形造成硬膜血管损伤时产生。由于颅骨内侧的弯曲变形、凹陷骨折或颅骨反弹会通过头盖骨直接对脑产生压缩和拉伸，因而造成脑挫伤的发生。

远隔接触损伤包括远离接触位置部位的颅盖骨折、颅底骨折以及对冲性损伤。当碰撞发生在颅骨较厚的地方，即使局部载荷低于破坏水平，也会被传递至脑颅和颅底，一旦应力超过骨的极限强度，即使是远离荷重作用点的部位也会发生远隔骨折。另外，面部受到冲击也会造成颅底骨折（特别是横骨折）的发生。

2）惯性损伤机理

当头部受到平移加速度的作用时，脑组织在颅内发生位移。其结果是一侧的脑会呈正压状态产生压缩应变，而对侧的脑会变成负压状态产生拉伸应变（对冲效果），由此造成脑挫伤和脑内血肿。如果同时有角加速度作用于头部，颅骨则会围绕脑发生旋转（图 1-17）。这时的颅骨和脑便会产生相对位移，使脑和颅骨间的结合要素——桥静脉受到拉力作用。桥静脉断裂是急性硬膜下血肿发生的重要原因。此外，旋转还会使力从脑的表层向深层传递，伴随脑的剪断变形，神经细胞的轴索受到剪切力或拉力的作用发生损伤，从而引起弥漫性脑损伤。由此可见，头部产生平移加速度是局灶性脑损伤发生的重要原因，而产生角加速度则是局灶性脑损伤和弥漫性脑损伤发生的重要原因。

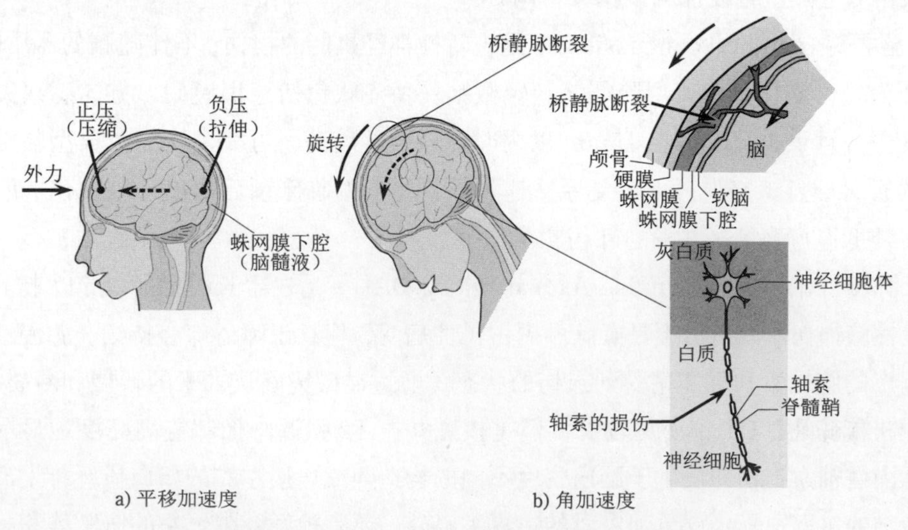

图 1-17 伴随头部加速度的脑的运动及损伤

1.9.4　头部的损伤基准

1）脑的应变

Margulies 和 Thibault 通过动物实验、力学模型和仿真求得了头部角速度、角加速度和脑部应变之间的关系（图 1-18）。根据关系图可以预测，脑部应变在 5% 以下时不发生损伤，5%~10% 之间为脑震荡，超过 10% 时发生弥漫性轴索脑损伤。

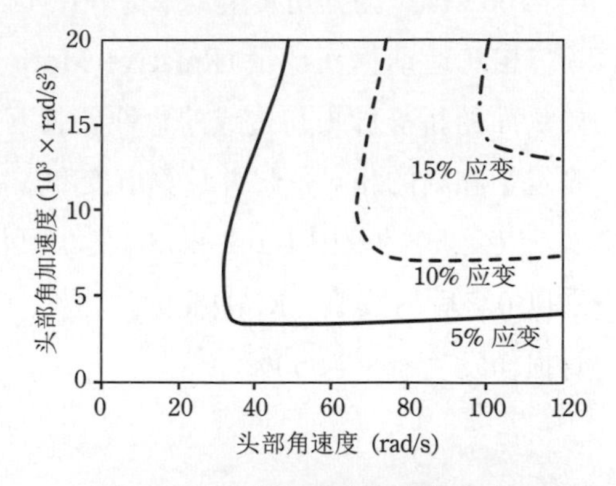

图 1-18　头部角速度和脑的应变

脑的最大主应变 (Maximum Principal Strain, MPS) 是拉伸方向上的应变量，是表示脑皮质挫伤和轴索损伤等脑组织损伤程度的指标。另外，在脑整体中，应力和应变超过阈值的部位所占比例越大，脑损伤发生的风险就越大。弥漫性轴索损伤在脑轴索受到因头部旋转载荷造成的过度拉伸应变时发生，当轴索的应变达到 10%~15% 时，开始产生轴索肿胀和轴索输送的损失[7]。脑整体中受到损伤的轴索比例与弥漫性轴索损伤相关。因此，在弥漫性轴索损伤的评价指标中，除了脑的最大主应变，还采用了表示脑的主应变超过某个阈值的体积比例，即累积应变损伤值 CSDM (Cumulative Strain Damage Measure)[8]（图 1-19）。通过有限元解析求得的脑应变与实验及临床中的损伤程度进行比较，可得出脑损伤的应变阈值。结果显示，越是重度的脑损伤，CSDM 中用到主应变的值越大。例如，设脑的主应变 0.25 的 CSDM (0.25) 为变量，则弥漫性损伤发生概率 p 可表示为：

$$p = \frac{1}{1 + e^{-7.86 \times \mathrm{CSDM}(0.25) + 4.236}}$$

根据上式，CSDM (0.25) 54 vol% 相当于弥漫性轴索损伤的发生概率为 50%[9]。

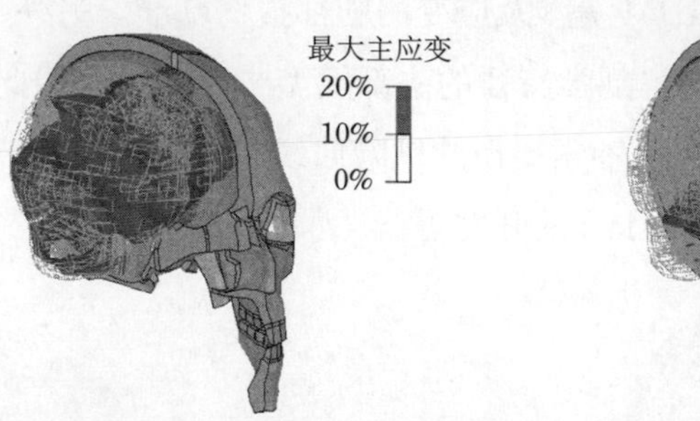

a) 脑中主应变 10% 值 49 vol%

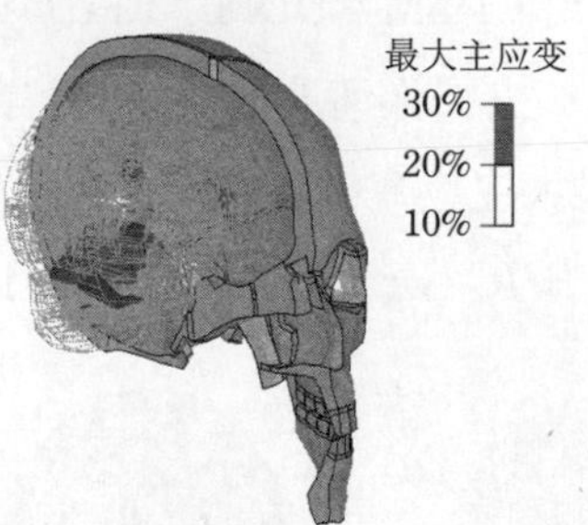

b) 脑中主应变 20% 值 1.2 vol%

图 1-19　头部有限元模型的应变分布比例[15]

通过计算可以得到，事故再现中对应脑内血肿的最大主应变为 0.3~0.4[8]。这个应变值接近大脑血管的损伤阈值。另外，由对冲性挫伤导致的脑损伤被认为是由于脑的负压超过某个阈值引起的。物理模型的实验结果显示，冲击加速度一旦超过某个值，特别是在颅和脑的边界处便会发生气化或腔体的崩溃。因此，将脑整体中负压的大小超过某个阈值的体积比例定义为膨胀损伤值 (Dilatational Damage Measure, DDM)[7]。负压的阈值为水蒸气分压 –100 kPa。脑挫伤发生概率为 50% 时，对应的 –100 kPa 时的 DDM 值为 7.2 vol% [9]。

相对运动损伤计量 (Relative Motion Damage Measure, RMDM) 是一种用来评估正中矢状面的桥静脉损伤造成的急性硬膜下血肿的指标 [7]。为了评估桥静脉的断裂情况，需要测定颅和脑的相对位移并计算应变和应变速度。图 1-20 所示为断裂的阈值对应的应变速度 $\dot{\varepsilon}$，应变 ε 的范围为 0.2~0.8。考虑到活体特性，图中显示的是 Lowenheim 的尸体实验值乘以 0.7 后的数值。RMDM 为发生的应变和断裂应变的比值，RMDM 值为 1.0 所对应的血管损伤发生概率为 50%。

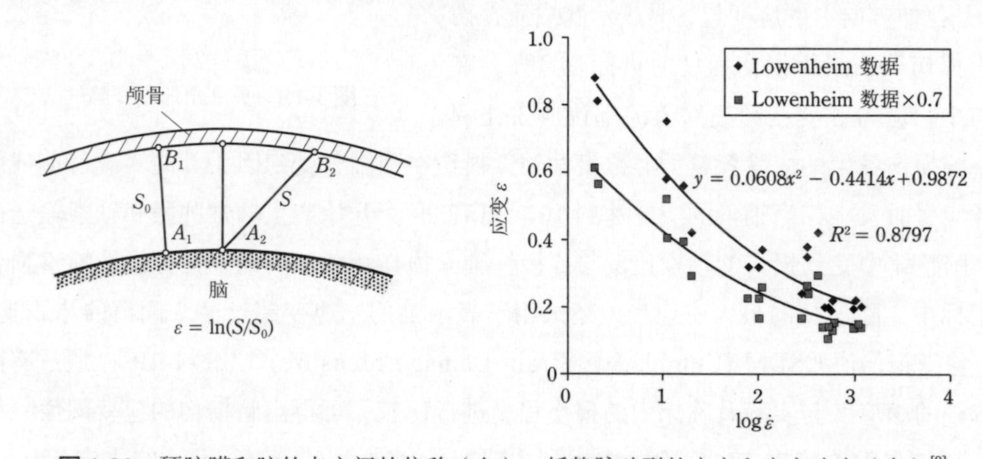

图 1-20 硬脑膜和脑的点之间的位移（左），桥静脉破裂的应变和应变速度（右）[9]

注：S_0 代表初始长度；S 代表最新长度；A、B 分别表示在时间 $t=t_1$ 时脑和硬脑膜初始的两个点；A_2、B_2 分别表示时间 $t=t_2$ 时脑和硬脑膜初始的两个点。

美国高速公路安全管理局 (NHTSA) 开发出了能够使用有限元法模拟计算的头部模型 SIMon（图 1-21）。通过把从假人和仿真解析得到的头部平移加速度和角加速度输入到模型中，可以计算出 CDSM、DDM、RMDM 等涉及应变的脑部损伤基准。另外，NHTSA 还在进一步开发能够更加详细地反映脑部解剖学特征的头部模型 [9]。通过运用此模型可以绘制以 CSDM 和最大主应变为变量的弥漫性轴索损伤的风险曲线，以及后面章节将提到的头部旋转损伤指标 *BrIC* (Brain Injury Criteria) 的开发等。

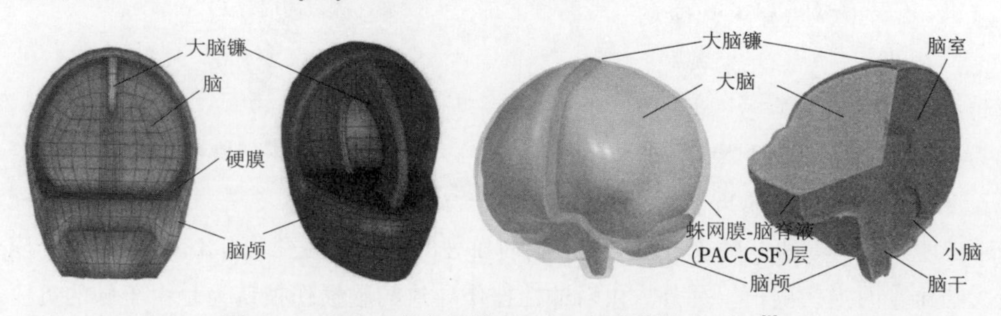

图 1-21 SIMon 的标准模型（左）和改进模型（右）[9]

2) *HIC*

从 20 世纪 50 年代开始，Wayne State 大学进行了关于头部耐受性的研究。研究人员用尸体的头部从空中坠落至钢板，测量加速度并观察是否出现线性骨折。研究人员根据尸体实验及志愿者实验和动物实验的结果，整理得出了图 1-22 所示的 Wayne State 耐受性曲线 [9]。Wayne State 耐受性曲线表示头部平移加速度、持续时间和损伤之间的关系。当头部平移加速度位于曲线上侧时，表示可能会发生颅骨线性骨折。另外，由于头盖骨线性骨折多伴随脑震荡的发生，所以此曲线也被用来确定脑震荡界限。

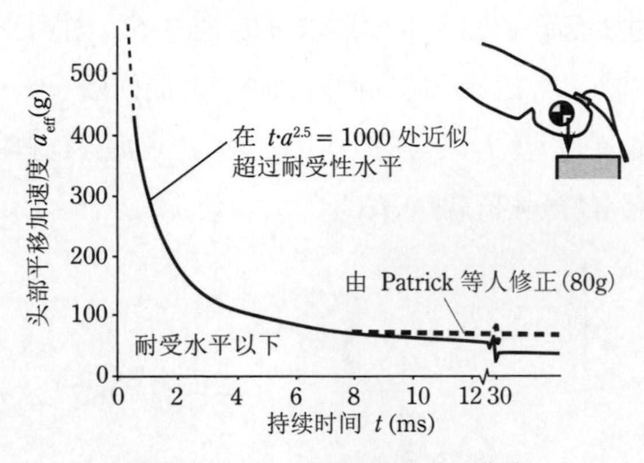

图 1-22　Wayne State 耐受性曲线

将 Wayne State 耐受性曲线中的平均加速度 $\bar{a}$ 和持续时间 Δt 取对数，可以得到近似直线如下 [10]：

$$2.5\lg\overline{a}+\lg\Delta t=3 \tag{1-1}$$

式 (1-1)[10] 可以变形如下：

$$\overline{a}^{2.5}\,\Delta t\ =1000 \tag{1-2}$$

为了评估复杂的加速度波形造成损伤的风险，Gadd 将式 (1-2) 左边改写为积分形式，并将之定义为头部冲击剧烈程度指数 (Severity Index, *SI*)[11]：

$$SI=\int_0^T\left(\frac{a(t)}{\mathrm{g}}\right)^{2.5}\,\mathrm{d}t \tag{1-3}$$

这里，t 表示时间 (s)，$a(t)$ 表示头部重心的三轴合成加速度 ($\sqrt{a_x^2+a_y^2+a_z^2}$) (单位 m/s^2)，g 表示重力加速度 (9.81 m/s^2)，T 表示冲击持续时间 (s)。Gadd 提出，在发生正面冲击的情况下，*SI* 的脑震荡阈值为 1000，不发生接触的情况下为 1500。

为了使 Wayne State 耐受性曲线适用于多种头部加速度波形，Versace[12] 利用任意时刻 t_1 和 t_2 ($t_1<t_2$) 间的平均加速度定义了头部损伤指标 (Head Injury Criterion, *HIC*)：

$$HIC=\left\{(t_2-t_1)\left[\frac{1}{t_2-t_1}\int_{t_1}^{t_2}\left(\frac{a(t)}{\mathrm{g}}\right)\mathrm{d}t\right]^{2.5}\right\}_{\max} \tag{1-4}$$

上式中的$a(t)$是头部重心的三轴合成加速度(m/s^2)，t_1和t_2是HIC取得最大值的时刻(s)。

HIC的阈值一般取1000。虽然选择头部与汽车接触的时间作为t_1、t_2较合适，但是确定接触的时长很困难。因此为了方便，选取36 ms作为时间间隔t_2-t_1的最大值(HIC_{36})。当与颅骨骨折有关时，15 ms的HIC值更大，与$HIC_{36}=1000$产生相同的损伤，在FMVSS 208法规中，允许值为$HIC_{15}=700$。HIC是包括汽车安全法规在内的最常用到的评估头部损伤的损伤准则。它被看作是与受到头部平移加速度较大影响的颅骨骨折和脑挫伤相关联的指标。

图1-23显示了通过头部合成加速度波形求HIC的过程。对应三轴合成加速度的某个时刻t_1，使t_2在计测出的t_2-t_1的最小时间间隔到最大时间间隔（15 ms或36 ms）内变化，求$(t_2-t_1)\bar{a}^{2.5}$的最大值($\bar{a}$是t_1、t_2之间的平均加速度）。通过从碰撞开始时刻t_1到结束时刻t_2进行移动，最终得到的最大值就是HIC。

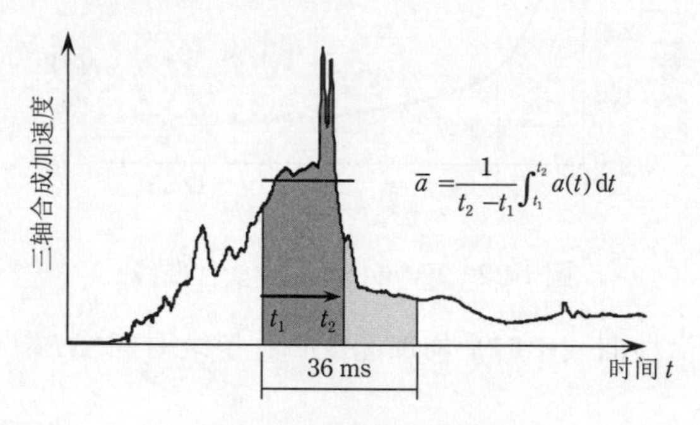

图1-23　HIC求解过程

3）角加速度和角速度

研究者尝试通过头部重心的角加速度和角速度等运动学变量来表示因头部旋转造成脑损伤的损伤值。Ommaya和Hirsh提出将脑震荡的阈值设为角加速度1800 rad/s^2，角速度70 rad/s。Löwehielm提出将桥静脉断裂的阈值设定为角加速度4500 rad/s^2，角速度70 rad/s。Newman则将头部的平移加速度和角加速度结合起来，提出了脑损伤阈值的广义加速度模型(Generalized Acceleration Model for Brain Injury Threshold, GAMBIT)[14]：

$$G(t)=\left[\left(\frac{a(t)}{a_c}\right)^n+\left(\frac{\alpha(t)}{\alpha_c}\right)^m\right]^{1/s} \tag{1-5}$$

上式中的$a(t)$、$\alpha(t)$分别为头部重心的平移加速度和角加速度，n、m、s为拟合数据而选取的经验常数，a_c和α_c分别为加速度和角速度的临界值（耐受性）。Kramer通过统计分析和计算机模拟求得常数，并提出下面等式：

$$G(t)=\left[\left(\frac{a(t)}{250}\right)^{2.5}+\left(\frac{\alpha(t)}{25}\right)^{2.5}\right]^{1/2.5} \tag{1-6}$$

NHTSA 对头部旋转损伤指标 ($BrIC$) 进行了研究。在 $BrIC$ 中，设头部重心的角速度为 ω_x、ω_y、ω_z (rad/s)，则有 [13]：

$$BrIC=\sqrt{\left(\frac{\omega_x}{\omega_{xC}}\right)^2+\left(\frac{\omega_y}{\omega_{yC}}\right)^2+\left(\frac{\omega_z}{\omega_{zC}}\right)^2} \tag{1-7}$$

ω_{xC}、ω_{yC}、ω_{zC} 为标准角速度，基于和脑的主应变的相关性，分别为 66.3 rad/s、53.8 rad/s、41.5 rad/s。可以确认的是，BrIC 与有限元模型中脑的 CSDM 以及最大主应变之间具有很高的相关性。损伤概率可以通过 $P(\text{AIS } 4)=1-\exp[-(BrIC/1.204)^{2.84}]$ 计算得出，$BrIC$ 值为 1 时相当于 AIS 4 级脑损伤发生概率为 45%。在实际的事故中，汽车乘员的头部损伤多由头部与车内的接触造成，但是在假人实验中，即使在头部没有接触的状态或者与安全气囊接触的状态下，也会有 $BrIC$ 值较大等问题出现。

将平均加速度 $\bar{a}$ 的平方与接触持续时间 Δt 作乘积，可近似得出 Wayne State 耐受性曲线。也可用速度差 ΔV 求解，就变成：

$$\bar{a}^2\,\Delta t=\frac{(\Delta V)^2}{\Delta t}=6737 \tag{1-8}$$

这表明脑损伤程度可以通过动能的变化率来表示。此处，我们将头部的旋转运动也考虑进来，设头部质量 m 和惯性力矩 I_x、I_y、I_z 分别为 4.5 kg，0.016 kg·m^2、0.024 kg·m^2、0.024 kg·m^2 时，可通过头部加速度 a_x、a_y、a_z (m/s^2) 和角加速度 α_x、α_y、α_z (rad/s^2) 定义新头部损伤评估标准 (Head Impact Power, HIP)[14]：

$$\begin{aligned}HIP=&\,m a_x\int a_x\,\mathrm{d}t+m a_y\int a_y\,\mathrm{d}t+m a_z\int a_z\,\mathrm{d}t+\\&I_x\alpha_x\int\alpha_x\,\mathrm{d}t+I_y\alpha_y\int\alpha_y\,\mathrm{d}t+I_z\alpha_z\int\alpha_z\,\mathrm{d}t\end{aligned} \tag{1-9}$$

在通过采用假人再现足球运动冲击造成脑震荡时的实验中，可确定 HIP 12.8 kW 与轻度脑外伤 MTBI 50% 的损伤风险相对应。

基于对 HIC 的类推，将式 (1-5) 中的头部加速度置换成角加速度得到的头部旋转损伤准则 RIC (Rotational Injury Criterion) 也被提出 [15]：

$$RIC=\left\{(t_2-t_1)\left[\frac{1}{t_2-t_1}\int_{t_1}^{t_2}\alpha(t)\,\mathrm{d}t\right]^{2.5}\right\}_{\max}/\,\mathrm{C}_{\mathrm{RIC}}$$

上式中的 $\alpha(t)$ 为三轴合成角加速度，$\mathrm{C}_{\mathrm{RIC}}$ 为常数 (1.0×10^4)。RIC 与足球造成的脑损伤概率以及根据有限元分析得出 CSDM 具有相关性，将 36 ms 作为时间间隔 t_2-t_1 的最大值代入上式，可知 RIC 的值 1000 与脑损伤的损伤概率 50%相对应 [11]。

1.10 颈部

颈部外伤发生的原因有两点：一是由于头部惯性载荷作用；二是由于头部遭受冲击，对颈部产生间接载荷作用。由于颈部直接受到载荷作用造成损伤的发生率很低，此处不做讨论。

1.10.1 解剖学

如图 1-24 所示，脊柱形成骨骼系统中一个大的中心轴，由 24 块椎骨、1 块骶骨和 1 块尾骨构成。颈部由 7 块椎骨组成，由椎间盘、韧带和肌肉等软组织相连接。这些椎骨称为第一颈椎 (C1)、……、第七颈椎 (C7)，C1 是最上方的椎骨。同样，胸椎由 12 块椎骨（第一胸椎 (T1)、……、第十二胸椎 (T12)）组成，腰椎由 5 块椎骨（第一腰椎 (L1)、……、第五腰椎 (L5)）组成。所有的脊柱由与骨盆相连接的骶骨支撑。

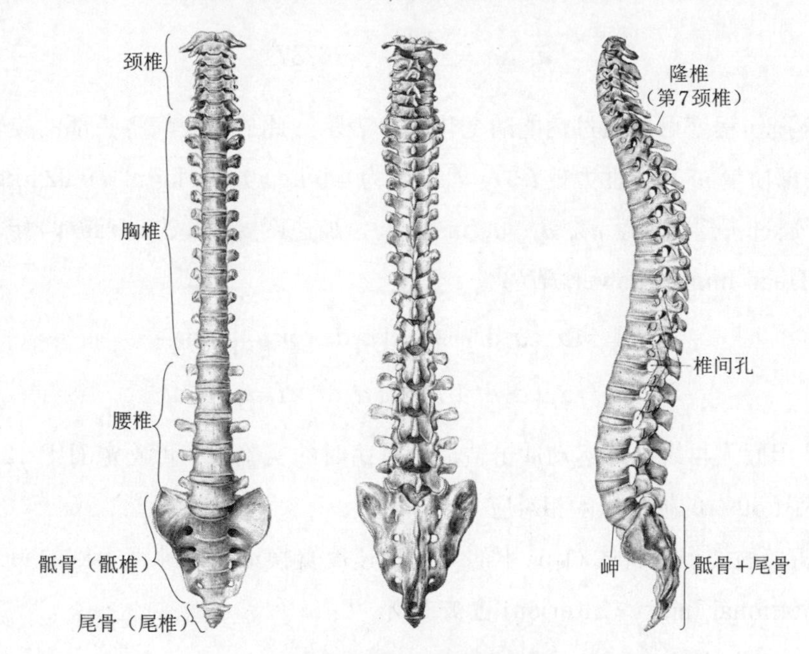

图 1-24 脊柱的解剖学[4]

颈椎比胸椎和腰椎小，除了 C1 和 C2，其他的椎骨都具有同样的构造。椎骨由前侧的椎体和后侧的椎弓构成。椎体由密质骨包围的松质骨组成。椎弓是环状的骨，后侧是棘突，横向上分别终止于横突。这些突起是韧带和肌肉的附着点，被称作椎孔的开口部被椎弓包围，形成可供脊髓通过的椎管。图 1-25 为椎骨的示意图。

脊柱具有前侧和后侧两条载荷路径。一条是通过由椎间盘相结合的椎体的载荷路径。椎间盘为纤维软骨结构，可以在促成邻接的椎体间发生运动的同时，作为冲击吸收体发生作用。另一条载荷路径通过椎骨的椎弓。因此椎弓上下各有两个称作小关节面的关节面附着。这些面与邻近椎骨的关节面上下结合，称为椎间关节。

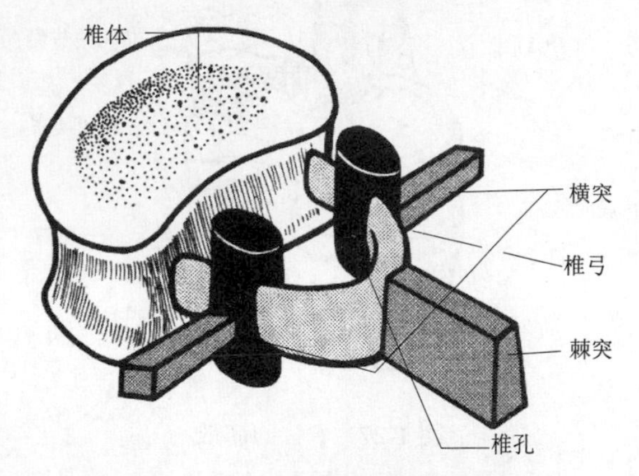

图 1-25　椎骨[1]

颈椎中处于上位的两块椎 (C1、C2) 与其他的颈椎结构不同 (图 1-26)。第一颈椎 (C1) 被称为寰椎，可以将其认为是一个骨性环。寰椎的前侧有一对小关节面，分别被软骨覆盖，其与颅底共同构成了寰枕关节。此关节在颅的一侧由枕骨的踝形成，被称为枕髁。因为有这个关节，头部可以进行前后点头等动作。第二颈椎 (C2) 被称为枢椎。椎体的上侧有小块骨头突起的齿突。此处的齿突嵌于寰椎的椎孔前侧。寰椎—轴椎关节使头部能够发生回转运动。

脊柱由椎骨和与椎骨连接的韧带支撑 (图 1-27)。椎体的前侧，从头盖到尾骨为止，通过纵贯脊椎全长的前纵韧带连接。前纵韧带限制了伸展运动的范围。同样，后纵韧带位于椎体的背侧，它也是连接全部椎骨的连续韧带。椎管的内侧分布有被称为黄韧带的一系列韧带，它不像结合了椎体的前 / 后纵韧带那样具有连续性。上述的椎间关节被韧带组织的关节囊韧带完全包围。椎骨后侧有重要的棘间韧带和棘上韧带，棘上韧带也连接了整个脊椎。它在颈椎部位被称为项韧带。头部的屈曲运动也受到此韧带的制约。

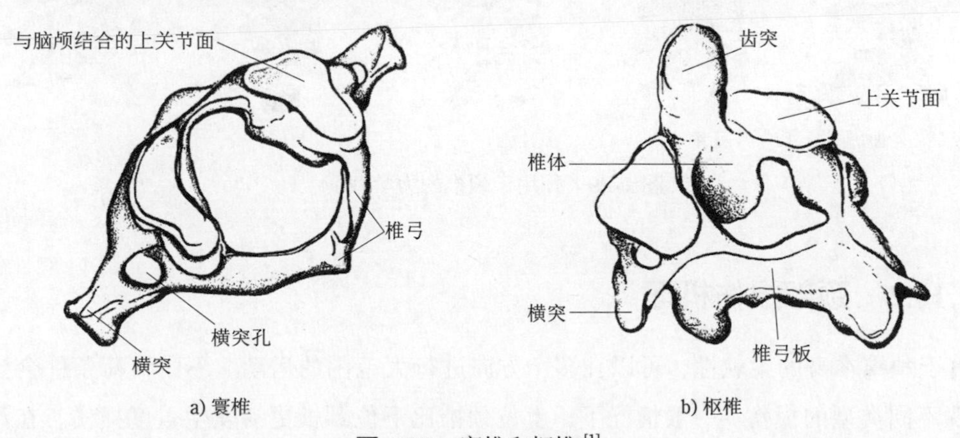

a) 寰椎　　b) 枢椎

图 1-26　寰椎和枢椎[1]

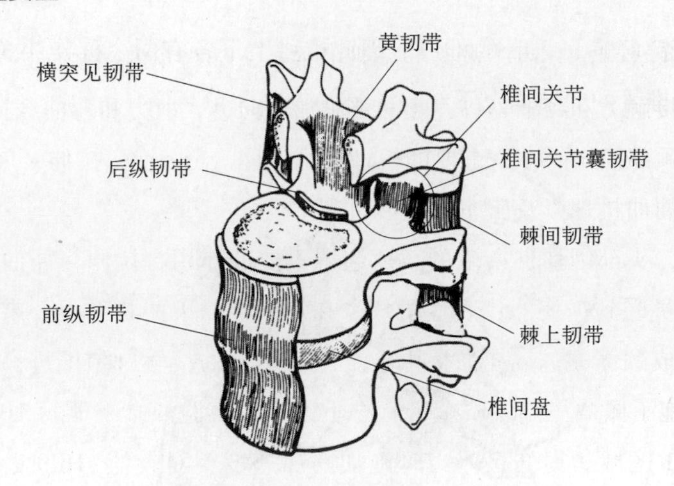

图 1-27　脊柱的韧带

颈部运动包括屈曲、伸展、侧屈和回转四项基本运动及其组合（图 1-28）。为了使上述运动成为可能，需要不同关节的参与。成年人从枕髁 (Occipital Condyle, OC) 到 C7 为止的回转运动角度为 120°，其中 70% 位于 OC 和 C2 之间。而且，屈曲角和伸展角在 C1 到 C7 之间基本相同。图 1-29 显示了从工学角度对施加于颈部的载荷分类。

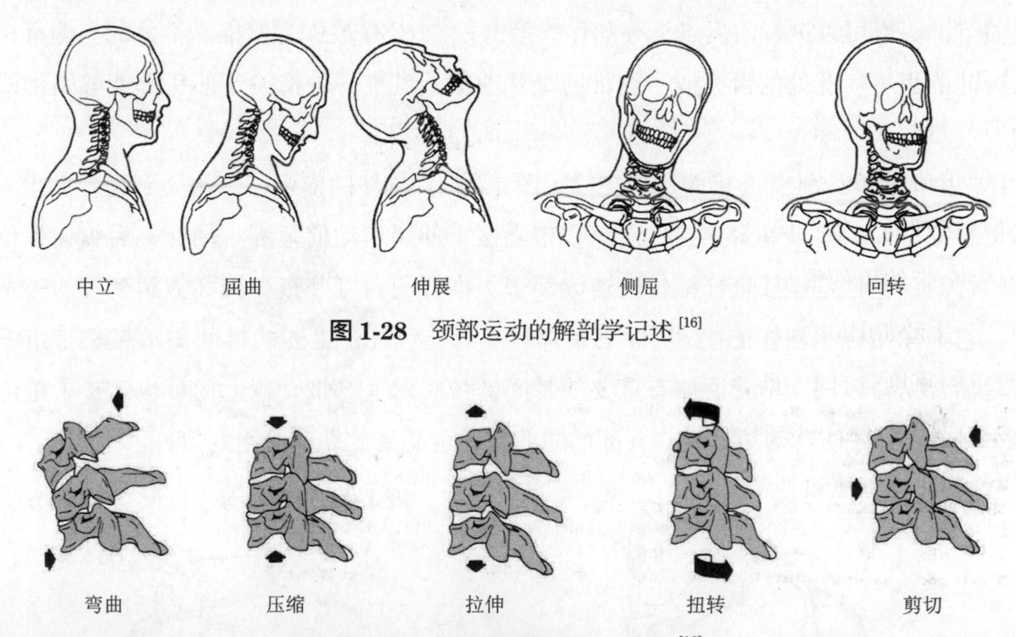

图 1-28　颈部运动的解剖学记述 [16]

图 1-29　作用于颈椎的力学载荷 [16]

1.10.2　颈部损伤机理

由于颈椎本身的柔软性，可以在多个方向进行大范围的运动。不同负荷条件会导致颈部出现不同类型的损伤。一般情况下，上位颈椎比下位颈椎更易发生重度损伤。在汽车碰撞中，颈部损伤有很大部分是由于未系安全带的乘员头部与车内接触而发生。这种情况下，对应从头部传来的接触力和颈椎姿势，颈部被施加轴向力、剪力和弯曲载荷。

下面将对造成颈部损伤的 4 个重要的机理进行说明。分别是：拉伸 – 屈曲机理、拉伸 – 伸展机理、压缩 – 屈曲机理以及压缩 – 伸展机理。

在拉伸机理中，头部因惯性产生的载荷起着重要的作用。拉伸 – 屈曲机理是正面碰撞中受安全带约束乘员受到损伤的代表性机理。在躯干被约束的状态下，乘员的头部因惯性力向前方运动，造成颈部的过度屈曲。由于下颌与胸部的接触，颈椎进一步受到巨大的拉伸力。Schmidt 实施了佩戴三点式安全带状态下的尸体实验。结果显示 100 具尸体中有 46 具确认产生 C7~T1 区域的损伤，但当时施加的加速度相对较低 (16.9 g~25.6 g)。另外，根据 Cheng 的研究表明，在较高加速度 (34 g~38 g) 条件下的尸体实验中，尸体发生了上位颈椎(寰枕关节和寰枢关节)脱臼损伤。但是，在实际事故的研究中，无头部接触的拉伸 – 屈曲负荷条件下，颈部发生重度损伤的频率较小。需要注意的是，一旦颈椎发生脱臼，就会成为重度损伤。特别是小孩，由于颈部的强度不足以支撑质量大的头部，因此导致颈部的负荷变大。

在拉伸 – 伸展机理中，头部向后方旋转，颈部由于拉伸力和伸展力矩的作用受到损伤。如图 1-30 所示，在大负荷条件下，拉伸 – 伸展机理中前纵韧带大幅的伸展有时会引起椎体骨折(骨片被拉至前侧)。图 1-31 显示了颈部在拉伸 – 伸展时的负荷情况。另外，头部的正面冲击会导致拉伸 – 伸展机理的发生，例如下颌与仪表盘的碰撞，或者没有安全带约束的乘员前额部与风窗玻璃发生碰撞等，这会引起如 Hangman 骨折 (C2 处脱臼骨折) 等更为严重的重度骨折。追尾时由于惯性，头部相对于体侧被拉向后方，所以颈部呈“S 形”轨迹进行伸展。这是挥鞭伤 (由追尾过伸展造成) 产生的重要原因。

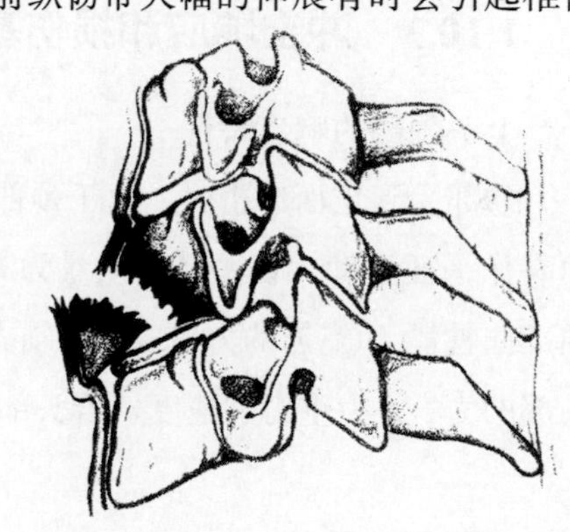

图 1-30　拉伸 – 伸展机理下的椎体骨折 [1]

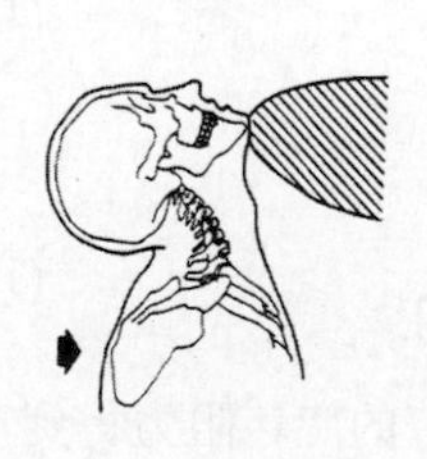

a) 头部停止，躯干继续向前运动

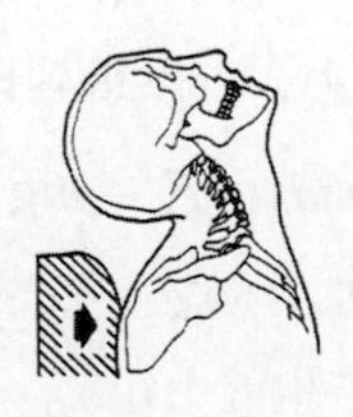

b) 躯干受到急剧的正面加速度，造成头部受到惯性载荷的作用

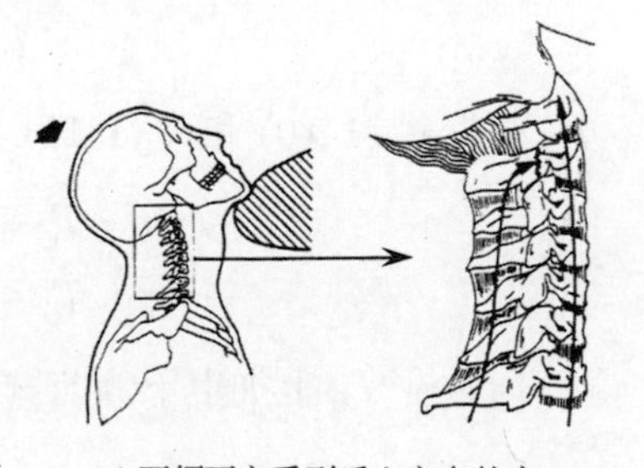

c) 下颌下方受到后上方向的力

图 1-31　颈部的拉伸 – 伸展载荷情况 [15]

压缩机理是指由于头部受到直接冲击而造成的脊柱压缩。由于受冲击部位和头部初期位置的不同，压缩－屈曲或者压缩－伸展机理发生作用。压缩－屈曲机理是指颈部处于屈曲状态时，头部会受到冲击。此时，由于椎体前部受到压缩力的作用，颈部会发生椎体骨折（楔状椎骨折和破裂骨折）(图 1-32)。压缩－屈曲机理会造成脱臼、椎间关节滑膜嵌顿和后纵韧带断裂，并常伴随脊髓损伤。而压缩－伸展机理则容易造成颈椎后部的骨折，有时也会造成一根以上椎骨椎弓部（包括棘突）骨折的发生，冲击力较大的情况下还会发生椎骨下关节面的骨折和脱臼。

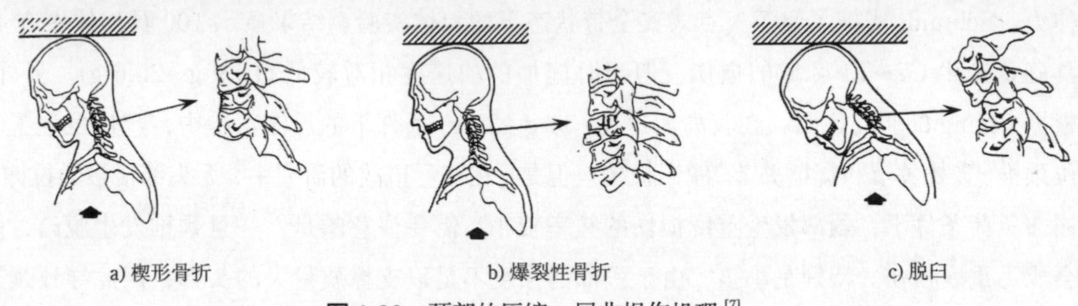

a) 楔形骨折　　b) 爆裂性骨折　　c) 脱臼

图 1-32　颈部的压缩－屈曲损伤机理[7]

1.10.3　冲击响应和损伤基准

1）颈部的响应特性

颈部受到正面冲击时，由于颈部屈曲而产生的颈部旋转阻力（图 1-33）。将头颈部的运动看作平面运动。设头部的质量为 m，I_G 为重心 G 对 y 轴的转动惯量。$\boldsymbol{F}_O$ 和 T_O 分别表示颈部向枕髁 O 施加的力以及绕 y 轴方向上的力矩，$\boldsymbol{F}_C$ 表示下颌与胸部的接触时下颌作用于头部的力，$\mathbf{g}$ 为重力加速度。若头部重心的加速度为 $\boldsymbol{a}_G$，则头部的运动方程式为：

$$m\boldsymbol{a}_G = \boldsymbol{F}_O + \boldsymbol{F}_C + m\mathbf{g} \tag{1-10}$$

ω 表示绕 y 轴的旋转角速度，则围绕与 y 轴平行的过头部重心的轴的旋转运动方程式为：

$$I_G\,\dot{\omega} = T_O + [\,\boldsymbol{r}_{GO}\times\boldsymbol{F}_O + \boldsymbol{r}_{GC}\times\boldsymbol{F}_C]_y \tag{1-11}$$

根据式 (1-10) 和式 (1-11) 将 $\boldsymbol{F}_O$ 消去，可以得到以下公式：

$$\begin{aligned} I_G\,\dot{\omega} &= T_O + [\,\boldsymbol{r}_{GO}\times(m\boldsymbol{a}_G - \boldsymbol{F}_C - m\mathbf{g}) + \boldsymbol{r}_{GC}\times\boldsymbol{F}_C\,]_y \\ &= T_O + [\,(\boldsymbol{r}_{GC}-\boldsymbol{r}_{GO})\times\boldsymbol{F}_C + \boldsymbol{r}_{GO}\times m\boldsymbol{a}_G - \boldsymbol{r}_{GO}\times m\mathbf{g}]_y \end{aligned} \tag{1-12}$$

通过在 T_O 上加上下颌与胸部接触产生的力矩 $\boldsymbol{r}_{OC}\times\boldsymbol{F}_C$ 定义枕髁关节的旋转阻力得到 T_R：

$$T_R = T_O + [\boldsymbol{r}_{OC}\times\boldsymbol{F}_C]_y \tag{1-13}$$

联立式 (1-12) 和式 (1-13) 得到：

$$T_R = I_G\,\dot{\omega} + [\boldsymbol{r}_{OG}\times m\boldsymbol{a}_G - \boldsymbol{r}_{OG}\times m\mathbf{g}]_y \tag{1-14}$$

根据式 (1-14)，可以计算出枕髁关节的旋转阻力 T_R。

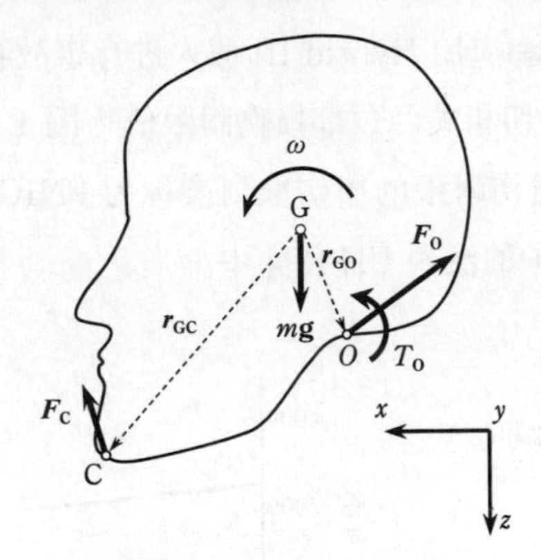

图 1-33　施加于头部的力

20 世纪 70 年代初，Mertz 和 Patrick 实施了如图 1-34 所示的志愿者实验和尸体实验，并提出了头颈部受到正面冲击时，头颈部的运动学响应。动态实验是通过志愿者实施的。颈部的响应根据式 (1-14) 中的 T_R 和头部相对躯干的屈曲角度来定义（图 1-35），通过实验还得到了屈曲和伸展的限值范围。枕髁处的力矩的耐限值被求得，为前方向屈曲状态下 190 N·m、伸展状态下为 57 N·m。

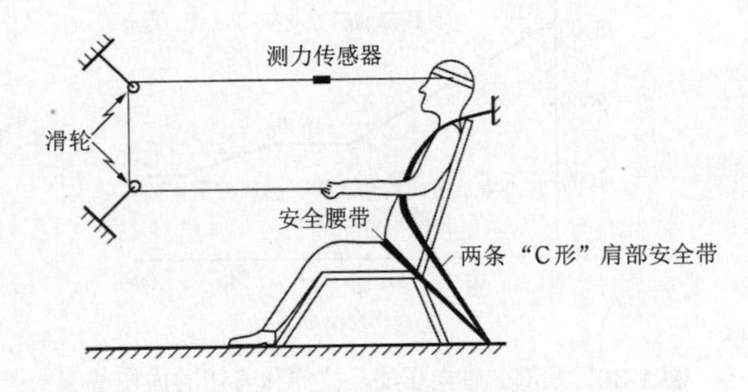

图 1-34　Mertz 和 Patrick 实施的志愿者实验（静态载荷）

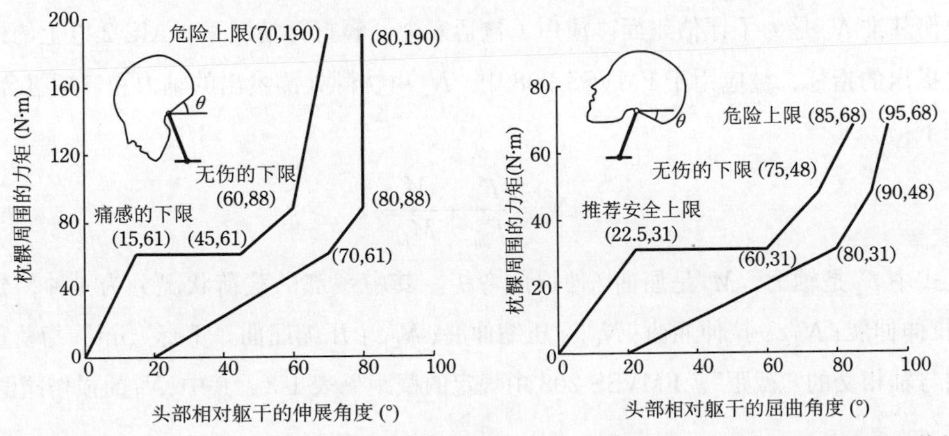

图 1-35　Mertz 和 Patrick 提出的负载阶段的屈曲（左）和伸展（右）时的头颈部响应包络线

2) FNIC

Mertz 通过动态尸体实验和应用 Hybrid III 假人进行事故再现，得出了 Hybrid III 假人颈部的轴向压缩、拉伸和与剪切相关的颈部损伤耐限值（图 1-36）。这些耐限值是关于载荷持续时间的函数。这个基于损伤耐限的损伤准则被称为 FNIC (Frontal Neck Injury Criteria)，被用于正面碰撞乘员保护的法规 UN R94 中。

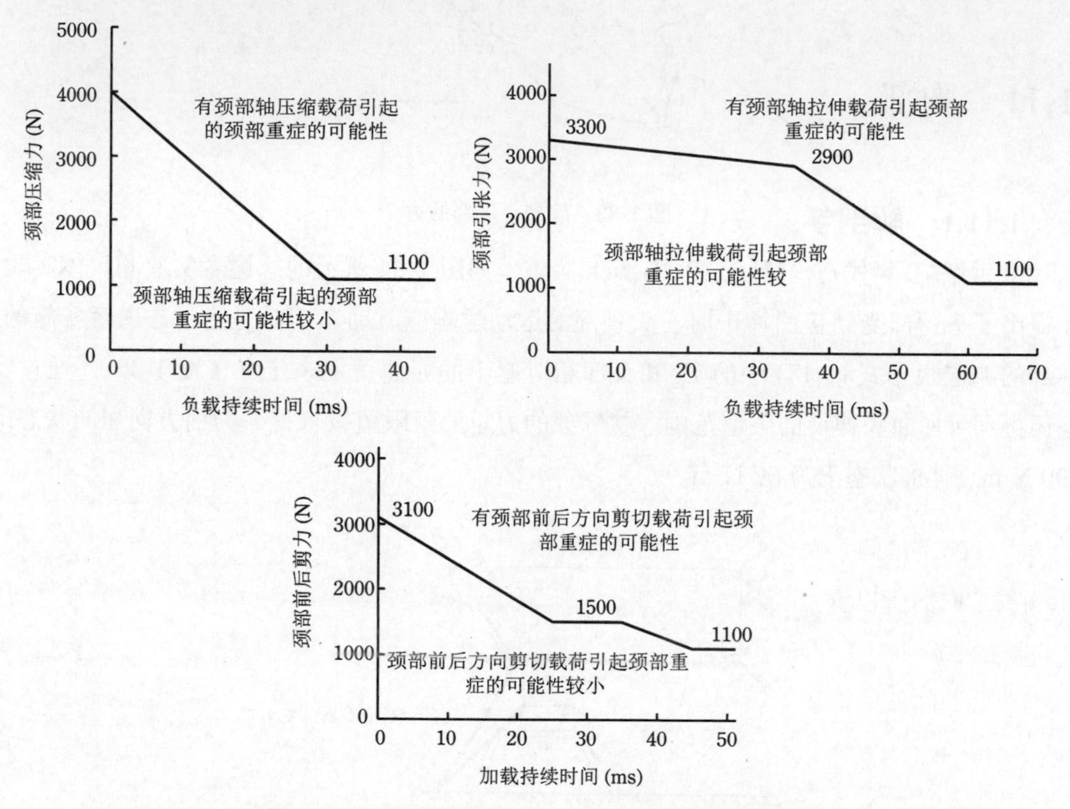

图 1-36 颈部的轴向压缩、拉伸和剪切的损伤基准

3) **损伤基准 N_{ij}**

损伤基准 N_{ij} 是为了评估正面碰撞中（包括安全气囊打开情况下）AIS 2 以上的颈部损伤而被提出的指标，被应用于 FMVSS 208 中。N_{ij} 由枕髁处测量出的轴力和弯矩组合而成，计算如下：

$$N_{ij} = \frac{F_z}{F_{int}} + \frac{M_y}{M_{int}} \tag{1-15}$$

上式中 F_z 是轴力，M_y 是屈曲 / 伸展的弯矩。其中颈部的载荷状况分为 4 种，分别为 N_{TE}：拉伸伸展；N_{TF}：拉伸屈曲；N_{CE}：压缩伸展；N_{CF}：压缩屈曲。下标“int”指荷重和力矩分别与轴相交的“截距”。FMVSS 208 中规定的截距见表 1-3。其中，N_{ij} 的损伤阈值为 1。

N_{ij} (FMVSS 208)　　表 1-3

类　型	M_y（屈曲）(N·m)	M_y（伸展）(N·m)	F_z（压缩·拉伸）(N)
AM50	310	125	4500
AF05	155	62	3370
6 岁	93	39	2800
3 岁	68	27	2120

1.11　胸部

1.11.1　解剖学

胸部包括心脏、肺等维持生命的器官，因此是仅次于头部的第二重要保护部位。胸部位于躯干上部，包括从颈部附着部位到下部肋骨的部分，包含心脏、肺、支气管、气管、大血管、神经和食道等重要的脏器。这些内脏和器官被胸廓包围和保护。胸部的外部由皮肤、肌肉、脂肪以及其他软组织构成。胸廓由胸骨、12 块胸椎以及 12 对肋骨组成，构成了内脏周围具有可动性的相对坚硬的壳（图 1-37）。所有的肋骨都柔软结合于胸椎处。胸骨是位于胸部前侧平展延伸的骨，处于皮肤的正下方，上至第一肋骨，下至柔软的腹壁处。上面的 7 对肋骨以软骨与胸骨直接结合。下面的 5 对肋骨与胸骨间接结合，其中最下面的 2 对被称为浮肋，附着在腹壁的肌肉上，与胸骨完全不结合。肋骨通过肋骨间易移动的肋间内肌和肋间外肌相互连接。

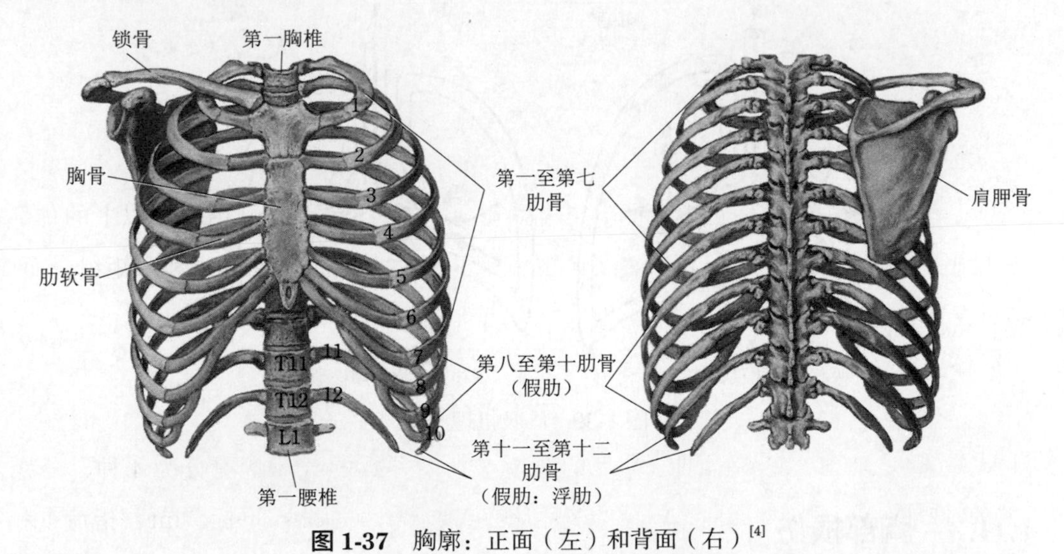

图 1-37　胸廓：正面（左）和背面（右）[4]

胸廓的作用是保护内脏和促进呼吸。儿童的胸廓非常柔软，无法对胸部内脏进行充分的保护。成长过程中，儿童胸部刚性增加，但胸廓依然保持其柔软性，能相对较好地对内部进行保护。而老年人肋骨、胸骨和椎骨之间的可动关节变硬，肋骨由于钙的流失变脆，易发生骨折。膈肌是圆顶形的薄肌肉，是分隔胸腔和腹腔的界限。肋骨的一部分位于横膈膜下方，保护腹腔内的内脏（肝脏、胃、脾脏、胰腺、肾脏）。肩部结构（锁骨、肩胛骨）位于胸廓上部，对胸廓起到保护作用。

胸廓的内部（胸腔）分为 3 个部分。分别是包括肺的左侧和右侧的 2 个部分，和包括心脏、气管和大血管的在中央的纵膈（图 1-38）。肺与左右支气管相连，它们与气管相结合。胸膜有双层包裹并保护着肺，外层附着在胸腔壁和横膈膜内侧，叫壁胸膜；内层是包裹着肺的脏胸膜。脏胸膜和壁胸膜之间的小空间叫作胸膜腔，是不与外部气体接触的封闭空间。为了使肺部保持膨胀形态，胸膜腔内连续保持着负压状态。

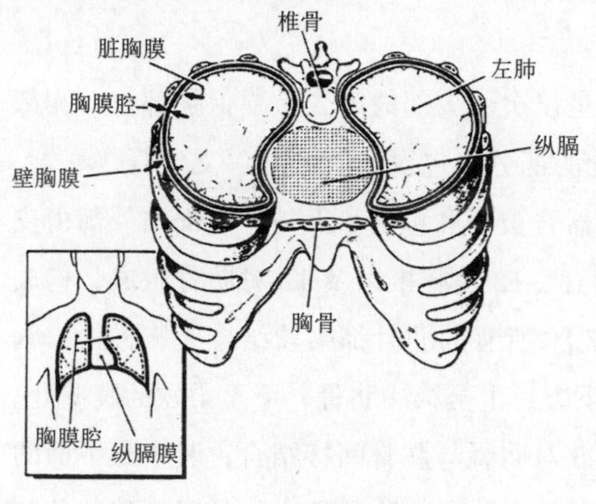

图 1-38 胸腔领域的分割 [1]

如图 1-39 所示，膈肌、胸廓和肋间肌像泵一般，将空气引入肺部，并排出肺部。当胸廓上升、横膈膜下降、胸腔体积扩大时，进行吸气（吸入空气）。由此，肺部膨胀，空气通过气管和支气管被吸入肺中。吸气时，肺、膈肌和胸廓中积蓄弹性能。呼气（吐出气体）进行于肌肉舒张时，气体被排出肺部。相比大气压，胸膜腔内的空气压力在呼气时为 2~3 N/m^2，吸气时为 8~10 N/m^2 的负压。

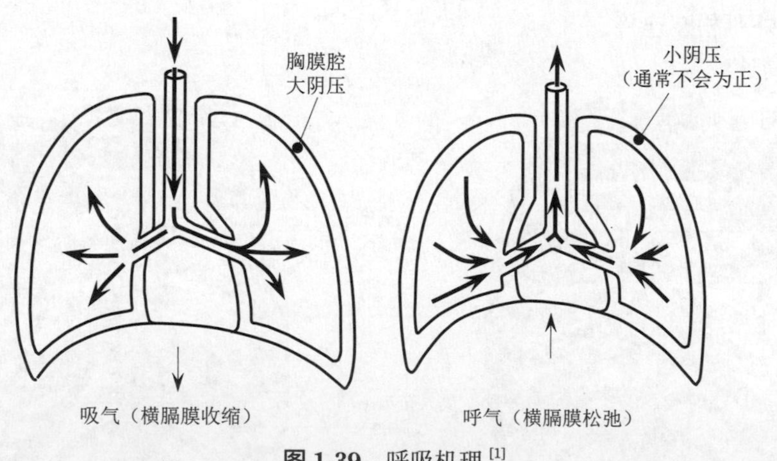

图 1-39 呼吸机理 [1]

1.11.2 胸部损伤

冲击会造成胸部压缩，产生胸腔内黏性载荷以及内脏的惯性载荷。对应不同载荷条件，可引起这些机理相互结合发生。由于胸部被压缩，一旦胸骨和肋骨的变形超过弹性极限就会导致骨折，甚至会导致肺、心脏或者大血管损伤。冲击力作用于胸部时，脏器不会发生急剧的变形而产生黏性阻力，这将导致在胸廓发生变形之前，肺和心脏等脏器就会因内部压力的增加而造成损伤。另外，爆炸等引发的冲击波若引起急剧的压力差，也会导致充满空气的肺泡发生出血现象。

根据损伤部位的不同，胸部外伤分为以下3类（图1-40）。

（1）胸廓骨折。

肋骨的骨折根数为1时，不构成重伤(AIS 1)，但当骨折数为2~3根时归类为AIS 2级损伤。多发性肋骨骨折会降低胸廓的强度，连续3根及以上的肋骨上均发现两处及以上的骨折时，胸廓将丧失骨的连续性。丧失连续性的胸廓部分会出现吸气时凹陷、呼气时突出的现象（奇异呼吸），这种状态被称为连枷胸(flail chest)。

（2）肺损伤。

肺受到外力作用时，肺泡壁和血管等断裂会导致肺损伤。肺泡仍可保持原来结构的损伤称为肺挫伤，肺表面可确认到开放性伤时被称为肺裂伤。肺挫伤由胸部压迫造成，肋骨是否发生骨折的情况都可能导致肺挫伤。胸部外伤可造成胸膜腔充满空气和血液（气胸、血胸）的情况发生。例如，折断的肋骨贯穿胸膜以及伴随肺和胸廓的损伤形成单向阀使空气滞留于胸膜腔内，造成受损一侧的胸膜腔内丧失负压，导致肺萎陷，从而使纵膈整体向没有受损的一侧发生偏移（张力性气胸）。

（3）其他胸部器官的损伤。

胸部受到冲击导致心脏被压缩，进而引发心肌挫伤、心肌裂伤以及心搏停止等症状。特别是心脏受到高速负荷时，有可能造成心室纤颤和心搏停止。这是由于在高速冲击(15~20 m/s)下，心壁的电刺激受到阻碍。另外，大动脉损伤导致的死亡率较高，降主动脉起始部位的峡部是损伤的多发部位。大动脉损伤可考虑为3种机理所造成：①大动脉的可动部位和固定部位之间的拉力和剪力作用；②脊椎对大动脉产生压力；③大动脉内压力急剧增加。

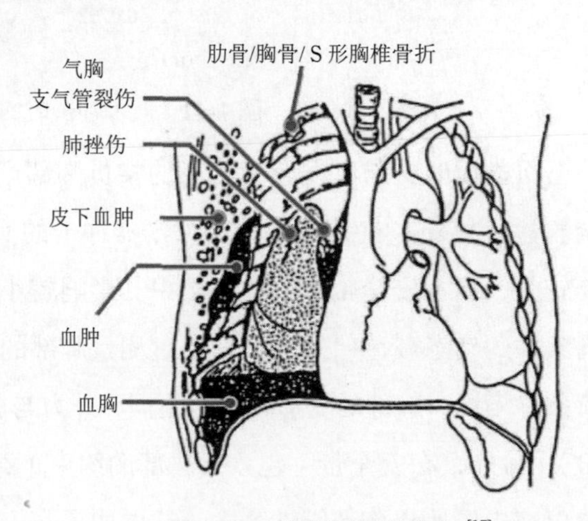

图1-40　胸部损伤的种类[17]

根据正面碰撞的事故数据可知，胸部损伤中胸廓骨折和肺损伤占的比例较大，主要由胸部与安全带和转向盘接触导致。肋骨骨折发生在安全带通过的位置，且下部肋骨的骨折非常多见。

1.11.3 冲击响应和损伤标准

Kroell[18] 进行了尸体胸部冲击实验的研究。这些实验结果是 Hybrid III 假人的生物逼真度成立的必要条件。实验中，受验体竖直入座，在背部不受约束的状态下，采用冲击器对胸骨施加了模拟与转向盘碰撞的冲击。实验中，采用了不同质量的冲击器和不同的冲击速度，冲击力通过冲击器内的荷重计进行测量。另外，胸部的变形量(胸骨和脊椎间的位移)也同时被测量。

图 1-41 所示为对没有进行防腐处理的尸体进行实验后得到的代表性载荷变形曲线。实验中采用了相同的冲击器质量（直径 152 mm，质量 23 kg）和碰撞速度（约 7 m/s）。根据载荷变形曲线可以看出下列的胸部黏弹性的特征：

（1）一般情况下，载荷变形曲线在初期阶段取决于碰撞速度，表现出载荷的急剧上升，之后保持平稳，直至最大弯曲挠度。

（2）平稳区域之后，载荷水平大幅下降，显示出较高的迟滞性。

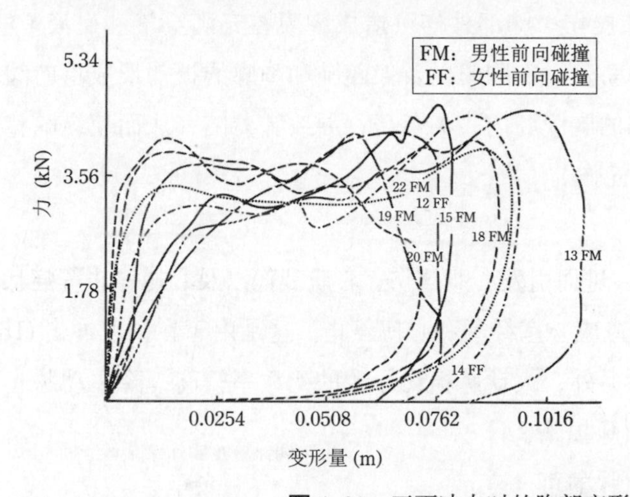

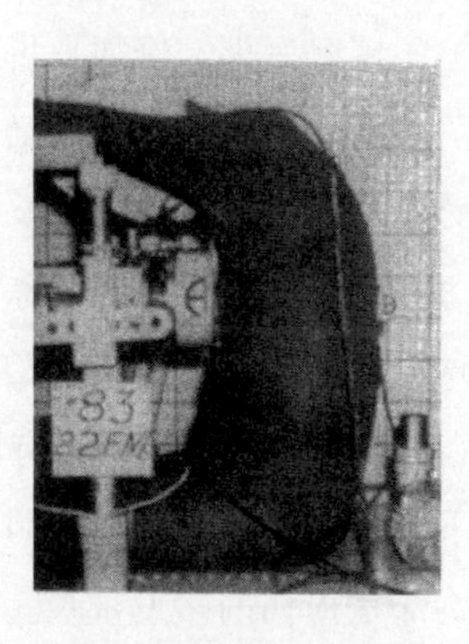

图 1-41 正面冲击时的胸部变形特性 [18]

正面碰撞时，与有安全带约束的乘员胸部产生冲击的结构不是转向盘，而是安全带或安全气囊。另外，在 Kroell 使用冲击器冲击的实验条件下，胸骨惯性力和胸部黏性特性的影响较大，但在安全带造成的负载中其影响较小。基于此，Kent[19] 对尸体的胸部施加 4 种不同条件的动态载荷(图 1-42)，通过测量胸部的载荷和胸部变形量对变形特性进行了研究。载荷条件不同，胸部的变形特征也不同，外力与胸部的接触面积越大，胸部刚性就越大（图 1-43）。另外，在安全带（包含对肩部的约束）载荷条件下，由于刚性较高的胸廓上部分也被约束在内，所以胸部刚性变大。这说明了在安全带约束中包含肩部的重要性。Kent 等人还对尸体被去除表层（皮肤和肌肉）和同时再去除内脏之后，进行了同等条件的实验。结果显示，在肩部未被约束时，去表层和同时去除内脏的情况下，胸部刚性分别为胸部完整时刚性的 60% 和 30%。而当肩部被约束（对角安全带和双重对角安全带）时，其值分别为 85% 和 55%。根据胸廓上部的构造对刚性的影响，可以看出软组织对胸部刚性的影响较小。

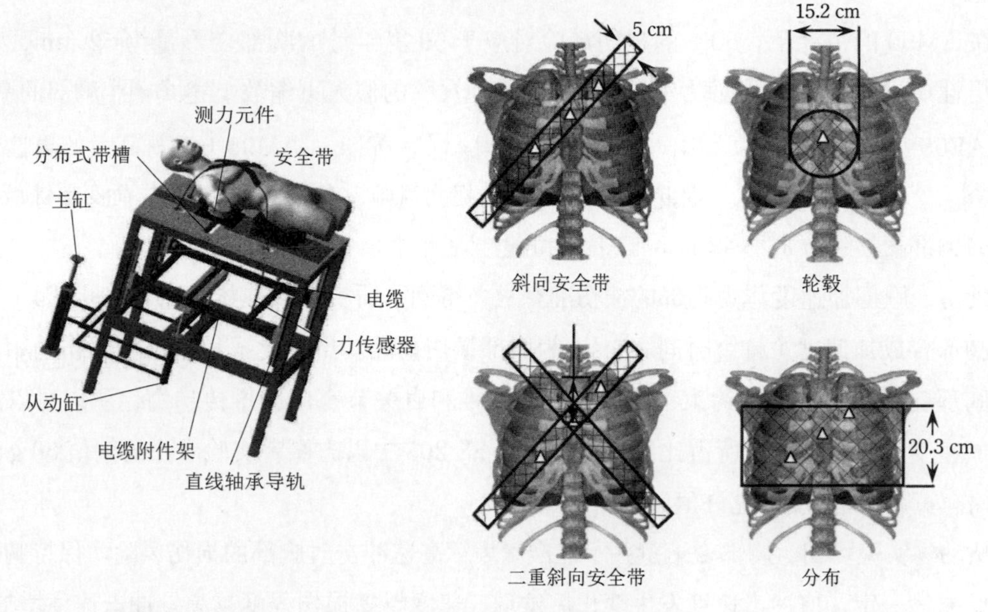

图 1-42　对胸部施加的 4 种动态载荷

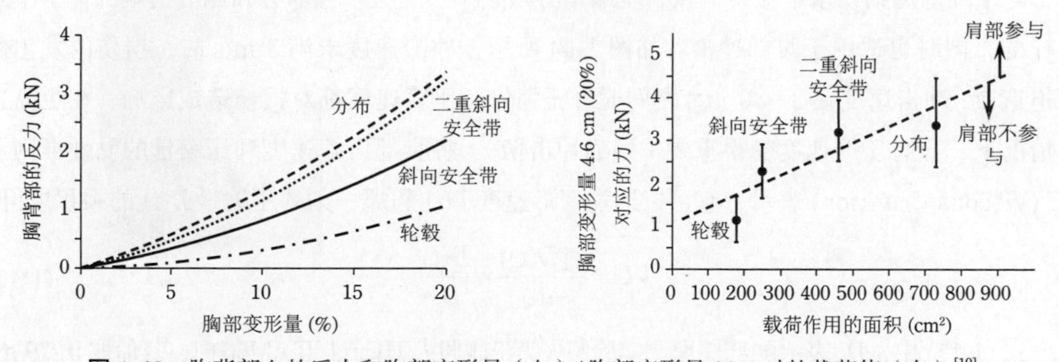

图 1-43　胸背部上的反力和胸部变形量（左）/ 胸部变形量 20% 时的载荷值（右）[19]

胸部压缩率 C_{max} 是胸骨中央变形量相对胸部厚度的比值。在胸部撞击试验中，当胸部压缩率不低于 20% 时，可看到肋骨骨折的现象 [18]。作为胸部损伤基准之一，最常用到的是胸部变形量（胸骨相对胸椎的位移），它与胸廓骨折或肺损伤等因压迫导致的胸部损伤相关度较高。由于胸廓的变形模式和伴随的骨折风险依据载荷形态的不同而不同，因此胸部变形导致的胸部损伤阈值不同。在安全气囊引起分布载荷时取 63 mm (FMVSS 208)，在安全带引起局部载荷时取 50 mm (UN R94)。胸廓骨折是否发生受年龄的影响很大。基于尸体实验的结果，可建立与年龄相关的损伤风险 P 的统计式（使用安全带时）[20]：

$$P(\text{AIS }3)=\frac{1}{1+\exp\{-[-12.597+0.05861\cdot Age+1.568(\delta_{\text{HIII50}})^{0.4612}]\}} \tag{1-16}$$

式中，Age 表示年龄；δ_{HIII50} (mm) 表示 Hybrid III 成年男性 (AM50) 假人的胸部变形量。

在 AM50 的情况下，50% 的损伤风险对应于 50 岁年龄的胸部变形量为 52 mm，对应高龄男性65岁时胸部变形量为42 mm。关于其他尺寸的假人可缩放上述式子中胸部的厚度，因此 AF05（身材娇小的女性）时代入$(\delta_{\text{HIII05}}/0.817)=\delta_{\text{HIII50}}$，AM95（身材高大的男性）时代入$(\delta_{\text{HIII95}}/1.108)=\delta_{\text{HIII50}}$。据此，对应 50% 的损伤风险，年龄 51 岁和 65 岁的身材娇小的女性的胸部变形量分别为 42 mm 和 34 mm。

最初，胸部加速度作为胸部的损伤准则之一得到了研究。以胸椎（第四胸椎 T4）处测得的胸部合成加速度（持续时间 3 ms）为胸部损伤基准。虽然此损伤基准与损伤的相关度低于胸部变形量，但由于约束装置、颈部、腰椎和肩关节都向胸椎传递力，所以可以通过胸部加速度研究这些力的所占比例。法规 FMVSS 208 中以志愿者实验求出的阈值 60 g (588 m/s^2) 作为胸部加速度的允许值。

从动物实验可知，胸部变形量并不能准确表示高速冲击时胸部的损伤风险。保持胸部的最大压缩量一定，使冲击速度发生变化后发现，速度越高损伤程度越高。冲击速度增加时，为了与增加前的损伤水平保持一致，压缩量必须减小。此关系在前方和侧方的胸部冲击中是一样的，同时也适用于腹部冲击。如图 1-44 所示，冲击速度未满 3 m/s 时，损伤的发生由压迫造成；冲击速度在 3~30 m/s 之间时，压缩量和压缩速度都对损伤造成影响。在更高速的情况下，只有压缩速度变得重要（形成冲击伤）。将胸部压缩速度和压缩量的黏性准则用 VC (Viscous Criterion) 表示，它可以通过变形速度 $V(t)$ 和那一刻的压缩量 $D(t)$ 的乘积求得：

$$VC=\frac{\mathrm{d}[D(t)]}{\mathrm{d}t}\times\frac{D(t)}{D_0} \tag{1-17}$$

式 (1-17) 中，D_0 表示胸部厚度，实验假人为正碰假人 Hybrid III AM50 时，其值取 0.229 m，采用侧碰假人 ES-2 时，其值取胸部宽度的一半—— 0.14 m。VC 的阈值是 1.0。当安全气囊展开或在汽车发生侧面碰撞时，即由于车门侵入对胸部造成冲击，胸部的变形速度会增大，所以有必要使用 VC 进行评估。

在胸部受到来自前方冲击的实验中，Lobdell 提出了由弹簧和减振器结合的、3 个质点组成的胸部响应力学模型 [21]（图 1-45）。图中 m_1 表示冲击器质量，m_2 和 m_3 分别表示胸骨和脊椎的等效质量。弹簧 k_{12} 表示冲击器和胸骨之间软组织的刚度，k_{23} 表示 m_2 和 m_3 之间的弹性系数。C_{23} 表示 m_2 和 m_3 之间的阻尼系数。内部的弹簧和减振器表示胸骨和脊椎之间的结合。

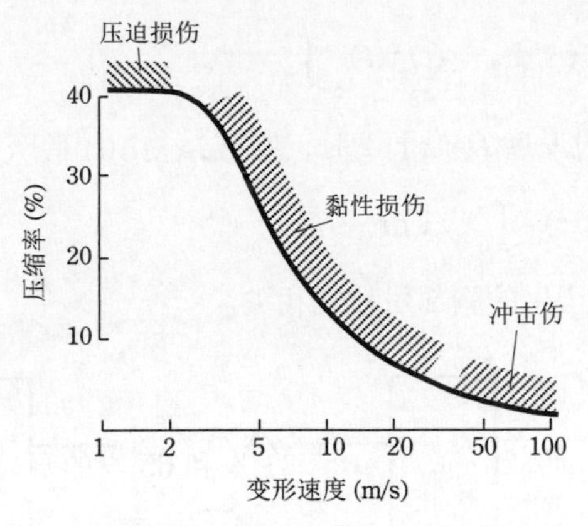

图 1-44　黏性基准的有效范围

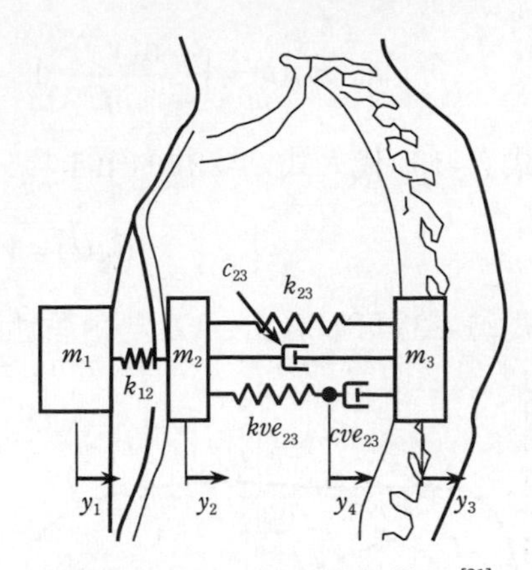

图 1-45　Lobdell 的胸部模型 [21]

Lobdell 提出的胸部模型的运动方程如下：

$$\left.\begin{aligned}&m_1\ddot{y}_1=k_{12}(y_2-y_1)\\&m_2\ddot{y}_2=k_{12}(y_1-y_2)+k_{23}(y_3-y_2)+c_{23}(\dot{y}_3-\dot{y}_2)+kve_{23}(y_4-y_2)\\&m_3\ddot{y}_3=k_{23}(y_2-y_3)+c_{23}(\dot{y}_2-\dot{y}_3)+cve_{23}(\dot{y}_4-\dot{y}_3)\\&cve_{23}(\dot{y}_3-\dot{y}_4)=kve_{23}(y_4-y_2)\end{aligned}\right\}\tag{1-18}$$

该模型中，m_2=0.45 kg，m_3=27.2 kg，k_{12}=281 kN/m，k_{23}=26.3 kN/m，kve_{23}=13.2 kN/m，c_{23}=0.52 kN·s/m（压缩）/1.23 kN·s/m（拉伸），cve_{23}=0.18 kN·s/m。将 Kroell 的实验条件 m_1=23 kg、$\dot{y}_1\big|_{t=0}=7$ m/s代入，通过数值积分解得的上式结果如图 1-46 所示。该曲线充分表达了 Kroell 的胸部响应实验结果（图 1-41）。曲线中初期冲击载荷的上升是由黏性要素的反力造成的。

VC 的力学意义可以通过 Lobdell 的胸部模型来思考。设胸部变形量为 $y(t)=y_1(t)-y_3(t)$ 时，胸部的变形速度为 $v(t)=\dot{y}(t)$。则黏性基准 *VC* 可以通过下式表示：

$$V(t)C(t)=\frac{y(t)\,\dot{y}(t)}{D}\tag{1-19}$$

如图 1-45 所示，将影响小的弹簧 k_{12}、kve_{23} 以及黏性阻力 cve_{23} 从 Lobdell 模型中去除，得到图 1-47 所示的简化模型。此时，黏性阻力为 $F_C=c_{23}\,\dot{y}(t)$。设 $c_{23}=1$，由黏性阻力吸收的能量如下所示：

$$E_V(t)=\int_0^y F_C\,\mathrm{d}y=\int_0^t[\dot{y}(t)]^2\,\mathrm{d}t\tag{1-20}$$

另一方面，对$y(t)\,\dot{y}(t)$时间进行微分后，得：

$$\frac{\mathrm{d}(y\,\dot{y})}{\mathrm{d}t}=\dot{y}^2+y\,\ddot{y}\tag{1-21}$$

可以将式 (1-20) 写作以下形式：

$$E_V(t)=\int_0^t \frac{\mathrm{d}(y\,\dot{y})}{\mathrm{d}t}\,\mathrm{d}t-\int_0^t y\,\ddot{y}\,\mathrm{d}t=y(t)\,\dot{y}(t)-\int_0^t y\,\ddot{y}\,\mathrm{d}t \tag{1-22}$$

将式 (1-19) 代入式 (1-22) 的第 1 项，且设厚度 D 等于 1 时，则有：

$$E_V(t)=V(t)\,C(t)-\int_0^t y\,\ddot{y}\,\mathrm{d}t \tag{1-23}$$

从式 (1-23) 可以看出，VC 与由黏性阻力产生的胸部机械能相关。

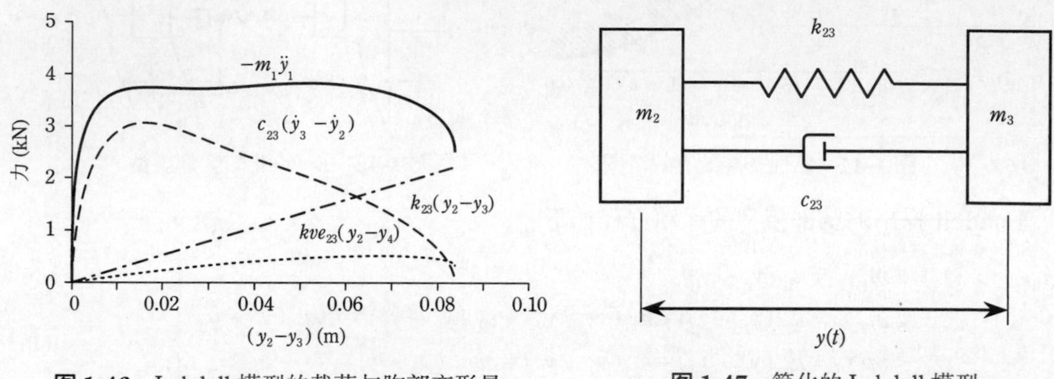

图 1-46 Lobdell 模型的载荷与胸部变形量　　**图 1-47** 简化的 Lobdell 模型

上述关系可以通过用正弦函数 $\dot{y}(t)=\sin(t)$ $(0\leqslant t\leqslant\pi)$ 表示变形速度的例子来分析。图 1-48 所示为变形速度、变形量、机械能、VC 以及剩余积分 $\int_0^t y\,\ddot{y}\mathrm{d}t$ 的关系。吸收能量在达到最大之前 VC 取最大值，在这之前剩余积分的影响较小。

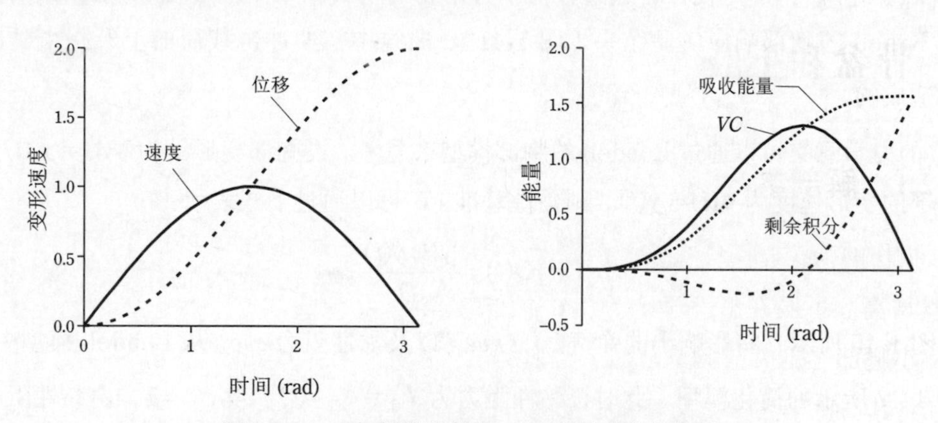

图 1-48 对应变形速度 $\dot{y}=\sin(t)$ 的响应与能量

图 1-49 所示为胸部损伤和胸部损伤基准的关系。对于这些损伤，胸部变形量、黏性基准和胸部加速度都分别与之对应。胸部变形量与所有的胸部损伤相关联，是与胸部损伤风险相关程度最高的损伤基准。

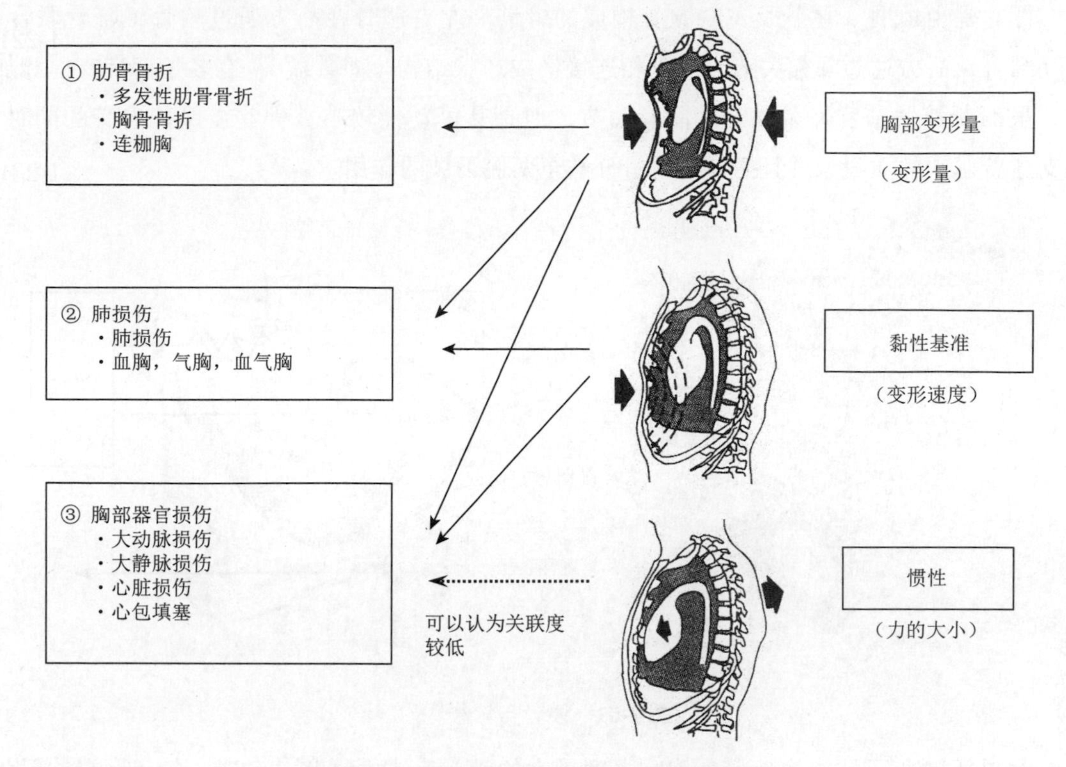

图 1-49　胸部损伤和与之相关的损伤基准 [17]

1.12　骨盆和下肢

1.12.1　解剖学

下肢损伤的治疗时间长，造成伤员生活质量的下降，因而使社会成本增高。下肢在形态学上分为 6 个部位：臀部、大腿部、膝关节、小腿部、足关节以及足部（图 1-50）。下肢的骨由自由下肢骨和将其与躯干相连接的骨盆带组成。自由下肢骨包括大腿部的股骨、小腿部的胫骨和腓骨、足部的跗骨、跖骨、趾骨以及髌骨。骨盆带由髋骨与骶骨、尾骨共同结合形成（图 1-51）。

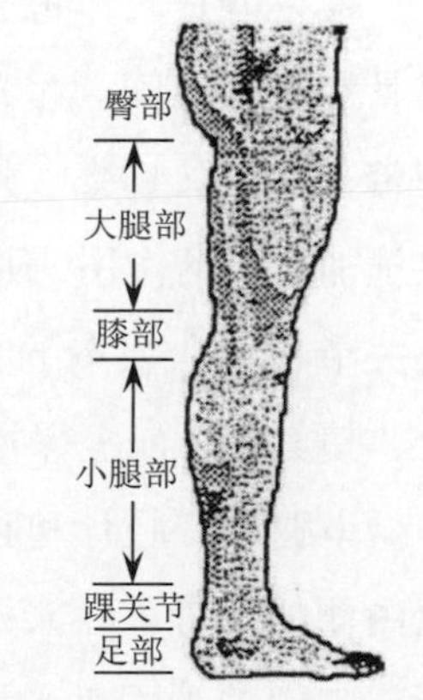

图 1-50　下肢的解剖学 [23]

下肢带由 2 个髋骨构成（图 1-51）。髋骨由髂骨、坐骨和耻骨构成，成年时这三个骨愈合并成一个。髂骨上缘叫作髂嵴，其前端有髂前上棘突出，下方有髂前下棘突出，为肌肉的附着部位。髋骨的后下方是坐骨。耻骨构成了髋骨的前下部。三骨的会合处叫作髋臼的凹陷处，其与股骨头共同形成了髋关节。

骨盆是由骶骨、尾骨及左右髋骨构成的骨骼。左右髋骨在前方通过软骨（耻骨联合）相互结合，后方通过骶髂关节与骶骨相连接形成环状结构（即骨盆），有多条韧带支撑和加固。虽然骶髂关节和耻骨联合之间有关节，但是其可动性较小。骨盆在保护内脏的同时，还支撑着躯干的质量，并且拥有将质量分散至两侧下肢的作用。

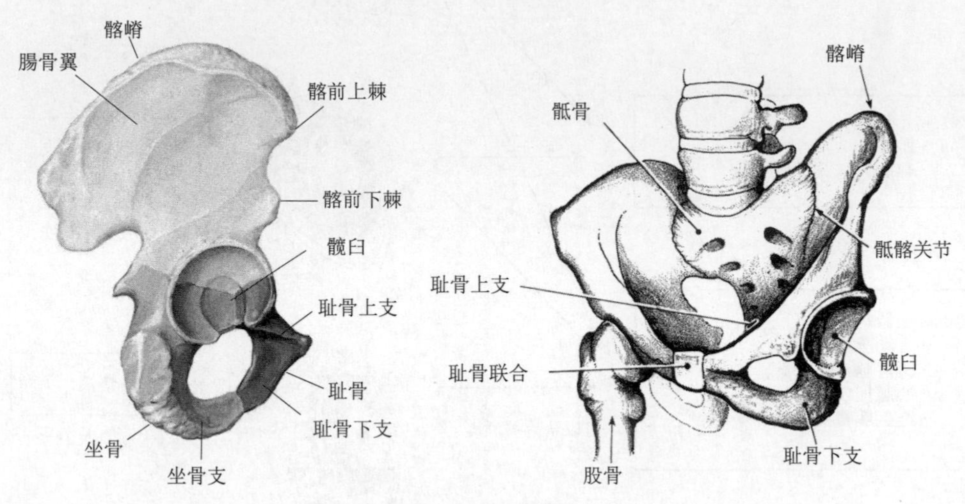

图 1-51 髋骨与骨盆[4,22]

大腿部包含了体内最长、最重、强度最大的骨——股骨（图 1-52）。在其近端的股骨头和髋臼之间有髋关节。髋关节属于杵臼关节，具有 3 个回转自由度。为了支撑体重，髋关节关节窝深且稳定性高。股骨颈较细，股骨头的运动与髋臼互不干涉，使大范围的运动成为可能。大转子是股骨颈与体连接处上外侧有方形隆起的地方。股骨向内侧弯曲使膝关节的位置靠近身体的正中线。股骨的远端有又大又圆且鼓起的内侧髁和外侧髁，与胫骨和髌骨形成了关节。

膝关节是人体最大的关节，具有 3 个接合部，分别是股骨、胫骨的内外侧髁部之间、髌骨和股骨之间。髌骨是位于膝关节前侧的小块骨，连接了腱和韧带。膝关节是由前交叉韧带、后交叉韧带、外侧副韧带、内侧副韧带和半月板等构成的复杂结构。交叉韧带上始终施加有力的作用，使关节保持稳定。膝关节只能进行两轴的运动，主要是屈曲－伸展运动。膝关节在弯曲状态下能够稍微进行内旋和外旋；在完全伸展的状态下，根据韧带的不同组合，使其在横向上保持稳定，轴向上则几乎不发生回转。

小腿部有胫骨和腓骨，两者通过只能稍微进行上下活动的关节相结合。胫骨是处于小腿内侧的大骨，在人处于直立状态时承受体重。胫骨的近端向左右鼓起形成内侧髁和外侧髁，它们的上面是平坦的关节面，和股骨远端构成了膝关节。关节面的中央有骨性隆起，并附着有交叉韧带。腓骨与胫骨平行，位于其外侧，直径较胫骨小。胫骨的内踝和下端、腓骨的外踝与跗骨的距骨共同构成了踝关节。

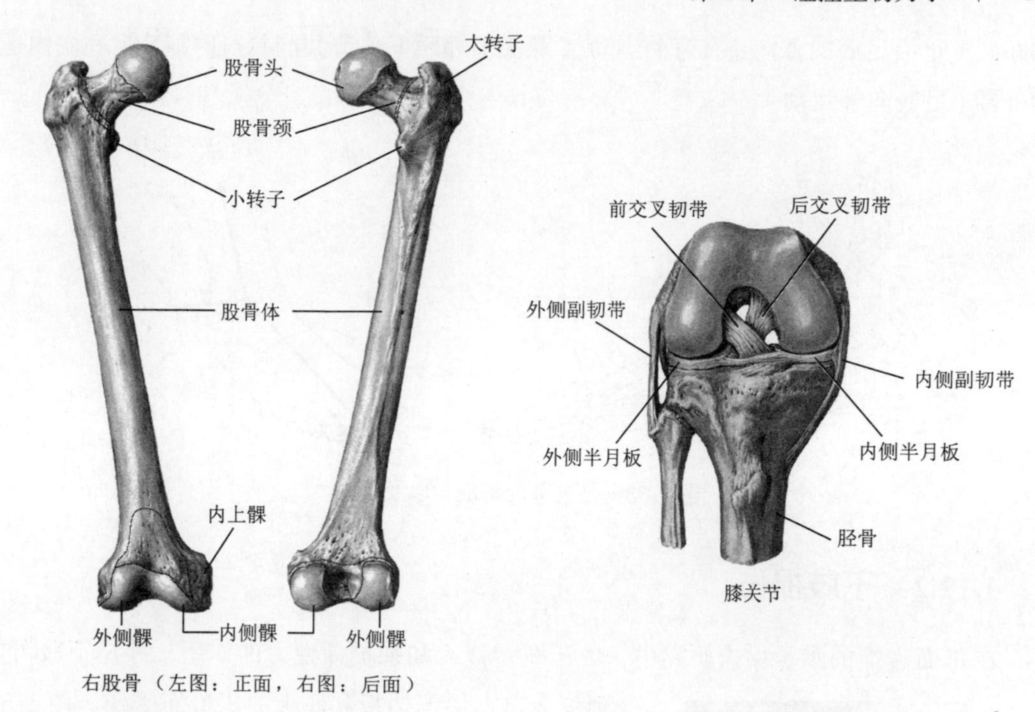

右股骨（左图：正面，右图：后面）

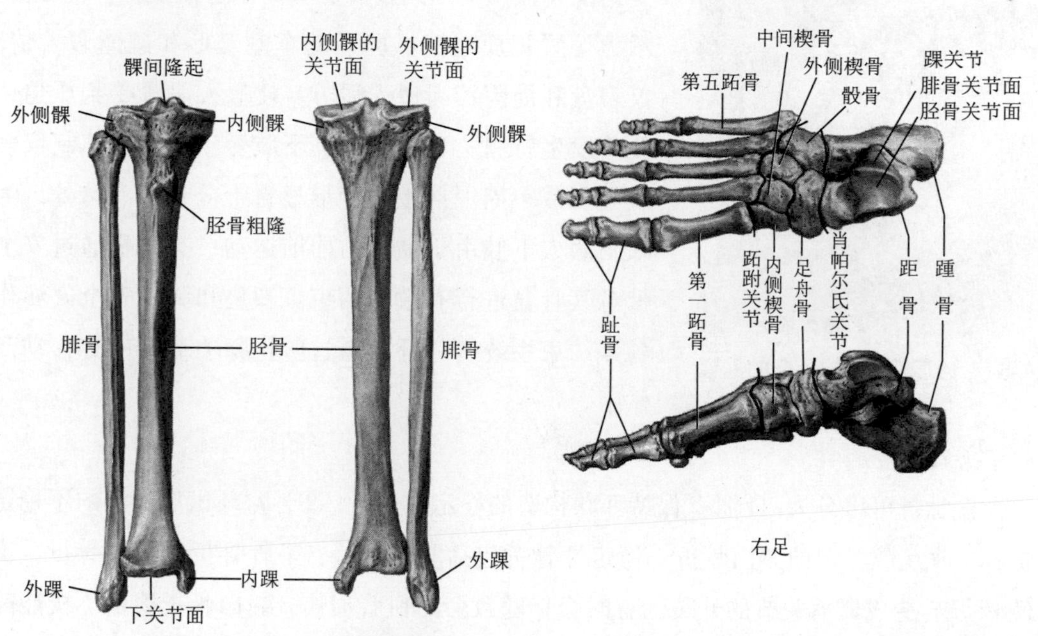

右胫骨和右腓骨（左图：正面，右图：后面）

图 1-52　下肢（自由下肢）骨 [4]

足由跗骨、跖骨和脚趾构成。跗骨由七块骨（距骨、跟骨、足舟骨、骰骨和外侧 / 内侧 / 中间楔骨）构成。距骨的内侧（即胫骨的内踝）和距骨的外侧（即腓骨的外踝）形成踝关节。踝关节的下方有距下关节，这两个关节共同形成了足关节（足关节狭义上是指踝关节）。图 1-53 所示为足关节的三维运动。踝关节主要可以进行背屈（足沿足背的方向进行弯曲运动）

和跖屈（足沿足底的方向进行弯曲运动），踝关节和距下关节共同参与内翻（足底向内运动）和外翻（足底向外运动）。

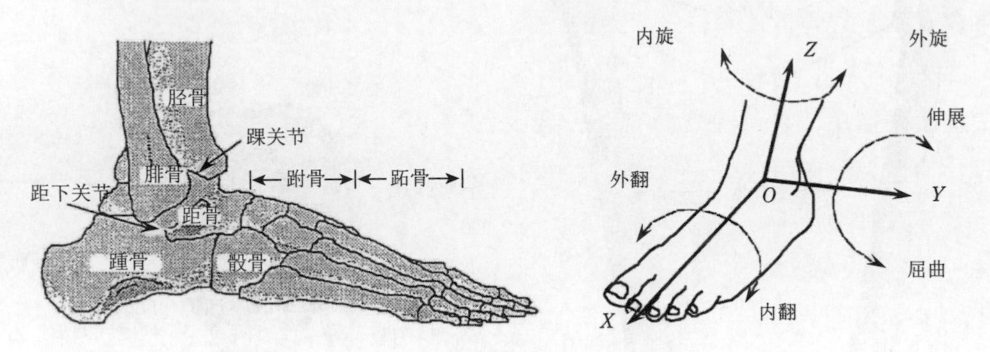

图 1-53 足关节的解剖学以及运动[23]

1.12.2 下肢损伤

在正面碰撞的乘员保护研究中，由于车室侵入和乘员惯性力的作用，乘员下肢可能会受到仪表盘、周围挡板和底板的压迫而受伤。图 1-54 所示为偏置正面碰撞试验后的车室变形和碰撞假人情况。仪表盘和周围挡板侵入后方，使假人股骨受到压迫，足关节发生背屈。为了防止其下肢受到损伤，抑制仪表盘后侵和减小周围挡板的变形显得十分重要。另外，为了限制假人下肢由于惯性力向前运动，有必要通过安全腰带对其骨盆进行有效的约束。膝垫和膝部安全气囊作为骨盆约束系统的一环，通过防止膝关节向前方移动产生作用。

图 1-54 碰撞速度 64 km/h 的偏置正面碰撞试验

1）骨盆与股骨

骨盆骨折可以分为：①骨盆保持环状构造的稳定性骨折；②骨盆环出现崩溃的不稳定性骨折；③波及髋关节的髋臼骨折。稳定性骨折包括耻骨骨折、坐骨骨折和撕脱骨折。不稳定性骨折会造成骶髂关节的开裂，有时会伴随致命的血管损伤。髋臼骨折遗留下机能障碍的可能性很高。另外，也可以根据外力方向的不同（前后压迫力、侧向压迫力、上下剪力）对骨折进行分类。

侧面碰撞中的碰撞侧乘员或过道路时与车辆碰撞的行人在腰部受到横向冲击时，会发生骨盆损伤。骨盆损伤中最常见的是耻骨枝骨折，另外也能看见骶髂关节损伤、髂骨骨折和髋臼骨折的发生。侧向外力的施加部位通常在股骨大转子和髋骨上，此时的荷重传递有两种路径：①从大转子到髋臼、耻骨、坐骨和耻骨接合部；②从髋骨到骶髂关节。对大转子输入载荷时，位于骨盆前部的耻骨上缘受到向前的力而产生弯曲变形，导致耻骨骨折。图1-55所示为对尸体施加腰部侧向冲击时骨盆骨折的形态，可以看到耻骨骨折且骶髂关节发生损伤。骨盆环一旦发生骨折，骨盆的挠度量就会大幅增加。

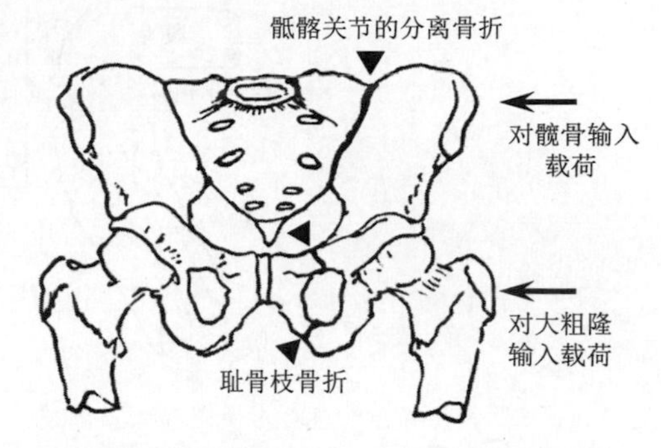

图1-55　大转子受到冲击导致的骨盆骨折[24]

在正面碰撞中，乘员的膝部与仪表盘接触，由于骨盆惯性力的作用，股骨受到压缩力和弯矩的作用，导致股骨骨折、髋关节脱臼或骨盆（髋臼）骨折。髋关节的姿态不同，骨折形态也随之不同（图1-56）。当髋关节处于屈曲并且内收状态时，由于没有支撑股骨头的骨结构，因此一旦受到来自前方的力，就容易引发髋关节脱臼。当髋关节处于中立位置时，髋臼被向内部挤压，造成髋臼骨折。另一方面，当髋关节处于外展姿势时，会发生股骨骨折。

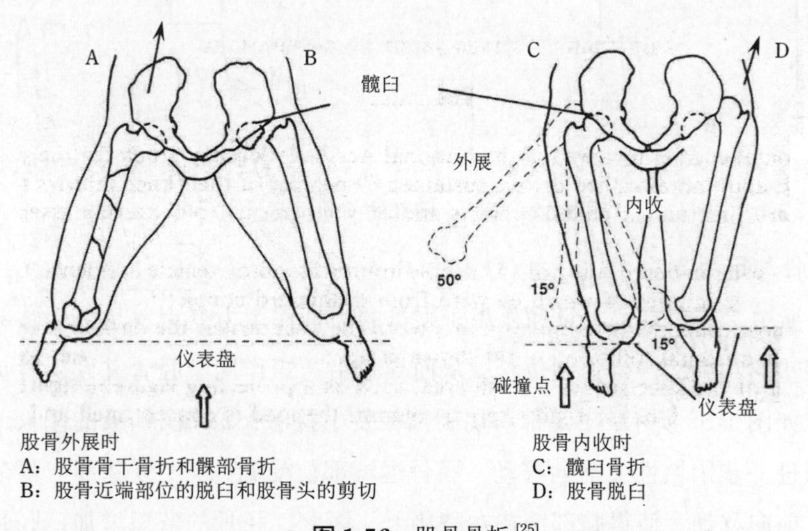

图1-56　股骨骨折[25]

2）膝关节

在正面碰撞中，与仪表盘发生碰撞可导致膝关节外伤的发生，这种外伤是否发生取决于髌骨受力的大小及其分布。一般情况下，虽然髌骨和股骨髁会受到较大的载荷，但会被垫片材料分散，同时因支撑垫片材料的构造崩坏而被减轻。

载荷一旦作用于膝下部的胫骨，膝关节就会承受来自前后向的剪切载荷（图1-57），从而使韧带，尤其是后交叉韧带因拉伸发生损伤。膝关节的前后位移15 mm被认为是韧带损伤的阈值。为了减小作用于膝关节的剪力，需要对膝关节所承受的载荷进行限制。根据膝关节后交叉韧带损伤的评价标准，在UN R94中，膝关节由于正面碰撞而产生位移（大腿部和小腿部的相对位移）时，其阈值为15 mm。

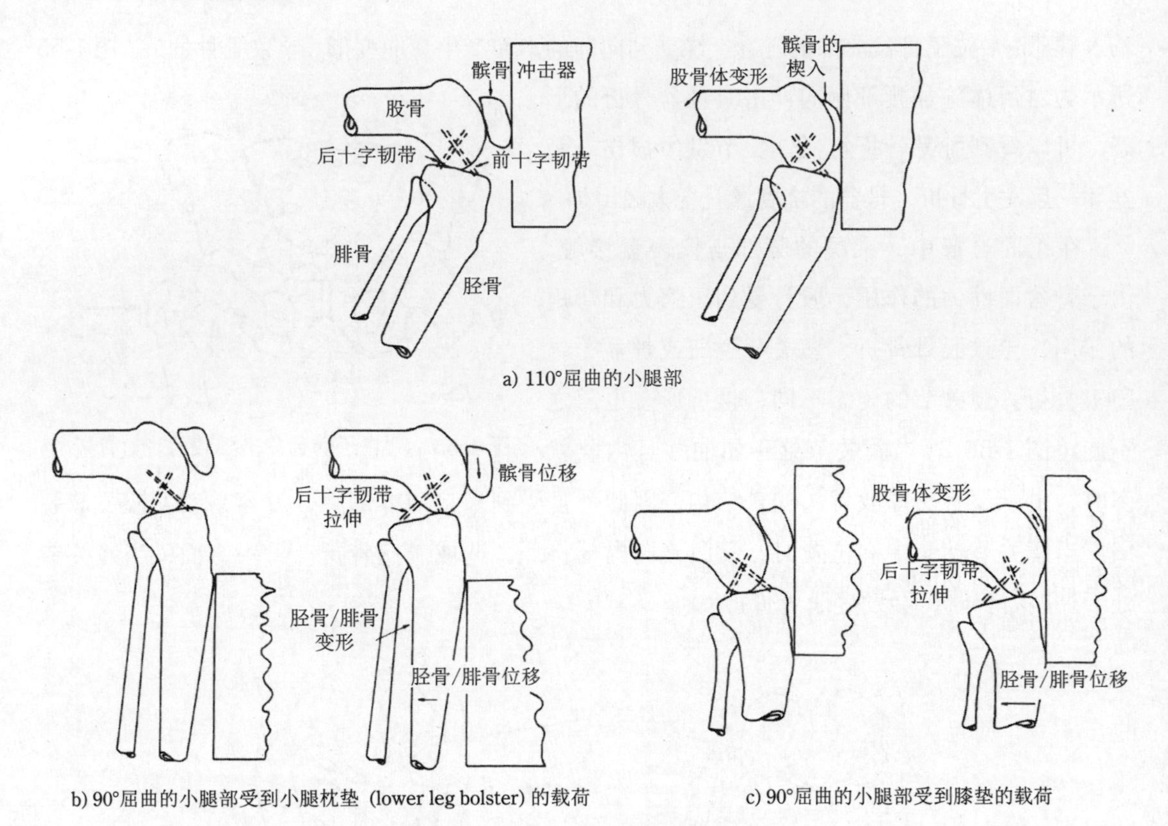

a) 110°屈曲的小腿部

b) 90°屈曲的小腿部受到小腿枕垫（lower leg bolster）的载荷

c) 90°屈曲的小腿部受到膝垫的载荷

图 1-57 膝、小腿部的前向载荷[26]

3）小腿骨与足关节

在正面碰撞中，若车室侵入量和作用于乘员的惯性作用力变大，足部和膝部就会由于周围挡板和膝垫的约束而产生强制位移，从而导致由弯矩作用于胫骨并发生骨折。胫骨弯矩的发生过程如图 1-58 所示：①足部与周围挡板发生接触；②周围挡板的侵入造成足关节的背屈，小腿进一步因惯性力前向移动，胫骨远端部位受到约束；③膝部与膝垫接触，惯性力导致乘员前向移动，使得膝部维持在膝垫上。因此，胫骨的弯矩增加，胫骨前侧受到拉伸应力，后侧受到压缩应力，二者共同作用导致胫骨骨折（图 1-59）。

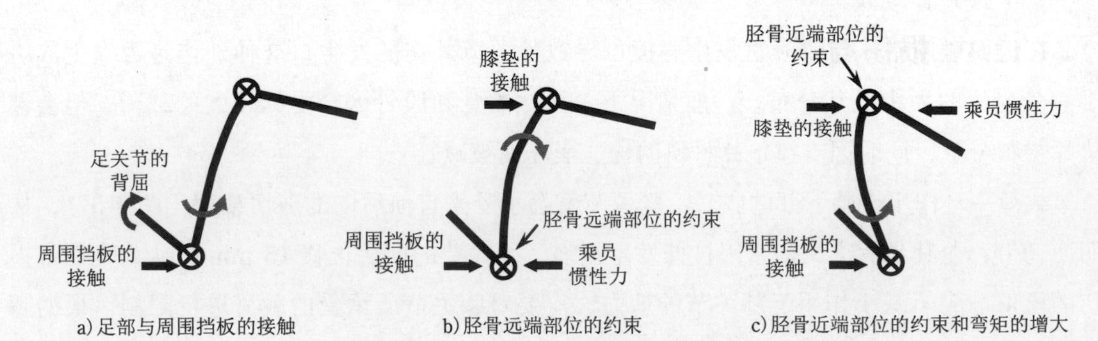

a) 足部与周围挡板的接触　　b) 胫骨远端部位的约束　　c) 胫骨近端部位的约束和弯矩的增大

图 1-58 小腿部与足部的损伤机理[27]

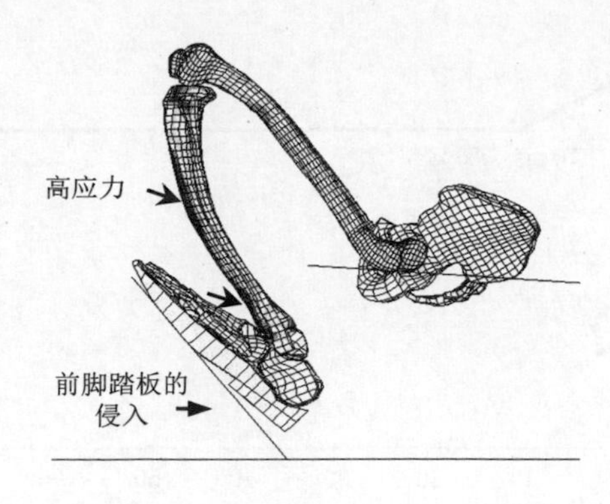

图 1-59 车室侵入引起的下肢运动和骨骼应力分布 [27]

在碰撞中，当周围挡板的侵入量较大时，足部和包括跟骨、距骨和跖骨的足关节会因足部受到过度的轴向力和旋转载荷发生多样性骨折。轴向力会造成位于胫骨远端关节面的复杂骨折（如 pilon 骨折）。另外，踝关节的背屈及内翻 / 外翻、动态轴压缩载荷的不同组合会造成踝关节骨折及韧带损伤。例如，碰撞时，驾驶员脚踩制动踏板，踏板由于碰撞而后退（图 1-60），使得驾驶员的跟腱对踵骨产生较大拉伸力，该力与制动踏板对足部作用力的合成力，使足关节受到较大的轴向压缩力，进而引发足关节骨骼骨折。另外，在跟腱对踵骨拉伸力较小的情况下，因制动踏板作用力的力矩会造成足关节的背屈，导致足关节的韧带出现损伤。

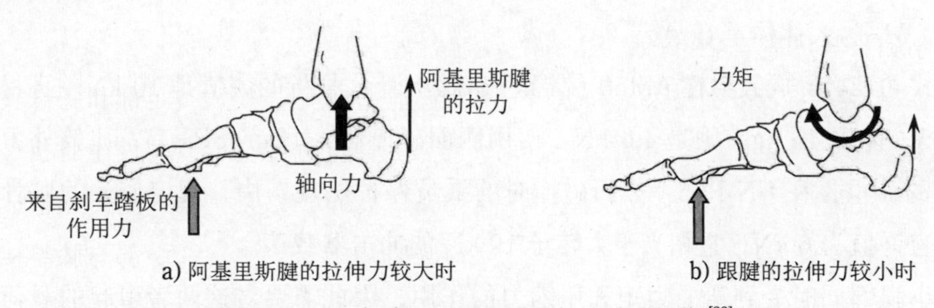

图 1-60 刹车踏板的后退导致的足关节损伤 [28]

1.12.3 损伤准则

股骨压缩力被用作正面碰撞中膝关节、股骨、骨盆（髋臼）骨折的损伤基准。在 FMVSS 208 中，基于尸体实验的结果，10 kN 压缩力被用作阈值。骨的力学特性与应变速度具有一定关系，应变速度越大，骨的强度越高。另外，若冲击持续时间短，骨骼能承受较大的载荷。因此，如图 1-61 所示为股骨轴向压缩力关于负载持续时间的函数，并定义其为腿骨损伤基准 (Femur Force Criterion, FFC)。FFC 被 UN R94 采用，认为股骨压缩力的大小若小于该函数值，就不会发生髌骨、股骨和骨盆的骨折。

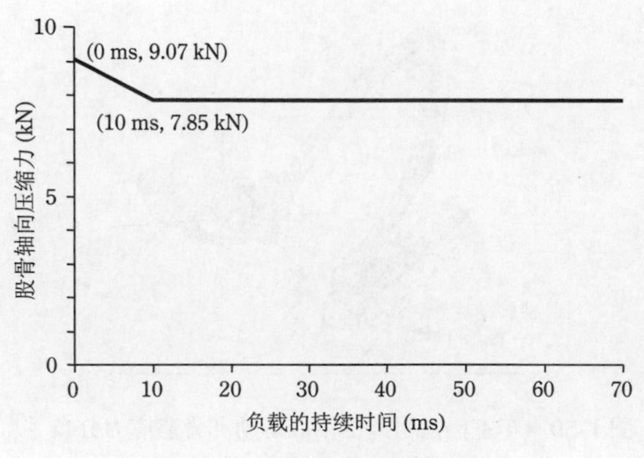

图 1-61 股骨载荷的损伤基准

为了得到侧面碰撞时骨盆的损伤阈值，Cesari 等人 [28] 用冲击器对尸体股骨大转子施加侧向冲击实验。在骨盆损伤的形态中，耻骨枝骨骨折发生的频率最高，同时还观察到股骨近端部位的骨折、骶髂关节脱臼骨折、髂骨翼骨折和髋臼骨折。冲击器测量出的载荷和尸体的体重有关。在发生骨折的尸体中，冲击器载荷为（持续时间 3 ms）男性 4.9~11.9 kN，女性 4.4~8.2 kN。使骨折发生的冲击器载荷 F（持续时间 3 ms）的阈值可以通过式 (1-24) 求得：

$$F = 193.85\, M_{\mathrm{C}} - 4710.6\ (\mathrm{N}) \tag{1-24}$$

其中，M_{C} 为人体体重 (kg)。

根据式 (1-24)，成人男性 AM50（体重 75 kg）骨盆骨折的阈值是 10 kN，身材娇小的女性 AF05（体重 45 kg）则是 4.0 kN。使用侧面碰撞假人 (EuroSID-1)，比较外力和耻骨结合位置的荷重，在 UN R95（侧面碰撞时的乘员保护法规）中，规定假人的耻骨结合部位的荷重容许值为 6 kN，它相当于大转子 10 kN 的冲击器载荷。

由于小腿部同时受到弯曲力矩和压缩力的作用，因此需要对这两者引起的载荷分别进行评估。胫骨骨干部的最大应力可以认为是由作用于胫骨骨干外缘处的弯曲力和轴向力叠加引起的。因此，胫骨的最大拉伸（或是压缩）应力 σ 可以根据轴向力的拉伸（压缩）应力 σ_{A} 和弯曲应力 σ_{B} 来表示（图 1-62）：

$$|\sigma| = |\sigma_{\mathrm{A}}| + |\sigma_{\mathrm{B}}| \tag{1-25}$$

如果认为以上值一旦超过骨折应力的阈值 σ_{C} 就会发生骨折，那么不发生骨折的条件就是：

$$|\sigma_{\mathrm{A}}| + |\sigma_{\mathrm{B}}| \leqslant \sigma_{\mathrm{C}} \tag{1-26}$$

或

$$\left|\frac{\sigma_{\mathrm{A}}}{\sigma_{\mathrm{C}}}\right| + \left|\frac{\sigma_{\mathrm{B}}}{\sigma_{\mathrm{C}}}\right| \leqslant 1 \tag{1-27}$$

如果用 M_{C} 表示胫骨的应力达到 σ_{C} 时的弯矩，F_{C} 表示轴向力，那么可通过下式定义的

胫骨指数 (*TI*) (Tibia Index) 对骨折风险进行评估：

$$TI = \left| \frac{\sqrt{M_x^2 + M_y^2}}{M_\mathrm{C}} \right| + \left| \frac{F_z}{F_\mathrm{C}} \right| \tag{1-28}$$

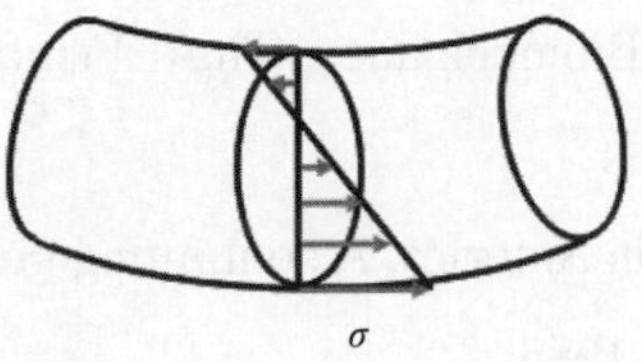

图 1-62　轴力和力矩作用于胫骨的应力

基于 Yamada 的胫骨三点弯曲实验[29]，M_C=225 N·m、F_C=35.9 kN 被用作标准体格的成年男性胫骨骨折的弯矩和轴向力的阈值。当 *TI* 大于 1.0 时，被认为有胫骨骨干部骨折的危险。特别在 UN R94 中，考虑到 *TI* 分布的不规则性，将 1.3 作为其容许值。另外，为了防止胫骨膝关节面的骨折，胫骨压缩力需要满足小于 8 kN 这一条件。这是由于膝关节胫骨和股骨的关节面上，由静态负载造成的骨折阈值为 4 kN，而考虑到内侧和外侧，因此将该值乘以 2。压缩力在 8 kN 以下的基准也和胫骨的足关节面骨折防止有关。根据 $TI < 1.0$ 和 $F_z < 8$ kN 的条件来看，胫骨的轴向力和弯矩必须在图 1-63 所示的斜线范围内。

如图 1-64 所示，测出 Hybrid III 假人胫部上下 2 处的胫骨压缩力和弯矩并计算出 *TI*。据此可以评估由地板作用于下胫部的力和膝垫作用于上胫部的力所造成的胫骨骨折风险。

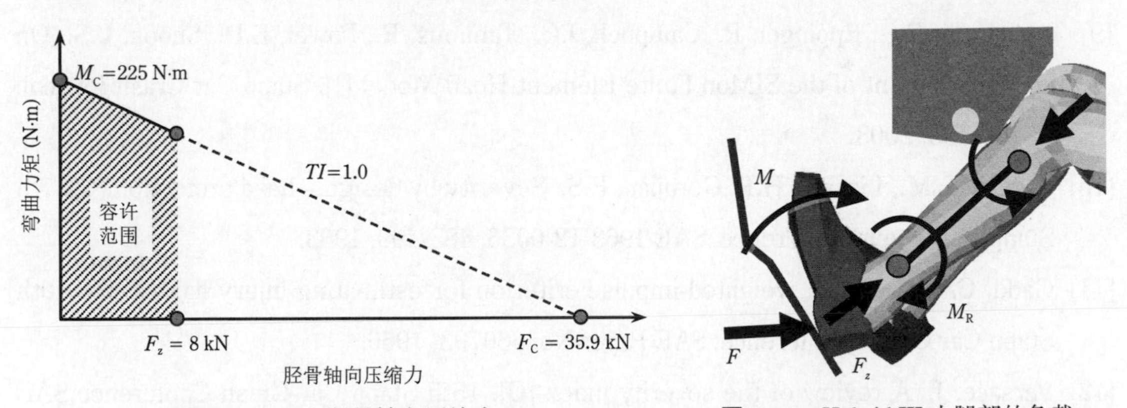

图 1-63　*TI* 和胫骨轴向压缩力　　图 1-64　Hybrid III 小腿部的负载

足部和足关节损伤发生的阈值通过尸体实验和志愿者实验进行衡量。例如，根据对足底的冲击实验可以确认，当胫骨的轴力为 7.3 kN 时发生胫骨的 pilon 骨折，轴力为 8.1 kN 时发生踵骨骨折[30]。另外，胫骨背屈时，颈部踝部骨折和韧带断裂的足关节力矩的损伤发生概率为 25% 时的阈值为 58 N·m[30]，内翻 / 外翻时距骨下关节损伤的足关节力矩的阈值[31]为 34.1 ± 14.5 N·m（内翻）和 48.1 ± 12.2 N·m（外翻）[32]。

本章参考文献

[1] Wismans, J.S.H.M., Janssen, E.G., Beusenberg, M., Koppens, W.P., Happee, R., Bovendeerd, P.H.M.. Injury Biomechanics, Third Printing [M]. Technische universiteit eindhoven, 2000.

[2] Institute of Medicine, Injury in America. A continuing public health problem [M]. National Academy Press, Washington, 1985.

[3] Gray' s anatomy [M]. Ghurchill Living Stone, 2004.

[4] Netter F.. Atlas of human anatomy, professional edition (5th edition) [M]. Saunders, 2010.

[5] Pike, J.A.. Automotive Safety [J]. Society of Automotive Engineers, Inc, 1990, pp. 57-60.

[6] Schmit, K., Niedere, P., Muser, M., Waltz, F.. Trauma biomechanics: accidental injury in traffic and Sports [M]. Springer-Verlag, 2009.

[7] Bandak, F.A., and Eppinger, R.H.. A three dimensional finite element analysis of the human brain under combined rotational and translational acceleration [C]. SAE 942215, 38th Stapp Car Crash Conference, 145-163, 1994.

[8] Kleiven,S.. Predictors for traumatic brain in juries evaluated through accident reconstructions [C]. Stapp Car Crash Journal, 51, 81–11, 2007

[9] Takhounts, E.G, Eppinger, R., Campbell, J.Q., Tannous, R., Power, E.D., Shook, L.S.. On the development of the SIMon Finite Element Head Model [J]. Stapp Car Crash Journal, 47, 107-133, 2003.

[10] Patrick, L.M., Lissner, H.R. Gurdjian, E.S.. Severity by design – head protection [C]. 7th Stapp Car Crash Conference, SAE 1963-12-0036, 483-499, 1963.

[11] Gadd, C.W.. Use of a weighted-impulse criterion for estimating injury hazard [C]. 10th Stapp Car Crash Conference. SAE Paper No. 660793, 1966.

[12] Versace, J.. A review of the severity index [C]. 15th Stapp Car Crash Conference,SAE Paper No. 710881, 1971.

[13] Takhounts, E., Craig, M., Moorhouse, K. ,McFadden, J., Hasija, V.. Development of brain injury criteria (BrIC) [J]. Stapp Car Crash Journal, 57, 243–266, 2013.

[14] Newman, J.A., Shewchenko, N., Welbourne, E.. A proposed new biomechanical head injury assessment function – the maximum power index [J]. Stapp car crash journal, 44, 2000.

[15] Kimpara, H.. Investigation of serious-fatal injuries using biomechanical finite element

models [D]. 名古屋大学学位論文 , 2015.

[16] Nahum, A., Melvin J.. Accidental injury: Biomechanics and prevention [M].springer New York, 2011.

[17] 增田光利 . 衝突実験における傷害値とその測定方法 [J]. 自動車技術 66(7), 24-31, 2012.

[18] Kroell, C.K., Scheider, D.C., Nahum, A.M.. Impact tolerance and response to the human thorax [C].15th Stapp Car Crash Conference, 84–134, 1971.

[19] Kent R., Lessley, D., Sherwood, C.. Thoracic response to dynamic, non-impact loading from a hub, distributed belt, diagonal belt, and double diagonal belts [J]. Stapp Car Crash Journal, 495-519, 2004.

[20] Laituri, T.R., Prasad, P., Sullivan, K., Frankstein M., Thomas, R.S.. Derivation and evaluation of a provisional, age-dependent, AIS 3+ thoracic risk curve for belted adults in frontal impacts [C]. SAE 2005-01-0297, 2005.

[21] Lobdel, T.E.. Impact response of the human thorax, In: Human impact response: measurement and simulation [M]. Plenum Press, New York, 1973.

[22] Backaitis, S.. Biomechanics of impact injury and injury tolerances of the extremities [C]. Society of Automotive Engineering, SAE PT-56, 1996.

[23] Crandall J.R., Portier L., Petit P., Hall G.W., Bass C.R.. Klopp G.S., Hurwitz S., Pilkey W.D., Trosseille X., Tarriere C., Lassau J.P.. Biomechanical response and physical properties of the leg, foot and ankle [C]. 40th STAPP Car Crash Conference, SAE 962424, 1996.

[24] Cavanaugh, J., Huang, Y., Zhu, Y., King, A.. Regional tolerance of the shoulder, thorax, abdomen and pelvis to padding in side impact [C]. SAE Paper 930435, 1993.

[25] Hyde, A.. Crash Injuries – How and why they happen: A primer for anyone who cares about people in cars [J]. Hyde Assocs, 1993.

[26] Viano D., Culver, C., Haut, R., Melvin J., Bender M., Culver, R., Levine, R.. Bolster impacts to the knee and tibia of human cadavers and an anthropomorphic dummy [C]. STAPP 1978, SAE 780896, 1978.

[27] Tamura, A., Furusu, K., Miki, K., Hasegawa, J., Yang, K.. A tibial mid-shaft injury mechanism in frontal automotive crashes, 17th International Technical Conference on the Enhansed Safety of Vehicles [C]. 2001.

[28] Cesari, D., Ramet, M.. Pelvic tolerance and protection criteria in side impact [C]. 26th

Stapp Car Crash Conference, SAE Paper 821159, 1982.

[29] Yamada, H.. Strength of biological materials [M]. Lippincott Williams & Wilkins, 1970.

[30] Kitagawa, Y., Ichikawa, H., Pal, C., King, A.I, Levine, R.S.. Lower leg injuries caused by dynamic axial loading and muscle testing [C]. 16th International Technical Conference on the Enhanced Safety of Vehicles, Paper No. 98-S7-O-09, 1998.

[31] Rudd, R., Crandall, J., Millington, S., Hurwitz, S., Höglund, N.. Injury tolerance and response of the ankle joint in dynamic dorsiflexion [J]. STAPP Car Crash Journal, 48, 2004.

[32] Parenteau, C.S., Viano, D.C., Petit, P.Y.. Biomechanical properties of human cadaveric ankle-subtalar joints in quasi-static loading [J]. Biomech Eng, 120(1), 105-111, 1998.

第 2 章

碰撞假人

2.1　假人的规格 [1]

碰撞假人的骨骼由金属或塑料制成，并包含关节部分。骨骼的外部覆盖有用塑料或泡沫模拟的软组织。假人各个部分的尺寸、质量及分布以及碰撞时的运动学特性都与人体相同。此外，假人身上还安装有在试验中可测量加速度、力和变形量等与人体损伤基准相关的物理量的测量器。在假人被用于车辆或安全装置认证试验的情况下，上述测量值不能超过某种限值（人类的耐受限度）。此外，在同一种试验中，假人的响应必须要有重复性和再现性。

2.1.1　简易性

假人有很多种类，不仅仅只有构成复杂的全身假人。依据不同应用情况，除了三维模型，有时也会用到二维模型。甚至为了对产品进行评估，还会用到半身假人。例如，评估人体某一部分冲击器时，只用到假人的前半部分，如图 2-1 所示。图 2-1 中的假人按照欧洲标准 ECER 12 制作，用于评估车辆转向系统的柔软性。为了符合躯干刚性和质量 (35 kg) 的规定标准，假人以 24 km/h 的速度与转向装置进行碰撞时，其受到的力不得超过 11 kN。

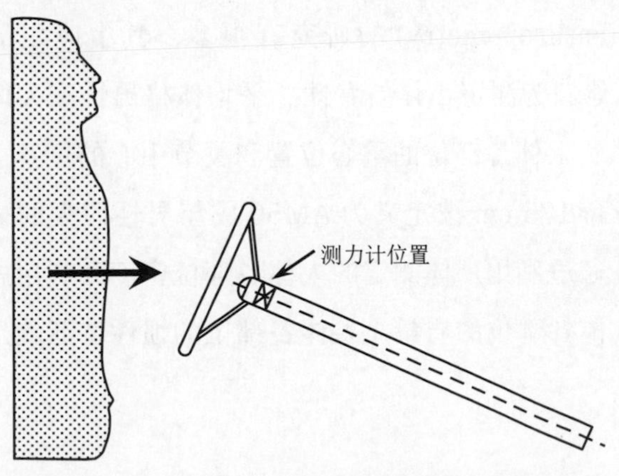

图 2-1　用于评估转向系统柔软性的人体模块假人

一般地，根据使用的部位不同，假人被分为以下几类：

（1）全尺寸试验中用于评估车辆和安全装置性能等的全身假人。

（2）模拟人体某一部分的冲击器。

冲击器的运动学特性和损伤值必须与全身假人一致。例如，在行人的头部保护试验中，使用头部冲击器进行试验，头部冲击器的冲击速度和角度是根据行人多刚体模型仿真计算得到的全身运动学响应确定的。设接触力为 F，冲击器重心的加速度和速度分别为 a、v，接触的开始时刻和结束时刻分别为 t_1、t_2。根据仿真结果，行人头部与车身碰撞时，头部的等效质量 m_e 可根据式 (2-1) 计算得到：

$$m_e = \frac{\int_{t_1}^{t_2} F\mathrm{d}t}{\int_{t_1}^{t_2} a\mathrm{d}t} = \frac{\int_{t_1}^{t_2} F\mathrm{d}t}{v(t_2) - v(t_1)} \tag{2-1}$$

由于确定 t_1、t_2 的值较为困难，所以我们取力 F 达到最大值 5% 的时刻作为初始时间。若头部的等效质量与实际头部质量一致，则表明在头部和车身碰撞时，颈部等其他部位对头部施加力的影响便较小，头部与车身的接触力对头部加速度起支配性作用。因此，可以通过冲击器试验来求得使用全身假人进行车身与头部碰撞时的头部 *HIC* 值。

2.1.2 假人尺寸

碰撞假人从体格、质量和质量分布等方面必须与人类一致。假人和车辆座椅以及安全带之间也必须有和人体等效的力的相互作用。而且，假人必须能够像人类一样坐在座位上。

汽车试验中最常用的是 50% 的标准体格成年男性假人。将所有测定人体数据的 50% 值编入一个“中型”假人，便得到成年男性假人 (AM50) 的尺寸。在碰撞试验中使用的其他成年假人尺寸还有 95% 的大体格男性假人 (AM95) 和 5% 的小体格女性假人 (AF05)。

关于人体测量学 (anthropometry) 的研究有很多，其中应用最多的是 Schneider 和 Robbins 的研究成果。他们为测定小体格女性、平均体格男性和大体格男性处于驾驶姿势时的外部尺寸、坐标系、人体各部位的重心位置和关节中心的位置进行了大量的试验。其中，体重 77.5 kg 和身高 175 cm 被定义为 AM50 成年男性假人的规格。图 2-2 展示了这种尺寸的一般性结构。通过利用尸体测定的人体各部位密度和利用志愿者测定的人体各部位体积，就可以算出人体各部位的质量。人体各部位的惯性特征就是由这些计算得出的质量所确定的。

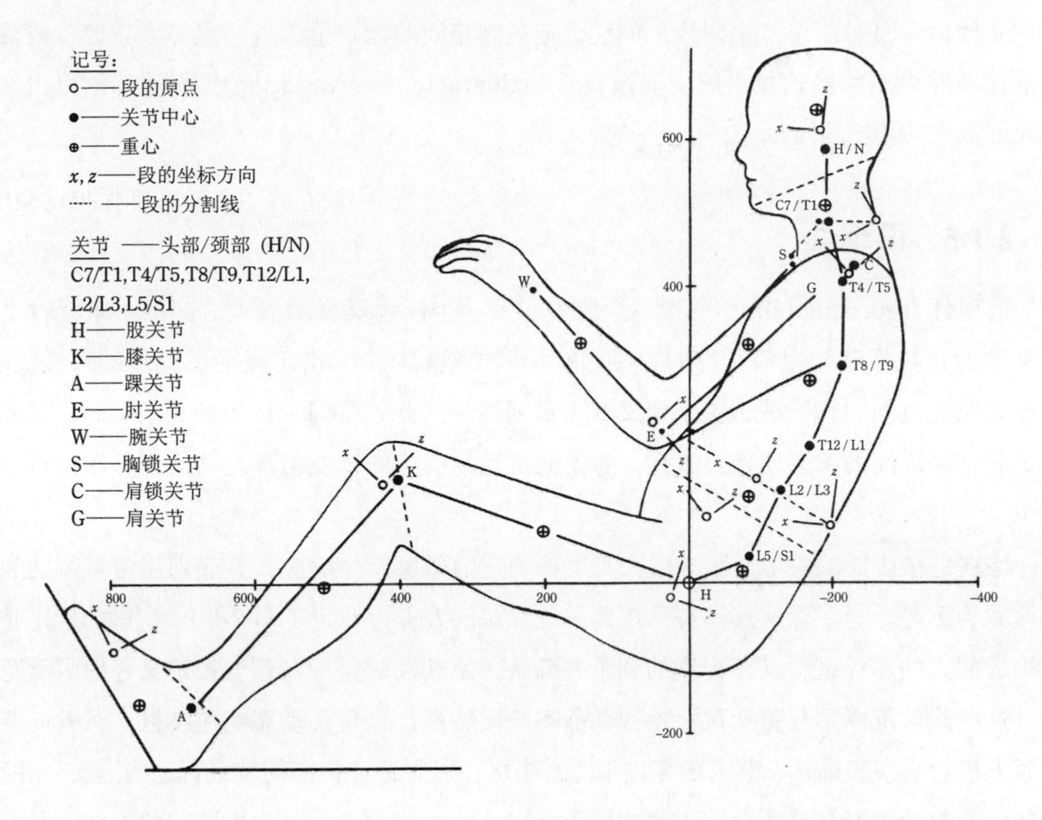

图 2-2 平均体格男性假人的人体测定规格（臀点 (H 点) 在股关节位置）[1]

2.1.3 生物逼真度

如何使假人在碰撞时产生和人体相同的响应是设计假人时最困难的课题。假人和人体反应相似度的高低被称作生物逼真度 (biofidelity)。由于假人必须表现出与人体相同的运动特性，因此假人各个部位与车室内部相碰的速度、位置等需要与人体相同。此外，假人与车体发生碰撞处的刚度等力学特征也必须与人体的相应部位相似。这一方面意味着假人给车辆带来的破损必须和人体与车辆发生碰撞时相同，另一方面也表示在被碰撞处，假人的各部位必须分别按照规定好的具有代表性的模式产生形变。如果假人的响应和人体不同，则假人各个部分的冲击测定值为错误结果，这将导致车辆的设计被引入歧途。

2.1.4 可重复性

为了使假人能够发挥研究与评估工具的功能，并且满足政府和产业界规定的标准，假人不仅要表现出生物保真度，而且必须要在反复进行的试验中得到相同的结果，即假人在使用中必须具有高度的可重复性 (repeatability)。不论是什么尺寸和怎样设计的假人，当其受到碰撞后，总是能够产生同样的响应，记录到相同的测定值，这一点非常重要。峰值的标准偏差除以平均峰值得出的变异系数 *CV* (Coefficient of Variation) 最好在 5% 以内，但其允许范围为 10% 以内。

2.1.5 再现性

再现性 (reproducibility) 是指一个假人和另一个同种类型的假人之间的可重复性。根据某种设计规格制作出的所有假人必须有相同的响应（注：由于碰撞试验是破坏性试验，所以无法通过同一辆车的试验来定义其可重复性。因此，将同一试验场、同一测定器实施的试验结果之间的偏差叫作再现性，将不同试验场实施的试验结果之间的偏差叫作可重复性）。

特别是在认证试验中，所有假人对某种确定的碰撞产生响应，并表现出可重复性和再现性尤为重要。为了保证其具有再现性，需要对假人进行标定（图 2-3）。这里的标定是指对构成假人的零件进行某种程度的调整并确认，使其性能保持在预先被定义好的限值范围内，这些限值范围不仅包括尺寸参数和静态响应特性，也包括动态响应特性。试验前要先对假人进行观察和确认，假人的零件不能有损坏，以保证各机构能够进行适当运转。并且，对能够调整的关节，必须设定正确的转矩阻力。关于这一点，最为人熟知的方法就是所谓的关节“1G”位置法，即给关节一个正好能够承担四肢质量的张力，使其产生恰当的转矩阻力。假人身上安装有必要的传感器，在标定试验中给予它标准化的碰撞。每进行一次或多次的试验，特别是重要的试验（如试制车试验）之前，都必须对全身假人进行标定。另外，在某些试验中，当记录到极端数值时，也必须对假人进行二次标定。

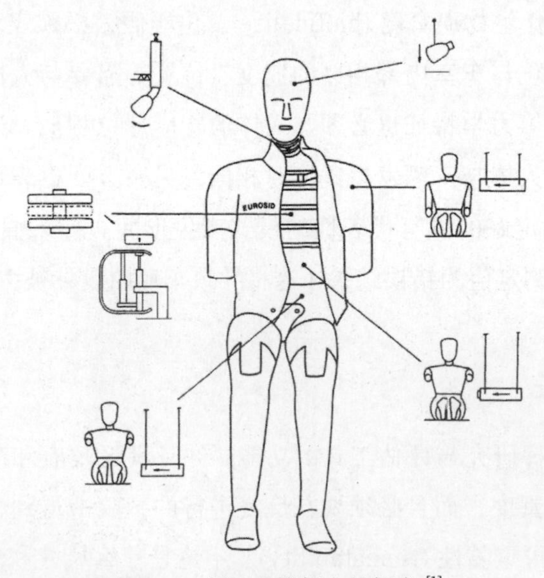

图 2-3 侧面碰撞假人的标定 [1]

2.2 假人坐标系

碰撞假人的坐标系是右手坐标系（标准化坐标系）。如图2-4所示，在假人标准直立状态下，定义 $+x$ 为假人的前方方向，$+y$ 为从左到右的方向，$+z$ 为从头部到脚部（向下）的方向。头部和胸部等各个部分的坐标系分别被植入相应的部位，即假人的姿势发生改变，坐标系也会随着其所在的部位移动。因此，当下肢旋转时，其坐标系也会随之旋转。例如，当假人处于就座状态时，大腿部的 $+z$ 方向变成与胸部的 $+x$ 方向平行。

加速度的方向和假人坐标系的方向相同，即分别从后、左、上部冲击一个处于标准直立状态下的假人时，上述方向为加速度的正方向。如图2-5所示，冲击假人头后部、头左部和头顶部，可以分别测量到 $+x$，$+y$ 和 $+z$ 方向的加速度。

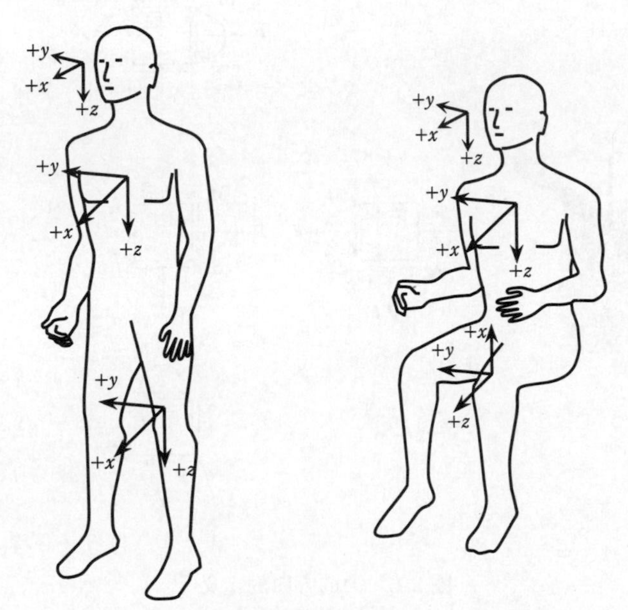

图2-4 假人坐标系[2]

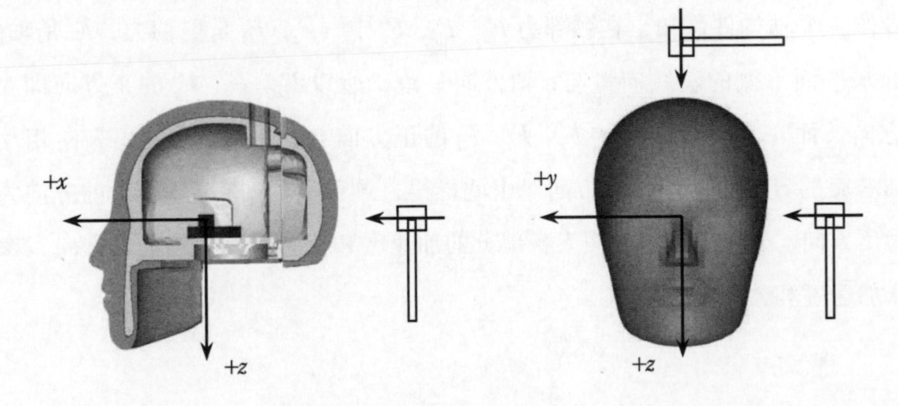

图2-5 加速度方向的定义[2]

作用于假人的外力方向是根据标准化坐标系来定义的。如图 2-6 a) 所示，在假人锁骨上施加来自安全带的外力时，该力变为 $-x$，$+z$ 方向。

关于假人的内力，需要进行若干分析。如图 2-6 b) 所示，假设有一块处于平衡状态的立方体。各个面上有垂直作用于面上的力 F，面内有剪切力 S 和力矩 M。六个面中的法线在坐标轴正方形的三个面上，设坐标轴的正方向为力的正方向（图 2-6 b) 中用实线表示），并设坐标轴的正方向为作用于这些面上的弯矩和转矩的正方向（右转的方向）。与之配对的立方体另一侧的面的法线则是坐标轴的负方向。由于立方体受力平衡，作用于这些面上的力与其对面的力大小相同，方向相反（图 2-6 b) 中用虚线表示）。

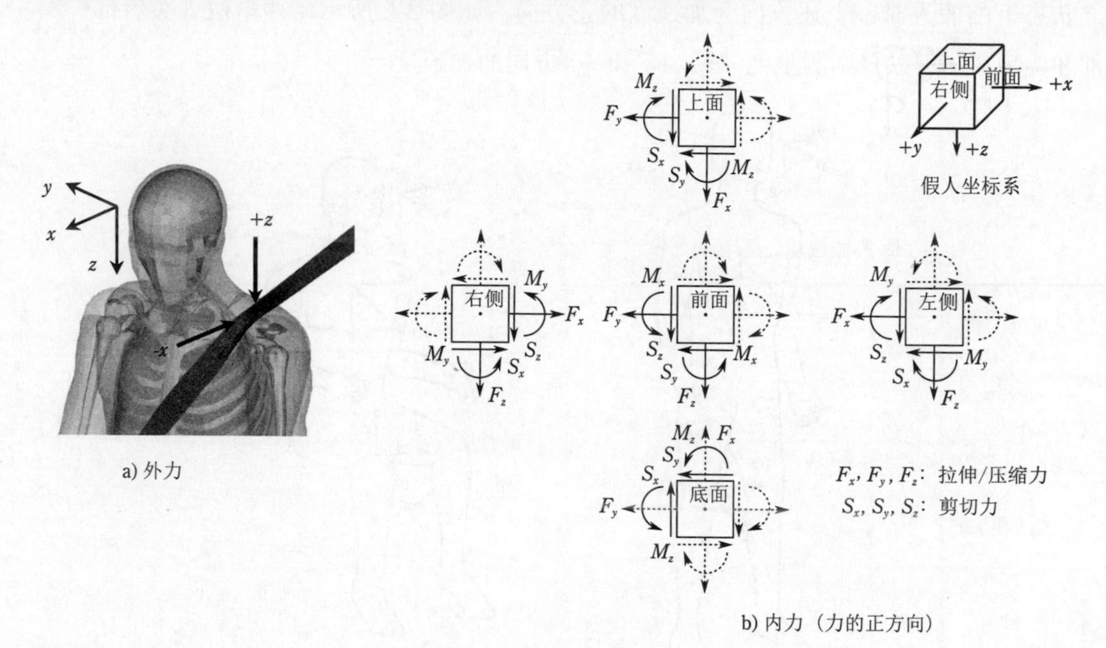

图 2-6 力的方向的定义 [2]

如图 2-7 所示，上颈部安装有载荷传感器的面（水平面）为假人头部和颈部的分割面。把颈部看作一个轴构件可知，在颈部力 F_x、F_y、F_z 中，F_x、F_y 是剪切力，F_z 是轴向力。因为上颈部水平面下侧的法线向量与 z 轴方向一致，所以 F_x、F_y、F_z 的正方向即为 x、y、z 轴的正方向。而在水平面上侧的 F_x、F_y、F_z 的正方向与 x、y、z 轴的正方向相反。此外，绕各个轴右旋的方向为弯矩的正方向。由此推得，颈部屈曲时，弯矩 M_y 的方向为正方向，伸展时为负方向。表 2-1 给出了假人各部分的加速度和传感器测量载荷的方向，参照表 2-1 可以确认加速度和力的方向。

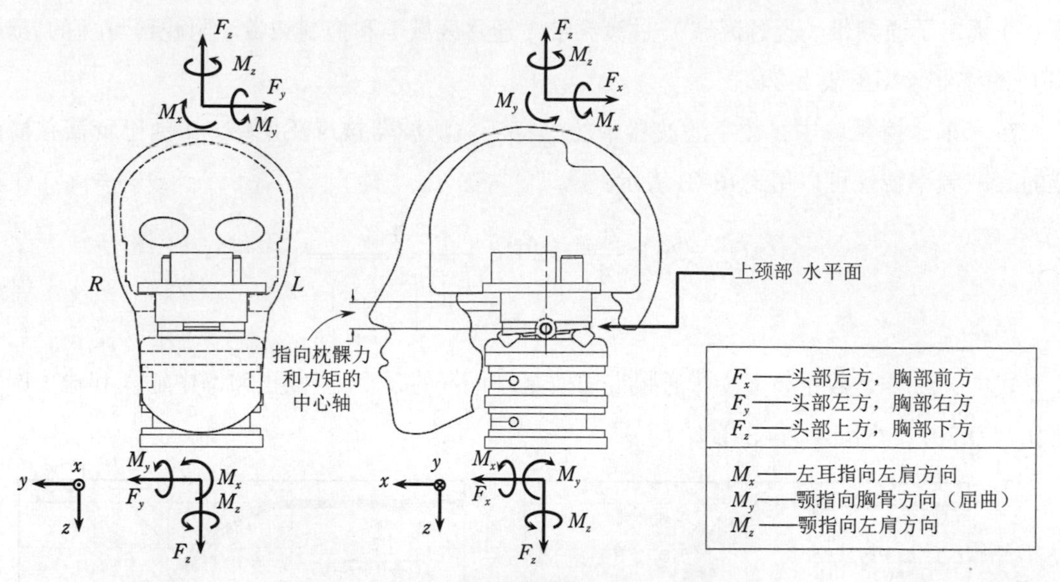

图 2-7 上颈部载荷传感器的力的方向的定义[2]

假人加速度、载荷传感器、位移传感器的正极性（假人为坐姿） **表 2-1**

头部重心加速度	a_x	对头后部的打击	股骨负荷	F_z	膝前方，腰部后方
	a_y	对头左部的打击	膝剪切位移	D_z	胫骨前方，腰部后方
	a_z	对头顶部的打击	膝U形夹	F_z	膝上方，胫骨下方
上颈部载荷	F_x	头部后方，胸部前方	胫骨（上）负荷	F_x	足关节向前方，膝后方
	F_y	头部左方，胸部右方		F_z	足关节向下方，膝上方
	F_z	头部上方，胸部下方	胫骨（上）力矩	M_x	足关节向左方，保持膝位置不变
上颈部力矩	M_x	从左耳到左肩的方向		M_y	足关节向前方，保持膝位置不变
	M_y	从下颌到胸骨的方向	胫骨（下）负荷	F_x	足关节向前方，膝后方
	M_z	从下颌到左肩的方向		F_z	足关节向下方，膝上方
胸部加速度	a_x	对后部的打击	胫骨（下）力矩	M_x	足关节向左方，保持膝位置不变
	a_y	对左部的打击		M_y	足关节向前方，保持膝位置不变
	a_z	对上面的打击	腰部加速度	a_x	对后部的打击
胸部位移	D_x	胸为前方，脊椎为后方		a_y	对左部的打击
				a_z	对上面的打击

2.3 滤波器

在碰撞试验中得到的评价假人的时间序列测定值中含有不需要的高频干扰。为了剔除这些干扰，需使用低通滤波器进行处理。设输入或者滤波器处理前的数值为 A_{in}，输出或者滤波器处理后的数值为 A_{out}，则滤波器输入输出的比 G_{db} 可以通过式 (2-2) 表示：

$$G_{db} = 20\lg\frac{A_{out}}{A_{in}} \tag{2-2}$$

如图 2-8 所示，SAE J211 中给出了 CFC (Channel Frequency Class) 60、CFC180、CFC600、CFC1000 滤波器的响应特性，并根据高频段频率 (f_H)、低频段频率 (f_L) 和截止频

率 (f_N) 规定了通频带（通过区域）、过渡频带（迁移区域）和抑制频带（阻止区域）的界域。CFC 滤波器频率见表 2-2。

在汽车碰撞领域中，数字滤波器中的巴特沃兹滤波器被广泛使用。n 次巴特沃兹滤波器的衰减频率特性可以用式 (2-3) 表示：

$$G_{db} = 20\lg\frac{A_{out}}{A_{in}} = 20\lg\frac{1}{\sqrt{1+\left(\frac{f}{f_{cutoff}}\right)^{2n}}} \tag{2-3}$$

式中，f_{cutoff} 是截止频率（从通频带切换至停止带的频率）。截止频率中输入和输出的数值比为 0.707，衰减量为 –3dB。

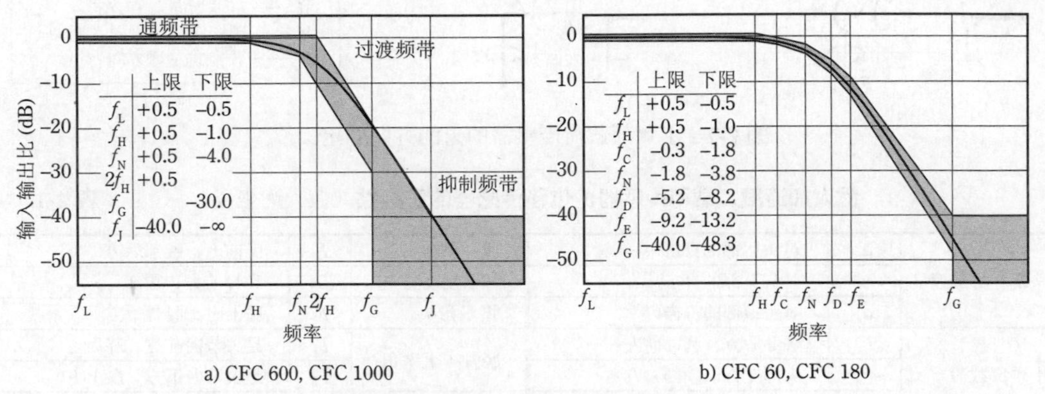

图 2-8 SAE J211 频率响应特性[3]

CFC 滤波器频率 **表 2-2**

CFC	f_L	f_H	f_C	f_N	f_D	f_E	f_G	CFC	f_L	f_H	f_N	$2f_H$	f_G	f_J
60	0.1	60	75	100	130	160	452	600	0.1	600	1000	1200	2119	3865
180	0.1	180	225	300	390	480	1310	1000	0.1	1000	1650	2000	3496	6442

注：本表中 f_L、f_H、f_C、f_N、f_G、f_J、f_D、f_E 分别为试验中选取的频率点。

设 $X[n]$ 为第 n 个输入数据列，$Y[n]$ 为滤波器处理后的输出数据列，滤波器系数以 ISO 6487[4] 为准，$Y[n]$ 可以通过式 (2-4) 计算得出：

$$Y[n] = a_0 X[n] + a_1 X[n-1] + a_2 X[n-1] + b_1 Y[n-1] + b_2 Y[n-1] \tag{2-4}$$

设 $\omega_a = \tan(\omega_d T/2)$，$T$ 为取样频率 (s^{-1})，可得：

$$a_0 = \omega_a^2 / (1+\sqrt{2}\,\omega_a + \omega_a^2)$$
$$a_1 = 2a_0$$
$$a_2 = a_0$$
$$b_1 = 2(-1+\omega_a^2)/(1+\sqrt{2}\,\omega_a + \omega_a^2)$$
$$b_2 = 2(-1+\sqrt{2}\,\omega_a - \omega_a^2)/(1+\sqrt{2}\,\omega_a + \omega_a^2)$$

式中，$X[n]$ 为输入数据序列；$Y[n]$ 为滤波后输出数据序列；a_0, a_1, a_2, b_1, b_2 为滤波常数(根据滤波器确定)。

SAE J211 中规定频率 $\omega_d = 2\pi(C/0.6)\times1.25$，其中 C 表示通道频率，$C/0.6$ 为截止频率，但经验上要乘以常数 1.25，以得到需要的截止频率。

式 (2-4) 为双极滤波器输出数据的计算公式，由于会发生相位滞后，所以要将二次滤波器对抽样数据的时间轴从前方向后调整，再从后方进行滤波处理，以消除相位的滞后。这种滤波器被称作四极无相位滞后滤波器。表 2-3 给出了适合于各个测量值的 CFC 滤波器种类。

CFC 滤波器的应用 **表 2-3**

<table>
<tr><th colspan="2">测量项目</th><th>CFC</th><th>测量项目</th><th>CFC</th></tr>
<tr><td colspan="3">假人</td><td colspan="2">车辆构造加速度</td></tr>
<tr><td colspan="2">头部加速度（平移与旋转）</td><td>1000</td><td>车辆</td><td>60</td></tr>
<tr><td rowspan="2">颈部</td><td>力</td><td>1000</td><td>零件解析</td><td>600</td></tr>
<tr><td>力矩</td><td>600</td><td>速度、位移的积分</td><td>180</td></tr>
<tr><td rowspan="4">胸部</td><td>胸椎加速度</td><td>180</td><td rowspan="2">壁障载荷</td><td rowspan="2">60</td></tr>
<tr><td>肋骨加速度</td><td>1000</td></tr>
<tr><td>胸部加速度</td><td>1000</td><td rowspan="2">安全带载荷</td><td rowspan="2">60</td></tr>
<tr><td>变形量</td><td>600</td></tr>
<tr><td rowspan="2">腰椎</td><td>力</td><td>600</td><td rowspan="2">台车加速度</td><td rowspan="2">60</td></tr>
<tr><td>力矩</td><td>600</td></tr>
<tr><td rowspan="3">骨盆</td><td>加速度</td><td>1000</td><td rowspan="3">转向柱载荷</td><td rowspan="3">600</td></tr>
<tr><td>力</td><td>1000</td></tr>
<tr><td>力矩</td><td>1000</td></tr>
<tr><td rowspan="3">股骨／膝／胫骨／足关节</td><td>力</td><td>600</td><td rowspan="3">头部模型加速度</td><td rowspan="3">1000</td></tr>
<tr><td>力矩</td><td>600</td></tr>
<tr><td>位移</td><td>180</td></tr>
</table>

2.4 碰撞假人 [5,6]

在法规和相关研究中，为了评估乘员可能受到损伤的风险，会开展多项碰撞试验，并用到碰撞假人。假人被设计为不同种类以对应不同的用途。例如，有针对正面碰撞和侧面碰撞中的乘员保护而设计的假人和针对安全带与儿童座椅的评估所设计的假人。根据法规规定，假人种类由试验要素、试验的成本以及需要制定保护措施的目标人群来确定。试验不同，假人在试验中的重要性也不尽相同。有时假人仅作为重物发挥作用，但是大多情况下需要假人对载荷做出类似人体的响应。这里将对正面碰撞和侧面碰撞中相应的标准假人 Hybrid III 和 ES-2 进行说明。

2.4.1 正面碰撞假人

1）构造

Hybrid III 在美国联邦机动车安全标准 FMVSS 208 第 572 节（分类 E）中被规定为正

面碰撞标准假人，它是应用最广泛的假人（图 2-9）。从 20 世纪 50 年代起，假人开始被应用于汽车的安全性能评估试验中。1974 年，由 Sierra 公司制造的假人头部、GM 公司制造的橡胶颈部和 ARL 公司制造的躯干 VIP50A 组合在一起，形成了 Hybrid II 假人。1975 年，GM 公司开发出了比 Hybrid II 拥有更高的生物逼真度和测试性能的 Hybrid III 假人。特别是由于头部和胸部的改良，使对 Hybrid III 的颈部载荷和胸部变形量等生物力学参数的测量成为可能。Hybrid III 假人的人体尺寸为 20 世纪 60 年代的美国人标准体型（身高 175.1 cm，体重 78.15 kg）。表 2-4 为 Hybrid III AM50 各部分的质量和尺寸。

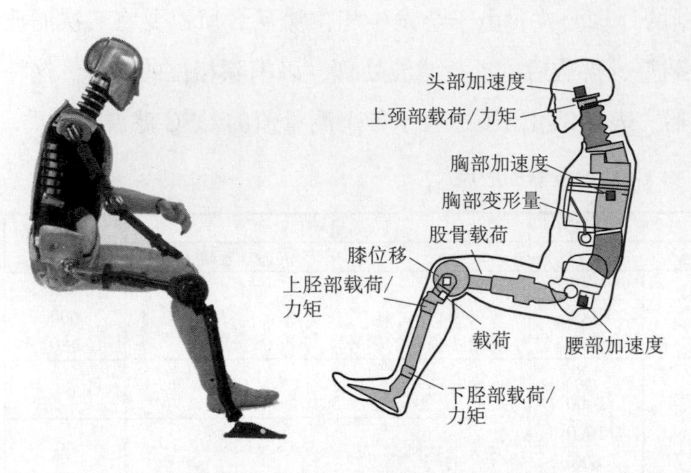

图 2-9 Hybrid III AM50[2]

Hybrid III AM50 各部分的质量与尺寸 **表 2-4**

部　位	质量 (kg)	项　目	尺寸 (mm)
头部	4.54	坐高	883.9
颈部	1.54	座位膝窝高度	442.0
胸部	17.19	肩关节高度	513.1
腰部	23.04	*H* 点高度	86.4
上腕部（左右）	3.99	*H* 点座椅靠背	137.2
前腕部（左右）	4.54	头宽	155
大腿部（左右）	11.97	头长	203
小腿部、足部（左右）	11.34	胸部前后长	221.0
合　计	78.15	肩宽	429.3

（1）头部。

Hybrid III 的头部模拟了人体头部的形状、质量、转动惯量和生物力学响应。头部由整体铸造的铝制头盖骨和聚氯乙烯制成的表皮构成（图 2-10）。其面部的凹凸少，可避免面部产生集中载荷。由聚氯乙烯制成的表皮决定了头部响应的生物逼真度和可重复性。头部的重心位置装有三轴加速度测量仪。

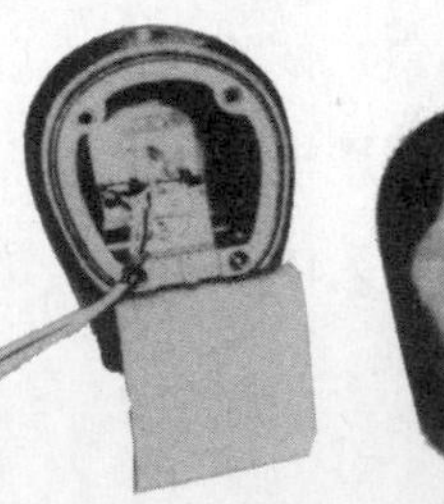
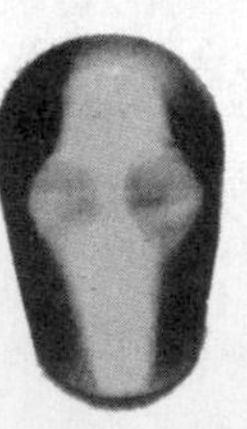
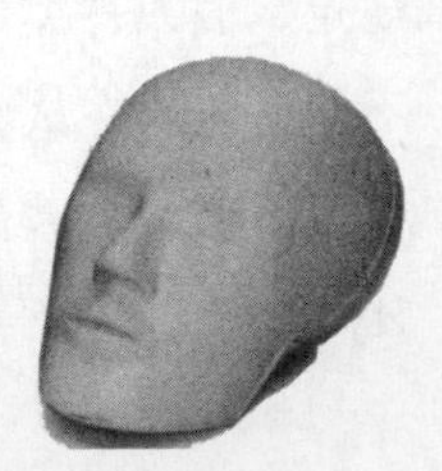

图 2-10 Hybrid III 头部[2]

（2）颈部。

如图 2-11 所示，Hybrid III 的颈部被设计为一个可弯的结构单元，能做出符合生物力学的弯曲和伸展的阻尼响应。颈部结构包括铝制颈骨和丁基橡胶制椎间盘。为了给颈部一个轴向的拉伸强度，颈部中心有钢制缆线通过。由于丁基橡胶具有高阻尼特性，使颈部的生物力学特征中必需的滞后现象得以重现。由于颈部在弯曲时比伸展时产生更大的弯曲阻力，所以 Hybrid III 的颈部截面形状前后不对称，前部开有凹口，使伸展时的弯曲阻力减小。为了测定上颈部（枕骨髁）的剪切力 (F_x、F_y)、轴力 (F_z) 和弯矩 (M_x、M_y、M_z)，假人颈部装有载荷测量仪。另外，由于载荷传感器安装的位置与枕骨髁偏离，因此要求颈部的弯曲、伸展矩需要使用下式对载荷传感器的测量值 $M_{y'}$、$M_{x'}$ 进行修正（其中 D 为载荷传感器的轴与枕骨髁关节间的距离，使用 Hybrid III AM50 假人时为 0.0178 m，参照图 2-7）：

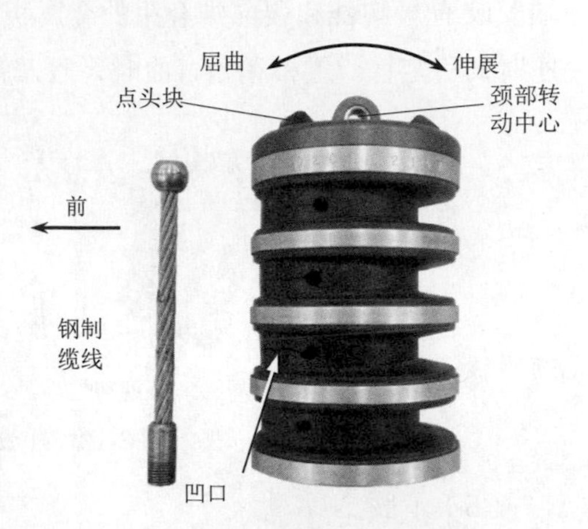

图 2-11 Hybrid III 颈部 [2]

$$M_y=M_{y'}-D\cdot F_x\ ,\ M_x=M_{x'}+D\cdot F_y$$

假人搭载于车上时，其头部和颈部需要保持直立状态，因此假人的颈部到胸部的位置装有支架，用来调整颈部的角度。

（3）胸部。

Hybrid III 的胸部由胸椎和覆盖有胸部短上衣的胸腔 (Ribcage) 构成（图 2-12）。胸椎由钢制的脊骨箱组成，上面安装有颈部、锁骨、肋骨和腰椎。胸腔由 6 根钢制肋骨组成，为了控制肋骨应力的大小，胸椎上安装有弹簧片。模拟表皮的短上衣可拆卸，其内侧粘有氨基甲酸乙酯，形成一个可分散从正面传来载荷的结构。判定胸部损伤风险的损伤基准包括胸廓的变形量和胸椎、胸壁（肋骨或是胸骨）的加速度。为了测量这些数据，胸椎的中心位置 (T4) 安装有三轴加速度测量仪，而且胸椎上安装有以旋转式电位仪为支点的杆，通过标尺前端与胸骨接触来测定其胸部变形量。

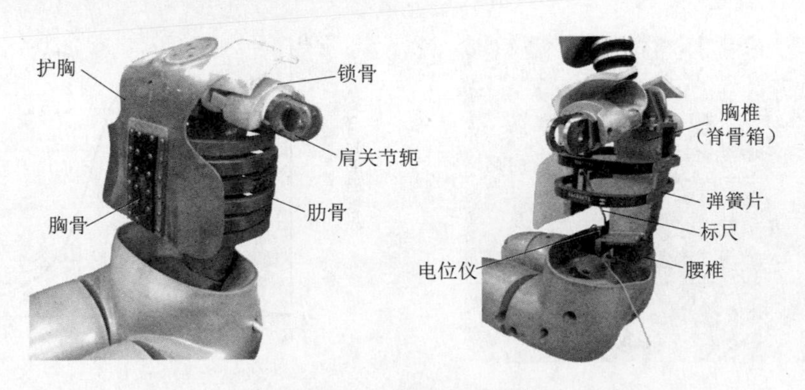

图 2-12 Hybrid III 胸部

（4）腰椎。

Hybrid III 的腰椎是由具有曲率的聚乙烯（类似橡胶）弹性材料制成的成型品，在其两端安装有与胸椎和腰部结合用的金属板（图 2-13 a)）。腰椎内通有两根缆线，用以保持就座时的稳定性。腰椎稍稍弯曲时，假人就能做出如人体乘车时的坐姿。

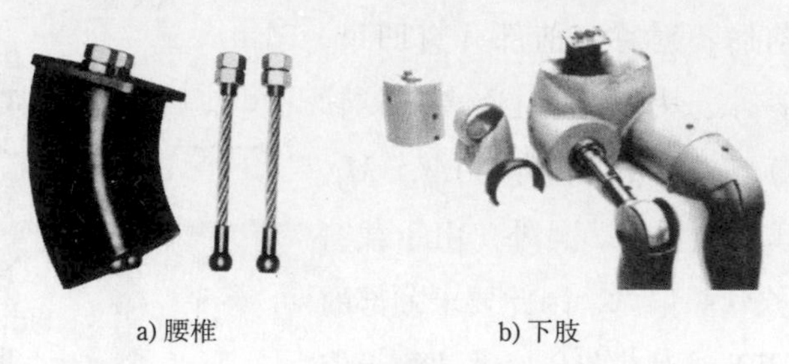

a) 腰椎　　b) 下肢

图 2-13　Hybrid III 的腰椎和下肢构造 [6]

（5）下肢。

Hybrid III 的膝部由铝制的骨骼、异丁橡胶制成的软组织以及乙烯基制的表皮构成（图 2-13 b)）。膝部具有滑动结构，使膝部在与仪表盘发生碰撞时，胫骨可以相对大腿部产生位移，从而测量到膝的位移量。大腿部和小腿部内有钢管制的胫骨，外部覆盖有泡沫和乙烯基制的表皮。胫骨的上部和下部安装有测量轴力、剪切力和弯矩的载荷测量仪。

2）响应特性

在假人响应特性中，头部、颈部、胸部和膝部的力学特性特别重要。这是由于碰撞时乘员的头部和胸部与转向系统或车室发生碰撞、膝部与仪表盘发生碰撞的风险很高。颈部的刚度在碰撞中对头部的运动有很大影响。下面通过与尸体实验的比较来分析 Hybrid III 的头部、颈部、胸部和膝部的响应情况。

（1）头部。

使 Hybrid III 的头部从 376 mm 的高处下落至刚体板上，可以确认头部重心的加速度分布于 Hubbard 和 McLeod 的生物力学响应限值范围内。以此为基础，规定在 Hybrid III 的标定试验中，头部的最大三轴合成加速度必须控制在 225 g~275 g 范围内，如图 2-14 所示。

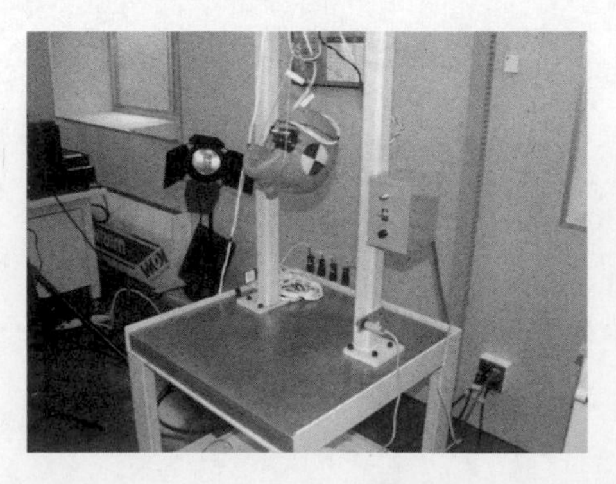

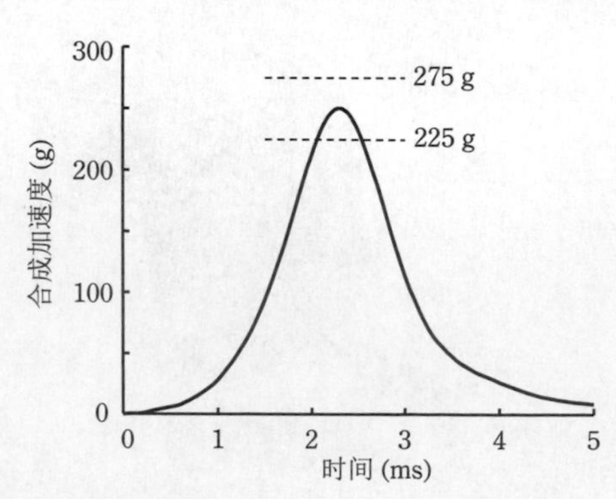

图 2-14　头部下落试验与头部合成加速度

（2）颈部。

颈部在弯曲和伸展时的力矩 - 角度响应这一生物力学响应指标由 Mertz 等人提出。为得到 Hybrid III 颈部弯曲和伸展的特性，人们实施了碰撞模拟台车试验（图 2-15）。弯曲时的试验速度为 10.0 m/s，减速度为 17 g。伸展时的试验速度为 7.2 m/s，减速度为 6 g。图 2-16 同时展示了试验得到的颈部弯曲与伸展的转矩 - 角度响应和 Mertz 等人得出的人体响应限值范围（图中 1、2、3 分别表示 Hybrid I、Hybrid II、Hybrid III 假人）。从图 2-16 可知，与 Hybrid II 相比，Hybid III 颈部的弯曲和伸展响应与人体的生物力学响应更接近。

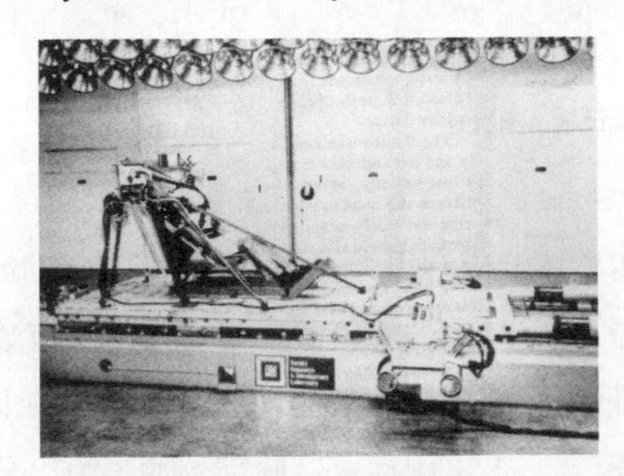

图 2-15 颈部弯曲与伸展的台车试验 [7]

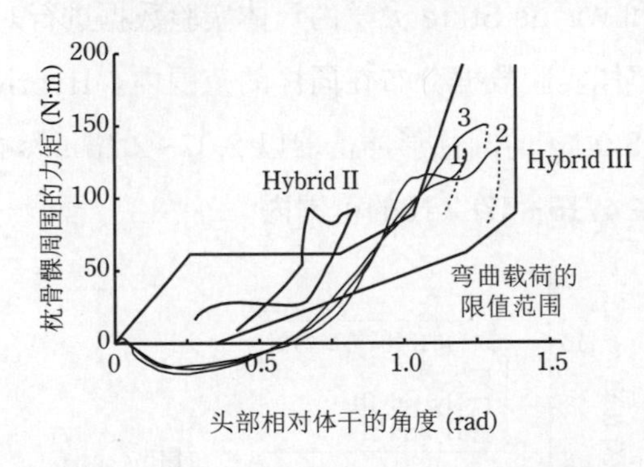

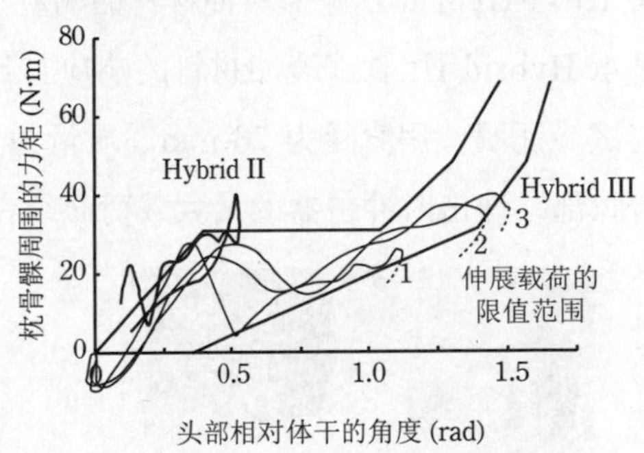

图 2-16 Hybrid III 颈部的弯曲与伸展响应 [2]

（3）胸部。

根据 Neathery 的尸体实验结果，Kroell 计算了胸部的生物力学响应限值范围。此试验是对胸部进行冲击，模拟了乘员胸部与转向系统的碰撞。通过对假人进行与尸体实验相同的胸部冲击试验，测量 Hybrid III 的胸部响应特性，并与尸体的响应进行比较，得出胸部冲击试验的响应，如图 2-17 所示。试验中，冲击器的质量为 23.4 kg，冲击速度分别为 4.3 m/s 和 6.7 m/s。载荷由冲击器的质量与减速度的乘积计算得出，胸部变形量根据电位仪测量得出。如图 2-17 所示，与 Hybrid II 相比，Hybrid III 的胸部变形量更大，与人体的生物力学响应更接近。在 Hybrid III 的胸部标定试验中，用直径为 152 mm、质量为 23.4 kg 的圆柱形冲击器以 6.58~6.82 m/s 的速度对胸骨进行碰撞，标定了碰撞时刻的胸部变形量为 63.6~72.6 mm，冲击器的最大载荷为 5159~5893 N 和滞后现象（卸载能量 / 加载能量）

为 69.0%~85.0%。

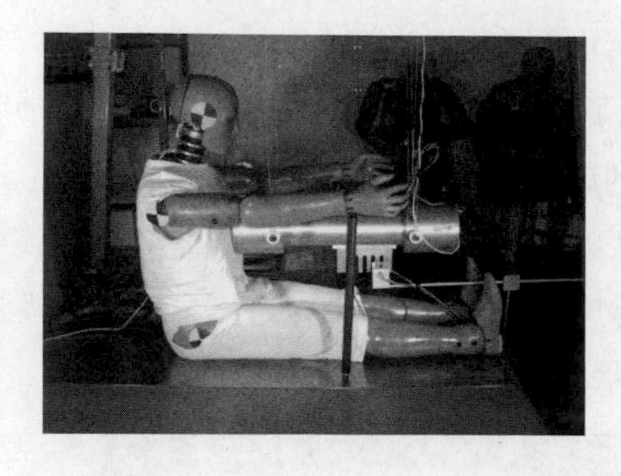

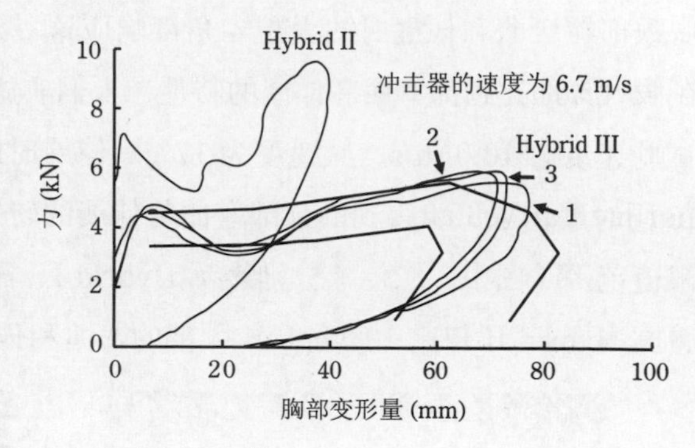

图 2-17　胸部冲击试验与响应 [2]

（4）膝部。

安装在膝部的缓冲材料对碰撞时膝部产生的整体响应有很大影响。为了评估 Hybrid III 假人膝部缓冲材料的生物力学性能，把膝部被击打后产生的峰值载荷与尸体的响应数据进行比较。如图 2-18 所示，将 Hybrid III 的下肢取下，把大腿部的后端安装在刚性壁上，进行对膝部的冲击试验。利用冲击器的质量和减速度，得出刚性壁对膝部的冲击力。分别将 Hybrid III 与 Hybrid II 膝部缓冲材料的响应和 Wayne State 大学的尸体实验数据进行对比，结果显示 Hybrid III 膝部缓冲材料的响应与尸体实验数据分布在同样的范围内。Hybrid III 的标定试验证明，用直径为 76 mm、质量为 5.0 kg 的圆柱形冲击器以 2.07~2.13 m/s 的速度冲击膝部，冲击时冲击器的最大载荷必须在 4715~5782 N 的范围内。

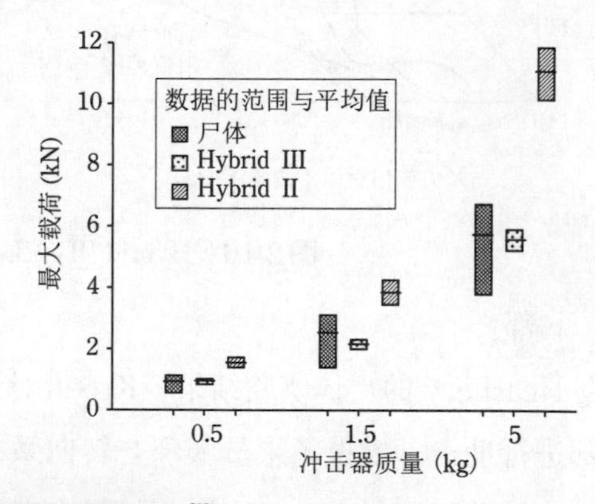

图 2-18　膝部冲击器试验 [2]

2.4.2　侧面碰撞假人

从 20 世纪 70 年代开始，学术界开展了很多关于侧面碰撞中乘员保护的研究。侧面碰撞试验需要用到能够接受从侧面来的碰撞，并评估其所受损伤的特殊假人。也就是说，应对侧面碰撞，假人必须能表现出恰当的运动学特性、力学响应及损伤评估性能。现在所使用的侧面碰撞假人 ES-2 代表了 50% 的成年男性，其设计和性能基于尸体实验的结果。由于假人前臂会破坏试验的可重复性，因此 ES-2 假人没有前臂。侧面碰撞下的损伤值由安装在假人头部、胸部、腹部以及腰部的测量器进行测定。

用于侧面碰撞的初始原型假人 EuroSID 由欧盟试验车辆委员会 (European Experimental Vehicle Committee, EEVC) 下属的以 TNO 为中心的欧盟研究机构团队设计并制造 [8]。EuroSID 的量产型 EuroSID-1 于 1989 年完成，被运用到 1998 年引入的欧洲侧面碰撞法规 ECE R95 中。EuroSID 假人曾运用于美国的侧面碰撞法规 FMVSS 214 中。但是，为了使欧洲和美国假人统一，在将 EuroSID-1 应用到美国 FMVSS 214 规定的侧面碰撞试验条件——具有偏斜角 (27°) 的 MDB 碰撞时，出现了在斜向载荷输入的情况下，肋骨变形量呈现出无增加的平顶现象。而且，由于座椅靠背和假人背板在侧面碰撞试验中相互干扰，EuroSID-1 假人的运动响应表现不自然。另外，由于假人背板受到座椅施加的载荷，肋骨变形量变小的情况也时有发生。针对这些缺点进行改良后，在 SID-2000 项目中，由 EEVC WG12 开发的 ES-2 假人便诞生了 [9]（图 2-19），现被应用于欧洲 ECE R95 侧面碰撞法规中。而现在的美国法规 (FMVSS 214) 为了进一步降低输入到 ES-2 背板的载荷，应用的是增加了肋骨长度的 ES-2re 假人。

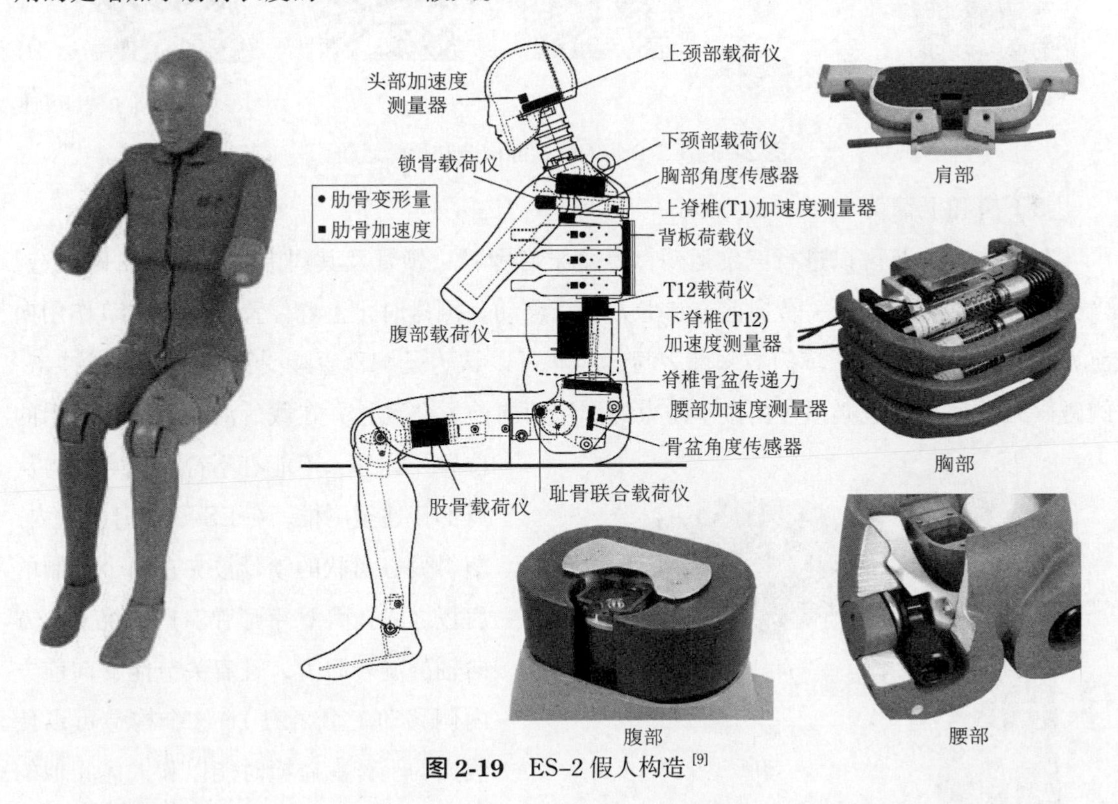

图 2-19 ES-2 假人构造 [9]

（1）头部。

ES-2 的头部和 Hybrid III AM50 相同，只在上颈部载荷仪的安装部位和质量上有一些差异。另外，其头部能够安装三轴加速度计。

（2）颈部。

假人的颈部必须能和人体发生同样的侧弯，并且可将载荷传递至头部和胸部，使头部做出与现实情况相同的运动响应。ES–2 的颈部是对 APROD 假人的颈部进行改良后的产物，由上下结构交接铝铸板和其间一体成型的橡胶材料组成（图 2-20）。橡胶材料的两端有铝铸板，通过上下各 4 个颈部橡胶块和交接金属板连接。

颈部橡胶块使得交接处的金属板可以相对半球状的螺钉产生剪切位移和旋转位移，也有助于颈部的旋转。如图 2-20 所示，颈部的构造使得中央部橡胶的横向剪切位移、交接处金属板的相对位移（平移和旋转）以及中央部的弯曲变形成为可能。另外，可以将上下的半球状的螺钉看作头颈部运动时关节的旋转中心。

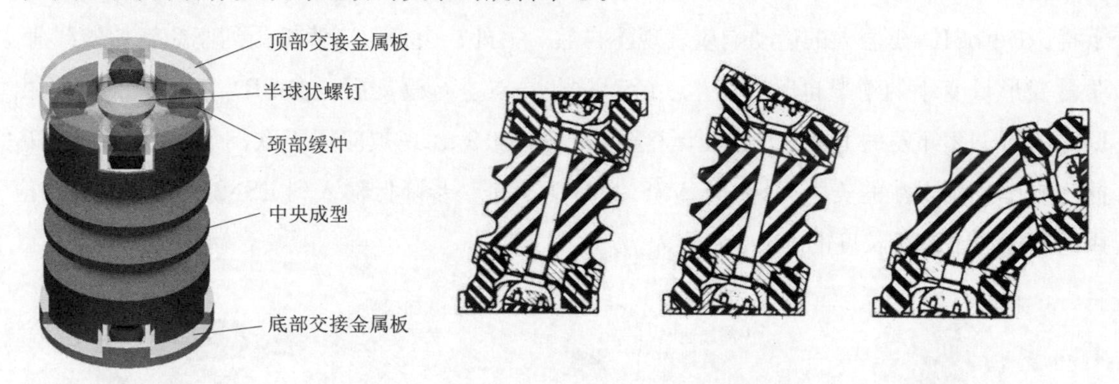

图 2-20 ES–2 假人的颈部构造和颈部运动

（3）肩和上臂。

人体的肩关节可以进行三维运动，得益于肩胛骨、锁骨及其周围的关节和肌肉构造。当受到侧面冲击时，肩关节向前方和上方进行移动。侧碰时，上臂位置由于肩关节作用向前方移动，并不是位于车门与胸部之间，因此可以认为是胸部直接受到从车门来的冲击。侧碰假人的肩关节也必须可由微小的力的作用而向前方移动，并在载荷消除后回到原始的位置。此外，不能有不符合现实的力从肩部传递至胸椎。在 ES–2 的肩部盒内，塑料偏心盘状的锁骨被夹在两个铝制的肩板之间，因 U 字形弹簧产生绕上下方向轴的旋转阻力，且肩关节能够向前方内侧移动（图 2-21）。这个构造可以使假人的上臂在碰撞时能以和人体相似的形式向前方旋转，使肋骨直接受到来自车门的冲击。假人左右两边的锁骨通过

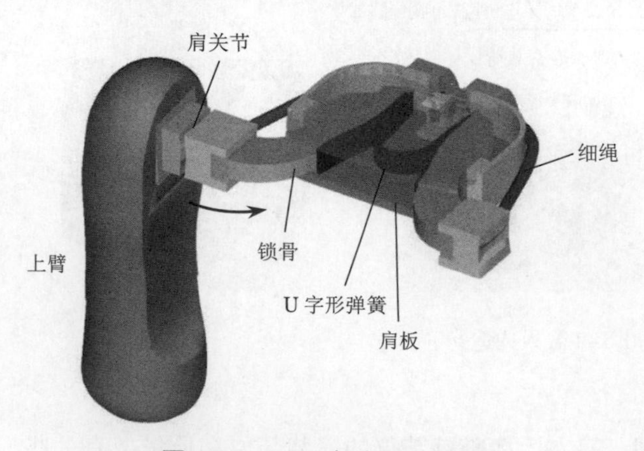

图 2-21 ES–2 假人的肩部构造

有弹性的细绳连接，并可以回到原始位置。上臂通过螺栓和肩关节结合，用 40° 的枢挡块将其固定在肩关节上。

（4）胸部。

在侧面碰撞事故中，胸部大多直接受到冲击而受伤，这种冲击多来自变形后的车门。胸部在受到平板冲击而产生分布载荷时，会导致多根肋骨骨折，造成重伤。当车门变形较大时，冲击局限于胸部，并产生对胸部的侵入，可能导致 1~3 根肋骨骨折，并贯穿胸部。为了区分胸部受到的是分布载荷还是局部载荷，ES-2 假人的胸部被划分为覆盖胸廓上部区域的 3 个同型水平肋骨部位。假人的胸部只由保护肺和心脏的上部肋骨组成。并且，假人的肋骨相对胸椎并不是略微下垂，而是处于与其成直角的方向。假人下部肋骨区域被包含在 ES-2 的腹部内，腹部同时也包含着肝脏区域。

ES-2 的胸部性能是通过尸体的下落试验、冲击试验以及台车刚性壁碰撞试验得出的载荷、胸部变形、肋骨和脊椎的加速度等数据共同确定的。图 2-22 展示了 50% 的成年男性和 ES-2 假人（一部分）的侧视图。假人胸部由肋骨模块、脊椎盒和后板组成。同样的肋骨模块有 3 个，被固定在呈箱形的脊椎盒上，并可自由变换为左方或右方碰撞用。如图 2-23 所示的 ES-2 肋骨模块，肋骨为由活塞 / 汽缸、弹簧和阻尼器组成的系统，被安装在胸椎上，其位移通过线性电位仪记录。假人的背部通过后板与座椅发生相互作用，可以防止肋骨受到座椅施加的力。

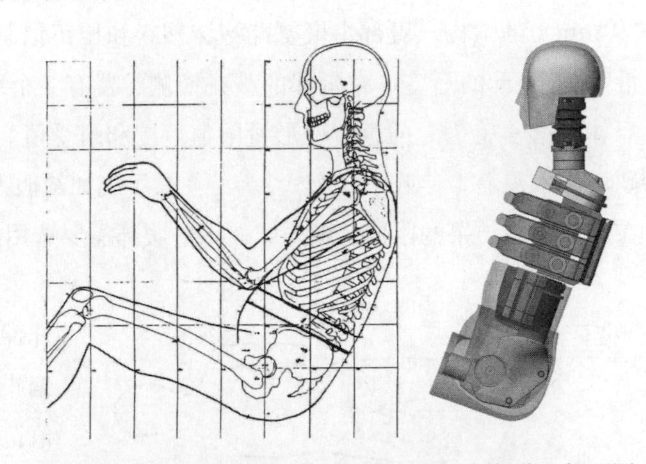

图 2-22　50% 成年男性与 ES-2 假人的（一部分）侧面图

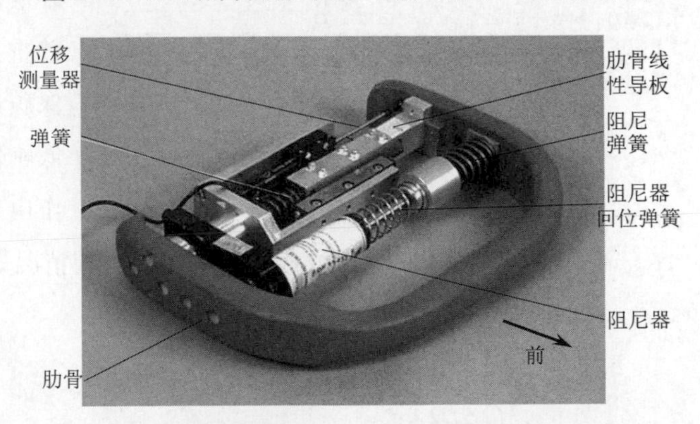

图 2-23　ES-2 的肋骨模块

如第 1 章图 1-45 所示，假人各部的设计参数通过 Lobdell 的胸部弹簧 - 质量模型来求得。该模型显示，要实现胸部的响应，必须有缓冲器。同时，为了分析肋骨质量和皮肤特性对胸部响应的影响，模型进行了多种参数的变更。特别在胸部各部位响应与尸体响应保持一致的方面，皮肤有非常重要的作用。因此，这里将轻巧、变形能量吸收能力强的泡沫材料 Confor-foam 用作覆盖 ES-2 肋骨的软组织。从这些模拟和碰撞试验的结果中可以明确，为了使假人表现出与人体相近的响应，肋骨的动质量必须非常小。

在ES–2中，为了防止平顶现象的出现，各肋骨被变更为能平滑移动的线性向导式结构。为了提高脊椎盒背面的后板对斜后方传来的载荷输入的响应灵敏性，并进一步防止肋骨后板与座椅靠背之间的相互干扰，肋骨后板的末端变得具有曲率，其尺寸也从EuroSID–1中的宽180 mm变更为ES–2中的宽140 mm，更加小型化。在肋骨部位，可测量假人的位移和加速度。在脊椎盒与后板之间设置有用来测量假人与座椅靠背接触力的后板载荷仪。另外，从腹部传递到脊椎盒的载荷通过T12载荷仪测量。脊椎盒的上下(T1, T12处)分别安装有加速度测量仪。

（5）腹部。

ES–2的腹部被设计为能够检测出对应损伤AIS 3级的载荷和变形量（阈值为4.5 kN, 39 mm）的结构。腹部由聚氨酯泡沫塑料和压铸铝制的圆筒构成，聚氨酯泡沫塑料可发生最大40 mm的形变。在腹部的被碰撞侧配置有3个载荷仪。ES–2腹部设计的基础为通过尸体下落实验确立的载荷变形量限值范围和耐受值。实验中，尸体横向下落至模拟扶手的硬质质木头上（参照图2-24）。为了使扶手施加给假人腹部的冲击产生的动态载荷变形量落在尸体实验结果的限值范围内，假人的腹部需要选用柔软的材料。

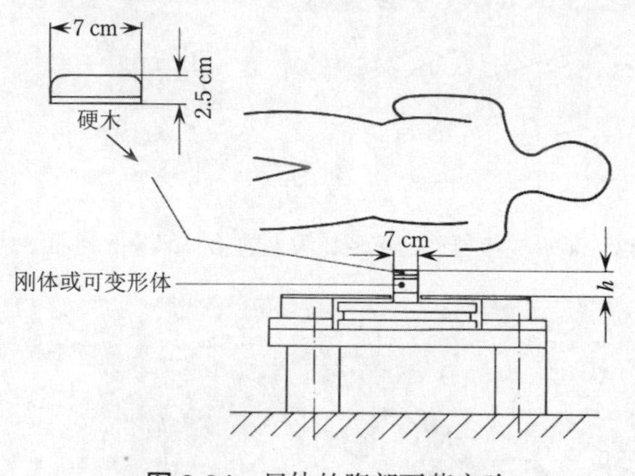

图2-24 尸体的腹部下落实验

通过聚氨酯泡沫塑料和发泡橡胶的试样冲击试验可以发现，这些材料由于惯性偏小，要使胸部的响应契合尸体实验的限值范围是非常困难的。因此，假人腹部的外层使用充满铅颗粒的固体橡胶之类的比较重又柔软的材料来制作。而且，为了确保腹部可产生必要的侵入量，下层可选用低刚性的泡沫材料加以支撑。为了找到能作出理想动态响应的橡胶和泡沫的质量组合，需要运用二维MADYMO腹部模型，其模拟情况如下：

a. 无外层质量。

b. 外层质量为1 kg。

c. 外层质量为2 kg。

从这里可以发现，通过给腹部外层增加质量，腹部的载荷变形量变得与尸体非常一致（图2-25）。从多个计算机仿真试验结果可以得出结论，选择在腹部原型约200 mm层的外侧装配1.5 kg的质量最合适（图2-26）。

（6）腰椎。

ES–2假人与Hybrid II假人的腰椎相同，由橡胶材料制成，呈圆柱状。腰椎的中央插有钢缆，给腰椎施加预压缩。

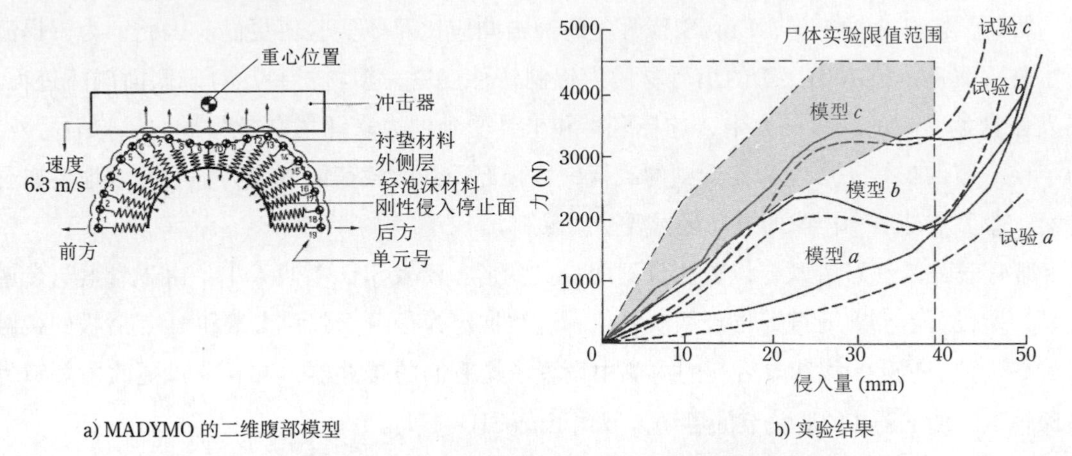

图 2-25 MADYMO 模型的预测与试验结果的比较

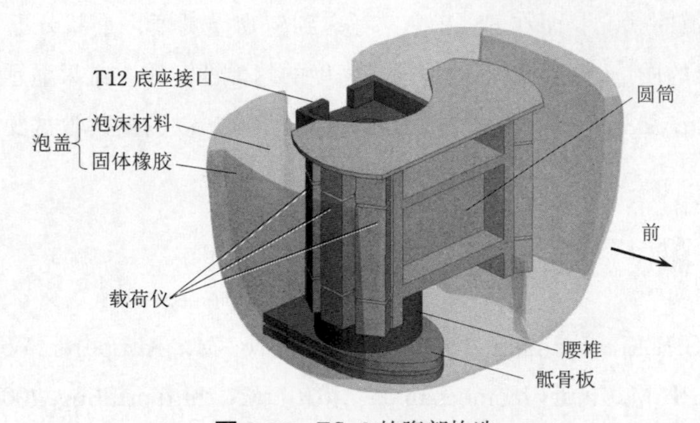

图 2-26 ES–2 的腹部构造

（7）腰部与下肢。

侧碰时，车门施加给乘员腰部的载荷从股骨的大粗隆传递到髋臼和骨盆，导致乘员发生耻骨、坐骨和髋臼等处的骨盆骨折。ES–2 的骨盆构造如图 2-27 所示，由骶骨块、髂骨、聚氯乙烯表皮、聚氨酯泡沫塑料材料制成的肉体、髋关节和耻骨载荷仪组成。为了使侧碰时假人的骨盆载荷路径、髂骨前缘与安全带的相互作用及腰部和座椅的相互作用与人体相同，ES–2 的骨盆被设计成和人体骨盆相近的形状。ES–2 两个髂骨的前部通过耻骨载荷仪结合，后部与骶骨块相连，并在腰部的 H 点置有泡沫块。施加到 ES–2 腰部的载荷从泡沫块、股关节传递至

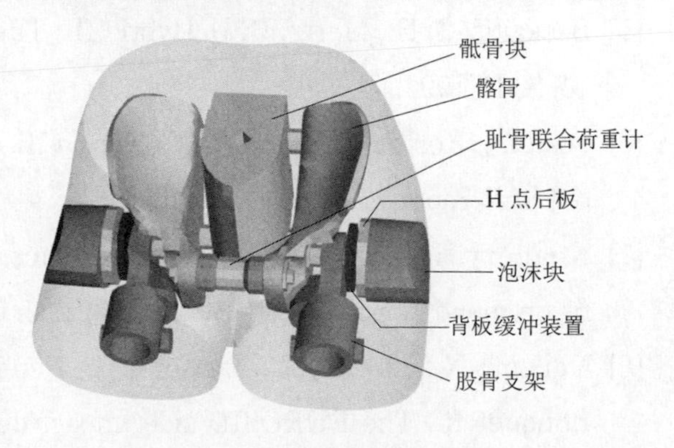

图 2-27 ES–2 的骨盆构造

骨盆和耻骨载荷仪。腰部的能量吸收量与泡沫材料的压缩程度和髂骨的变形程度直接相关。

然而，在高速冲击下，EuroSID 骨盆的冲击响应比尸体实验值更高。因此，为了提高与生物保真度，EuroSID-1 的髂骨材质由铝制铸件变更为塑料材料。对于侧面碰撞过程，在人体骨盆受到的众多的力中，选择耻骨和坐骨受到的力来评估耻骨骨折的风险。另外，为了使下肢的位置不影响骨盆受到的载荷，且腰部受到的载荷能够作为轴力有效地传递至骨盆，股关节外展和内收的可动区域要受到限制。

耻骨载荷是在耻骨联合位置测量到的骨盆变形。EuroSID-1 假人中，由于骨盆与金属接触，所以可看到耻骨载荷出现两次峰值。这被推定为是由于股骨支架和 H 点后板的接触所致。为此，ES-2 中 H 点后板的内侧中设置了橡胶制的缓冲器，并且通过更改股关节为滚珠轴承，使 ES-2 的股关节的可动区域比 EuroSID-1 大。

EuroSID-1 假人使用了 Hybrid II 的下肢。在 EuroSID-1 中，由于两膝的接触，耻骨载荷有出现大峰值的状况。而在 ES-2 中，考虑到生物逼真度，重新分配了从股骨到大腿部软组织 2.75 kg 的质量，在大腿部使用了高密度的超弹性泡沫。结果显示，耻骨载荷的峰值得以减小。另外，ES-2 中可以安装六轴的股骨载荷仪，以测量其骨盆变形程度。

本章参考文献

[1] Wismans, J.S.H.M., Janssen, E.G., Beusenberg, M., Koppens, W.P., Happee, R., Bovendeerd, P.H.M.. Injury biomechanics (4J610) [M]. third printing, 2000.

[2] SAE J1733, Sign convention for vehicle crash testing [S]. 1994.

[3] SAE J211-1, Instrumentation for impact test–part 1–electric instrumentation [S]. 2007.

[4] ISO 6487: 2002, Road vehicles–measurement techniques in impact tests–instrumentation [S]. 2002.

[5] Backaitis, S. H., Mertz, H. J.. Hybrid III: The first human-like crash test dummy [C]. PT-44, SAE, 1994.

[6] Foster, J. Kortge, J., Wolanin, M.. Hybrid III – A biomechanically-based crash test dummy [C].SAE Paper 770938, 1977.

[7] Neahery, R.. Analysis of chest impact response data and scaled performance recommendations[C]. 18th Stapp Car Crash Conference, SAE Paper 741188, 1974.

[8] Neilson, N., Lowne, R., Tarrière, C., Bendjellal, F., Gillet, D., Maltha, J., Cesari, D., Bouquet R.. The EUROSID side impact dummy [C]. pp.153–175, Tenth International Conference on Experimental Safety Vehicles, 1985.

[9] EEVC-WG12, Status of side impact dummy developments in Europe [R]. 2000.

第 3 章

汽车部件冲击能量的吸收特性

通过变形来吸收动能的冲击吸收结构件在汽车碰撞过程中起到很重要的作用。此类结构件多为薄壁构件，会因受到载荷而发生轴向变形和弯曲变形，并吸收能量。本章将论述车身变形中最重要的薄壁矩形截面直构件的压缩轴向变形以及弯曲变形。

3.1　平板的压屈

一薄平板受到垂直于板面的载荷而发生弯曲变形（图 3-1）。设作用于单位面积板面上的压力为 $p(x, y)$，则挠度 $w(x, y)$ 的弯曲基础方程如下：

$$D\cdot\left(\frac{\partial^4 w}{\partial x^4}+2\frac{\partial^4 w}{\partial x^2\partial y^2}+\frac{\partial^4 w}{\partial y^4}\right)=p(x,y) \tag{3-1}$$

其中，D 为抗弯刚度，可用弹性系数 E、泊松比 v 和板厚 t 表示为：

$$D=\frac{Et^3}{12(1-v^2)} \tag{3-2}$$

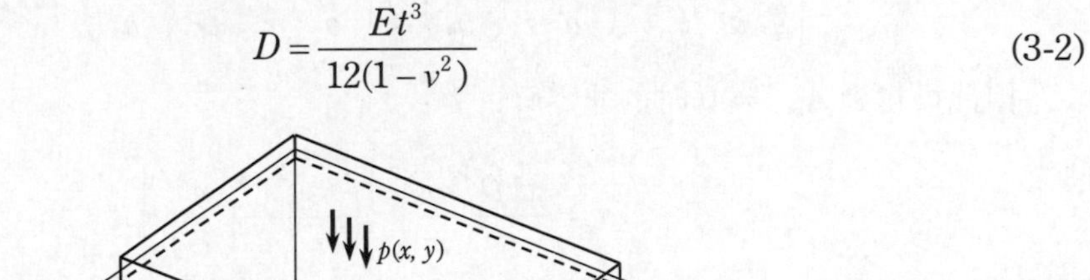

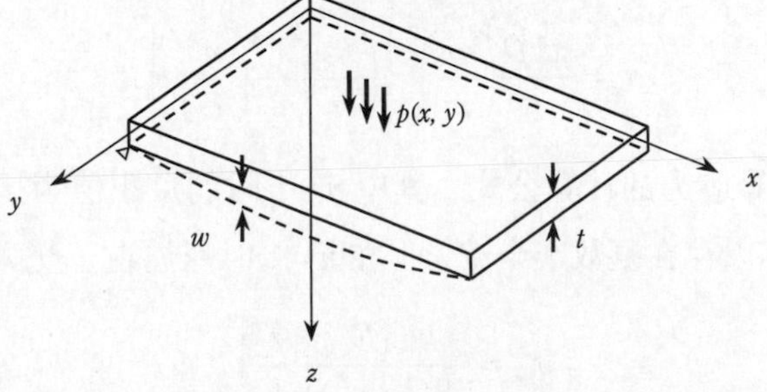

图 3-1　平板的弯曲

图 3-2 中的长方形板的边长分别为 a、b，板在 x 方向上因受到均匀的平面内应力 σ_x 而发生压缩屈曲。设 σ_x 在压缩时的应力为正，单位宽度的板块厚度上施加的压缩力为 $N_x=\sigma_x t$，取长方形板的微小面积元，则根据图 3-2 可得作用于 z 方向上的力 p 如下所示：

$$p\,\mathrm{d}x = N_x \frac{\partial w}{\partial x} - \left(N_x + \frac{\partial N_x}{\partial x}\mathrm{d}x\right)\left\{\frac{\partial w}{\partial x} + \frac{\partial}{\partial x}\left(\frac{\partial w}{\partial x}\right)\mathrm{d}x\right\}$$

$$\approx -N_x \frac{\partial}{\partial x}\left(\frac{\partial w}{\partial x}\right)\mathrm{d}x = -\sigma_x t \frac{\partial^2 w}{\partial x^2}\mathrm{d}x \tag{3-3}$$

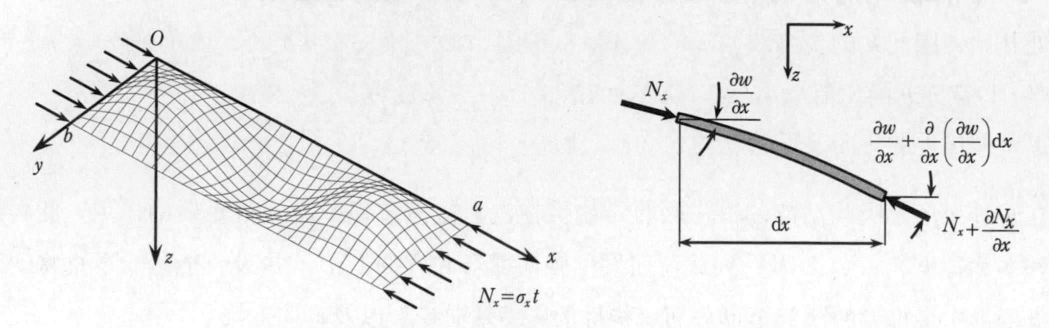

图 3-2　平板的压屈

根据式 (3-1) 和式 (3-3) 可得压屈的基础式如下：

$$D\cdot\left(\frac{\partial^4 w}{\partial x^4} + 2\frac{\partial^4 w}{\partial x^2 \partial y^2} + \frac{\partial^4 w}{\partial y^4}\right) + \sigma_x t \frac{\partial^2 w}{\partial x^2} = 0 \tag{3-4}$$

平板四边受到简单支撑时，将满足边界条件的挠度设为：

$$w = A_{mn}\sin\frac{m\pi x}{a}\sin\frac{n\pi y}{b}\quad (m, n=1, 2, \cdots) \tag{3-5}$$

代入式 (3-4)，有：

$$\left\{\left(\frac{m\pi}{a}\right)^4 + 2\left(\frac{m\pi}{a}\right)^2\left(\frac{n\pi}{b}\right)^2 + \left(\frac{n\pi}{b}\right)^4 - \frac{t\sigma_x}{D}\left(\frac{m\pi}{a}\right)^2\right\}A_{mn} = 0 \tag{3-6}$$

因此可得到 $A_{mn} \neq 0$ 时的非零解，为：

$$\sigma_x = \frac{\pi^2 D}{t}\left(\frac{a}{m}\right)^2\left\{\left(\frac{m}{a}\right)^2 + \left(\frac{n}{b}\right)^2\right\}^2 \tag{3-7}$$

式 (3-7) 给出了临界应力的计算公式，其中 $n=1$ 时的最小值为压屈应力 σ_{cr}。这意味着板在压缩力方向虽然可以存在复数个半波，但在 $n=1$ 时压屈在正交方向只能存在一个半波：

$$\sigma_{cr} = \frac{k\pi^2 E}{12(1-\nu^2)}\left(\frac{t}{b}\right)^2 \tag{3-8}$$

$$k = \left(\frac{mb}{a} + \frac{a}{mb}\right)^2 = m^2\left(\frac{b}{a}\right)^2 + \frac{1}{m^2}\left(\frac{a}{b}\right)^2 + 2 \tag{3-9}$$

式 (3-8) 中，k 称作压屈系数。设半波长的个数为 m，则压屈长度为 $\lambda=a/m$。可以看到，k 为关于平板的纵横比 a/b 和 m 的函数，将 $\mathrm{d}k/\mathrm{d}m=0$ 代入式 (3-9) 可得在 $m=a/b$ 处，k 取得最小值，为 $k_{\min}=4$。若在式 (3-9) 中令半波长的个数分别为 m 和 $m+1$ 时的 k 值相等，则

从平板受压产生 m 个半波到 $m+1$ 个半波时有：

$$m^2\left(\frac{b}{a}\right)^2+\frac{1}{m^2}\left(\frac{a}{b}\right)^2+2=(m+1)^2\left(\frac{b}{a}\right)^2+\frac{1}{(m+1)^2}\left(\frac{a}{b}\right)^2+2 \tag{3-10}$$

可得 $a/b=\sqrt{m(m+1)}$。将 k 绘制成关于 a/b 的曲线，得到图 3-3。由于压屈在 k 值较小处开始，因此 k 的包络线给出的压屈系数的最小值为边长比 a/b 的平板压屈载荷。此外，板厚 t 与宽度 b 的比值越小，压屈应力的值就越小。若 $a/b>\sqrt{2}$，则 $m>1$。压屈应力变为与正方形接近的压屈波形给出的 σ_{cr} 值，且 $k\approx 4$。也就是说，a 对 σ_{cr} 没有影响，σ_{cr} 几乎只由 b 决定。

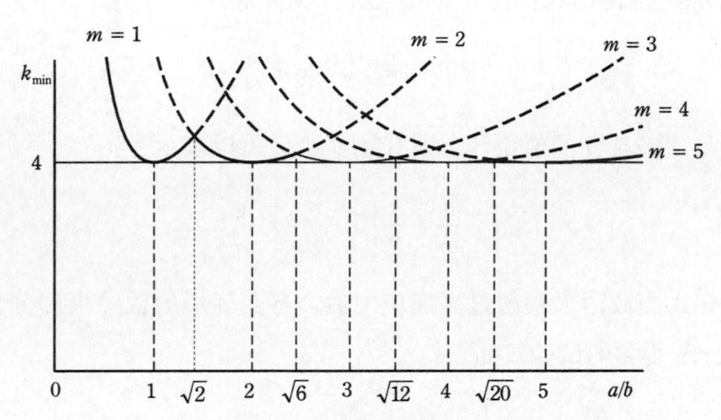

图 3-3　通过平板的边长比得出的压屈极限负载曲线图

3.2　有效宽度

如图 3-4 所示，对板宽为 b、板厚为 t 的薄矩形平板进行单轴压缩。当载荷为 P_{cr} 时，平板发生弹性压弯。此时的压屈应力为 $\sigma_{cr}=P_{cr}/(b\cdot t)$，相对板宽，$\sigma_{cr}$ 为定值。之后，压缩力进一步增大，平板两端的应力增加。最终，板两端的应力和压缩强度分别达到最大值 σ_Y（屈服应力）和最大压缩强度 P_u。此时，若用板的有效宽度理论来求解 P_u，进而求取压屈后的载荷增加会更容易。

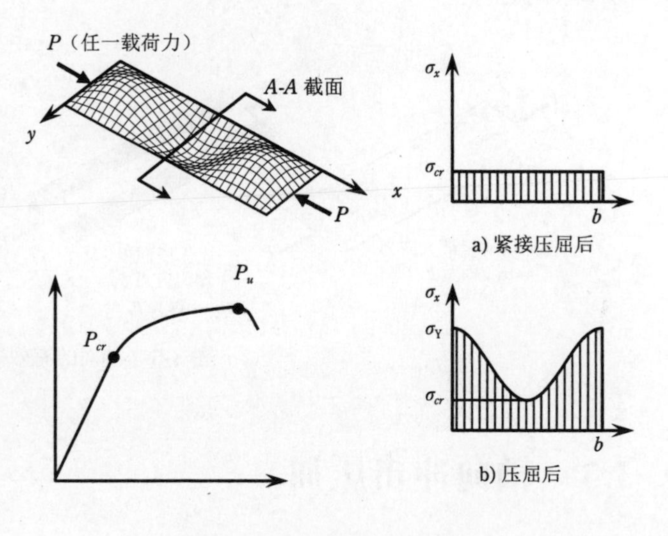

图 3-4　薄板压屈后的状态

如图 3-5 所示，板受到压屈后载荷继续增加，设板两端 $y=0$ 和 $y=b$ 处的应力达到屈服应力时，其最大压缩强度 P_u 为：

$$P_u = \sigma_Y b_e t \tag{3-11}$$

式 (3-11) 中的 b_e 为板的有效宽度。由于板各处的应力并不相同，故 P_u 表示为：

$$P_u = \int_0^b \sigma_x(y)\, t\, \mathrm{d}y \tag{3-12}$$

Marguerre 通过式 (3-13) 将 σ_x 的分布近似为 $y=0$、$y=b$ 处为 σ_Y，$y=b/2$ 处为 σ_{cr}：

$$\sigma_x = \frac{\sigma_Y + \sigma_{cr}}{2} + \frac{\sigma_Y - \sigma_{cr}}{2}\cos\frac{2\pi y}{b} \tag{3-13}$$

其中，$\sigma_Y > \sigma_{cr}$。将式 (3-13) 代入式 (3-12) 计算可得：

$$P_u = \frac{\sigma_Y + \sigma_{cr}}{2} tb \tag{3-14}$$

使式 (3-11) 与式 (3-14) 的值相等，则有效宽度 b_e 可以表示为：

$$\frac{b_e}{b} = \frac{1}{2}\left(1 + \frac{\sigma_{cr}}{\sigma_Y}\right) \tag{3-15}$$

根据试验可知，当载荷大幅超过压屈应力后，弯曲变形的板中央部分会变平坦。考虑到这点，Marguerre 得到的试验式如下：

$$\frac{b_e}{b} = \sqrt[3]{\frac{\sigma_{cr}}{\sigma_Y}} \tag{3-16}$$

由上式可知，压屈应力 σ_{cr} 与屈服应力 σ_Y 的比值越大 [1]，板的有效宽度 b_e 也越大。从弹性压屈载荷 P_{cr} 到由式 (3-11) 计算得到的最大强度 P_u 为止的载荷，可以用于预测压屈后的剩余耐力。

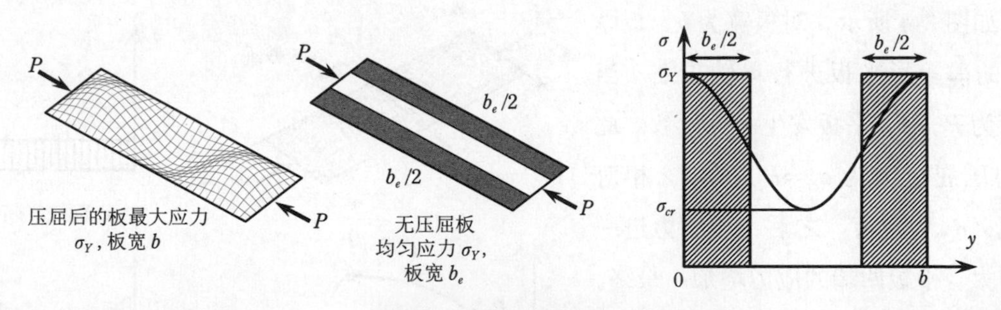

图 3-5 截面的有效宽度

3.3 轴向冲击压屈

对薄壁矩形截面直构件进行动态压缩，会引发截面形状改变导致的薄壁面压屈（局部压屈 (local buckling)），使截面产生轴向破坏。在塑性区域中，应力应变特性的斜率要比弹性区域中的小，所以弹性波比塑性波的传播速度高。因此可以认为，对直构件进行动态压缩时发生的压屈，虽然会产生塑性变形，但是其变形模式受到先行的弹性压屈波诱导。

接下来说明轴向破坏造成的变形状况[2,3]（图3-6）。在第若干个峰被压坏后到下一个峰受到波及之前，板几乎保持平面，且拐角的棱线也呈直线。但是，载荷的值却比较低。之后，随着载荷增加，板的中央发生凹陷（亦或凸起），拐角棱线保持直线，并在棱线的半波长（变形的峰值）中央部发生应力集中，载荷到达峰值 P_1。接着，棱线弯折后载荷下降，平面发生褶皱（即塑性压屈：在塑性领域内的压屈）。然后，在板的下一次变形开始时，载荷再次开始增大。由于上述过程不断重复，峰值载荷 P_1 与最小载荷 P_2 构成的规则性载荷变化使得板的压溃重复发生。P_1 和 P_2 的平均值 P_m 称作平均破坏载荷。直构件的轴向压缩载荷虽然连续发生一点点变动，但也几乎保持为定值，因此其能量的吸收性能很高。

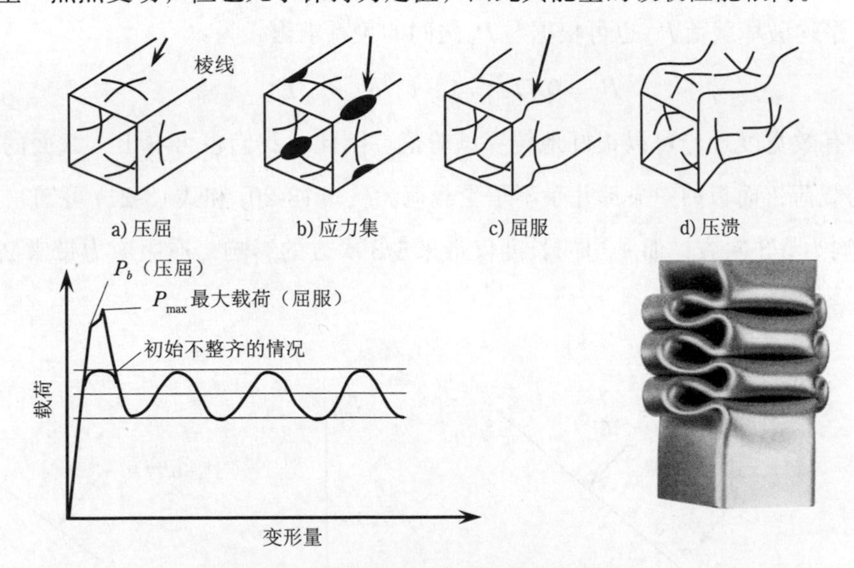

图3-6　直构件的轴向破坏载荷变形特性

下面考虑由于压缩导致的薄壁矩形截面（板厚为 t）直构件的压屈情况。最大压缩载荷 P_{max} 可以通过关于柱的壁面压屈 Gerard 试验式求得：

$$P_{max} = 0.56\,A\sigma_Y\left[\frac{12t^2}{A}\sqrt{\frac{E}{\sigma_Y}}\right]^{0.85} \tag{3-17}$$

式(3-17)中的 A 是构件的截面积，通过边长和板厚计算得出。

为了便于计算，我们考虑边长为 b 的薄壁正方形截面直构件的压缩情况。假定直构件的侧面变成正方形的波形($\lambda=b$)，进而从弯曲变形演变为壁面压屈，发生褶皱。这和对简支矩形板进行单方向压缩时板的压屈模式相同。正方向平板在压屈后的最大应力到达屈服应力时，其有效宽度可以通过将 $k=4$ 代入式(3-8)和式(3-16)得到，为：

$$b_e = b\sqrt[3]{\frac{\pi^2 E t^2}{3(1-\nu^2)\sigma_Y b^2}} = \left\{\frac{\pi^2}{3(1-\nu^2)}\right\}^{1/3} t^{2/3} b^{1/3}\left(\frac{E}{\sigma_Y}\right)^{1/3}$$

根据上式可得到有效宽度的一般表达式，为：

$$b_e = \kappa t^{2/3} b^{1/3} (E / \sigma_Y)^{1/3} \tag{3-18}$$

其中，$\kappa = \left\{ \dfrac{\pi^2}{3(1-\nu^2)} \right\}^{1/3}$ 。

若将正方形截面的直构件看作由 4 个平板组合而成，则可以根据式 (3-11) 计算出合计的全压缩载荷——峰值载荷 P_1，为：

$$P_1 = 4 b_e t \sigma_Y = 4\kappa t^{5/3} b^{1/3} \sigma_Y^{2/3} E^{1/3} \tag{3-19}$$

式 (3-19) 已通过试验得到确认。如图 3-7 所示，P_1 已通过式 (3-20) 得到：

$$P_1 = 2.4\, t^{5/3} b^{1/3} \sigma_Y^{2/3} E^{1/3} \tag{3-20}$$

同时，平均破坏载荷 P_m 也可根据与 P_1 之间的关系求出，为：

$$P_m = 0.77 P_1 = 1.8\, t^{5/3} b^{1/3} \sigma_Y^{2/3} E^{1/3} \tag{3-21}$$

可见，有效宽度理论可以很好地解释试验值。因此，我们也可看出，截面的拐角处承受着很大的载荷，而板的中央部几乎不承受载荷。从式 (3-20) 和式 (3-21) 可知，板厚对 P_1 和 P_m 的影响为 5/3 次方，而一边的长度仅带来 1/3 次方的影响，屈服应力带来 2/3 次方的影响。

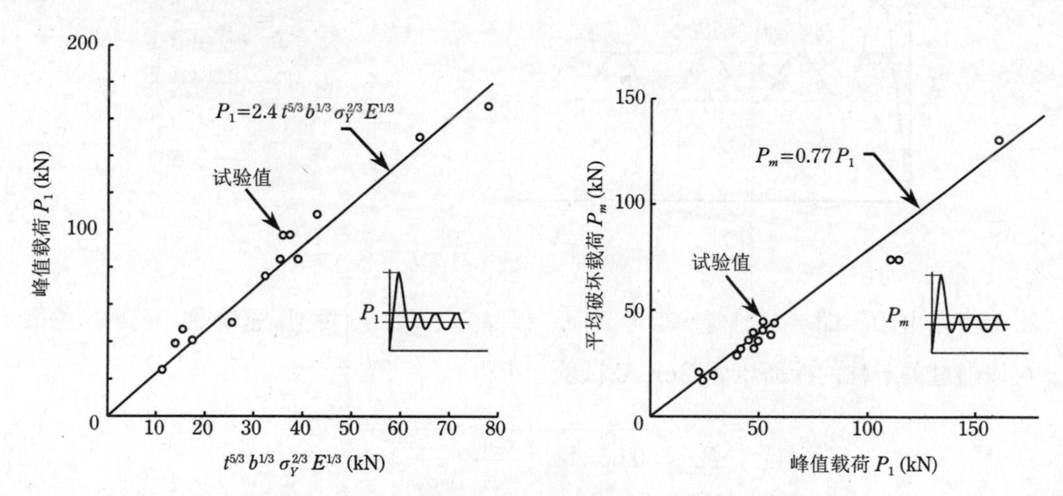

图 3-7 正方形截面构件的峰值载荷与平均破坏载荷

边长为 b_1、b_2 的矩形截面的压缩实验结果如图 3-8 所示。由图可知，短边和长边的长度平均值决定了压屈的峰值 [$\lambda=(a+b)/2$]。由此可以认为，只要截面的周长相等，矩形截面构件的压缩特性与正方形截面构件是相同的。

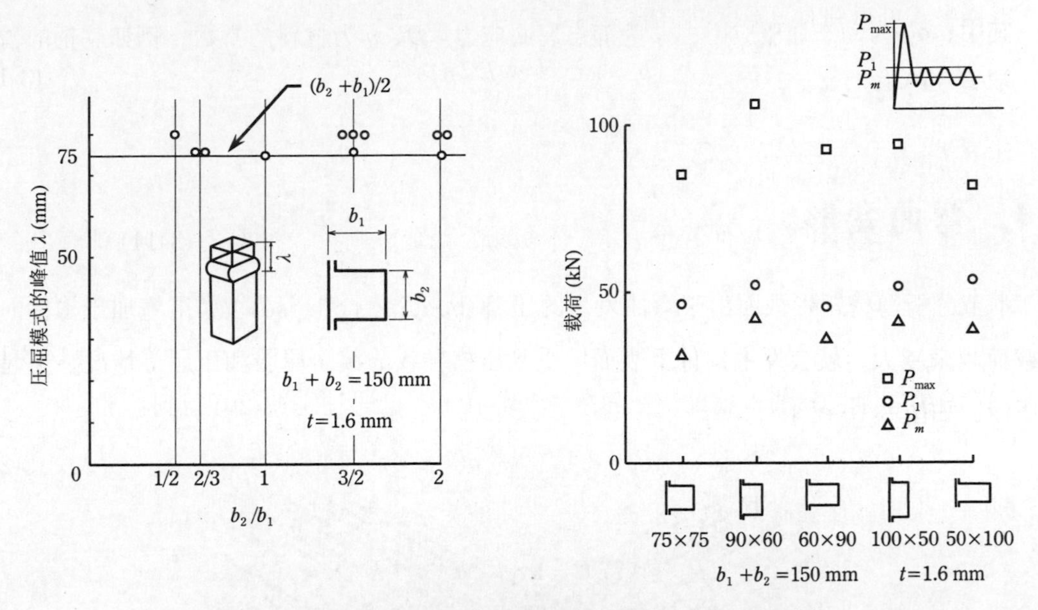

图 3-8　长方形截面构件的压屈模式的峰值与平均压缩载荷

接下来考虑帽形截面的构件。截面分别为四角、六角和八角状，其试验结果如图 3-9 所示。可以看到，直构件中角部（棱线）产生较大的应力，而构件的腹部产生较小的应力，因此可以认为增加角的数量，能产生更大的压缩载荷。

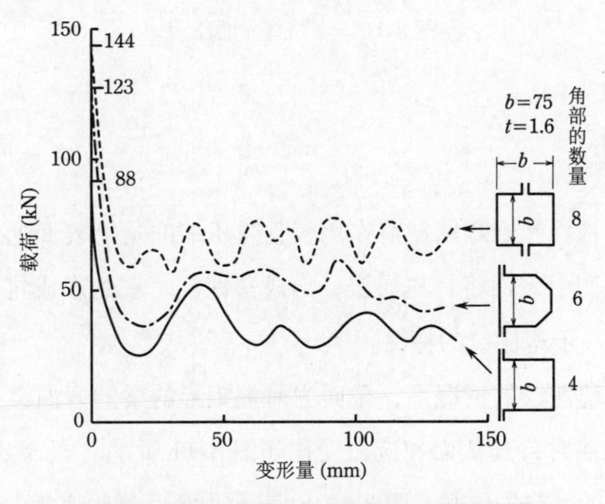

图 3-9　截面角部数量和载荷变形特性曲线

一般来说，金属材料有速度依赖性。也就是说，即使在发生应变相同的情况下，变形速度越快，应力越大。为了表现这种关系，经常会采用考虑应变率 $\dot{\varepsilon}$ 的计算屈服应力的 Cowper-Symonds 公式：

$$\frac{\sigma'_Y}{\sigma_Y}=1+\left(\frac{\dot{\varepsilon}}{D}\right)^{1/q}$$

其中，σ_Y' 为动态屈服应力，σ_Y 为静态屈服应力。D、q 为材料的常数，例如软钢的情况下，取 $D=40.4\text{s}^{-1}$，$q=5$。

3.4 弯曲变形

本节分析薄壁矩形截面由于弯曲发生的压溃 (bending collapse)。如果施加于构件的弯曲载荷越来越大，就会发生构件上表面因受到压缩导致的截面屈服和压屈等情况，引起局部压溃，如图 3-10 所示。

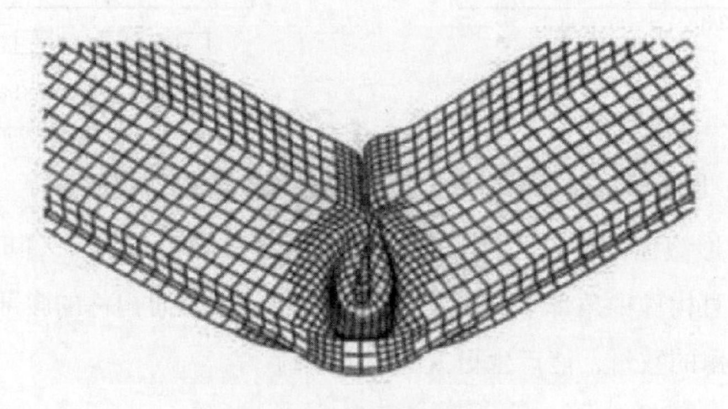

图 3-10 弯曲造成的压溃

3.4.1 塑性铰

在薄板矩形截面构件受到弯曲载荷作用，且受压缩的是上表面的情况下，若屈服应力比弹性压屈应力大，则上表面将首先屈服，形成塑性铰。它的形成将使弯曲载荷下降，而其能量的吸收效果取决于塑性铰的特性。

下面讨论在形成塑性铰的情况下，截面为薄板矩形的梁的弯曲载荷特性。截面为薄板正方形的梁在发生弯曲时，其截面和应力变化如图 3-11 所示。图 3-11 a) 表示随着弯曲载荷的增加，截面的上下边首先屈服。图 3-11 b) 表示为截面整体变为塑性区域（塑性压溃）。图 3-11 c) 表示受压缩一侧的截面发生局部压屈，且不能分担载荷。施加给梁的力矩 M 和角度 θ 之间的关系（力矩 – 弯曲角度特性）如图 3-11 d) 所示，截面在形成塑性铰的情况下，会如曲线 A 一样有最大值。与此相对，若截面的上下边在达到屈服应力前就发生压屈，则变为曲线 C；若压屈紧随截面的屈服出现，则变为曲线 B。由于曲线 A 的情况对应的能量吸收量最大，因此为了实现这种弯曲变形特性，有必要让压屈发生在截面屈服之后。

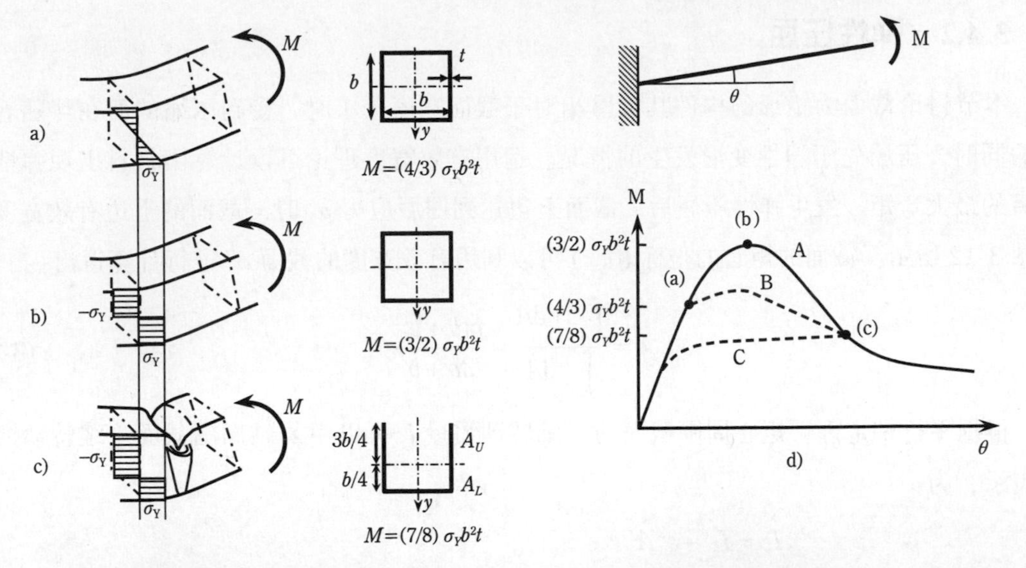

图 3-11　伴随薄板正方形截面的弯曲发生的塑性铰的运动状态

下面求梁的截面状态分别为图 3-11 a)、b)、c) 时的弯矩 M。梁的截面上下边 ($y=\pm b/2$) 到达屈服应力 σ_Y 时的 M 如下：

$$\begin{aligned} M &= \int_A \sigma y \,\mathrm{d}y \\ &= 2\int_{-b/2}^{b/2} \sigma_Y \frac{2y}{b} y t \,\mathrm{d}y + 2\sigma_Y b t \frac{b}{2} = \frac{4}{3}\sigma_Y b^2 t \end{aligned} \tag{3-22}$$

随着作用于梁的弯曲载荷进一步增大，梁的截面整体达到屈服应力时的弯矩 M 如下所示：

$$M = 2\cdot 2\sigma_Y \int_0^{b/2} y t \,\mathrm{d}y + 2\sigma_Y b t \frac{b}{2} = \frac{3}{2}\sigma_Y b^2 t \tag{3-23}$$

如图 3-11 c) 所示，若梁的截面上边整体发生塑性压屈，则应力已经无法传递，因此在弯矩的计算中不予考虑截面的上边。此时，截面的中性轴线从梁的中心向下移动。设截面积为 A，新的中性轴线往上的面积为 A_U，往下的面积为 A_L ($A=A_U+A_L$)。由于中性轴线往上受到压缩，往下受到拉伸，考虑到截面上力的平衡，则有：

$$\int_A \sigma_Y \,\mathrm{d}A = (-\sigma_Y)A_U + \sigma_Y A_L = 0$$

即

$$A_U = A_L \tag{3-24}$$

将式 (3-24) 用于图 3-11 c) 的计算，可得中性轴线的位置为 $y=b/4$。此时，中性轴线周围的弯矩为：

$$M = -2\sigma_Y \int_{-3b/4}^{0} y t \,\mathrm{d}y + 2\sigma_Y \int_0^{b/4} y t \,\mathrm{d}y + \sigma_Y b t \frac{b}{4} = \frac{7}{8}\sigma_Y b^2 t \tag{3-25}$$

3.4.2 弹性压屈

本节讨论截面为矩形的构件其板厚相对于截面宽度较小时，受到压缩的面在伴随着弯曲的同时，压屈先于塑性变形发生的情况。运用有效宽度理论可以计算出材料出现弹性压屈后的最大弯矩。发生弹性压屈后，截面上边达到屈服应力 σ_Y 时，截面的上边有效宽度 b_e 如图 3-12 所示。截面的矩心的坐标 (0, c) 可以利用有效宽度的截面 A' 进行计算得出：

$$c=\frac{\int_{A'} y\,\mathrm{d}A}{\int_{A'} \mathrm{d}A}=\frac{b(b+b_e)}{3b+b_e} \tag{3-26}$$

根据平行轴定理，矩心周围截面的二维转动惯量 I_z 可以用 z' 轴周围截面二维转动惯量 $I_{z'}$ 表示，为：

$$\begin{aligned}I_z&=I_{z'}-c^2A'\\&=\frac{2}{3}b^3t+b^2b_et-\frac{b^2(b+b_e)^2}{3b+b_e}t=\frac{b^3(3b+5b_e)}{3(3b+b_e)}t\end{aligned} \tag{3-27}$$

这比原始截面 A 的二维转动惯量 $(2/3)b^3t$ 小，即意味着抗弯刚度 EI_z 变小。因此，最大弯矩 M 如下：

$$M=\frac{I_z\sigma_Y}{b-c}=\frac{(3b+b_e)I_z\sigma_Y}{2b^2}=\frac{b(3b+5b_e)\,t\,\sigma_Y}{6} \tag{3-28}$$

将式 (3-15) 中的 $b_e=b(1+\sigma_{cr}/\sigma_Y)/2$ 代入式 (3-28)，可得：

$$M=\frac{b^2t\,\sigma_Y}{12}\left(11+5\frac{\sigma_{cr}}{\sigma_Y}\right) \tag{3-29}$$

由于截面上边的压屈要先于屈服发生，即 $\sigma_{cr}/\sigma_Y<1$，因此 $M<3b^2t\sigma_Y/4$。故式 (3-29) 中运用有效宽度表示的弯矩值要比式 (3-22) 中上边整体发生屈服情况时的弯矩值小。

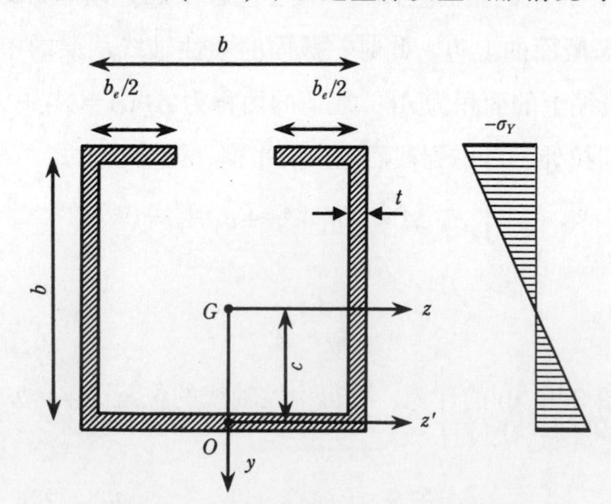

图 3-12 根据有效宽度计算的弯矩

3.4.3　前纵梁的弯曲模型

将前纵梁的弯曲变形看作一个简单的模型。图 3-13 为由长度分别为 l_1、l_2 的刚体和塑性铰 1、2 连接的结构模型 [4]。设梁前端的位移为 δx，伴随此位移产生构件的角度变化为 $\delta\varphi_1$，$\delta\varphi_2$。根据几何学关系，可知：

$$\delta\varphi_1=\frac{\delta x}{l_1\sin\varphi_1},\quad \delta\varphi_2=\frac{\delta x\cos\varphi_1}{l_2\sin\varphi_1}$$

根据虚功原理，梁前端发生位移 δx 时，外力 F 做的功与塑性铰做的功（内部能量的增加）相等，有：

$$\begin{aligned}F\delta x&=M_{P1}\delta\varphi_1+M_{P2}(\delta\varphi_1+\delta\varphi_2)\\&=M_{P1}\frac{\delta x}{l_1\sin\varphi_1}+M_{P2}\left\{\frac{\delta x}{l_1\sin\varphi_1}+\frac{\delta x\cos\varphi_1}{l_2\sin\varphi_1}\right\}\end{aligned}$$

因此，得到外力 F 如下：

$$F=\frac{1}{l_1\sin\varphi_1}M_{P1}+\frac{l_1\cos\varphi_1+l_2}{l_1l_2\sin\varphi_1}M_{P2}$$

所以，为防止车室变形，支撑前纵梁的车室强度值必须比 F 大。

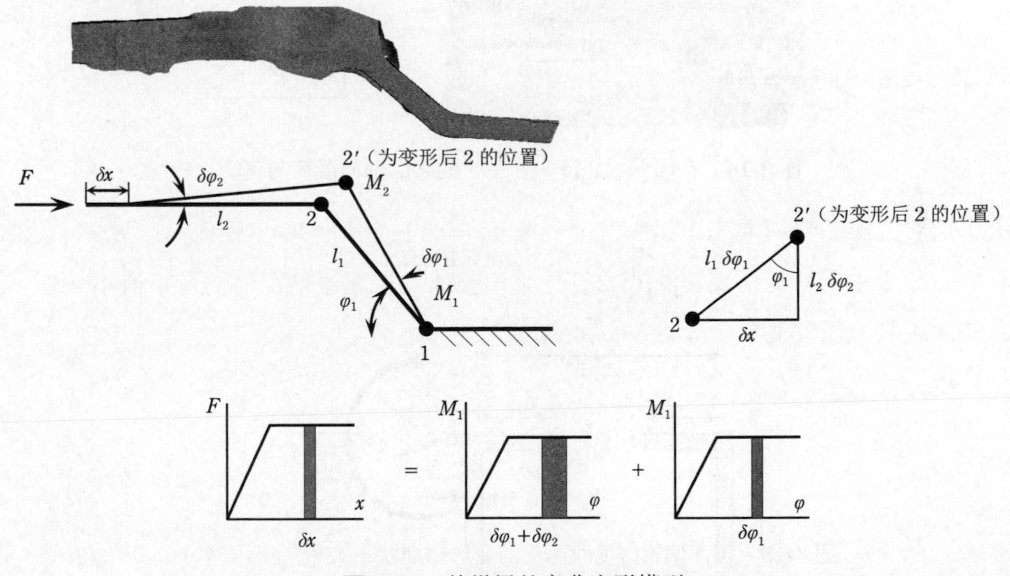

图 3-13　前纵梁的弯曲变形模型

3.5　轴向力与弯矩的组合

发生正面偏置碰撞时，为了保证车室不被侵入，需要抑制侧梁的变形。在正面偏置碰撞中，如图 3-14 所示的可变形壁障和轮胎相接触，随着形变的增加，载荷从轮胎传递到 A

柱。由于轮胎的碰撞位置与侧梁形成偏置角度，故侧梁同时受到弯矩与轴向力的作用。施加在侧梁上的力 F_2 几乎全是由轮胎与可变形壁障的碰撞力 F_1 传递来的。此外，在施加于侧梁的车辆横轴和上下轴周围的弯矩 M_1、M_2 中，M_1 起主导作用。

初期的侧梁变形如图 3-15 所示。侧梁上表面发生横波变形。将侧梁上表面的板厚 t、宽度 b 以及 $k=4$ 代入式 (3-8) 中后可知，弹性压屈应力比屈服应力要低，即变形过程中弹性压屈比屈服先发生。因此，侧梁上容易发生由压缩和弯曲载荷引起的、以弹性压屈为起点的弯曲压溃。为了防止其发生，需要将侧梁的屈服强度设定得比其需要承受的载荷大。因此，需要事先估计出侧梁的压溃载荷。下面是一个由 Noma 等人 [5] 做的对有效宽度进行详细求解，并讨论了侧梁的压溃载荷的例子。

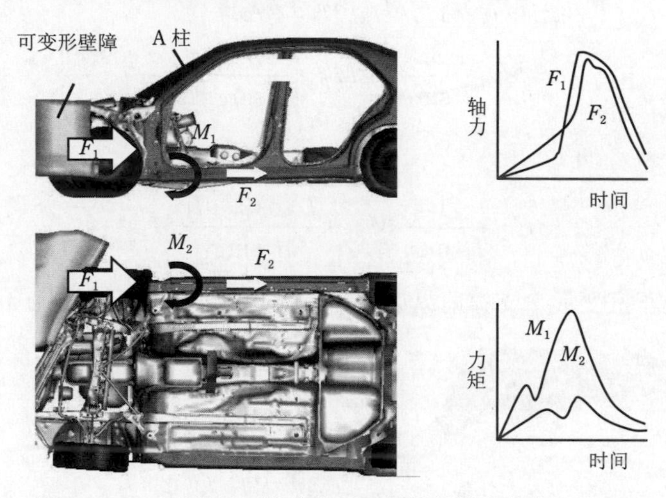

图 3-14 正面偏置碰撞中作用于侧梁的轴向载荷与弯矩

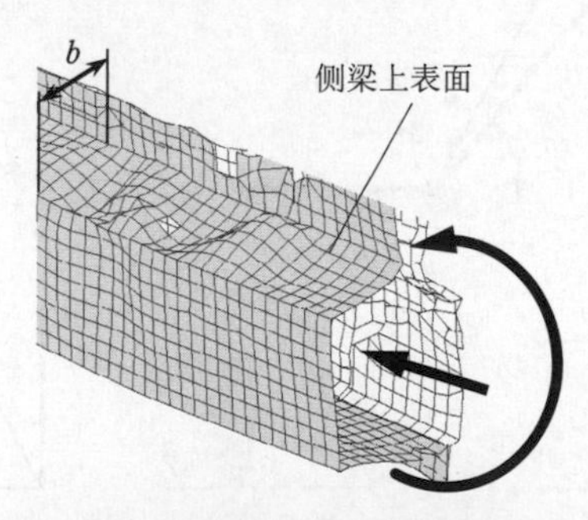

图 3-15 正面偏置碰撞时侧梁的变形初期状态 (2 倍变形倍率)

为了理解侧梁的弯曲压屈，如图 3-16 所示，应用简化的模型求解因压缩和弯曲引起的薄壁型构件的压溃载荷。设有一截面宽度为 b，高为 h，板厚为 t 的构件。设该构件的两端距离截面中心 L 处有压缩力 F 作用。载荷变形特性和对应时刻的变形情况如图 3-17 所示。最初，载荷呈线性增长 (①)，构件上表面的变形中发生弹性压屈 (②)。此时不出现塑性变形。弹性压屈发生后，发生非线性运动 (③)，载荷在达到最大值的同时发生截面压溃，最后出现弯曲压溃 (④)。

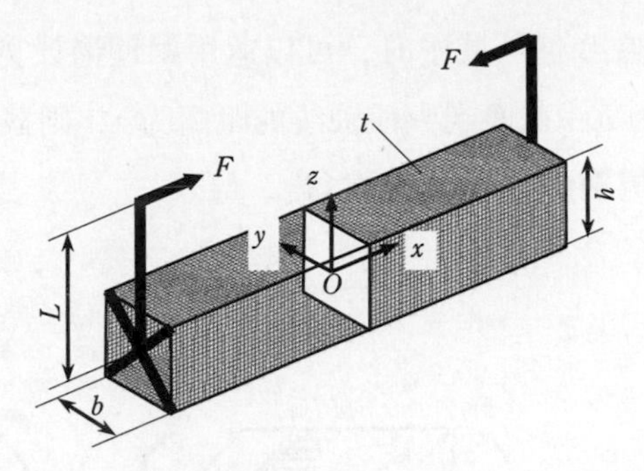

图 3-16　受到压缩和弯矩的薄型矩形直构件模型

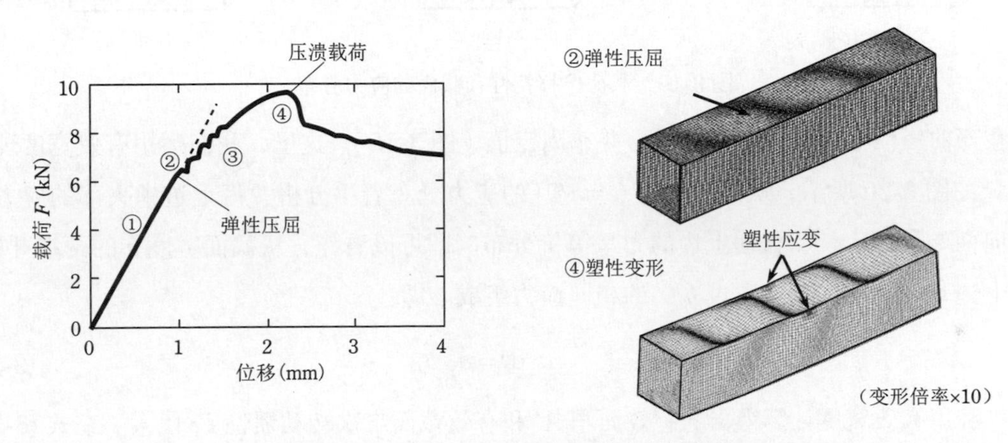

图 3-17　载荷变形特性与塑性应变的分布

截面的应力分布变化如图 3-18 所示。由于弯矩作用于构件，故截面上边产生压缩应力，下边产生拉伸应力，侧面则是从拉伸应力到压缩应力的直线型变化。并且，由于构件上还有压缩力作用，因此应力分布呈现由弯曲带来的应力和压缩带来的应力相叠加的形式。另外，当上边的压缩力变大时，构件侧面的中性轴线便位于矩心下方。载荷变大后，应力分布的形式不变，但是数值增大，弹性压屈发生后因上面板的弯曲的影响，上边中央部分的应力减小。之后，随着上面板变形的增加，上边两端的应力变大。当载荷进一步增加，压缩侧的棱线达到屈服应力后，截面的形状也开始变化，发生弯曲压溃。而侧面则维持线性的应力分布。

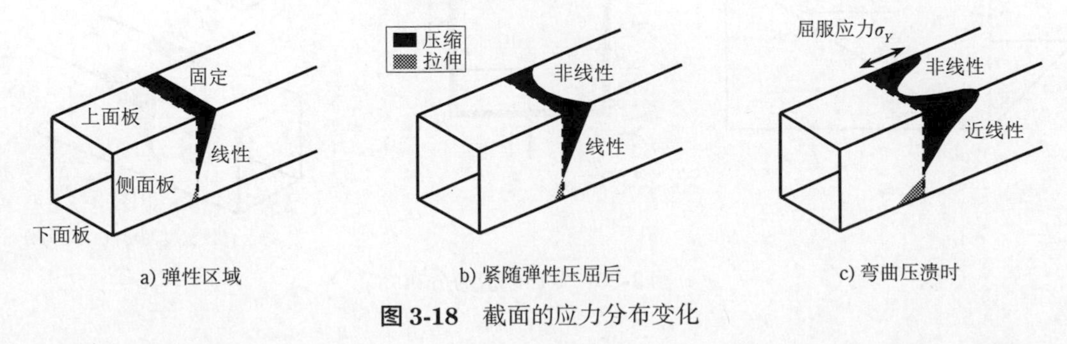

图 3-18　截面的应力分布变化

如图 3-19 所示，构件在弹性区域中时，可以运用梁理论计算应力值。设构件的截面积为 A，截面二次转动惯量为 I_z，截面到中性轴线的距离为 z，则截面的应力 σ_x 可根据叠加作用于构件的轴向力 F 和弯矩 M 产生的应力求得：

$$\sigma=\frac{F}{A}+\frac{M}{I_z}z \tag{3-30}$$

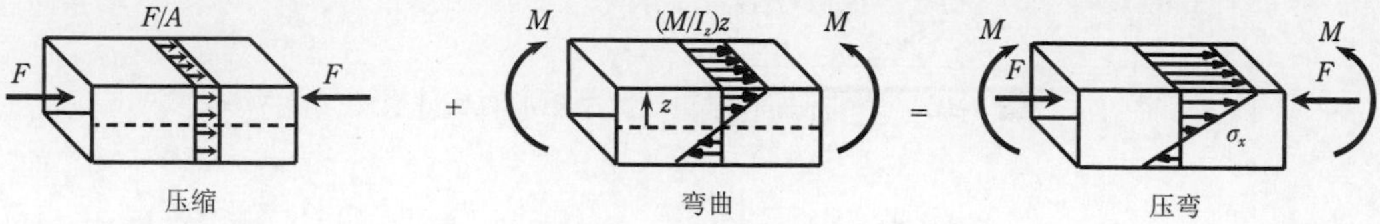

压缩　　弯曲　　压弯

图 3-19　载荷位移特性和截面的应力分布

在弯曲压溃中，截面上边的应力并非固定值（图 3-18）。这里，我们运用有效宽度理论求解。如图 3-20 所示，从截面上边 ($z=h/2$) 的应力分布着手分析，将上边中央部的应力近似地向两端移动，使得截面上边的力呈等价分布。即可以看作，从截面宽度 b 的两端开始，截面上边是由 $b_e/2$（有效宽度 b_e）的相同应力组成。即：

$$\int_{-b/2}^{b/2}\sigma_x\,\mathrm{d}y=\sigma_Y\,b_e \tag{3-31}$$

将利用有效宽度计算得出的有效面积 A' 和有效截面二次转动惯性 I'_z 代入。在式 (3-30) 中，认为截面上边的应力到达屈服应力时发生弯曲压溃，那么由压缩弯曲引起的压溃预测式 (3-32) 如下：

$$\frac{F_{\max}}{A'\sigma_Y}+\frac{M_{\max}}{Z'\sigma_Y}=1 \tag{3-32}$$

其中，$Z'=I'_z/e$（考虑了有效面积的截面系数），e 为截面矩心 G 到上边的距离。

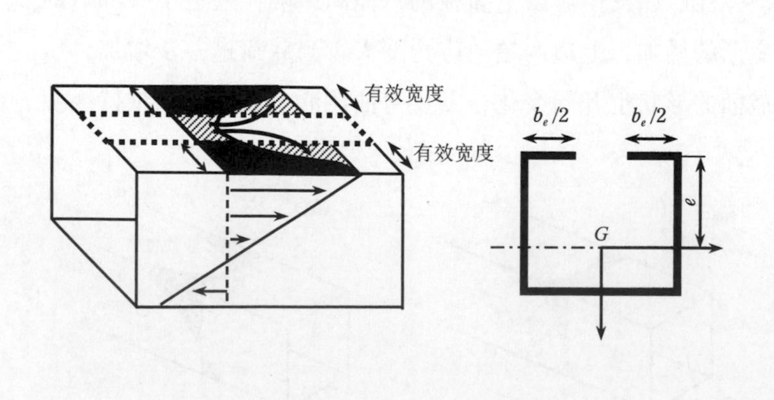

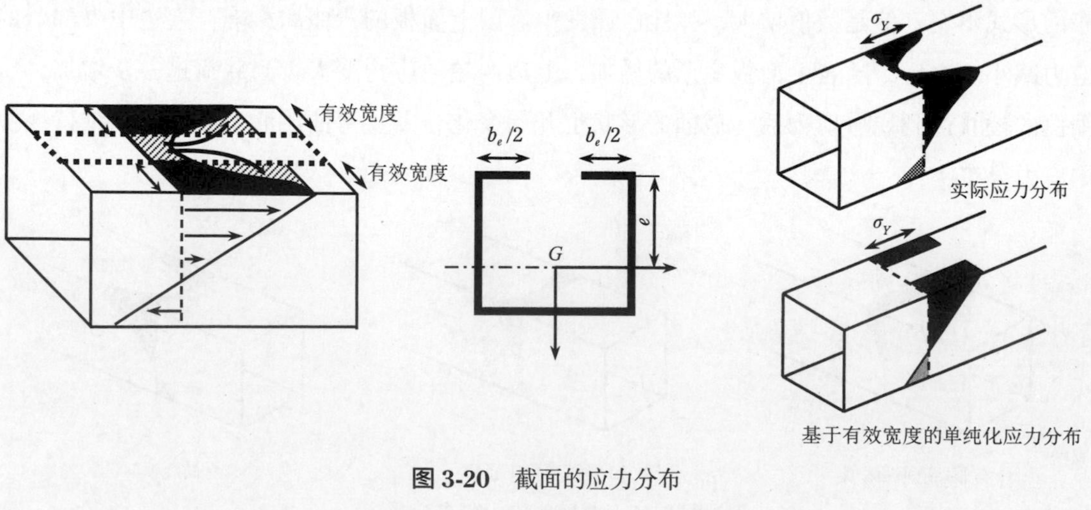

实际应力分布

基于有效宽度的单纯化应力分布

图 3-20　截面的应力分布

截面中央部的应力与弹性压屈应力相关联，因此根据式 (3-8)，板厚越小，σ_{cr} 的值越小。设构件 A (σ_Y 为 390 MPa，t 为 1.0 mm) 和 B (σ_Y 为 440 MPa，t 为 0.8 mm) 是两个变更了屈服应力和板厚的构件，两构件的截面处于塑性状态时的载荷相同。比较两构件的载荷变形特性可知，如图 3-21 所示，屈服应力高、板厚小的构件 B 的屈服强度小。这是由于如果屈服应力高，棱线的应力就增加，但因板厚变小使弹性压屈应力变小，进而导致中央部的应力下降，有效宽度减少。因此，若板厚较小，即使是高强度钢，实际的耐受力也会减小。

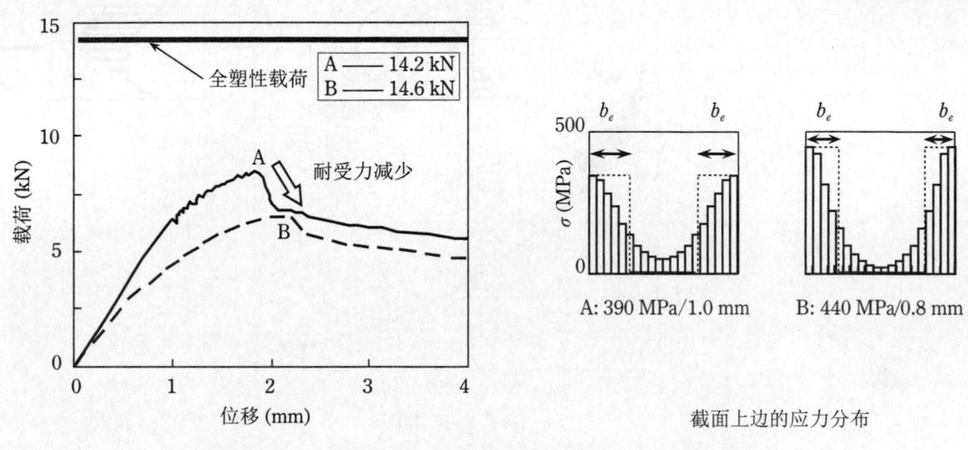

图 3-21　屈服应力与板厚相异的构件 A、B 的比较

下面假定截面上边的应力分布等价，求截面的有效宽度。截面压溃载荷中的应力分布图与截面宽度呈相同的形状，设截面上边两端的应力为屈服应力 σ_Y，中央的应力为弹性压屈应力 σ_{cr}。在截面上边应力 σ_x 的宽度方向上使用正则化函数 $s(y)$ $(0 \leqslant y \leqslant 1)$，表示为（参照图 3-4）：

$$\sigma_x(y) = (\sigma_Y - \sigma_{cr})\,s(y) + \sigma_{cr} \tag{3-33}$$

根据式 (3-31) 计算有效宽度 b_e，得到：

$$b_e = \frac{1}{\sigma_Y}\int_0^1 \left\{(\sigma_Y - \sigma_{cr})\,s(y) + \sigma_{cr}\right\} b\,\mathrm{d}y = \frac{\sigma_Y - \sigma_{cr}}{\sigma_Y} b \int_0^1 s(y)\,\mathrm{d}z + \frac{\sigma_{cr}}{\sigma_Y} b \tag{3-34}$$

由于 $s(y)$ 与截面形状无关，因此将式 (3-34) 变形后 b_e/b 可以表示为 σ_Y/σ_{cr} 的函数，为：

$$\frac{b_e}{b} = f\left(\frac{\sigma_Y}{\sigma_{cr}}\right) \tag{3-35}$$

再将式 (3-8) 的 σ_{cr} 代入，考虑到软钢的弹性系数即为其泊松比，因此可以将 b_e/b 重新写为以 $\sigma_Y \cdot (t/b)^{-2}$ 为变量的函数：

$$\frac{b_e}{b} = g\left(\frac{\sigma_Y}{(t/b)^2}\right) \tag{3-36}$$

运用有限元分析求得有效截面宽度 b_e 和 $\sigma_Y \cdot (t/b)^{-2}$ 之间的关系如图 3-22 所示。以此为基础求出的近似式如下：

$$\frac{b_e}{b}=65\left\{\frac{\sigma_Y}{(t/b)^2}\right\}^{-\frac{1}{3}} \tag{3-37}$$

将构件的屈服应力 σ_Y、截面宽度 b_e、板厚 t 代入式 (3-37)，即可求截面的有效宽度 b_e，进而计算有效面积 A' 和有效截面二维转动惯量 I'，并可将以上结果代入式 (3-32) 中，计算出构件可以承受的最大压缩力 $F_{\max}$ 和最大弯矩 $M_{\max}$。

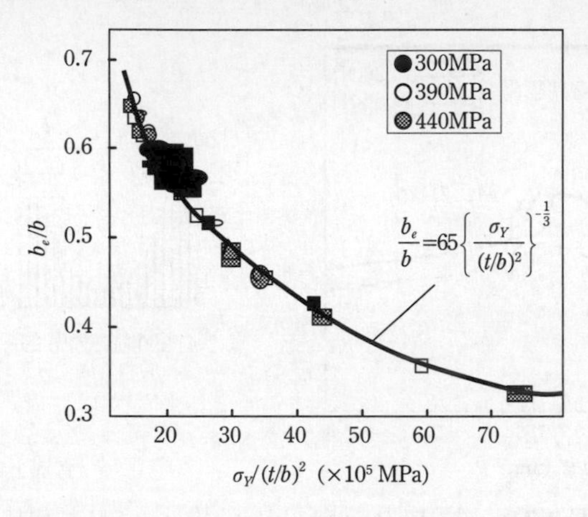

图 3-22 各类钢构件的尺寸、屈服应力和有效宽度 b_e 的关系

本章参考文献

[1] 林毅 . 軽構造の理論とその応用 (上)[M]. 日本科学技術連盟 , 1966.

[2] Kitagawa, Y., Hagiwara, I., Tsuda, M.. Development of collapse mode control method for side members in vehicle collisions [C]. SAE Paper 910809.

[3] 綾紀元，高橋邦弘 . 車体のエネルギー吸収特性（第 1 報）[M].

[4] Malen, D.. *Automobile body structure design* [C].SAE International, [M]. 2011.

[5] Noma, K., Muguruma, M., Takada, K.. Analysis of compressive and bending collapse of the vehicle structure [C]. SAE Paper, 2002-01-0680.

第 4 章

正面碰撞

车辆发生正面碰撞时，会导致车身变形及车辆加速度[1]的产生，进而引起乘员与车辆的相对运动。此处的车辆加速度是指车室的加速度。车辆的正面碰撞分为两个阶段，一次碰撞为车辆与障碍物或对方车辆的碰撞，二次碰撞为乘员与车室内部结构发生的碰撞。更进一步说，也有研究人员将人体内的骨骼、内脏之间的碰撞称为三次碰撞。在一次碰撞中，车室产生加速度，但碰撞的能量被车身前部的结构变形所吸收，约束装置也可对乘员的运动加以控制，从而实现对乘员的保护。以乘员保护为目的的车身变形特性称为碰撞特性或者耐撞性 (crashworthiness)。乘员被约束于车室内时，作用力通过约束系统传递给乘员，利用由车辆碰撞特性决定的车辆减速度使乘员减速的过程，被称为车体缓冲 (ride–down)。

乘员受到损伤是由于车室侵入与车辆加速度的共同作用。若车身刚度过低，则随着车身变形量的增大，车室的侵入量也变大，并导致仪表盘、前围板和转向盘等向后运动，在碰撞过程中与向前方移动的乘员接触，给乘员带来严重的损伤。相反，若车身刚度过高，则碰撞过程中车辆加速度会变得较大，使安全带对人体施加的作用力增大，导致发生胸廓骨折。如图 4-1 所示，对比分别由于加速度导致的损伤和由接触导致的损伤与车身刚度间的关系可知，两者正好相反。可见，多种因素都会使得乘员的损伤风险上升。因此，为了同时缓解由加速度和车室侵入带来的损伤，必须找到最优化的车身刚度。

碰撞时，车身变形和乘员移动量的示意图如图 4-2 所示。假设车辆以 50 km/h 的速度与刚性壁障发生正面碰撞。若车身变形量 L_1 为 0.5 m，乘员移动量为 0.3 m，则乘员要在 L_1+L_2=0.8 m 的距离内，从 50 km/h 减速至 0 km/h。乘员用来减速的距离 L_1+L_2 叫作车体缓冲距离。为达到保护乘员的目的，必须利用高效率的车辆减速度波形和对乘员不构成损伤的载荷分散方式实现乘员减速。以某碰撞初速度为例，若车身刚度高，虽然车体变形量 L_1 较小，但车室的减速度会变大；相反，若车身刚度低，L_1 虽变大但会伴随发生车室侵入现象。若乘员的移动量 L_2 超过车室尺寸，则乘员会与车室内部接触。因此，为了防止乘员受到损伤，对车辆的碰撞特性和约束系统进行恰当的设计，使车身变形量 L_1 和乘员移动量

[1] 在汽车碰撞安全领域，大多数情况下不对“加速度”作符号的区别，而是当作“减速度”的同义语使用。例如，若将车辆前方作为正的方向，前面碰撞时向车辆后方减速的加速度的符号就为负，本来应称为“减速度很大”，但这里不考虑符号，以“加速度很大”来表示。

L_2 保持在合适的范围之内是非常必要的。

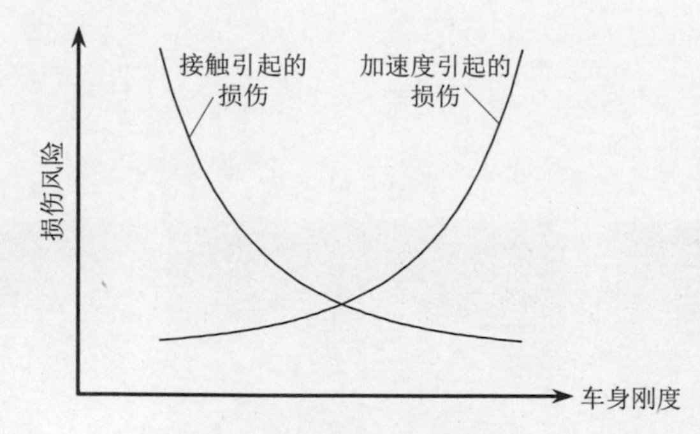

图 4-1 碰撞特性与乘员运动

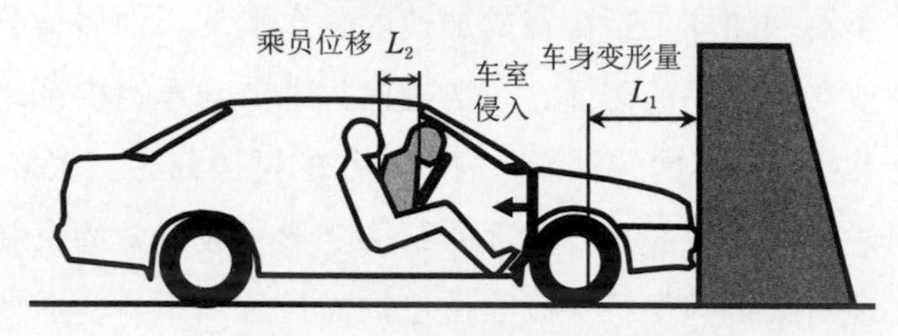

图 4-2 车身变形与乘员位移

4.1 车辆运动学

4.1.1 车辆加速度

汽车碰撞时，车辆的动态响应以加速度来呈现。将加速度 $a(t)$ 对时间 t 进行一次和二次积分，可分别求得速度 $v(t)$，位移 $x(t)$。取车辆前方为正方向，设碰撞开始时 ($t=0$) 的速度（碰撞速度）为 V_0。如果把碰撞时的车辆运动看作是直线运动，则速度和位移如下式所示：

$$\left.\begin{aligned} v(t) &= V_0 + \int_0^t a(t)\,\mathrm{d}t \\ x(t) &= \int_0^t v(t)\,\mathrm{d}t = V_0\,t + \int_0^t\int_0^t a(t)\,\mathrm{d}t\,\mathrm{d}t \end{aligned}\right\} \tag{4-1}$$

将式 (4-1) 应用于小型车的 100% 重叠率刚性壁障正面碰撞试验中，碰撞情况如图 4-3 所示。将由加速度计所测量的车辆加速度 [加速度计安装于车室变形量较小的侧梁（B 柱下方）] 代入式 (4-1)，得出如图 4-4 所示的速度和位移。速度的初始值为 V_0，其斜率为加速度。此外，由于位移的斜率表示速度，因此，时刻 0 时位移的斜率为 V_0。设速度为 0 的时刻为 t_1，此时车辆的位移达到最大值 X_{max}。在与刚性壁障碰撞的情况下，X_{max} 即为车辆的最大（动态）变形量。从时刻 0 到车身变形达到最大时刻 t_1 的时间段属于碰撞加载时间区间。但是，在时刻 t_1 处，车辆减速度已从最大值开始减小。这是因为车辆的减速度即使在时刻 t_1 附近开始下降，但由于车辆的俯仰 (pitching) 运动，车辆依旧向前方运动产生位移所导致。时刻 t_1 到车辆与刚性壁障分离的时刻 t_2 为止的时间段为卸载（回弹）时间区间。这时，由于弹性变形恢复的关系，车身的变形量从最大值开始下降，最终变为残余变形量 C。碰撞的总冲击持续时间为 t_2。车辆与刚性壁障分离后，基本上以一定的速度向车辆反方向行进，最后由于摩擦力的作用平缓地减速，直至车辆停止运动。

a) 0 ms (碰撞开始)

b) 68 ms (最大变形)

c) 88 ms (与固定壁障分离)

图 4-3 100% 重叠率刚性壁障正碰试验 (55 km/h)

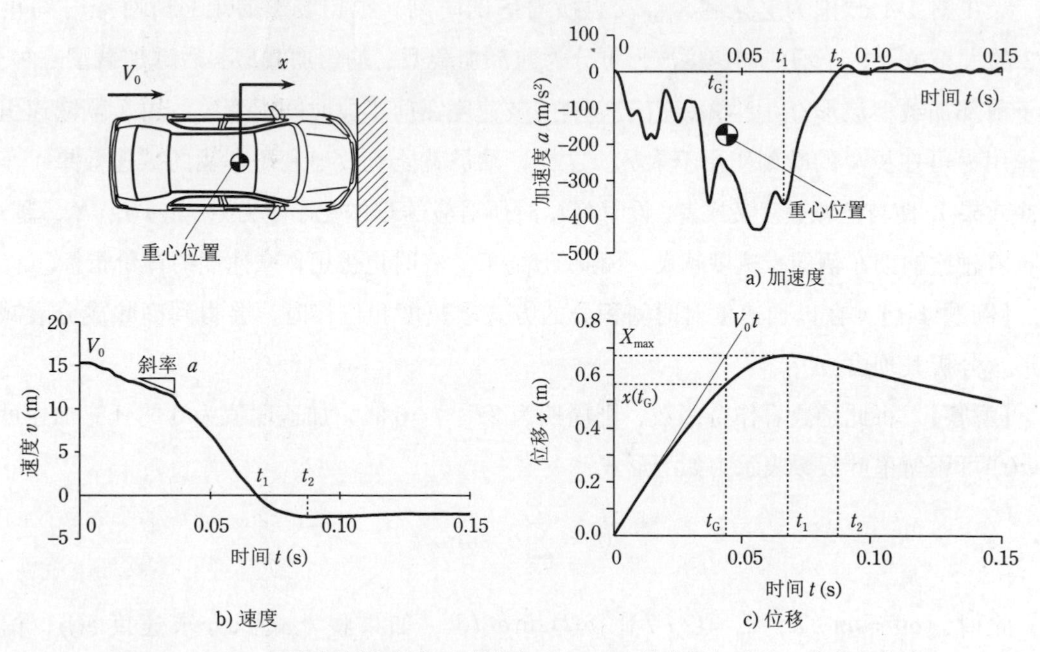

图 4-4 100% 重叠率刚性壁障正碰试验 (55 km/h) 的车辆加速度、速度和位移

时刻 0 到时刻 t_1 的碰撞负荷时间区间内，车辆的平均减速度 $\bar{a}$ 可根据减速度的时间平均表示为：

$$\overline{a}=\frac{\int_0^{t_1}[-a(t)]\mathrm{d}t}{t_1}=\frac{V_0}{t_1} \tag{4-2}$$

由匀加速运动中速度和位移的关系式，可以用位移来表示平均车辆减速度：

$$\overline{a}=\frac{V_0^2}{2X_{\max}} \tag{4-3}$$

虽然将式 (4-2) 和式 (4-3) 应用于车的加速度波形，计算出的平均车辆减速度会得到不同的值，但是多数情况下会使用式 (4-3)❶。

设时刻 0 到 t_1 为止，加速度波形的矩心所对应的时刻为 t_G。t_G 可由下式求得：

$$t_G = \frac{\int_0^{t_1} t\,a(t)\,dt}{\int_0^{t_1} a(t)\,dt} = -\frac{\int_0^{t_1} t\,a(t)\,dt}{V_0} \tag{4-4}$$

对式 (4-4) 的分子部分使用分部积分法，可得：

$$\int_0^{t_1} t\,a(t)\,dt = \left[t\,v(t)\right]_0^{t_1} - \int_0^{t_1} v(t)\,dt = t_1\,v(t_1) - x(t_1) = -X_{max}$$

所以，式 (4-4) 可改写成以下形式：

$$t_G = \frac{X_{max}}{V_0} \tag{4-5}$$

t_G 在图 4-4 c) 中为 $V_0\,t$ 和 X_{max} 交点所对应的时刻。根据波形的矩心所对应时刻 t_G 和 $t_1/2$ 的大小关系，车辆的加速度波形可分为前部加载型、均匀加载型、后部加载型三种 [1]。对于前部加载型波形 ($t_G<t_1/2$)，由于车辆的减速度在前半段时间内变大，由车辆减速引起的作用力可在更早的时刻作用于乘员。这样，乘员就能有效地利用车辆的减速效果（车体缓冲效果），使自己减速。又或者，设时刻 t_G 时所对应的车体变形量为 $x(t_G)$。$x(t_G)/X_{max}$ 越小，意味着碰撞初期车辆的减速度越大，因此 $x(t_G)/X_{max}$ 有时也被用作减速度的评价指标。

【例题 4-1】 在以加速度对时间积分的方式求速度和位移时，会得到高频成分衰减的波形。分析其理由。

【解答】 将此函数看作奇函数，则周期为 $2T$。$t=0$ 时，加速度值为 0 的任意加速度波形 $a(t)$ 可用傅里叶级数表示为如下形式：

$$a(t) = \sum_{n=1}^{\infty} a_n \sin \omega_n t$$

此时，$\omega_n = n\pi / T$，$a_n = (2/T)\int_0^T a(t)\sin\omega_n t\,dt$。如果将上式积分求速度 $v(t)$，由于 $v(0)=V_0$，则有：

$$v(t) = \sum_{n=1}^{\infty} \frac{a_n}{\omega_n}(1-\cos\omega_n t) + V_0$$

从上式可得，频率越高，ω_i 越大，系数 a_i/ω_i、b_i/ω_i 就越小，所以高频成分对速度的影响变小。再将速度积分求位移时，高频成分的系数变为 a_i/ω_i^2，b_i/ω_i^2，使得高频成分的影响进一步变小。

对车辆加速度积分求速度或位移时，应选用 CFC180 滤波器处理加速度。若使用分析

❶式 (4-3) 的平均车辆减速度 $\bar{a}$ 是在 GS 曲线图（稍后讲解）的负荷区间范围（变形量 0 到最大变形量 X_{max}）内求得的减速度的位移平均值。而式 (4-2) 为减速度的时间平均值。

加速度时处理加速度的低通滤波器CFC60对其进行滤波，可能会出现高频成分丢失的情况。反之，若用图像分析等手段先求得车辆位移，再对其两次微分求加速度，会因无法从位移得到高频成分信息，加上图像的分辨率低和时间步长过大造成的精度低下等问题而无法得到高精度的加速度波形。另一方面，在对加速度计测量的加速度值进行积分时，会因加速度的零点变动、加速度计安装部位的变形或车辆旋转造成的加速度计方向改变等原因而无法确定对加速度积分所求得的速度或位移是否正确。此时，可以通过追踪车辆上的标记点求得位移与速度，并与通过加速度积分求得的速度进行比较来确定加速度的精度。

4.1.2 GS 曲线图

根据某时刻 t 的车室加速度 $a(t)$ 和其对时间两次积分所求得的位移 $x(t)$，可得到用位移表示的加速度函数 $a(x)$，并且可以画出加速度与位移的关系图（GS 曲线图）：

$$a\,\mathrm{d}x = \frac{\mathrm{d}v}{\mathrm{d}t}\mathrm{d}x = \frac{\mathrm{d}x}{\mathrm{d}t}\mathrm{d}v = v\,\mathrm{d}v \tag{4-6}$$

进行变量变换后，位移从 0 到达最大车体变形量 $X_{\max}$ 的负荷时间区间可以通过减速度对位移进行积分来表示：

$$\int_0^{X_{\max}} (-a)\,\mathrm{d}x = -\int_{V_0}^{0} v\,\mathrm{d}v = \frac{1}{2}V_0^2 \tag{4-7}$$

根据式 (4-7) 可知，若碰撞速度 V_0 相同，则负荷时间区间中减速度与 x 轴所包围的面积为定值 $V_0^2/2$。图 4-5 所示为轻型汽车，小型车，大型车在 100% 重叠率刚性壁障正面碰撞试验中的 GS 曲线图图例。虽然 GS 曲线图围成的面积与车的尺寸无关，但由于轻型汽车受发动机舱的尺寸所限，使得车身的变形量较小，车辆减速度较大。相对地，尺寸较大的大型乘用车由于车身的容许变形量较大，车辆减速度则相对较小。

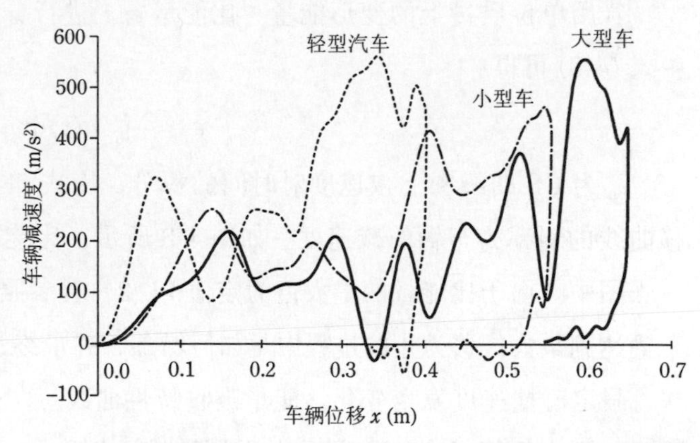

图 4-5 车辆尺寸与 GS 曲线图

4.1.3 ES 曲线图

如图 4-6 所示，将 100% 重叠率刚性壁障正面碰撞简化为代表车辆的质量为 m 的质点与弹簧所组成的弹簧 - 质量模型，碰撞力表示为 $F=ma$。则弹簧中储存的变形能 U 如下所示：

$$U=-\int_0^x F(x)\,\mathrm{d}x=-\int_0^x ma(x)\,\mathrm{d}x=-\int_0^t ma(t)v\,\mathrm{d}t \tag{4-8}$$

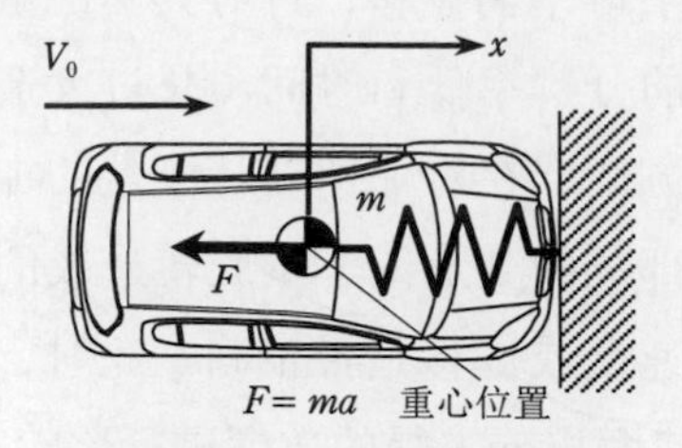

图 4-6 弹簧 - 质量系模型

变形能 $U(x)$ 关于车辆位移 x 的曲线如图 4-7 所示。从能量 - 位移 (ES) 曲线图可以看出，从碰撞开始到变形能达到最大值 $mV_0^2/2$ 的范围内，车辆位移到其间任意点为止所吸收的变形能。ES 曲线图的斜率大小如式 (4-9) 所示，等于碰撞力 F。

$$\frac{\mathrm{d}U}{\mathrm{d}x}=-F=-ma \tag{4-9}$$

如图 4-7 所示，曲线的斜率分为前、后两个阶段。它们分别对应了车身前部的变形和刚度较高的车室参与的变形。车身变形最大时，车身吸收的能量达到最大值 $mV_0^2/2$。此时刻起，碰撞从负荷阶段转变为卸荷阶段，二者的分界点即 ES 曲线图的拐点。卸荷时，弹性势能得到释放，随着车辆减速度减小，ES 曲线图的斜率减小，最终变为 0。最后的能量为残余变形能量。

若用单位质量上的变形能量（比能量 e_u）进行分析，则无需考虑车辆质量（图 4-8）。由式 (4-8) 可得：

$$e_\mathrm{u}=-\int_0^x a(x)\,\mathrm{d}x \tag{4-10}$$

e_u 为 GS 曲线图上减速度对时间的积分。由式 (4-10) 可得 $\mathrm{d}e_\mathrm{u}/\mathrm{d}x=-a$，所以比能量位移曲线的斜率为车辆的减速度。如图 4-8 所示，比能量位移曲线和 GS 曲线图常被绘制在一张图中。由于比能量的最大值为定值 $V_0^2/2$，若参照 GS 曲线图，可以仔细观察比能量在车辆达到最大位移为止的过程中是如何增加，并最终达到 $V_0^2/2$ 的。

假定碰撞速度发生变化，能量吸收特性曲线不变，则由比能量位移曲线可求得碰撞速度较低情况下的车身最大变形量。例如，碰撞速度为 40 km/h 时，$V_0^2/2=(40/3.6)^2/2=61.7\ \mathrm{m^2/s^2}$，约为碰撞速度为 55 km/h 时的 $V_0^2/2$ 值的一半，以此可以根据图 4-8 估算出此时车身的最大变形量为 0.484 m。

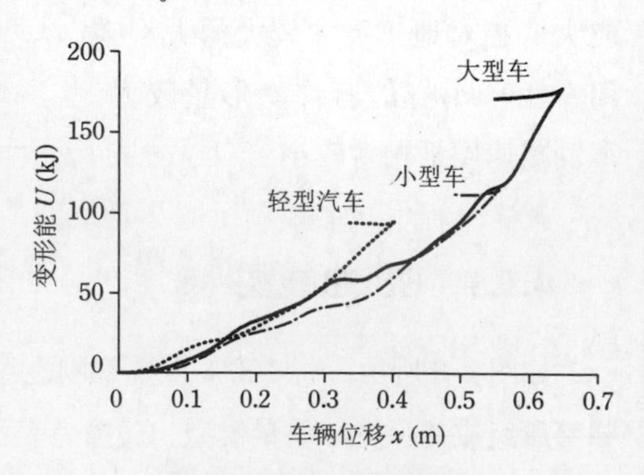

图 4-7 能量 - 位移曲线

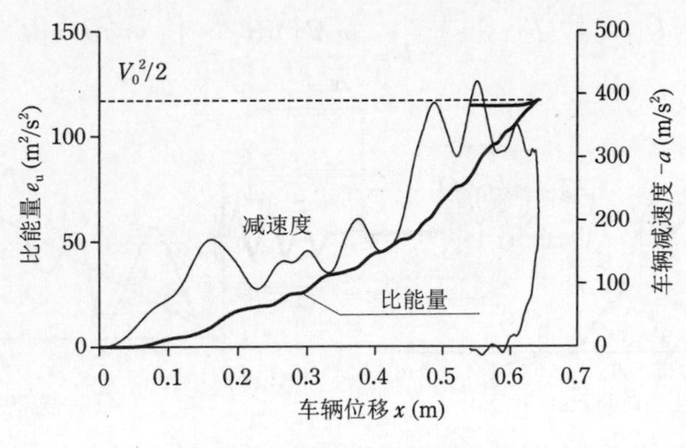

图 4-8 比能量 - 位移曲线

【例题 4-2】 设以横轴为位移、纵轴为单位质量的动能曲线图，证明曲线的斜率为加速度。

【解答】

$$\frac{\mathrm{d}(v^2/2)}{\mathrm{d}x}=v\frac{\mathrm{d}v}{\mathrm{d}x}=\frac{\mathrm{d}x}{\mathrm{d}t}\frac{\mathrm{d}v}{\mathrm{d}x}=\frac{\mathrm{d}v}{\mathrm{d}t} \tag{4-11}$$

或者，设单位质量上的动能为 e_K，变形能为 e_U，根据机械能守恒定律可知 $e_K+e_U=V_0^2/2$（恒等），因此根据 $\frac{\mathrm{d}e_K}{\mathrm{d}x}+\frac{\mathrm{d}e_U}{\mathrm{d}x}=0$，可得：

$$\frac{\mathrm{d}e_K}{\mathrm{d}x}=-\frac{\mathrm{d}e_U}{\mathrm{d}x}=-a$$

4.2 碰撞特性

4.2.1 车身刚度

将图 4-6 中由弹簧和质点组成的模型运用到 100% 重叠率刚性壁障正面碰撞中，计算车辆质量 m 与车辆（车室）加速度 a 的积，可得到作用于车的力 $F=ma$（图 4-9）。将 F 表示为位移 x 的函数，可得到车室的载荷变形特性（弹性特性），即为 GS 曲线的纵坐标（加速度）乘以车辆质量得到的结果。根据载荷变形曲线，可确定发生于车身各个位置的载荷。

碰撞过程中，加载阶段的车身刚度❶即为载荷变形特性的斜率。现将其用劲度系数为 k 的线性弹簧表示。根据机械能守恒定律可知，碰撞前车辆的动能 $mV_0^2/2$ 与最大变形能 $kX_{max}^2/2$ 相等，因此车身刚度 k 如下式所示：

❶工程学中一般把弹性领域内有力作用时的变形难易程度叫作刚度，但在汽车碰撞安全领域中的刚度同时包含了塑性区，认为力和变形量的关系为近似的线性关系。

$$k=\frac{mV_0^2}{X_{max}^2} \tag{4-12}$$

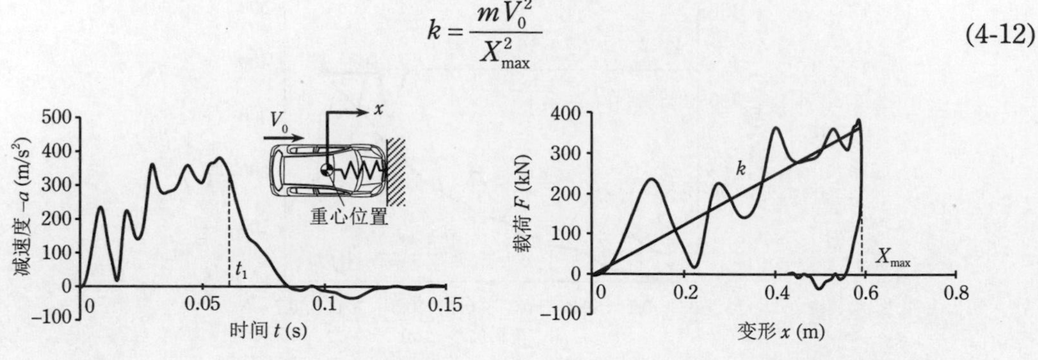

图 4-9 100% 重叠率刚性壁障正碰试验 (55 km/h) 中车辆减速度与载荷变形特性

图 4-10 给出了 100% 重叠率刚性壁障正面碰撞试验中根据车辆加速度求得的平均车辆减速度 $\bar{a}$ 和最大变形量 X_{max} 与车辆质量 m 的关系。观察图 4-10 可知，小型货车的平均车辆减速度大，而其他车辆的减速度皆分布于 150~225 m/s² 范围内。同样，除小型货车的最大变形量较小外，其他车辆的最大变形量随着质量的变化并未显示出很大的差异。这是由于在刚性壁障前面碰撞试验中，假人的损伤值受车辆减速度影响，所以必须将车辆减速度限制在某一固定值以下。小型货车因受发动机舱尺寸的限制，为抑制车室侵入和确保生存空间，必须提高车身的刚度。结果如图 4-10 所示，此类尺寸的车辆都呈现出车辆减速度大、车体变形量较小的趋势。

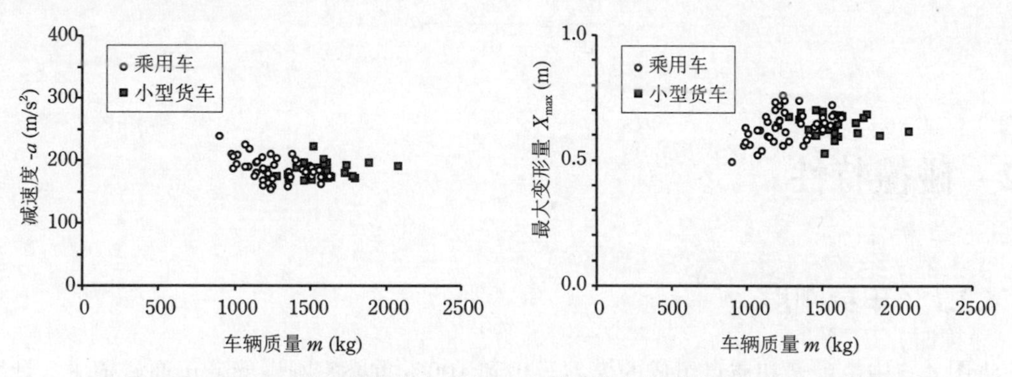

图 4-10 100% 刚性壁障试验 (55 km/h) 的平均车辆减速度与最大变形量

将碰撞时的车辆运动方程式线性近似为 $ma=-kx$，初始时刻 ($t=0$) 的速度为 V_0，位移为 0。从车辆碰撞开始到最大变形的时刻为止 ($0 \leqslant t \leqslant \pi$)（角速度 $\omega=\sqrt{k/m}$），加速度 a、速度 v 和位移 x 分别为：

$$\left.\begin{aligned} a&=-\omega V_0 \sin\omega t \\ v&=V_0\cos\omega t \\ x&=(V_0/\omega)\sin\omega t \end{aligned}\right\} \tag{4-13}$$

由式 (4-13) 的第 3 式可得最大车身变形量为 $X_{max}=V_0/\omega$，因此负荷时间区间内的平均车辆减速度 $\bar{a}$ 如下：

$$\bar{a}=\frac{V_0^2}{2X_{\max}}=\frac{V_0^2}{2(V_0/\omega)}=\frac{V_0\,\omega}{2}=\frac{V_0}{2}\sqrt{\frac{k}{m}} \tag{4-14}$$

由此可得车身刚度与车辆质量的关系，为：

$$k=4\left(\frac{\bar{a}}{V_0}\right)^2 m \tag{4-15}$$

由式 (4-15) 可知，规定碰撞速度为 V_0，车辆平均减速度与车辆类型无关（为定值）时，车身刚度 k 与车辆质量 m 成比例。根据图 4-9 的左图，碰撞速度为 V_0=55 km/h 时，可求得乘用车的平均车辆减速度为 $\bar{a}$=185 m/s^2。将这些值代入式 (4-15)，可得车身刚度 k (N/m) 与车辆质量 m (kg) 的近似关系为：

$$k=588m \tag{4-16}$$

根据式 (4-12) 求出的车身刚度与式 (4-16) 的近似直线如图 4-11 所示。

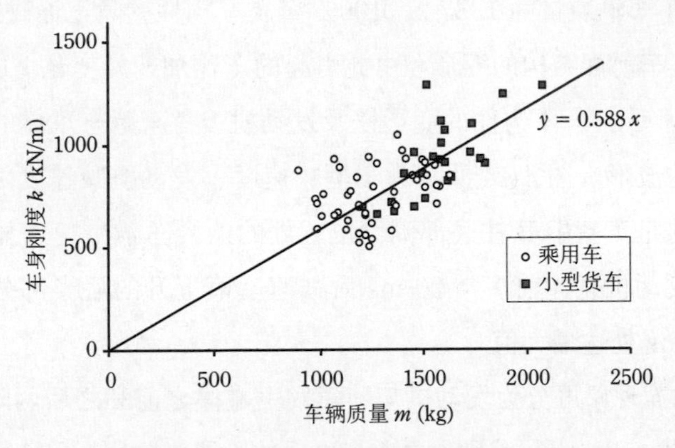

图 4-11　车身刚度与车辆质量的关系

4.2.2　结构的变形和车辆减速度

碰撞时，车身的变形主要发生在发动机舱，而车室的变形较小且能保持形状相对完整。正面碰撞时，发动机舱内的吸能构件主要为前纵梁与上边梁（图 4-12）。这些结构通过轴向的压溃与弯曲变形来吸收能量。保险杠横梁则起到连接左右前纵梁和在偏置正面碰撞时将载荷传递至另一侧前纵梁的作用。随着碰撞进一步推进，前纵梁延伸件、A 柱和侧梁也开始发生变形，参与能量的吸收。为了使汽车防火墙不侵入乘员舱，有必要对 A 柱、侧梁和地板进行强化。最新生产的汽车为应对发动机振动而安装了副车架。在碰撞过程中，副车架还同时起到形成底部的载荷传递路径以分散碰撞力和参与能量吸收的作用。此外，前纵梁前端设有碰撞吸能盒，在低速碰撞下，吸能盒可抑制散热器之后结构的塑性变形，以达到减少修理费用的目的。

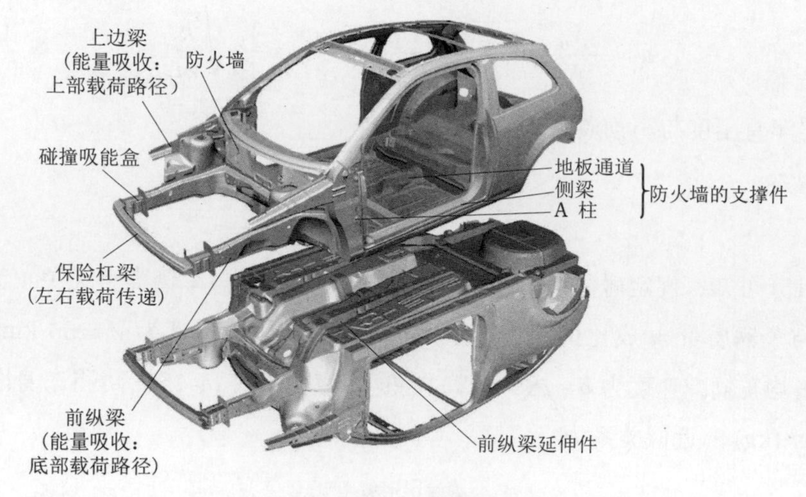

图 4-12 车体结构

下面基于小型车(车辆质量为 1333 kg)100% 重叠率刚性壁障正面碰撞(速度为 50 km/h)的有限元模型分析汽车前部结构的变形和由此引起的车辆加速度变化情况[2]。车身变形的时间序列图如图 4-13 所示。车体构件的变形以及发动机 / 变速箱与车体的接触使车辆减速度形成具有明显特征的波形。图 4-14 所示为车辆减速度、发动机减速度随时间的变化关系曲线。车辆减速度取的是车室中 B 柱底部侧梁位置处的值。车辆减速度显示了 10 ms 处具有峰值的前半部分(发动机碰撞前)与 20 ms 后减速度值上升的后半部分(发动机碰撞后)。发动机减速度在 25 ms 处达最大值。

正面碰撞中的碰撞现象可分为发动机与壁障发生碰撞之前和之后两阶段。我们以发动机与壁障接触的时刻 (20 ms) 为界，分别称之前与之后的阶段为阶段 1 和阶段 2，如图 4-15 所示。

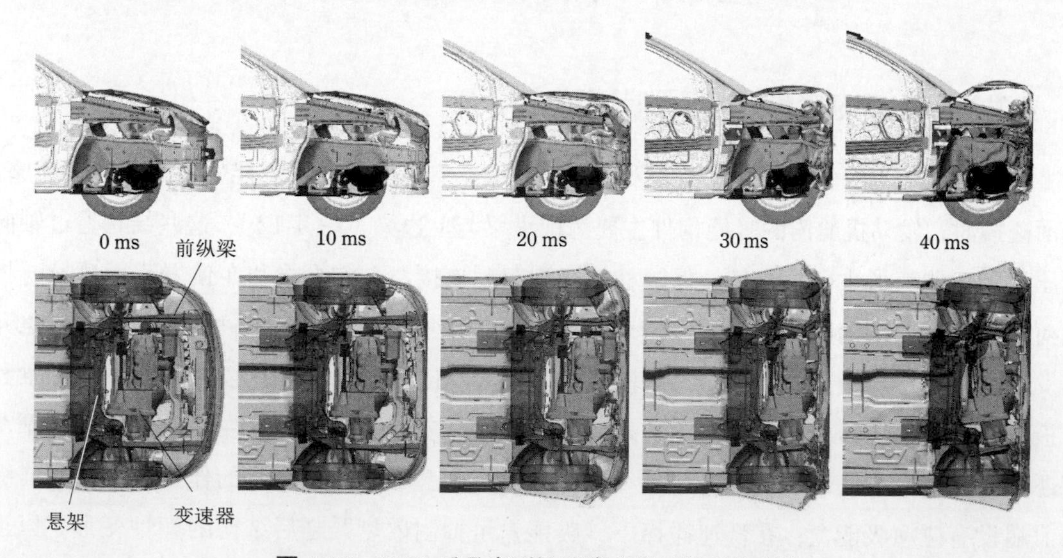

图 4-13 100% 重叠率刚性壁障碰撞时的车体变形

在阶段 1，车室只在以前纵梁前端为中心的发动机舱前部发生变形，后方基本不变形。

此时，碰撞吸能盒与前纵梁前端产生轴向压缩变形。这些构件上留有的焊缝可控制轴向的压屈位置。碰撞吸能盒与前纵梁前段部分的轴向变形分别使车辆减速度在 12 ms 和 18 ms 处出现峰值。前纵梁的最大载荷即由此时的轴向变形引起。阶段 1 中的大部分碰撞能量因吸能盒与前纵梁产生轴向变形而被吸收。

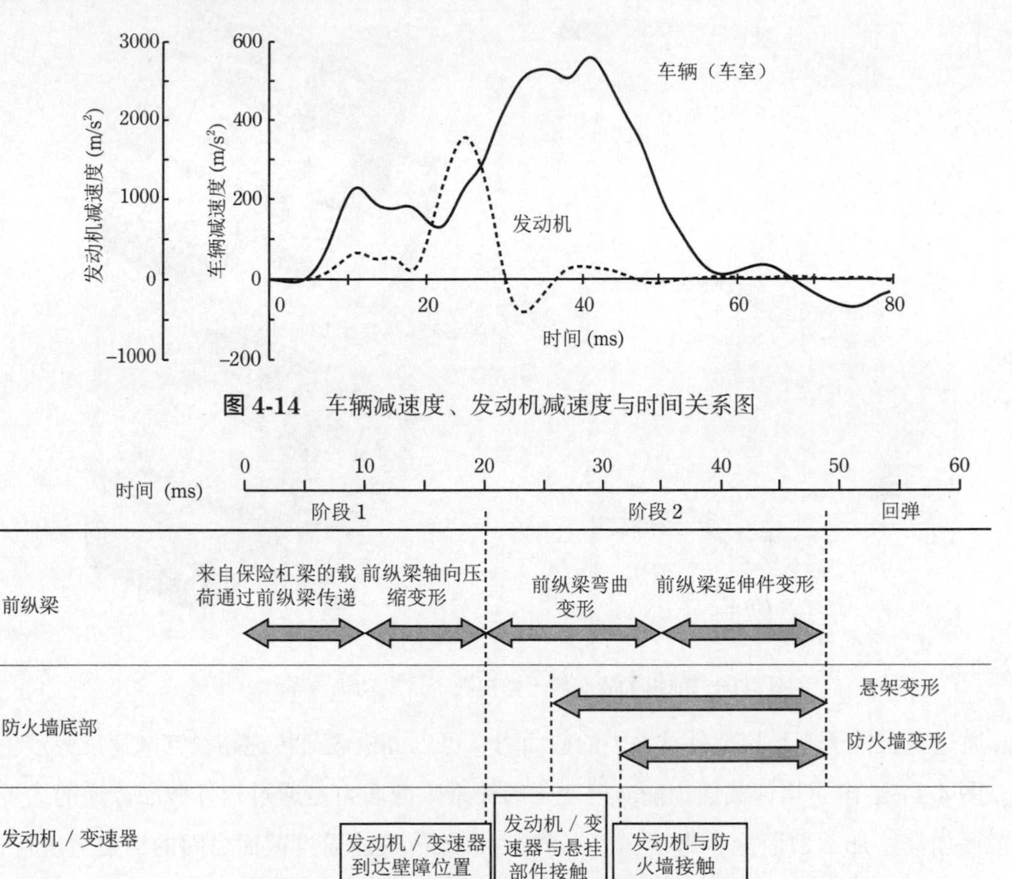

图 4-14 车辆减速度、发动机减速度与时间关系图

图 4-15 100% 重叠率试验时间序列变形模式

碰撞进入阶段 2 后，除了通过前纵梁向车室的载荷传递路径以外，由于发动机与车体产生接触，也形成了一条载荷传递路径。在阶段 2 中，前纵梁的变形从轴向压缩变为弯曲变形。如图 4-16 所示，前纵梁前部留有焊缝的位置产生褶皱并伴随轴向变形。同时，前纵梁在截面较小的位置发生弯曲变形。弯曲变形使前纵梁承载的载荷减小，车辆减速度也随之减小。之后，变形继续向前纵梁的后方推进，使前纵梁承载的载荷再次上升。

发动机支架在发动机与壁障碰撞后断裂，发动机与前纵梁各自开始独立运动。发动机因与壁障碰撞后的反弹略微向后方移动，而与前向移动的车体接触（图 4-16 右）。首先，变速器中处于车辆后方的差速器箱与汽车悬挂部件接触 (30 ms)。接着，发动机与防火墙接触 (32 ms)。由于发动机与车体的接触，防火墙开始变形，车辆减速度增加。另一方面，发动机因与车体接触再次被推向车辆前方。如图 4-14 所示，发动机的减速度在此时取得负的峰值 (32 ms)。此外，虽然轮胎至侧梁的载荷传递路径在 100% 重叠率正面碰撞试验中基本不发生效用，但在偏置正面碰撞试验中却是重要的载荷传递路径。

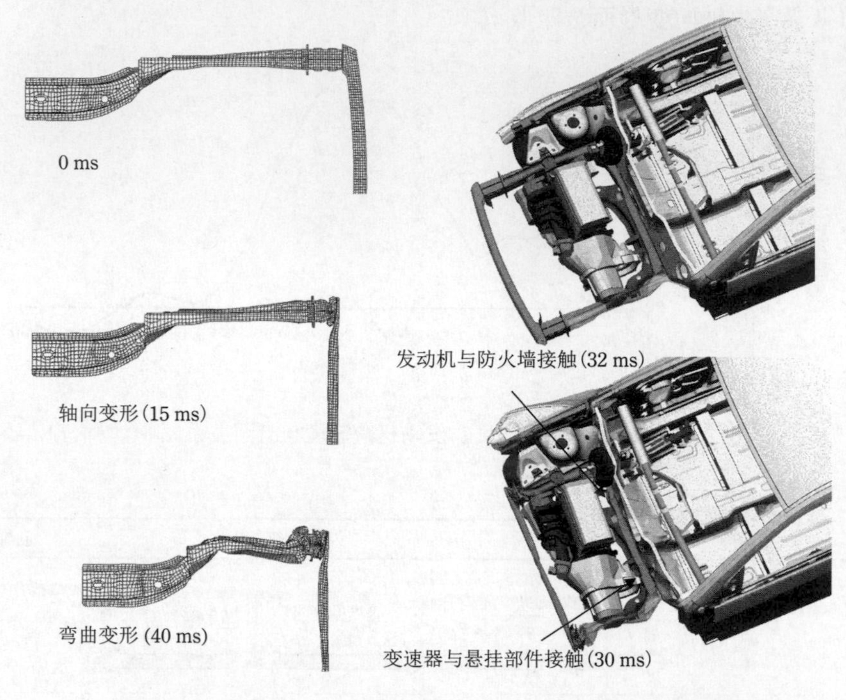

图 4-16 前纵梁的变形（仰视图），发动机与车体的接触

通过观察传递至结构部件截面上的截面力，可以分析载荷传递路径与减速度等产生的原因。图 4-17 给出了构件截面力随时间变化的关系。截面力是通过构件截面传递的力，若构件截面崩溃，那么截面力变为 0。截面崩溃后，载荷只能通过截面之间的接触力进行传递。此外，由于截面在构件上的位置越靠后，此截面往后部分的构件质量就越小，导致作用于截面的惯性力随之变小。所以一般来说，构件上位置越靠后的截面，其截面力就越小。

再分析前纵梁前部的截面力。以 12 ms 时为例，左右碰撞吸能盒的截面力合计为 300 kN，除以车辆质量 1300 kg，得到减速度为 230 m/s^2。对比图 4-14 可知，该值与此时的车辆减速度一致。紧跟着吸能盒的轴向压溃，前纵梁前端也发生轴向压溃。因此，阶段 1 中的车辆减速度峰值起因于吸能盒与前纵梁前部的轴向压溃。此外，在阶段 1 的时间区间中，前纵梁后端的截面力要比前端低，这是因为发动机 / 变速器的惯性力通过发动机支架仅作用于发动机支架位置前方的前纵梁，发动机支架位置往后的前纵梁部分不受此惯性力的影响。这会使前纵梁后方截面的等效质量变小。

进入阶段 2 后，随着车辆减速度变大，较大的截面力开始作用于前纵梁后端，并且，侧梁、A 柱、前纵梁延伸件等支撑着防火墙的构件也开始产生较大的截面力。为使这些车室的构件不发生屈曲，必须使截面的容许承载强度（屈曲载荷）大于所传递的截面力。

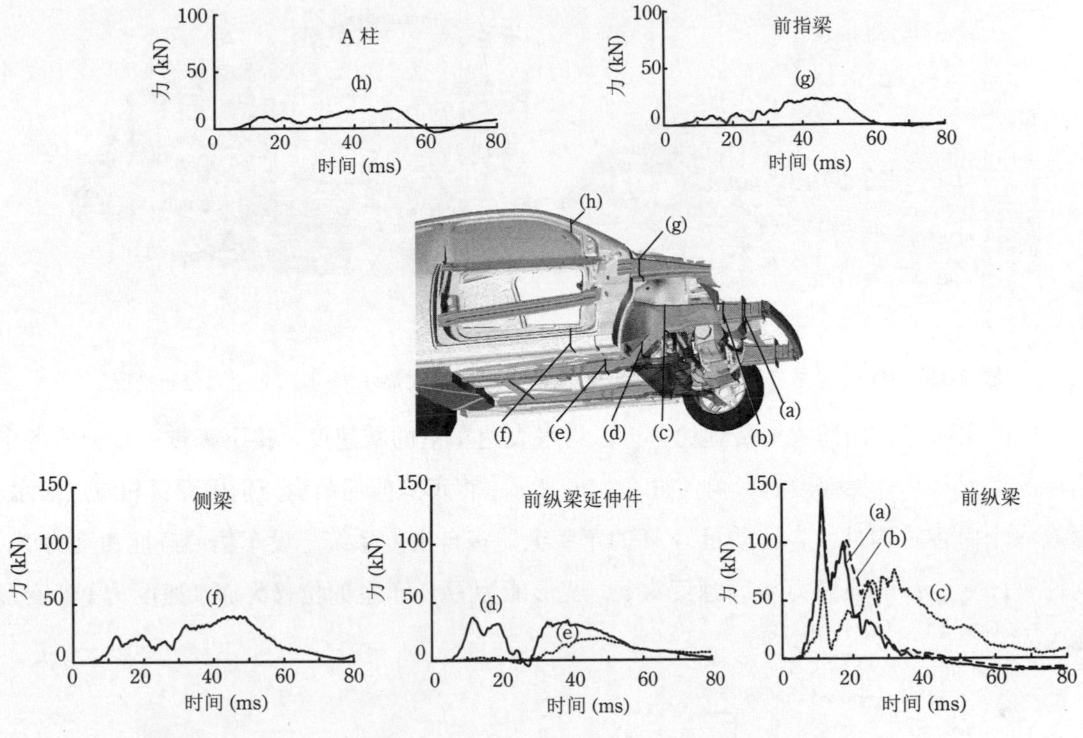

图 4-17 构件截面力（仅右侧）

如图 4-18 所示，分别比较①前纵梁后端截面力；②前指梁后端截面力；③悬架截面力；④发动机 / 防火墙接触力，以及车室质量 (800 kg) 与车辆减速度的乘积。前纵梁和前指梁、悬架的截面力以及发动机与车体的接触力相加之和与车室质量和车辆减速度的乘积基本一致。可以认为，前纵梁、前指梁的截面力和来自发动机的接触力共同作用于防火墙，使车室产生了减速度，并且从这些力可以推出车辆减速度的产生原因。

根据构件的截面力和发动机的接触力可得到阶段 1、2 的载荷传递路径。阶段 1 中，载荷从前纵梁的前端向后端传递（如图 4-19 所示）。阶段 2 中增加了由发动机与悬架、防火墙等接触产生的接触力，使防火墙底部向地板也有力被传递，并产生较大的碰撞力。

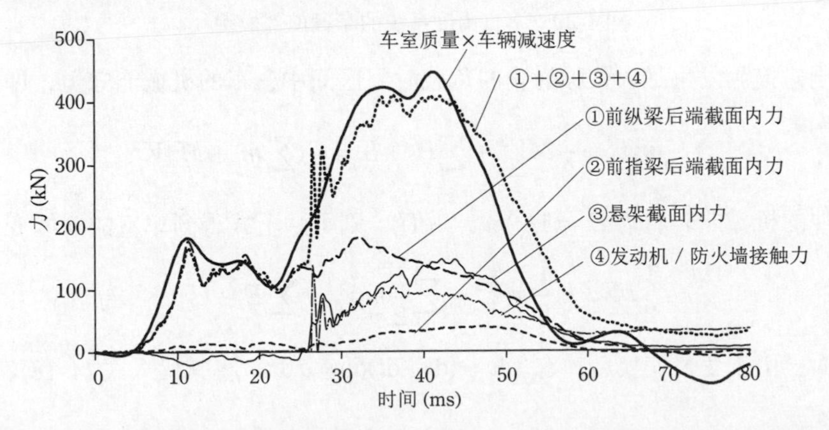

图 4-18 100% 重叠率正面碰撞试验的构件截面内力、发动机的接触力和车辆减速度

图 4-19 100% 重叠率正面碰撞试验中的载荷传递（同时显示冯·米塞斯应力分布情况）

如上文所述，向防火墙传递的力可以用来表达车室的减速度。接下来进一步分析各个构件的变形对车辆加速度的影响。如图 4-20 所示，将车身前部结构分别用弹簧和质点表示，形成一个由各种构件结合在质量为 M 的车室上的多自由度系统。设车辆的碰撞速度为 V_0，构件 $i(1,\cdots,n)$ 的质量为 m_i，速度为 v_i，变形能为 U_i。车室的位移为 X，速度为 V，变形能为 U。

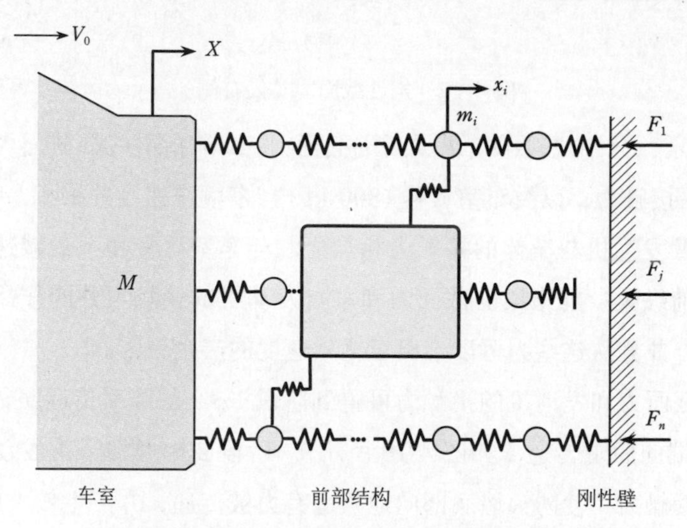

图 4-20 多自由度系统的车辆前部模型

车辆在刚碰撞到发生最大位移为止的负载时间区间中，车的机械能守恒，即：

$$\sum_i \frac{1}{2}m_i v_i^2 + \frac{1}{2}MV^2 + \sum U_i + U = \frac{1}{2}(\sum_i m_i + M)V_0^2 \tag{4-17}$$

若将构件的机械能表示为 $E_i=(1/2)m_i v_i^{\ 2}+U_i$，则可从上式得到车室的动能变化，为：

$$\frac{1}{2}MV^2 - \frac{1}{2}MV_0^2 = \sum_i \frac{1}{2}m_i V_0^2 - \sum_i E_i - U \tag{4-18}$$

另一方面，由于变量变换后，有 $v\mathrm{d}v=(\mathrm{d}x/\mathrm{d}t)\mathrm{d}v=a\,\mathrm{d}x$，将其代入式 (4-18)，可推导出：

$$\frac{1}{2}MV^2-\frac{1}{2}MV_0^2=M\int_{V_0}^{V}V\,\mathrm{d}V=M\int_0^X\ddot{X}\,\mathrm{d}X$$

根据上式可以将式 (4-18) 表示为：

$$M\int_0^X\ddot{X}\,\mathrm{d}X=\sum_i\frac{1}{2}m_iV_0^2-\sum_i E_i-U \tag{4-19}$$

因此，车室的加速度为：

$$\begin{aligned}\ddot{X}&=\frac{1}{M}\frac{\mathrm{d}}{\mathrm{d}X}\left(\sum_i\frac{1}{2}m_iV_0^2-\sum_i E_i-U\right)\\&=-\frac{1}{M}\frac{\mathrm{d}}{\mathrm{d}X}\left(\sum_i E_i+U\right)\end{aligned} \tag{4-20}$$

其中，要从式 (4-20) 的 1 式导出 2 式，需要用到 $(1/2)m_iV_0^2$ 守恒，且对 X 微分等于零这个条件。根据式 (4-20)，可以将构件 i 对车辆减速度的贡献率看作：

$$-\frac{1}{M}\frac{\mathrm{d}E_i}{\mathrm{d}X}$$

并且，从式 (4-20) 的 1 式中，将构件对车室加速度的贡献率重新表示为：

$$-\frac{1}{M}\frac{\mathrm{d}}{\mathrm{d}X}\left(\frac{1}{2}m_iv_i^2+U_i-\frac{1}{2}m_iV_0^2\right)$$

则构件的变形能可以解释为除了吸收碰撞前构件自身的动能外，还为车室减速所用。

图 4-21 为基于有限元计算结果得出的车辆各构件对 GS 曲线的贡献率。从式 (4-20) 计算出的各构件贡献率的和基本与车辆减速度一致。对于车辆减速度来说，前半段贡献率较大的构件为前纵梁，后半段为悬架。动力传动系对车辆减速度的贡献为负，这是由于发动机的部分动能被其他构件的变形吸收。根据式 (4-8) 可知，GS 曲线图中减速度与位移围成部分的面积为恒定值 $V_0^2/2$，因此在设计车辆的减速度波形时，可以据此设计各个构件在到达最大变形量位置范围内所承受的载荷比例。

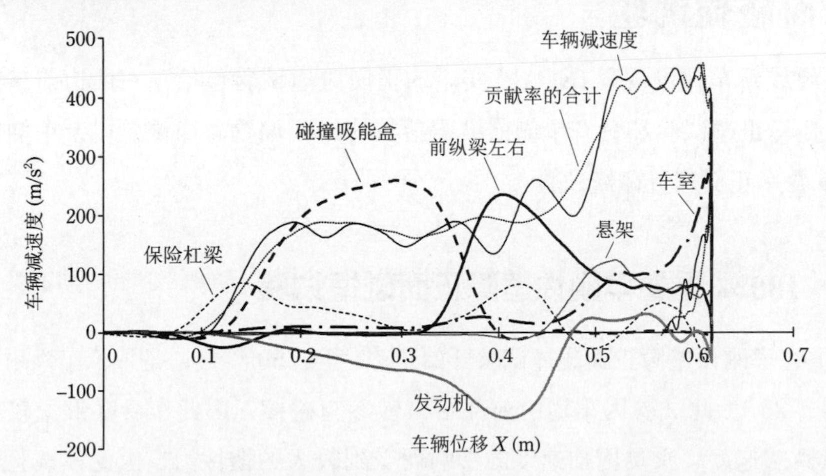

图 4-21 小型车的 100% 重叠率刚体壁障碰撞中的车辆各构件在 GS 曲线图中的贡献率（有限元分析）

4.2.3 壁障载荷

在正面碰撞试验中，固定壁障受到的载荷通过安装在固定壁障上的测力计测量。如图 4-20 所示，将车辆看作弹簧 – 质量系统（质点的集合）。由于作用于这个系的外力 F_j 只含固定壁障对车辆前端施加的合力，即壁障载荷 F_B，因此可以记为 $F_B = \sum F_j$。根据质点系（多个质点的集合）力学原理可知，质点系总动量（质点的动量之和 $\sum m_i v_i + MV$）的时间变化率等于作用于质点系外力的总和，与作用于质点间的内力无关，因此运动方程为

$$F_B = \sum_j F_j = \sum_i m_i \ddot{x}_i + M\ddot{X} \tag{4-21}$$

式中，$\ddot{x}_i$ 表示构件的减速度，$\ddot{X}$ 表示车室的减速度。

式 (4-21) 表示了由壁障载荷造成的车辆各部根据其相应的减速度进行减速的情况。

图 4-22 为 100% 重叠率刚性壁障试验中测量到的壁障载荷、车身结构受力和发动机受力的变化情况。车身结构力是除动力传动系以外的车辆质量与车室减速度的乘积，发动机力为动力传动系的质量与减速度的乘积。车身结构力与发动机力的合计值大约与壁障载荷相当。另外，由于发动机对壁障产生冲击，所以可从壁障载荷曲线中得到最大值的位置。

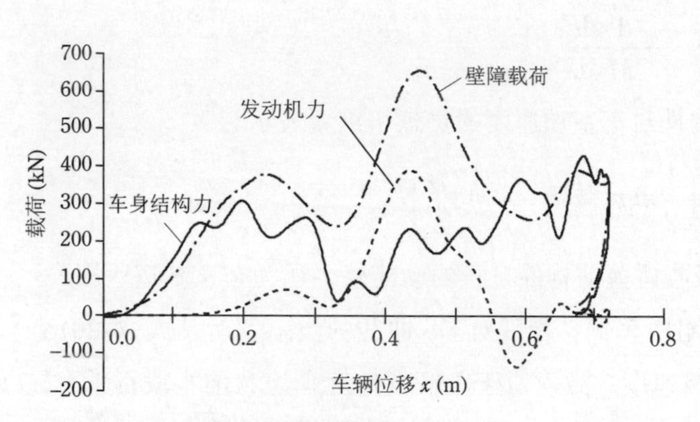

图 4-22 车身的载荷与位移间的关系 (100% 重叠率刚体壁障正碰试验)

4.3 正面碰撞试验

根据法规或新车评价规程 (NCAP) 实施的正面碰撞试验包括左右两边前纵梁同时参与的 100% 重叠率正碰试验和只有单侧前纵梁参与的正面偏置碰撞试验以及单侧前纵梁不参与的 25% 重叠率正面偏置碰撞试验。

4.3.1 100% 重叠率刚性壁障正面碰撞试验

100% 重叠率刚性壁障正面碰撞试验开始于 20 世纪 50 年代，是评价车辆耐撞性最基本的试验（图 4-23）。此试验因车辆的前部结构皆参与碰撞，因此车身变形量较小，但会产生较大的车辆减速度。乘员因加速度的影响而受到较大的惯性力，因此该试验适合评价乘

员约束系统的性能。并且，在100%重叠率碰撞试验中，假人的头部与胸部等与人体是否能存活相关联的要害部位受到的损伤值较高，适合用来评价死亡情况或重伤的风险。此外，100%重叠率刚性壁障试验的重现性也较高。

自1972年起，美国将速度为30 mph (48 km/h)的100%重叠率刚性壁障正面碰撞试验导入到美国联邦机动车辆安全法规FMVSS 208中。从1978年起，新车评价规程开始实施速度为35 mph (56 km/h)的100%重叠率刚性壁障碰撞试验。现在的FMVSS 208规定以56 km/h的速度进行试验。日本国内从1994年开始将100%重叠率正面碰撞试验导入到法规《道路运送车辆的安保基准》第18条第2项的附件23中。在此试验中，驾驶座和副驾驶座上都搭载了Hybrid III AM50进行试验（碰撞速度为50 km/h）。

在欧洲，虽然碰撞试验的法规是从正面偏置碰撞开始实施的，但是车室强度提高带来的较大车辆减速度使得约束系统对人体造成损伤，特别是对高龄者的胸部造成损伤。因此在2015年，为了对剧烈减速度条件下使用了约束系统的乘员保护进行评价，100%重叠率正面碰撞试验被导入到UN R137中（碰撞速度为50 km/h）。与此同时，日本也修正了道路运输车辆的安全标准。在UN R137中，驾驶座上搭载AM50，副驾驶座上搭载AF05，并规定AM50的胸部变形量阈值（考虑到高龄者）为42 mm（65岁AIS 3+概率50%），AF05为42 mm（50岁AIS 3+概率50%）（见表4-1）。

图4-23　100%重叠率试验(50 km/h)

在新车评估计划(NCAP)中，为了更好地评估车辆的碰撞性能，通常会进行比法规更严格的（碰撞速度为55 km/h）试验（驾驶座，副驾驶座都搭载Hybrid III AM50）。在EuroNCAP的100%重叠率正面碰撞试验中，驾驶座和副驾驶座都搭载AF05进行试验。

100%重叠率正面碰撞试验（UN R137 00系列）**的假人损伤基准**　　**表4-1**

部　位	损伤基准	容许值（驾驶座AM50）	容许值（副驾驶AF05）
头部	HIC_{36}	1000	1000
	头部合成加速度(3 ms)	80 g	80 g
颈部	颈部前后剪切力F_x	3.3 kN	2.7 kN
	颈部拉力F_z	3.1 kN	2.9 kN
	颈部伸展力矩M_y	57 N·m	57 N·m
胸部	胸部变形量	42 mm	42 mm
	VC	1.0	1.0
下肢	股骨轴压缩力	9.07 kN	7 kN
转向轮毂中心后向位移量		上方80 mm，后方100 mm	—

4.3.2 正面偏置碰撞试验

正面偏置可变形壁障碰撞试验 (Offset Deformable Barrier test, ODB test) 是使汽车驾驶席侧以 40% 的重叠率对蜂窝铝进行碰撞的试验，如图 4-24 所示。20 世纪 90 年代初期，欧洲车辆安全促进委员会 (EEVC) WG11 工作组对车对车的正面碰撞试验进行了模拟研究 [3-5]。交通事故分析显示，在车对车的正面碰撞中，以偏置碰撞发生的频率较高，佩戴了安全带的乘员产生损伤的主要原因为车室的变形侵入。在此基础上，正面偏置碰撞试验法被创建，并在 1998 年成为联合国欧洲经济委员会的 ECE 法规 (ECE regulation R94)。在日本 2000 年的汽车评估中，开始了速度为 64 km/h 的正面偏置碰撞试验。接着，其在 2007 年被引入道路运输车辆的安全标准，现在被用于基于“联合国的车辆 / 装置等的型式认定相互承认协定”(1958 年协定) 的联合国规则 UN R94 中。

在正面偏置碰撞试验中，为了再现车对车碰撞的车身变形，在壁障上装有蜂窝结构 (图 4-25)。蜂窝结构单位面积的压溃载荷为 0.342 MPa，模拟了车身发生 300 mm 变形时的碰撞载荷。此外，为了给试验车辆的车体底部施加载荷，使其发生与车对车正面碰撞时相同的变形，蜂窝结构中安装有高刚度的保险杠部分。正面偏置碰撞试验规定重叠率为 40%，碰撞速度为 56 km/h (图 4-26)。这是依据车身变形与乘员损伤值，在重叠率为车宽的 50%，速度为 50 km/h 的情况下，由车型相同的车对车正面碰撞试验的结果再现所决定的。重型车在正面偏置碰撞试验中会产生车辆接触蜂窝结构底层的问题，这会使车辆刚度增加，导致碰撞兼容性恶化 (对被碰车辆的冲击增大)。为了解决这个问题，UN R94 没有对质量超过 2.5 t 的乘用车实施试验。新车评价规程进行的碰撞速度为 64 km/h 的正面偏置碰撞试验与碰撞速度为 55 km/h 的车对车正面碰撞试验效果相当。

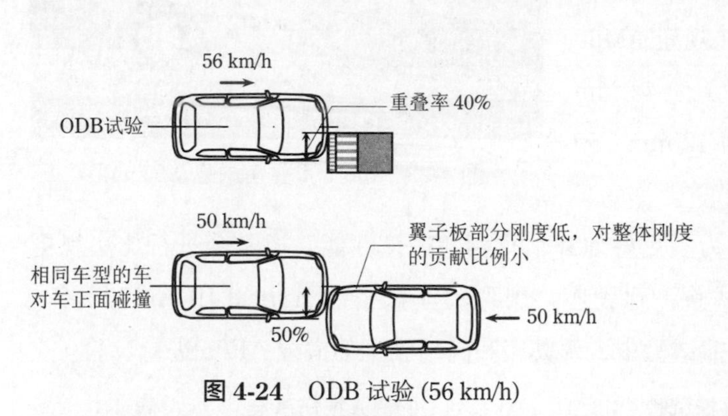

图 4-24　ODB 试验 (56 km/h)

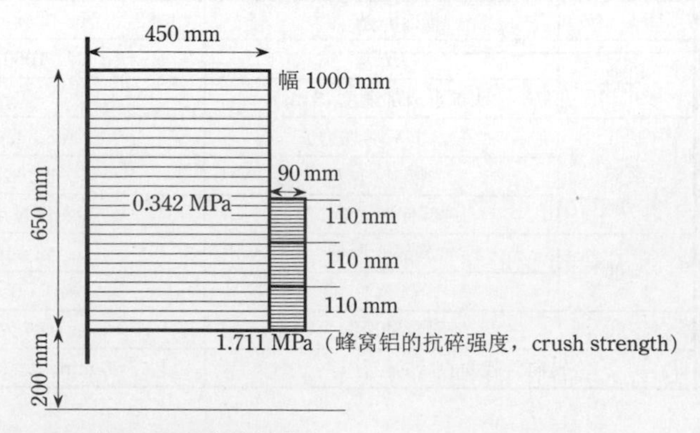

图 4-25　UN R94 蜂窝铝壁障的规格

图 4-26 正面偏置碰撞试验后车身的变形情况 (ODB 56 km/h)

在正面偏置碰撞试验中，车身变形较大，因此该试验适用于以确保车室强度为目的的车身耐撞性能结构评估。并且，因车室侵入造成的乘员损伤评估也是可以进行的。在 UN R94 中，规定试验使用 Hybrid III AM50 假人，表 4-2 给出了其损伤基准值。为评价车室侵入造成的下肢损伤，除头部 (HIC)、颈部拉伸 / 剪切（FNIC，参照图 1-29）、颈部伸展力矩、胸部变形量 (<50 mm) 以外，还规定了大腿骨压缩力标准（FFC，参照图 1-61）、膝盖位移 (<15 mm) 和胫骨指数 (<1.3) 的损伤基准值。

正面偏置碰撞试验 (UN R94) **假人 AM50 损伤基准** **表 4-2**

部 位	损 伤 基 准	容 许 值
头 部	HIC_{36}	1000
	头部合成加速度 (3 ms)	80 g
颈 部	颈部前后剪力 F_x	不超过持续时间的函数（连接 (0 ms, 3.3 kN), (35 ms, 2.9 kN), (60 ms, 1.1 kN) 以后的线）
	颈部拉伸力 F_z	不超过持续时间的函数（连接 (0 ms, 3.1 kN), (25~35 ms, 1.5 kN), (45 ms, 1.1 kN) 以后的线）
	颈部拉伸力矩 M_y	57 N·m
胸 部	胸部变形量	42 mm
	VC	1.0
下 肢	大腿骨轴压缩力	不超过持续时间的函数（连接 (0 ms, 9.07 kN), (10 ms, 7.85 kN) 以后的线）
	胫骨压缩力	8 kN
	胫骨指数	1.3
	膝部位移	15 mm
转向轮毂中心后向位移量		上方 80 mm，后方 100 mm

下面为同一车型 50% 重叠率的车对车正面偏置碰撞试验 (50 km/h) 与改变碰撞速度的 ODB 试验的结果比较。正面偏置碰撞试验中的车身变形量与车辆加速度如图 4-27 所示。从图 4-27 中可见，车对车正面偏置碰撞试验与 ODB 试验的车身变形呈现出相同的趋势。从前纵梁的变形量、发动机的后向位移量与车室的变形量看，相较碰撞速度为 56 km/h 的 ODB 试验，车对车正面偏置碰撞试验的结果更接近速度为 60 km/h 的 ODB 试验结果。在 ODB 试验中，伴随蜂窝结构的变形，车辆处于碰撞初期低减速度状态的持续时间较长，此后随着车室发生变形，车辆减速度随之增加。车对车正面偏置碰撞试验中的最大车辆减速

度介于速度为 56 km/h 和 60 km/h 的 ODB 试验之间。ODB 试验通过对蜂窝铝结构的压溃来再现车对车正面偏置碰撞时的车身变形，但从车辆减速度的角度看，ODB 试验的持续时间要比车对车正面偏置碰撞的持续时间长。

如图 4-28 所示，车对车正面偏置碰撞试验与 ODB 试验中的驾驶席乘员 (Hybrid III AM50) 损伤值大体相同，且车对车正面偏置碰撞试验的损伤值与速度为 64 km/h 的 ODB 试验结果更接近，但胫骨指数的变化较大。

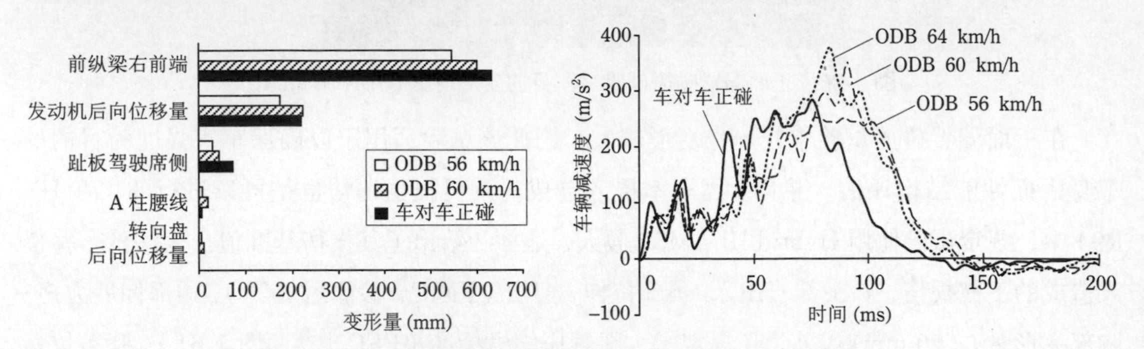

图 4-27 正面偏置碰撞试验的车身变形量与车辆加速度

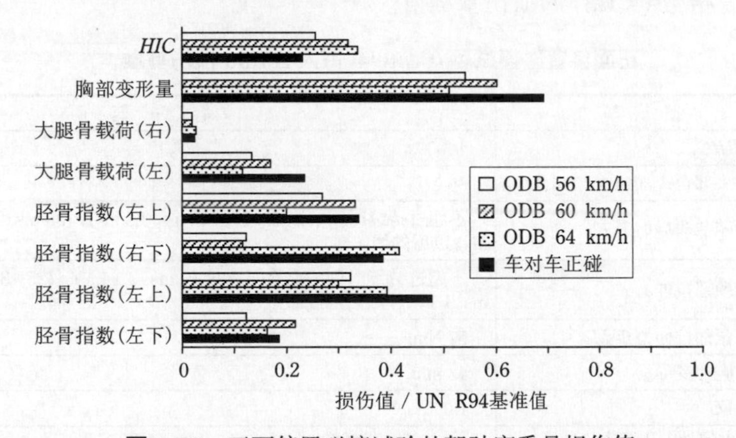

图 4-28 正面偏置碰撞试验的驾驶席乘员损伤值

在 100% 重叠率正面碰撞试验中，车辆减速度较大，车室侵入量较小。与此相比，在正面偏置碰撞试验中，车辆减速度较小，车室侵入量较大。因此，从减速度与变形量看，两试验结果呈相反的关系。下面对新车评价规程的 100% 重叠率刚性壁障碰撞试验 (55 km/h) 与 ODB 试验 (64 km/h) 的车辆加速度、车室变形，以及乘员损伤值进行比较。

在 100% 重叠率正面碰撞试验中，车辆最大减速度虽较大，但冲击持续时间短（图 4-29）。与此相对，正面偏置碰撞试验中，车辆的最大减速度虽较小，但冲击持续时间长。与车辆减速度相关的损伤值——胸部加速度和与车室侵入量相关的损伤值——胫骨指数如图 4-30 所示。胸部加速度与胫骨指数分别随着车辆平均减速度和脚踏板侵入量的增大而呈增大趋势。一方面，在 100% 重叠率正面碰撞试验中，因车辆减速度较大，会有较大的惯性力施加于乘员，而使胸部加速度变大；另一方面，若在正面偏置碰撞试验中，车室的变形量过大，人体下肢的损伤值就会增大。并且，若转向盘后向位移量过大，还会导致胸部损伤值增大。不过，在最近生产的很多车型中，即使在速度 64 km/h 的正面偏置碰撞试验条件下，车室变形量也较小，脚踏板的后向位移量在 100 mm 以下，胫骨指数也不到 1.0。由于在 100% 重叠率正面碰撞试验中，车辆减速度较大，而正面偏置碰撞试验中，车体变形量较大，所以为防止由于加速度和车室变形对乘员造成损伤，这两种试验都是有必要的 [6,7]。正是基于这两种试验结果，厂家对新车型进行了相应的改进，更进一步提高了车辆的安全性。

法规对正面偏置碰撞试验的导入，使正面碰撞事故中车室压溃的发生频率下降，人体的生存空间得到保证，乘员承受严重损伤的风险也逐步降低。基于 100% 重叠率正面碰撞试验和正面偏置碰撞试验的试验结果，在进行车辆安全性设计中，应同时考虑车辆减速度和车室侵入量。另外，由于在 100% 重叠率正面碰撞试验中，乘员的损伤值与车辆加速度有很大关联，所以不能将车体刚度设定得过高。因此认为 100% 重叠率正面碰撞试验正是为了限制只实施正面偏置碰撞试验时出现高车体刚度而实施的 [8]。

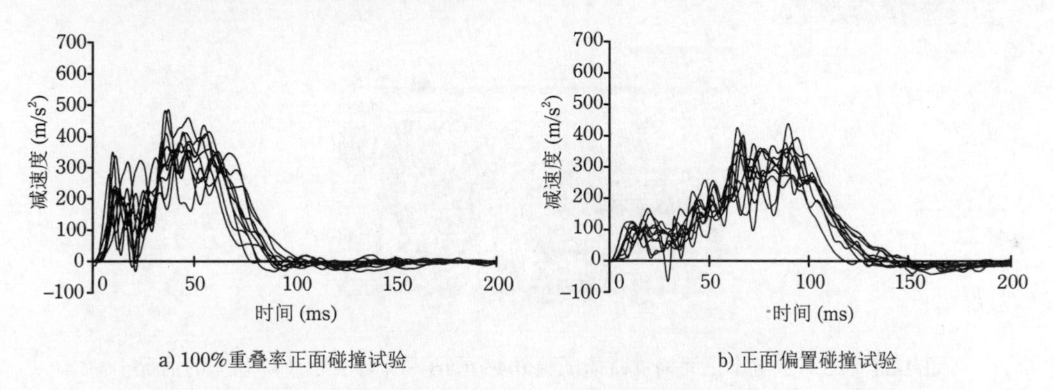

图 4-29　100% 重叠率正面碰撞试验 (55 km/h) 与正面偏置碰撞试验 (64 km/h) 的车辆减速度变化情况

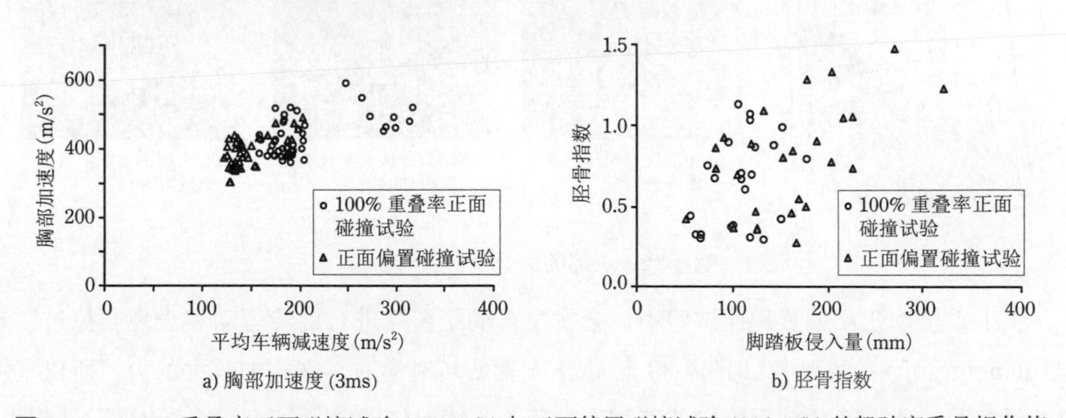

图 4-30　100% 重叠率正面碰撞试验 (55 km/h) 与正面偏置碰撞试验 (64 km/h) 的驾驶席乘员损伤值

4.3.3 小重叠率正面偏置碰撞试验

从 2012 年起，美国公路安全保险协会 (Insurance Institute for Highway Safety, IIHS) 开始实施 25% 重叠率正面偏置碰撞试验。使试验车以 64 km/h 的速度、25% 的重叠率与曲率半径为 150 mm 的刚性壁障发生碰撞 [9]，如图 4-31 所示。此试验模拟了车的前部角与对方车、树木以及柱子碰撞时的状况。由于前纵梁外侧的车体前部结构与壁障接触，碰撞力没有通过前纵梁而直接传递至转向盘、悬架以及 A 柱，所以车室强度需要达到能够承受这些碰撞力的标准。碰撞时，乘员头部向 A 柱方向移动。因此，需要通过驾驶座安全气囊和侧面安全气囊对头部进行保护（图 4-32）。另外，由于防火墙的侵入量变大，乘员下肢承受的力也变大。

图 4-31 25% 重叠率正面偏置碰撞试验 (64 km/h) 和车体变形（好和差的情况）

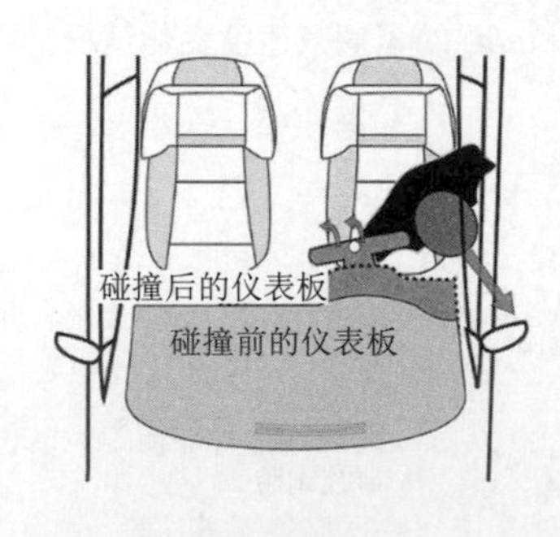

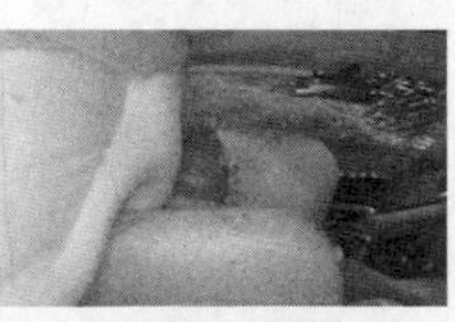

a) 头部受到安全气囊保护的情况

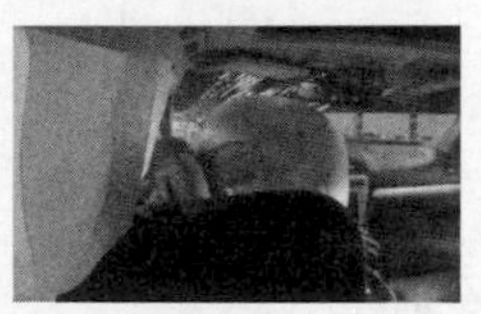

b) 头部从安全气囊滑动的情况

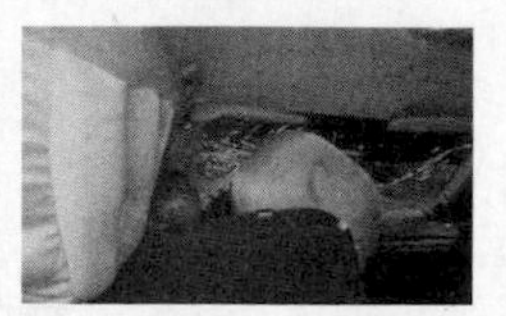

c) 头部不与安全气囊接触的情况

图 4-32 头部的运动和安全气囊 [9]

在小重叠率正面偏置碰撞试验中，会发生车辆绕壁障进行旋转运动和表现“掠过”动作 (glancing off) 的情况 [10]（图 4-33）。由于车辆旋转时会对车室施加较大的力，所以车室侵入量容易变大，车辆前后方向的速度差也很大 (ΔV, 45~60 km/h)。在“掠过”动作中，固定壁障横压前纵梁，而且使车轮产生力矩臂的作用，使车辆产生横向位移。车辆的横向位移越大，车辆前后方向的速度差(33~50 km/h)就越小，车室侵入量也越小。但是，由于车辆产生横向位移，所以假人的头部容易脱离安全气囊。

根据车体结构的不同，有以下对策可加强对乘员的保护：①通过改变保险杠横梁和前纵梁的初始啮合位置，增加车辆横向位移；②增大上边梁的能量吸收量；③加强车室结构的强度。

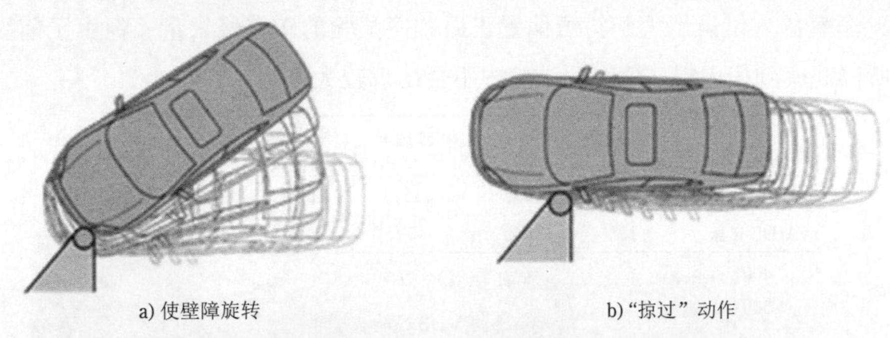

a) 使壁障旋转　　b)“掠过”动作

图 4-33　25% 重叠率正面偏置碰撞试验中的车辆运动 [10]

4.3.4　斜向 MDB 正面碰撞试验

美国的事故分析结果显示，在正面碰撞事故中，造成乘员死亡最多的是车对车正面碰撞。在这些事故中，小重叠率碰撞、斜角碰撞、与细长物体的碰撞以及钻撞等结构相互作用不充分的情况较多。为了在这些事故发生时对乘员进行保护，美国高速公路安全管理局(National Highway Traffic Safely Administration, NHTSA)通过采用移动可变形壁障RMDB (Research Moving Deformable Barrier)的小重叠率碰撞试验和斜角碰撞试验进行研究 [11]。

RMDB 碰撞试验是令 RMDB 以某角度碰撞静止的试验车（图 4-34）。斜角正面碰撞试验的碰撞角度为 15°，为了让 A 柱受到较大载荷并侵入车室，重叠率从当初的 50%更改为 35%。在小重叠率碰撞试验中，为了令 RMDB 碰撞到前纵梁的外侧，重叠率选为 20%。若将重叠率较小的碰撞角度设为 0°，则在车室变形前车辆会横向滑行，导致脱离现象。因此，为了防止脱离，小重叠率碰撞中的碰撞角度设置为 7°。由于 RMDB 要相对 FMVSS 214 壁障高速行驶，因此要通过安装汽车悬架，并且扩大壁障面积的方式保护碰撞时 RMDB 的前轮。为了不发生触底现象，RMDB 采用较厚的蜂窝铝。此外，为了防止发生骑撞被撞翻，RMDB 的离地高度被降低，蜂窝铝上端则被设置得较高，使其高度能够达到试验车车窗座横梁的位置。由于假人被施加斜方向运动的作用力，因此采用脊椎生物逼真度较高的 THOR 假人进行试验。

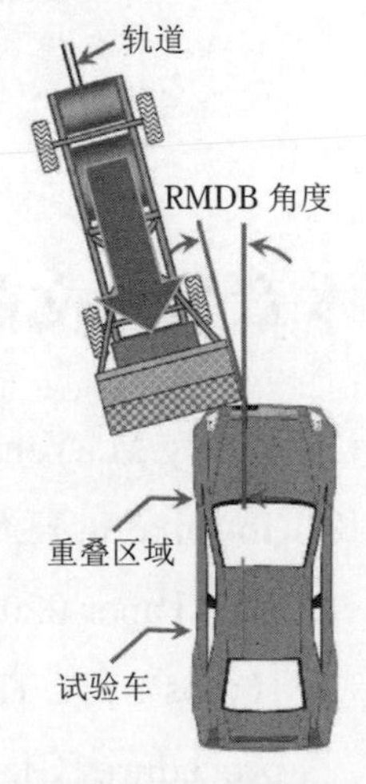

图 4-34　NHTSA 的 RMDB 试验 [11]

利用同一模型进行的车对车正面碰撞试验和 RMDB 碰撞试验，在车辆减速度和车室侵入量上类似（图 4-35）。在碰撞初期，假人向前移动，并慢慢向车辆外侧偏移。之后，假人的头部斜向运动，偏离安全气囊，并撞击 A 柱或车门。若车室侵入量较大，则会使其下肢受到的损伤增大。在车对车正面碰撞试验和 RMDB 试验中，假人的运动虽然大致相同，但由于车室变形的差异，假人各部位与车室的碰撞位置不同，损伤值也不同。在小重叠率碰撞试验中，车室侵入量虽然大于斜角偏置正面碰撞试验的车室侵入量，但由于前纵梁不发生变形，所以观察到假人损伤值在两试验中不会出现较大差别。

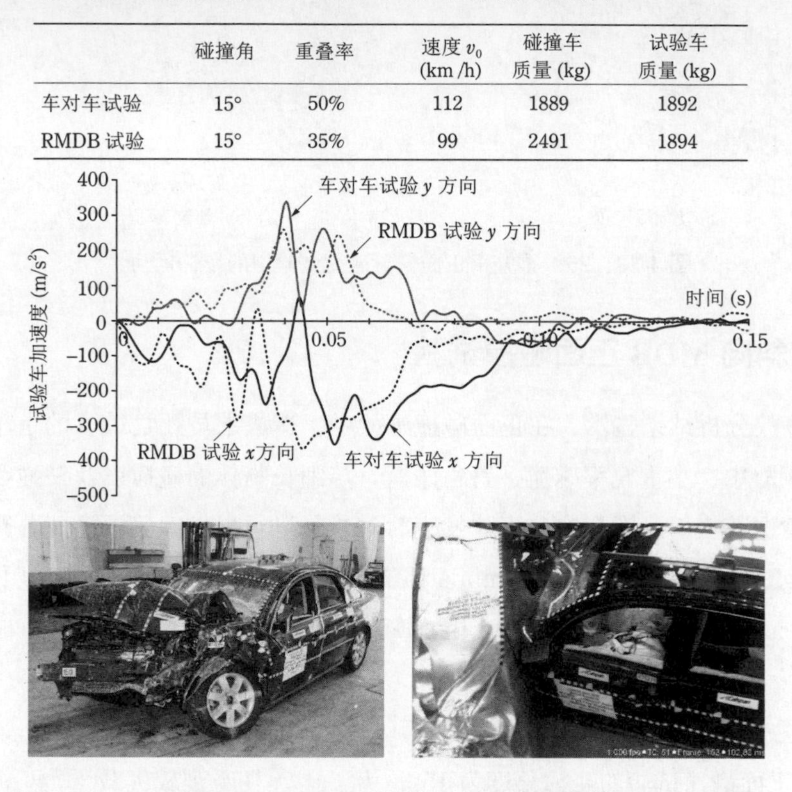

	碰撞角	重叠率	速度 v_0 (km/h)	碰撞车质量 (kg)	试验车质量 (kg)
车对车试验	15°	50%	112	1889	1892
RMDB 试验	15°	35%	99	2491	1894

图 4-35　RMDB 的斜角正面碰撞试验[11]

本章参考文献

[1] Huang M.. Vehicle Crash Mechanics [M]. CRC press, 2002.

[2] Toyama A., Hatano, K., Murakami, E.. Numerical analysis of vehicle crash phenomena [C]. SAE Paper 920357.

[3] Hobbs A.C.. The rationale and development of the offset deformable frontal impact test procedure [C]. SAE Paper 95501.

[4] Lowne R.W.. EEVC working group 11 report on the development of a frontal impact test

procedure [C]. 14th International Conference on the Enhanced Safety of Vehicles, 94-S8-O-05, 1994.

[5] Lowne R.W.. The validation of the EEVC frontal impact test procedure [C]. 15th International Technical Conference on the Enhanced Safety of Vehicles, 96-S3-O-28, 1996.

[6] Lomonaco C., Gianotti E.. 5-years status report of the advanced offset frontal crash protection [C]. 17th International Conference on the Enhanced Safety of Vehicles, Paper number 491, 2001.

[7] Seyer K.A., Terrell M.B. Development of an Australian design rule for offset frontal crash protection [M]. Federal Office of Road Safety, OR21, 1998.

[8] Hollowell T.W., Gabler H.C., Stucki S.L., Summers S., Hackney R.J.. Updated review of potential test procedures for FMVSS No. 208, Prepared by the Office of Vehicle Safety Research [C]. NHTSA, 1999.

[9] Sherwood C.P., Mueller B.C, Nolan, J.M., Zuby, D.S., Lund, A.K.. Development of a frontal small overlap crashworthiness evaluation test [J]. Traffic Injury Prevention, 14(Sup 1), S128-135, 2013.

[10] Muller B.. IIHS small overlap crashworthiness improvments [C]. SAE Webcast, May 14, 2015.

[11] Saunders J., Craig M., Parent D.. Moving deformable barrier tet procedure for evaluating small overlap/oblique crashes [C]. SAE 2012-01-0577.

第 5 章

乘员运动

车辆发生碰撞时，乘员受到的力由车室的减速度和变形共同作用引起，当乘员受力超过一定阈值时，损伤便会发生。乘员保护是指通过使用约束系统和优化车身变形吸能特性等方法，控制乘员的运动学响应和受力情况，从而防止乘员损伤的发生。在各种车辆碰撞形态中，正面碰撞事故发生频率高，车室的减速度大，乘员损伤风险高。因此，车辆正面碰撞中的乘员保护是最重要的研究课题之一。本章将采用弹簧 – 质量系介绍正面碰撞中的乘员响应特性等内容。

5.1 约束系统与乘员运动

在车辆碰撞过程中，是否使用约束系统会在很大程度上影响乘员的运动学响应特性。图 5-1 所示为汽车正面碰撞中，无约束和有约束情况下的乘员的速度 – 时间曲线。这样的速度 – 时间曲线常被用于分析车辆与乘员的运动学响应特性。车辆或乘员在某一时刻的加速度表现为此时刻的速度曲线的斜率，乘员相对于车辆的位移（乘员在车室内的位移）由车辆和乘员的速度 – 时间曲线包围的面积差（图 5-1 中的阴影部分）表示。在车辆碰撞发生后，无约束条件的乘员因不受外力作用而保持原来的运动状态做匀速运动，并在车辆停止运动后与转向盘、仪表盘等车内结构发生碰撞，其头部、颈部、胸部和下肢等部位可能因此受到巨大的冲击力而发生严重损伤。相反，有约束条件的乘员（佩戴了安全带的乘员），虽会在安全带尚有松弛的间隙段内做匀速运动，但当松弛量消失后，安全带施加给乘员的作用力会使乘员产生与车辆一起运动的倾向，使乘员的速度逐渐接近车辆的速度。但是，安全带在约束人体躯干的同时会对躯干施加作用力，有时会使躯干的锁骨和胸廓等部位发生骨折现象。此外，由于头部不受安全带的约束，容易与转向盘发生碰撞。此时，安全气囊可对头部起到保护效果。

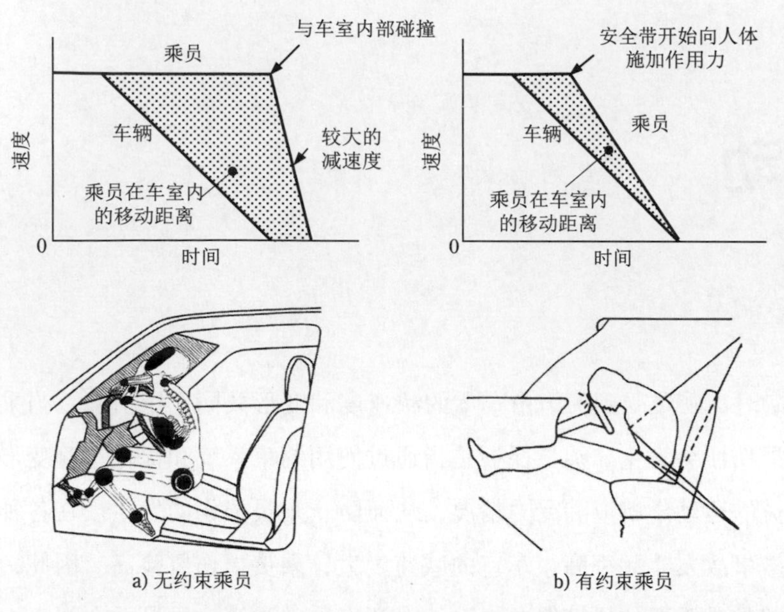

图 5-1 无约束乘员和有安全带约束乘员的速度曲线图与受伤部位[1,2]

5.2 车辆与乘员的运动

1）运动的基本方程

在车辆碰撞中，车辆的减速度和约束系统的作用效果共同决定了乘员的减速度。图 5-2 所示为应用自由度为 2 的弹簧 - 质量系分析乘员的运动、车辆减速度以及约束系统三者之间的关系。设车辆和乘员的初速度为 V_0，车辆与刚性壁障碰撞，其在正前方向上产生减速度 A_0（加速度 $-A_0$），其中 A_0 为定值。乘员（质量为 m）受到来自约束系统的力，其中约束系统的力学特性由只在压缩状态产生作用力，拉伸状态不产生作用力的线性弹簧（弹性系数 k）来反映。假定约束系统中安全带的松弛量由 δ 表示，乘员从碰撞发生时刻起，到受到约束系统的作用力之前，以速度 V_0 做匀速运动。这里，由于车辆的质量远大于乘员的质量，所以可认为车辆的运动不受乘员运动的影响。

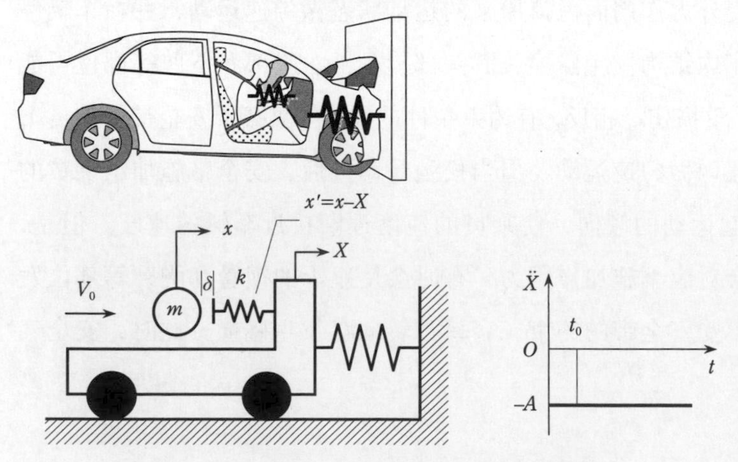

图 5-2 乘员运动的力学模型（弹簧 - 质量系）

设从静止坐标系（惯性系）中观察到的车辆与乘员的位移分别为 X 和 x，且在时刻 $t=0$ 时，$X=0$，$x=0$。则车辆的加速度、速度和位移分别为：

$$\ddot{X}=-A_0,\quad \dot{X}=V_0-A_0t,\quad X=V_0t-\frac{A_0t^2}{2} \tag{5-1}$$

当 $t_0=\sqrt{2\delta/A_0}$ 时，乘员开始受到约束系统加载的力（质点与弹簧接触）。在此之前，即当 $0\leqslant t<t_0$ 时，乘员不受外力作用，以速度 V_0 做匀速运动，该时间段内乘员的加速度、速度、位移分别为：

$$\ddot{x}=0,\quad \dot{x}=V_0,\quad x=V_0t \tag{5-2}$$

当 $t\geqslant t_0$ 时，乘员受到弹簧的作用力，运动方程如下：

$$m\ddot{x}=-k(x-X-\delta)$$

$$\ddot{x}=-\frac{k}{m}(x-X-\delta)=-\omega^2(x-X-\delta) \tag{5-3}$$

其中，$\omega=\sqrt{k/m}$。设乘员相对车辆的位移，即乘员在车室内的位移为 $x'=(x-X)$，则有 $\dot{x}'=\dot{x}-\dot{X}$，$\ddot{x}'=\ddot{x}-\ddot{X}$。因此，式 (5-3) 可改写为：

$$\ddot{x}'+\omega^2(x'-\delta)=-\ddot{X} \tag{5-4}$$

若设此模型中车的加速度为定值 $(\ddot{X}=-A_0)$，则式 (5-4) 可简化为：

$$\ddot{x}'+\omega^2x'=A_0+\omega^2\delta \tag{5-5}$$

式 (5-5) 的解可用初始条件中确定的未知量 A、B 表示，计算过程如下：

$$\left.\begin{aligned}&\ddot{x}'+\omega^2(x'-\delta)=\ddot{X}(=A_0)\\&\ddot{x}'+\omega^2x'=A_0+\omega^2\delta\\&x'=A\sin\omega(t-t_0)+B\cos\omega(t-t_0)+\frac{A_0}{\omega^2}+\delta\end{aligned}\right\} \tag{5-6}$$

将初始条件中弹簧与质点接触开始的时刻 $t=t_0$ 时的值 $x'(t_0)=\delta$，$\dot{x}'(t_0)=\dot{x}-\dot{X}=A_0t_0$ 代入式 (5-6)，求出 A、B 的值，则乘员在车内的位移 x' 为：

$$\left.\begin{aligned}&x'=\frac{A_0t_0}{\omega}\sin\omega(t-t_0)-\frac{A_0}{\omega^2}\cos\omega(t-t_0)+\frac{A_0}{\omega^2}+\delta\\&\dot{x}'=A_0t_0\cos\omega(t-t_0)+\frac{A_0}{\omega}\sin\omega(t-t_0)\\&\ddot{x}'=-A_0\omega t_0\sin\omega(t-t_0)+A_0\cos\omega(t-t_0)\end{aligned}\right\} \tag{5-7}$$

由此，乘员加速度 $\ddot{x}=(\ddot{x}'+\ddot{X})$ 可表示如下：

$$\ddot{x}=-A_0\omega t_0\sin\omega(t-t_0)+A_0\cos\omega(t-t_0)-A_0 \tag{5-8}$$

为了求得乘员减速度的最大值，式 (5-8) 可改写为：

$$\left.\begin{aligned}&\ddot{x}=-A_0\sqrt{1+(\omega t_0)^2}\,\arcsin[\omega(t-t_0)+\phi]-A_0\\&\phi=\arctan(1/\omega t_0)\end{aligned}\right\} \tag{5-9}$$

即乘员的加速度可由车辆加速度、乘员质量和约束系统引起的振动项表示。乘员减速度最大值 $a_{\max}$ 及其发生时刻 t_m 表示如下：

$$\left.\begin{aligned} a_{\max} &= A_0[\sqrt{1+(\omega t_0)^2}+1] \\ t_m &= \frac{\pi/2-\phi}{\omega}+t_0=\frac{\pi/2+\arctan(1/\omega t_0)}{\omega}+t_0 \end{aligned}\right\} \tag{5-10}$$

由式 (5-10) 可知，约束系统的松弛量 δ 越大，从碰撞到约束系统开始起作用的时间 t_0 越长，乘员减速度的最大值就越大。在此模式中，当约束系统松弛量 δ 为 0 (t_0=0) 时，乘员减速度的最大值为 $2A_0$，相当于车辆加速度的两倍（乘员减速度最大的时刻为 $t_m=\pi/\omega$）。分析速度 – 时间曲线可知，在乘员与车辆的速度一致时的时刻 t_m 处，乘员与车辆速度 – 时间曲线包围的面积差（阴影部分面积）最大。此时连接车辆与乘员的约束弹簧的变形量最大，乘员的减速度也最大（图 5-3）。

综上所述，乘员运动可表示如下：

（1）当 $0 \leqslant t < t_0 (t=\sqrt{2\delta/a_0})$ 时（约束系统对乘员施加作用力之前）：

$$\ddot{x}=0,\quad \dot{x}=V_0,\quad x=V_0 t \tag{5-11}$$

（2）当 $t \geqslant t_0$ 时（约束系统开始对乘员施加作用力之后）：

$$\left.\begin{aligned} \ddot{x} &= -A_0\omega t_0\sin\omega(t-t_0)+A_0\cos\omega(t-t_0)-A_0 \\ \dot{x} &= A_0 t_0\cos\omega(t-t_0)+\frac{A_0}{\omega}\sin\omega(t-t_0)+V_0-A_0 t \\ x &= \frac{A_0 t_0}{\omega}\sin\omega(t-t_0)-\frac{A_0}{\omega^2}\cos\omega(t-t_0)+V_0 t-\frac{A_0 t^2}{2}+\frac{A_0}{\omega^2}+\frac{A_0 t_0^2}{2} \end{aligned}\right\} \tag{5-12}$$

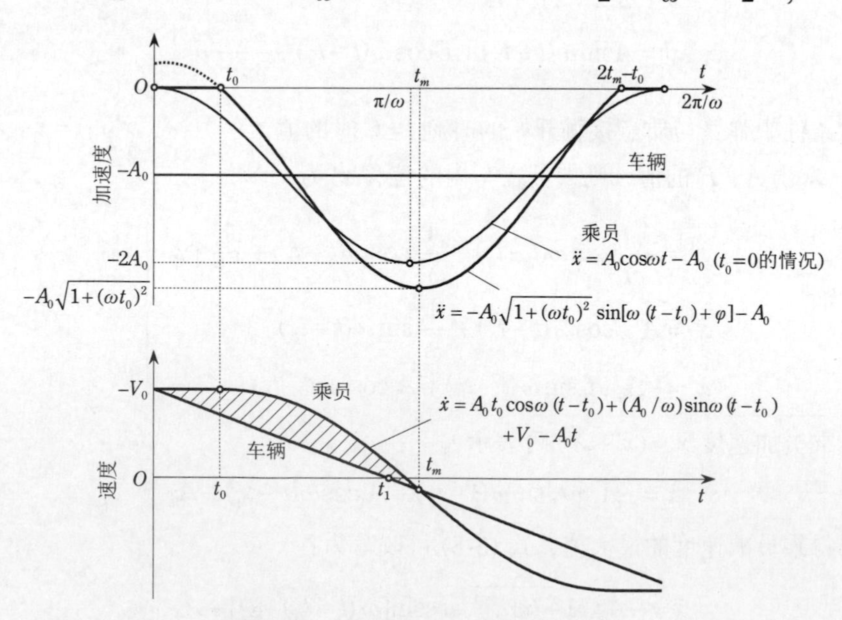

图 5-3　车辆与乘员的加速度和速度

注：碰撞中的变形一般为非弹性变形，此模式中的弹簧为弹性，因此到 t_m 为止的负荷阶段可近似为碰撞现象。

2）基于试验数据的运用

现将试验数据输入弹簧 - 质量系中，求乘员的响应。使用的试验数据来自如图 5-4 所示的 100% 重叠率正面刚性壁障碰撞试验。乘员约束系统包括座椅安全带和安全气囊，但无安全带限力器。试验中，碰撞速度 V_0=15.3 m/s (55 km/h)，由 V_0 和最大车身变形量 X_{max}（对加速度进行两次积分，得到变形量最大值）可求出车辆平均减速度 A_0 为：

$$A_0 = \frac{V_0^2}{2X_{max}} \tag{5-13}$$

接着，对乘员胸部前后方向加速度 $\ddot{x}$ 与车辆加速度 $\ddot{X}$ 分别积分两次后，得到胸部前后方向位移 x 和车辆位移 X，并进一步计算得到乘员在车室内的位移 $x'(=x-X)$，并根据其绘制出以 x' 为横轴、以 $\ddot{x}$ 为纵轴的变化曲线，如图 5-4 所示。对曲线近似直线拟合，根据得到的斜率可以求出约束系统的比刚度 k/m，从直线与 x 轴的截距可求出约束系统松弛量 δ(参照式 (5-3))。此处的 k 表示安全带和安全气囊构成的约束系统的弹性系数。

将求得的 A_0、$\omega=\sqrt{k/m}$ 和 δ 代入式 (5-11) 和式 (5-12) 中，可得到乘员的加速度 $\ddot{x}$。进一步根据式 (5-1) 获得车辆的运动特性（图 5-5）。从图 5-5 中可以看到，虽然使用弹簧 - 质量系计算得到的乘员加速度和速度与试验结果的趋势相同，但乘员加速度的最大值比试验结果小。原因有两个：一是在弹簧 - 质量系的近似计算中，车辆的减速度 A_0 被设为常数值；二是试验与模型不同，乘员的减速度和车辆内乘员胸部位移量不一定呈线性关系。试验中，当车辆内乘员胸部位移达到最大时，胸部减速度已从最大值开始减小。如图 5-5 所示，若将松弛量 δ 设为 0 并重新计算，则胸部加速度的发生时刻提前，最大值变小。因此，减小约束系统松弛量，使约束系统在碰撞发生后尽早约束乘员，可有效降低乘员的减速度。

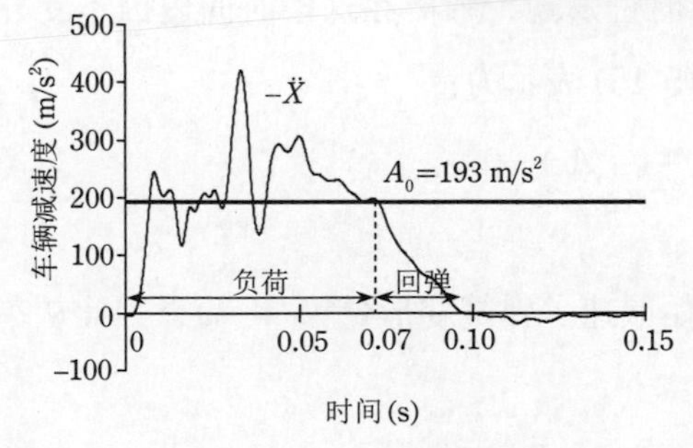

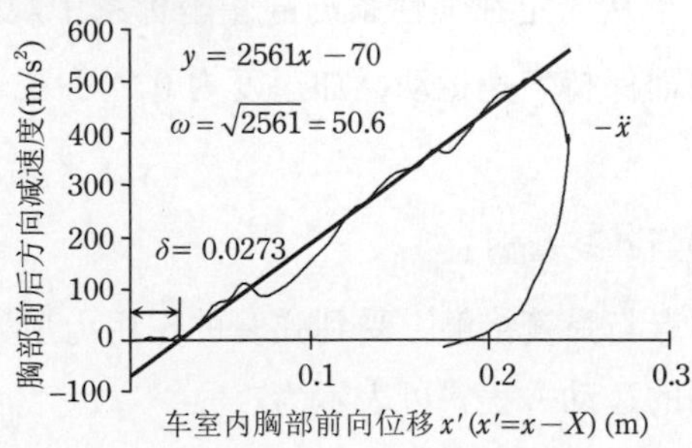

图 5-4 弹簧 - 质量系变量 (A_0, ω, δ)

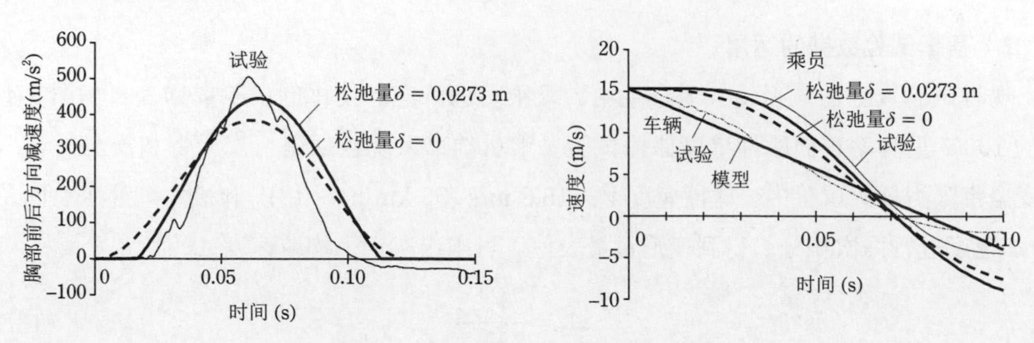

图 5-5 计算结果与试验结果的比较

【例题 5-1】 如图 5-6 所示，从车室内观察乘员的运动，可认为乘员受到由车辆加速度引起的表观力❶（惯性力）作用产生运动。从这个观点推导出式 (5-8)。

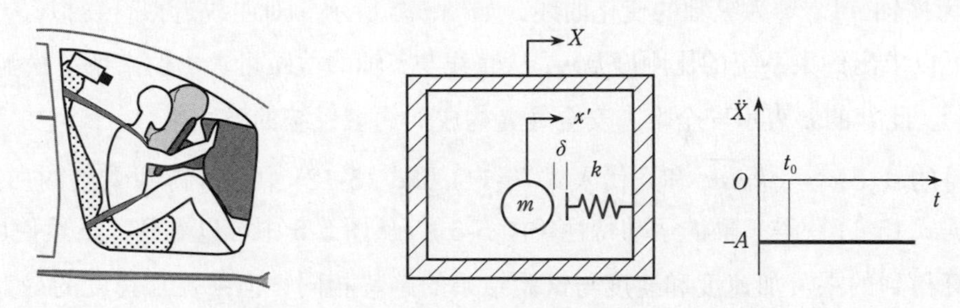

图 5-6 从车室中观察到的乘员运动力学模型

【解答】 乘员受到由车辆加速度引起的惯性力为 $-m\ddot{X}$。下面由此求解运动方程式。乘员相对车室的相对位移为 $x'=x-X$（乘员位移为 x，车辆位移为 X）。设乘员与约束系统接触的时刻为 t_0，则

①当 $0 \leqslant t < t_0$ 时：

从车室内部观察，由于乘员在与弹簧接触前只受到惯性力的作用，所以运动方程式可表示为 $m\ddot{x}' = -m\ddot{X}$，即：

$$\ddot{x}' = -\ddot{X} = A_0 \tag{5-14}$$

式 (5-14) 说明，若从车室内观察乘员，可认为乘员是以加速度 A_0 在车室内向前方运动。然而，当从固定在惯性系的静止坐标系中观察时可发现，乘员在这段时间内因不受外部力的作用而保持匀速运动，加速度为 0，可用式 (5-15) 表示为：

$$\ddot{x} = \ddot{x}' + \ddot{X} = A_0 + (-A_0) = 0 \tag{5-15}$$

②当 $t \geqslant t_0$ 时：

质点与弹簧接触，受到弹簧的作用力后开始减速。弹簧变形量为 $x'-\delta$，因此从车室内观察到的运动方程式可表示为：

$$m\ddot{x}' = -k(x'-\delta) - m\ddot{X} \tag{5-16}$$

---

❶表观力是指在惯性系中虽不存在，但在非惯性系中却看似实际存在的力，如离心力等。

其中，由于车辆加速度为定值 $\ddot{X}=-A_0$，得：

$$m\ddot{x}'=-k(x'-\delta)+mA_0 \tag{5-17}$$

$$\ddot{x}'+\omega^2(x'-\delta)=A_0 \tag{5-18}$$

上式与式 (5-5) 一致。接着，用与求解式 (5-7) 同样的方法求 x'，得：

$$\left.\begin{aligned} x'&=\frac{A_0t_0}{\omega}\sin\omega(t-t_0)-\frac{A_0}{\omega^2}\cos\omega(t-t_0)+\frac{A_0t_0^2}{2}+\frac{A_0}{\omega^2}\\ \ddot{x}'&=-A_0\omega t_0\sin\omega(t-t_0)+A_0\cos\omega(t-t_0)\end{aligned}\right\} \tag{5-19}$$

其中，$\ddot{x}'$ 为从车室内观察到的乘员加速度。从静止坐标系观察到的乘员加速度可由 $\ddot{x}'=\ddot{x}-\ddot{X}$ 计算得到，与式 (5-8) 一致。

通过车室内的摄像机观察到的是乘员相对于车室的位移 x'。而在分析乘员运动时，须在乘员相对车室的加速度 $\ddot{x}'$ 的基础上加上车室的加速度 $\ddot{X}$ 才能得到乘员在静止坐标系中的加速度 $\ddot{x}$，这一点需要注意。

为简化计算，将式 (5-19) 中约束系统松弛量忽略不计。当 $t_0=0$ 时，有：

$$x'=\frac{A_0}{\omega^2}(1-\cos\omega t) \tag{5-20}$$

设当如图 5-7 所示的作用于质点的弹簧力与惯性力达到静态平衡时，质点的位置为 x_0'。因 $mA_0=kx_0'$，故式 (5-20) 可改写为：

$$x'=x_0'(1-\cos\omega t) \tag{5-21}$$

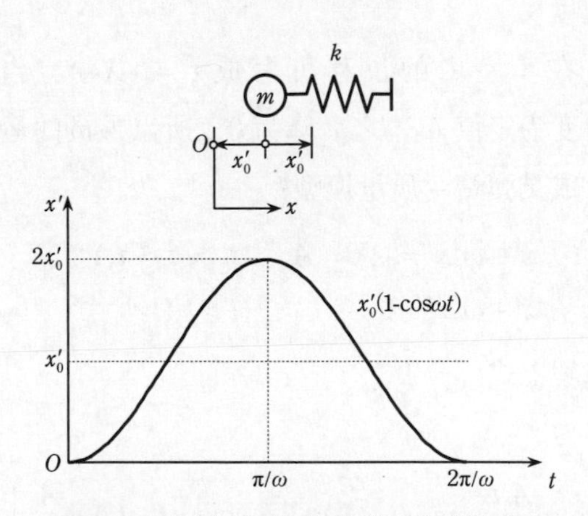

图 5-7 作用于质点的弹簧力与惯性力

由式 (5-21) 可知，乘员的运动可看作是质点以惯性力与弹簧作用力相平衡的位置为中心发生的振动运动，且运动满足初始条件：时刻 $t=0$ 时，位移 $x'=0$。

【例题 5-2】 证明图 5-2 所示弹簧－质量系中乘员的加速度 a 的时间微分（加加速度）j 如下式表示。其中，车辆速度为 V，乘员速度为 v，约束系统的弹性系数为 k。

$$j=\frac{k}{m}(V-v)$$

【解答】 由式 (5-3) 可得乘员的运动方程式为：

$$ma=-k(x-X-\delta) \tag{5-22}$$

进一步计算得到 j：

$$j=\frac{\mathrm{d}a}{\mathrm{d}t}=-\frac{k}{m}(\dot{x}-\dot{X})=-\frac{k}{m}(v-V) \tag{5-23}$$

由式 (5-23) 可知，乘员与车辆的速度差最大时，乘员减速度的斜率 $-j=-\mathrm{d}a/\mathrm{d}t$ 最大。并且，$-j=0$ 时，乘员减速度达到极值（即加速度 $a(t)$ 的斜率为 0），此时 $v=V$（即乘员速度与车辆速度相等）。由于碰撞后车辆最先减速，车辆速度比乘员速度小，即 $v>V(-j>0)$。随着时间的推移，乘员减速度逐渐变大，当 $v<V$ 时，$-j$ 也由正变为负。因此，碰撞发生后 $(t>0)$，乘员与车辆速度达到相同时，乘员的减速度达到最大值。

【例题 5-3】 如图 5-8 所示的车辆 - 乘员弹簧 - 质量模型中，车辆初始速度为 V_0，假定碰撞发生后，车辆以一定的减速度 A_0 作减速运动，并且在时刻 $t_1(t_1=V_0/A_0)$ 时，车辆的速度变为 0，车辆的减速度也变为 0。回答以下问题：

（1）求从 t_0 时刻起，约束系统开始对乘员施加约束力后，乘员的加速度。

（2）乘员的最大减速度。

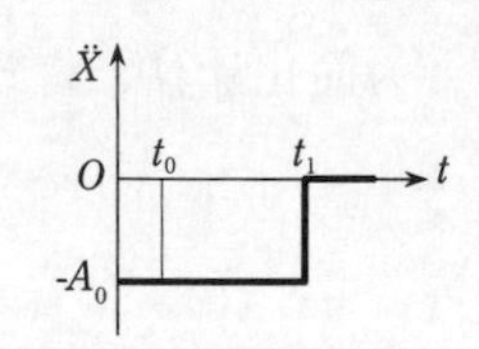

图 5-8 车辆 - 乘员的弹簧 - 质量模型

【解答】（1）乘员在车室内的位移可写成 $x'=x-X-\delta$。当 $t_0\leqslant t\leqslant t_1$ 时，车辆减速度为定值 A_0，之后降为 0，所以乘员的运动方程式为图 5-8 车辆 - 成员弹簧 - 质量模型：

$$\left.\begin{aligned}&\ddot{x}'+\omega^2x'=-\ddot{X}=A_0 \quad (t_0\leqslant t\leqslant t_1)\\&\ddot{x}'+\omega^2x'=0 \qquad\qquad\quad (t>t_1)\end{aligned}\right\} \tag{5-24}$$

接着，按时间区间求解上式。

① $t_0\leqslant t\leqslant t_1$ 时的解为：

$$\left.\begin{aligned}&x'=\frac{A_0t_0}{\omega}\sin\omega(t-t_0)-\frac{A_0}{\omega^2}\cos\omega(t-t_0)+\frac{A_0}{\omega^2}\\&\dot{x}'=A_0t_0\cos\omega(t-t_0)+\frac{A_0}{\omega}\sin\omega(t-t_0)\\&\ddot{x}'=-A_0t_0\omega\sin\omega(t-t_0)+A_0\cos\omega(t-t_0)\end{aligned}\right\} \tag{5-25}$$

由于 $\ddot{x}'=\ddot{x}-\ddot{X}=\ddot{x}+A_0$，因此静止坐标系中的乘员加速度 $\ddot{x}$ 为：

$$\ddot{x}=-A_0t_0\omega\sin\omega(t-t_0)+A_0\cos\omega(t-t_0)-A_0 \tag{5-26}$$

将 $t=t_1$ 代入式(5-26)，得 $x'(t_1)$、$\dot{x}'(t_1)$ 如下：

$$\left.\begin{aligned}x'(t_1)&=\frac{A_0t_0}{\omega}\sin\omega(t_1-t_0)-\frac{A_0}{\omega^2}\cos\omega(t_1-t_0)+\frac{A_0}{\omega^2}\\ \dot{x}'(t_1)&=A_0t_0\cos\omega(t_1-t_0)+\frac{A_0}{\omega}\sin\omega(t_1-t_0)\end{aligned}\right\}\tag{5-27}$$

②当 $t>t_1$ 时，式(5-24)中的第二个式子等于0。解这个式子得到的解的形式为 $x'=c_1\sin\omega(t-t_1)+c_2\cos\omega(t-t_1)$ (c_1、c_2 为未知量)。把 $t=t_1$ 代入 $x'=c_1\sin\omega(t-t_1)+c_2\cos\omega(t-t_1)$ 和它的一次时间微分里，可以得到 $x'(t_1)$、$\dot{x}'(t_1)$，分别为 c_2 和 ωc_1。进而得到未知量 $c_1=\dot{x}'(t_1)/\omega$，$c_2=x'(t_1)$。把 $c_1=\dot{x}'(t_1)/\omega$，$c_2=x'(t_1)$ 代入 $x'=c_1\sin\omega(t-t_1)+c_2\cos\omega(t-t_1)$ 中得到式(5-28)，并且式(5-28)里面的 $x'(t_1)$、$\dot{x}'(t_1)$ 可以用式(5-27)代入：

$$x'=\frac{\dot{x}'(t_1)}{\omega}\sin\omega(t-t_1)+x'(t_1)\cos\omega(t-t_1)\tag{5-28}$$

当 $t>t_1$ 时，由于 $\ddot{X}=0$，$\ddot{x}'=\ddot{x}-\ddot{X}=\ddot{x}$ 成立，因此根据式(5-27)和式(5-28)可求得静止坐标系中乘员的加速度：

$$\begin{aligned}\ddot{x}=&-[A_0t_0\omega\cos\omega(t_1-t_0)+A_0\sin\omega(t_1-t_0)]\sin\omega(t-t_1)-\\&[A_0t_0\omega\sin\omega(t_1-t_0)-A_0\cos\omega(t_1-t_0)+A_0]\cos\omega(t-t_1)\end{aligned}\tag{5-29}$$

（2）当车辆在减速度为一定值且持续作用的情况下，通过式(5-10)可知，在时刻 t_m 时，乘员的减速度达到最大。因此，若车辆减速的持续时间满足 $t_1\geqslant t_m$ 时，乘员的最大减速度可根据式(5-25)求得，如图5-9中的车辆减速度曲线所示：

$$a_{\max}=A_0[\sqrt{1+(\omega t_0)^2}+1]\tag{5-30}$$

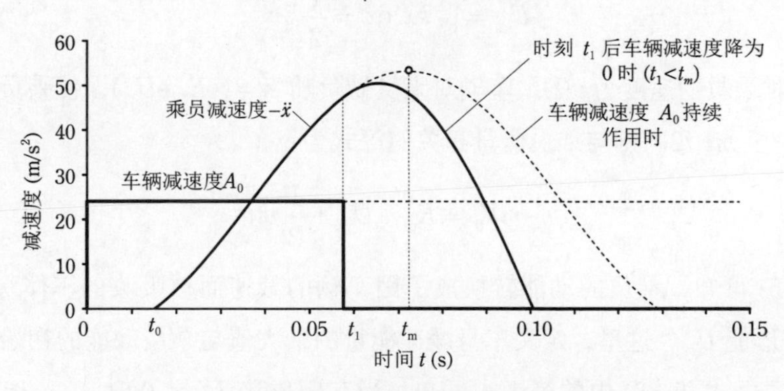

图5-9 车辆减速度曲线

与之相对，若车辆减速度的持续时间较短，即 $t_1<t_m$ 时，乘员减速度在 t_1 时刻达到最大值。最大值可根据式(5-29)得到，即：

$$a_{\max}=A_0\sqrt{2+(\omega t_0)^2-2\cos\omega(t_1-t_0)+2t_0\omega\sin\omega(t_1-t_0)}\tag{5-31}$$

综上所述，$t_1 \geqslant t_m$ 和 $t_1 < t_m$ 这两种情况的车辆减速度曲线如图 5-9 所示。从图 5-9 可知，当 $t < t_1$ 时两条曲线相同。但在时刻 t_1 以后，$t_1 < t_m$ 的曲线要比 $t_1 \geqslant t_m$ 的曲线呈现更低的值。

5.3 车体缓冲 (ride-down)

本节将从做功和能量的角度分析乘员的运动学响应。如图 5-2 所示，若从车辆与固定壁障碰撞过程的角度看，约束系统对乘员做负功，使乘员的速度从 V_0 减至 0。但是，若从车辆（包含约束装置）的角度看，也可以认为是乘员对车辆做了正功。将乘员的位移 x 分成车辆位移 X 和乘员在车室内的位移 x' 来考虑，并设车辆作用于乘员的力为 $f = m\ddot{x}$ $(f>0)$，则车辆对乘员做的功 W $(W<0)$ 为：

$$W = \int m\ddot{x}\,\mathrm{d}x = \int m\ddot{x}\,\mathrm{d}(X + x') = \int m\ddot{x}\,\mathrm{d}X + \int m\ddot{x}\,\mathrm{d}x' \tag{5-32}$$

由于乘员的加速度方向与其位移方向相反，故式 (5-32) 中的 $\int m\ddot{x}\,\mathrm{d}X$、$\int m\ddot{x}\,\mathrm{d}x'$ 均为负值。将乘员的车体缓冲能量 E_{rd} 和约束系统的变形能量 U_{rs} 定义如下，且 $W=-E_{\mathrm{rd}}-U_{\mathrm{rs}}$：

$$\left.\begin{aligned} E_{\mathrm{rd}} &= -\int_0^{X(t)} m\ddot{x}\,\mathrm{d}X \\ U_{\mathrm{rs}} &= -\int_0^{x'(t)} m\ddot{x}\,\mathrm{d}x' \end{aligned}\right\} \tag{5-33}$$

如图 5-2 的模型所示，在乘员与车辆之间的作用力和位移的关系可以用线性弹簧（设弹性系数为 k）表示的情况下，因 $m\ddot{x} = -kx'$ 成立，约束系统弹簧中积蓄的变形能量可简单地写为：

$$U_{\mathrm{rs}} = \int_0^{x'} kx'\,\mathrm{d}x' = \frac{1}{2}kx'^2 \tag{5-34}$$

设时刻 t 时乘员的速度为 $v(t)$。车辆对乘员做负功 $W=(-E_{\mathrm{rd}}-U_{\mathrm{rs}})$，使乘员的动能从初始的 $mV_0^2/2$ 减少至 $mv^2/2$。则与乘员能量相关的等式为：

$$\frac{1}{2}mV_0^2 = E_{\mathrm{rd}} + U_{\mathrm{rs}} + \frac{1}{2}mv^2 \tag{5-35}$$

从式 (5-35) 可知，乘员的动能转换成了因车辆的减速而被吸收的车体缓冲能量 E_{rd} 和约束系统的变形能 U_{rs}。这里，定义车身缓冲能量的最大值与乘员动能的初始值之比为“车体缓冲效率”。由式 (5-33) 中的第 1 式可知，当车辆位移 $\mathrm{d}X > 0$ 时，$-m\ddot{x}\,\mathrm{d}X$ 为正值，因此车体缓冲能量在车身变形量达到最大 $(\mathrm{d}X=V\mathrm{d}t=0)$，即车速为 0 时达到最大。设此时刻为 t_1，车体缓冲效率可写为：

$$\mu = \frac{E_{\mathrm{rd\,max}}}{(1/2)mV_0^2} = \frac{-2\int_0^{X(t_1)} \ddot{x}\,\mathrm{d}X}{V_0^2} \tag{5-36}$$

基于图 5-2 所示的模型，由于 $t_1=V_0/a_0$，则可得到：

$$\mu = 1 - \frac{2}{t_1^2}\left[\frac{t_0^2}{2} + \frac{t_0 \sin\omega(t_1 - t_0)}{\omega} + \frac{1-\cos\omega(t_1 - t_0)}{\omega^2}\right]$$

其中，$t_1=V_0/a_0$。因此，车辆碰撞持续时间 t_1 越长（减速度 a_0 越小），μ 的值就越大。并且，约束系统开始作用的时刻 t_0 越早（即约束系统松驰量 δ 越小），μ 的值也越大。因此可知，除了车辆的减速特性外，约束系统的特性对 μ 也有影响。

车体缓冲效率虽然在定义上是表示乘员碰撞前初始动能中由车体变形而被吸收的能量所占比例的指标，但是，当乘员的初始动能一定时，车体缓冲效率 μ 越高，约束系统变形能量就越小，施加给乘员的载荷也就越少。因此，车体缓冲效率也可被看作是衡量车辆减速度波形对乘员造成载荷程度的指标。一般认为，由于碰撞过程中车辆的减速度波形较复杂，要直接评估减速度波形对乘员的影响比较困难。因此，车体缓冲效率常被用作评价车辆减速度波形的指标，以达到减小乘员减速度的目的。

式 (5-36) 中，虽然质量 m 表示的是与碰撞过程相关的乘员等效质量，但是实际上 m 的值并不明确。因此，接下来我们使用乘员单位质量所具有的能量（比能量）和比刚度 k/m 进行计算，就没有必要去明确质量的值了。

$$\left.\begin{aligned} w &= -\int \ddot{x}\,\mathrm{d}x = -\int \ddot{x}\,\mathrm{d}(X + x') = e_{\mathrm{rd}} + u_{\mathrm{rs}} \\ e_{\mathrm{rd}} &= -\int_0^{X(t)} \ddot{x}\,\mathrm{d}X \quad \text{（比车体缓冲能量）} \\ u_{\mathrm{rs}} &= -\int_0^{x'(t)} \ddot{x}\,\mathrm{d}x' \quad \text{（约束系统的比变形能量）} \end{aligned}\right\} \tag{5-37}$$

将式 (5-35) 两边分别除以 m，则原式变为：

$$\frac{1}{2}V_0^2 = e_{\mathrm{rd}} + u_{\mathrm{rs}} + \frac{1}{2}v^2 \tag{5-38}$$

车体缓冲效率为：

$$\mu = \frac{2e_{\mathrm{rd\,max}}}{V_0^2} \tag{5-39}$$

在 100% 重叠率的正面碰撞试验中，驾驶席假人的胸部前后方向加速度 (x 方向) a 与位移 x，X，x' ($x'=x-X$) 的关系分别如图 5-10 中曲线所示。各条曲线在横轴值最大处与横轴构成的面积分别表示作用于乘员单位质量上的功的大小 w、比车体缓冲能量 e_{rd} 和约束系统的比变形能 u_{rs}。根据式 (5-38) 可知，作用于乘员单位质量上的功的大小 w 等于比车体缓冲能量 e_{rd} 与约束系统的比变形能 u_{rs} 之和。当乘员速度降至 0 时，w 达到最大值 $V_0^2/2$。

因此，图 5-11 中的车体缓冲效率 μ 相当于 e_{rd} 的最大值 (a-X 曲线与横轴构成面积的最大值) 与 w 的最大值 (a-x 曲线与横轴围成面积的最大值) 之比。

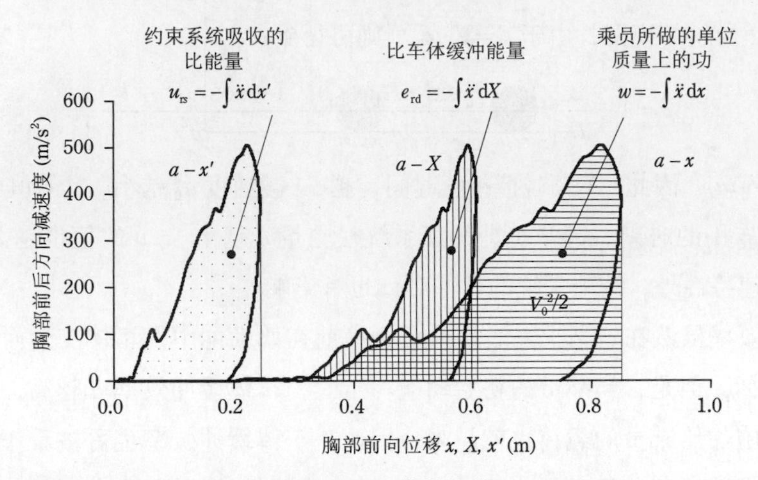

图 5-10 比能量比较

约束系统的变形能与假人胸部减速度和胸部在车室内前后向的位移相关。图 5-11 所示为 100% 重叠率刚性壁障正碰试验中，位于驾驶席的假人胸部最大前后方向减速度 a_{max}、车室内胸部最大前后方向移动量 x' 与车体缓冲效率 μ 的关系图。从图 5-11 可知，实际的车体缓冲效率分布在 20%~60%之间，车体缓冲效率越高，假人胸部减速度与位移就越小，胸部受到的载荷就越小。可见，虽然乘员的减速度受到约束系统的性能等各种因素的影响，但车体缓冲效率是最重要的因素之一。

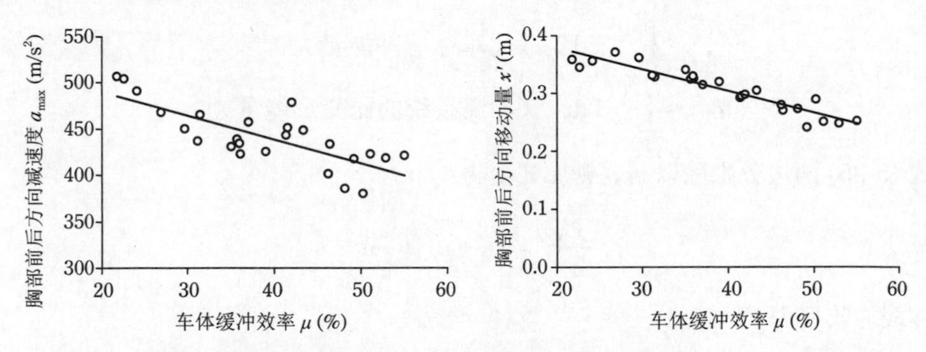

图 5-11 驾驶席假人最大胸部前后方向减速度、最大胸部车室内前后方向位移量与车体缓冲效率关系图 (100% 重叠率刚性壁障正碰试验，55 km/h)

【例题 5-4】 假设相对车的质量，乘员的质量不能忽略。在如图 5-12 所示的碰撞模型中，初速度为 V_0，车辆质量为 M，乘员质量为 m，车身弹簧的弹性系数为 K (车身强度)，约束系统弹簧的弹性系数为 k。试证明乘员的车体缓冲能量 E_{rd} 最终会转换为车身变形能量的一部分。

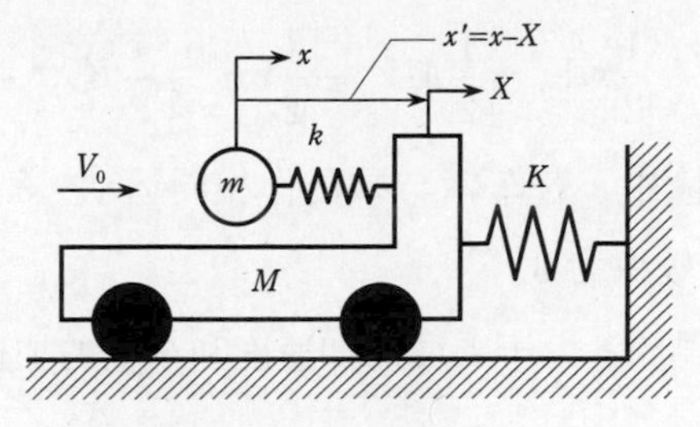

图 5-12 碰撞模型

【解答】 乘员与车辆的运动方程式为:

$$\left.\begin{aligned} M\ddot{X} &= -KX + k(x-X) \\ m\ddot{x} &= -k(x-X) \end{aligned}\right\} \tag{5-40}$$

设时间 t 时车辆的速度为 $V(t)$,乘员的速度为 $v(t)$。将式 (5-40) 中的第 1 个式子对车辆位移 X 进行积分,得到:

$$\int_0^X M\ddot{X}\mathrm{d}X = \int_0^X (-KX)\mathrm{d}X + \int_0^X kx'\mathrm{d}X$$

其中,$x' = x - X$。

由于左边 $\int_{V_0}^{V} M(\mathrm{d}V/\mathrm{d}t)V\mathrm{d}t = M\int_{V_0}^{V} V\mathrm{d}V = \frac{1}{2}MV^2 - \frac{1}{2}MV_0^2$,因此式子可以写成:

$$\frac{1}{2}MV^2 - \frac{1}{2}MV_0^2 = -\frac{1}{2}KX^2 + \int_0^X kx'\mathrm{d}X \tag{5-41}$$

同样,由于 $\mathrm{d}x = \mathrm{d}x' + \mathrm{d}X$,在式 (5-41) 中对乘员位移 x 积分,得:

$$\left.\begin{aligned} &\int_0^x m\ddot{x}\mathrm{d}x = \int_0^{x'} (-kx')\mathrm{d}x = \int_0^{x'} (-kx')\mathrm{d}x' + \int_0^X (-kx')\mathrm{d}X \\ &\frac{1}{2}mv^2 - \frac{1}{2}mV_0^2 = -\frac{1}{2}kx'^2 - \int_0^X kx'\mathrm{d}X \end{aligned}\right\}$$

由于 $\int_0^X kx'\mathrm{d}X = -\int_0^X m\ddot{x}\mathrm{d}X = E_{\mathrm{rd}}$,根据式上面两个式子可得:

$$\left.\begin{aligned} \frac{1}{2}MV_0^2 &= \frac{1}{2}MV^2 + \frac{1}{2}KX^2 - E_{\mathrm{rd}} \\ \frac{1}{2}mV_0^2 &= \frac{1}{2}mv^2 + \frac{1}{2}kx'^2 + E_{\mathrm{rd}} \end{aligned}\right\} \tag{5-42}$$

由于式 (5-42) 的第 1 式左边为定值,因此车体缓冲能量增加,车辆变形能和动能的和就增加相应的量。车体缓冲能量虽会转换为车辆动能和变形能量,但由于车辆的动能在车辆停止运动时变为 0,因此车体缓冲能量最终会转换为车辆变形能量的一部分。在图 5-12 所示模型中,代表车身刚度的弹簧与约束系统弹簧串联连接,乘员的动能最终因这两个弹簧的变形而被吸收,其中,被车身弹簧吸收的部分为车体缓冲能量。另外,若取式 (5-42) 的两式之和,可得到由车身与乘员组成系统的机械能守恒定律等式为:

$$\frac{1}{2}MV_0^2+\frac{1}{2}mV_0^2=\frac{1}{2}MV^2+\frac{1}{2}mv^2+\frac{1}{2}KX^2+\frac{1}{2}kx'^2$$

【例题 5-5】 证明在碰撞中，若车辆与乘员作相同运动，则车体缓冲效率为 100%。并写出在什么情况下车体缓冲效率为 0。

【解答】 从碰撞开始到结束，由于乘员的加速度和车辆的加速度始终一致，将 $\ddot{x}=\mathrm{d}V/\mathrm{d}t$ 代入式 (5-36)，可得：

$$\mu=\frac{2\int_0^{X(t_1)}(-\ddot{x})\mathrm{d}X}{V_0^2}=\frac{2\int_0^{t_1}(-\mathrm{d}V/\mathrm{d}t)V\mathrm{d}t}{V_0^2}=\frac{2\int_{V_0}^{0}(-V)\mathrm{d}V}{V_0^2}=1$$

因此，当 $0<t<t_1$，且乘员的加速度为 0 时，即车辆加速度和乘员加速度在时间上没有重合的情况下，μ 为 0。

【例题 5-6】 设乘员加速度 $\ddot{x}$ 和车辆加速度 $\ddot{X}$ 以乘员相对车辆位移 x' 的函数表示。试证明从时刻 t=0 开始到车辆与乘员的速度相一致的时刻 t_m 时，这两条曲线与 x 轴围成的面积相等。

【解答】 从 $\ddot{X}-x'$、$\ddot{x}-x'$ 曲线（图 5-13）看，关于乘员相对于车辆的速度 v'，有下式成立：

$$\begin{aligned}\frac{1}{2}v'^2-\frac{1}{2}v_0'^2&=\int_0^{v'}v'\mathrm{d}v'\\&=\int_0^{t}v'(\ddot{x}-\ddot{X})\mathrm{d}t=\int_0^{x'}(\ddot{x}-\ddot{X})\mathrm{d}x'\\&=\int_0^{x'}\ddot{x}\,\mathrm{d}x'-\int_0^{x'}\ddot{X}\,\mathrm{d}x'\end{aligned}$$

当 t=0 时，乘员与车辆的速度皆为 V_0，因此 v'=0；在时刻 t_m 时，由于乘员与车辆的速度一致，所以同样 v'=0，因此可知上式的左边等于 0。设 x' 的最大值为 $x'_{\max}$，则上式右边各项有：

$$e_{\mathrm{rs}}=\int_0^{x'_{\max}}\ddot{x}\,\mathrm{d}x'=\int_0^{x'_{\max}}\ddot{X}\,\mathrm{d}x'$$

即约束系统吸收的比变形能。

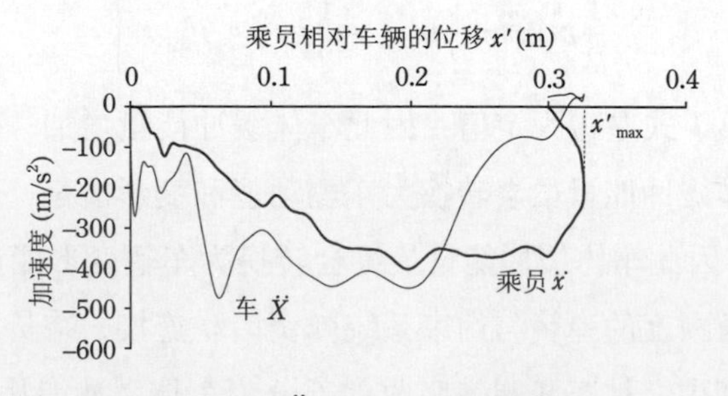

图 5-13 $\ddot{X}-x'$、$\ddot{x}-x'$ 曲线图

因此，从时刻 t=0 开始到车辆与乘员的速度一致的时刻 t_m 时，这两条曲线与 x 轴转成的面积相等。

5.4 车辆减速度波形与乘员减速度

车辆发生碰撞时，不同的车身结构会产生不同的减速度波形，并对乘员减速度产生不同的影响。下面，试着将100%重叠率正面碰撞(速度为55 km/h)的减速度波形应用到图5-2所示模型 (k/m=2000 N/(kg · m), δ=25 mm) 中。设最大车身变形量 X_{max} 为 0.6 m，将车辆的GS曲线图近似转换为一个矩形波的集合(图5-14 a))，此时车辆与乘员的速度如图5-14 b)所示。对这个基本模型进行分析，设在车辆GS曲线图围成的面积一定（为 $V_0^2/2$）的情况下（阴影块总数始终为6），如图5-15所示，将最大车辆位移固定，并分别将①～⑤的车辆减速度－位移曲线输入到模型中时，讨论乘员的减速度和车体缓冲效率的变化情况。其中需要说明的是，若车辆与乘员速度相同，即乘员减速度达到最大的时刻 t_m 比车速降至0的时刻 t_1 早 (t_m <t_1) 的情况下，由于时间区间 t_m < t <t_1 内的车身变形不对最大乘员减速度的大小产生影响，因此根据式(5-39)对车体缓冲效率的计算仅在0< t < t_m 的范围内进行。

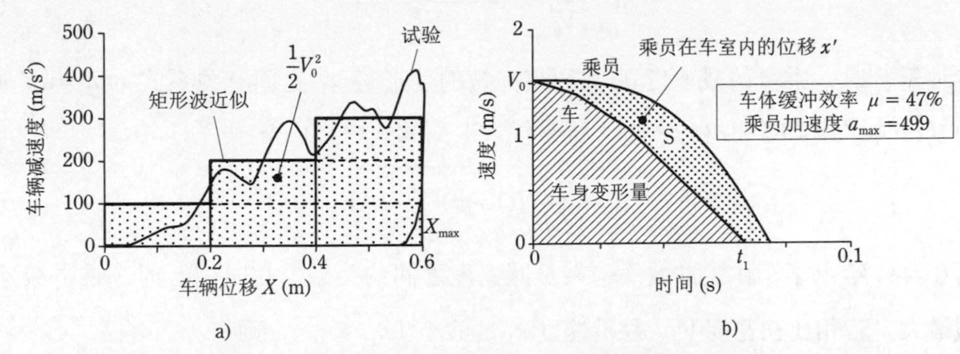

图5-14 100%重叠率正碰试验中车辆减速度的简略化

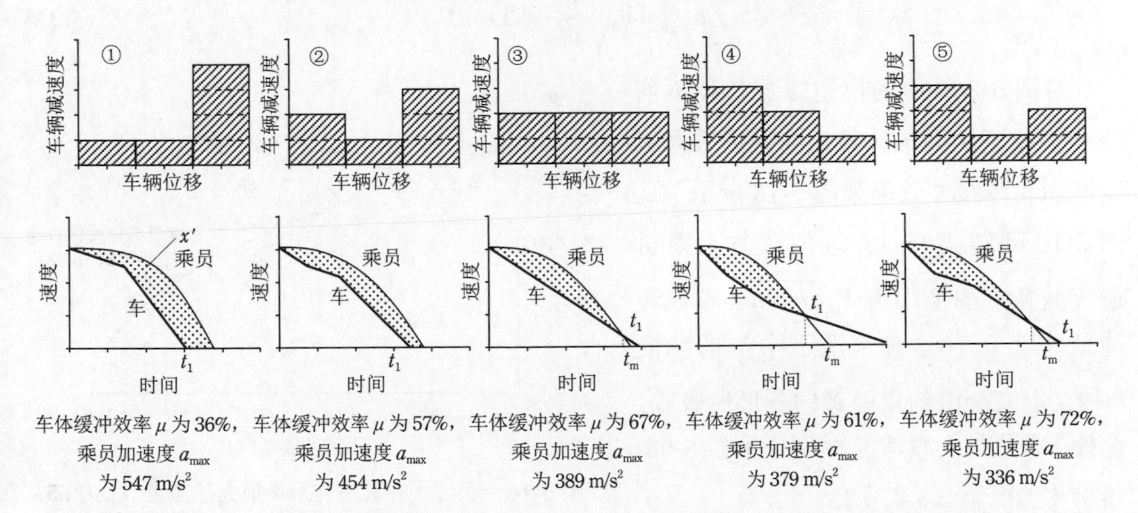

图5-15 车辆的减速度位移曲线图（上），车辆与乘员的速度时间曲线图（下）

如图5-15（下）所示，乘员速度－时间曲线与车辆速度－时间曲线包围的面积 S 为乘员相对于车辆的位移，即乘员在车室内的位移 x'。根据乘员的运动方程式 $m\ddot{x}=-k(x'-\delta)$

可知，乘员在车室内的位移 x' 越小（阴影面积 S 越小），乘员最大减速度就越小。所以，由图 5-15 中乘员与车辆速度曲线围成的面积可知，乘员减速度的大小排序为① > 基本模型 > ② > ③ > ④ > ⑤，波形⑤对应的乘员减速度值最低。

减速度波形①在碰撞后半段急剧增大，导致后半段车辆的速度与乘员速度拉开差距，面积 S 增大。而波形④和⑤在碰撞前半段减速度较大，约束弹簧对乘员产生有效约束的开始时刻较早，使得乘员的速度在速度曲线图上处于比较偏左的位置，面积 S 较小。此外，像波形②和⑤这样车辆减速度在碰撞中期暂时减小的情况，会使车辆速度在乘员速度依然较高的时间段内接近乘员速度，使得面积 S 变小。综上所述，具有初期较高，中期下降，后期又稍有增加特征的车辆减速度波形设计可有效降低乘员减速度。

设车辆速度为 0 的时刻 t_1 时，乘员的速度为 v_1。由式 (5-38) 可知，有 $(1/2)V_0^2 = e_{\rm rd} + u_{\rm rs} + (1/2)v_1^2$ 成立。所以，根据式 (5-36)，车体缓冲效率可以用比能量表示：

$$\mu = \frac{2e_{\rm rd}}{V_0^2} = \frac{V_0^2 - v_1^2 - 2u_{\rm rs}}{V_0^2} \tag{5-43}$$

在时刻 t_1 时，乘员的减速度 a_1 和约束弹簧的变形量 x_1' 之间有关系式 $ma_1 = kx_1'$ 成立，可得到 $u_{\rm rs} = kx_1'^2/(2m) = (m/2k)a_1^2$，将其代入上面的式中，可得：

$$a_1 = \sqrt{\frac{k}{m}[(1-\mu)V_0^2 - v_1^2]} \tag{5-44}$$

式 (5-44) 给出了车体缓冲效率与乘员减速度之间的关系。在时刻 t_1 时，乘员减速度几乎达到最大。若相比初速度 V_0，乘员速度 v_1 足够小（$v_1^2 \ll v_0^2$），则有：

$$a_{\max} \approx V_0\sqrt{\frac{k}{m}} \cdot \sqrt{(1-\mu)} \tag{5-45}$$

对图 5-2 所示的模型施加各种不同的车辆减速度波形，得到的乘员最大减速度和车体缓冲效率如图 5-16 所示。从图 5-16 可知式 (5-45) 近似成立。乘员最大减速度的上限为 $V_0\sqrt{k/m}$（车体缓冲效率为 0），这种情况下乘员的动能 $mV_0^2/2$ 完全由约束弹簧的变形所吸收。此外，乘员最大减速度的下限由式 (5-98) 给出（参照第 5.8.2 节）。

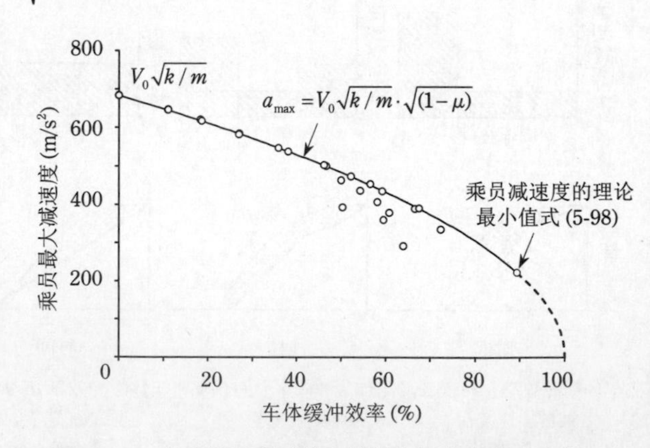

图 5-16 车体缓冲效率与乘员最大减速度 (V_0 为 55 km/h, $X_{\max}$ 为 0.6 m, k/m 为 2000 N/(kg·m))

接下来分析约束系统（安全带）含有松弛量的情况（图 5-17）。乘员开始受到约束后，车身的变形量越大，车辆的速度就越接近乘员的速度。可见，在约束系统起作用的时间段内车身的变形量越大，乘员受到的载荷就越小。因此，为了评估车身变形量中对缓和乘员减速度起作用部分的比例大小，车体缓冲效率还可以定义为下式[3]：

$$\mu_0 = \frac{X_{\max} - X_0}{X_{\max}} \tag{5-46}$$

其中，$X_{\max}$ 为最大车身变形量，X_0 为约束系统开始对乘员产生作用时车身的变形量。

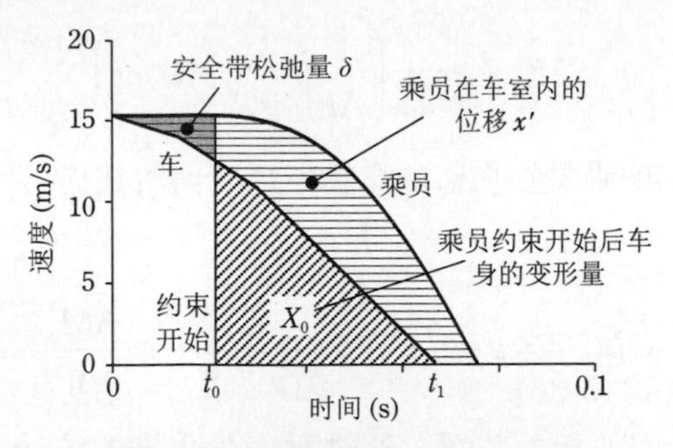

图 5-17 车辆速度 – 时间曲线

5.5 乘员载荷准则 (OLC：Occupant Load Criterion)

OLC 是一项评价车辆减速度的指标，它也是在给定某车辆减速度波形的条件下，通过假定乘员做单纯的前向运动而求得的乘员平均减速度用于评价车辆减速度对乘员作用载荷大小。为了便于对 *OLC* 指标进行分析，图 5-18 中的乘员速度 – 时间曲线已被简化。*OLC* 的基本分析方法如下：为避免假人胸部与转向盘发生碰撞，设胸部前向位移量为 300 mm。由于安全带松弛量的存在，假人在不受力的状态下做匀速运动，并移动了 65 mm 的距离。之后，安全带开始向假人施加载荷，假人作减速运动，并移动了 235 mm 的距离。碰撞开始时，乘员先以速度 V_0 做匀速运动。在速度 – 时间曲线图上，设乘员与车辆速度 – 时间曲线所包围的阴影面积 D_1 达到 65 mm^2 时车的速度 – 时间曲线上的点为 *A*。接着，乘员从 *A* 点开始以一定减速度做减速运动。设乘员与车辆速度 – 时间曲线围成的面积 D_2 达到 235 mm^2 时，车辆的速度 – 时间曲线上的点为 *B*。此时，将直线 *AB* 的斜率（减速度）定义为 *OLC*。实际中，在确定 *A* 点后，只需移动车辆速度 – 时间线图上的 *B* 点，直线 *AB*

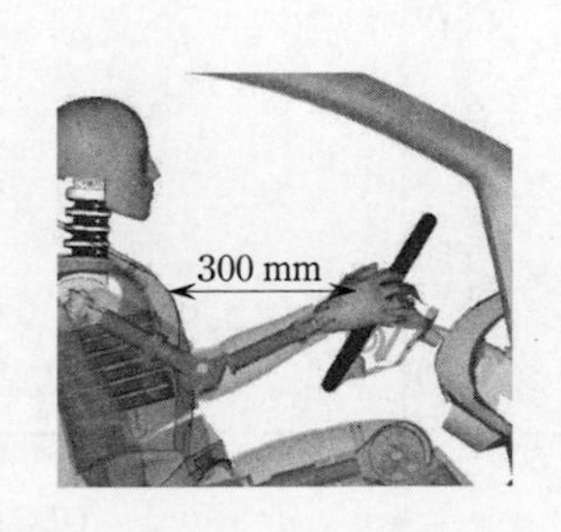

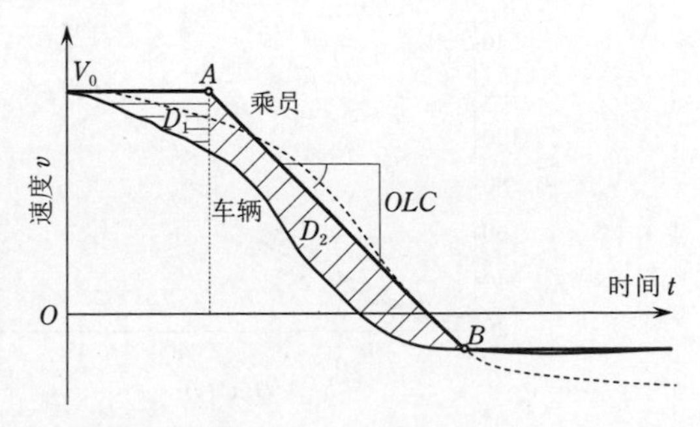

图 5-18 *OLC*

与车速 – 时间围成的阴影面积达到 235 mm^2 时的点即为 B 点。

如图 5-19 所示，OLC 与乘员损伤值 (HIC、胸部加速度) 有较大的相关性。此外，从车辆速度等于 0（亦或是车身的动态变形量最大）的时刻 $T_V=0$ 至包含了碰撞开始时刻 $t=0$ 到碰撞结束时刻 t_{end} 为止，以时刻 t 为中心的区间（时间间隔 Δt (ms)）内车辆的减速度 $A(t)$ 的移动平均 $SM_{\Delta t}$ 可用式 (5-47) 表示。

$$SM_{\Delta t} = \max_{0<t<t_{end}} \left(\frac{1}{\Delta t} \int_{t-\Delta t/2}^{t+\Delta t/2} A(t)\,\mathrm{d}t \right) \tag{5-47}$$

指标 OLC^{++} 也作为影响乘员损伤值的车辆减速度因素被提出，并得到应用。OLC^{++} 的计算式如下：

$$OLC^{++} = a \cdot OLC + b \cdot \frac{V_0}{T_{V=0} \cdot \mathrm{g}} - c \cdot \frac{SM_{\Delta t}}{\mathrm{g}} \tag{5-48}$$

根据与乘员损伤值之间的相关关系，通过对大量数据的统计，可求出系数 a、b、c 和时间间隔 Δt (ms)，即：

$$OLC^{++} = 0.2454 \cdot OLC + 0.6810 \cdot \frac{V_0}{T_{V=0} \cdot 9.81} - 0.0735 \cdot \frac{SM_{25}}{9.81} \tag{5-49}$$

从式 (5-49) 中的系数可知，减速度的持续时间越长，且移动平均越小，OLC^{++} 的值就越小。OLC 指标常被用于评价车辆减速度变化程度的大小。

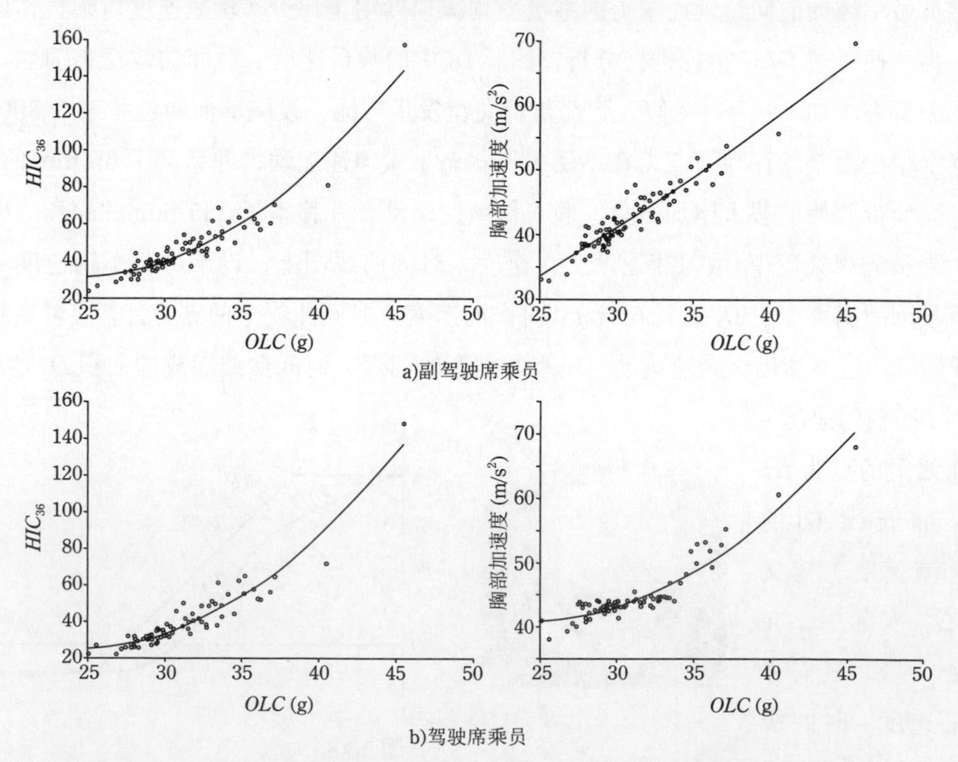

图 5-19 OLC 与乘员损伤值 (US NCAP 100% 重叠率正面碰撞试验，56 km/h)[5]

5.6　台车试验

进行台车试验是为了得到乘员在车辆加速度作用下的运动响应，从而更高效地评价约束系统的性能。在台车试验（加速台车）中，将乘员在车内的乘坐环境固定在台车上，并加载实际碰撞试验中得到的车室加速度，以再现乘员在碰撞过程中的运动学响应。例如，用台车模拟正面碰撞时，如图 5-20 所示，将驾驶舱固定于台车上，对台车施加一个在实际碰撞时测得的车室加速度即可。

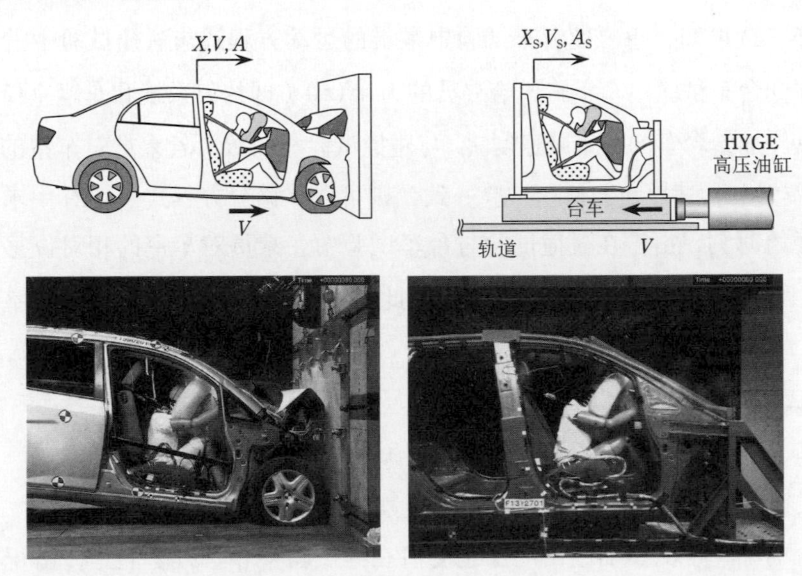

图 5-20　碰撞试验与台车试验

通过比较乘员的台车试验和碰撞试验，可确认从车室观察到的乘员运动响应是相同的。碰撞试验中，固定于车室的坐标系 O'–$x'y'z'$ 相对静止坐标系 O–xyz（惯性系）以某加速度进行平移运动（设 O' 系坐标轴与 O 系坐标轴平行，图 5-21 所示）。此处将车室视为刚体，质点 P 在 O 系中的位置向量记为 $\boldsymbol{r}'$，在 O' 系中的位置向量记为 $\boldsymbol{r}'$，将 O' 系原点在 O 系中的位置向量记为 $\boldsymbol{r}_{O'}$，则式 (5-50) 成立：

$$\boldsymbol{r} = \boldsymbol{r}_{O'} + \boldsymbol{r}' \tag{5-50}$$

式中，$\boldsymbol{r}'$ 为乘员相对车室的相对位置，表示从车室观察到的乘员运动状态。对应点 P 在 O' 系坐标中的位置向量 $\boldsymbol{r}'$，作用于点 P 的力用 $F(\boldsymbol{r}')$ 表示，则 O 系（惯性坐标系）中质点 P 的运动方程式写为：

$$m\ddot{\boldsymbol{r}} = m(\ddot{\boldsymbol{r}}_{O'} + \ddot{\boldsymbol{r}}') = \boldsymbol{F}(\boldsymbol{r}') \tag{5-51}$$

参考运动坐标系 O' 时，式 (5-51) 可改写为：

$$m\ddot{\boldsymbol{r}}' = \boldsymbol{F}(\boldsymbol{r}') - m\ddot{\boldsymbol{r}}_{O'} \tag{5-52}$$

式 (5-52) 表明，若从固定于车室的 O' 坐标系观察，质点除了受到来自车室的力 F 的作用外，还受到表观力 $-m\ddot{\boldsymbol{r}}_{O'}$ 的作用（由于表观力的作用，乘员看上去像在车室中做前向移动）。

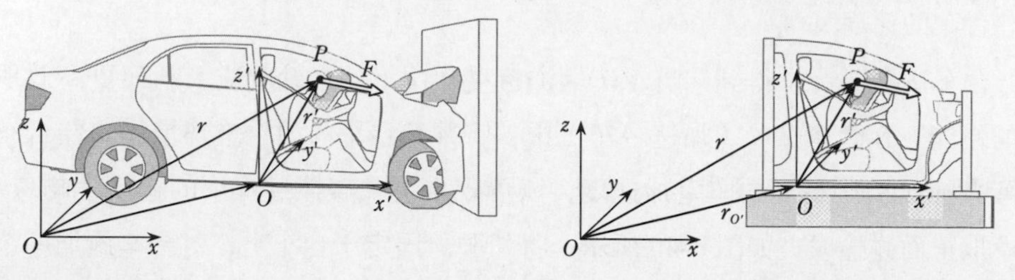

图 5-21 相对于静止坐标系，运动坐标系是原点具有加速度且可随坐标轴平移的坐标系

参照式 (5-52) 可知，想要使台车试验中乘员的运动方程式与碰撞试验中的运动方程式相同，就必须令台车试验中车室施加给乘员的力 $F(\boldsymbol{r}')$（即约束系统和车辆座椅等给乘员施加的力）以及施加给台车的车室减速度 $\ddot{\boldsymbol{r}}_{O'}$ 与碰撞试验相一致。若乘员对车室的相对位置向量 $\boldsymbol{r}'$ 的初始位置和初速度也与碰撞试验一致，则可以从微分方程式 (5-52) 中求得相同的 $\boldsymbol{r}'$ 解。在碰撞开始时刻，由于在碰撞试验与台车试验中，乘员对车室的相对位移与相对速度皆为 0，并且两个试验的初始条件也一致，因此 $\boldsymbol{r}'$ 的解相同，即乘员相对车室的运动情况也相同。

参照静止坐标系时，点 P 的加速度为：

$$\ddot{\boldsymbol{r}} = \ddot{\boldsymbol{r}}_{O'} + \ddot{\boldsymbol{r}}' \tag{5-53}$$

可见，在碰撞试验与台车试验中，从静止坐标系观察到的点 P 的加速度一致。因此，安装在假人上的加速度测量器输出的加速度值在两试验中相一致。但是，由于在碰撞试验和台车试验中，车室上原点 O' 的初始位置及初速度不同，导致两试验的静止坐标系中点 P 的位置 $\boldsymbol{r}'$ 和速度 $\dot{\boldsymbol{r}}$ 不同，也就意味着，在碰撞试验中车辆的初速度为 V_0 及台车试验中台车的初速度为 0 时，从静止坐标系观察到的乘员位移与速度在两试验中不一致。

下面分析在碰撞试验与台车试验中，碰撞车辆与台车的加速度、速度和位移的关系。取坐标系的正向为车辆的前进方向（图 5-21），设碰撞试验中车辆（车室）的加速度、速度、位移分别以 $A(t)$、$V(t)$ 和 $X(t)$ 表示 。若车辆的初速度（碰撞速度）为 V_0，在时刻 $t=0$ 时车辆的位移为 0，则有：

$$\left.\begin{aligned} V(t) &= V_0 + \int_0^t A(t)\,\mathrm{d}t \\ X(t) &= \int_0^t V(t)\,\mathrm{d}t = V_0 t + \int_0^t\int_0^t A(t)\,\mathrm{d}t\,\mathrm{d}t \end{aligned}\right\} \tag{5-54}$$

若以 $A_s(t)$ 表示台车的加速度 (m/s^2)，则台车的速度 V_s(m/s) 和位移 X_s(m) 如下：

$$\left.\begin{aligned} V_s(t) &= \int_0^t A_s(t)\,\mathrm{d}t \\ X_s(t) &= \int_0^t\int_0^t A_s(t)\,\mathrm{d}t\,\mathrm{d}t \end{aligned}\right\} \tag{5-55}$$

若车辆加速度和台车的加速度相等，则 $A_s(t)=A(t)$。将其与式 (5-54) 和式 (5-55) 联立，得到车和台车的速度及位移关系的方程式表示如下：

$$\left.\begin{aligned}V(t)-V_s(t)&=V_0\\X(t)-X_s(t)&=V_0 t\end{aligned}\right\}\tag{5-56}$$

碰撞试验与台车试验的加速度、速度及位移关系如图 5-22 所示：

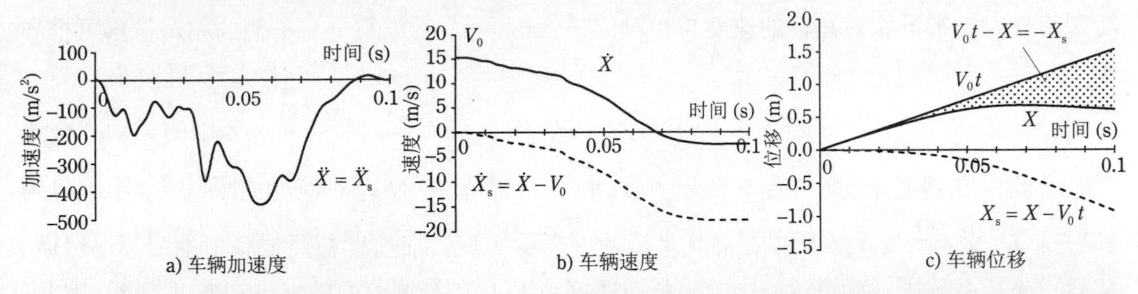

图 5-22 碰撞试验与台车试验的加速度、速度及位移关系

【例题 5-7】 在图 5-23 所示的碰撞试验和台车试验中，给台车施加与碰撞试验中的车室加速度 $A(t)$ 相同的加速度。试求出在图示坐标系中，两试验中车与台车的位移、速度的关系。另外，通过此图分析乘员和车辆相对位移的运动方程式，并证明在静止坐标系中得到的两试验中乘员加速度相同。

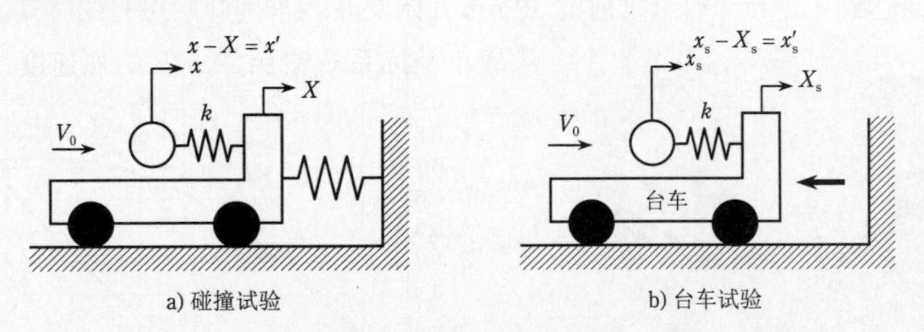

图 5-23 碰撞试验与台车试验

【解答】 设碰撞试验中车辆位移和乘员位移分别为 X、x，台车试验中台车的位移和乘员位移分别为 X_s、x_s，碰撞试验的初速度为 V_0，可得出车的速度与位移、乘员的运动方程式为：

$$\dot{X}(t)=V_0+\int_0^t\ddot{X}(t)\,\mathrm{d}t\,,\ X(t)=V_0t+\int_0^t\int_0^t\ddot{X}(t)\,\mathrm{d}t\,\mathrm{d}t\,,\ m\ddot{x}=-k(x-X)\tag{5-57}$$

由于台车试验中，台车的初速度为 0，因此有：

$$\dot{X}_s(t)=V_0+\int_0^t\ddot{X}_s(t)\,\mathrm{d}t\,,\ X_s(t)=\int_0^t\int_0^t\ddot{X}_s(t)\,\mathrm{d}t\,\mathrm{d}t\,,\ m\ddot{x}_s=-k(x_s-X_s)\tag{5-58}$$

联立式 (5-57) 和式 (5-58)，并且已知 $\ddot{X}=\ddot{X}_s$，可得两试验中车与台车的速度关系和位移关系如下：

$$\dot{X}-\dot{X}_s=V_0\,,\ X-X_s=V_0t\tag{5-59}$$

设乘员相对车辆和台车的位移分别为 $x'=x-X$，$x'_s=x_s-X_s$。改写式 (5-57)、式 (5-58) 的第 3 式，得到：

$$m(\ddot{x}'+\ddot{X})+kx'=0\,,\; m\ddot{x}'+kx'=-m\ddot{X} \tag{5-60}$$

$$m(\ddot{x}'_s+\ddot{X}_s)+kx'_s=0\,,\; m\ddot{x}'_s+kx'_s=-m\ddot{X}_s \tag{5-61}$$

由式 (5-60) 和式 (5-61) 可知，$\ddot{X}=\ddot{X}_s$，且时刻为 0 时，x' 与 x'_s 的初始条件也相等（即时刻为 0 时，乘员相对车辆的速度与相对位移皆相等），所以乘员与车辆的相对位移可推导为：

$$x'(t)=x'_s(t) \tag{5-62}$$

因此，在碰撞试验和台车试验中，乘员相对车室的运动完全相同。并且，因为 $\ddot{x}=\ddot{x}'+\ddot{X}$，$\ddot{x}_s=\ddot{x}'_s+\ddot{X}_s$，所以在静止坐标系中表示的乘员加速度在两试验中也相等。然而，从静止坐标系分析，碰撞试验中的乘员初速度为 V_0，台车试验中的乘员初速度为 0，因此，在静止坐标系中表示的两试验中的乘员速度与位移不同。

【例题 5-8】 回答下列关于安全气囊展开时刻的问题。

（1）证明在碰撞过程中不佩戴安全带的乘员在车室内的位移等于台车试验中台车的位移。

（2）如图 5-24 所示，当台车的位移为 $-X_s$ 时，为了使安全气囊在乘员（未使用安全带）的前向位移量达到 127 mm 时刻之前的 30 ms 开始展开，求其开始展开的时刻。

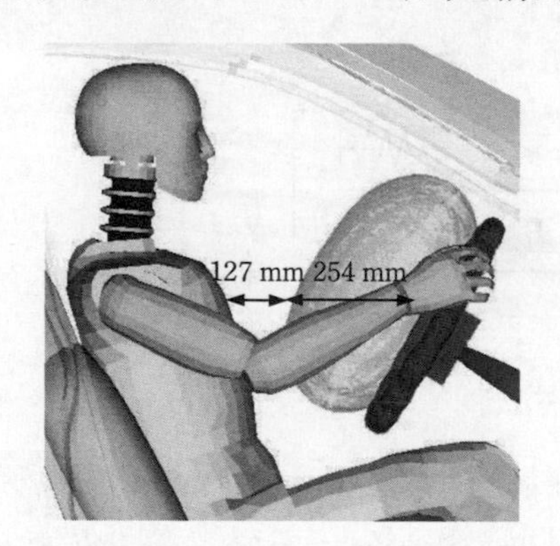

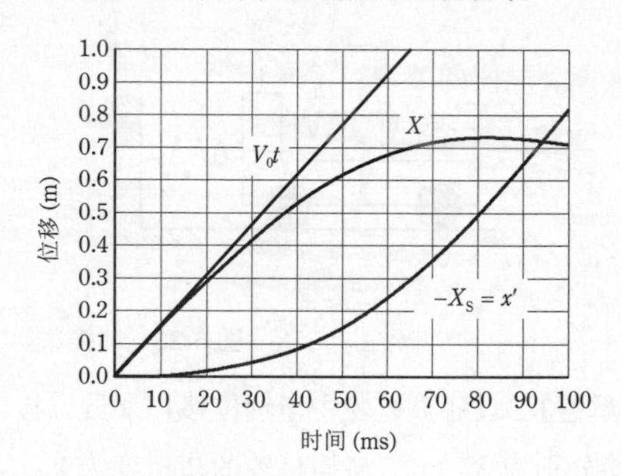

图 5-24 台车位移－时间图

【解答】（1）设时刻 t 时未使用安全带的乘员位移为 $x(t)$，车辆位移为 $X(t)$。由于乘员在与安全气囊开始接触之前以初速度做匀速运动，故有：

$$x(t)=V_0t \tag{5-63}$$

车辆的位移为：

$$X(t)=V_0t+\int_0^t\int_0^t\ddot{X}(t)\,\mathrm{d}t\,\mathrm{d}t \tag{5-64}$$

因此乘员在车室内的位移（乘员相对车辆的位移）$x'(t)$ 为：

$$x'(t) = x(t) - X(t) = -\int_0^t \int_0^t \ddot{X}(t)\,\mathrm{d}t\,\mathrm{d}t \tag{5-65}$$

而在台车试验中，台车的位移为 $X_s(t)=\int_0^t\int_0^t \ddot{X}(t)\mathrm{d}t\,\mathrm{d}t$，未佩戴安全带的乘员保持初速度为零，所以相对车辆的位移 $x'(t)=-X_s(t)$ 成立。综上可见，碰撞试验中未佩戴安全带的乘员的车室内位移与台车试验中的台车位移一致。

（2）根据 $x'(t)=-X_s(t)$ 可知，未使用安全带的乘员相对于车室的位移由图中的曲线 $-X_s(t)$ 表示。设驾驶席乘员与转向系统的距离为 381 mm，完全展开时的安全气囊厚度为 254 mm。如果驾驶席乘员移动 127 mm，就会与展开的安全气囊接触。根据位移 - 时间线图中的 x' 曲线可知，未佩戴安全带的乘员在车室内移动 127 mm 的时间为 47.2 ms。设安全气囊展开需要 30 ms，减去这段时间，得 47.2 - 30 =17.2 ms。因此可以推断，若在碰撞后的 17.2 ms 内将安全气囊开始展开，则可保护未佩戴安全带的乘员不受伤。

5.7 基于卷积积分的乘员响应预测

5.7.1 卷积积分

本节将根据碰撞时的脉冲响应，利用卷积积分分析车辆发生碰撞时车辆减速度波形与乘员减速度之间的关系。碰撞时车室产生了减速度，乘员受到固定在车室内的约束系统施加的作用力，将这个过程想象为一个从 0 时刻起，输入车辆减速度 $x(t)$ 就会相应地输出乘员减速度 $y(t)$ 的乘员响应系统（图 5-25）。设此系统的输入与输出之间存在如下的线性关系：

$$y(bx) = b\,y(x) \tag{5-66}$$

$$y(x_1 + x_2) = y(x_1) + y(x_2) \tag{5-67}$$

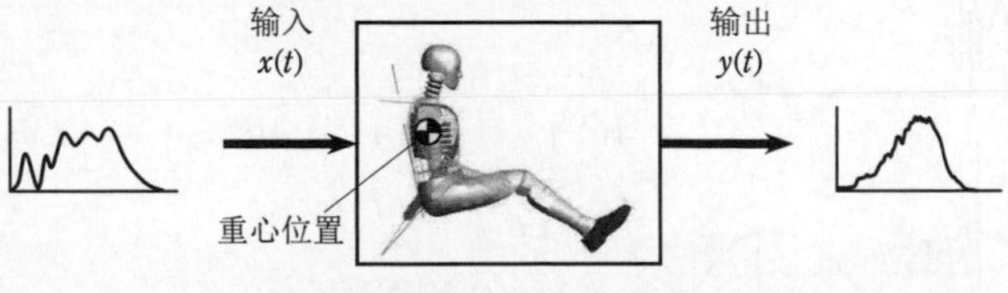

输入 $x(t)$　　输出 $y(t)$　　重心位置

图 5-25　乘员响应系统

在时刻 $t=\tau$ 处，函数值无限大且面积为 1 的狄拉克函数 $\delta(t-\tau)$，可近似表示为图 5-26 a) 所示的宽为 $\Delta\tau$，高为 $1/\Delta\tau$ 的矩形波函数 $u(t-\tau)$（面积为 1）。矩形波函数在 $\Delta\tau \to 0$ 时取得的极限即狄拉克函数 $\delta(t-\tau)$。如图 5-26 b) 所示，将系统的输入量 $x(t)$ 看作是这些矩形波函数的集合。其中，由于 $u(t-\tau)$ 的值为 $1/\Delta\tau$，则 $t=\tau_i$ 和 $t=\tau_i+\Delta\tau$ 的区间函数输入量可表示为

$$[x(\tau_i)\cdot\Delta\tau]\cdot u(t-\tau_i) = [x(\tau_i)\cdot\Delta\tau]\ \delta(t-\tau_i) \tag{5-68}$$

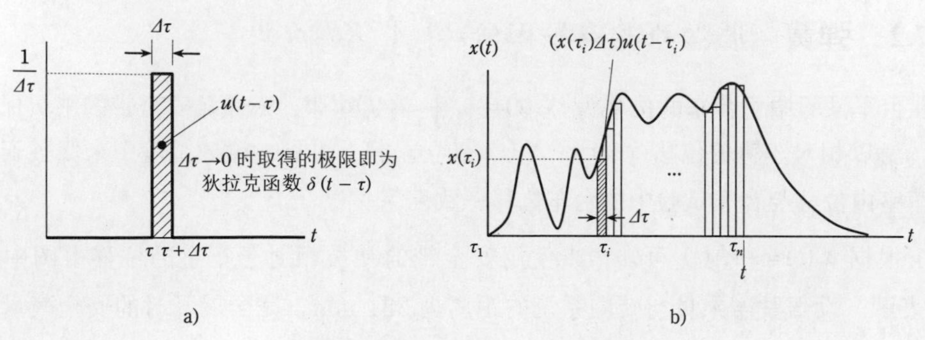

图 5-26 狄拉克函数与输入函数

系统对单位脉冲 $\delta(t)$ 作出的响应用单位脉冲响应 $h(t)$ 表示。对应时刻 τ_i 处的脉冲为 $x(\tau_i)\,\Delta\tau\,\delta(t-\tau_i)$，系统在时刻 t 处作出的响应为 $x(\tau_i)\Delta\tau\,h(t-\tau_i)$。根据式 (5-67)，$t$ 时刻的系统响应可记为系统到时刻 t 为止所有脉冲响应的叠加，即：

$$y(t)=\sum_{i=1}^{n}x(\tau_i)\,h(t-\tau_i)\,\Delta\tau \tag{5-69}$$

其中，$\tau_1=0$，$\tau_n+\Delta\tau=t$。若取式 (5-69) 中 $\Delta\tau\to 0$ 的极限，将其由积分的形式表示，可得任意时刻 t 时系统的响应 $y(t)$ 为：

$$y(t)=\int_0^t x(\tau)h(t-\tau)\,\mathrm{d}\tau \tag{5-70}$$

变换变量后，可将式 (5-70) 改写成：

$$y(t)=\int_0^t x(t-\tau)h(\tau)\,\mathrm{d}\tau \tag{5-71}$$

对于系统输入量 $x(t)$ 对应的响应函数 $y(t)$，可由输入量 $x(t)$ 和单位脉冲响应 $h(t)$ 的卷积积分表示为（图 5-27）：

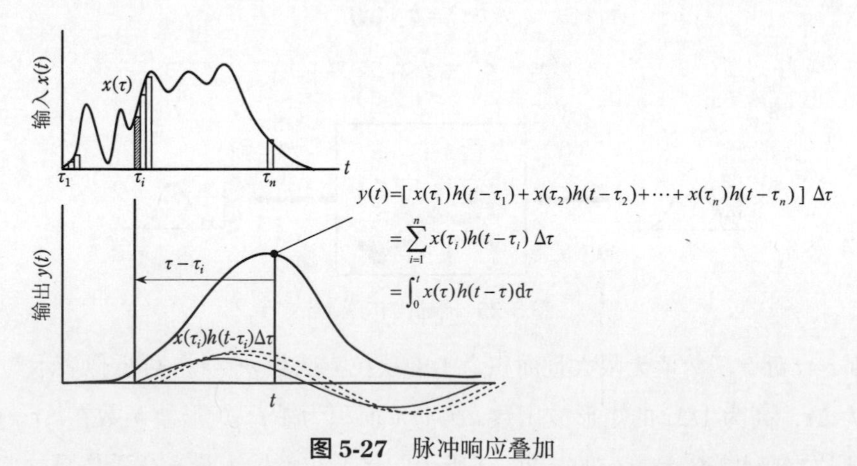

图 5-27 脉冲响应叠加

5.7.2 弹簧 – 质量系的卷积积分

乘员和约束系统分别以质点和线性弹簧表示。在自由度为1的弹簧 – 质量系（图5-28）中，设车辆的减速度为输入量，求乘员减速度为输出量时的脉冲响应 $h(t)$。在约束系统弹簧不存在松弛量的情况下，乘员的运动方程由式(5-5)得：

$$\ddot{x}'(t)+\omega^2 x'(t)=-\ddot{X}(t) \tag{5-72}$$

将负的单位脉冲 $\ddot{X}=-\delta(t)$ 作为车辆减速度的输入量输入，可得：

$$\ddot{x}'(t)+\omega^2 x'(t)=\delta(t) \tag{5-73}$$

对式(5-73)进行拉普拉斯变换，设 $L[x'(t)]=F(\mathrm{s})$，有：

$$s^2F(s)+\omega^2F(s)=1$$

$$F(s)=\frac{1}{s^2+\omega^2} \tag{5-74}$$

将式(5-74)进行逆变换，得：

$$x'(t)=\frac{1}{\omega}\sin\omega t \tag{5-75}$$

$$\ddot{x}'(t)=-\omega\sin\omega t \tag{5-76}$$

因此，对车辆减速度输入单位脉冲时，对应的乘员减速度为：

$$h(t)=\omega\ \sin\omega t \tag{5-77}$$

将式(5-77)与式(5-70)、式(5-71)联立，得到弹簧 – 质量系的输出量（乘员减速度）$y(t)$ 与输入量（车辆减速度）$x(t)$ 的关系为：

$$y(t)=\int_0^t x(\tau)\ \omega\sin\omega(t-\tau)\,\mathrm{d}\tau=\int_0^t x(t-\tau)\ \omega\sin\omega\tau\,\mathrm{d}\tau \tag{5-78}$$

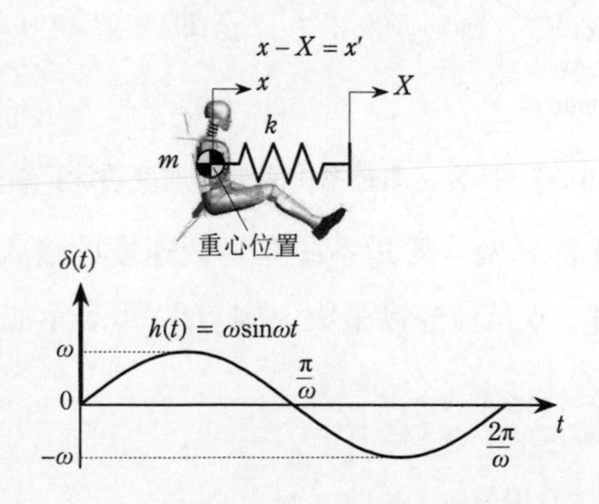

图5-28 自由度为1的弹簧 – 质量系的脉冲响应 $h(t)$

下面将试验结果应用于式(5-78)，以检验其正确性。采用的试验数据来自某装备有乘员约束系统的车辆的100%重叠率正面碰撞试验(55 km/h)。其中，乘员约束系统包括安全带（装有预紧器与限力器）和安全气囊。已知试验中得到的乘员在车室内的位移和乘员胸部减速度之间的关系如图 5-29 所示。将乘员约束系统看作为弹簧－质量系模型，从图 5-29 b) 的直线斜率可以得到其比刚度 $\omega=\sqrt{k/m}=\sqrt{1935}=44.0$。将此比刚度代入式 (5-77)，可得单位脉冲响应 $h(t)$，如图 5-30 a) 所示。将试验中测得的车辆减速度代入式 (5-78) 进行数值积分，可以求得 t 时刻的乘员减速度，如图 5-30 b) 所示。分析结果可知，初期的时间区间内，乘员减速度的试验结果与计算结果吻合一致。但在后半段时间区间中，试验得到的乘员减速度比计算结果低，这是由于安全带限力器使得安全带对乘员的作用力恒定。另外，试验中的假人并不像此处应用的模型一样只有 1 个自由度，因此在碰撞的后半段，假人的上肢通过肩关节对胸部产生了前向（降低胸部加速度的方向）的内力。

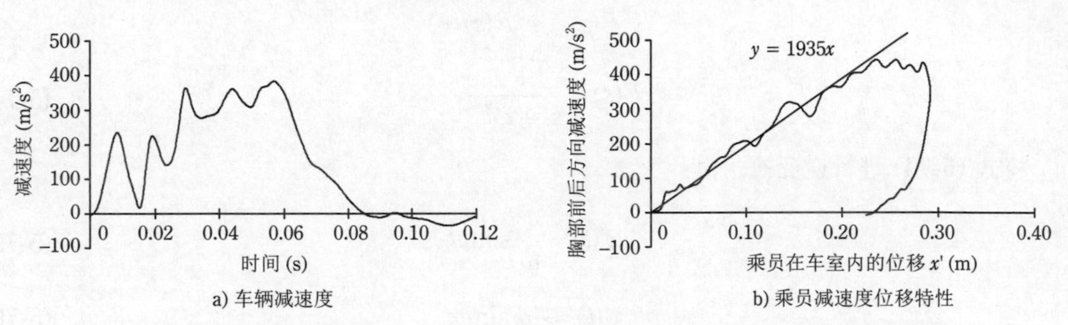

a) 车辆减速度　　b) 乘员减速度位移特性

图 5-29　100% 重叠率试验 (55 km/h) 中的车辆加速度与乘员减速度位移特性

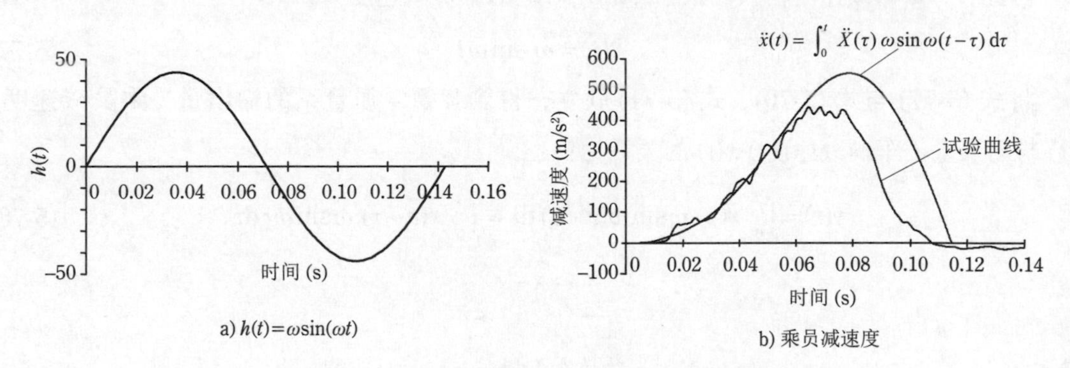

a) $h(t)=\omega\sin(\omega t)$　　b) 乘员减速度

图 5-30　弹簧－质量系中乘员加速度的计算结果

接下来分析自由度为 1 的弹簧－质量系中车辆减速度的输入值 $x(t)$ 对最大乘员减速度 $y(t)$ 的影响。设在时刻 t_m 时，乘员减速度最大，则 $y(t_m)$ 可表示如下：

$$\begin{aligned}y(t_m)&=\int_0^{t_m}x(\tau)\omega\sin\omega(t_m-\tau)\mathrm{d}\tau\\&\approx\sum_{i=1}^{n}x(\tau_i)\omega\sin\omega(t_m-\tau_i)\Delta\tau\\&=[x(\tau_1)\sin\omega(t_m-\tau_1)+\cdots+x(\tau_i)\sin\omega(t_m-\tau_i)+\cdots+x(\tau_n)\sin\omega(t_m-\tau_n)]\omega\Delta\tau\end{aligned}\tag{5-79}$$

从式 (5-79) 可知，$\sin\omega(t_m-\tau_i)$ 越靠近最大值 1，车辆减速度的值 $\sin\omega(t_m-\tau_i)$ 越小，乘员减速度 $y(t_m)$ 的值也就越小。当 $\sin\omega(t_m-\tau_i)=1$ 时，$\omega(t_m-\tau_i)=\pi/2$，因此，

$\tau_i = t_m - \pi/(2\omega) = t_m - T/4$（$T$ 为系统的周期）。可见，比 t_m 早 1/4 周期时刻的输入量 $x(t_m - T/4)$ 会对乘员减速度 $y(t)$ 的最大值产生较大影响（图 5-31）。因此，减小此时刻的车辆减速度 $x(t_m - T/4)$，可有效降低乘员减速度。这也就相当于图 5-30 b) 的计算结果中，t_m–T/4 = 40.7 ms（乘员加速度值取得最大值时的时刻 t_m = 76.4 ms，周期 T = 142.8 ms）附近的车辆减速度。

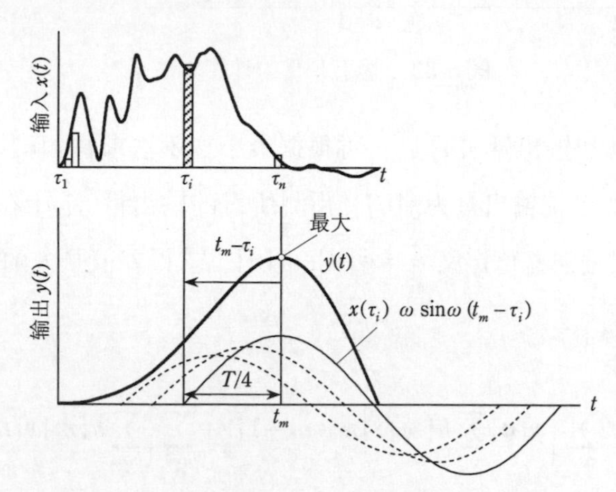

图 5-31 通过脉冲响应的叠加所得的输入量（车辆减速度）与输出量（乘员减速度）的最大值

5.7.3 有限脉冲响应 [4]

本节将介绍基于试验数据等根据时间序列给出输入量与输出量时，系统的单位脉冲响应 $h(t)$ 的求解方法。再次书写式 (5-71) 为：

$$y(t) = \int_0^t h(\tau) x(t-\tau) \mathrm{d}\tau \tag{5-80}$$

用离散化数列 $x[n]$、$y[n]$、$h[n]$ 表示式 (5-80)，得：

$$y[n] = \sum_{m=1}^{n} h[m]\, x[n-m+1] \tag{5-81}$$

其中，设 $h[n] = h(n)\Delta\tau$。通过 M（$\leqslant N$）个 FIR 系数 $h[1]$，…，$h[M]$ 计算式 (5-81)，得到输出量 $y[n]$ 为：

$$y[n] = \sum_{m=1}^{M} h[m]\, x[n-m+1] \tag{5-82}$$

图 5-32 所示为数列 $h[n]$ 的计算过程。式 (5-82) 为系统输入量 $x[n]$ 和有限的输出量 $y[n]$ 的关系式。由于式 (5-82) 使用的是脉冲响应，因此被称为有限脉冲响应 (FIR)。此外，这里的 $h[n]$ 称为 FIR 系数。

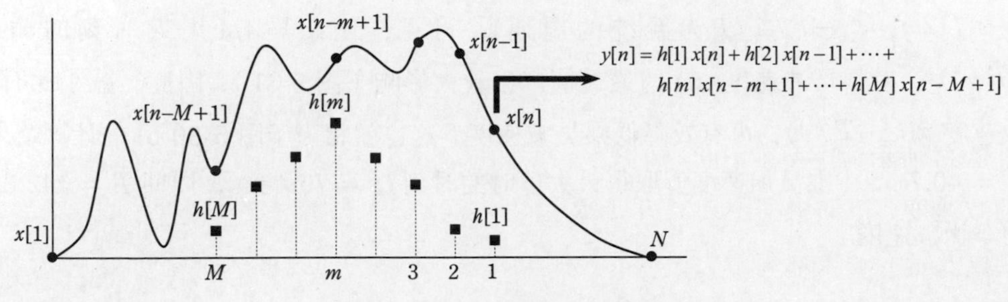

图 5-32 基于 FIR 的计算方法

在得到输入量 $x[n]$ 和输出量 $y[n]$ 后，可根据最小二乘法求解 $h[n]$。设基于 FIR 预测的输出量为 $\hat{y}[n]$，实际的系统输出量为 $y[n]$。预测所得的输出量 $\hat{y}[n]$ 在 1~N 为止的各个数据点均会产生误差，根据误差值定义 $e_n=\hat{y}[n]-y[n]$，求误差值平方的总和，得：

$$
\begin{aligned}
\sum_{n=1}^{N} e_n^2 &= \sum_{n=1}^{N}\{y[n]-\hat{y}[n]\}^2 \\
&= \sum_{n=1}^{N}\{y[n]\}^2 - 2\sum_{n=1}^{N}\left\{y[n]\sum_{m=1}^{M}h[m]x[n-m+1]\right\} + \sum_{n=1}^{N}\left\{\sum_{m=1}^{M}h[m]x[n-m+1]\right\}^2
\end{aligned} \tag{5-83}
$$

其中，设 $n\text{-}m+1 \leqslant 0$ 时，$x[n\text{-}m+1]=0$。下面求使式 (5-83) 取得最小值时的未知数列 $h[m]$。因 $\partial\sum_{n=1}^{N}e_n^2/\partial h[m]=0\ (m=1,\cdots,M)$，所以有：

$$
-2\sum_{n=1}^{N}y[n]x[n-m+1]+2\sum_{n=1}^{N}\left\{\sum_{m=1}^{M}h[m]x[n-m+1]\right\}x[n-m+1]=0 \quad (m=1,\cdots,M) \tag{5-84}
$$

改写后，得：

$$
\sum_{n=1}^{N}\left\{\sum_{j=1}^{M}h[j]\,x[n+1-j]\right\}x[n+1-i]=\sum_{n=1}^{N}y[n]x[n+1-i] \quad (i=1,\cdots,M) \tag{5-85}
$$

关于 $h[j]$ 归并项，可用行列式表达为：

$$
\boldsymbol{A}h=b \tag{5-86}
$$

其中，式 (5-86) 中行列的各项为：

$$
A_{ij}=\sum_{n=1}^{N}x[n+1-i]x[n+1-j] \quad (i,j=1,\cdots,M)
$$

$$
h_i=h[i]\ (i=1,\cdots,M),\ b_i=\sum_{n=1}^{N}y[n]\,x[n+1-i] \quad (i=1,\cdots,M)
$$

接着，则可通过式 (5-87) 求解 FIR 系数的列向量 $\boldsymbol{h}$：

$$
h=\boldsymbol{A}^{-1}b \tag{5-87}
$$

例如，$N=9$、$M=5$ 时，A_{14} 为：

$$
\begin{aligned}
A_{14} &= \sum_{n=1}^{9} x[n]x[n-3] \\
&= x[4]x[1] + x[5]x[2] + x[6]x[3] + x[7]x[4] + x[8]x[5] + x[9]x[6]
\end{aligned}
\tag{5-88}
$$

图 5-33 所示为小型车 100% 重叠率正面碰撞试验 (55 km/h) 中的车辆减速度与驾驶席乘员的减速度。下面根据图 5-34 求 FIR 系数 $h[n]$。该车驾驶席上配备的约束系统为安全气囊，以及带有预紧器和限力器的安全带。设系统的输入量 $x[n]$ 为车辆的前后方向减速度，输出量 $y[n]$ 为驾驶席乘员的前后方向减速度。数据的时间间隔为 $\Delta\tau=0.2$ ms，数据量为 $N=750$、$M=500$。则 $h[n]$ 的计算结果如图 5-34 所示。为了验证 $h[n]$ 的正确性，我们将求得的 $h[n]$ 和车辆减速度 $x[n]$（图 5-33 a)）应用到式 (5-85) 中，其结果如图 5-34 a) 所示。由图 5-34 可知，$h[n]$ 值的计算结果正确，且可成功预测乘员的减速度。

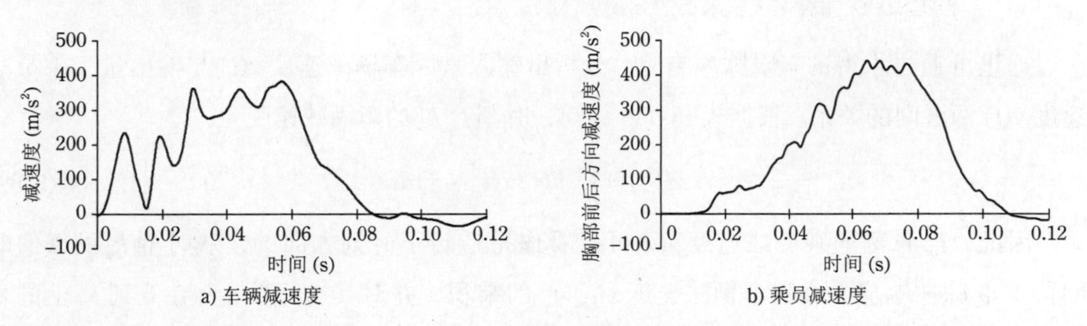

图 5-33 100% 重叠率正面碰撞试验 (55 km/h) 车辆减速度与驾驶席乘员的胸部（前后方向）加速度

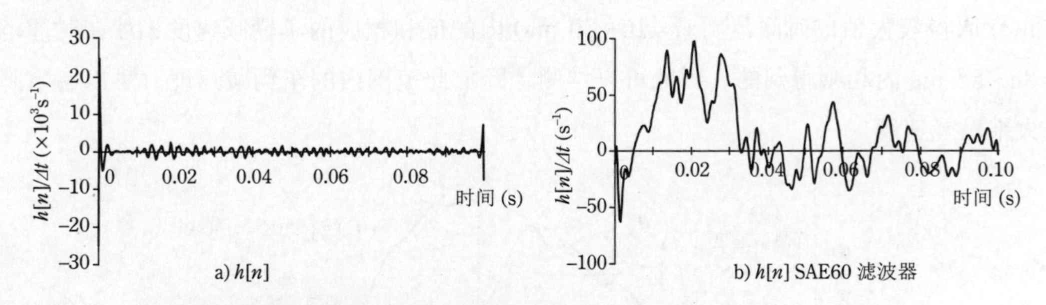

图 5-34 $h[n]$ 以及滤波器处理 (SAE60) 后的 $h[n]/\Delta t$（其中 Δt =0.2 ms）

使用 100% 重叠率刚性壁障正碰试验计算得到的 FIR 系数 $h[n]$，可以预测车室产生不同减速度时乘员的减速度。下面是一个在 100% 重叠率正面碰撞试验结果的基础上，对 40% 偏置可变形壁障正碰试验 (ODB)(64 km/h) 中的乘员减速度进行预测的实例。为了预测正面偏置碰撞试验中车辆减速度负载时乘员的减速度，设偏置正面碰撞中驾驶席的纵梁减速度为输入量 $x[n]$，并连同 100% 正面碰撞试验中求得的 $h[n]$（图 5-34 a)）一并代入式 (5-86)。如图 5-35 b) 所示，通过正面偏置碰撞的车辆减速度预测的乘员胸部减速度与正面偏置碰撞的试验结果一致。在正面偏置碰撞中，虽然车室的变形以及车辆减速度均会对乘员的响应造成影响，但该小型车在正面偏置碰撞试验中的车室变形量较小，车辆减速度对乘员身体上部运动的影响较大，因此，可以通过 100% 正面碰撞中乘员胸部减速度预测正面偏置碰撞试验中乘员的减速度。

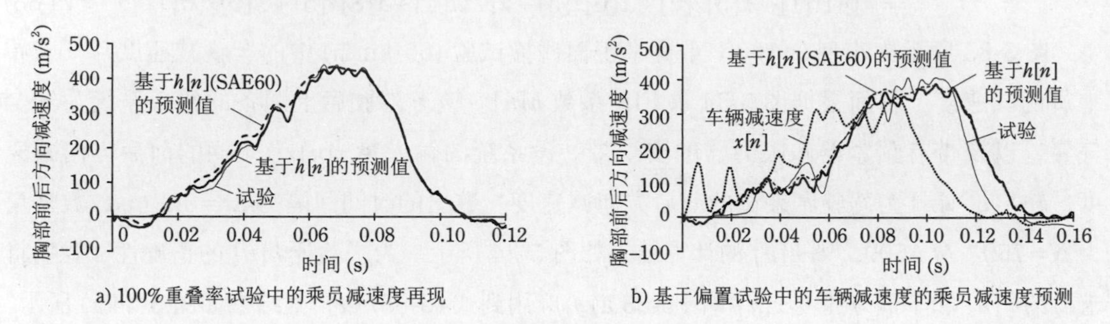

图 5-35 100% 重叠率正碰试验与偏置正碰试验中驾驶席乘员的前后方向减速度预测（两者皆使用了根据 100% 重叠率试验求得的 $h[n]$）

这里可通过求得的有限脉冲响应，分析出输入量 - 车辆减速度 $x(t)$ 与输出量 - 乘员减速度 $y(t)$ 两者间的关系。根据式 (5-71) 可知，时刻 t_m 处的车辆减速度为：

$$y(t_m) = \int_0^{t_m} h(\tau)\, x(t_m - \tau)\, \mathrm{d}\tau \tag{5-89}$$

因此，t_m 时刻的乘员减速度 $y(t)$ 可以看作是逆转了时刻方向的，从时刻 t_m 到 0 的时间段上取脉冲响应 $h(\tau)$ 和车辆减速度 $x(t_m-\tau)$ 的乘积，并对其进行关于 τ 在 0 到 t_m 上的积分得到的结果（图 5-36）。乘员减速度达到最大的时刻 (t_m=68 ms 时) 的 $y(t_m)$ 是脉冲响应 $h(\tau)$ 取得较大值的时间范围 (τ=10~30 ms) 内的值和相应的车辆减速度 $x(t)$ 在时间范围 t=38~58 ms 内相乘得到的。因此可以推测，降低此范围内的车辆减速度，可以有效降低最大乘员减速度。

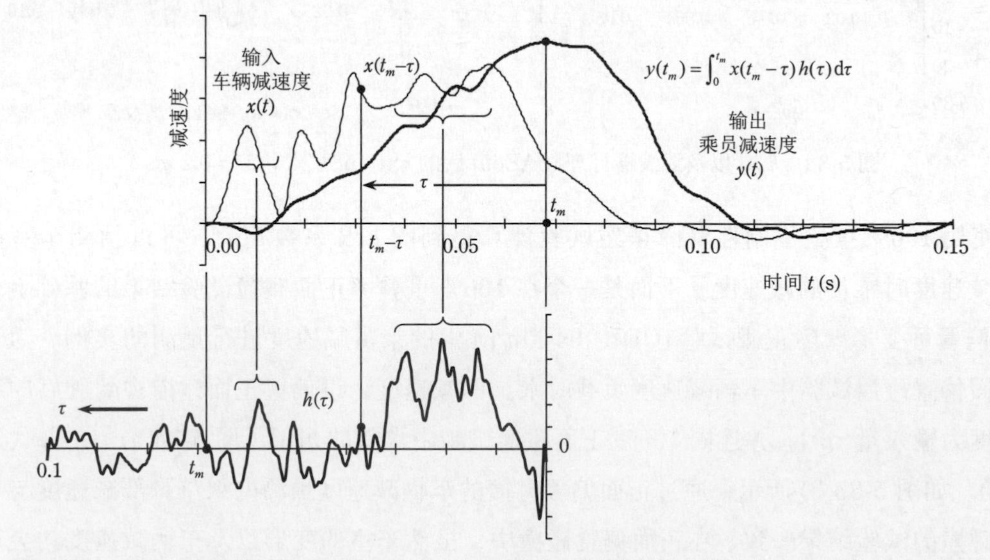

图 5-36 100% 重叠率试验 (55 km/h) 中车辆减速度与驾驶席乘员的胸部（前后方向）减速度

5.8 车辆减速度波形的最优化

5.8.1 最速下降法

优化碰撞时的车辆减速度波形可使乘员受到的载荷最小化。这里，设乘员减速度的最大值 a_{max} 为目标函数，通过最速下降法对车辆减速度进行优化。车辆减速度 A 是车辆位移 X 的函数。在对车辆减速度波形进行敏感度分析的前提下，导入如图 5-37 所示的车辆减速度位移曲线 (GS 曲线图) 上的 n 个独立的减速度函数 $f_i(X)$。将关于车辆位移 X 的最大车身变形量 X_{max} 分割为 n 个区间，在区间 $i((i–1)s \leqslant X \leqslant is)$ 上给车辆减速度函数 $A(X)$ 赋一个微小的恒定正值，在其他区间里赋恒定的负值，使 GS 曲线包围的面积恒定，为 $\int_0^{X_{max}} f_i(X)\,\mathrm{d}X = 0$。也就是说，对于车辆减速度的平均值 $\overline{A}$，在区间 i 上的函数值为 $\Delta\varepsilon\overline{A}$，除此以外的区间函数值大小为 $-\Delta\varepsilon\overline{A}/(n-1)$。

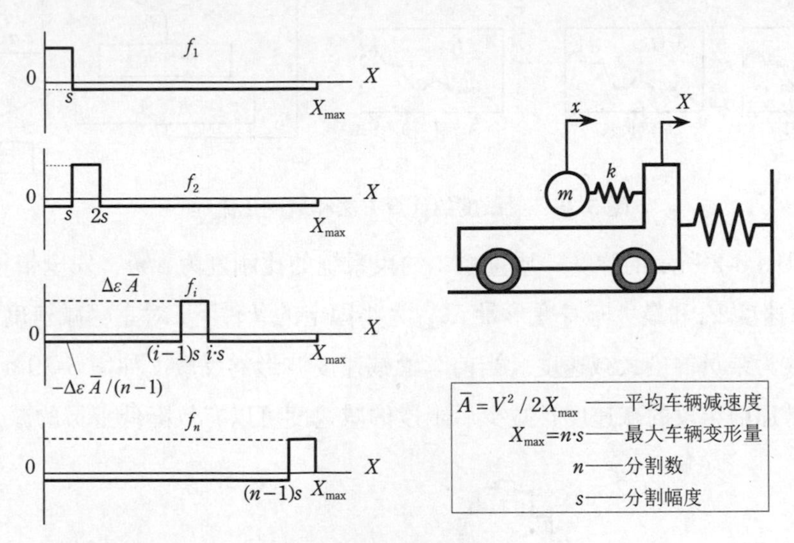

图 5-37 减速度函数 $f_i(x)$

在初始的车辆减速度 $A_0(X)$ 上加上减速度函数 f_i 后，将目标函数 a_{max} 的变化比例设为区间 i 的敏感度 Λ_i。这样做既可以自动满足最大变形量 X_{max} 为恒定值以及 GS 曲线图上车辆减速度和位移包围的面积为恒定值（即碰撞速度为定值）这两个约束条件，同时也可以求出灵敏度。目标函数的灵敏度 Λ_i 如式 (5-90) 所示。

$$\Lambda_i = \lim_{\Delta\varepsilon\to 0}\frac{(a_i - a_0)/a_0}{\Delta\varepsilon} \tag{5-90}$$

式中，Λ_i 为车辆减速度加上函数 f_i 时的灵敏度；$\Delta\varepsilon$ 为计算 f_i 时，$\overline{A}$ 乘以减速度的变化率；a_0 为初始车辆减速度波形的目标函数（最大乘员减速度）；a_i 为初始车辆减速度波形加上函数 f_i 时的目标函数。

根据灵敏度分析的结果，依照式(5-91)对车辆减速度波形$A_j(x)$进行修正（即采用最速下降法），就能减小目标函数值（乘员减速度）。

$$A_{j+i}(X)=A_j(X)-\alpha_j\sum_{i=1}^{n}\Lambda_i f_i(X) \tag{5-91}$$

式中，A_j为优化前的车辆减速度波形，A_{j+1}为优化后的车辆减速度波形，α_j为步长。为了求得最优化车身减速度波形，可反复计算式(5-91)，直至收敛。灵敏度的计算方法和最优化流程如图5-38所示。

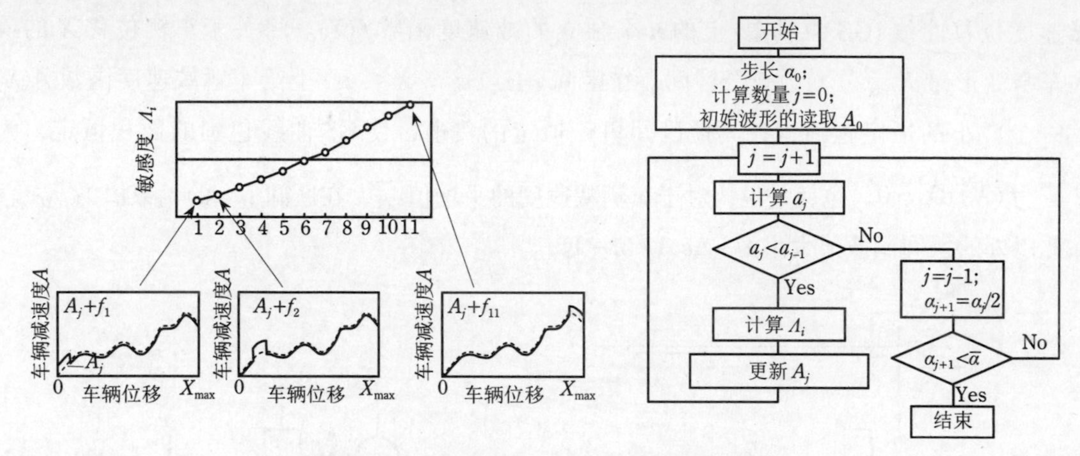

图5-38 灵敏度的计算方法和最优化流程[6]

接下来以图5-2所示的弹簧－质量系（约束系统的比刚度为k/m，安全带松弛量$\delta=0$）为例，在碰撞速度V_0和最大车身变形量X_{max}大小固定的条件下，对车辆减速度进行最优化。优化目标函数为乘员的最大减速度。当前车辆减速度波形的灵敏度如图5-39 a)所示。对于当前波形，增加前半段的减速度且减少后半段的减速度可以有效降低乘员的减速度。

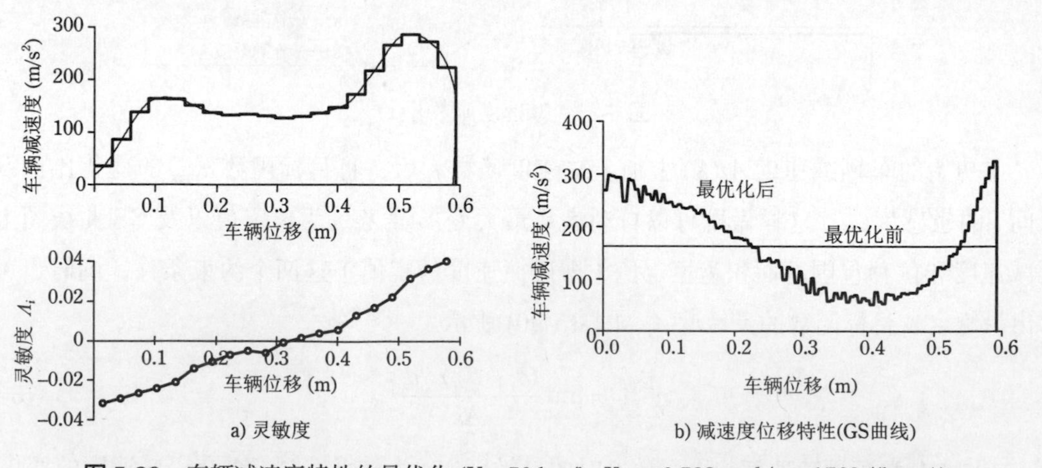

图5-39 车辆减速度特性的最优化(V_0=50 km/h, X_{max}=0.593 m, k/m=1768 /(kg·m))

为了简化计算，可将初始减速度设为矩形波，得到最优化后的车辆减速度特性曲线图如图5-39 b)所示。由图5-39 b)可知，在车辆位移的初期和后期，车辆减速度较高，后半段位移为 0.4 m 时车辆减速度达到最小。最优化后的车辆与乘员减速度－时间曲线以及速度－时间曲线如图 5-40 所示。通过最优化，由于初始的车辆减速度较大，乘员减速度从较早的时刻开始增加，但之后随车辆减速度减小，乘员减速度得到抑制，并在一定的时间区间内保持平稳，此时，车辆与乘员以几乎相同的速度运动。

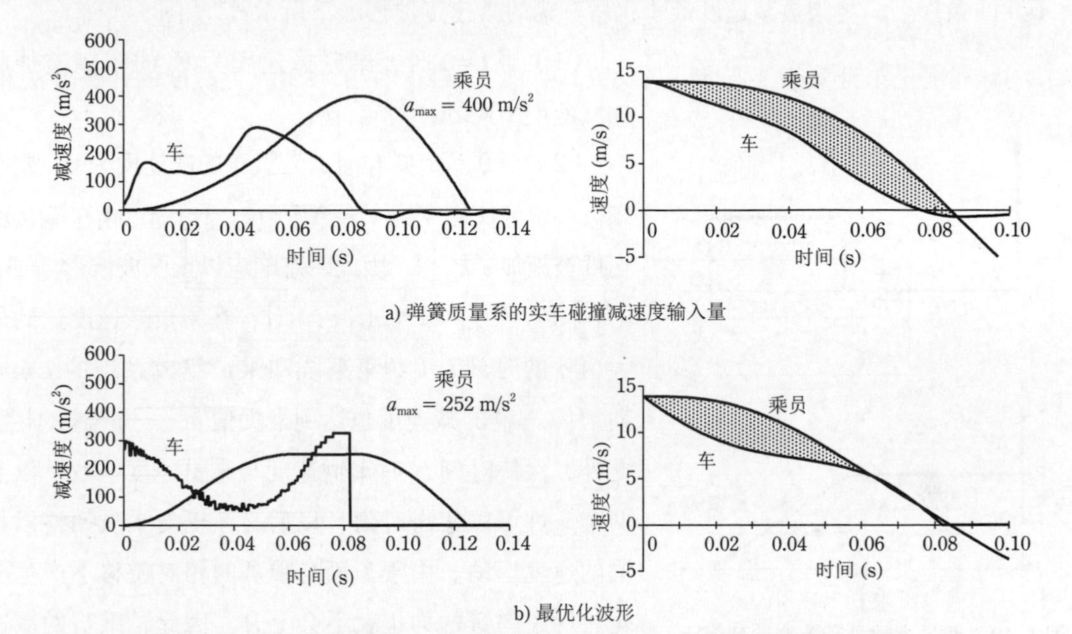

图 5-40 最优化前后的车辆与乘员的减速度以及速度 (V_0=50 km/h, X_{max}=0.593 m, k/m=1768 /(kg·m))

经过最优化后的车辆减速度特性（图 5-40 b)）表现为在车身变形初期减速度较高，中期靠后段减小，到后半段时再次增加。但实际上要实现带有这种减速度特性的车身结构是非常困难的。主要原因如下：第一，在实车碰撞中，车身是因惯性力作用从前部开始逐渐变形的，车身在碰撞初期难以产生较大的减速度；第二，在位移的后半段，降低载荷非常困难（图 5-40 b)）；第三，必须确保车室结构具有足够的强度。然而，提高前纵梁前端的轴向压溃载荷，把由于前纵梁弯曲导致的低载荷位置转移到车辆后方的解决方案已在实际中得到应用（图 5-41）。但是，前纵梁前端承受的载荷增加，会在车与车碰撞等碰撞对象不是刚性壁障的情况下，导致车辆前端不易被压溃的问题出现。

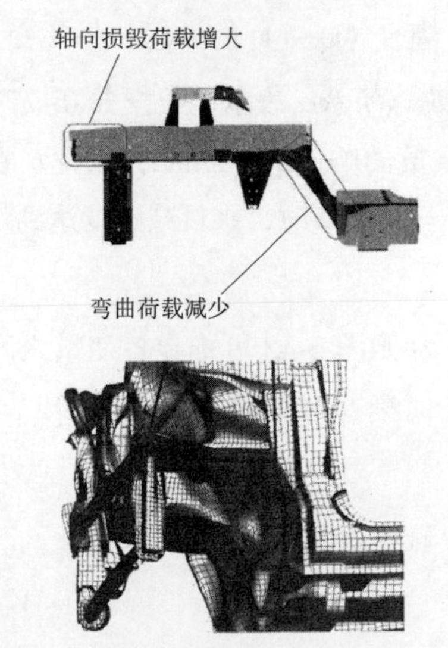

图 5-41 减速度特性最优化后的前纵梁 [7]

5.8.2 最优化波形

虽然利用最速下降法反复修正最初的车辆减速度特性，可能得到车辆减速度的某个解，但是用这种方法得出的解很可能是局部解，不是乘员减速度真正的最小值。在车辆减速度大于0的条件下，将乘员减速度最小化后车辆的减速度波形如下所示[8,9]（图5-42）。

（1）当t=0时，给碰撞速度为V_0的车辆施加脉冲减速度$\Delta V\cdot\delta(t)$。

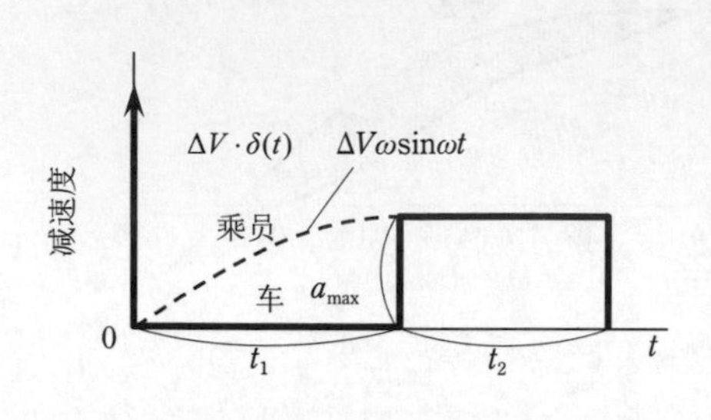

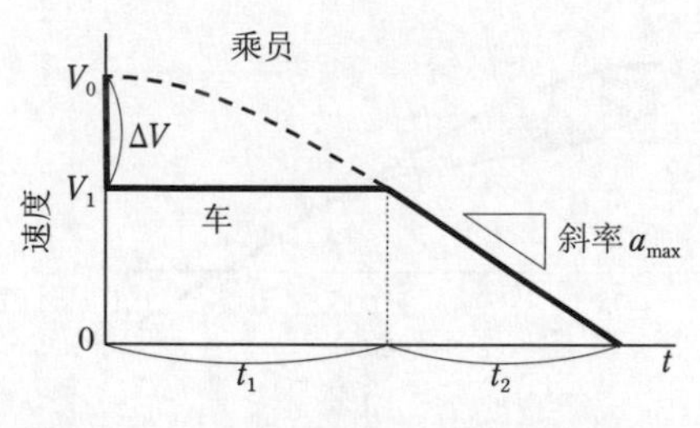

图5-42 使最大乘员减速度达到最小化的车辆减速度与速度波形

（2）当$0<t\leqslant t_1$时，若设车的减速度为0，则车辆以一定的速度$V_1=V_0-\Delta V$做匀速运动。由于乘员减速度被施加了脉冲，因此瞬态响应以正弦波波形增加。

（3）当$t_1<t\leqslant(t_1+t_2)$时，在乘员减速度达到最大值a的时刻t_1（约束系统和乘员组成系统的1/4周期）时，车辆的减速度也达到最大值a_{max}，并维持不变。此外，保持时刻t_1时车辆速度与乘员速度一致。以上两个条件可以使得时刻t_1以后，车辆与乘员始终以相同的速度运动。由于车辆与乘员的相对位移不产生变化，约束弹簧的力也就不会上升。因此，乘员的减速度也可保持固定。

（4）当$t=t_1+t_2$时，车辆与乘员的速度为0。

基于(1)~(4)的设想，将各变量分别以速度V_0，最大车身变形量X_{max}，系统固有角频率$\omega=\sqrt{k/m}$表示。根据式(5-77)，由于对弹簧－质量系中的车辆施加单位脉冲减速度时的乘员的响应为$\omega\sin\omega t$，因此，在t=0时对车辆施加减速度$\Delta V\cdot\delta(t)$，系统在1/4周期，即$t_1=\pi/(2\omega)$时，乘员减速度达到最大值，为：

$$a_{max}=\Delta V\omega \tag{5-92}$$

参照图5-42可推导各变量之间的关系。分析从$t=t_1$到$t=t_1+t_2$时间段内的车速变化，由于时刻t_1时车的速度V_1为：

$$V_1=a_{max}t_2=\Delta V\omega t_2 \tag{5-93}$$

碰撞速度可表示为：

$$V_0=\Delta V+V_1=\Delta V(1+\omega t_2) \tag{5-94}$$

于是，最大车身变形量X_{max}可根据车辆速度计算，得：

$$X_{max}=V_1\left(t_1+\frac{t_2}{2}\right)=\Delta V\omega t_2\left(\frac{\pi}{2\omega}+\frac{t_2}{2}\right) \tag{5-95}$$

联立式 (5-94) 和式 (5-95) 将 t_2 消去，可得到关于 ΔV 的二次方程如下：

$$(\pi-1)\Delta V^2+[(2-\pi)V_0+2X_{\max}\omega]\Delta V-V_0^2=0 \tag{5-96}$$

解方程，得：

$$\Delta V=\frac{(\pi-2)V_0-2X_{\max}\omega+\sqrt{(2X_{\max}\omega-V_0\pi)^2+8V_0X_{\max}\omega}}{2(\pi-1)} \tag{5-97}$$

因此，将最大乘员减速度 $a_{\max}$ 以及 t_1、t_2 用 ΔV 和 ω 表示，有：

$$a_{\max}=\omega\Delta V,\ t_1=\frac{\pi}{2\omega},\ t_2=\frac{V_0-\Delta V}{\omega\Delta V} \tag{5-98}$$

如图 5-2 所示，在约束弹簧为线性的弹簧－质量系中，在碰撞速度 V_0，最大车身变形量 $X_{\max}$ 和约束系统固有角频率 ω 的值皆被指定的条件下，由式 (5-98) 得到的 $a_{\max}$ 即最大乘员减速度的下限值。若使用遗传算法进行最优化，可得到如图 5-43 所示的减速度特性。可以看到，乘员最大减速度的大小与式 (5-98) 结果一致。但是，用计算的方法无法得到 $t=0$ 处的减速度 $\Delta V\cdot\delta(t)$，因此，在 $t=0$ 时刻的车辆减速度是由式 (5-97) 中的速度差 ΔV 除以时间步长得到的。

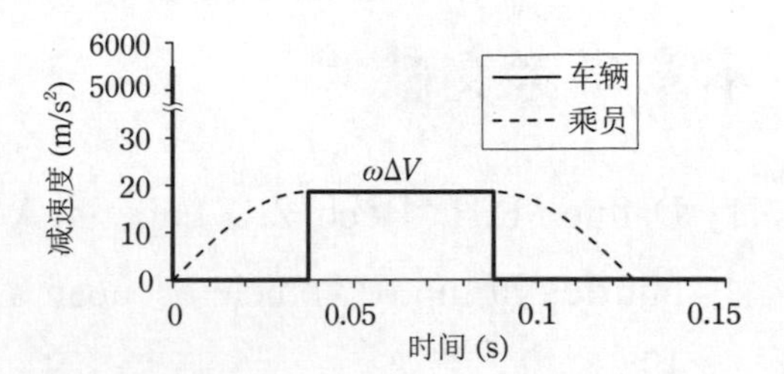

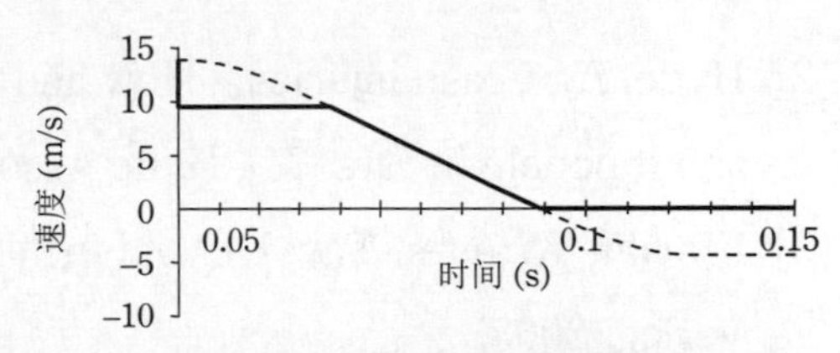

图 5-43　根据遗传算法最小化乘员减速度得到的车辆减速度与速度 (V_0=50 km/h, $X_{\max}$=0.593 m, k/m=1768/(kg·m))

乘员减速度最优化常被用于法规和汽车安全性能评估等碰撞速度为特定值时的车辆减速度的优化中。使用遗传算法优化车辆减速度特性时，时刻为 0 时的车辆减速度脉冲的大小、开始产生减速度的时刻 t_1 及最大乘员减速度 $a_{\max}$ 均与碰撞速度相关。因此，在特定碰撞速度下得到的最优化车辆减速度特性，不一定能对其他碰撞速度时乘员的减速度起到作用。

【例题 5-9】　在如图 5-43 所示的最优化减速度波形中，试用 ΔV 表示乘员的车体缓冲效率。

【解答】　比车体缓冲能量 e_{rd} 为：

$$\begin{aligned}
e_{rd}&=\int_0^{X(t_1+t_2)}(-\ddot{x})\mathrm{d}X=\int_0^{t_1+t_2}(-\ddot{x})V\mathrm{d}t\\
&=\int_0^{t_1}\Delta V\omega\sin\omega t\cdot(V_0-\Delta V)\mathrm{d}t+\int_{t_1}^{t_1+t_2}\Delta V\omega\cdot\left[-\frac{(V_0-\Delta V)}{t_2}(t-t_1-t_2)\right]\mathrm{d}t\\
&=\Delta V(V_0-\Delta V)\left[-\cos\omega t\right]_0^{t_1}-\frac{\Delta V(V_0-\Delta V)\omega}{t_2}\left[\frac{(t-t_1-t_2)^2}{2}\right]_{t_1}^{t_1+t_2}\\
&=\Delta V(V_0-\Delta V)(-\cos\omega t_1+1)+\frac{\Delta V(V_0-\Delta V)\omega t_2}{2}
\end{aligned}$$

这里，将 $t_1 = \pi / (2\omega)$，$t_2 = (V_0 - \Delta V) / a_{\max} = (V_0 - \Delta V) / (\Delta V \omega)$ 代入上式，得：

$$e_{rd} = \Delta V (V_0 - \Delta V) + \Delta V (V_0 - \Delta V) \frac{\omega t_2}{2} = \frac{1}{2}(V_0^2 - \Delta V^2)$$

因此，车体缓冲效率为：

$$\mu = 2e_{rd} / V_0^2 = 1 - (\Delta V / V_0)^2$$

并且，上式的车体缓冲效率在碰撞速度为 V_0、车身最大变形量为 $X_{\max}$、约束系统角频率为 ω 时，可取到最大值。

本章参考文献

[1] Daffner, R.H., Deeb, Z.L, Lupetin, A.R., Rothfus, W.E.. Patterns of high-speed impact injuries in motor vehicle occupants [J]. Journal of Trauma, Volume 28(4), 498-501, 1988.

[2] Hyde, A.. Crash injuries – How and why they happen: A primer for anyone who cares about people in cars [M]. Hyde Assocs, 1993.

[3] Florian Kramer. Passive sicherheit von kraftfahrzeugen [M]. Vieweg+Teubner Verlag, 2008.

[4] Huang, M.. Vehicle crash mechanics [M]. CRC Press, 2002.

[5] Kübler, L., Gargollo, S., Elsä β er. Characterization and evaluation of frontal crash pulse with respect to occupant safety [C]. Airbag 2008 – 9th International Symposium and Exhibition on Sophisticated Car Occupant Safety Systems, 2008.

[6] Takahashi K., Suzuki, N., Sonoda, Y., Komamura, T, Suzuki, T., Tawarayama, T., Dokko, Y.. Optimization of vehicle deceleration curves for occupant injury [C]. JSAE Review, 14(4), 22–27, 1993.

[7] Motozawa, Y., Kamei, T.. A new concept for occupant deceleration control in a crash [C]. SAE Paper 2000-01-0881.

[8] Wu, J.. Nusholtz, G.S., Bilkhu, S.. Optimization of vehicle crash pulses in relative displacement domain [J]. International Journal of Crashworthiness, 7(4), 397-414, 2002.

[9] Ito, D., Yokoi, Y., Mizuno, K.. Crash pulse optimization for occupant protection at various impact velocities [J]. Traffic Injury and Prevention, 16(1), 62-69, 2015.

第 6 章

乘员保护（正面碰撞）

在第 5 章中，我们采用弹簧 – 质量系将乘员视为一个质点，讨论了其在正面碰撞中的响应特性。实际上，乘员要比一个简单的质点复杂得多。例如，碰撞假人由头部、胸部、腰部、前臂、上臂、大腿、小腿等可看做是刚体的部位和将这些部位结合起来的关节、弹簧等构成。若仅将乘员视为一个质点，很难反映乘员在碰撞后的详细运动状态和损伤值。本章将在论述乘员保护的约束系统后，对乘员运动的解析方法进行讨论。

6.1 乘员约束装置

6.1.1 安全带

1）安全带的构成要素

当车辆发生碰撞时，安全带将乘员约束在座椅中，通过与车辆加速度的耦合缓和人体受到的冲击（车体缓冲），并防止乘员与车室内部碰撞或被抛出车外。三点式汽车安全带的构造如图 6-1 所示。三点式汽车安全带由作为连续织带的安全肩带和安全腰带、可装拆的带扣和舌片、固定于车身的锚固点、卷收与收纳安全带的安全带卷收器等组成。安全带卷收器固定于 B 柱下部或是 C 柱上部，一般情况下，安全带可以被自由拉出，但在车辆发生碰撞时，卷收器感知到车辆的加速度或安全带拉出的加速度时，安全带将会被锁止。具有这样功能的卷收器被称为紧急锁止式卷收器 (Emergency Locking Retractor, ELR)，为最常用的一种卷收器。佩戴安全带时，必须使带面通过肩部和骨盆较低的位置。为了确保让体格不同的乘员佩戴安全带时，安全带都能沿正确的路

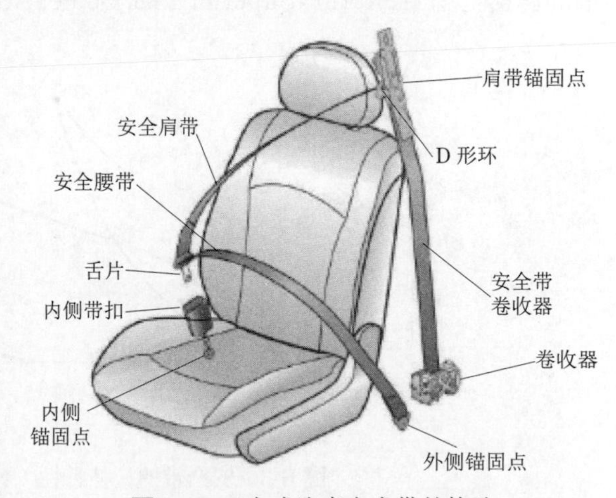

图 6-1 三点式汽车安全带的构造

径通过，安全肩带的锚固点的高度都被设计为可调。另外，将带扣固定在座椅上也是考虑到即使乘员在前后方向上移动座椅，安全腰带依然能与骨盆保持一定的角度。

图 6-2 分别为只佩戴安全腰带或安全肩带的两点式安全带和三点式安全带时乘员的运动情况。在使用两点式安全腰带只约束腰部的情况下，伴随着上体向前方旋转，上体的前方位移量增大，头部和车室发生接触。在只佩戴两点式肩带的情况下，虽然上半身的前向位移量受到限制，但是腰部的前向位移量增大，膝部与仪表盘发生接触。此时，肩带会移动到胸部的上方。与之相对，在使用三点式安全带的情况下，腰部的前向位移和上体的前屈分别受到腰带和肩带的限制，因此头部、胸部不会和车室发生接触。

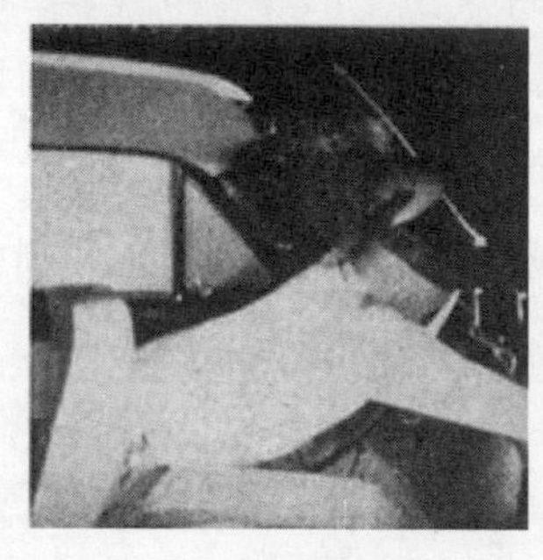
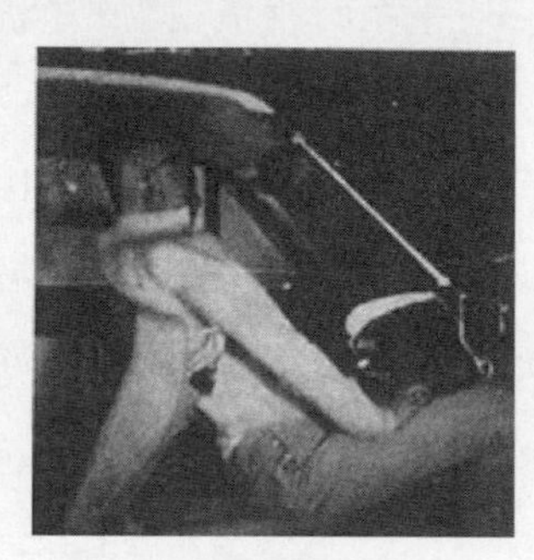
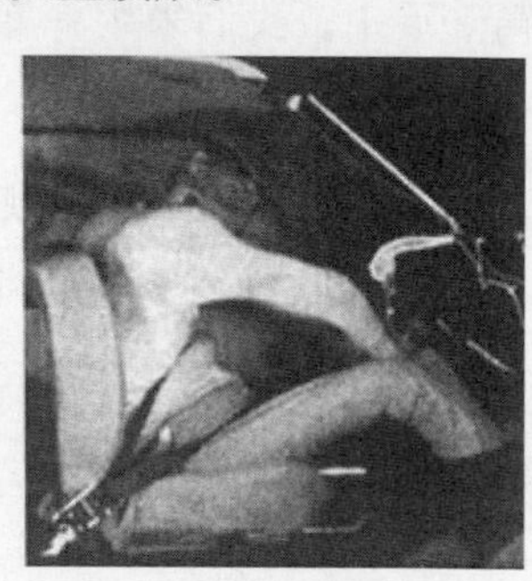
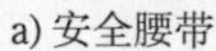

a) 安全腰带　　b) 安全肩带　　c) 三点式安全带

图 6-2　不同安全带种类的乘员运动特性 (40 km/h)[1]

安全带对人体的约束通过安全带的张力来实现。图 6-3 所示为安全带的拉伸特性。在正面碰撞 (50 km/h) 中，安全带的张力超过 5 kN。人体中能够承受如此大力的部位只有胸廓和骨盆，因此佩戴安全带时，必须使带面通过这些部位。假设胸部的等效质量为 20 kg，要使其产生 400 m/s^2 的加速度，需要施加 20 kg × 400 m/s^2=8 kN 的力，则安全带的左右两端向胸部施加的力大约为 8 kN/2=4 kN。如图 6-4 所示，我们应该让安全肩带通过锁骨，防止其与颈部相互干涉。此外，为了防止安全腰带滑离骨盆，安全腰带必须佩戴在髂骨前端的髂前上棘 (Anterior Superior Iliac Spine, ASIS) 下方。

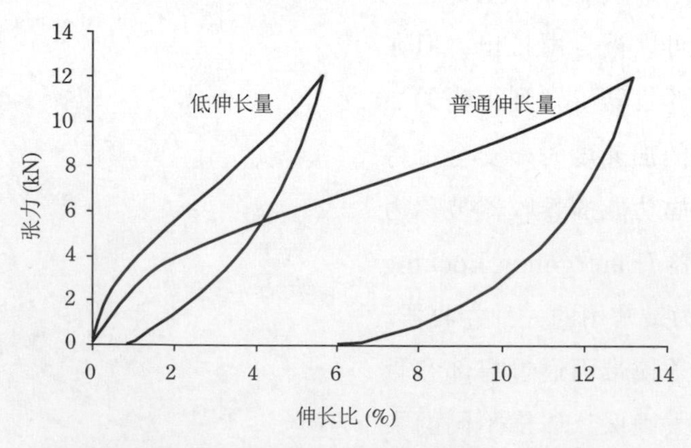

图 6-3　安全带的拉伸特性（普通伸长量，低伸长量）

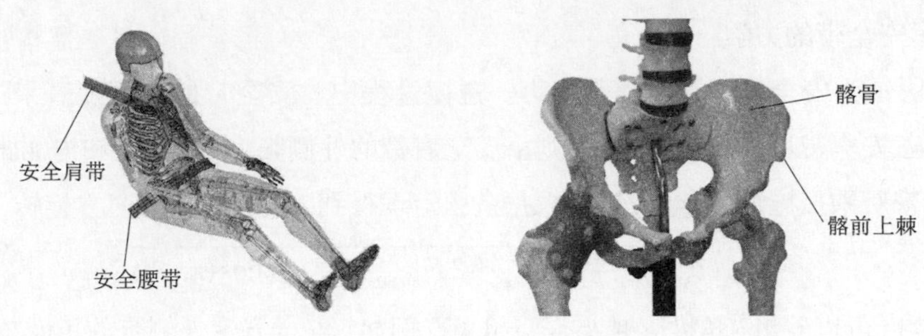

图 6-4　安全带与人体骨骼

通过采用安全带预紧器和限力器，可以控制安全带的张力伸长特性（图 6-5）。预紧器是一种使安全带张力在碰撞初期快速上升，消除安全带对乘员初始约束的张紧余量的装置。最常见的预紧器类型为整合于卷收器内的预紧器。在传感器感知到碰撞的 10 ms 后，通过火药的作用，预紧器卷收肩带（卷收量约 50~80 mm，载荷在 2~3 kN 之间）。但是，由于安全带要通过 D 形环和安全带带扣通孔，所以传递到安全肩带和安全腰带上的张力是不同的，两者由预紧器除去的松弛量也是不同的，被消除的主要是肩带的松弛量（图 6-6）。当卷收器的安全带载荷超过 5 kN 时，卷收器内的扭转棒开始扭曲，限力器放出安全带，使肩带的张力值保持一定。借此限制施加于乘员胸部的力，防止乘员肋骨骨折。

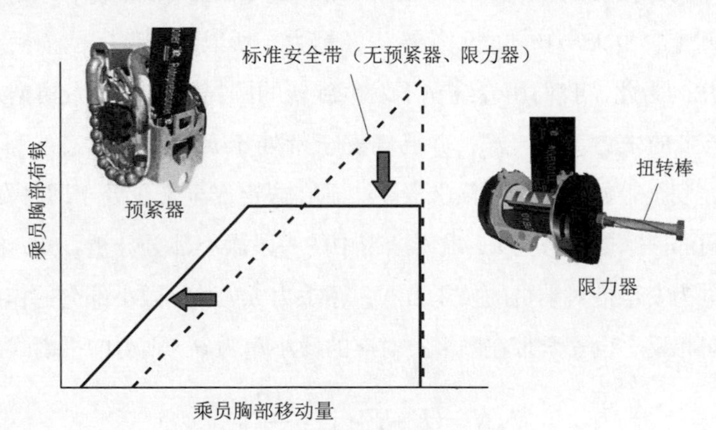

图 6-5　安全带预紧器和限力器

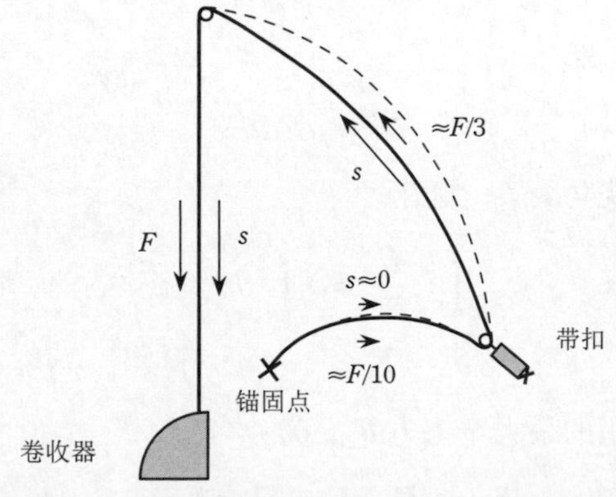

图 6-6　通过预紧器传递至安全带的力与卷收量[2]

2）汽车安全带的力学

图 6-7 所示为安全带对乘员的作用力。碰撞过程中，安全带的角度随着乘员的前向位移而改变。若安全带所成的角度为 α，则由安全肩带的外侧张力 $F_{\text{sb (outer)}}$ 和内侧张力 $F_{\text{sb (inner)}}$ 合成的安全带对乘员施加的合力 F_{sb} 可根据余弦定理得到，为：

$$F_{\text{sb}} = \sqrt{F_{\text{sb(outer)}}^2 + F_{\text{sb(inner)}}^2 - 2F_{\text{sb(outer)}}F_{\text{sb(inner)}}\cos(\pi - \alpha)} \tag{6-1}$$

从式 (6-1) 可以看出，角度 α 越小，F_{sb} 越大。例如，安全肩带外侧带的角度越接近水平，安全带张力就越能有效地使乘员减速。

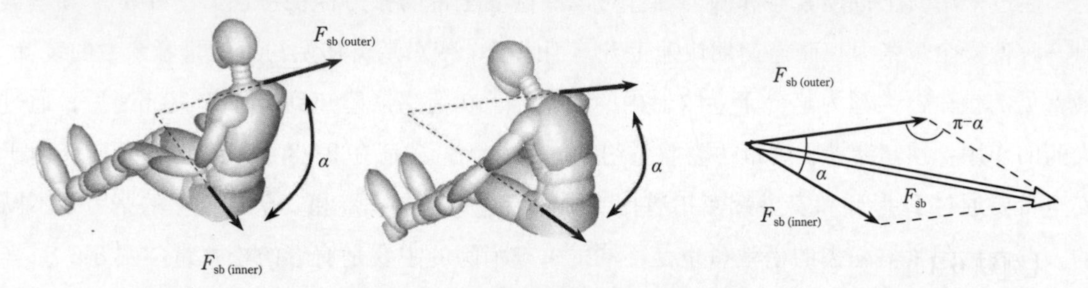

图 6-7 作用于安全肩带的力的合成 [3]

安全带在不与物体接触的区间上张力相同。相对地，在 D 形环或卡榫的穿孔等部位与物体发生接触的区间上，由于与物体之间会产生摩擦力，所以在此区间的前后范围内，安全带的张力会发生变化。为此，我们用卷绕在不发生旋转的圆筒上的安全带模型来表现上述状态（图 6-8）。设安全带的张力为 F_1、F_2，并已知安全带处于 $F_1>F_2$ 的状态。当 F_1 和 F_2 的差超过最大摩擦力时，安全带便开始在圆筒上滑动。现在假定安全带正处于即将发生滑动的状态。设安全带和物体间的静摩擦系数为 μ，取安全带中的一段微小部分分析可知，安全带张力 F 在中心方向上的分量为安全带对乘员的挤压力 N，摩擦力 μN 对此微小部分的作用力方向与安全带受到拉伸的方向相反。设安全带在圆筒上对应的微小角为 θ，则力的平衡式如下：

$$\left.\begin{aligned} N &= (F + F + \mathrm{d}F)\frac{\mathrm{d}\theta}{2} \\ F + \mathrm{d}F &= F + \mu N \end{aligned}\right\} \tag{6-2}$$

消去式 (6-2) 中的 N，得：

$$\mathrm{d}F = \mu F \mathrm{d}\theta \tag{6-3}$$

设安全带与圆筒的缠绕角为 β，则有：

$$\left.\begin{aligned} &\int_{F_2}^{F_1} \frac{dF}{F} = \mu \int_0^{\beta} d\theta \\ &F_1 = F_2\,\mathrm{e}^{\mu\beta} \end{aligned}\right\} \tag{6-4}$$

安全带与圆筒之间作用的最大摩擦力 $F_{\max}$ 为：

$$F_{\max} = F_1 - F_2 = F_2(\mathrm{e}^{\mu\beta} - 1) \tag{6-5}$$

当 F_1 和 F_2 大小之差超过 F_{max} 时，安全带开始在圆筒上滑动。滑动一旦发生，设 μ' 为动摩擦系数，F_1 和 F_2 的差即变为动摩擦力 $F'=F_2(e^{\mu'\beta}-1)$。当安全带开始滑动后，F_1 和 F_2 的差变小，当 $(F_1-F_2)=F_2(e^{\mu'\beta}-1)$ 之后，滑动停止。甚至，当 F_2 变大，$(F_1$–$F_2)$ 的符号相反，$(F_2$–$F_1)$ 的值超过 $F_1(e^{\mu'\beta}-1)$ 时，安全带开始向相反方向滑动。

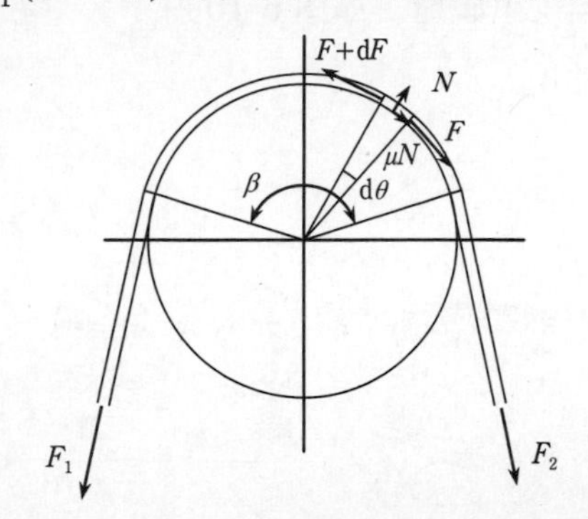

图 6-8　安全带与圆筒的相互作用力示意图

【例题 6-1】　设安全肩带在穿过 D 形环处与卷收器安全带成 60° 角，动摩擦系数 μ' 为 0.2，卷收器安全带的张力为 F_2。请使用 F_2 表示安全带在 D 形环发生滑动时，作用于安全肩带上的摩擦力。

【解答】　参照图 6-8，可知 $\beta=180^\circ-60^\circ=120^\circ$，故有：

$$F'=F_2(e^{\mu\beta}-1)=F_2(e^{0.2\frac{2\pi}{3}}-1)=0.52F_2$$

因此，作用于安全肩带的力为 $F'+F_2=1.52F_2$。

图 6-9 所示为前排乘员模型佩戴安全带时，安全带各处的张力。虽然安全带是连续的，但安全带各分段上的张力却不同。该模型中，卷收器安全带（①）的张力受限力器的作用为定值 5 kN。由于安全肩带和 D 形环间有摩擦力，所以安全肩带外端（②）的张力比卷收器安全带的张力大。腰带（④、⑤）处因腰部和大腿部惯性力的影响，产生较大的张力。该力通过带扣舌片的通孔传递，对安全肩带内端（③）的张力也产生影响。

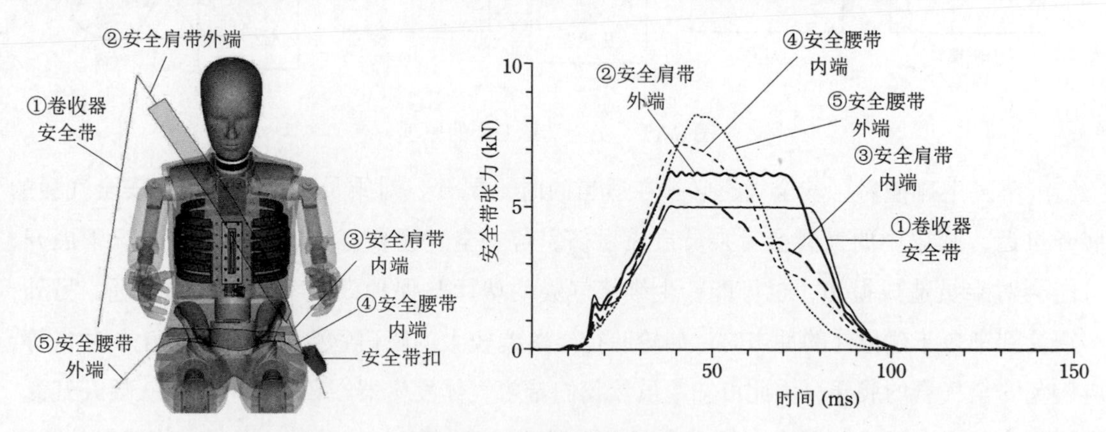

图 6-9　安全带各段的张力

6.1.2 安全气囊

仅用安全带约束乘员时，施加给头部的作用力完全靠颈部传递。因此，头部的减速效率过低，导致头部与转向系统发生接触。而安全气囊可以通过压力的分布载荷对头部减速，防止乘员头部与车室内部结构发生碰撞。如图 6-10 所示，驾驶席安全气囊内置于转向系统板内，会在车辆发生碰撞时展开。

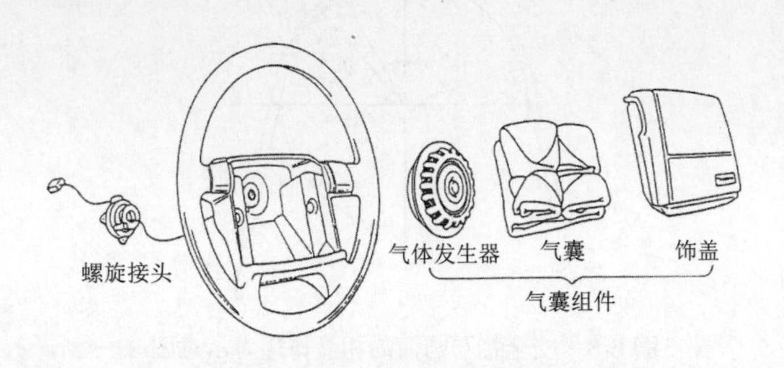

图 6-10 驾驶席安全气囊组件 [4]

如图 6-11 所示，组成安全气囊的元件有感知碰撞的加速度传感器；根据传感器信号向安全气囊发送点火信号的电控单元 (ECU)；产生气体的气体发生器；瞬间从气体发生器获得气体后展开，并对乘员进行约束的气囊（在日本，驾驶席气囊容量一般为 45~50 L，副驾驶席气囊容量为 60~100 L）以及覆盖于折叠状态气囊上的饰盖。气囊膨胀后，在与乘员头部接触的同时通过排气孔排出气体，以控制气囊内的压力。气囊一边收缩变小，一边有效地使头部减速。

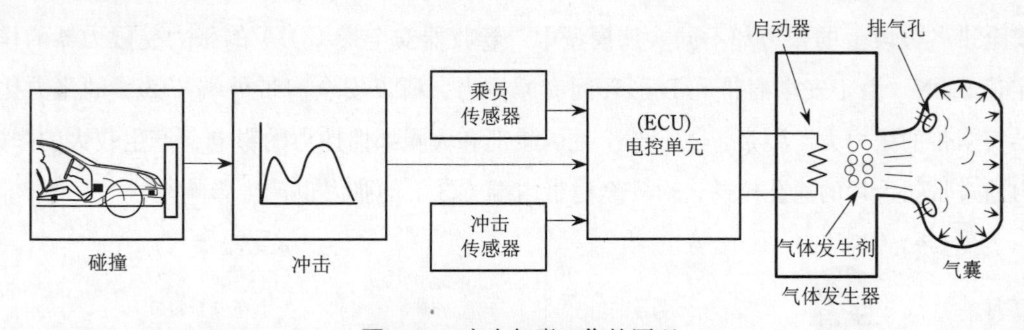

图 6-11 安全气囊工作的原理

汽车发生碰撞后，安全气囊必须在适当的时刻展开，对乘员进行约束。若安全气囊的展开过迟，膨胀中的气囊会对乘员造成损伤。若安全气囊在碰撞速度较低的情况下展开，可能会对乘员造成损伤，也可能产生维修气囊的费用与保护效果不成比例的问题。另外，车辆受到来自于碰撞外的冲击时，如轮胎行经落差较大的障碍物受到阻碍时发生的冲击等，应避免安全气囊的展开。由此可知，虽然我们希望气体发生器在较早的时刻点火展开气囊，但同时为了避免安全气囊在车辆受到不必要展开气囊的冲击时展开，需要对传感器的波形进行评估，并判断在较早的阶段展开安全气囊能否有效保护乘员。为此，ECU 会对感应器的输出信号进行演算，当冲击度超过设定的阈值时，判断为发生碰撞，使气体发生器点火，从而展开安全气囊。

为了在冲击中降低气囊展开时乘员受伤的风险，一般使用适当的力约束乘员。因此，通常采用两段式气体发生系统。在高速碰撞中，气体发生器的点火时刻 (Time To Fire，TTF) 为碰撞后约 10~15 ms 内。在使用两段式气体发生系统的情况下，先进行 1 段点火，一定时间后再进行 2 段点火。乘员佩戴安全带时，1 段点火的阈值 ΔV 被设定在约相当于 7.15 m/s 的水平。2 段点火虽由 ΔV 的大小控制，但一般在冲击度较大的情况下，2 段点火于 1 段点火约 3~5 ms 后进行。还有一种考虑了乘员的离位状态且满足美国法规 FMVSS 208 的提前式安全气囊，其 1 段及 2 段的点火次序是根据冲击度、乘员是否在座位上、体格（体重等）、有无使用安全带、座椅滑轨的位置等信息进行综合判断的。

基于安全气囊的乘员减速特性取决于气囊内部的压力。而安全气囊的压力特性则受气体的流入特性（如气体质量、气体流入速度、气体温度等）、气体的排出特性（如排气孔的面积 / 形状）、气囊特性（气囊形状 / 容积）的影响。在气囊单体展开试验中，气囊的展开状况和气囊的内压随时间的变化如图 6-12 所示。气体流入后，气囊的内压开始急剧增加 (1 次压)，直至将饰盖撑破。由于气囊急剧展开，气囊内压暂时呈负压状态。接着，压力继续增加 (2 次压)，气囊膨胀。当气囊完全膨胀时，压力达到最大值。之后，气囊逐渐收缩，气囊的内压减少，直至与大气压持平。

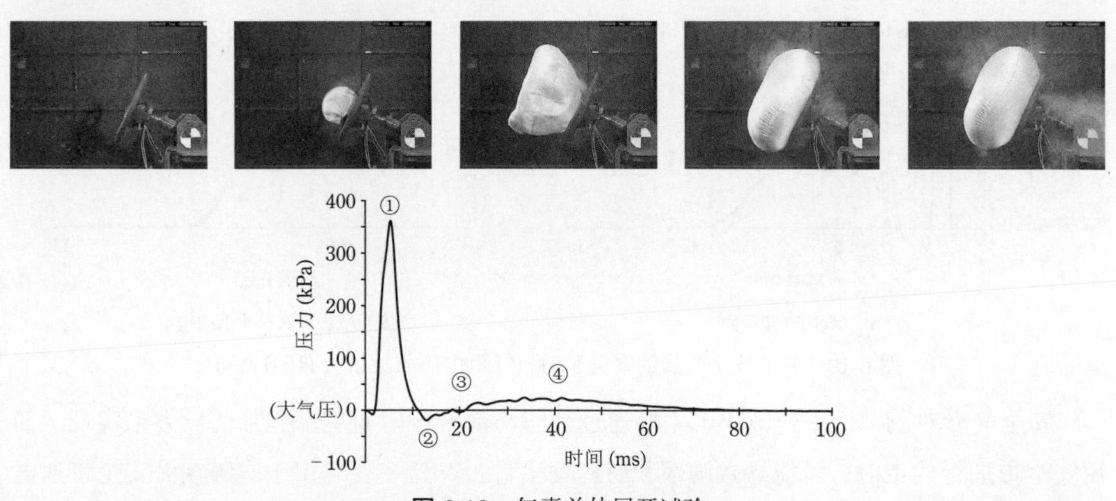

图 6-12　气囊单体展开试验

气囊作用于乘员头部的力在头部前向上的分量 F_x 由气囊产生的压力 P 和气囊基布的膜张力 (P_a) 组成。设头部与气囊的接触面积为 A，设气囊基布的膜张力作用于头部前方向上的力为 T_x，则有：

$$F_x = (p - p_a)\,A + T_x \tag{6-6}$$

受气囊的作用力 F_x 的影响，乘员的头部减速。设头部重心的位移为 x，与气囊接触初始时刻头部的重心速度为 v_0，头部位移为 x_0，头部速度变为 0 时，头部的位移为 x_1。若头部的质量为 m，颈部作用于头部的剪力为 $f_{\text{neck},x}$，则根据机械能守恒定律，可得：

$$\int_{x_0}^{x_1}(F_x + f_{\text{neck},x})\mathrm{d}x = -\frac{1}{2}mv_0^2 \tag{6-7}$$

式 (6-7) 决定了头部的最大位移。

图 6-13 所示分别为安全带和安全气囊约束下的驾驶席乘员的运动情况、气囊内压、安全气囊与乘员头部的接触力。与安全气囊单体的压力变化相同，气囊的内压急剧上升后，安全气囊内部暂时表现为负压，之后继续流入的气体使压力再次上升。当安全气囊的内压超过大气压时，气囊便能够产生约束力，头部与安全气囊之间产生接触力。之后，头部陷入气囊，使气囊内压增加。内压达到最大时，接触力、头部位移和加速度也几乎达到最大值。但是，由于气囊中的气体不断从排气孔排出，气囊的内压并不会剧烈增加。最后，当头部速度变为 0 时，气囊的内压也因排气而下降至与大气压相同的水平。

冲击开始 (0 ms)　气囊内为大气压 (30 ms)　与头部接触 (50 ms)　头部加速度最大 (71 ms)

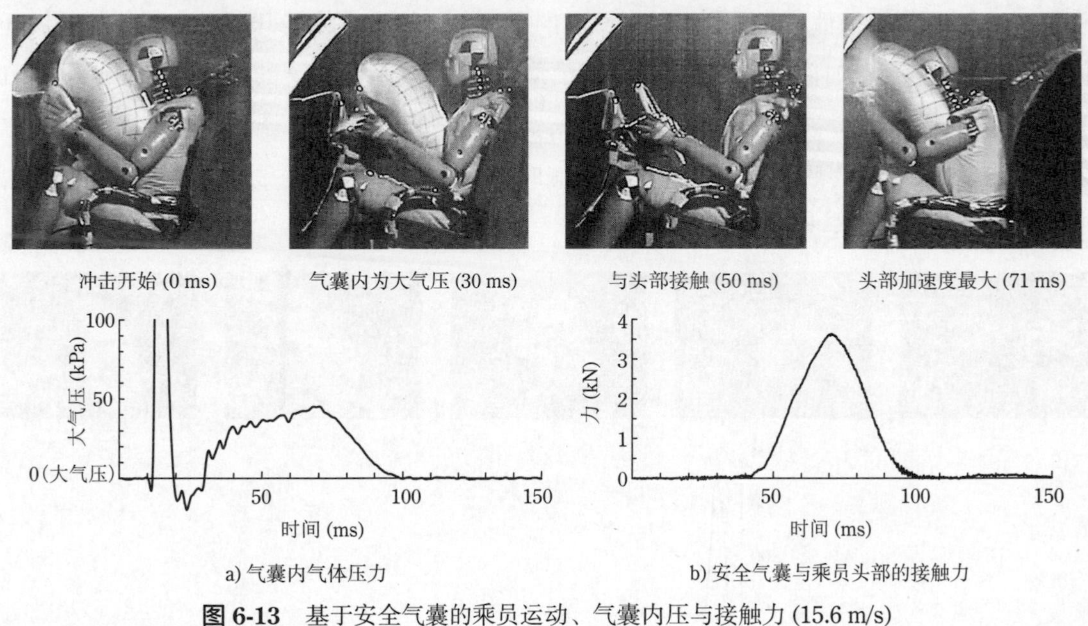

a) 气囊内气体压力　b) 安全气囊与乘员头部的接触力

图 6-13　基于安全气囊的乘员运动、气囊内压与接触力 (15.6 m/s)

安全气囊对胸部的减速效果，主要通过其与胸部接触时对胸部施加的压力来实现。使用安全带进行约束时，可能导致胸部和肋骨发生骨折，这主要是由于胸廓在沿安全带通过的路径上受到的局部作用力造成的。与之相对，若使用安全气囊，气囊压力加载到整个胸部，使胸部均匀变形，于是胸廓的最大变形量较小。安全带限力器虽能够有效减小胸部局部的变形量，降低胸廓骨折的风险，但会导致胸部前向位移量增加。为此，通过限力器对安全带载荷进行限制以及重新分布安全气囊的载荷，可以适当地控制胸部前向位移量。

图 6-14 分别为安全气囊展开时，有安全带约束与无安全带约束乘员的运动情况。碰撞后，

乘员向前方移动。如图 6-14 a) 所示，无安全带约束时，乘员的胸部和转向系统接触，头部和风窗玻璃接触，同时伴随颈部的伸展，只依靠安全气囊无法充分约束乘员上身的运动。由此可知，安全气囊作为使用安全带前提下的辅助性乘员防护系统，单独使用时可能无法充分发挥其保护乘员的效果。

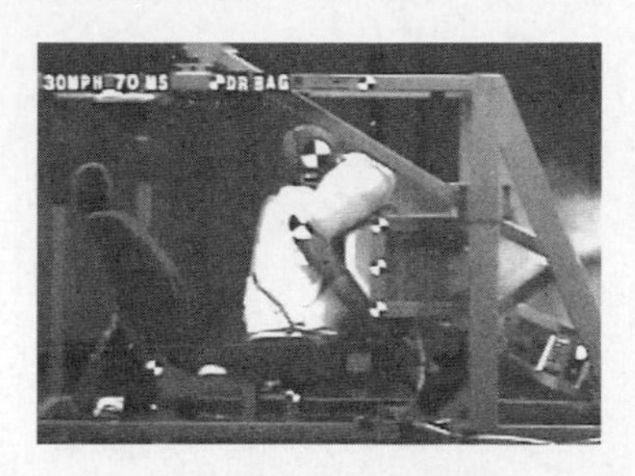

a) 无安全带约束

b) 有安全带约束

图 6-14　有无安全带约束时的乘员运动 (48 km/h)

6.1.3　安全带和安全气囊的约束

安全带和安全气囊对乘员进行约束的过程为：① 通过预紧器消除安全带松弛量，由安全带对乘员进行约束；② 安全气囊开始膨胀；③ 乘员的前向位移量增大；④ 通过事先控制的安全带张力和安全气囊压力约束乘员。

在 100% 重叠率刚性壁障正面碰撞试验中，驾驶席乘员的运动如图 6-15 所示，乘员各部位的前向 (x 方向) 加速度与安全带张力如图 6-16 所示。碰撞后 15 ms 时，安全带预紧器起动，安全气囊开始展开。约超过 45 ms 时，安全带限力器开始工作，抑制胸部减速度的增加。另一方面，安全气囊完全展开后，开始与头部接触。这样，胸部和头部分别受到来自安全带和安全气囊的作用力。车身变形在 56 ms 时达到最大，之后车辆进入回弹阶段。乘员的减速度继续增加，约在 75 ms 时，头部和胸部的减速度达到最大。

为了减小安全带的张力，安全带限力器增加了胸部和头部的前向位移量。因此，将预紧器对乘员的初期约束和安全气囊分布力对胸部的约束进行组合并不会使得头部位移量增加，而能够对胸部进行保护。

图 6-15　基于 100% 重叠率刚性壁障正面碰撞试验的乘员运动情况

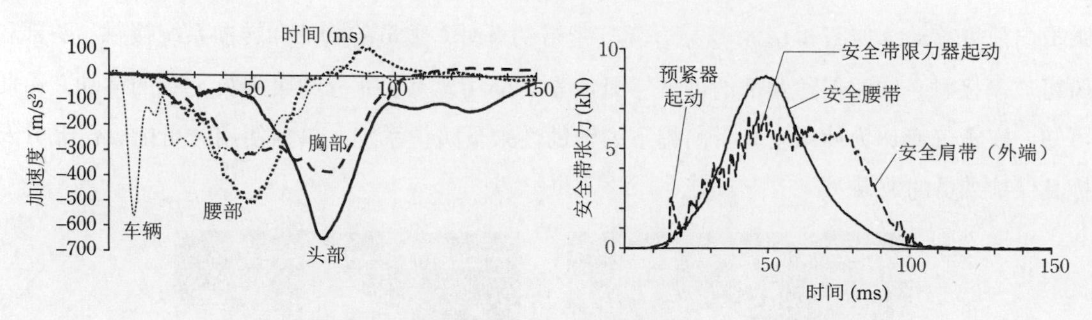

图 6-16 乘员各部位的前向 (x 方向) 加速度与安全带张力

6.2 假人运动特性

6.2.1 假人在局部坐标系上的运动

求解假人各部分的运动轨迹对判断假人是否与车室内部接触以及分析能量吸收特性非常重要。下面介绍在已知假人头部的重心加速度和角速度的条件下，求解假人头部在车室内运动轨迹的方法。如图 6-17 所示，定义相对于惯性系的静止坐标系 $O\text{-}XYZ$，固定于车辆坐标系的 $O_0\text{-}x'y'z'$ 和固定于假人头部的局部坐标系 $O_1\text{-}xyz$。在 $O_0\text{-}x'y'z'$ 系和 $O_1\text{-}xyz$ 系的原点平移的同时，坐标系发生旋转。

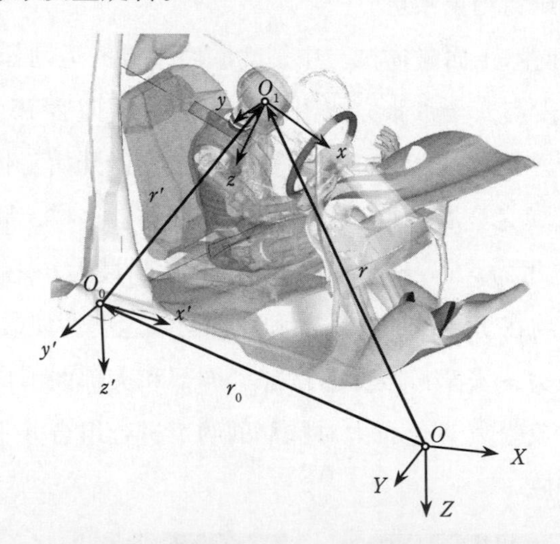

图 6-17 坐标系的定义

首先讨论将假人和车辆的运动看作二维平面运动时，假人头部轨迹的求解方法（图 6-18）。设假人头部的俯仰 (pitch) 角为 θ❶，车室的俯仰 (pitch) 角为 Θ❷。假人头部加速度在

❶假人头部的俯仰 (pitch) 角是头部局部坐标系 $O_1\text{-}xyz$ 绕 y 轴旋转的角度。
❷车室的俯仰 (pitch) 角是车体坐标系 $O_0\text{-}xyz$ 绕 Y 轴旋转的角度。

$O\text{-}XYZ$ 系上的分量 a_X，a_Z 和在 $O_1\text{-}xyz$ 系上的分量 a_x、a_z 之间的变换式为：

$$\begin{Bmatrix} a_X \\ a_Z \end{Bmatrix} = \begin{bmatrix} \cos\theta & \sin\theta \\ -\sin\theta & \cos\theta \end{bmatrix} \begin{Bmatrix} a_x \\ a_z \end{Bmatrix} \tag{6-8}$$

由假人头部处测量到的 a_x、a_z 通过式 (6-8) 变换可求得 a_X、a_Z。对 a_X、a_Z 进行时间积分，可以得到头部在静止坐标系上的速度 v_X、v_Z 和位移 X、Z。另外，将求得的速度 v_X、v_Z 变换为 $O_1\text{-}xyz$ 的 x、z 分量，可以求出投影在假人局部坐标系上的速度分量 v_x、v_z。必须注意的是，由于 $O_1\text{-}xyz$ 系为发生旋转的运动坐标系，因此即使对表现在 $O_1\text{-}xyz$ 系上的加速度 a_x、a_z 进行时间积分，也无法求出正确的速度或位移。

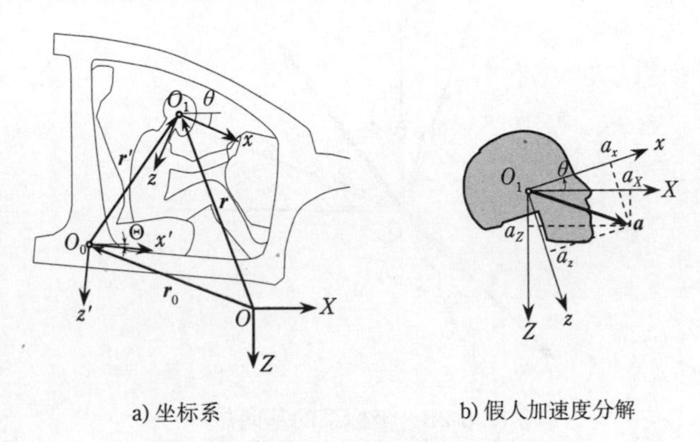

a) 坐标系　　b) 假人加速度分解

图 6-18　假人的二维运动坐标系表示

要想求得从车室观察到的假人位移，需要将假人相对车室的位移表示在车辆坐标系上。分别设从 $O\text{-}XYZ$ 系观察到的 O_0 和 O_1 的位置向量为 $\boldsymbol{r}_0(X_0, Z_0)$、$\boldsymbol{r}(X, Z)$，则 $O_0\text{-}x'y'z'$ 系中的假人的点 O_1 的位置向量 $\boldsymbol{r}'=\boldsymbol{r}-\boldsymbol{r}_0$ 可以通过式 (6-9) 投影到 $O_0\text{-}x'y'z'$ 系的坐标轴上，进而得到从车室观察到的假人头部点 O_1 的位置分量 (x', z')：

$$\begin{Bmatrix} x' \\ z' \end{Bmatrix} = \begin{bmatrix} \cos\Theta & -\sin\Theta \\ \sin\Theta & \cos\Theta \end{bmatrix} \begin{Bmatrix} X - X_0 \\ Z - Z_0 \end{Bmatrix} \tag{6-9}$$

此外，从车室观察到的假人头部的姿态角为 $\theta - \Theta$。

接下来分析头部的三维运动。相对静止坐标系 $O\text{-}XYZ$，局部坐标系 $O_1\text{-}xyz$ 一边做平移运动，一边以角速度 ω 发生旋转。由假人的头部加速度计测得的值为加速度 $\boldsymbol{a}$ 分解在内嵌于假人头部重心处的运动坐标系 $O_1\text{-}xyz$ 坐标轴方向上的分量（图 6-19）。设固定于地面的静止坐标系 $O\text{-}XYZ$ 坐标轴正向的单位向量（基向量）为 $\boldsymbol{e}_X$、$\boldsymbol{e}_Y$、$\boldsymbol{e}_Z$，局部坐标系的基向量为 $\boldsymbol{e}_x$、$\boldsymbol{e}_y$、$\boldsymbol{e}_z$（图 6-20）。加速度向量 $\boldsymbol{a}$ 可以用静止坐标系分量 (a_X, a_Y, a_Z) 和局部坐标系分量 (a_x, a_y, a_z) 表示为：

$$\boldsymbol{a} = a_X\boldsymbol{e}_X + a_Y\boldsymbol{e}_Y + a_Z\boldsymbol{e}_Z = a_x\boldsymbol{e}_x + a_y\boldsymbol{e}_y + a_z\boldsymbol{e}_z \tag{6-10}$$

局部坐标系的坐标轴相对静止坐标系的方向会随着假人的运动而改变。加速度 $\boldsymbol{a}$ 在瞬间投影于局部坐标系的 x、y、z 方向上的分量分别为假人头部的前后、左右、上下方向的

加速度 a_x、a_y、a_z。

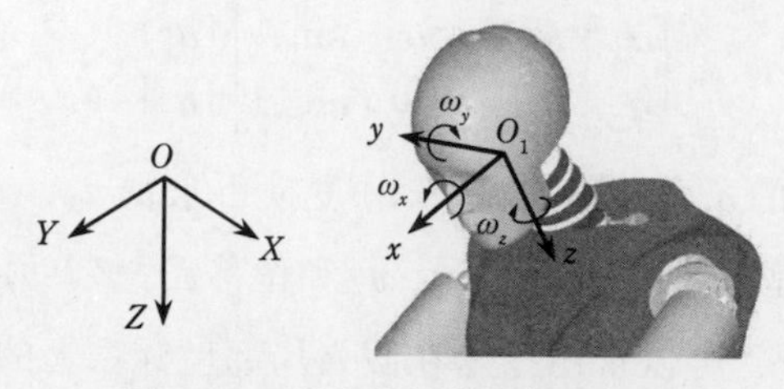

图 6-19 假人头部的局部坐标系

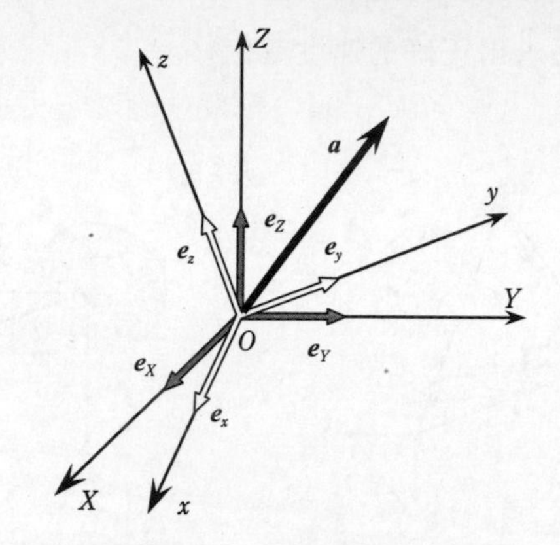

图 6-20 坐标系的基向量

下面考虑表示在静止坐标系 $O\text{-}XYZ$ 和局部坐标系 $O_1\text{-}xyz$ 上的加速度向量 $\boldsymbol{a}$ 的分量。两个坐标系的基向量之间的关系可以通过各自基向量所成角的方向余弦表示为：

$$\left.\begin{aligned}\boldsymbol{e}_x&=(\boldsymbol{e}_x\cdot\boldsymbol{e}_X)\boldsymbol{e}_X+(\boldsymbol{e}_x\cdot\boldsymbol{e}_Y)\boldsymbol{e}_Y+(\boldsymbol{e}_x\cdot\boldsymbol{e}_Z)\boldsymbol{e}_Z\\\boldsymbol{e}_y&=(\boldsymbol{e}_y\cdot\boldsymbol{e}_X)\boldsymbol{e}_X+(\boldsymbol{e}_y\cdot\boldsymbol{e}_Y)\boldsymbol{e}_Y+(\boldsymbol{e}_y\cdot\boldsymbol{e}_Z)\boldsymbol{e}_Z\\\boldsymbol{e}_z&=(\boldsymbol{e}_z\cdot\boldsymbol{e}_X)\boldsymbol{e}_X+(\boldsymbol{e}_z\cdot\boldsymbol{e}_Y)\boldsymbol{e}_Y+(\boldsymbol{e}_z\cdot\boldsymbol{e}_Z)\boldsymbol{e}_Z\end{aligned}\right\}\tag{6-11}$$

由式 (6-10) 计算 $\boldsymbol{a}$ 和 $\boldsymbol{e}_x$ 的内积，得：

$$\begin{aligned}\boldsymbol{a}\cdot\boldsymbol{e}_x&=a_X(\boldsymbol{e}_X\cdot\boldsymbol{e}_x)+a_Y(\boldsymbol{e}_Y\cdot\boldsymbol{e}_x)+a_Z(\boldsymbol{e}_Z\cdot\boldsymbol{e}_x)\\&=a_x(\boldsymbol{e}_x\cdot\boldsymbol{e}_x)+a_y(\boldsymbol{e}_y\cdot\boldsymbol{e}_x)+a_z(\boldsymbol{e}_z\cdot\boldsymbol{e}_x)\\&=a_x\end{aligned}$$

同样，计算 $\boldsymbol{a}\cdot\boldsymbol{e}_y$ 和 $\boldsymbol{a}\cdot\boldsymbol{e}_z$，得到表示两坐标系中的加速度向量分量之间的关系：

$$\begin{Bmatrix}a_x\\a_y\\a_z\end{Bmatrix}=\begin{bmatrix}\boldsymbol{e}_x\cdot\boldsymbol{e}_X&\boldsymbol{e}_x\cdot\boldsymbol{e}_Y&\boldsymbol{e}_x\cdot\boldsymbol{e}_Z\\\boldsymbol{e}_y\cdot\boldsymbol{e}_X&\boldsymbol{e}_y\cdot\boldsymbol{e}_Y&\boldsymbol{e}_y\cdot\boldsymbol{e}_Z\\\boldsymbol{e}_z\cdot\boldsymbol{e}_X&\boldsymbol{e}_z\cdot\boldsymbol{e}_Y&\boldsymbol{e}_z\cdot\boldsymbol{e}_Z\end{bmatrix}\begin{Bmatrix}a_X\\a_Y\\a_Z\end{Bmatrix}=\boldsymbol{A}\begin{Bmatrix}a_X\\a_Y\\a_Z\end{Bmatrix}\tag{6-12}$$

此外，根据式 (6-10) 计算 $\boldsymbol{a}\cdot\boldsymbol{e}_x$、$\boldsymbol{a}\cdot\boldsymbol{e}_y$、$\boldsymbol{a}\cdot\boldsymbol{e}_z$，可以得到式 (6-13)：

$$\begin{Bmatrix}a_X\\a_Y\\a_Z\end{Bmatrix}=\begin{bmatrix}\boldsymbol{e}_X\cdot\boldsymbol{e}_x&\boldsymbol{e}_X\cdot\boldsymbol{e}_y&\boldsymbol{e}_X\cdot\boldsymbol{e}_z\\\boldsymbol{e}_Y\cdot\boldsymbol{e}_x&\boldsymbol{e}_Y\cdot\boldsymbol{e}_y&\boldsymbol{e}_Y\cdot\boldsymbol{e}_z\\\boldsymbol{e}_Z\cdot\boldsymbol{e}_x&\boldsymbol{e}_Z\cdot\boldsymbol{e}_y&\boldsymbol{e}_Z\cdot\boldsymbol{e}_z\end{bmatrix}\begin{Bmatrix}a_x\\a_y\\a_z\end{Bmatrix}=\boldsymbol{A}^{\mathrm{T}}\begin{Bmatrix}a_x\\a_y\\a_z\end{Bmatrix}\tag{6-13}$$

式 (6-13) 中的 $\boldsymbol{A}^{\mathrm{T}}$ 为坐标轴之间的方向余弦组成的坐标变换矩阵，表示为

$$\boldsymbol{A}=\begin{bmatrix} \boldsymbol{e}_x\cdot\boldsymbol{e}_X & \boldsymbol{e}_x\cdot\boldsymbol{e}_Y & \boldsymbol{e}_x\cdot\boldsymbol{e}_Z \\ \boldsymbol{e}_y\cdot\boldsymbol{e}_X & \boldsymbol{e}_y\cdot\boldsymbol{e}_Y & \boldsymbol{e}_y\cdot\boldsymbol{e}_Z \\ \boldsymbol{e}_z\cdot\boldsymbol{e}_X & \boldsymbol{e}_z\cdot\boldsymbol{e}_Y & \boldsymbol{e}_z\cdot\boldsymbol{e}_Z \end{bmatrix}$$

从式 (6-12)、式 (6-13) 间的关系可以清楚地看出，$\boldsymbol{A}^{-1}=\boldsymbol{A}^{\mathrm{T}}$，$\boldsymbol{A}$ 为正交矩阵。利用式 (6-12)、式 (6-13) 可以对各自坐标系中的表示成分进行相互转换。式 (6-12) 和式 (6-13) 为向量分量的变换式，表示在静止坐标系中的力的分量 (f_X, f_Y, f_Z) 和在局部坐标系中的力的分量 (f_x, f_y, f_z)，也可以利用 $\boldsymbol{A}$ 进行转换。

由于假人的局部坐标系 O_1-xyz 随时间的变化发生旋转，因此计算时要考虑到其基向量也会随时间发生旋转。若将速度向量 $\boldsymbol{v}$ 向 O_1-xyz 系的坐标轴方向投影，则可根据基向量 $\boldsymbol{e}_x$、$\boldsymbol{e}_y$、$\boldsymbol{e}_z$ 和其分量 v_x、v_y、v_z 表示为：

$$\boldsymbol{v}=v_x\boldsymbol{e}_x+v_y\boldsymbol{e}_y+v_z\boldsymbol{e}_z$$

在上式中，对时间微分求加速度 $\boldsymbol{a}$。基向量 $\boldsymbol{e}_x$、$\boldsymbol{e}_y$、$\boldsymbol{e}_z$ 随时间变化根据坐标系 O_1-xyz 的角速度向量 $\boldsymbol{\omega}$ 可表示为 $\mathrm{d}\boldsymbol{e}_x/\mathrm{d}t=\boldsymbol{\omega}\times\boldsymbol{e}_x$、$\mathrm{d}\boldsymbol{e}_y/\mathrm{d}t=\boldsymbol{\omega}\times\boldsymbol{e}_y$、$\mathrm{d}\boldsymbol{e}_z/\mathrm{d}t=\boldsymbol{\omega}\times\boldsymbol{e}_z$，因此加速度为：

$$\begin{aligned}\boldsymbol{a}&=\frac{\mathrm{d}\boldsymbol{v}}{\mathrm{d}t}=\frac{\mathrm{d}v_x}{\mathrm{d}t}\boldsymbol{e}_x+\frac{\mathrm{d}v_y}{\mathrm{d}t}\boldsymbol{e}_y+\frac{\mathrm{d}v_z}{\mathrm{d}t}\boldsymbol{e}_z+\boldsymbol{\omega}\times(v_x\boldsymbol{e}_x+v_y\boldsymbol{e}_y+v_z\boldsymbol{e}_z)\\&=\frac{\mathrm{d}v_x}{\mathrm{d}t}\boldsymbol{e}_x+\frac{\mathrm{d}v_y}{\mathrm{d}t}\boldsymbol{e}_y+\frac{\mathrm{d}v_z}{\mathrm{d}t}\boldsymbol{e}_z+\boldsymbol{\omega}\times\boldsymbol{v}\end{aligned}$$

角速度向量表示为 $\boldsymbol{\omega}=\omega_x\boldsymbol{e}_x+\omega_y\boldsymbol{e}_y+\omega_z\boldsymbol{e}_z$，将上式改写为由各个分量表示，有：

$$a_x=\frac{\mathrm{d}v_x}{\mathrm{d}t}+\omega_y v_z-\omega_z v_y,\quad a_y=\frac{\mathrm{d}v_y}{\mathrm{d}t}+\omega_z v_x-\omega_x v_z,\quad a_z=\frac{\mathrm{d}v_z}{\mathrm{d}t}+\omega_x v_y-\omega_y v_x \tag{6-14}$$

从上式 (6-14) 可知，直接对局部坐标系中表示的加速度分量 a_x、a_y、a_z 进行时间积分，无法得到局部坐标系上的速度分量 v_x、v_y、v_z。

【例题 6-2】　证明角速度 $\boldsymbol{\omega}$ 可以写成 $\mathrm{d}\boldsymbol{\omega}/\mathrm{d}t=(\mathrm{d}\omega_x/\mathrm{d}t)\boldsymbol{e}_x+(\mathrm{d}\omega_y/\mathrm{d}t)\boldsymbol{e}_y+(\mathrm{d}\omega_z/\mathrm{d}t)\boldsymbol{e}_z$。

【解答】

$$\begin{aligned}\frac{\mathrm{d}\boldsymbol{\omega}}{\mathrm{d}t}&=\frac{\mathrm{d}\omega_x}{\mathrm{d}t}\boldsymbol{e}_x+\frac{\mathrm{d}\omega_y}{\mathrm{d}t}\boldsymbol{e}_y+\frac{\mathrm{d}\omega_z}{\mathrm{d}t}\boldsymbol{e}_z+\boldsymbol{\omega}\times(\omega_x\boldsymbol{e}_x+\omega_y\boldsymbol{e}_y+\omega_z\boldsymbol{e}_z)\\&=\frac{\mathrm{d}\omega_x}{\mathrm{d}t}\boldsymbol{e}_x+\frac{\mathrm{d}\omega_y}{\mathrm{d}t}\boldsymbol{e}_y+\frac{\mathrm{d}\omega_z}{\mathrm{d}t}\boldsymbol{e}_z+\boldsymbol{\omega}\times\boldsymbol{\omega}=\frac{\mathrm{d}\omega_x}{\mathrm{d}t}\boldsymbol{e}_x+\frac{\mathrm{d}\omega_y}{\mathrm{d}t}\boldsymbol{e}_y+\frac{\mathrm{d}\omega_z}{\mathrm{d}t}\boldsymbol{e}_z\end{aligned}$$

与此相对，对某轴的角加速度分量进行时间积分，可以得到此轴的角速度。

在三维的刚体运动中，需要表达包含了旋转的刚体姿态的变化。固定在刚体上的局部坐标系 O_1-xyz 的方向，最初与静止坐标系 O-XYZ 的方向一致。局部坐标系从最初的状态变为空间内的任意姿势的旋转过程可以用欧拉角表示。这里，速度和加速度向量分量的变化是伴随坐标系旋转状态发生的，因此我们设定 O_1 和 O 为一致状态下的坐标变换。令坐

标轴按横摆 (yaw) 角 ψ[1]、俯仰 (pitch) 角 θ[2] 和侧倾 (roll) 角 φ[3] 的顺序旋转，最终得到局部坐标系 $O\text{-}xyz$（图 6-21）。设静止坐标系 $O\text{-}XYZ$ 绕 Z 轴旋转 yaw 角 ψ 后的坐标系为 $O\text{-}X_1Y_1Z_1$，那么根据两个坐标系的坐标轴的方向余弦，可以得到向量的分量之间的变换式：

$$\begin{Bmatrix} X_1 \\ Y_1 \\ Z_1 \end{Bmatrix} = R_Z(\psi)\begin{Bmatrix} X \\ Y \\ Z \end{Bmatrix} = \begin{bmatrix} \cos\psi & \sin\psi & 0 \\ -\sin\psi & \cos\psi & 0 \\ 0 & 0 & 1 \end{bmatrix}\begin{Bmatrix} X \\ Y \\ Z \end{Bmatrix}$$

接着，设 $O\text{-}X_1Y_1Z_1$ 系绕 Y_1 轴旋转俯仰角 θ 后得到的坐标系为 $O\text{-}X_2Y_2Z_2$。$O\text{-}X_2Y_2Z_2$ 绕 X_2 轴旋转侧倾角 φ 后，最终得到的坐标系为 $O\text{-}xyz$ 系。各个变换式如式 (6-15) 所示：

$$\left.\begin{aligned} \begin{Bmatrix} X_2 \\ Y_2 \\ Z_2 \end{Bmatrix} &= R_{Y_1}(\theta)\begin{Bmatrix} X_1 \\ Y_1 \\ Z_1 \end{Bmatrix} = \begin{bmatrix} \cos\theta & 0 & -\sin\theta \\ 0 & 1 & 0 \\ \sin\theta & 0 & \cos\theta \end{bmatrix}\begin{Bmatrix} X_1 \\ Y_1 \\ Z_1 \end{Bmatrix} \\ \begin{Bmatrix} x \\ y \\ z \end{Bmatrix} &= R_{X_2}(\varphi)\begin{Bmatrix} X_2 \\ Y_2 \\ Z_2 \end{Bmatrix} = \begin{bmatrix} 1 & 0 & 0 \\ 0 & \cos\varphi & \sin\varphi \\ 0 & -\sin\varphi & \cos\varphi \end{bmatrix}\begin{Bmatrix} X_2 \\ Y_2 \\ Z_2 \end{Bmatrix} \end{aligned}\right\} \tag{6-15}$$

按顺序演算旋转的矩阵，可得到 $O\text{-}XYZ$ 系到 $O\text{-}xyz$ 系的变换式：

$$\begin{aligned} \begin{Bmatrix} x \\ y \\ z \end{Bmatrix} &= R_{X_2}(\varphi)R_{Y_1}(\theta)R_Z(\psi)\begin{Bmatrix} X \\ Y \\ Z \end{Bmatrix} \\ &= \begin{bmatrix} \cos\theta\cos\psi & \cos\theta\sin\psi & -\sin\theta \\ \sin\varphi\sin\theta\cos\psi-\cos\varphi\sin\psi & \sin\varphi\sin\theta\sin\psi+\cos\varphi\cos\psi & \sin\varphi\cos\theta \\ \cos\varphi\sin\theta\cos\psi+\sin\varphi\sin\psi & \cos\varphi\sin\theta\sin\psi-\sin\varphi\cos\psi & \cos\varphi\cos\theta \end{bmatrix}\begin{Bmatrix} X \\ Y \\ Z \end{Bmatrix} \end{aligned} \tag{6-16}$$

$$\begin{Bmatrix} X \\ Y \\ Z \end{Bmatrix} = \begin{bmatrix} \cos\theta\cos\psi & \sin\varphi\sin\theta\cos\psi-\cos\varphi\sin\psi & \cos\varphi\sin\theta\cos\psi+\sin\varphi\sin\psi \\ \cos\theta\sin\psi & \sin\varphi\sin\theta\sin\psi+\cos\varphi\cos\psi & \cos\varphi\sin\theta\sin\psi-\sin\varphi\cos\psi \\ -\sin\theta & \sin\varphi\cos\theta & \cos\varphi\cos\theta \end{bmatrix}\begin{Bmatrix} x \\ y \\ z \end{Bmatrix} \tag{6-17}$$

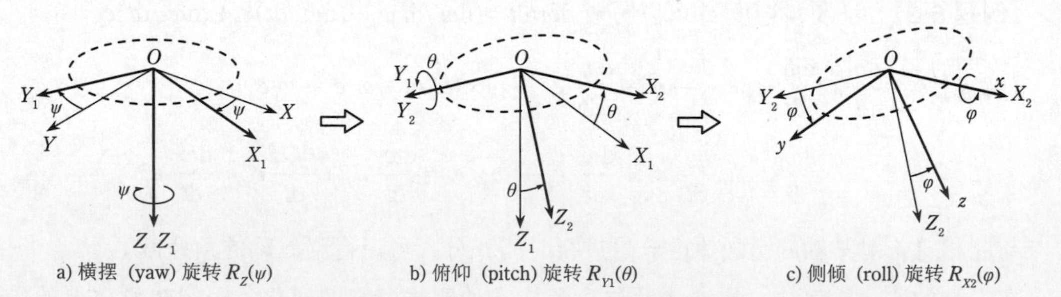

图 6-21 基于欧拉角的局部坐标系的变换

---

[1] 横摆 (yaw) 角 ψ 指绕坐标系 Z 轴旋转的角度。

[2] 俯仰 (pitch) 角 θ 指绕坐标系 Y 轴旋转的角度。

[3] 侧倾 (roll) 角 φ 指绕坐标系 X 轴旋转的角度。

坐标系 O_1-xyz 被固定于刚体上，与刚体以相同的角速度 $\boldsymbol{\omega}$ 旋转。因此，刚体的角速度与坐标系 O_1-xyz 的角速度相同。下面用 O_1-xyz 系的基向量表示 O_1-xyz 系的角速度。设 O_1-xyz 系中，绕 x、y、z 轴的角速度分别为 ω_x、ω_y、ω_z，则有：

$$\boldsymbol{\omega}=\omega_x\boldsymbol{e}_x+\omega_y\boldsymbol{e}_y+\omega_z\boldsymbol{e}_z \tag{6-18}$$

此外，根据图 6-21 所示的坐标变换的步骤，也可以用欧拉角随时间变化量 $\dot{\varphi}$、$\dot{\theta}$、$\dot{\psi}$ 来表示 $\boldsymbol{\omega}$：

$$\boldsymbol{\omega}=\dot{\psi}\,\boldsymbol{e}_Z+\dot{\theta}\,\boldsymbol{e}_{Y_1}+\dot{\varphi}\,\boldsymbol{e}_x \tag{6-19}$$

参照式 (6-11) 和式 (6-12)、式 (6-13) 可知，坐标变换矩阵同时也表现了基向量的变换，因此参照式 (6-17) 的变换矩阵的第三行，$\boldsymbol{e}_Z$ 可以用 $\boldsymbol{e}_x$、$\boldsymbol{e}_y$、$\boldsymbol{e}_z$ 写为：

$$\boldsymbol{e}_Z=-\sin\theta\,\boldsymbol{e}_x+\sin\varphi\cos\theta\,\boldsymbol{e}_y+\cos\varphi\cos\theta\,\boldsymbol{e}_z$$

为了得到 $\boldsymbol{e}_{Y_1}$，根据式 (6-15)，O-$X_1Y_1Z_1$ 系与 O-xyz 系之间的坐标变换为：

$$\begin{Bmatrix}x\\y\\z\end{Bmatrix}=R_{X_2}(\varphi)\,R_{Y_1}(\theta)\begin{Bmatrix}X_1\\Y_1\\Z_1\end{Bmatrix}=\begin{bmatrix}\cos\theta & 0 & -\sin\theta\\ \sin\varphi\sin\theta & \cos\varphi & \sin\varphi\cos\theta\\ \cos\varphi\sin\theta & -\sin\varphi & -\cos\varphi\cos\theta\end{bmatrix}\begin{Bmatrix}X_1\\Y_1\\Z_1\end{Bmatrix}$$

参照上面的坐标变化矩阵的第二列，可得 $\boldsymbol{e}_{Y_1}$，为：

$$\boldsymbol{e}_{Y_1}=\cos\varphi\boldsymbol{e}_y-\sin\varphi\boldsymbol{e}_z$$

将求得的 $\boldsymbol{e}_Z$ 和 $\boldsymbol{e}_{Y_1}$ 代入式 (6-19)，有：

$$\boldsymbol{\omega}=(\dot{\varphi}-\dot{\psi}\sin\theta)\boldsymbol{e}_x+(\dot{\theta}\cos\varphi+\dot{\psi}\sin\varphi\cos\theta)\boldsymbol{e}_y+(\dot{\psi}\cos\varphi\cos\theta-\dot{\theta}\sin\varphi)\boldsymbol{e}_z \tag{6-20}$$

令式 (6-18) 和式 (6-20) 相等，则欧拉角和 O-xyz 系坐标轴的角速度之间有如下关系成立：

$$\left.\begin{aligned}\omega_x&=\dot{\varphi}-\dot{\psi}\sin\theta\\ \omega_y&=\dot{\theta}\cos\varphi+\dot{\psi}\sin\varphi\cos\theta\\ \omega_z&=\dot{\psi}\cos\varphi\cos\theta-\dot{\theta}\sin\varphi\end{aligned}\right\} \tag{6-21}$$

解式 (6-21) 中的 $\dot{\varphi}$、$\dot{\theta}$、$\dot{\psi}$，可得：

$$\left.\begin{aligned}\dot{\psi}&=(\omega_z\cos\varphi+\omega_y\sin\varphi)/\cos\theta\\ \dot{\theta}&=\omega_y\cos\varphi-\omega_z\sin\varphi\\ \dot{\varphi}&=\omega_x+(\omega_z\cos\varphi+\omega_y\sin\varphi)\tan\theta\end{aligned}\right\} \tag{6-22}$$

对式 (6-22) 时刻为 0 时的初始值 $\psi(0)$，$\theta(0)$，$\varphi(0)$ 以及时刻为 t 时的角速度 $\omega_x(t)$，$\omega_y(t)$，$\omega_z(t)$ 进行数值积分，即可得到时刻 t 时的欧拉角 $\psi(t)$，$\theta(t)$，$\varphi(t)$。对表示在局部坐标系中的加速度分量使用欧拉角形式的式 (6-17) 进行坐标变换，可得表示在静止坐标系中的分量 a_X、a_Y、a_Z。再对其进行时间积分，即可得到从静止坐标系中观测到的速度 v_X、v_Y、v_Z 和位移 X、Y、Z。接着对 v_x、v_y、v_z 适用于式 (6-16)，可以得到局部坐标系的分量 v_X、

v_Y、v_Z。另一方面，若不通过坐标变换，而是将 ω_x、ω_y、ω_z 代入式(6-14)进行时间积分，也可在求得 v_x、v_y、v_z 后，将 v_x、v_y、v_z 通过坐标变换来求得 v_X、v_Y、v_Z，如图6-22所示。

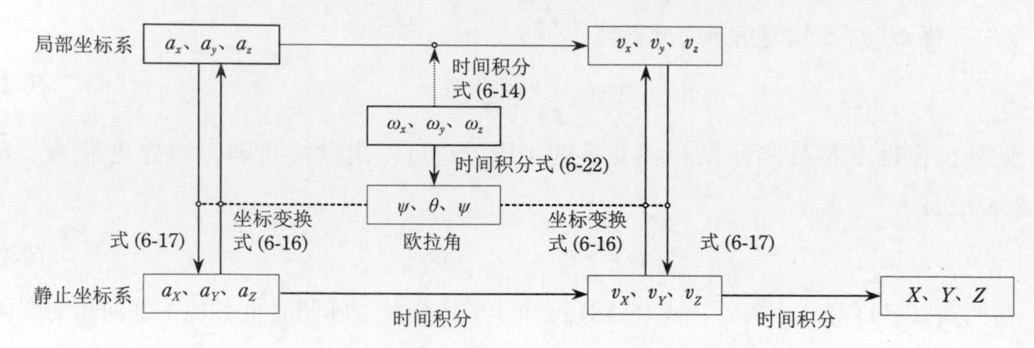

图6-22 局部坐标系[❶] 和静止坐标系的加速度、速度、位移关系

6.2.2 车辆的旋转运动

碰撞中，车辆除了平移运动，时常还会伴随三维的旋转运动。由于车辆的旋转在车辆加速度达到最大值后，即碰撞的后半程增大，因此分析乘员损伤值时通常没有将其纳入考虑因素中。但是，在正面碰撞过程中，车辆发生的横摆运动(yawing)和俯仰运动(pitching)有时会对乘员的运动产生影响。这里讨论将车室视为刚体的情况下由旋转引起的车室内点的运动。

对于静止坐标系 $O\text{-}XYZ$，定义 $O_0\text{-}x'y'z'$ 为以车室内某一点 O_0 为原点的固定于车室上的局部坐标系（图6-23）。设车室的角速度向量为 $\boldsymbol{\Omega}$。固定在车室的点 P 的位置向量 $\boldsymbol{r}$ 可以用 O_0 的位置向量 $\boldsymbol{r}_0$ 和点 P 参照 $O_0\text{-}x'y'z'$ 系坐标的位置向量 $\boldsymbol{r}'$ 表示为：

$$\boldsymbol{r} = \boldsymbol{r}_0 + \boldsymbol{r}' \tag{6-23}$$

由于点 P 固定于车室，$\boldsymbol{r}'$ 的大小不变。因此，立足于点 O_0 观察到的点 P 的相对速度为 $\dot{\boldsymbol{r}}' = \boldsymbol{\Omega} \times \boldsymbol{r}'$，故点 P 的速度为：

$$\dot{\boldsymbol{r}} = \dot{\boldsymbol{r}}_0 + \boldsymbol{\Omega} \times \boldsymbol{r}' \tag{6-24}$$

点 P 的加速度为：

$$\ddot{\boldsymbol{r}} = \ddot{\boldsymbol{r}}_0 + \boldsymbol{\Omega} \times (\boldsymbol{\Omega} \times \boldsymbol{r}') + \dot{\boldsymbol{\Omega}} \times \boldsymbol{r}' \tag{6-25}$$

在车辆运动伴随旋转的情况下，车室内点 P 的加速度会因其在车室内位置 $\boldsymbol{r}'$ 的不同而不同。与之相对，若在分析乘员运动时不考虑车辆的旋转，只考虑平移运动，就意味着车室内某一点的加速度代表了车室内所有点的加速度，进而施加给乘员的加速度也在同一加

---

❶局部坐标系的运动也可以通过LS-DYNA和MADYMO求出。LS-DYNA中局部坐标系通过DEFINE_COORDINATE_NODES定义，平行加速度和角速度通过BOUNDARY_PRESCRIBED_MOTION_RIGID_LOCAL输入此坐标系。MADYMO中局部坐标系通过JOINT.FREE_ROT_DISP定义，平行加速度和角速度通过MOTION.JOINT_ACC输入。

速度场。

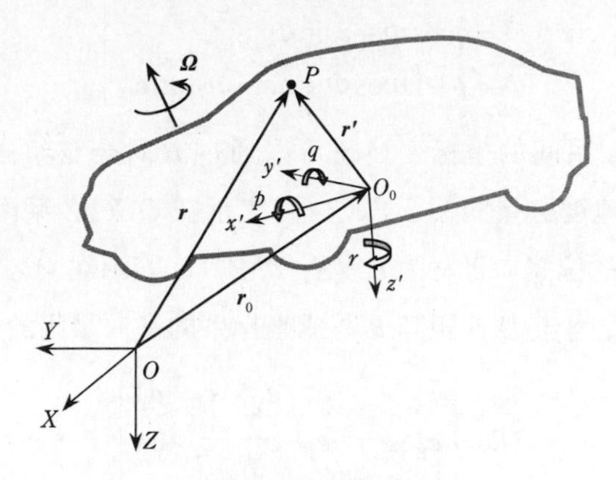

图 6-23　坐标系

若想让车室内的乘员的运动与实际碰撞时一致，就必须使车室内的加速度场也与碰撞时相一致。根据式 (6-25) 可知，利用台车试验再现乘坐在发生旋转运动的车室内的乘员运动时，只要满足以下条件即可：

（1）车室任意一点的加速度必须与车辆试验中车室同一点的加速度一致（即与 $\ddot{\boldsymbol{r}}_0$ 一致）。

（2）车室相对静止坐标系的旋转角（姿态角）一致（即 $\boldsymbol{\Omega}$ 相一致）。

大多数情况下，车室内会安装偶数个加速度计，这些加速度计由于车辆的旋转，取得不同的值。这里先求出车室内点 O_0 和点 P[1] 加速度之间的关系。设表示在 O_0-$x'y'z'$ 系中的点 P 的坐标为 (x', y', z')，从点 O_0 观察到的位置向量为 $\boldsymbol{r}' = x'\boldsymbol{e}_{x'} + y'\boldsymbol{e}_{y'} + z'\boldsymbol{e}_{z'}$，车辆的 x', y', z' 轴的角速度为 p，q，r（$\boldsymbol{\Omega} = p\boldsymbol{e}_{x'} + q\boldsymbol{e}_{y'} + r\boldsymbol{e}_{z'}$）。点 O_0 和点 P 的加速度通过 O_0-$x'y'z'$ 系的基向量 $\boldsymbol{e}_{x'}$，$\boldsymbol{e}_{y'}$，$\boldsymbol{e}_{z'}$ 表示为 $\ddot{\boldsymbol{r}}_0 = a_{0x'}\boldsymbol{e}_{x'} + a_{0y'}\boldsymbol{e}_{y'} + a_{0z'}\boldsymbol{e}_{z'}$，$\ddot{\boldsymbol{r}} = a_{x'}\boldsymbol{e}_{x'} + a_{y'}\boldsymbol{e}_{y'} + a_{z'}\boldsymbol{e}_{z'}$。将这些表示在 O_0-$x'y'z'$ 系中的向量代入式 (6-25) 可得到点 P 的加速度 $\ddot{\boldsymbol{r}}$ 在 O_0-$x'y'z'$ 系上的投影分量：

$$\left.\begin{aligned} a_{x'} &= a_{0x'} + \dot{q}z' - \dot{r}y' - (q^2 + r^2)\,x' + pqy' + rpz' \\ a_{y'} &= a_{0y'} + \dot{r}x' - \dot{p}z' - (r^2 + p^2)\,y' + qrz' + pqx' \\ a_{z'} &= a_{0z'} + \dot{p}y' - \dot{q}x' - (p^2 + q^2)\,z' + rpx' + qry' \end{aligned}\right\} \tag{6-26}$$

式 (6-26) 给出了表示在车辆坐标系中的车室内两点加速度间的关系。

对运动的解析不只要通过嵌在车辆上的坐标系来观察，有时还要从静止坐标系的角度进行观察。以通过固定在地面上的高速摄像机取得的画面进行解析的情况为例。相对静止坐标系 O-XYZ 的坐标轴，令车辆按 yaw 角 Ψ、pitch 角 Θ 和 roll 角 Φ 的顺序旋转，得到车辆坐标系 O_0-$x'y'z'$ 的方向。欧拉角 Ψ，Θ，Φ 和车室的 x'，y'，z' 轴的角速度 p，q，r 有以下关系（参照式 (6-22)）：

---

[1] 点 P 在 O_0-$x'y'z'$ 系内运动的情况下，点 P 在 O_0-$x'y'z'$ 系中观察到的位移、速度和加速度通过基向量 $\boldsymbol{e}_{x'}, \boldsymbol{e}_{y'}, \boldsymbol{e}_{z'}$ 表示为 $\boldsymbol{r}' = x'\boldsymbol{e}_{x'} + y'\boldsymbol{e}_{y'} + z'\boldsymbol{e}_{z'}$，$\boldsymbol{v}' = \dot{x}'\boldsymbol{e}_{x'} + \dot{y}'\boldsymbol{e}_{y'} + \dot{z}'\boldsymbol{e}_{z'}$，$\boldsymbol{a}' = \ddot{x}'\boldsymbol{e}_{x'} + \ddot{y}'\boldsymbol{e}_{y'} + \ddot{z}'\boldsymbol{e}_{z'}$，点 P 的速度和位移为 $\dot{\boldsymbol{r}} = \dot{\boldsymbol{r}}_0 + \boldsymbol{v}' + \boldsymbol{\Omega} \times \boldsymbol{r}'$，$\ddot{\boldsymbol{r}} = \ddot{\boldsymbol{r}}_0 + \boldsymbol{a}' + 2\boldsymbol{\Omega} \times \boldsymbol{v}' + \dot{\boldsymbol{\Omega}} \times \boldsymbol{r}' + \boldsymbol{\Omega} \times (\boldsymbol{\Omega} \times \boldsymbol{r}')$。

$$\left.\begin{aligned}\dot{\Psi} &= (r\cos\Phi + q\sin\Phi)/\cos\Theta \\ \dot{\Theta} &= q\cos\Phi - r\sin\Phi \\ \dot{\Phi} &= p + (r\cos\Phi + q\sin\Phi)\tan\Theta\end{aligned}\right\} \tag{6-27}$$

O-XYZ 系和 O_0-$x'y'z$ 系间的坐标变换还可以通过方向余弦组成的坐标变换矩阵 $\boldsymbol{R}$ 表示，从而导出速度和加速度分量的关系式 [5]。将表示在 O-XYZ 系中的点 O_0 的位置向量写为 $\boldsymbol{r}_0=\{X_0, Y_0, Z_0\}^{\mathrm{T}}$，$P$ 的位置向量写为 $\boldsymbol{r}=\{X, Y, Z\}^{\mathrm{T}}$，表示在 O_0-$x'y'z'$ 系中的点 P 的位置向量写为 $\boldsymbol{r}'=\{x', y', z'\}^{\mathrm{T}}$，坐标变换矩阵 $\boldsymbol{R}$ 写成坐标系的基向量间的方向余弦的表现形式：

$$\boldsymbol{R}=\begin{bmatrix}\boldsymbol{e}_X\cdot\boldsymbol{e}_{x'} & \boldsymbol{e}_X\cdot\boldsymbol{e}_{y'} & \boldsymbol{e}_X\cdot\boldsymbol{e}_{z'} \\ \boldsymbol{e}_Y\cdot\boldsymbol{e}_{x'} & \boldsymbol{e}_Y\cdot\boldsymbol{e}_{y'} & \boldsymbol{e}_Y\cdot\boldsymbol{e}_{z'} \\ \boldsymbol{e}_Z\cdot\boldsymbol{e}_{x'} & \boldsymbol{e}_Z\cdot\boldsymbol{e}_{y'} & \boldsymbol{e}_Z\cdot\boldsymbol{e}_{z'}\end{bmatrix} \tag{6-28}$$

则表示了点 P 的位置向量的式 (6-23) 可以表现出分量间的关系，为：

$$\boldsymbol{r}=\boldsymbol{r}_0+\boldsymbol{R}\,\boldsymbol{r}' \tag{6-29}$$

点 P 在 O_0-$x'y'z'$ 系的 x', y', z' 方向上的投影速度分量可以通过对式 (6-29) 进行时间微分，再乘以 $\boldsymbol{R}^{\mathrm{T}}$ 的形式表示为：

$$\boldsymbol{R}^{\mathrm{T}}\dot{\boldsymbol{r}}=\boldsymbol{R}^{\mathrm{T}}\dot{\boldsymbol{r}}_0+\boldsymbol{\Omega}\boldsymbol{r}' \tag{6-30}$$

其中 $\boldsymbol{\Omega}=\boldsymbol{R}^{\mathrm{T}}\dot{\boldsymbol{R}}$。

此外，关于坐标变换矩阵 $\boldsymbol{R}$，$\boldsymbol{R}^{\mathrm{T}}\boldsymbol{R}=\boldsymbol{I}$ 总成立，因此对其关于 t 微分，得：

$$\dot{\boldsymbol{R}}^{\mathrm{T}}\boldsymbol{R}+\boldsymbol{R}^{\mathrm{T}}\dot{\boldsymbol{R}}=\boldsymbol{O}$$

$$\boldsymbol{\Omega}^{\mathrm{T}}=(\boldsymbol{R}^{\mathrm{T}}\dot{\boldsymbol{R}})^{\mathrm{T}}=\dot{\boldsymbol{R}}^{\mathrm{T}}\boldsymbol{R}=-\boldsymbol{R}^{\mathrm{T}}\dot{\boldsymbol{R}}=-\boldsymbol{\Omega}$$

因此，$\boldsymbol{\Omega}$ 为反对称矩阵，使用 O_0-$x'y'z'$ 系的 x'，y'，z' 轴的角速度表示，有：

$$\boldsymbol{\Omega}=\boldsymbol{R}^{\mathrm{T}}\dot{\boldsymbol{R}}=-\dot{\boldsymbol{R}}^{\mathrm{T}}\boldsymbol{R}=\begin{bmatrix}0 & -r & q \\ r & 0 & -p \\ -q & p & 0\end{bmatrix} \tag{6-31}$$

式 (6-31) 为坐标变换矩阵的角速度表现形式。

点 P 在 x'，y'，z' 方向上的加速度分量可以通过对式 (6-29) 关于 t 进行两次微分后，再乘以 $\boldsymbol{R}^{\mathrm{T}}$，得到：

$$\boldsymbol{R}^{\mathrm{T}}\ddot{\boldsymbol{r}}=\boldsymbol{R}^{\mathrm{T}}\ddot{\boldsymbol{r}}_0+\boldsymbol{R}^{\mathrm{T}}\ddot{\boldsymbol{R}}\,\boldsymbol{r}'$$

对式 (6-31) 进行时间微分，得到 $\dot{\boldsymbol{\Omega}}=\dot{\boldsymbol{R}}^{\mathrm{T}}\dot{\boldsymbol{R}}+\dot{\boldsymbol{R}}^{\mathrm{T}}\dot{\boldsymbol{R}}$，因此上式变为：

$$\begin{aligned}\boldsymbol{R}^{\mathrm{T}}\ddot{\boldsymbol{r}}&=\boldsymbol{R}^{\mathrm{T}}\ddot{\boldsymbol{r}}_0+(\dot{\boldsymbol{\Omega}}-\dot{\boldsymbol{R}}^{\mathrm{T}}\dot{\boldsymbol{R}})\,\boldsymbol{r}' \\ &=\boldsymbol{R}^{\mathrm{T}}\ddot{\boldsymbol{r}}_0+(\dot{\boldsymbol{\Omega}}+\boldsymbol{\Omega}^2)\,\boldsymbol{r}'\end{aligned} \tag{6-32}$$

其中利用了式 (6-31) 得到的 $-\dot{\boldsymbol{R}}^{\mathrm{T}}\dot{\boldsymbol{R}}=(-\dot{\boldsymbol{R}}^{\mathrm{T}}\boldsymbol{R})(\boldsymbol{R}^{\mathrm{T}}\dot{\boldsymbol{R}})=\boldsymbol{\Omega}^2$。

若点 P、O_0 的加速度分别用表示在车辆坐标系 (O_0-$x'y'z'$ 系) 上的分量 $\boldsymbol{a}=\{\boldsymbol{a}_{x'},\boldsymbol{a}_{y'},\boldsymbol{a}_{z'}\}^{\mathrm{T}}$、

$\boldsymbol{a}_0=\{\boldsymbol{a}_{0x'},\boldsymbol{a}_{0y'},\boldsymbol{a}_{0z'}\}^{\mathrm{T}}$表示，则式 (6-31) 可以写为：

$$\boldsymbol{a}=\boldsymbol{a}_0+(\dot{\boldsymbol{\Omega}}+\boldsymbol{\Omega}^2)\,\boldsymbol{r}' \tag{6-33}$$

作为示例，考虑如图 6-24 中的车辆只发生 Θ 的 pitch 旋转的情况。利用欧拉角可知 $p=0$，$q=\dot{\Theta}$，$r=0$，代入式 (6-26) 后得：

$$\boldsymbol{a}_{x'}=\boldsymbol{a}_{0x'}+\ddot{\Theta}z'-\dot{\Theta}^2x',\quad \boldsymbol{a}_{y'}=\boldsymbol{a}_{0y'},\quad \boldsymbol{a}_{z'}=\boldsymbol{a}_{0z'}-\ddot{\Theta}x'-\dot{\Theta}^2z' \tag{6-34}$$

或者，根据式 (6-28)、式 (6-31) 可得到车辆的 pitch 旋转的坐标变换矩阵为[1]：

$$\boldsymbol{R}=\begin{bmatrix}\cos\Theta & 0 & \sin\Theta\\ 0 & 1 & 0\\ -\sin\Theta & 0 & \cos\Theta\end{bmatrix},\ \boldsymbol{\Omega}=\begin{bmatrix}0 & 0 & \dot{\Theta}\\ 0 & 0 & 0\\ -\dot{\Theta} & 0 & 0\end{bmatrix}$$

将上式中的 $\boldsymbol{\Omega}$ 代入式 (6-33)，也可以得到式 (6-34)。

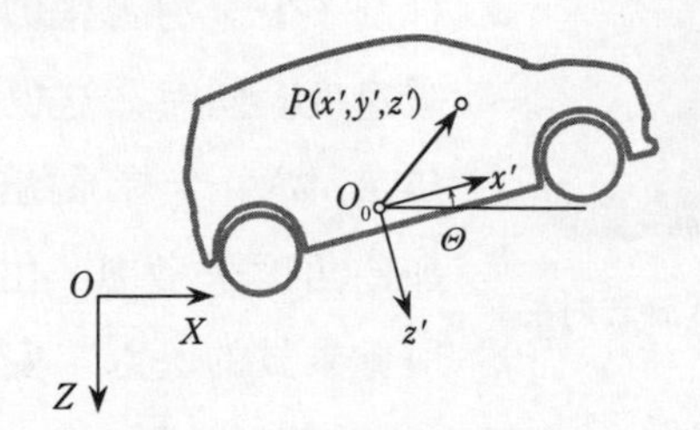

图 6-24　车辆的 pitch 运动

6.2.3　从车室观察到的假人运动

从固定在车室的 O_0-$x'y'z'$ 系观察假人位移时，还必须考虑到车室的位移和旋转角度（图 6-17）。分别设假人的点 P 和车室的点 O_0 的位置向量为 $\boldsymbol{r}$、$\boldsymbol{r}_0$。先求出点 P 相对点 O_0 的位置向量 $\boldsymbol{r}'$ 在静止坐标系的 X，Y，Z 方向上的分量：

$$\boldsymbol{r}'=\boldsymbol{r}-\boldsymbol{r}_0=(X-X_0)\boldsymbol{e}_X+(Y-Y_0)\boldsymbol{e}_Y+(Z-Z_0)\boldsymbol{e}_Z$$

将此分量转化到用 O_0-$x'y'z'$ 系的基向量 $\boldsymbol{e}_{x'}$，$\boldsymbol{e}_{y'}$，$\boldsymbol{e}_{z'}$ 表示分量 (x',y',z')，得

$$\begin{Bmatrix}x'\\ y'\\ z'\end{Bmatrix}=\begin{bmatrix}\boldsymbol{e}_{x'}\cdot\boldsymbol{e}_X & \boldsymbol{e}_{x'}\cdot\boldsymbol{e}_Y & \boldsymbol{e}_{x'}\cdot\boldsymbol{e}_Z\\ \boldsymbol{e}_{y'}\cdot\boldsymbol{e}_X & \boldsymbol{e}_{y'}\cdot\boldsymbol{e}_Y & \boldsymbol{e}_{y'}\cdot\boldsymbol{e}_Z\\ \boldsymbol{e}_{z'}\cdot\boldsymbol{e}_X & \boldsymbol{e}_{z'}\cdot\boldsymbol{e}_Y & \boldsymbol{e}_{z'}\cdot\boldsymbol{e}_Z\end{bmatrix}\begin{Bmatrix}X-X_0\\ Y-Y_0\\ Z-Z_0\end{Bmatrix} \tag{6-35}$$

其中，(x',y',z') 为从车室角度观察到的假人位移。

假人的局部坐标系上的加速度 (a_x,a_y,a_z) 表示在车辆坐标系上 $(a_{x'},a_{y'},a_{z'})$ 也可以根据静止坐标系 O-XYZ 和车辆坐标系 O_0-$x'y'z'$、假人的局部坐标系 O_1-xyz 的坐标变换表示为

[1] 要想导出式 (6-31)，将式 (6-28) 代入 $R^{\mathrm{T}}-\dot{R}$ 求出各分量后，再将式 (6-28) 代入 $\boldsymbol{R}^{\mathrm{T}}\boldsymbol{R}=\boldsymbol{I}$ 后得到的关系式和 $\dot{\boldsymbol{e}}_{x'}=\omega\times\boldsymbol{e}_{x'}=(p\boldsymbol{e}_{x'}+q\boldsymbol{e}_{y'}+r\boldsymbol{e}_{z'})\times\boldsymbol{e}_{x'}=r\boldsymbol{e}_{y'}-q\boldsymbol{e}_{z'}$，$\dot{\boldsymbol{e}}_{y'}=-r\boldsymbol{e}_{x'}+p\boldsymbol{e}_{z'}$，$\dot{\boldsymbol{e}}_{z'}=q\boldsymbol{e}_{x'}-p\boldsymbol{e}_{y'}$ 代入其中即可。

$$\begin{Bmatrix} a_x \\ a_y \\ a_z \end{Bmatrix} = \boldsymbol{A} \begin{Bmatrix} a_X \\ a_Y \\ a_Z \end{Bmatrix}, \quad \begin{Bmatrix} a_{x'} \\ a_{y'} \\ a_{z'} \end{Bmatrix} = \boldsymbol{R} \begin{Bmatrix} a_X \\ a_Y \\ a_Z \end{Bmatrix}, \quad \begin{Bmatrix} a_{x'} \\ a_{y'} \\ a_{z'} \end{Bmatrix} = \boldsymbol{R}\boldsymbol{A}^{\mathrm{T}} \begin{Bmatrix} a_x \\ a_y \\ a_z \end{Bmatrix}$$

车辆姿态也可以通过欧拉角以 yaw 角 Ψ、pitch 角 Θ 和 roll 角 Φ 的顺序旋转来表现。从车室观察到的假人姿态角可以通过将车辆旋转过的角度反转来得到，表现矩阵 $R_{表}$如下所示：

$$R_{表} = R_{Z'}(-\Psi)R_{Y_1'}(-\Theta)R_{X_2'}(-\Phi)R_{X_2}(\varphi)R_{Y_1}(\theta)R_Z(\psi)$$

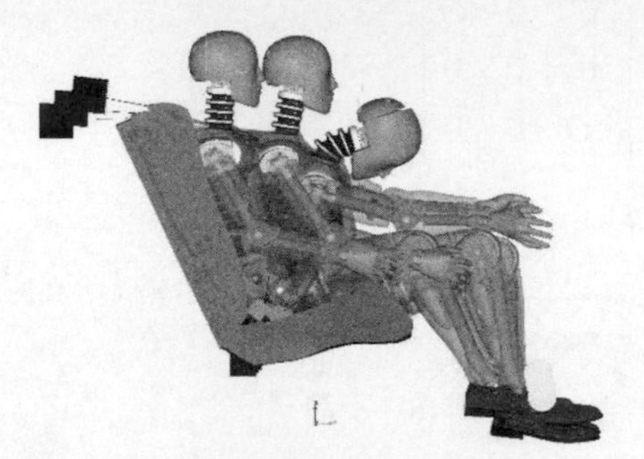

图 6-25 考虑车辆前向 (pitching) 旋转时的后座乘员的运动

图 6-25 所示为考虑车辆前向俯仰运动 (pitching) 时，后座乘员的运动示例。从静止坐标系看，安全肩带的锚固点随车辆的旋转向前移动，抑制了安全肩带张力的增加，从而减小了乘员的减速度。同时，这也可以从车室的前向旋转使乘员参照静止坐标系的前向位移距离 (ride-down) 增加的角度来考虑。由于车辆的俯仰 (pitch) 运动，前排乘员的头部与安全气囊上方发生碰撞的位置发生了变化。此外，纵摇角度大的车辆在轮胎落回地面时，座椅会对乘员产生向上的力。因此，可能会有对乘员腰椎产生压缩力的情况发生。

6.2.4 速度履历和加速度位移特性

利用速度 - 时间曲线和加速度 - 位移曲线可查看假人的减速情况。如 6.2.3 节所述，计算假人的速度和位移时，有必要将加速度转化到静止坐标系上。而分析试验数据时，假人和车辆的旋转通常不被考虑，而是对局部坐标系上得到的加速度直接进行时间积分。

图 6-26 显示了车辆和 Hybird Ⅲ假人各部位的速度 – 时间曲线图。假人各部位的速度和车辆速度一致的时刻前可以看作为加载状态，之后可以看作为卸载状态（或是反弹状态）。此外，此时刻假人各部位的加速度接近最大值。车辆和乘员速度 – 时间的曲线与横轴围成的面积差为乘员各部位相对车辆的移动量，所以尽早使假人各部位的速度与车辆速度一致，即围成的面积差变小，对减少假人承受的载荷和防止假人与车室内部的接触尤为重要。

图 6-27 为 Hybird Ⅲ假人加速度对车室内位移的加速度 – 位移曲线 (GS 曲线图)。根据 GS 曲线图可以了解对应假人各部位的车室内位移的加速度变化情况。可以通过图上的腰部、胸部、头部加速度的斜率和峰值来判断约束系统是如何将作用力施加于假人各部位的。根据式 (5-43)，可以将约束系统吸收的比能量 u_{rs} 用 ride–down 比能量 e_{rd} 写成：

$$u_{rs} = \frac{1}{2}V_0^2 - \frac{1}{2}v^2 - e_{rd} \tag{6-36}$$

在GS曲线图中，乘员的加速度（y 轴）和乘员在车室内的位移（x 轴）组成的面积为 u_{rs}，此面积的大小取决于车辆减速度特性，ride-down能量越大，约束系统吸收的能量就越小。

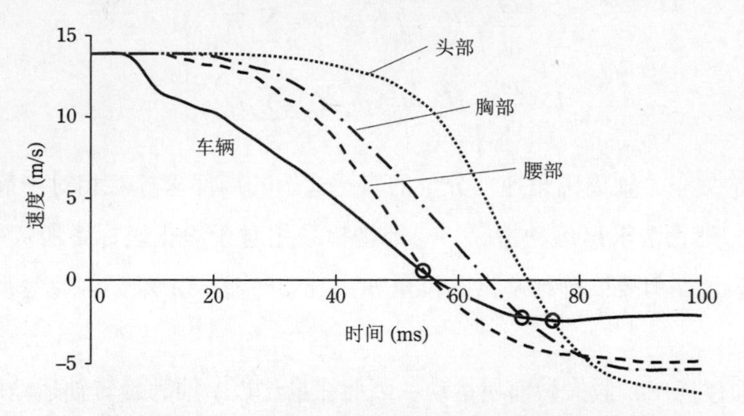

图6-26　车辆和Hybrid III假人各部分的速度

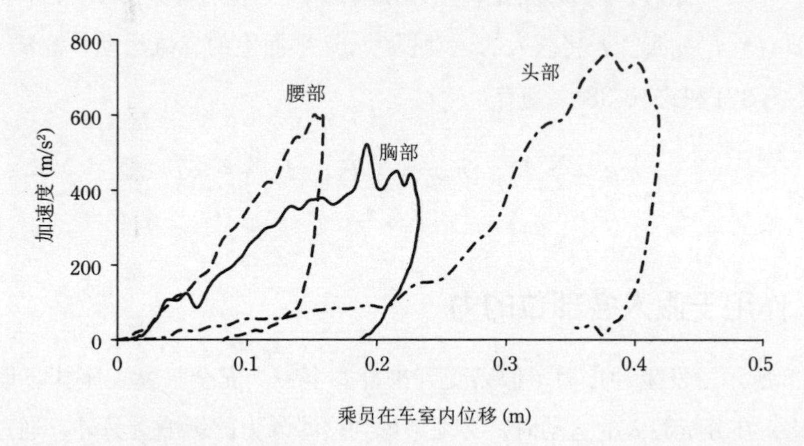

图6-27　Hybrid III假人加速度对车室内位移的加速度－位移曲线图（GS曲线图）

6.3　假人力学特性

6.3.1　假人的运动方程式

通过相应部位的运动坐标系来表达假人的运动方程式。取出假人的头部、胸部等被看作刚体的部位，并将其重心 G 作为原点，在惯性主轴的方向上取假人的局部坐标系（图6-19）。设作用于假人某个部位上的力为 F_{ix}，F_{iy}，F_{iz}，重心 G 周围的力矩为 T_{ix}，T_{iy}，T_{iz}（i 为力与力矩的编号）。对应该部位重心的运动方程式 $F=ma$，各个瞬间局部坐标系方向的投影分量如下：

$$ma_x = \sum_i F_{ix},\quad ma_y = \sum_i F_{iy},\quad ma_z = \sum_i F_{iz} \tag{6-37}$$

并且，由于局部坐标系旋转，对于主轴周围的旋转，有以下欧拉方程式成立：

$$\left.\begin{aligned} I_x \frac{d\omega_x}{dt} - (I_y - I_z)\,\omega_y \omega_z = \sum_i T_{ix} \\ I_y \frac{d\omega_y}{dt} - (I_z - I_x)\,\omega_z \omega_x = \sum_i T_{iy} \\ I_z \frac{d\omega_z}{dt} - (I_x - I_y)\,\omega_x \omega_y = \sum_i T_{iz} \end{aligned}\right\} \tag{6-38}$$

式 (6-38) 是关于主轴周围角速度分量的表达式。若局部坐标系相对于静止坐标系所成的方向不已知，则无法求出运动情况。局部坐标系相对于静止坐标系所成的角（姿态角）可以用欧拉角表示，但要明确地解出欧拉角和式 (6-38) 比较困难，因此运动一般可以通过数值计算求解。

由于在正面碰撞中，假人做前屈运动，因此在描述以 y 轴为旋转轴运动的式 (6-38) 中，第二个式子较重要。此时，与 ω_y 相比，角速度 ω_x、ω_z 的值较小，因此常常可以忽略式子左边的第二项 $(I_z - I_x)\omega_z\omega_x$。若将假人的运动视为 xoz 平面上的二维运动，将 $a_y = 0$，$\omega_x = 0$，$\omega_z = 0$ 代入式 (6-37) 和式 (6-38)，则有：

$$ma_x = \sum F_{ix}, \quad ma_z = \sum F_{iz}, \quad I_y \frac{d\omega_y}{dt} = T_y \tag{6-39}$$

6.3.2 作用于假人各部位的力

如图 6-28 所示，发生冲击时，假人受到来自安全带、安全气囊、座椅、地板等外部的作用力。因此，在分析假人的运动时，必须考虑到这些外力的影响。另外，通过绘制取出的相应部位的自由体线图，可以得到假人各部位的运动中相应部位的重心加速度和作用于各部位的力的关系。

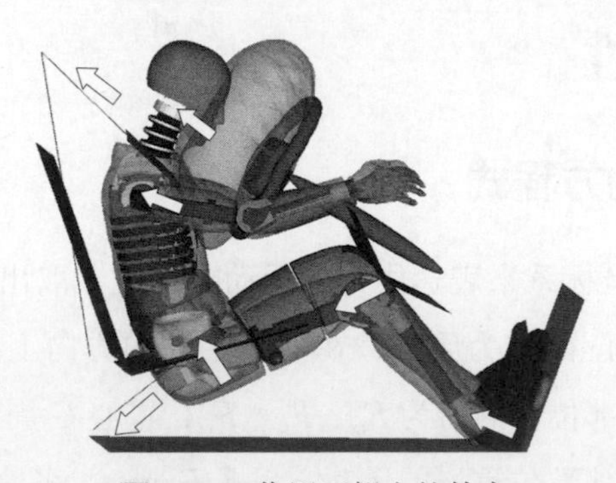

图 6-28 作用于假人的外力

（1）头部。

假人头部在不与车室内部接触的前提下运动时，作用于头部的力只有来自于上颈部的力 F_x、F_y、F_z（图 6-29）。设头部的质量为 m，加速度为 a_x、a_y、a_z，则以头部坐标系表示的头部重心的运动方程式如下所示：

$$ma_x = F_x,\ ma_y = F_y,\ ma_z = F_z$$

另一方面，安全气囊展开，并对面部施加力 P_x（沿着假人的头部坐标系，以前向为正）时，有：

$$ma_x = F_x + P_x$$

则安全气囊作用于头部前方的力为：

$$P_x = ma_x - F_x$$

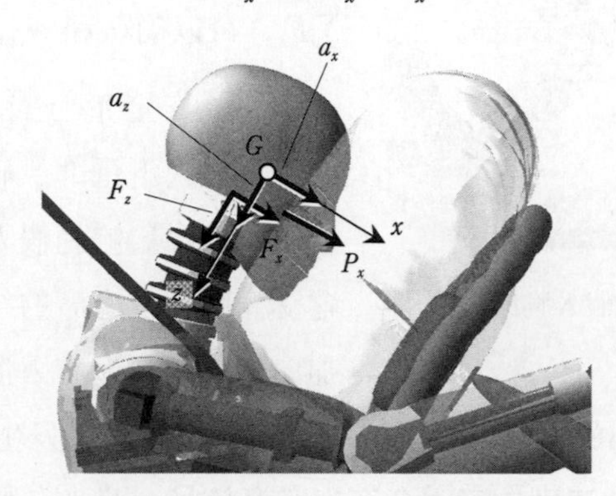

图 6-29　安全气囊作用于头部的力

图 6-30 所示为求驾驶席假人的 ma_x，F_x，P_x（头部质量 m=4.54 kg）的例子。在 0~40 ms 及 110 ms 以后，安全气囊施加给头部的力较小，头部前后方向的惯性力（头部质量 × 加速度）和颈部剪力相等。在 70~80 ms 之间，安全气囊作用于头部的力变大，相对于颈部，头部向后方产生位移，因此上颈部对头部产生向后方的剪力。

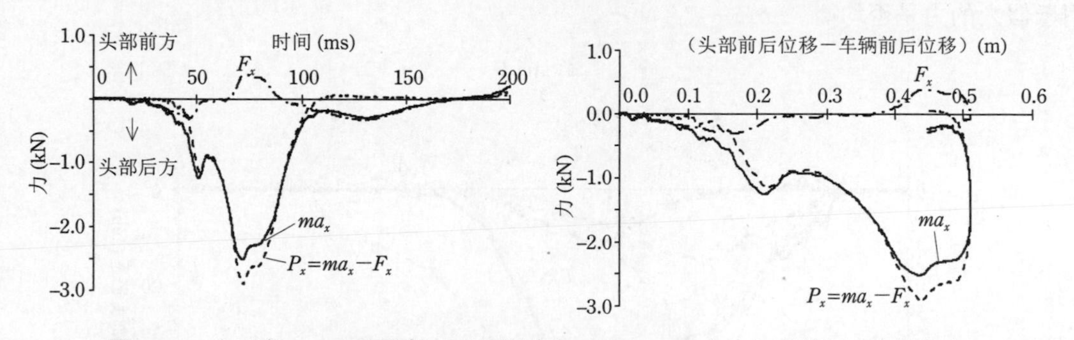

图 6-30　小型车 100% 重叠率正面碰撞试验 (55 km/h) 中安全气囊作用于头部的力

（2）胸部。

如图 6-31 所示，作用于 Hybrid III 假人胸部的力可以用自由体线图进行分析。作用于胸部的外力包括肩带外侧和内侧产生的力 $F_{sb\ (outer)}$、$F_{sb\ (inner)}$，以及安全气囊产生的力 F_{airbag}。另一方面，作用于胸部的内力包括下颈部、左右肩关节和腰椎上端产生的力，分别设为 F_{neck}、$F_{arm\ (r)}$、$F_{arm\ (l)}$、F_{lumbar}。再设假人胸部的质量为 m_{chest}(17.2 kg)，胸部重心的加速度为 a_{chest}，则胸部的运动方程为：

$$m_{chest}\,a_{chest}=F_{sb\,(outer)}+F_{sb\,(inner)}+F_{airbag}+F_{arm\,(r)}+F_{arm\,(l)}+F_{neck}+F_{lumbar} \tag{6-40}$$

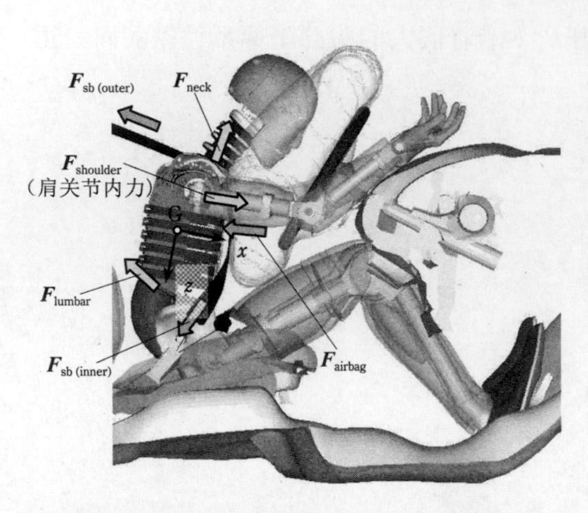

图 6-31　作用于 Hybrid III 假人胸部的力（自由物体曲线图）

胸部坐标系的方向会随时刻变化，将作用于胸部的力的向量投影到这一瞬间胸部坐标系的 x 分量上，即可求得假人胸部前后方向的分量（图 6-32）。安全带张力的 x 方向分量可用式 (6-12) 进行转换。作用于假人的力合计为 $\sum F_x$，可以确认和 $m_{chest}\,a_{chest,\,x}$ 一致。

除了安全带与安全气囊向假人施加的外力，从假人下颈部、肩关节、腰椎向胸椎传递的内力也会影响到假人胸部的加速度。由于骨盆受到腰带及座席的约束，所以腰椎对胸部施加向后的力。上肢因惯性力的作用向胸部施加向前的力（胸部加速度减小的方向），但当前臂和手部与仪表盘发生碰撞时，该力急剧减少，通过肩关节的传递，胸部加速度中有时会产生突变信号。若来自腰椎的力和肩关节的力在同一时刻产生，那么胸部的加速度较容易升高。另外，若车室侵入量较大，那么与仪表盘接触产生的巨大的力便会沿膝部、大腿骨、盆骨、腰椎的顺序传递，引起相当大的胸部加速度。综上所述，虽然假人的内力没有被纳入到胸部损伤的评价体系中，但是其会对胸部加速度产生影响，并且根据假人内力，可以了解到施加于假人胸部上的载荷，以及判断作用于假人的力是否均衡。

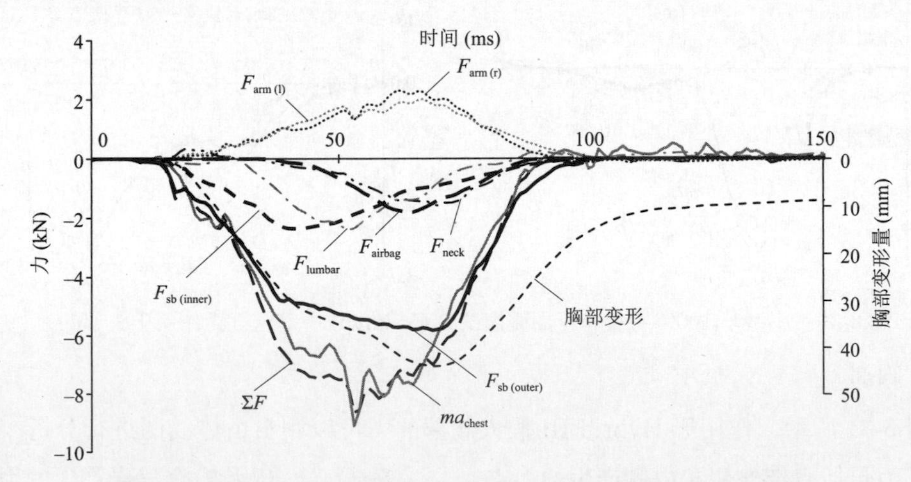

图 6-32　作用于 Hybrid III 假人胸部的力（假人胸部前方向分量）

下面探讨关于作用在假人胸部的外力与胸腔（胸廓）变形之间的关系。假人的胸腔主要因受到胸腔上下两端安全带张力在假人前后方向上的分量分别为 $F'_{sb\,(outer),\,x}$、$F_{sb\,(inner),\,x}$，以及安全气囊施加的力 $F_{\mathrm{airbag},\,x}$ 而发生变形（图 6-33）。设每条肋骨 i 的后端受到胸部前后方向上的载荷为 $F_{\mathrm{rib},\,i}$。将胸廓的密度 ρ 与加速度 $\ddot{x}$ 的乘积 $\rho\ddot{x}$、对胸骨和 12 条肋骨的体积进行积分得到惯性项，可求得关于胸廓的运动方程式 (6-41)。

$$F'_{\mathrm{sb\,(outer)},\,x}+F_{\mathrm{sb\,(inner)},\,x}+F_{\mathrm{airbag},\,x}-\sum_{i=1}^{12}F_{\mathrm{rib},\,i}=\int_{V_{\mathrm{sternum}}+V_{\mathrm{rib}}}\rho\ddot{x}\mathrm{d}V$$
$$\approx m_{\mathrm{sternum}}\ddot{x}_{\mathrm{sternum}}+\sum_{i=1}^{12}m_{\mathrm{rib},\,i}\ddot{x}_{\mathrm{rib},\,i} \tag{6-41}$$

式中，m_{sternum}、$m_{\mathrm{rib},\,i}$ 是胸骨和肋骨 i 的质量，$\ddot{x}_{\mathrm{sternum}}$、$\ddot{x}_{\mathrm{rib},\,i}$ 是胸骨和肋骨的加速度。

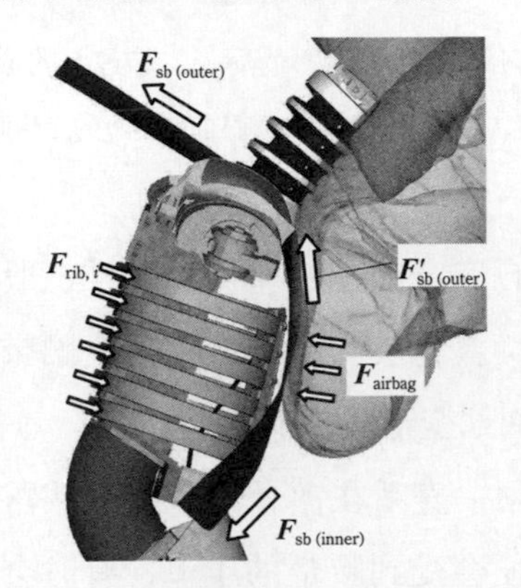

图 6-33　安全肩带和气囊施加给 Hybrid III 假人胸部的力

一般情况下，使用可计测的安全带张力 $F_{\mathrm{sb(outer)},\,x}$ 代替 $F'_{\mathrm{sb\,(outer)},\,x}$，安全带与安全气囊作用在 Hybrid III 假人胸部的力在前后方向上的分量之和 $(F_{\mathrm{sb\,(outer)},\,x}+F_{\mathrm{sb\,(inner)},\,x}+F_{\mathrm{airbag},\,x})$ 与胸部变形量 D（表示胸部相对胸椎的前后位移）之间的关系如图 6-34 所示。这里，不考虑胸骨和肋骨的惯性项 $m_{\mathrm{sternum}}\ddot{x}_{\mathrm{sternum}}$，$m_{\mathrm{rib}}\ddot{x}_{\mathrm{rib}}$。从图 6-34 上可以看出，若作用于胸部的外力增加，胸部变形量也随之增加，结果导致胸部变形量受到安全肩带张力的影响较大，且安全带张力与胸部变形量几乎在同一时刻取得最大值（图 6-32）。此外，由于假人胸部的载荷变形特性带有滞回性，因此在卸载时，相比安全肩带加载，卸载时胸部变形量的减小较为平缓。

在图 6-34 中，设加载时假人的胸部刚度为 k，则有式 (6-42) 近似成立：

$$F_{\mathrm{sb\,(outer)},\,x}+F_{\mathrm{sb\,(inner)},\,x}+F_{\mathrm{airbag},\,x}=kD \tag{6-42}$$

式 (6-40) 在 x 方向上的分量与式 (6-42) 的假人胸部运动方程中的 x 分量如下：

$$m_{\mathrm{chest}}a_{\mathrm{chest},\,x}=kD+F_{\mathrm{arm\,(r)},\,x}+F_{\mathrm{arm\,(l)},\,x}+F_{\mathrm{neck},\,x}+F_{\mathrm{lumbar},\,x} \tag{6-43}$$

式 (6-43) 显示，内力越大，胸部加速度与胸部变形量的差异越大。安全肩带内、外侧载荷、伴随腰部前向位移发生的假人上身的前屈角度、内侧安全腰带的角度、安全气囊引起的胸部载荷，甚至是安全带通过胸部的位置（安全带路径）等，都会影响胸部变形量的大小。

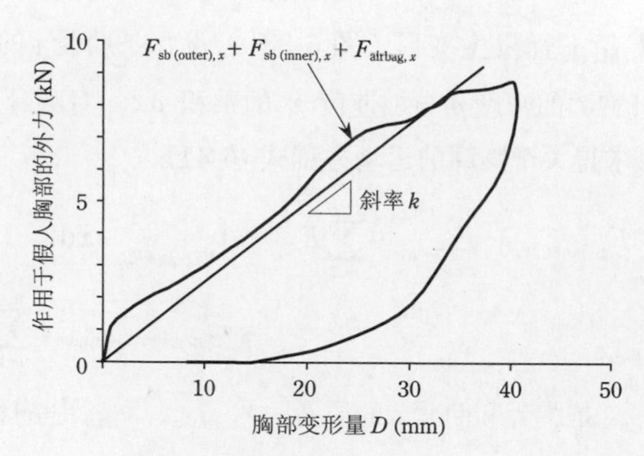

图 6-34 作用于 Hybrid III 假人胸部的力在胸部前后 (x) 方向上的成分与胸部变形量之间的关系示例

注：k 随安全带路径和乘员前屈姿势的变化而变化。

（3）腰部。

车辆减速时，腰部受到来自安全腰带、座椅、腰椎、股骨传来的作用力。车辆减速度对腰部减速度和安全腰带的张力具有较大的影响。安全腰带通过安全带扣的通孔与安全肩带连接，因此腰带张力同时对胸部变形量也有影响。

碰撞发生时，安全腰带必须一直系在髂骨处。腰带从髂骨前缘滑向腹部被称为下潜运动。下潜运动一经发生，腹部便会受到腰带的压迫，有时会导致小肠和肠间膜等内脏损伤或脊椎损伤。甚至，下潜运动会导致腰部的前向位移变大，给乘员的全身运动带来影响，上身后倾，使得下部肋骨和颈部受到安全肩带的压迫。

下面考虑如图 6-35 所示的腰部运动。设水平轴和安全腰带以及骨盆所成的角分别为 θ_B、θ_P，则腰带与骨盆所成的角可以表示为 $\theta_B-\theta_P$。若腰部的后向旋转较大，则 θ_P 比 θ_B 大，从髂骨前端来看，安全腰带作用于腰部的力的方向从向下变为向上。设腰带的张力为 F_{belt}，安全带和腰部的摩擦系数为 μ。若安全腰带对腰部施加的向上方的作用力 $F_{belt}\sin(\theta_P-\theta_B)$ 比摩擦力 $\mu F_{belt}\cos(\theta_P-\theta_B)$ 大，腰带便开始向腰部上方滑动，最终导致下潜运动发生。为防止安全腰带从腰部滑离，必须在碰撞过程中始终保持 $\theta_B-\theta_P>0$。为此，有将安全带锚固点（内端）配置在较前方位置，使 θ_B 的初始角度保持在较大的状态，或者是通过增大座椅坐垫的反力来减少腰部的前向位移和下向位移，使 θ_B 随时间变化减小等方法来防止安全腰带从腰部滑离[6]。

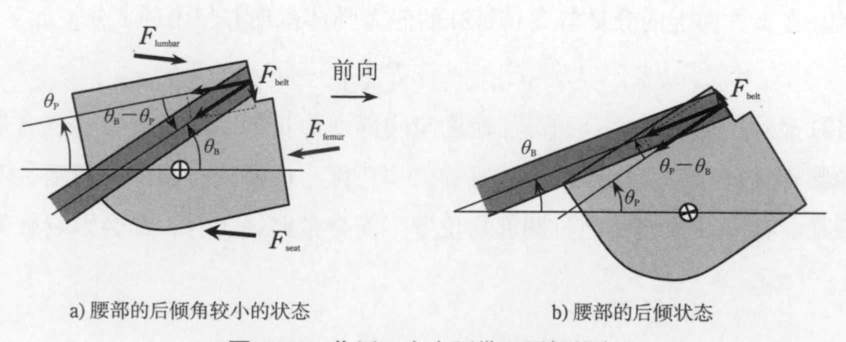

a) 腰部的后倾角较小的状态　　b) 腰部的后倾状态

图 6-35 作用于安全腰带和腰部的力

6.4　人体有限元模型

利用人体有限元模型，能够分析人体各部位的骨骼，软组织的应力、应变等。相比 Hybrid III，人体有限元模型有若干不同的运动特性。例如，比起 Hybrid III 假人，人体有限元模型的运动表现得较柔软。这是因为假人的胸椎为刚体，发生正面碰撞时，假人只有颈椎和腰椎部能发生弯曲，而人体有限元模型的脊椎整体都可以发生弯曲，头部和胸部的前向移动更大（图 6-36）。此外，人体有限元模型的躯干还可以表现出围绕垂直轴的扭转运动，使未受到肩带约束一侧肩膀的前向位移更大。在人体有限元模型中，胸部会沿安全带佩戴的路径发生局部变形，特别是锁骨及下部的肋骨处的变形量较大。并且，可以确认处于安全带正下方位置的内脏也会因压迫发生较大变形。

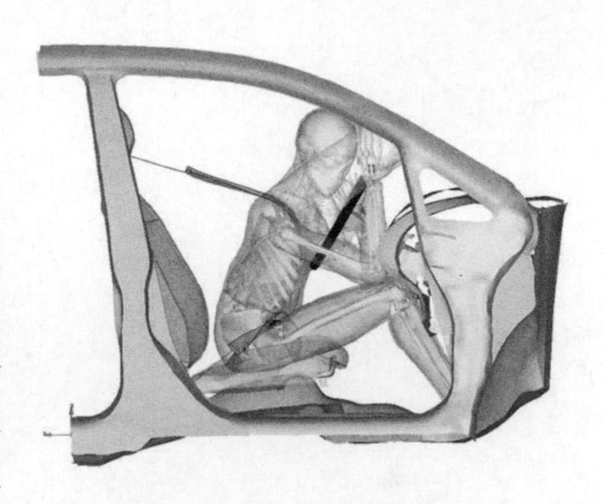

图 6-36　人体有限元模型的运动

本章参考文献

[1] Haland, Y..The evolution of the three point seat belt from yesterday to tomorrow [C]. IRCOBI conference, 2006.

[2] Wallentowitz, H. 著，周青编著 .Automotive engineering III: safety-related vehicle systems [M]. China machine press, 2009.

[3] Eickhoff B., Zellmer H., Meywerk M.. The influence of the safety belt on the decisive injury assessment values in the new US NCAP [C]. Proceedings of the 2010 IRCOBI Conference, Hannover, September 2010.

[4] 岡　克己 . 東出隼機 (2009) 自動車の安全技術 [M]. 朝倉書店 .

[5] 陳一唯，伊藤大輔，水野幸治，細川成之，韓　勇 . 車の衝突時の客室回転による乗員挙動への影響 [C]. 自動車技術会講演論文集 , 20155333, No.75-15, 2015.

[6] Nakane K. et al.. Analysis of Abdominal injuries caused by the submarining phenomenon in the rear seat occupants [C]. 24th ESV conference, 2015.

第 7 章

侧面碰撞

与汽车正面碰撞乘员保护相比，在汽车侧面碰撞中，可对乘员起到保护作用的车门溃缩空间以及车门与乘员之间的空隙均较小（图 7-1）。而且正面碰撞中，汽车部件是在前后方向上发生溃缩变形，产生较大的碰撞力。而侧面碰撞中汽车的变形以构件的弯曲为主，所以产生的碰撞力较小。因此，侧面碰撞发生时，汽车车门通常发生较大变形而侵入车室，直接撞击乘员，导致乘员的胸腹部和腰部等躯干部位发生损伤，如肋骨骨折、胸腹部内脏损伤以及骨盆骨折等。

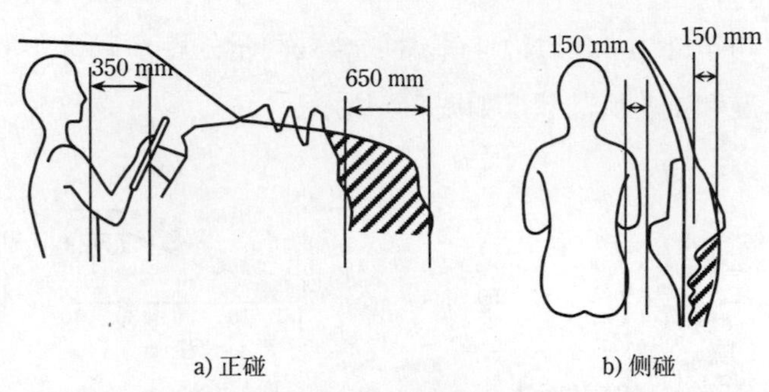

图 7-1　正面碰撞和侧面碰撞中对乘员起到保护作用的空间

7.1　侧面碰撞试验

20 世纪 80 年代后期，世界各国开展了许多关于侧面碰撞乘员保护的研究。美国、欧洲分别于 1993 年和 1998 年导入侧面碰撞法规（图 7-2）。在这些试验中，模拟车辆前部结构刚度的蜂窝铝被安装在移动变形壁障 (Moving Deformable Barrier, MDB) 前端，通过使 MDB 撞击试验车辆的侧面，来评估乘坐在试验车上的假人的损伤值，是否在基准值内。在美国联邦汽车安全法规 FMVSS 214 中，为了模拟行驶状态下两车的侧面碰撞（正面碰撞车辆速度为 48.3 km/h，侧面碰撞车辆速度为 24.1 km/h），MDB（质量为 1368 kg）以速度为 54 km/h(33.5 m/s)，偏

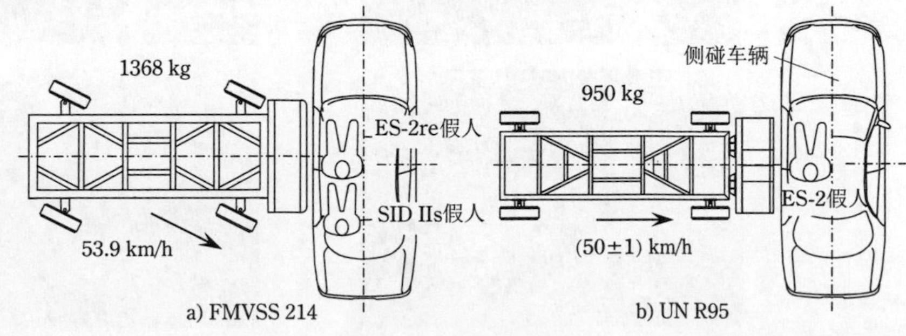

图 7-2　侧面碰撞法规

斜角为 27° 的条件与斜前方驶来的试验车发生侧面碰撞。在联合国侧面碰撞法规 UN R95 中，则是 MDB（质量为 950 kg）以直角碰撞试验车的侧面。

UN R95 侧面碰撞试验使用的 MDB 蜂窝铝被分为 6 份，拥有与正碰车刚度分布相同的载荷变形特性（图 7-3）。安装在 MDB 上的蜂窝铝结构离地面高度为 300 mm。MDB 的车辆中心点对准侧面碰撞车辆的座椅基准点 (Seating Reference Point, SRP)，该基准点一般位于座椅滑轨的最后端，与上下调节装置处于最低位置时的乘员 H 点重合。在此条件下，撞击处于静止状态的试验车侧面。试验中，MDB 的碰撞速度为 50 km/h，碰撞角度为 90°，采用的假人为模拟 50% 的成人男性侧面碰撞假人 (ES-2)。假人坐在前排座椅被碰撞的一侧，座椅的前后位置被调整到座椅滑轨的中央。需要测量的假人损伤值包括头部损伤指标 ($HPC \leqslant 1000$)，肋骨压缩量（≤ 42 mm），胸部 VC（≤ 1.0 m/s）、腹部载荷（≤ 2.5 kN，相当于外力 4.5 kN）与耻骨联合处测量的腰部载荷 (<6 kN)。试验前，MDB 和假人的设置状况和试验后的状况如图 7-4 所示。

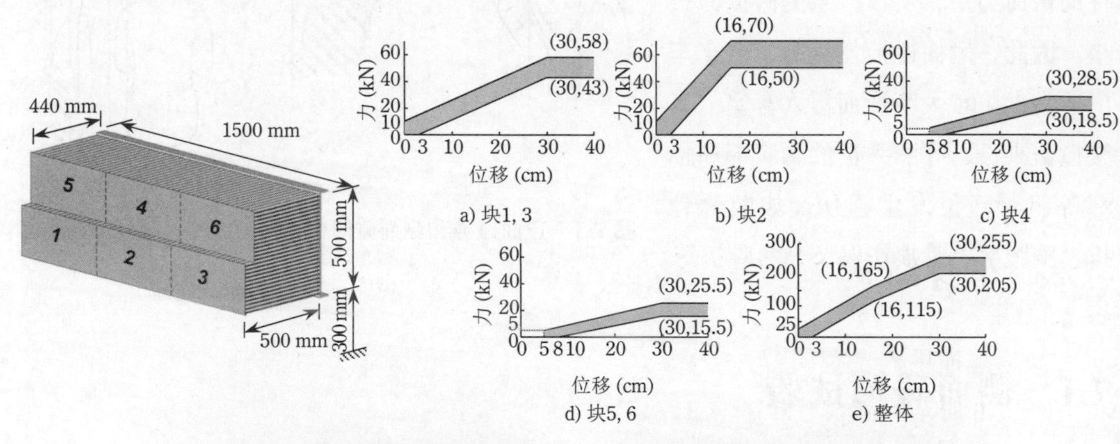

图 7-3 MDB 正面动态载荷变形特性界域 (UN R95)

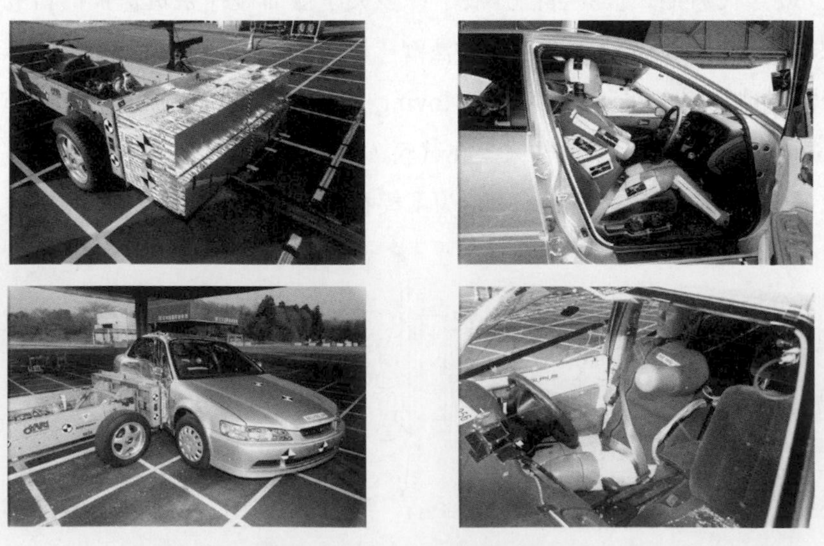

图 7-4 UN R95 侧面碰撞试验

图 7-5 所示为侧面碰撞试验中，参照静止坐标系所得到的 MDB 重心、侧碰车辆（非碰撞侧的侧梁）、前车门内板和假人胸部（胸椎）的速度 – 时间曲线。这些速度通过对由加速度计测得的加速度进行积分得到。碰撞后，车门速度急剧增加，侵入车室，假人与车门撞击，发生与车门的动量交换。其中，侧碰车辆的车门与正碰车辆在碰撞面上发生巨大的力的相互作用，因此可以认为假人是由于受到来自车门的撞击而被加速至与车门相同的速度的。假人如何被加速以及到达怎样的速度，与正碰车和侧碰车的质量及刚度、车门速度、车门变形模式、车门内饰材料力学特性相关，同时和假人与车门间的间隙相关。为了分析以上这些因素，可使用如图 7-5 所示的显示各部分速度之间关系的速度 – 时间曲线。

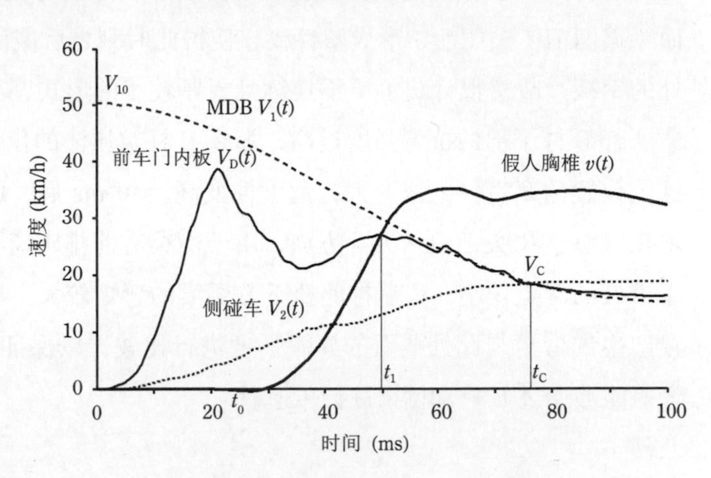

图 7-5 侧面碰撞中各部分的速度

7.2 车身结构

侧面碰撞中侧碰车的载荷传递路径如图 7-6 所示。载荷从车辆侧面输入，从 B 柱传递到侧梁和车顶纵梁，再传递到地板横梁和车顶横梁。此外，也有使用另外一种传递路径图进行分析的，即载荷从最初与正碰车辆接触的车门输入，通过门梁传递到 A、B、C 柱，再传递到侧梁、地板横梁和车顶纵梁。一般来说，对于施加给构件的轴向和弯曲方向的载荷输入，轴向方向上能支撑更大的载荷。在侧面碰撞中，B 柱和侧梁受到弯曲载荷的作用，在变形的同时吸收碰撞能量，不利于反作用力的产生。为此，作用于车身侧面的碰撞载荷先传递到通过弯曲变形来支撑载荷的结构部件，如门梁、支柱、侧梁、车顶纵梁等，最后再传递到如横梁等通过轴向变形来支撑载荷的结构部件。

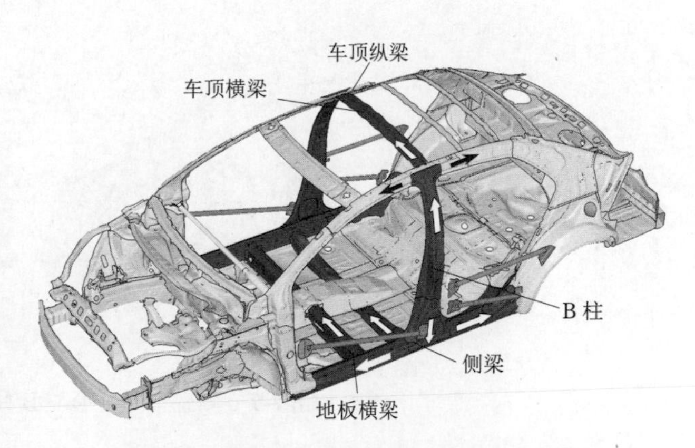

图 7-6 侧面碰撞中侧碰车的载荷传递路径

侧碰车辆的变形情况如图 7-7 a) 所示。车门和 B 柱因受到来自 MDB 的碰撞作用力而产生变形。侧梁虽不与 MDB 直接发生接触，但因受到 B 柱附属部件的作用力而发生弯曲变形。侧梁随B柱被压倒也会发生扭转变形。但是，由于有横梁的支撑，可防止侧梁发生由弯曲和扭转相叠加导致的变形。

我们可采用弯矩曲线图观察B柱的弯曲载荷（图7-7 b)）。B柱下部安全带卷轴器安装开口部位处的横截面因碰撞而被压溃，所以传递的弯矩较小。40 ms时，B柱中下方的截面（截面H）被压溃，形成塑性铰，使得此时刻之后截面H的弯矩几乎不再上升。截面H处的钢板被故意设计成上下不连续且板厚较小的形式，可使此截面在受到此种载荷时被压溃。若B柱下部的抗弯强度过高，那么B柱被压溃的位置将会出现在乘员胸部附近，使得这个位置的车室侵入量变大，危险性变高。40 ms后，B柱的弯矩继续增大，且最大值出现在B柱的中央部位。另一方面，由于侧梁有前排座椅下方有横梁支撑，所以侧梁在前排座椅处的弯矩较小，但后排座椅下方侧梁的弯矩较大。因此，在设计车体时，要把各个位置产生的弯矩与此处截面的屈服强度进行比较，以保证截面形状在碰撞过程中不被压溃，弯矩能够通过B柱和侧梁进行传递。

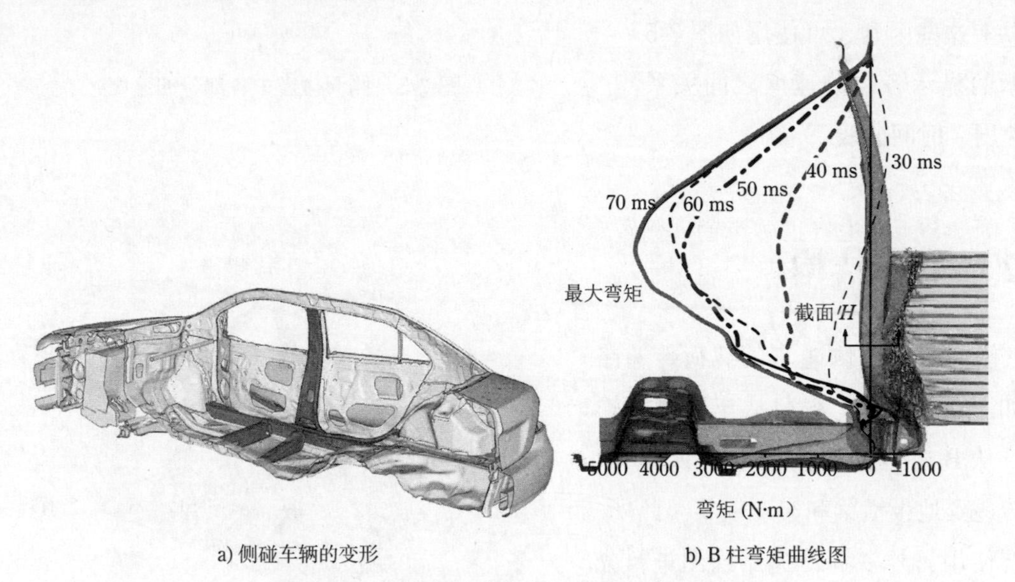

a) 侧碰车辆的变形　　b) B柱弯矩曲线图

图7-7　侧碰车的变形与B柱弯矩曲线图

7.3　侧面碰撞模型

若从地面观察，正碰车辆与侧碰车辆发生碰撞后，假人在受到车门撞击前几乎保持静止状态。由于安全带对乘员产生的横向约束力较小，因此，除了防止乘员被抛出车外及防止乘员与车室内部发生碰撞之外，安全带在侧碰中对乘员的保护作用是有限的。但根据事故调查分析，有因未使用安全带导致乘员被抛出车外或与车室内部发生碰撞导致乘员受伤的报告。可见，安全带在侧面碰撞事故中也能起到一定的保护效果。因此可以认为，假人在侧面碰撞发生时相当于处在悬浮于座椅上的状态，并在受到来自车门的撞击后被加速，直到与车门拥有共同速度。

设碰撞开始之后的时刻用 t 表示，则侧面碰撞中发生的现象按照时间序列可以如下表示（图 7-5）：

（1）$0 \leqslant t < t_0$：正碰车辆碰撞侧碰车辆的侧面，正碰车辆的前部与侧碰车辆的车门间发生力的相互作用。正碰车辆的前部和侧碰车辆的侧面（如车门、B 柱、侧梁等）产生形变，碰撞作用力增大。由此，正碰车辆速度 $V_1(t)$ 减小，侧碰车辆速度 $V_2(t)$ 增加。车门在发生变形的同时，速度越来越接近正碰车辆的速度。该阶段，假人在悬浮状态下保持静止。

（2）$t_0 \leqslant t < t_1$：车门与假人接触 $(t = t_0)$，两者间发生力的相互作用。假人的速度 $v(t)$ 增加，车门内板的速度 $V_D(t)$ 减小。

（3）$t_1 \leqslant t < t_C$：车门与假人达到相同速度 $(t = t_1)$ 时，车门与假人间的距离最小。当 $t > t_1$ 后，假人从加载阶段进入卸载阶段，车门和假人之间的作用力也不再增加，假人开始对车门施加反弹力。但由于假人向车门施加的力也减小，因此车门速度变回正碰车辆的速度。

（4）$t \geqslant t_C$：正碰车辆和侧碰车辆达到共同速度 $V_C(t = t_C)$。此后，正碰车和侧碰车发生反弹。

图 7-8 所示为将正碰车辆、侧碰车辆、车门及假人在侧面碰撞中的运动简化后的模型。设正碰车辆的质量为 M_1，侧碰车辆的质量为 M_2，假人的质量和速度分别为 m、$v(t)$。设正碰车辆的速度为 $V_1(t)$，初始速度为 V_{10}，碰撞后的速度为 V_{11}。侧面碰撞车辆的速度为 $V_2(t)$，初始速度为 0，碰撞后的速度为 V_{21}。此外，再设车门和假人的共同速度为 v_E。正碰车辆和侧碰车辆之间的作用力为 F_V，车门和假人之间的作用力为 F_D。

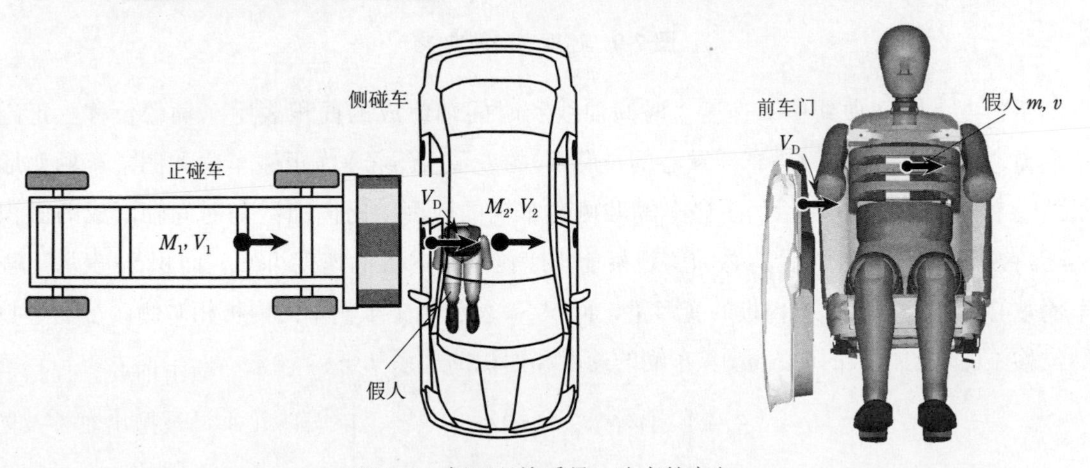

图 7-8 侧面碰撞质量、速度的定义

为了简化模型，设恢复系数 $e=0$，且假定碰撞力 F_V、F_D 的大小在加速时（加载时）为定值。下面分析正碰车辆和侧碰车辆两车重心的运动。在时刻 t_C，正碰车辆和侧碰车辆达

到共同速度 $V_C(V_{11}=V_{21}=V_C)$，此后由于恢复系数 $e=0$，正碰车辆和侧碰车辆两车的最终速度皆为 V_C。根据动量守恒定律，可得：

$$M_1 V_{10} = M_1 V_{11} + M_2 V_{21} = (M_1 + M_2) V_C \tag{7-1}$$

可得共同速度 V_C 为：

$$V_C = V_{11} = V_{21} = \frac{M_1}{M_1 + M_2} V_{10} \tag{7-2}$$

碰撞发生后，车门立即在正碰车辆的作用下加速。当车门速度与正碰车辆的速度达到一致时，车门与正碰车作为一个整体，开始以相同速度运动。假定车门通过车门内饰材料使假人加速，假人在速度与车门相同后离开车门，保持匀速运动。根据上述假定，可得正碰车辆、侧碰车辆、车门、假人的速度变化如图 7-9 所示。图 7-9 是 UN R95 中侧面碰撞试验的速度变化曲线图 7-5 的简化图。根据图 7-9 可以分析侧面碰撞中各部分的变形量以及相应的乘员保护措施。

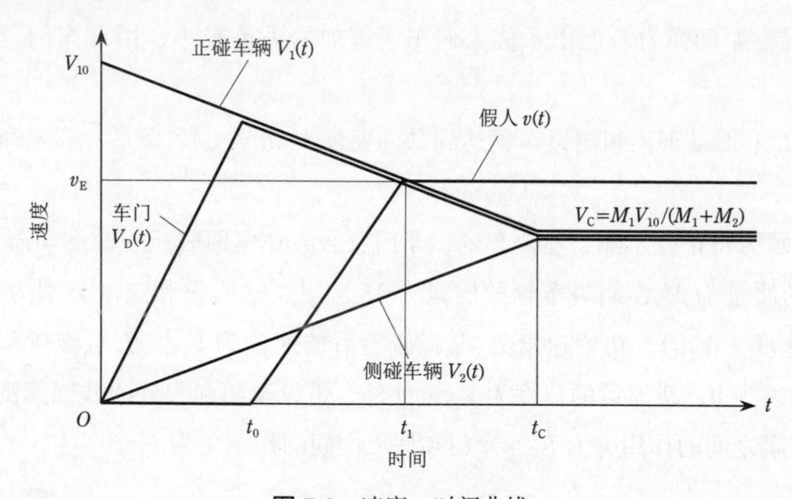

图 7-9 速度 – 时间曲线

在速度 – 时间曲线中，速度 – 时间曲线和时间轴组成的面积表示车辆的位移。正碰车辆重心的位移 X_1 与侧碰车辆重心的位移 X_2 的差值 $(X_1–X_2)$ 为正碰车辆和侧碰车辆变形量的总和。如图 7-10 所示的正碰车辆和侧碰车辆的速度 – 时间曲线与时间轴围成的面积 $S=S_F+S_D$ 表示两车变形量的总和。观察前排座椅车门内板的速度可知，面积 S_F 表示正碰车辆重心到侧碰车辆车门内板的变形量，面积 S_D 表示侧碰车辆车门内板相对侧碰车辆重心的位移（即车门内板的侵入量）。车辆的速度和面积的关系如下：

$$\left.\begin{aligned} S_F &= \int_0^{t_C} [V_1(t) - V_D(t)]\mathrm{d}t \\ S_D &= \int_0^{t_C} [V_D(t) - V_2(t)]\mathrm{d}t \\ S &= S_F + S_D = \int_0^{t_C} [V_1(t) - V_2(t)]\mathrm{d}t \end{aligned}\right\} \tag{7-3}$$

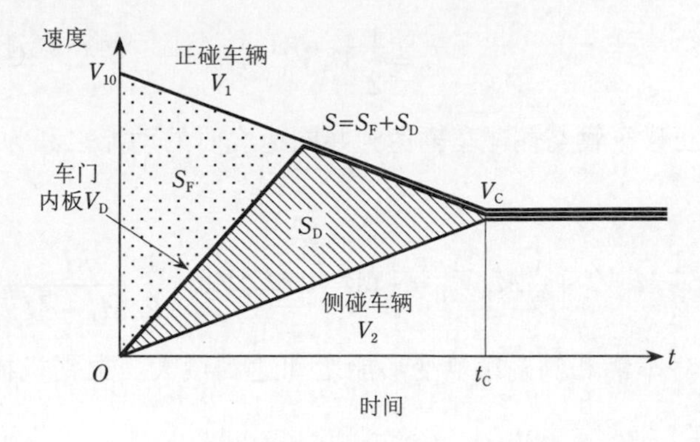

图 7-10　正碰车辆与侧碰车辆的变形量

在速度－时间曲线中，速度的斜率表示加速度。根据运动方程可知，施加在物体上的力为质量与加速度的乘积，所以用速度的斜率可以估算碰撞中施加在物体上的力的大小。由于模型中假设车辆在加载区间内做匀加速运动，因此碰撞力 F_V 的大小为固定值。若设正碰车辆和侧碰车辆的加速度分别为 A_1、A_2（A_1、A_2 为定值），则有：

$$F_V = M_1 A_1 = M_2 A_2 \tag{7-4}$$

在如图 7-11 所示的两种情况中，车辆质量与碰撞速度虽相同，但由于车身刚度不同，因此作用于正碰车辆和侧碰车辆的碰撞力不同。比较图 7-11 a)、b) 可知，图 7-11 b) 中的侧碰车速度的斜率（加速度）A_2 较大，因此碰撞力 F_V 较大。根据式 (7-2) 可知，虽然正碰车辆和侧碰车辆最终达到的共同速度 V_C 与车身刚度大小无关，但达到 V_C 的时刻 t_C 与车身刚度有关，加速度较大的图 7-11 b) 对应的车辆更早达到速度 V_C。正碰车辆和侧碰车辆的总变形量为图 7-11 所示的正碰车辆和侧碰车辆的速度－时间曲线与时间轴所围成的三角形的阴影面积 $S=V_{10}t_C/2$。因此，如图 7-11 b) 所示，表示速度变化的斜率越大（碰撞作用力越大），面积 S 就越小，正碰车辆和侧碰车辆的总变形量也越小。

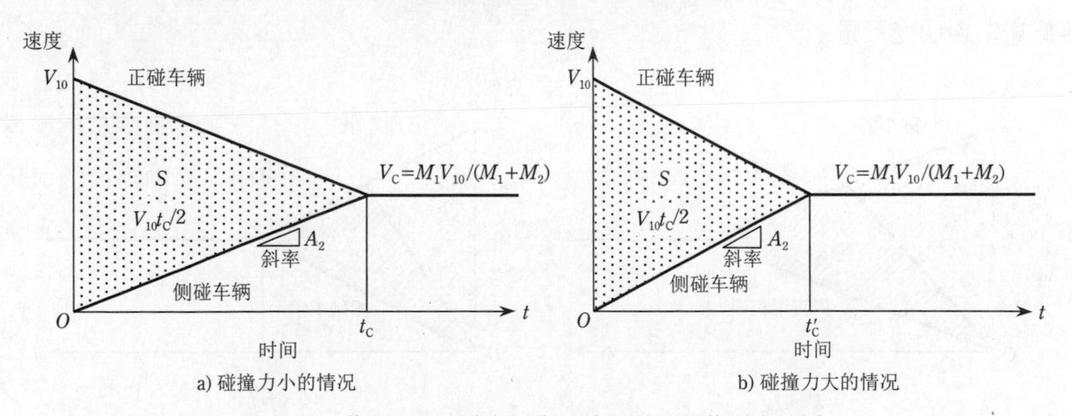

图 7-11　作用于正碰车辆和侧碰车辆的碰撞作用力不同

根据碰撞中被消耗掉的机械能来分析正碰车辆与侧碰车辆的变形量。设碰撞前的动能为 T_0，有：

$$T_0 = \frac{1}{2} M_1 V_{10}^2 \tag{7-5}$$

设时刻为 t_C 时，正碰车辆与侧碰车辆达到共同速度时的动能之和为 T_1，则根据式 (7-1) 得：

$$T_1 = \frac{1}{2} M_1 V_{11}^2 + \frac{1}{2} M_2 V_{21}^2 = \frac{1}{2}(M_1 + M_2) V_C^2 = \frac{1}{2} \frac{M_1^2}{M_1 + M_2} V_{10}^2 \tag{7-6}$$

在时刻 t_C 时，正碰车辆和侧碰车辆变形能之和达到最大。根据机械能守恒定律，可得此时的变形能 E 为：

$$E = T_0 - T_1 = \frac{1}{2} \frac{M_1 M_2}{M_1 + M_2} V_{10}^2 \tag{7-7}$$

根据式 (7-7) 可知，变形能 E 仅由车辆的质量及初始速度表示，与车身刚度无关。此外，用正碰车辆和侧碰车辆间的作用力 F_V 及正碰车辆和侧碰车辆的变形量之和 S，可将 E 写成：

$$E = F_V S \tag{7-8}$$

由此可见，当变形能 E 为一定值时，碰撞力 F_V 越大，变形量 S 越小。这与图 7-11 中从速度变化角度看到的变形量的结果一致。

但是，即使在车辆之间碰撞力较大的情况下，也不意味着正碰车辆和侧碰车辆的变形量都较小。为了理解其中的原因，我们在速度线图中增加车门内板的速度曲线，比较被车门内板速度曲线分割开的两部分的面积。在图 7-11 的基础上增加车门速度曲线得到图 7-12，比较图 7-12 a)、b) 可知，图 7-12 b) 中碰撞力变大，变形量 $S=S_F+S_D$ 减小，因此正碰车辆和侧碰车辆的变形量 S_F、S_D 也一同减小。但比较图 7-12 c)、d) 时发现，虽图 7-12 c) 中的整体变形量 S 大于图 7-12 d)，但图 7-12 c) 中的侧碰车辆的变形量 S_D 却小于图 7-12 d)。综上所述，通过分析正碰车辆和侧碰车辆的速度变化及侧碰车辆车门内板的速度，则可预测侧碰车辆的变形量。

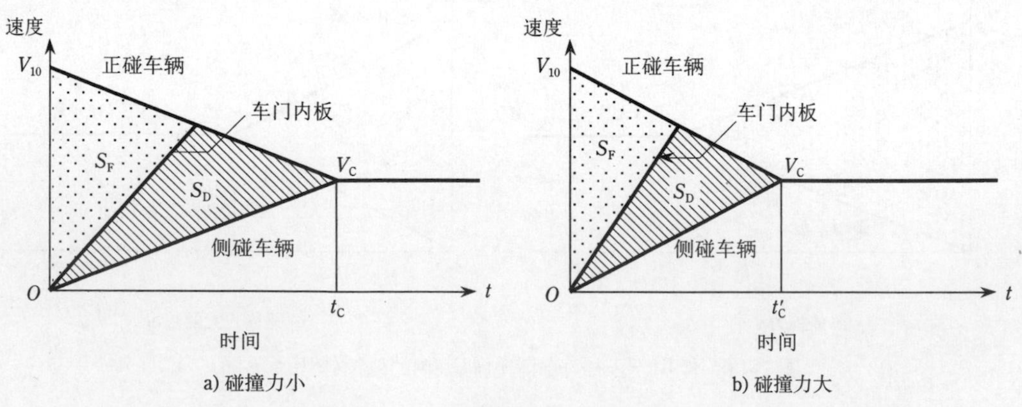

图 7-12

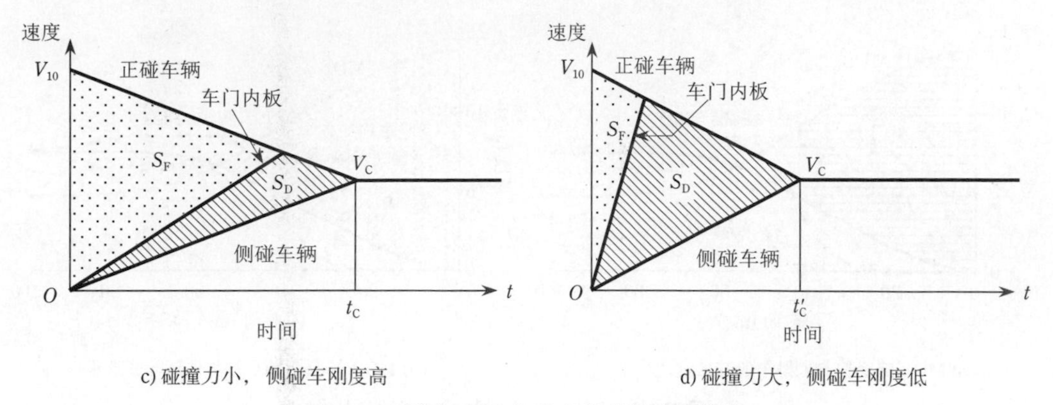

图 7-12 增加车门内板速度后的速度曲线

根据试验中求得的速度－时间曲线，分别分析正碰车辆和侧碰车辆的变形量。当正碰车辆为 MDB 时，仅有蜂窝铝发生变形。当 MDB 的构架被视作刚体时，因此 MDB 与侧碰车之间发生的碰撞作用力可以写为 MDB 的质量和加速度的积 $F_V(t)=M_1A_1(t)$。MDB 蜂窝铝的变形量和侧碰车辆变形量之和可通过 MDB 重心位移和侧碰车辆重心位移的差 $X_1(t)-X_2(t)$ 求得。这样得到的侧碰试验中的碰撞力与 MDB 的变形量和车身变形量之和的关系如图 7-13 所示。图中，曲线和 x 轴围成部分的面积为 MDB 和车身变形能之和。

侧碰试验中的速度－时间曲线如图 7-14 所示。在图 7-14 a) 中，MDB 与侧碰车辆速度－时间曲线围成的面积表示从图 7-13 求得的 MDB 蜂窝铝与侧碰车辆的变形量之和。由于侧面碰撞中涉及必须确保乘员生存空间的问题，因此减少车门的侵入量尤为重要。从这点上讲，降低车门内板的速度可以有效减少车门的侵入量。在图 7-14 a) 中添加车门内板的速度曲线，将 MDB 与侧碰车辆的速度－时间曲线围成的面积分割为两块，分别表示蜂窝铝和车门外板变形量之和 S_F 以及车门内板的变形量 S_D（图 7-14 b)）。综合以上分析，再根据求得的 $F_V(t)$、$S_F(t)$ 和 $S_D(t)$，则可求出正碰车辆（包含车门外板）与车门（内板）的载荷变形特性（图 7-15）。横轴上负值部分表示车门外板和蜂窝铝的变形量之和，

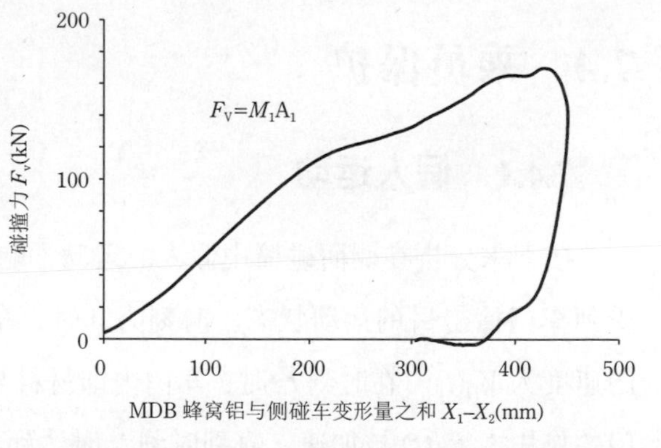

图 7-13 MDB 与侧碰车辆的载荷变形特性

正值部分表示车门内板变形量。根据图 7-15 可以分别求出碰撞力 F_V 时，对应的变形量 S_F、S_D。由此得到的车门内板变形特性将有助于在设计车辆结构时减少车门的侵入量。

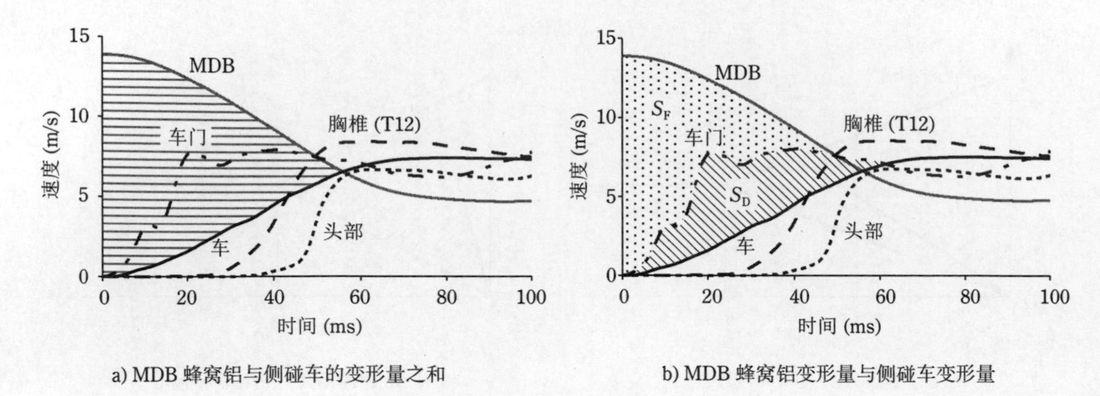

a) MDB 蜂窝铝与侧碰车的变形量之和　　b) MDB 蜂窝铝变形量与侧碰车变形量

图 7-14　速度 – 时间曲线与变形量

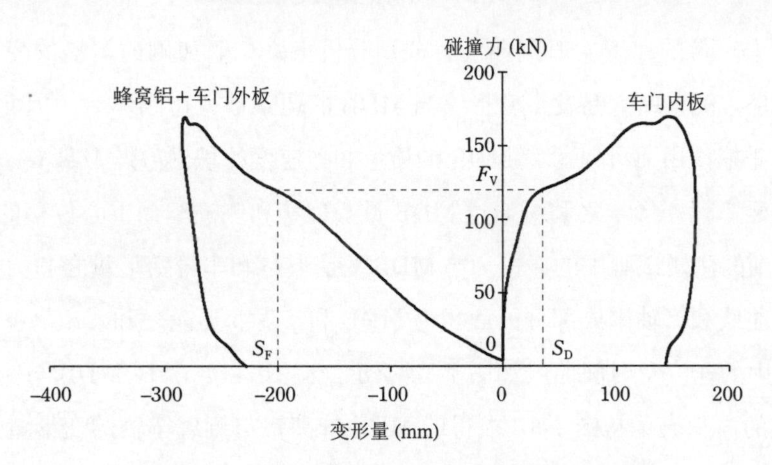

图 7-15　MDB 与侧碰车的载荷变形特性的关系

7.4　乘员保护

7.4.1　假人运动

接下来分析在侧面碰撞中假人的运动学响应及伴随发生的损伤值。图 7-16 所示为假人受到车门撞击后的运动状态。时刻为 0 时，车门内饰材料和假人之间有初始间隙 l_s，车门的速度为 $V_D(t)$。在时刻 t_0 时，车门内饰材料与假人接触，假人开始运动。假人由于受到车门的作用力 $F_D(t)$ 被加速，直到时刻 t_1 时达到与车门的共同速度（最终速度）v_E。在时刻 t_1 的图中（图 7-16 c)），车门内饰材料与假人重叠的部分即表示假人和车门内饰材料的变形量之和 l_d。

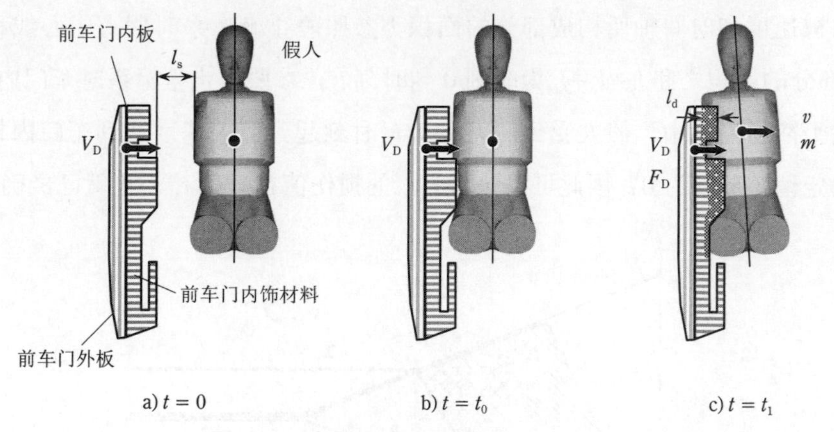

图 7-16 侧面碰撞中车门与假人的运动

设车门向假人施加的力为 F_D，假人的加速度为 a，则假人的运动方程式表示为：

$$F_D = ma \tag{7-9}$$

这里单纯地假定向假人施加的力 F_D 越大，假人受到的损伤就越大。因此，为了降低损伤值，只需减小 F_D 的值。又因假人质量 m 为定值，所以要减小 F_D，只需降低假人的加速度 a。

在速度－时间曲线中，假人速度的斜率越大，表示假人的加速度越大，假人受到的力 F_D 也越大。图 7-17 所示为仅假人速度不同的两种情况下的速度－时间曲线图。虽然 7-17 a)、b) 中假人的最终速度相同，但图 7-17 b) 中的假人加速度 a 比图 7-17 a) 中的小。这就表示图 7-17 b) 中的假人被施加的载荷较小，其受到的损伤也较小。

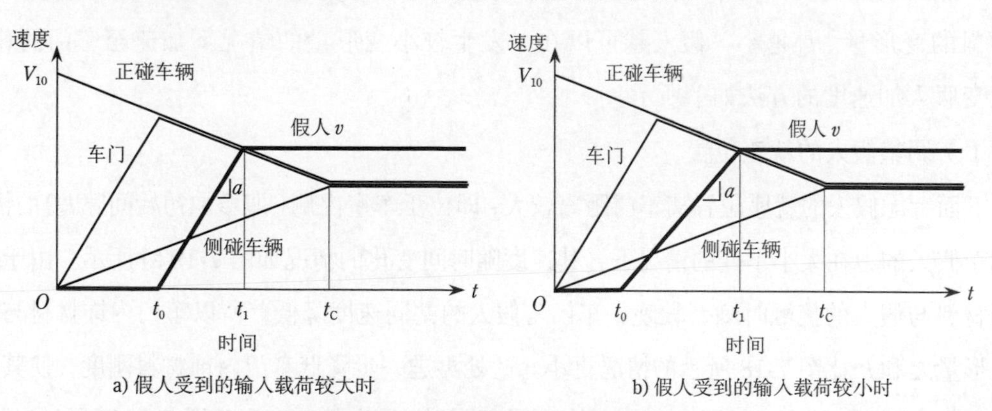

图 7-17 仅假人速度不同时的比较

在图 7-18 中，车门、侧碰车辆和假人的速度－时间曲线与时间轴所围成的面积，分别表示了图 7-16 中的假人与车门位移的关系。在碰撞开始的时刻 0 到假人开始运动的时刻 t_0 为止的时间段内，车门内板速度与时间轴所构成的面积表示车门内饰材料和假人间的初始间隙 l_s。在假人与车门接触的时刻 t_0 到假人与车门达到共同速度的时刻 t_1 的时间段内，车门内板速度和假人速度构成的部分面积为车门内饰材料和假人变形量之和 l_d。在该时间段内，车门内板速度和时间轴所构成部分的面积为参照静止坐标系时假人中心线移动的距离 l_t。以上三部分的面积之和 $l_s+l_d+l_t$ 为时刻 0 到时刻 t_1，参照静止坐标系时车门内板的位移。另外，在这个简易模型中，假人受到的力在从 t_0 时刻起到假人速度达到车门内板速度的时刻 t_1 为止为定值，此后为 0，因此可以认为假人的损伤值在时刻 t_1 为止就已经确定。

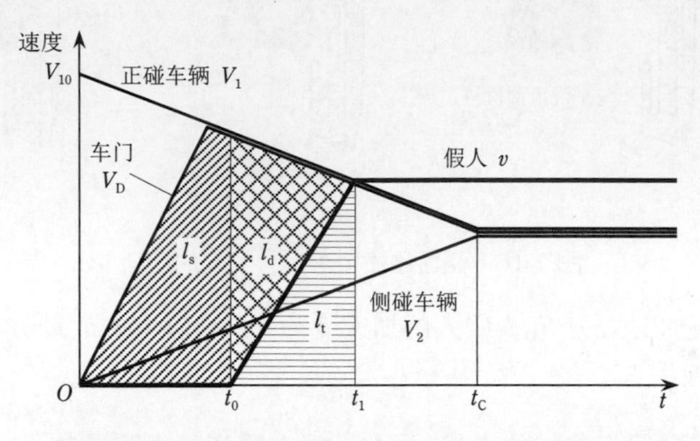

图 7-18　速度 – 时间曲线图中车门与假人的位移

7.4.2　降低假人损伤值的方法

下面根据速度 – 时间曲线（图 7-18）讨论降低假人损伤值的方法。这里认为减小施加在假人上的力，即降低假人的加速度（假人速度曲线的斜率）可以作为减小假人损伤值的方法。假人的加速度决定了假人的变形量，根据内饰材料与假人的变形量之和 l_d 可确定内饰材料的变形量。l_d 越小，假人越可以在只发生较小变形量的情况下加速至车门的速度。可改变假人加速度的方法如下所示。

1）调整假人的就座位置

下面考虑假人的就座位置离车门距离较大，即位于车室内侧（即增加初始间隙 l_s）的情况。作用于假人的力在大小不变的情况下，其速度随时间变化的情况如图 7-19 a) 所示。由于车门内饰材料与假人的接触时刻 t_0 较晚，车门与假人的共同速度降低，所以车门内饰材料与假人的变形量之和 l_d 比图 7-18 所示的情况更小。此处再进一步降低车门内饰材料刚度，使其对假人产生的力下降，可令 l_d 与图 7-18 中的变形量相同时，假人的速度变为图 7-19 b) 所示。此时，由于车门内饰材料产生的力减小，所以其对假人施加的力也减小，假人的加速度得以降低（假人速度的斜率减小）。

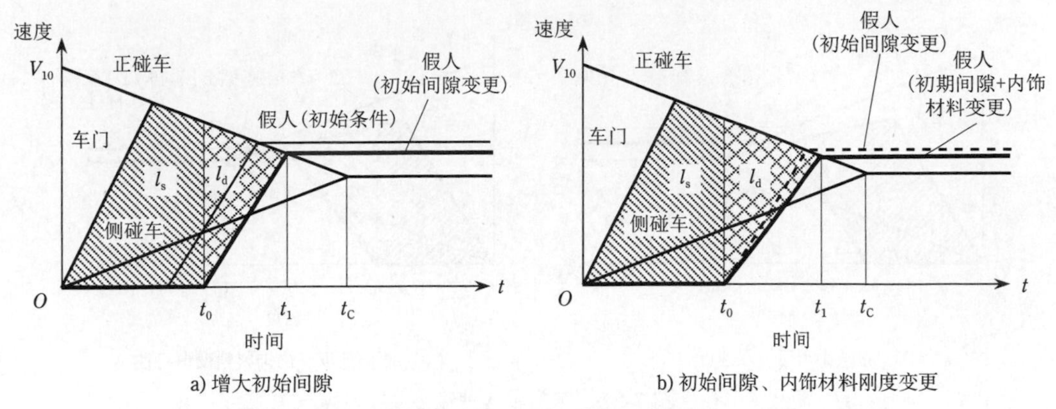

图 7-19 假人初始位置的变更

2）改变车门内饰材料变形特性

下面考虑通过增加车门内饰材料的可压溃变形量（增大 l_d）来减小假人受力。假设不改变车门内板与假人的位置，只增加内饰材料可压溃部分的变形量。在这样的情况下，l_d 越大，内饰材料离假人越近，初始间隙 l_s 也越小。在假人受到的力的大小不发生变化的情况下，假人的速度如图 7-20 a) 所示。与此相对，对应初始间隙 l_s 减小的距离，内部装饰材料的刚度降低，变形量 l_d 增大，如图 7-20 b) 所示。对应 l_d 增大，低刚度的内饰材料变形量变大，这可以使假人受到的力减小，假人速度曲线的斜率随之减小。

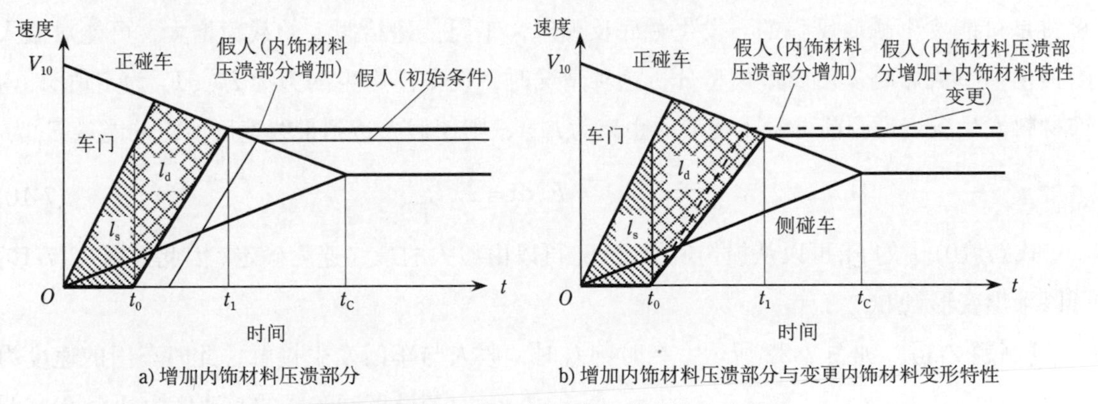

图 7-20 车门内饰材料厚度与变形特性的变更

3）控制车门侵入速度

车门对假人的碰撞速度也会影响假人的速度。下面分析车门速度的降低会对假人速度产生何种影响。如图 7-21 a) 所示，车门的侵入速度越小，假人与车门发生接触的时间 t_0 也随之推迟。由于车门速度减小，假人的最终速度也减小，假人变形量与车门内饰材料变形量之和 l_d 也减小。此时，减小车门内饰材料产生的力，使 l_d 变为和原先大小一样，则可以减小假人的加速度，如图 7-21 b) 所示。

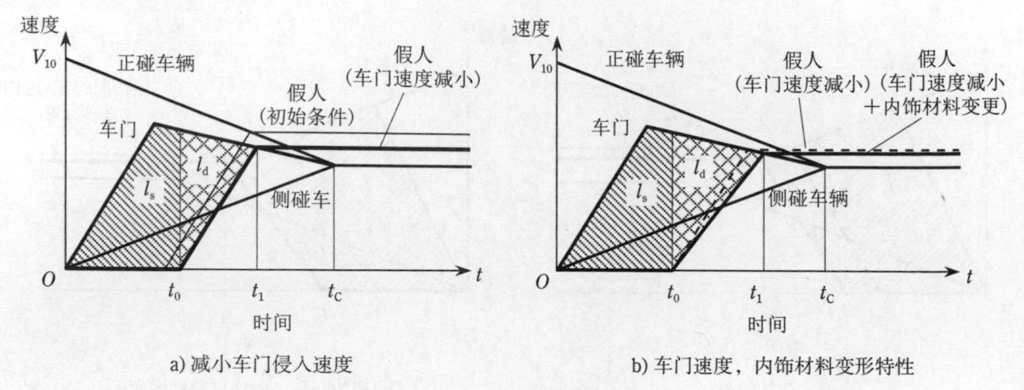

图 7-21 车门侵入速度变更

上面举的几个例子都是通过简单的侧面碰撞模型来讨论降低假人损伤值的方法。当然，除上述例子以外还有其他方法，并且将各种方法加以组合也是可行的。从原理上讲，只要利用上述方法，就可以降低假人的损伤值。

虽然这里给出的分析方法使用的是简单模型，但是在实际情况中考虑如何降低假人损伤值时，还必须考虑诸如车门的变形模式、因假人构造产生的假人与车门接触部位的不同所导致的损伤值的不同，以及对假人损伤值的测量方法（如变形、加速度等）不同带来的损伤值的差异等，这些实际碰撞中的所有可能发生的一切情况都需要考虑。例如，虽然在本次分析的模型中假设了车门内饰材料未发生触底反弹现象，但在实际情况中，车门内饰材料是可能发生触底反弹的。发生触底反弹时，车门传递给假人的载荷增大，可能对假人的损伤值造成影响。用简单模型分析这种情况时，设车门产生的力为 F_D（F_D 为定值），内饰材料发生触底反弹前可发生变形的距离为 l_{dmax}，则使假人达到最终速度所需的能量 E_d 为

$$E_d \leqslant \int_0^{l_{d\max}} F_D \, dx = F_D \, l_{d\max} \tag{7-10}$$

式 (7-10) 中的 F_D 可以从损伤值得出，E_d 可以由假人的最终速度确定，因此根据式 (7-10) 可以求出变形量 l_{dmax}。

【例题 7-1】 如图 7-22 所示，在时刻 t_0 时，假人与车门发生接触，此时车门的速度为 V_{D0}。若设正碰车辆的减速度为 $A_1(>0)$，假人与车门内饰材料的变形量之和为 l_d，求以 V_{D0}，A_1，l_d 表示的假人加速度 a。

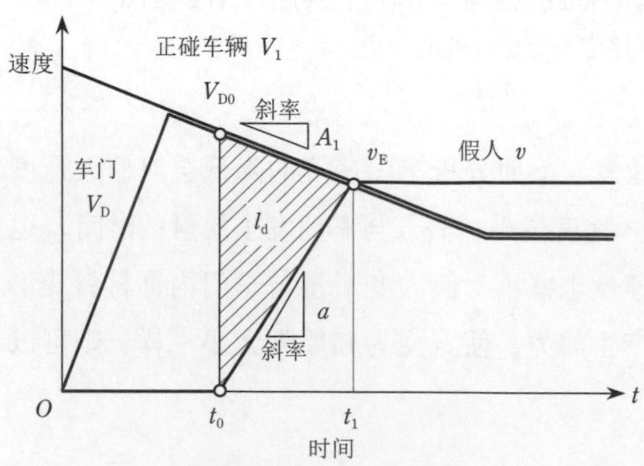

图 7-22 例题 7-1 图

【解答】 由图中斜线阴影部分的面积可得：

$$\frac{V_{D0}(t_1 - t_0)}{2} = l_d$$

设假人的最终速度为 v_E，则有：

$$v_E = V_{D0} - A_1(t_1 - t_0) = V_{D0} - \frac{2A_1 l_d}{V_{D0}}$$

$$a = \frac{v_E}{t_1 - t_0} = \frac{V_{D0}}{2l_d}\left(V_{D0} - \frac{2A_1 l_d}{V_{D0}}\right)$$

$$= \frac{V_{D0}^2}{2l_d} - A_1$$

由上式可知，V_{D0} 越小，A_1，l_d 越大，则假人的加速度 a 也越小。

7.5 安全气囊

在侧面碰撞中，保护乘员的安全气囊分为两种：胸气囊和气帘。胸气囊收缩在座椅或车门中，主要保护乘员的胸部（图 7-23）。气帘通常收缩在车顶侧边区域，保护乘员头部。不论何者，都是在检测到侧面碰撞时的碰撞力后，由火药展开的。

关于安全气囊对乘员的保护效果，可以通过增加内部装饰材料厚度的方式进行说明。在模型中增加内饰材料的厚度，能减小乘员与内饰材料间的间隙，而安全气囊在通常的使用状态下可使乘员与内饰材料保持一定间隙。碰撞时，这段间隙则因为安全气囊的介入而缩小，从而兼顾乘坐时的舒适性与安全性。

胸气囊展开后，假人的肋骨压缩量在碰撞后较早时刻开始增加。此时，由于安全气囊产生的压力使肋骨变形，因此和受到车门直接撞击相比，肋骨的变形速度较小，且由变形速度决定的胸部损伤值 VC 也会减小。此外，胸部受到的不是来自车门的局部压力，而是由于安全气囊的压力作用使各部位受力较为均匀，因此胸廓的上部、中部和下部这三部分的肋骨压缩量较为平均。特别要注意的是，与其说胸气囊的作用是减少碰撞发生时的肋骨压缩量，不如说是其对三部位肋骨压缩量的平均化效果更大。

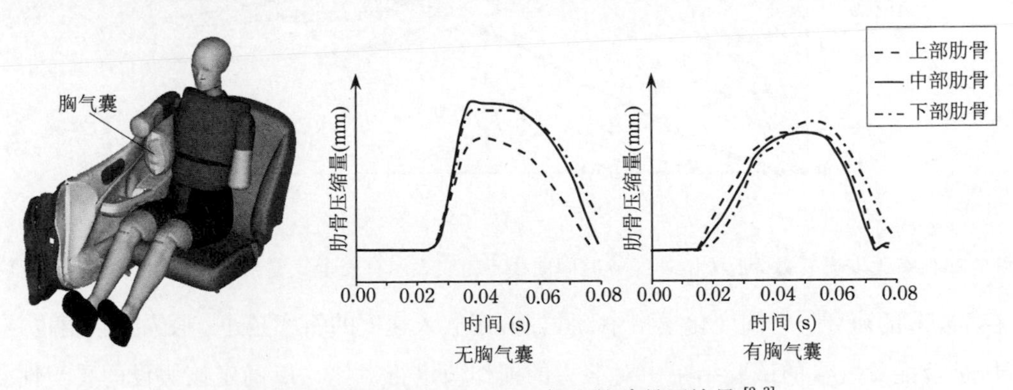

图 7-23 胸气囊与 EuroSID 假人的肋骨压缩量 [2, 3]

下面通过对同一车型在配备和不配备安全气囊时的实车侧面碰撞试验来确认胸气囊和气帘的保护效果[4]。两种情况下的乘员运动学响应对比如图 7-24 所示。为了确认气帘对乘员的保护效果，假人乘坐的位置被设定在其头部重心的前后位置与 B 柱中心位置一致处（即座椅处于滑轨的最后端）。根据图 7-24 可知，气帘对假人头部提供了保护。胸气囊在乘员胸部位置处展开，以压力的形式对胸部施加作用力，从而防止假人直接承受来自内饰材料的力。

配备与不配备安全气囊的情况下，各部位的速度变化曲线如图 7-25 所示。两种试验情况下，MDB、侧碰车辆重心、侧碰车辆前车门内板的速度变化基本一致。但是，假人头部和胸椎 (T12) 的横向速度曲线则显示，在安全气囊展开的情况下，速度曲线在较早的阶段开始上升，速度的斜率（加速度）也减小。这与图 7-20 b) 中所示的通过更改车门内饰材料的应对方法所得到的结果一致。

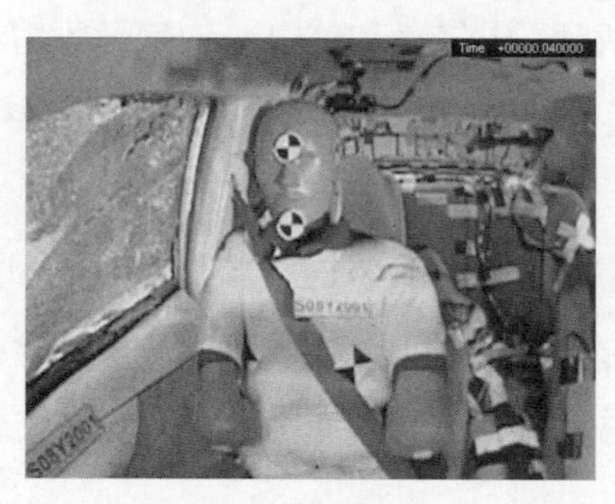

a) 无安全气囊

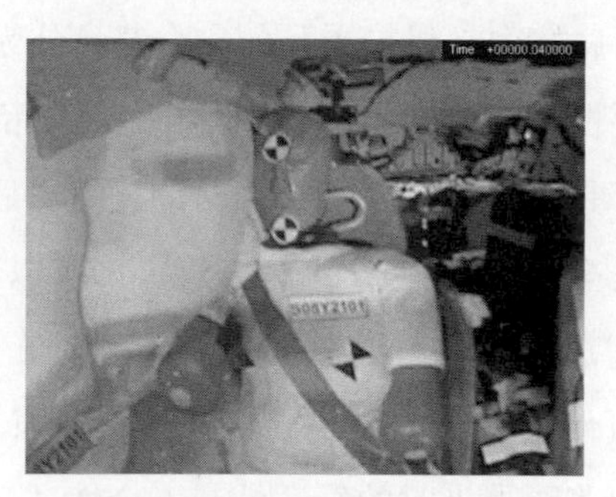

b) 有安全气囊

图 7-24 碰撞时胸气囊、气帘的展开状态

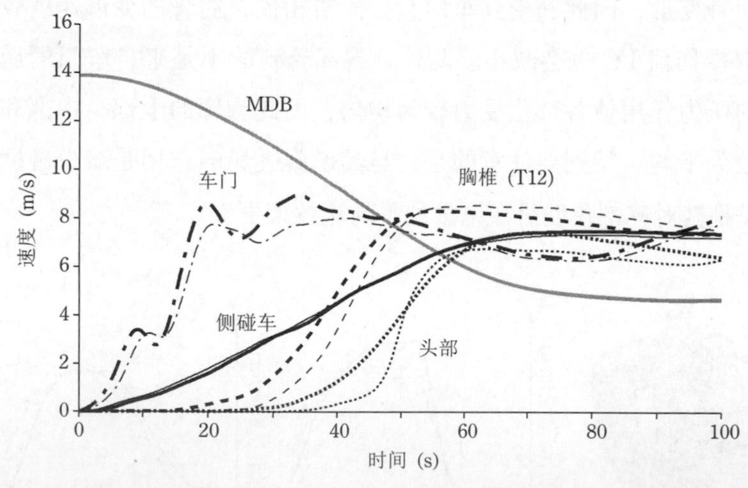

图 7-25 有无安全气囊情况下的速度 - 时间曲线（粗线表示有安全气囊，细线表示无安全气囊）

在 7.4 节的速度 - 时间变化模型中，我们假定假人速度的斜率越小，假人损伤值也越小。下面从是否配置气囊的试验结果中对假人的损伤值进行对比，以确定该假设的妥当性。图 7-26 所示为在有无配备安全气囊的两种情况下，对损伤参数——头部 HPC、肋骨压缩量、

胸部VC、腹部载荷、耻骨载荷的最大值进行比较的结果。头部与胸部的损伤值在配备安全气囊的试验中比没有配置安全气囊时低。腹部和腰部的试验结果则显示，不论是否配备安全气囊，其损伤值大致相同。这就表示，安全气囊对假人受到覆盖部位的损伤值有降低效果，对没有覆盖的部位则没有降低效果。

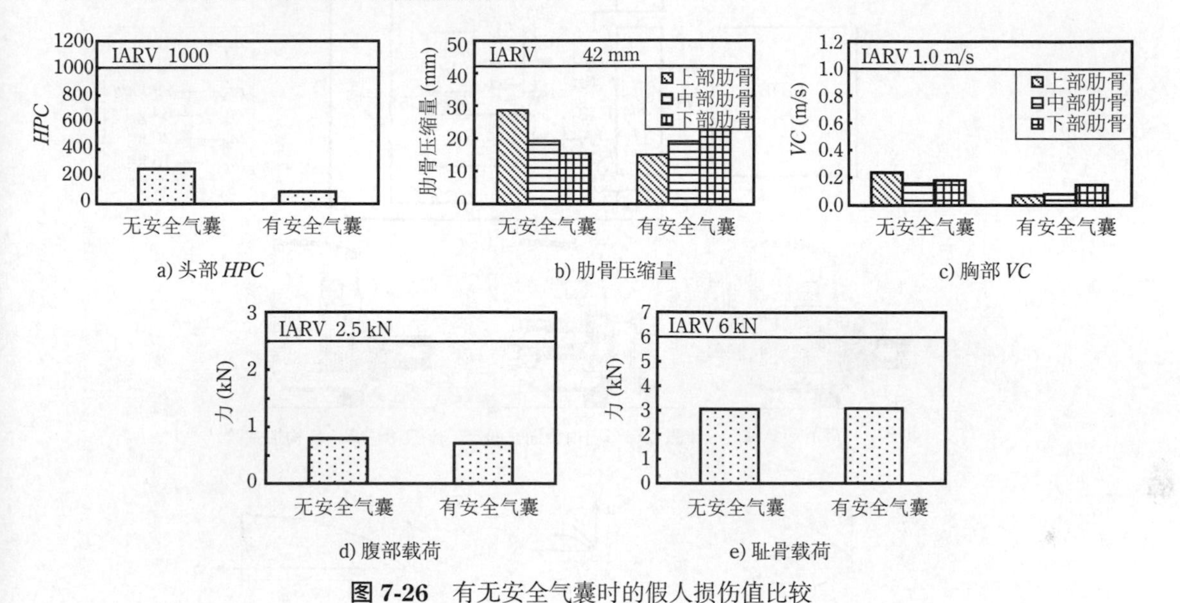

a) 头部 *HPC*　b) 肋骨压缩量　c) 胸部 *VC*

d) 腹部载荷　e) 耻骨载荷

图7-26 有无安全气囊时的假人损伤值比较

7.6 弹簧 – 质量模型

探讨侧面碰撞时，常用由车体、车门、假人三者组成的一维弹簧 – 质量系进行分析。图7-27所示为20世纪80年代后期提出的用于侧面碰撞部件试验法中的由弹簧 – 质量系构成的侧碰车辆与乘员模型。这是一种通过一边实施实车静态试验，将得到的数据输入模型进行模拟计算的同时，一边再通过计算机控制静态试验的位移，再现包括乘员在内的动态侧面碰撞的试验方法。

在侧面碰撞中，车门受到MDB碰撞后产生变形，并在刚度增大的状态下碰撞假人。这里，为了获得侧面碰撞时车门与假人之间的弹簧特性，将试验分3个步骤实施。

步骤1：在车门内侧与座椅接触前，用加载装置（模拟MDB）挤压车身外侧，得到MDB与车门的载荷变形特性关系。

步骤2：用相当于假人的内部加载装置挤压车门内侧，获得从车门内侧加载时的载荷变形特性。

步骤3：去掉内侧的加载装置，再次用外部加载装置挤压车身侧面。

将各个步骤中得到的载荷与车门各部位的位移导入到计算机，同时将外部和内部加载装置的位置进行调整至由弹簧－质量系计算得到的结果（位置）。其中，由于试验中假人被内部的加载装置所代替，因此必须事先在静态试验、碰撞试验或者是计算机模拟中求出假人各部位的弹簧和阻尼的力学特性。

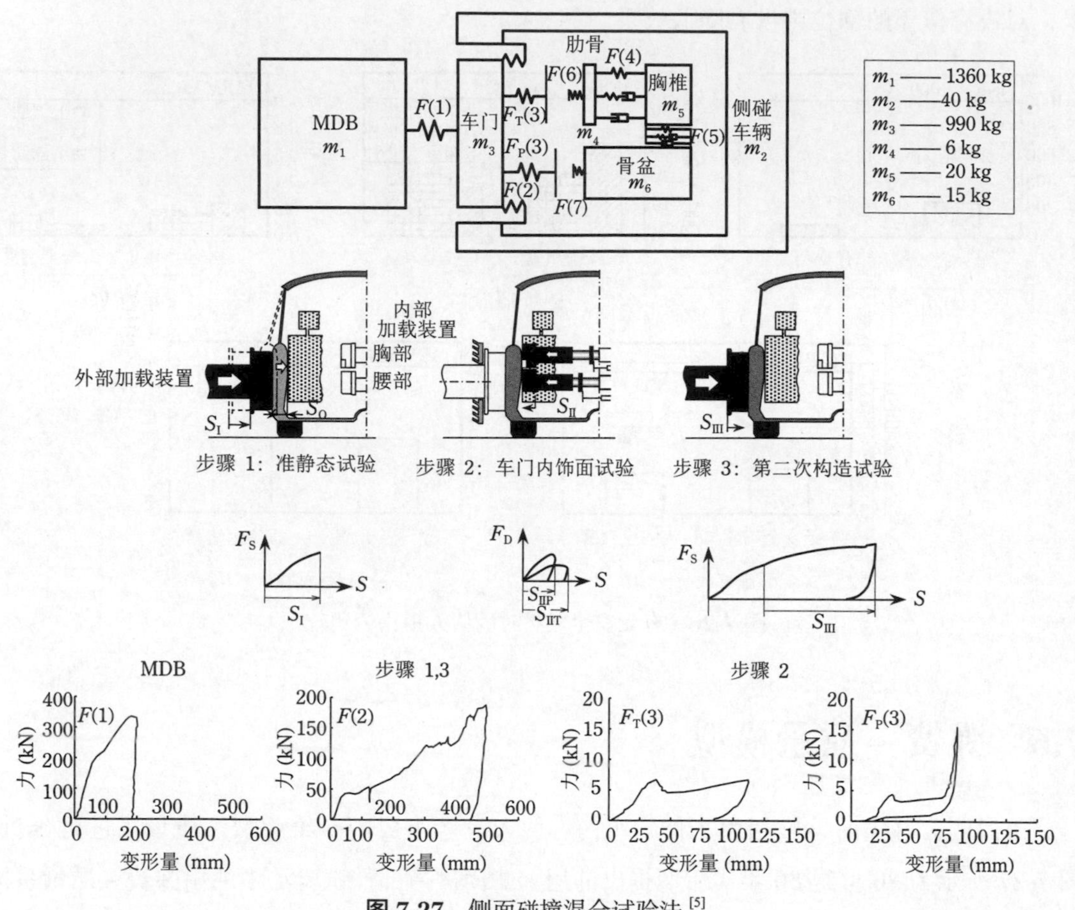

图 7-27 侧面碰撞混合试验法[5]

如图 7-28 所示为用弹簧－质量系表示的侧碰假人模型示例。胸部压缩量由肋骨位移和胸椎位移的差计算得出，肋骨受到来自车门的作用力，同时受到车门速度、车门侵入量、车门内饰材料特性的影响。胸椎受到如肩部、肋骨、骨盆等假人的内部结构传递来的力。这里使用 $\boldsymbol{X}=\{x_1,x_2,x_3,x_4\}^{\mathrm{T}}$ 表示胸椎、肋骨、骨盆、肩部的位移，考虑到肋骨、骨盆、肩部分别与胸椎连接在一起，可得出如下运动方程式：

$$\boldsymbol{F}=\boldsymbol{M}\ddot{\boldsymbol{X}}+\boldsymbol{C}\dot{\boldsymbol{X}}+\boldsymbol{K}\boldsymbol{X} \tag{7-11}$$

各矩阵的分量如下：

$$\boldsymbol{M}=\begin{bmatrix} m_1 & 0 & 0 & 0 \\ 0 & m_2 & 0 & 0 \\ 0 & 0 & m_3 & 0 \\ 0 & 0 & 0 & m_4 \end{bmatrix} \quad \boldsymbol{C}=\begin{bmatrix} c_1 & -c_1 & 0 & 0 \\ -c_1 & c_1+c_2+c_3 & -c_2 & -c_3 \\ 0 & -c_2 & c_2 & 0 \\ 0 & -c_3 & 0 & c_3 \end{bmatrix}$$

$$\boldsymbol{K}=\begin{bmatrix} k_1 & -k_1 & 0 & 0 \\ -k_1 & k_1+k_2+k_3 & -k_2 & -k_3 \\ 0 & -k_2 & k_2 & 0 \\ 0 & -k_3 & 0 & k_3 \end{bmatrix},\ \boldsymbol{F}=\begin{Bmatrix} f_1(t) \\ 0 \\ f_2(t) \\ f_3(t) \end{Bmatrix},\ \boldsymbol{X}=\begin{Bmatrix} x_1(t) \\ x_2(t) \\ x_3(t) \\ x_4(t) \end{Bmatrix}$$

各变量的意义如图7-28所示。假人各个部位的质量和弹性系数等变量采用实际测量得到的数据，并且通过分别对肩部、胸部、腰部的撞击试验得到结果来对这些变量进行确定和验证。此外，通过从有限元模型中得到的车门和假人的接触力和假人各部位的位移，也可以求出各个变量。

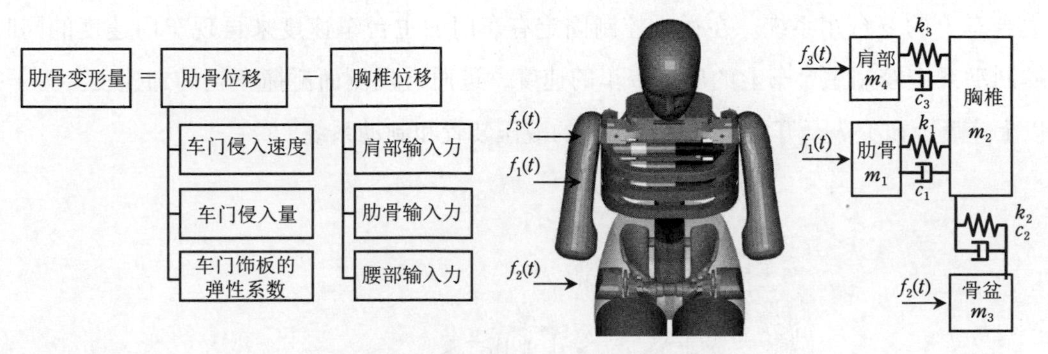

图7-28 假人的弹簧-质量系模型[6]

假人的胸椎由于受到来自肩部、肋骨、背板、腹部、下颈部、上腰椎和安全带的作用力 F_{shoulder}，F_{rib}，$F_{\text{backplate}}$，F_{abdomen}，F_{neck}，F_{lumbar}，F_{belt} 而产生横向的加速度。为了分析这个过程，设假人胸部的质量和加速度分别为 m_{chest}、a_{chest}，则假人胸部在横向上的运动方程式为

$$m_{\text{chest}}a_{\text{chest}}=F_{\text{shoulder}}+F_{\text{rib}}+F_{\text{backplate}}+F_{\text{abdomen}}+F_{\text{neck}}+F_{\text{lumbar}}+F_{\text{belt}} \tag{7-12}$$

设假人胸椎的速度增加至与车门内板速度一致时的时刻为 t_1。此时，假人胸部受到的载荷最大。设时刻 t_1 时，胸部速度为 v_{chest1}，则有：

$$v_{\text{chest1}}=\int_0^{t_1} a_{\text{chest}}\,\mathrm{d}t \tag{7-13}$$

将式(7-13)代入式(7-12)，可得：

$$v_{\text{chest1}}=\frac{1}{m_{\text{chest}}}\int_0^{t_1}(F_{\text{shoulder}}+F_{\text{rib}}+F_{\text{backplate}}+F_{\text{abdomen}}+F_{\text{neck}}+F_{\text{lumbar}}+F_{\text{belt}})\mathrm{d}t \tag{7-14}$$

通过观察式(7-14)中各积分项在 v_{chest1} 中所占的比例，可分析是哪一个力使假人的胸椎产生加速度。试验中，虽然可以通过假人各部分的载荷测量仪测得各部位受到的力，但是不能直接测得肋骨向胸椎施加的载荷 F_{rib}。载荷 F_{rib} 可通过肋骨变形量 D 和变形速度 $\mathrm{d}D/\mathrm{d}t$，根据 $F_{\text{rib}}=kD+c(\mathrm{d}D/\mathrm{d}t)$ 计算得到。基于以上讨论，可以探讨减小肋骨输入载荷的方法。

7.7 台车试验

侧面碰撞的台车试验也是为了在台上再现实车侧面碰撞试验中假人的响应而开发的。20 世纪 90 年代开发的侧面碰撞台车试验以单一的台车系统为中心，例如，Ohlund 和 Saslecov (1991) 提出了用安装有车门板的移动壁障对假人进行碰撞的简单试验方法（图 7-29）。在这种试验中，车门与假人在碰撞时，移动壁障的速度基本保持不变。为了模拟真实车辆的侧面碰撞，除了再现碰撞时的车门速度，还需要再现假人和车门间的距离、车门速度的时间序列和车辆加速度。为此，采用如图 7-30 所示的将搭乘有假人的座椅台车放置于主台车上的双台车系统。在通过控制固定有车门的主台车速度来再现车门速度的同时，依靠制动系统控制主台车上的座椅台车的速度，进而再现侧面碰撞车辆的加速度。为了控制以上速度，研究人员开发出了各种各样的液压装置和制动系统。

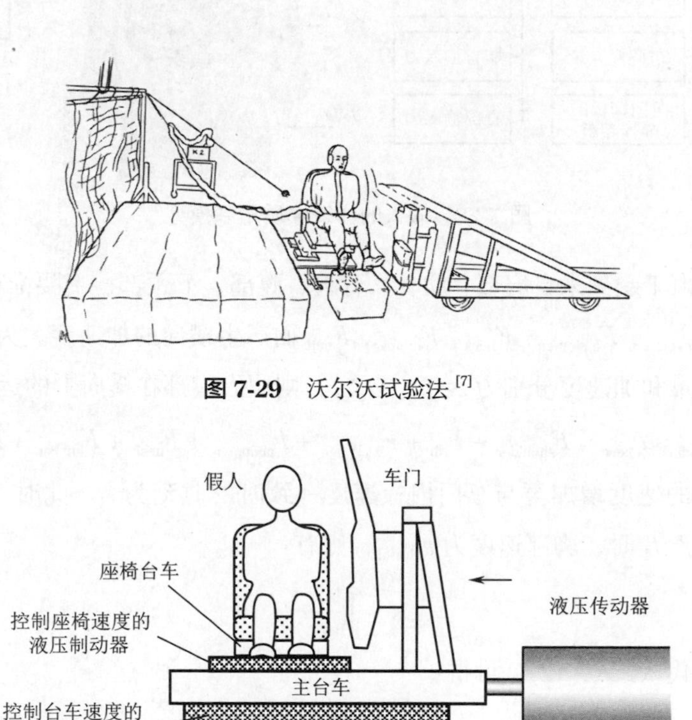

图 7-29 沃尔沃试验法 [7]

图 7-30 双台车系统 [1]

本章参考文献

[1] Chou, C., Aekbote, K., Le, J.. A review of side impact component test methodologies [J]. International Jounrnal of Vehicle Safety, Vol. 2, No. 1/2, pp. 141-184, 2007.

[2] Lundell, B., Edvardsson, M., Johansson, L., Korner, J., Pilhall, S.. Sipsbag~The seat-mounted side-impact airbag system [C]. SAE Paper 950878.

[3] Kaneko, N., Taguchi, S., Motoki, M., Ogawa, S.. Optimization of the side airbag system using MADYMO simulations [C]. SAE Paper 2007-01-0345.

[4] Tanaka, Y., Yonezawa, H., Hosokawa, N., Matsui, Y.. The effectiveness of curtain side air bags in side impact crashes [C]. SAE Paper 2011-01-0104.

[5] Richter, R., Oehlschlaeger, H., Sinnhuber, R., Zobel, R.. Composite test procedure for side impact protection [C]. SAE Paper 871117.

[6] 元木正紀，福谷和也，伊東紀明，尾川 茂.側突クラッシュシミュレータによる衝突安全性能開発 [J]. No. 22, マツダ技法 , pp. 108-113, 2004.

[7] Ohlund, A., Saslecov, V.. A dynamic test method for a car's interior side impact performance [C]. 13th International Technical Conference on Experimental Safety Vehicles, Paper number No. S5-O-01, 1991.

第 8 章

碰撞兼容性

在车对车的正面碰撞中，由于两辆车在质量、几何构造及结构刚度上的差别，会使一方车辆的车室形变和车辆减速度增大，乘员受伤的程度增加。因此，需要同时考虑碰撞车辆双方的安全。碰撞兼容性 (compatibility) 定义为“碰撞过程中，除了保护本车乘员，同时保护对方车辆乘员安全的性能”。另外，可以将碰撞兼容性低的碰撞描述为“因车辆结构产生的形变致使碰撞两车的乘员所受损伤出现不均等的状况”（如骑撞现象等）。另外，从车辆结构上看，碰撞兼容性也可以称为“最大限度减少所有事故中死伤者人数的车辆设计最优化”。碰撞兼容性由“己方车保护”及“对方车保护”组成。对方车保护的反义词是攻击性或加害性。碰撞兼容性一般适用于车对车的正面碰撞。

20 世纪 60 年代后期，NHTSA 的前身 NHSB (National Highway Safety Bureau) 实施了美国标准尺寸的车辆和日本小型车的正面碰撞试验，小型车的驾驶室形变较大，从而认识到了碰撞兼容性的问题。随着 20 世纪 90 年代后期美国 SUV（运动型多用途汽车）的增多，该种车型的攻击性成为问题，因此美国的汽车制造厂商制定了关于 SUV 和 LTV (Light Truck and Van) 的自主规则。另外，在欧洲和日本，乘用车之间的碰撞兼容性和轻型汽车的己方车保护也分别出现了问题。国际上，在 IHRA 的碰撞兼容性工作组 (WG) 以及其后在欧洲的 VC-COMPAT、FIMCAR 项目中，碰撞兼容性得到了进一步研究。

8.1 车对车正面碰撞

在车对车的正面碰撞中，对应对方车辆的结构，己方车辆会发生与结构部件和发动机相关的复杂的载荷传递。图 8-1 所示为主要的载荷传递路径 (load path)：①通过前纵梁的载荷路径；②通过发动机的载荷路径；③通过轮胎、轮毂、汽车悬架、侧梁的载荷路径。以上路径对应时间的变化，在各个碰撞阶段发挥作用。

车对车正面碰撞时的车辆运动可以随时间变化分成三个阶段。在第一个阶段中，两辆车的前端相互接触，己方车辆的保险杠横梁和对方车辆的保险杠横梁或散热器等部件相接触。由于该载荷的作用，前纵梁前段发生变形。另外，受到保险杠横梁的影响，发生碰撞的对方车辆的前纵梁也受到载荷的传递。在第二个阶段中，除了前纵梁等结构外，发动机、轮胎等部件也参与到载荷传递中，使载荷增加。发动机受到的载荷通过发动机架向车身传递。轮胎和对方车辆的保险杠横梁相接触，载荷从轮胎经过汽车悬架向车身传递。在第三个阶段中，发动机与防火墙接触，轮胎和侧梁接触，车室开始发生变形。在这里，发动机使载荷分散，成为载荷传递的重要路径。

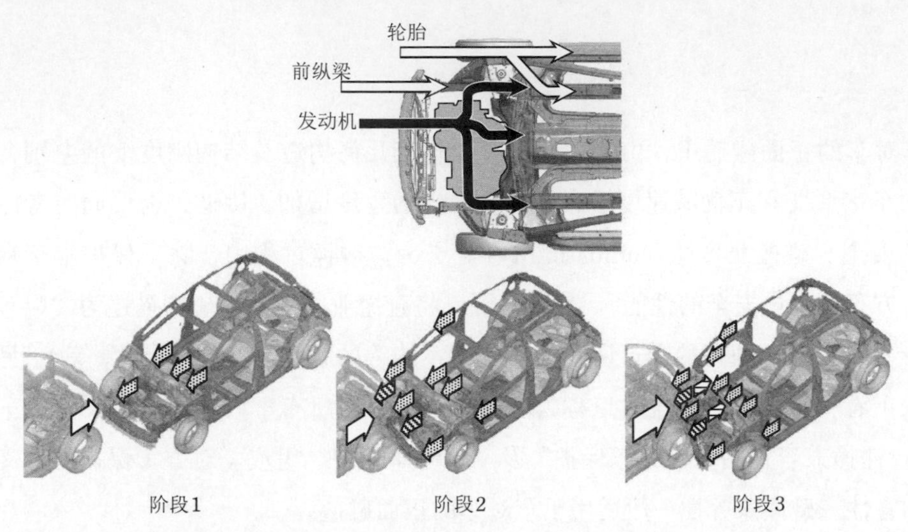

图 8-1 车对车正碰时的载荷传递路径 [1]

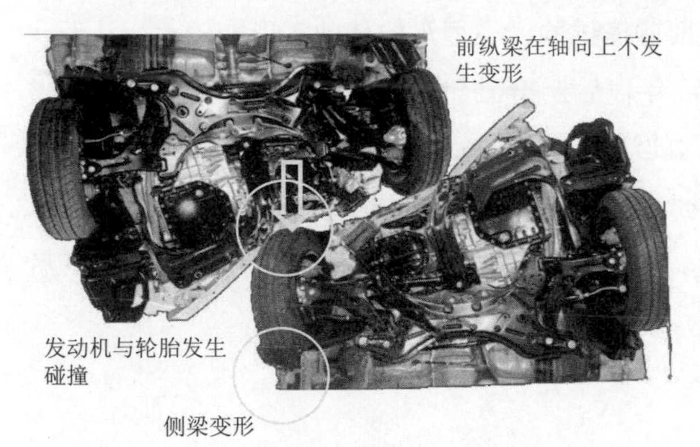

图 8-2 车对车正碰下的车身变形

图 8-2 所示为车辆模型相同的 50% 重叠率车对车正面碰撞实例。己方车辆的前纵梁和对方车辆的前纵梁或保险杠横梁相碰撞。与偏置 (ODB) 正面碰撞相比，前纵梁的变形量较小，其前端部位发生弯曲变形，在这种情况下，能量不能被有效地吸收。另外，由于对方车辆的高刚度发动机和己方车辆的轮胎碰撞，导致侧梁的变形因受到从轮胎传递来的载荷而变大。

8.2 影响碰撞兼容性的因素

在车对车的正面碰撞中，经过良好的结构耦合作用 (structural interaction) 后，碰撞力取得平衡，碰撞双方在车辆前部结构上的能量被充分吸收，并保持双方车室的形状，这种情况被认为是碰撞兼容性良好的碰撞。从车辆结构的角度改善碰撞兼容性的方法有以下几种 [2]（图 8-3）：

（1）确保结构耦合作用。

（2）保证车辆前部结构在吸能的同时，车室结构强度也要足够高。

（3）设计能够应对各种碰撞情况的车辆结构。

（4）控制碰撞车辆的能量吸收或车辆减速度与时间的关系。结构耦合作用是车辆变形稳定和保持车室形状的前提条件，是改善碰撞兼容性方面最优先的课题。

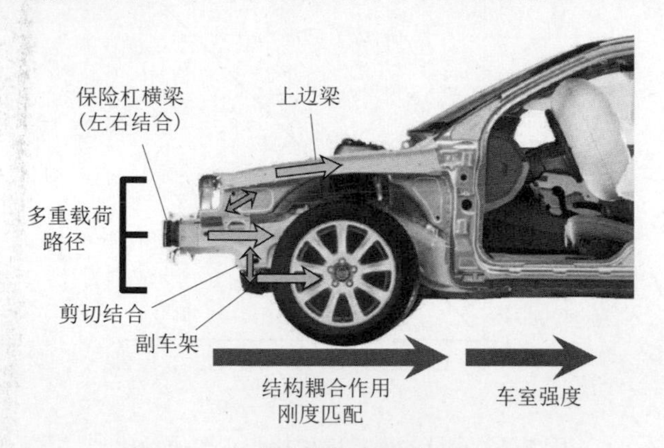

图 8-3　考虑碰撞兼容性的车身结构

8.2.1　车辆质量

根据事故数据可知，在车对车正面碰撞中，轻型车辆的乘员受伤概率要比重型车辆的乘员受伤概率高得多。每次事故中乘员受伤的概率 R 可以通过碰撞时车辆的速度差 Δv 表示如下：

$$R=\left(\frac{|\Delta v|}{\alpha}\right)^{k} \tag{8-1}$$

式中，α 是与是否使用安全带、性别、年龄、等有关的系数。

设发生车对车正面碰撞车辆 1、2 的质量分别为 m_1, m_2。因为作用在碰撞面上的力大小相等，设车 1、2 的车辆加速度大小分别为 a_1、a_2，碰撞时车辆的速度差 Δv 分别为 Δv_1、Δv_2，则有 $F=m_1a_1=m_2a_2$。考虑到 Δv 是在碰撞持续时间内对车辆加速度积分后的数值，有：

$$\frac{a_1}{a_2}=\frac{\Delta v_1}{\Delta v_2}=\frac{m_2}{m_1} \tag{8-2}$$

设车辆 1、2 的乘员损伤率分别为 R_1, R_2，根据式 (8-1)、式 (8-2) 可得式 (8-3)：

$$\frac{R_1}{R_2}=\left|\frac{\Delta v_1}{\Delta v_2}\right|^{k}=\left(\frac{m_2}{m_1}\right)^{k} \tag{8-3}$$

根据美国事故数据求得的驾驶员死亡率与车辆质量比的关系（图 8-4）可知，上式在实际的事故统计中也成立。根据直线可求得斜率 k 为 3.53，因此，当车辆质量比为 2 时，驾驶员的死亡率之比为 $2^{3.53}=11.5$。

图 8-5 所示为车对车正面碰撞中己方车辆乘员和对方车辆乘员的死亡率。在己方车辆的质量为汽车的平均质量 1150 kg 的情况下，己方车辆和对方车辆乘员的死亡率相等，且死亡率之和也最小。根据图 8-5 可知，比平均质量轻的车辆需要考虑对己方车辆的保护，而比平均质量重的车辆需要考虑对对方车辆的保护，这对于减少整体的死亡人数非常重要。

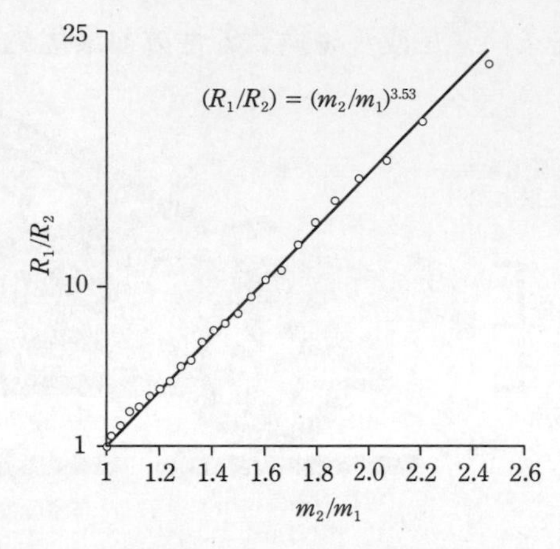

图 8-4 乘员的死亡率之比与车辆质量比 [3]

在一维的车对车碰撞中，设车辆 1、车辆 2 的初速度分别为 V_{10} 和 V_{20}，恢复系数为 e，则车辆 1 的 ΔV 为（参照第 12 章式 (12-18)）：

$$\Delta v_1 = \frac{m_2}{m_1 + m_2}(1+e)(V_{20} - V_{10})$$

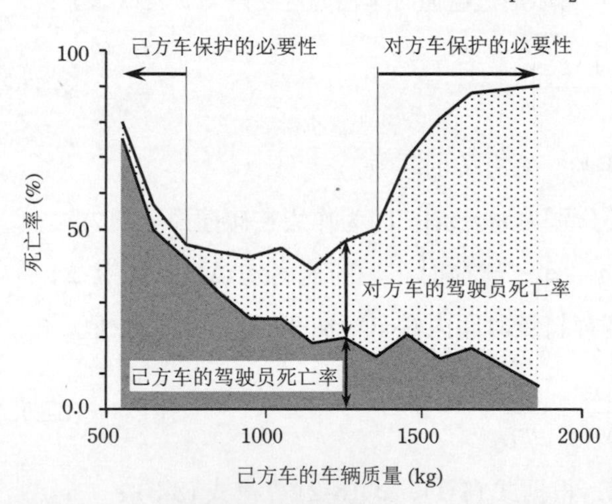

图 8-5 车对车正碰中车辆质量与己方车 / 对方车的驾驶席乘员死亡率

根据上式可知，车辆质量比 $m_2/(m_1+m_2)$ 作为与相对碰撞速度 $(V_{20}-V_{10})$ 同等的因素对 ΔV 产生影响，并与施加给乘员的冲击程度相关联。这意味着问题的关键是车辆质量之比而不是车辆的质量本身。在欧洲，碰撞兼容性的讨论范围一般为两车质量比为 1 ：1.6[4]。虽然车辆质量是影响冲击程度的重要因素，但由于它也是影响碰撞兼容性的因素，要作为设计变量来做变更是非常困难，因此一般不把车辆质量作为碰撞兼容性的改善项目进行讨论。

8.2.2 结构耦合作用

结构耦合作用是指在碰撞过程中，车辆双方因车的结构产生的力的耦合作用。这意味着碰撞时两车的接触力可以分散发生作用，车辆结构稳定地发生变形，同时还可以作为结构的变形效率来考虑。若结构耦合作用不充分，那么原来的载荷路径无法有效地工作，构件的变形和高效的能量吸收不能达到设计预期。若结构耦合作用良好，那么在各种各样的碰撞过程中，车辆的变形特性可根据吸能和车辆减速度进行预测，车室侵入量得到有效抑制，乘员约束系统可以有效地发挥作用。

结构耦合作用的重点在于“结构配置”和“载荷分散”。结构配置是指前纵梁等结构构件位于规定的位置，在碰撞过程中通过各个构件的相互接触保证载荷按照设计的载荷路径进行传递。

载荷分散的目的是通过结构使碰撞力分散到整个碰撞面上，它的效果依赖于载荷路径的数量和它们之间的结合。载荷得到分散的车辆有多条载荷传递路径，并且这些载荷路径互相之间呈剪切结合，力在结构部件之间互相传递。据此，对于车对车碰撞中产生的各个方向上的载荷，碰撞面都能像平面一样稳定地发生作用，车身的前部能够高效地变形，以抑制车室发生变形（图 8-6）。例如，本田的 ACE 结构具有多条载荷路径，它对于各种输入的力都能够使载荷分散传递。在载荷分散中，特别重要的是前纵梁下方的载荷路径。因此除了如前纵梁等主要的能量吸收结构 PEAS (Primary Energy Absorbing Structure) 之外，二次能量吸收结构 SEAS (Secondary Energy Absorbing Structure) 被安装在下部作为下部的载荷路径，形成多重载荷路径（图 8-6）。SEAS 包括乘用车的副车架以及 SUV 车身上安装的阻断梁（图 8-7）。

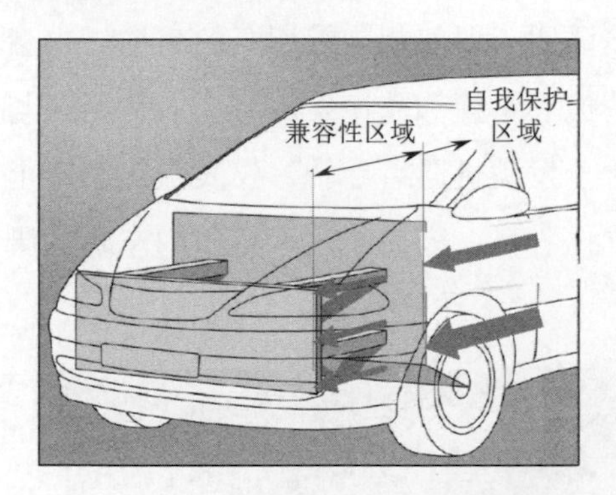

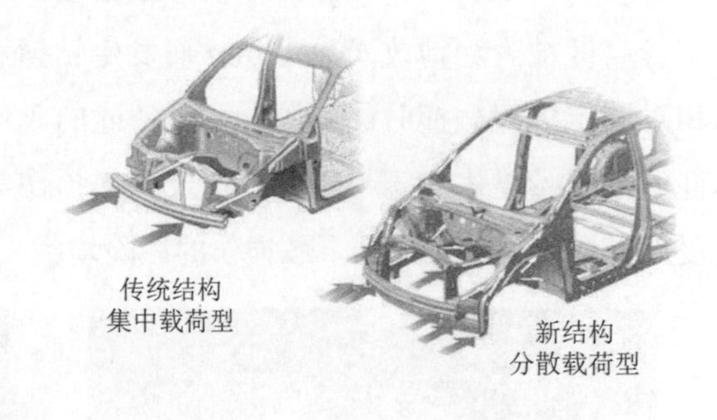

图 8-6　多重载荷路径（左：概念图，右：本田 ACE 结构）

a) 阻断梁

b) 副车架

图 8-7　SEAS

载荷分散可分为上下方向和左右方向，在上下方向载荷分散较低的情况下可能会导致骑撞 / 钻撞的发生。上下方向的载荷分散主要通过 SEAS 实现。左右方向载荷分散较低的一个例子是：若左右方向上的碰撞位置有偏置，则会出现前纵梁不变形的叉效果 (fork effect)。叉效果是因前纵梁的高刚度和保险杠梁的低刚度引起的。另外，若碰撞时重叠率非常小，则在两车的前纵梁不发生接触的小重叠碰撞中，载荷会从轮胎向侧梁传递，引起汽车地板的大变形，导致 A 柱发生后向位移。除了观察各个位置上产生的载荷之外，刚度的均匀性 (homogeneity) 也是表示载荷分散程度的指标。在 100% 重叠率碰撞试验和 PDB 试验中，刚度的均匀性可根据载荷分布的分散和变形量的分散进行评估（试验内容在后面部分涉及）。

1）前纵梁距的离地高度

前纵梁的离地高度匹配是结构耦合作用中最优先考虑的课题。如果两车前纵梁的高度差达到 100 mm 以上，碰撞时会产生偏置，可能导致钻撞 (under ride) 和骑撞 (over ride) 的发生。这种情况在 SUV 等车身框架较高的车辆与乘用车发生碰撞时经常出现。在美国，由于 SUV 的数量较多，如何使车辆结构的离地高度相互匹配成为碰撞研究中重要的课题。

为了保证结构耦合作用的稳定性，需在改变碰撞双方车辆的离地高度后进行碰撞试验。在如图 8-8 所示的车身变形相同的两辆小型车之间的偏置正面碰撞试验中，相同的车身变形是由人为地将一方车的离地高度提高 50 mm，另一方降低 50 mm 所产生的。离地高度被提高的车辆发生骑撞，降低的车辆发生钻撞。试验证明，即使相同乘用车的碰撞，也会因为车身高度被人为地改变数十 mm 而发生钻撞和骑撞。钻撞和骑撞发生时，载荷路径与车辆相对固定壁障碰撞时的不同。发生钻撞的车辆由于发动机向后旋转，仪表盘等车室上方部件的侵入量增大，容易对乘员造成胸部损伤等重伤。另一方面，发生骑撞的车辆的脚踏板侵入量增大，乘员受到下肢损伤的风险增大。

图 8-8 两辆相同的小型车被人为地制造出 100 mm 的离地高度差时的车对车偏置碰撞。左图为提升接地高 50 mm 的车辆，右图为降低接地高 50 mm 的车辆

如图 8-9 所示，为前纵梁离地高度不同的轻型乘用车和大型乘用车，在不调整高度状态下的车对车的 100% 重叠率正面碰撞和将两车前纵梁调整至相同高度的车对车 100% 重叠率正碰试验的实施结果（碰撞速度为 50 km/h）。碰撞时车辆的运动如图 8-10 所示。在不调整高度的碰撞中，两车的前纵梁发生交错。此时，在碰撞过程中，碰撞面在上下方向

上持续相互滑动，轻型乘用车对大型乘用车发生钻撞。而在两车前纵梁高度一致的情况下，两车的构造物相互啮合，在碰撞面上不发生滑动。

图 8-9　轻型乘用车和大型乘用车在前纵梁离地高度被调整为一致情况下的车对车正面碰撞试验（左：梁高一致，右：原始高度）

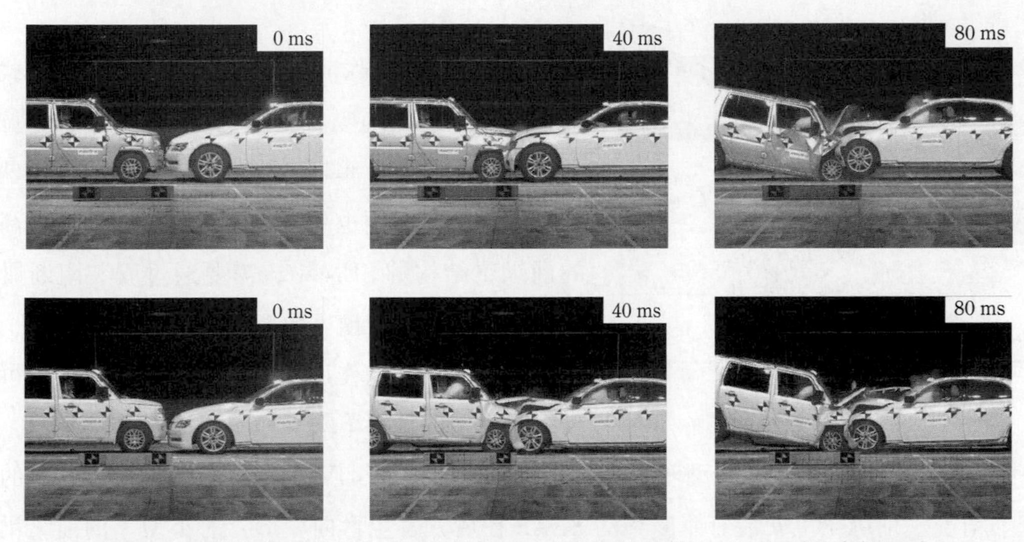

图 8-10　前纵梁离地高度不一致的情况（上）一致的情况（下）时的车辆运动

如图 8-11 所示，若比较两车前纵梁高度被调整到一致的情况与 100% 重叠率刚体壁障正面碰撞时车辆减速度－车身变形量的关系，我们可以发现，比起 100% 重叠率刚体壁障试验，轻型乘用车在与大型乘用车碰撞时的车辆减速度和车身变形量皆变大，碰撞时的载荷也变大。但是，这种情况下的车对车正面碰撞的加速度变形特性和在 100% 重叠率正面碰撞试验中的结果相近。这表示在发生车对车正面碰撞时，载荷路径确实按照设计时的设想发生作用，并且是可以预测的。

在车对车正面碰撞中，双方车辆前纵梁高度一致时，其载荷传递路径与正面碰撞试验相同。因此，车室变形减小，乘员受重伤的概率也减小。但是若两车前纵梁高度一致，则碰撞时反作用力也大，车辆减速度随之增大。这说明在车室变形较小的低速碰撞中，若前纵梁高度一致，乘员受伤概率反而有增高的可能。因此有人指出，调整两车前纵梁的高度需要在考虑车辆刚度匹配的基础上进行。另外，当碰撞中的两车前纵梁发生交错时，安装在前纵梁上的冲击传感器对碰撞的感知会变慢，进而出现安全气囊延迟展开的情况。

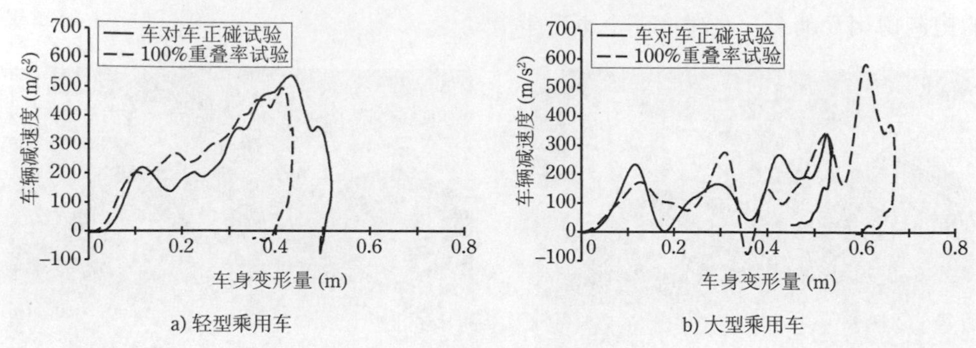

图 8-11 轻型乘用车和大型乘用车在前纵梁离地高度被调整为一致情况下的车对车正面碰撞试验（相对速度 100 km/h）和 100% 重叠率刚体壁障正碰试验 (55 km/h)

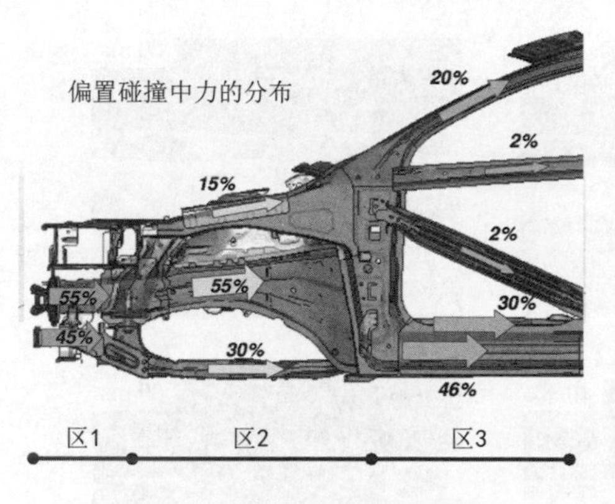

图 8-12 副车架承担的载荷

2）SEAS

SEAS 形成了除前纵梁之外的另一条下部载荷路径，可以稳定地吸收变形能量。SEAS 越是位于车辆前端，与对方车辆结构部件接触的可能性就越高，结构耦合作用也越有效。在具有较高离地高度的前纵梁结构的 SUV 中，需要通过安装阻断梁作为 SEAS 来防止骑撞（图 8-7）。而在乘用车中，副车架起到 SEAS 的作用，形成下部载荷路径，可使前纵梁承担的载荷下降，如图 8-12 所示。

图 8-13 所示为 SUV 和小型车 100% 重叠率碰撞中，SUV 有和没有装载 SEAS 时的车身变形情况。前纵梁上安装有阻断梁的 SEAS 在后方发生弯曲变形，对小型车的前纵梁产生反作用力。而在没有装载 SEAS 的情况下，小型车发生钻撞，车身上部变形增大。另外，在 SUV 和乘用车发生碰撞的情况下，乘用车的前纵梁和 SEAS 发生碰撞，相比乘用车的前纵梁和 SUV 的高刚度前纵梁发生直接碰撞，SEAS 发生弯曲变形时能够减小小型车的车辆减速度。此外，在 SUV 和小型车的正面偏置碰撞中，SUV 的 SEAS 和小型车的轮毂接触，在小型车上形成从轮毂到侧梁的载荷路径。

图 8-13 SUV 有无 SEAS 时的 100% 重叠率车对车正面碰撞（左：有 SEAS，右：无 SEAS）[5]

在拥有副车架的乘用车中，即使两车的碰撞位置在上下方向互相偏置，但由于各自的前纵梁、侧梁、副车架、轮胎与对方发生接触，因此相互之间形成的碰撞面能够承受碰撞力，形成稳定的结构耦合作用（图 8-14 a)）。对两辆安装了副车架的相同车辆模型，将提高一方车辆离地高度 30 mm，另一方高度降低 30 mm 后实施车对车偏置正面碰撞（相对速度 112 km/h），结果如图 8-14 b)、c) 所示。即使在初始阶段发生骑撞 / 钻撞，也会因为两车副车架和轮胎的接触，使骑撞 / 钻撞的进程受到抑制。具有副车架的车辆的结构耦合作用，其鲁棒性 (robustness) 较高，即使是改变了离地高度的碰撞形态，其车室变形和假人损伤值等均与偏置可变形壁障碰撞 (ODB) 试验 (64 km/h) 所得结果相似。在结构耦合作用中，由于 SEAS 会产生效果，因此在对碰撞兼容性评估的试验中，正确评估 SEAS 的作用是非常重要的。

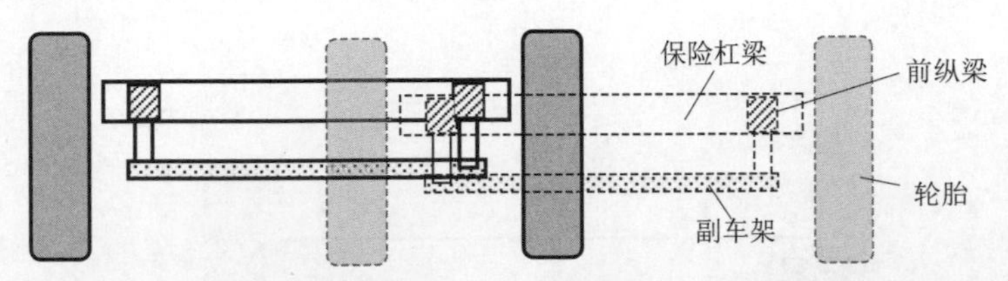

a) 有副车架的车辆之间的结构相互作用（面的形成）

b) 离地高度提高 30 mm 的车辆

c) 离地高度降低 30 mm 的车辆

图 8-14 副车架和结构相互作用 [6]

8.2.3 刚度匹配

如第 4 章图 4-11 所示，根据 100% 重叠率刚体壁障碰撞试验结果，车辆质量越大，车辆显示出车身刚度越高的趋势。图 8-15 所示为轻型乘用车和大型乘用车所发生的车对车正面碰撞中载荷的变形特性。根据作用力与反作用力定律，作用于碰撞面的两台车辆的碰撞力相同，因此刚度较低的小型车的变形较大，且吸收更多的能量。

在车对车正面碰撞中，为了保持驾驶室形状并降低车辆减速度，应对发生碰撞的两辆车进行刚度匹配，使碰撞双方都能有效吸收各自的动能。如图 8-16 所示为考虑了碰撞兼容性的车身刚度和车室强度关系的示意图。为了防止己方车的前部压溃对方车的车室，己方车的车室强度 F_{comp} 必须比对方车辆前部的最终载荷水平 F_{front} 大。这被称为壁板概念

(bulkhead concept)[4]。

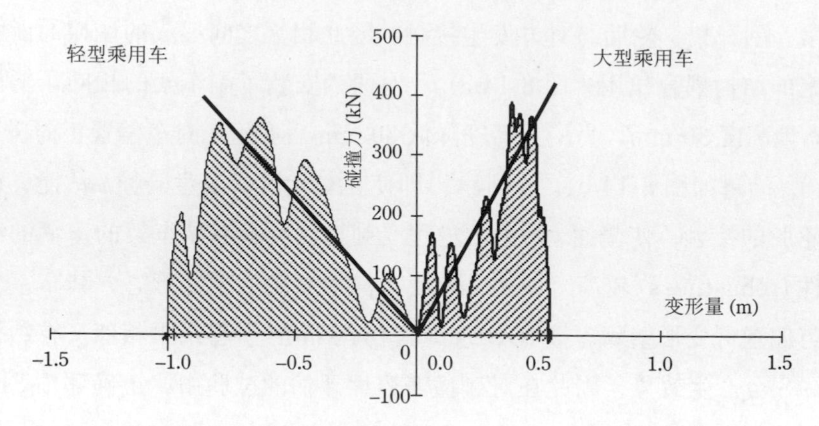

图 8-15 轻型乘用车和大型乘用车碰撞时（重叠率 50%）的载荷变形特性

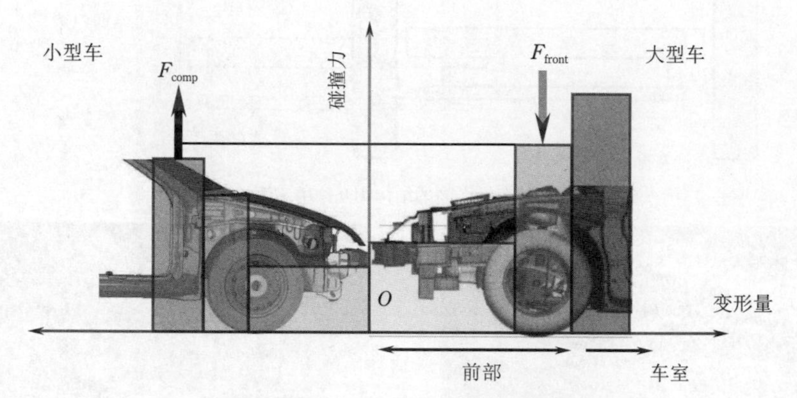

图 8-16 刚度和车室强度的概念图

8.2.4 车室强度

车室产生大侵入量是佩戴安全带乘员死亡或重伤的重要原因之一。车室强度 (compartment strength) 和能否确保乘员生存空间直接关联。根据美国事故数据分析报告，当转向系统后向位移量超过 80 mm、A 柱后向位移量超过 80 mm、脚踏板后向位移量超过 150 mm 时，乘员受重伤的概率超过 30%[7]。另外，保证车室不发生变形也是约束系统有效发挥作用的前提条件。特别是在车对车正面碰撞中，从车室的尺寸和车辆质量看，车室容易发生较大变形量的小型车，其车室强度是非常重要的。另外，如果车室强度提高，前纵梁的支撑刚度也会提高，车辆在碰撞中的变形也较为稳定。图 8-17 所示为小型车和大型车的碰撞试验。图 8-17 a)、b) 的小型车的正面刚度虽相同，但图 8-17 a) 的车室强度较低，图 8-17 b) 的车室强度较高。在车室强度较低的小型车中，车室侵入量较大，导致转向系统同时向后移动和向上旋转，致使胸部加速度、颈部伸展力矩、下肢损伤值增大。车室强度较高的车辆即使结构耦合作用不足，但在确保车室形状方面却比较有利。车室强度足够对

应偏置 (ODB) 正面碰撞试验 (64 km/h) 的车辆，即使发生钻撞，其车室侵入量也能够得到有效抑制。为了保证车室不被压溃，小型车的最小车室强度必须在 350 kN~400 kN 之间。

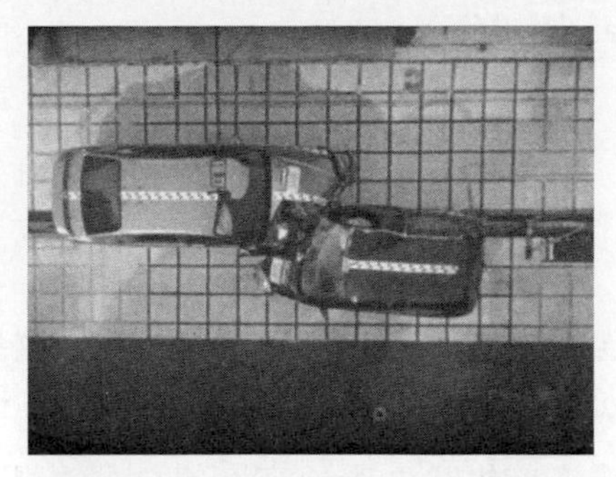

a) 车室强度低的小型车

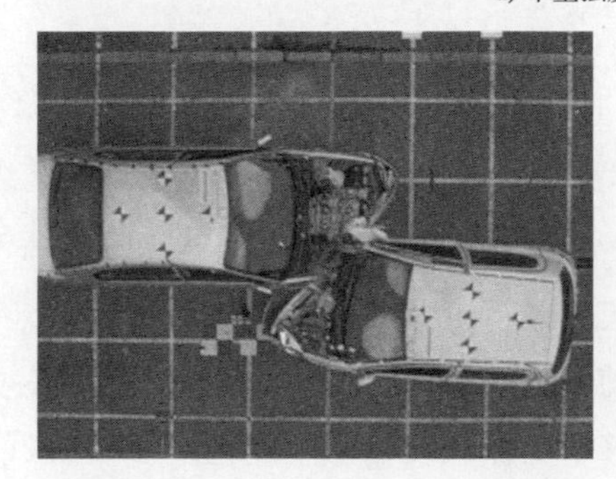

b) 车室强度高的小型车

图 8-17　小型车的车室变形

8.3　碰撞兼容性评估试验

碰撞兼容性试验需要评估结构耦合作用、车室强度、车身刚性。因此，以下几种试验方法被提出（图 8-18）：

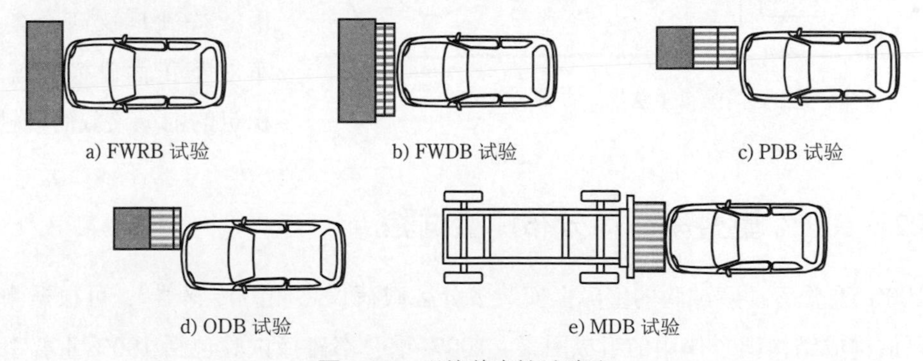

图 8-18　碰撞兼容性试验法

（1）100% 重叠率刚体壁障 (Full-Width Rigid Barrier, FWRB) 试验。

（2）100% 重叠率可变形壁障 (Full-Width Deformable Barrier, FWDB) 试验。

（3）渐变式可变形壁障 (Progressive Deformable Barrier, PDB) 试验。

（4）偏置可变形壁障 (Offset Deformable Barrier, ODB) 试验。

（5）移动变形壁障 (Moving Deformable Barrier, MDB) 试验。

（6）SEAS 试验。

8.3.1 美国自主法规

在美国，轻型卡车（SUV、皮卡车）等框架高度较高的机动车数量较多，这些车辆的攻击性较大。美国汽车工业协会下属机构 TWG (Front-to-Front Compatibility Technical Working Group) 自 2003 年开始引入关于轻型卡车前纵梁的离地高度的自主法规，具体如下（图 8-19）[8]。

方案 1：轻型卡车的前纵梁 (PEAS) 的截面必须与 Part 581（保险杠基准）保险杠区（距地面高度 406 mm~508 mm 的区域）至少有 50% 的重叠率，并且，轻型卡车的前纵梁截面至少有 50% 的宽度和 Part 581 保险杠区重叠。其中，前纵梁截面是指从保险杠结构到后方的最开始部位的完全截面。

方案 2：不满足方案 1 的轻型卡车必须在前纵梁安装 SEAS。SEAS 的下端必须比 Part 581 保险杠区下端更低。安装的 SEAS 必须能够承受加载设备产生的至少 100 kN 的力，同时，确保加载设备从车辆结构最前端的垂直面开始移动的距离小于 400 mm。

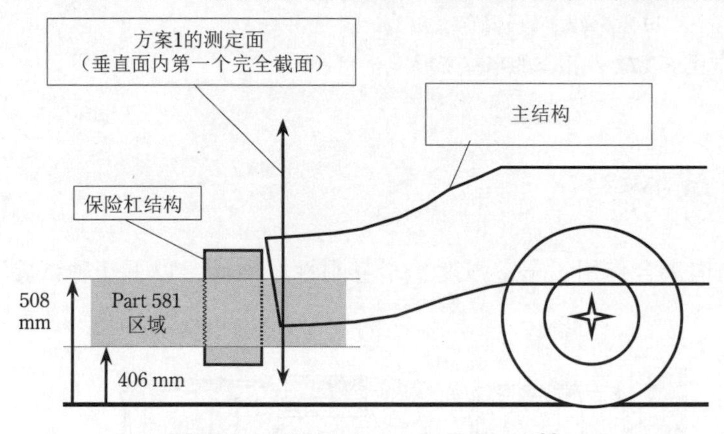

图 8-19 美国自主法规（方案 1）[7]

方案 1 的初始条件要求前纵梁的截面包含 Part 581 区域的中心，第二个是要求前纵梁要包含在 Part 581 区域中。若满足这两个条件，在车对车正面碰撞中就能实现稳定的前纵梁截面接触。

8.3.2 100% 重叠率载荷分布测量试验

在 100% 重叠率碰撞试验的壁障上安装多分区载荷仪（测力传感器），可根据测出的载荷分布评估构成结构耦合作用的组成因素。100% 重叠率碰撞试验包括 100% 重叠率刚体壁障 (FWRB) 试验和在壁障上安装有蜂窝铝的 100% 重叠率可变形壁障 (FWDB) 试验。在上述试验中，一般由尺寸为 125 mm×125 mm 的测量单元矩阵组成（图 8-20）。即使是同一种车辆，也会因为多分区载荷仪放置位置的不同而使测得的载荷分布出现很大的差异。例如，前纵梁的前端截面在只与一个多分区载荷仪接触和同时与四个多分区载荷仪接触时测得的载荷分布是不同的。为了解决这些问题，Part 581 区域(距地面高度 406 mm~508 mm)的中央高度 (457 mm) 被规定与多分区载荷仪壁障的第 3 行和第 4 行的界线 (455 mm) 基本一致，使其高度实现标准化 (80 mm)。安装了多分区载荷仪的第 3 行和第 4 行被称为共同耦合作用区域，当车辆的结构件处在这个区域时，载荷产生，并在车对车正碰发生时承受相互的作用力。

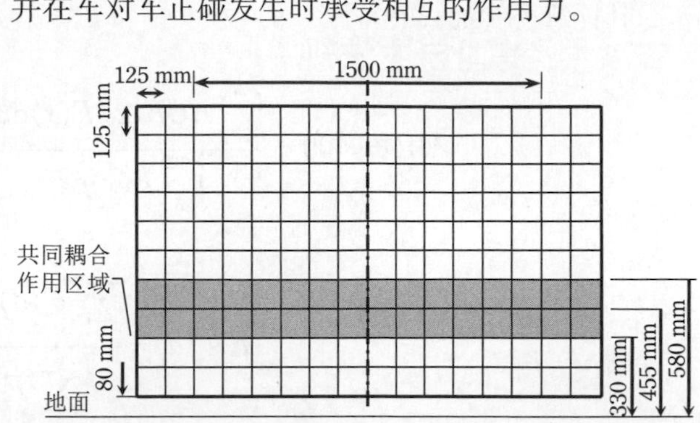

图 8-20　安装了多分区载荷仪的壁障面

图 8-21 所示为小型车在 FWRB 试验中的壁障载荷分布。初始阶段，由于前纵梁和壁障发生接触，所以可观察到有较大的载荷产生 (0~20 ms)。接下来，随着发动机碰撞，壁障上产生冲击载荷。图 8-21 中所示车辆通过安装在中央梁中的发动机架，在壁障下部发生载荷集中，50 ms 以后车辆整体结构产生载荷。

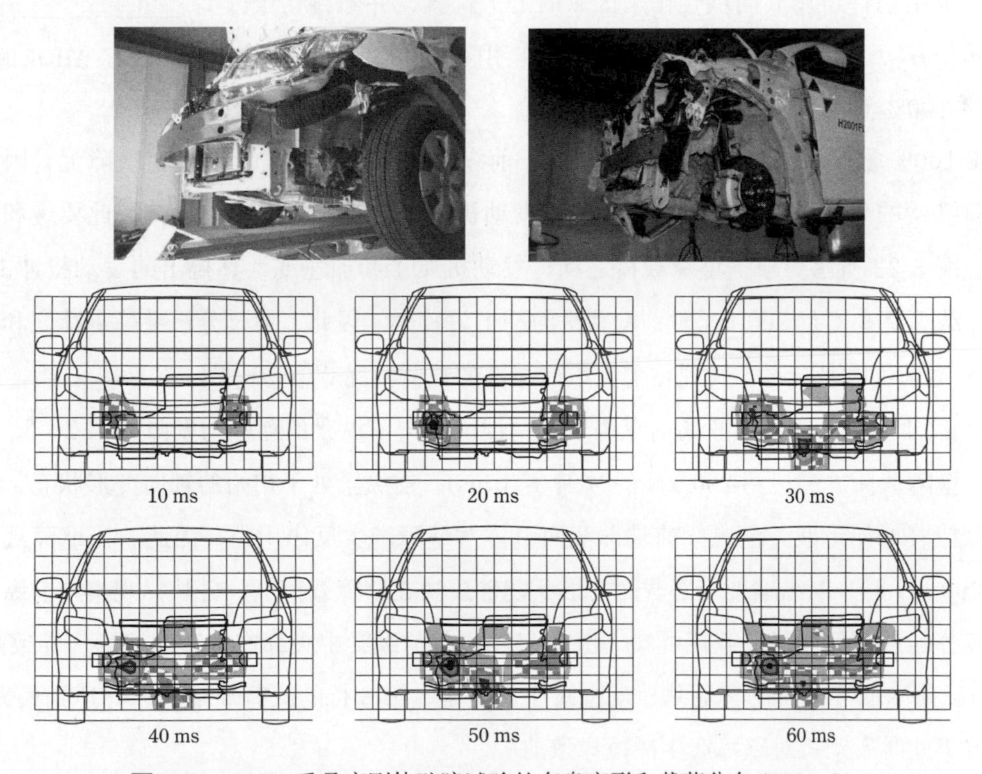

图 8-21　100% 重叠率刚体壁障试验的车身变形和载荷分布 (55 km/h)

美国高速公路交通安全管理局 (NHTSA) 提出的 *AHOF* (Average Height of Force) 是一种评估载荷重心离地高度的指标。其中，*AHOF* 400 是指车辆位移为 x (25 mm~400 mm) 时，根据壁障载荷 $F(x)$ 加权后的重心离地高度 $HOF(x)$ 指标 [9,10]（图 8-22）。由于此指标是为了评估发动机和壁障发生碰撞之前的结构件的载荷，因此，车辆位移的计算范围取 25 mm~400 mm。其计算公式如式 (8-4)。

$$AHOF\ 400=\frac{\int_{25}^{400} HOF(x)\,F(x)\,\mathrm{d}x}{\int_{25}^{400} F(x)\,\mathrm{d}x}=\frac{\sum_{d=25}^{400} HOF(d)\,F(d)}{\sum_{d=25}^{400} F(d)} \tag{8-4}$$

$$HOF(d)=\frac{\sum_{i}^{n} F_i(d)\,H_i(d)}{\sum_{i}^{n} F_i(d)}$$

式中，x 为车辆位移 (mm)；i 为多分区载荷仪编号。

AHOF 与前纵梁离地高度有关，特别是在 SUV 中，*AHOF* 是使 SUV 的结构离地高度与乘用车相吻合的重要参数。但是，由于 *AHOF* 400 需要求出载荷的重心，所以仍然存在一些问题点。例如，即使两个结构件位于共同耦合作用区域的上下位置，并不存在于区域内部，*AHOF* 400 却还是要作为共同耦合作用区域内的值来计算等。

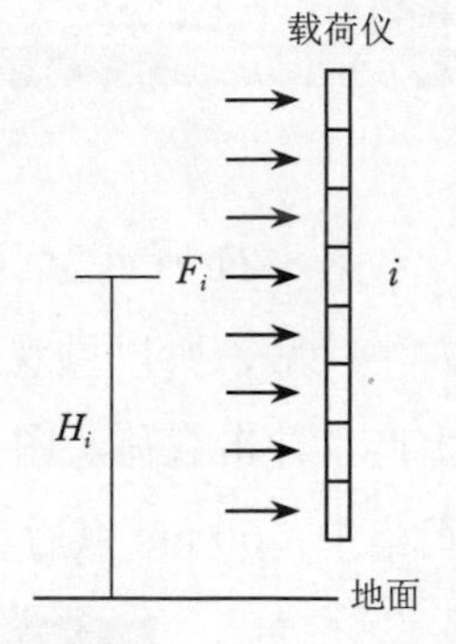

图 8-22 AHOF 的计算

1）100% 重叠率刚体壁障 (FWRB) 试验

在 100% 重叠率刚体壁障试验中，由于前纵梁的载荷会明确地显示在壁障上，因此能够对前纵梁的离地高度进行评价。其中，发动机冲击对壁障的影响较大，因此要缓和该冲击力。图 8-23 所示为根据壁障载荷之和、发动机质量和加速度计算得出的发动机冲击力。当壁障载荷之和不足 200 kN 时，发动机的冲击力较小。因此，通过分析壁障载荷之和达到 200 kN 之前的载荷分布，可评估前纵梁前端部的载荷情况 [11]。

图 8-24 所示为轻型汽车的前纵梁变形情况。该车前纵梁的前端与壁障的第 2、3、4 行接触。壁障载荷之和达到 200 kN 的时刻 (8.3 ms)，前纵梁处于初始的轴向变形状态，但它依然保持着原始形状，前纵梁前端部截面整体对壁障产生反作用力。因此，当壁障载荷之和为 200 kN 时，前纵梁前端部截面的形状能够反映在壁障载荷上。另外，观察与前纵梁接触的多分区载荷仪测得的载荷可知，由于 13 ms 时前纵梁中央部产生弯曲变形，导致第 2、4 行的载荷降低。此时的车辆减速度也减小。但是，第 3 行的载荷却增大，并达到最大值。这是由于此时发动机对壁障产生碰撞导致的。

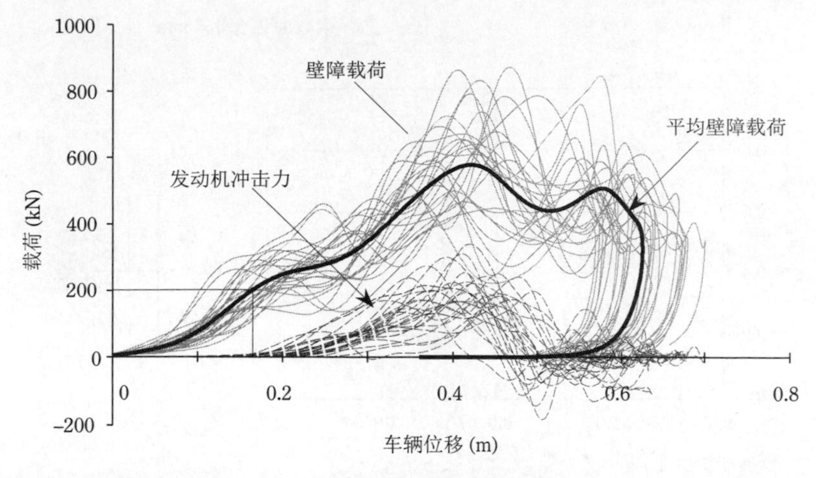

图 8-23　壁障合计载荷与发动机冲击力

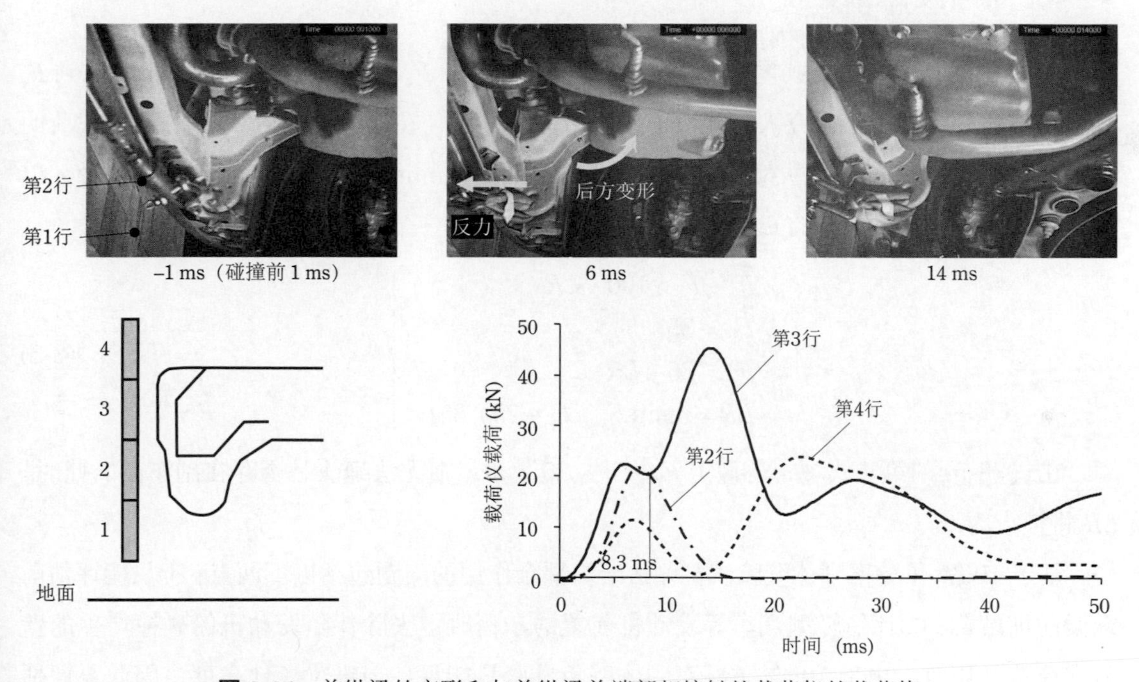

图 8-24　前纵梁的变形和与前纵梁前端部相接触的载荷仪的载荷值

在美国自主法规方案 1 中，使前纵梁的离地高度与 Part 581 区域相吻合属于几何学方面的条件。因此它可以通过 100% 重叠率刚体壁障试验中前纵梁实际产生的载荷来评估。从距离地面 455 mm 开始，设前纵梁上下端的高度分别为 U (mm) 和 L (mm)（图 8-25）。当前纵梁截面包含离地高度 455 mm 时，$0 < U/(U+L) < 1$。在壁障载荷之和达到 200 kN 之前的时间段内，设壁障载荷仪第 i 行的行载荷最大值用 F_i (kN) 表示。根据图 8-25 可知，U 和 L 与第 3、4 行的载荷相关，对应为 $0 < U/(U+L) <1$ 与 $0.2 < F_4/(F_3+F_4) < 0.8$。若 F_3、F_4 在这一范围内，则前纵梁截面离地高度就包含 455 mm。

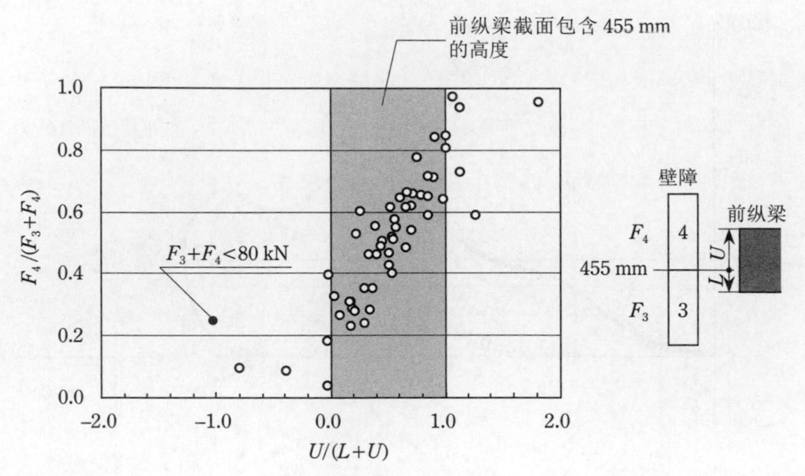

图 8-25 前纵梁前端截面与第 3、4 行的壁障载荷（在 $F_3+F_4<80$ kN 的数据中，前纵梁截面整体处在比第 3 行更低的位置）

FIMCAR[12] 中规定，共同耦合作用区域的载荷 F_3、F_4 必须在某个值之上。考虑到 F_4 对防止钻撞的重要性，研究人员提出了以下指标。其中，在副车架等使 F_1、F_2 产生载荷的情况下所产生的载荷，会从第 3 行的载荷中作为 LR (Limit Reduction) 减少相同的量，以不阻碍副车架在车辆前部的安装。

$$\left.\begin{aligned}&F_3+F_4>100-LR\\&F_4\geqslant 35\\&F_3\geqslant 35-LR\\&LR=\min[(F_2+F_1-25),35]\end{aligned}\right\}\tag{8-5}$$

在式 (8-5) 的第 4 式中，若假定 $F_2+F_1-25<0$，则无法确认是否存在副车架。此时，LR 将被设为 0。

基于 100% 重叠率刚体壁障试验评估结构耦合作用的问题包括以下两点：①只能评估前纵梁的前端部；②评估轻型汽车等发动机前置的车辆时，去除伴随发动机的碰撞产生的壁障载荷非常困难。由于 100% 重叠率刚体壁障试验只能评估前纵梁离地高度，因此要评估结构耦合作用中有效的 SEAS 时，需要用到美国自主法规（方案 2）等其他静态试验方法。

2）100% 重叠率可变形壁障 (FWDB) 试验

100% 重叠率刚体壁障试验在评估结构耦合作用的问题在于，与车对车正面碰撞比较时，车身变形较平坦，剪切变形不会发生。在 100% 重叠率刚体壁障试验的壁障载荷中，即使由纵向构件的变形导致的载荷能够被明确表示，但是与之相连接的横向及前后方向构件变形不会被激发，导致结构耦合作用中重要的结构剪切阻力在载荷分布中难以被表示。为了解决这个问题，英国交通安全研究所 (Transport Research Laboratory, TRL) 提出了在刚体壁障上安装蜂窝铝结构的方案 [13]，这被称为 100% 重叠率可变形壁障 (FWDB) 试验。

蜂窝铝的规格如图 8-26 所示。蜂窝铝结构的第 2 层由匹配了 125 mm × 125 mm 多分区载荷仪尺寸的蜂窝铝构成，其间各设有 5 mm 的缺口，通过这样的结构，载荷不会被蜂窝铝分散，各个载荷仪都能够有效工作。FWDB 试验的碰撞速度一般采用 56 km/h，而欧洲的 FIMCAR 项目中提出使用 50 km/h 作为法规的试验速度 [12]。

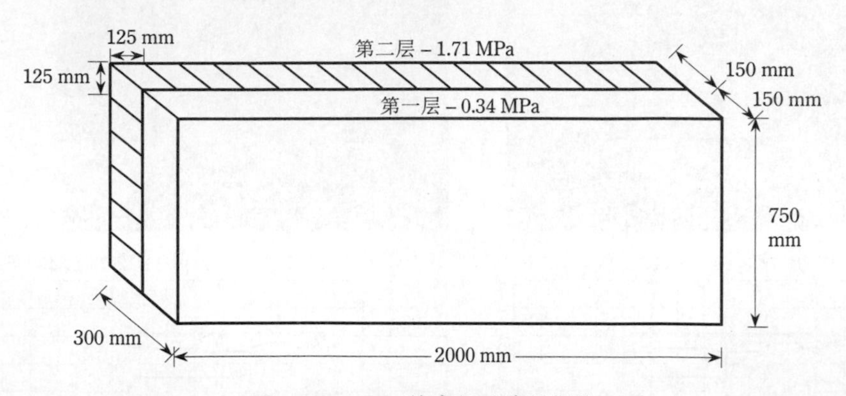

图 8-26　TRL 蜂窝铝壁障的规格

图 8-27 所示为 FWRB 和 FWDB 试验中发生的变形。在 FWDB 中，由于蜂窝铝的压溃强度高，车身前后方向发生剪切变形。另外，保险杠梁、横梁和副车架等横向构件也会因向后方的弯曲产生反作用力，因此通过多分区载荷仪能够研究这些构件的刚度。另外，由于蜂窝铝的作用，阻断梁的后方也被施加载荷，因此能够对这些构件前后方向的弯曲刚度进行评估。在刚体壁障试验中，除了发动机的冲击载荷外，发动机配件与拖钩等部件也会使局部产生载荷。蜂窝铝结构通过分散这些载荷达到机械过滤器的效果。

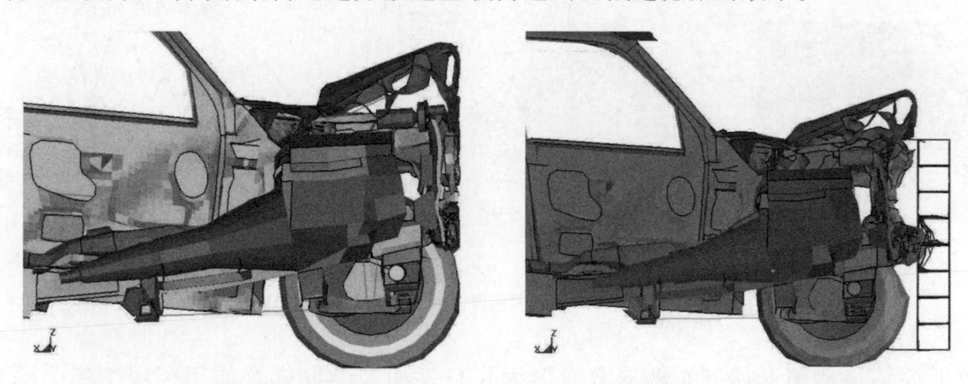

图 8-27　刚体壁（左）和可变形壁障引起的车身变形

图 8-28 比较了面包车在 FWRB 试验和 FWDB 试验中车身变形、壁障载荷分布情况。在 FWDB 试验中，蜂窝铝能够缓和发动机产生的局部载荷。另外，下部横梁等横向构件的反作用力也表示在壁障载荷中。此外，为了保证 SUV 的接近角，SEAS 被安装于前纵梁的后方。因此，在 FWRB 试验中，SEAS 并不与刚体壁障直接接触，要检测 SEAS 比较困难。另一方面，在 FWDB 试验中，SEAS 与蜂窝铝接触，其反作用力表现在壁障载荷中，因此能够对 SEAS 进行检测和评估。图 8-29 比较了 FWDB 试验（有、无 SEAS）和 FWRB 试

验（有 SEAS）中，相当于 SUV 的 SEAS 高度的壁障（第 2 行）上的载荷。在 FWDB 试验中，SEAS 向后方产生位移，与 SEAS 接触的载荷仪产生载荷。然而，由于在 FWRB 试验中 SEAS 不与刚性壁障接触，因此载荷仪不产生载荷。

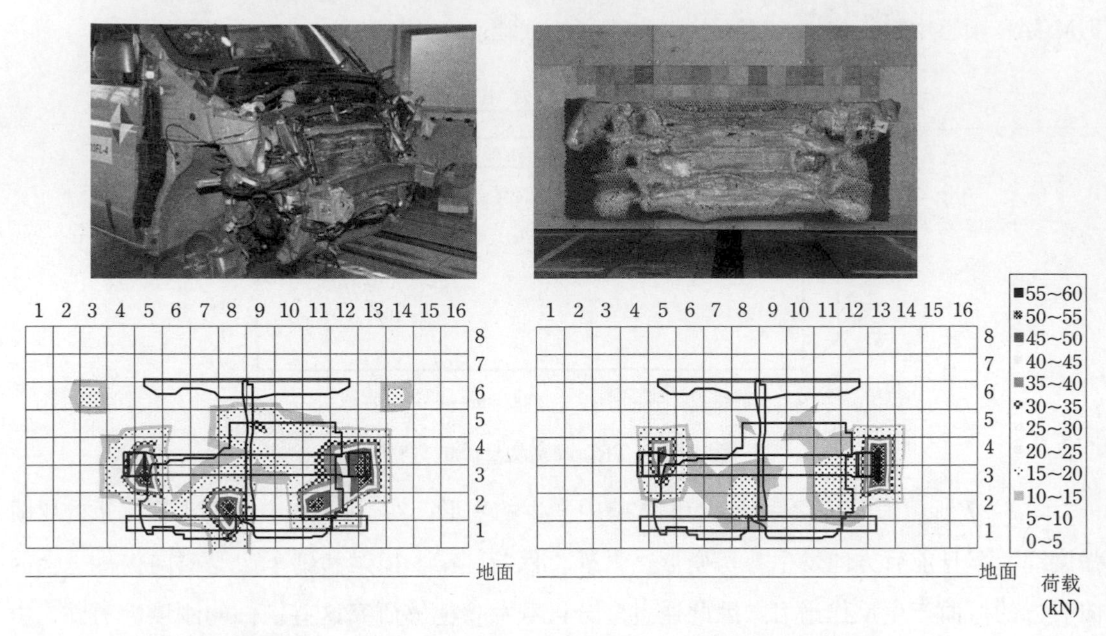

图 8-28 面包车的 100% 重叠率可变形壁障试验和载荷仪的载荷分布（从各载荷仪在整个过程时间中的最大值开始画出等高线）

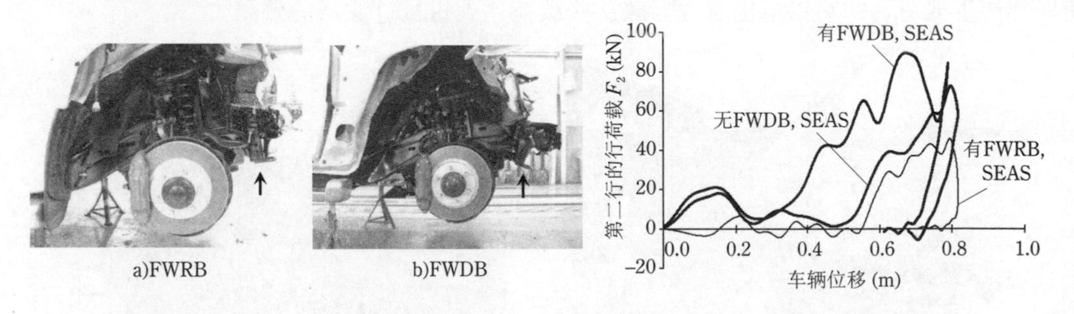

图 8-29 FWRB 试验和 FWDB 试验中 SUV 的 SEAS 变形和壁障载荷仪的载荷值

为了评估从碰撞开始到车辆充分变形为止且发生在共同耦合作用区域（参照图 8-20）中的结构载荷，采用发动机对壁障的接触力影响较小的 FWDB 试验是有效的。FIMCAR 中对壁障第 3 行和第 4 行的载荷提出了评价指标 [12]。设从碰撞开始到 40 ms 为止产生的壁障载荷之和为 F_{T40}，且认为其中 40% 必须产生在第 3、4 行，即 F_4+F_3 至少在 200 kN 以上，F_3、F_4 也必须各自在 100 kN 以上，或产生 0.2 F_{T40} 以上的载荷，即：

$$
\left.\begin{array}{l}
F_4 + F_3 \geqslant \min(200, 0.4F_{T40}) \\
F_4 \geqslant \min(100, 0.2F_{T40}) \\
F_3 \geqslant \min(100 - LR, 0.2F_{T40} - LR) \\
LR(\text{Limit Reduction}) = F_2 - 70,\ \text{且}\ 0 \leqslant LR \leqslant 50\ \text{kN}
\end{array}\right\} \tag{8-6}
$$

LR 是考虑到上下方向载荷分散的变量。在副车架对 F_2 施加载荷的情况下，需要从第 3 行的载荷中减去被施加的载荷量。由于 FWDB 试验除了能够评估前纵梁的离地高度，也能够评估 SEAS 的载荷，因此不需要进行如 FWRB 试验这样的 SEAS 评估试验。另外，由于发动机载荷从 FWDB 试验的壁障载荷中被分散出去了，因此对结构均匀性的评估也成为可能。有时也对壁障载荷分布使用变异系数，作为结构均匀性的评价。

在 FWRB 试验与 FWDB 试验中，乘员加速度的最大值并没有太大的差距，两试验皆为能够评估乘员约束系统的高加速度试验。在小型车的 FWDB 试验中，乘员损伤值有时会比 FWRB 试验中的大。这是由于汽车与蜂窝铝的碰撞导致前纵梁没有发生变形，或者初始阶段的车辆加速度过低而引起碰撞传感器延迟（约束系统的启动时刻延迟）所造成的。并且 FWDB 试验的车辆减速度波形与 FWRB 试验相比，会出现后半段增高的 Rear-loaded 现象，此外还有比 FWRB 试验更大的车室侵入量（转向系统后退、搁脚板侵入）等的影响。

8.3.3　PDB 试验

PDB 试验以蜂窝铝的变形为基础对碰撞兼容性进行评估。PDB 试验同时评价己方车辆保护和对方保护性能。己方保护通过假人损伤值和车室侵入量进行评估，对方保护通过蜂窝铝的变形情况评估 [14]。

图 8-30 所示为 PDB 的规格。PDB 的中央部模拟了小型车前后 / 上下方向的刚度分布，中央部的蜂窝铝厚度呈连续变化的渐进式结构。车身的刚度较高，并且为了防止车辆质量较大的 SUV 等车型在试验时和蜂窝铝结构发生触底现象，蜂窝铝结构的后端安装了压溃载荷较大的蜂窝铝层。为了便于测量蜂窝铝的变形，蜂窝铝覆盖有铝薄板，没有加装保险杠部分。让车辆以碰撞速度 60 km/h、重叠率 50% 的条件对离地高度 150 mm 的 PDB 进行偏置正面碰撞。虽然上面的 50%的重叠率比偏置正面碰撞试验的 40%重叠率要高，但这是为了通过增大蜂窝铝的变形域，可以更容易地评估车身结构而设定的。由于 PDB 不容易发生触底现象，所以车身发生剪切变形，使其与车对车正面碰撞的变形模式更加接近。

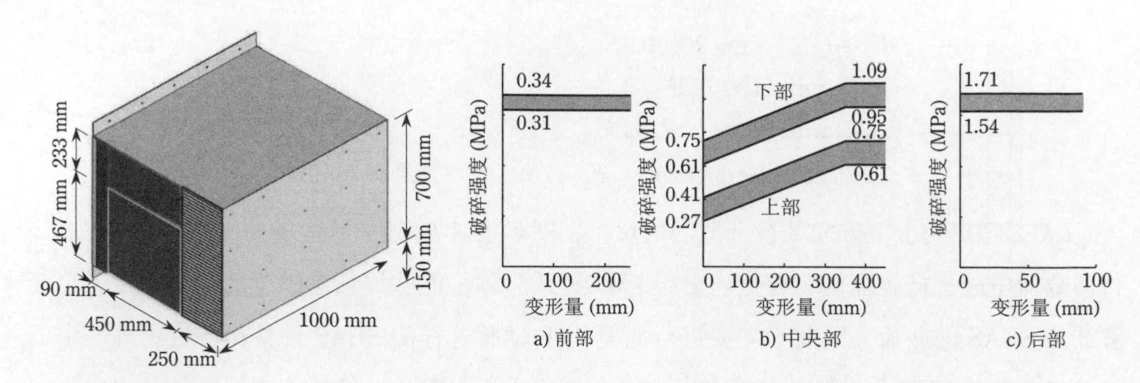

图 8-30 PDB 蜂窝铝的规格 [14]

以下是通过 PDB 评估碰撞兼容性的实例 [12]。试验后对蜂窝铝进行三维测量，对变形量进行数据处理（图 8-31）。将蜂窝铝分为上部区域（离地高度 600~850 mm）、中部区域（离地高度 350~600 mm）、下部区域（离地高度 150~350 mm）。这些分别对应上边梁、前纵梁、副车架的高度。评估时根据比例增减制对变形量进行计分。例如，当中部区域的平均变形量在 300~450 mm 之间时，给满分。设蜂窝铝的变形量为 $x=l\,(y\,,z)$，利用 $\sum[l(y,z)]^2=1$ 进行标准化后，车身刚度的均匀性通过式 (8-7) 计算得出。

$$H=\int\sqrt{\left(\frac{\partial l}{\partial y}\right)^2+\left(\frac{\partial l}{\partial z}\right)^2}\ \mathrm{d}y\mathrm{d}z=\int\left|\nabla l(y,z)\right|\mathrm{d}y\mathrm{d}z \tag{8-7}$$

式中，H 和所有计测点上的变形量的斜向线段的长度成比例。

由于 PDB 试验的对方保护评估基于蜂窝铝的变形情况，因此若保险杠横梁的刚度较高，就会出现如蜂窝铝变形过大而被评估为具有攻击性，或伴随车辆的旋转使蜂窝铝侧面发生变形等问题。另外，由于是评估蜂窝铝的最终变形，所以不能看到结构耦合作用随时间变化的情况。PDB 的变形量评估和均匀性评估 [12] 如图 8-32 所示。

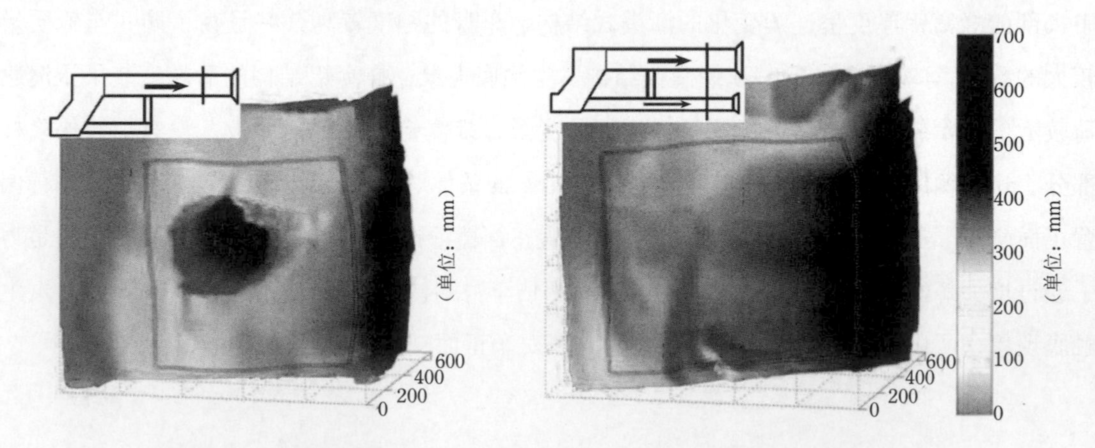

图 8-31 PDB 的变形（左为单载荷路径，右为多重载荷路径的车辆）[12]

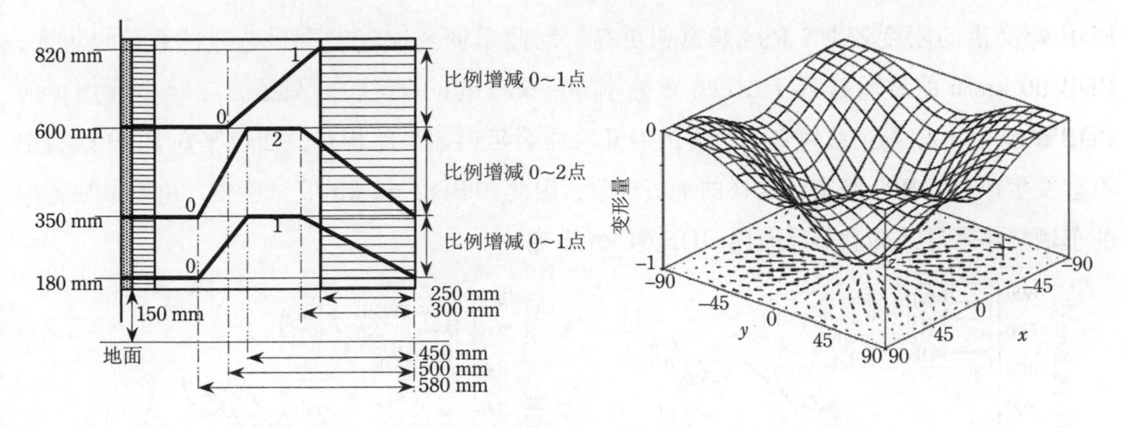

图 8-32　PDB 的变形量评估和均匀性的评估 [12]

在偏置正面碰撞试验法规 (UN R94) 中，研究人员研究了将现已使用的 UN R94 蜂窝铝材料置换成 PDB 的事项 [12]。设碰撞速度为 V_0，车辆质量为 m，UN R94 蜂窝铝吸收的变形能为 U_B，则目前 ODB 正面碰撞试验中壁障换算速度 V_B（参照第 12 章 12.1.3 节）可以写成：

$$\frac{1}{2}mV_0^2=\frac{1}{2}mV_B^2+U_B \tag{8-8}$$

其中，V_B 为：

$$V_B=\sqrt{V_0^2-\frac{2U_B}{m}} \tag{8-9}$$

因为 UN R94 蜂窝铝厚度为 0.54 m，则 U_B 可以根据蜂窝铝的压溃载荷 f_x 和位移 x 计算如下：

$$U_B=\int_0^{0.54}\sum f_x\,dx \tag{8-10}$$

使用 UN R94 蜂窝铝时有触底的情况发生。质量越大的车辆，发生触底的程度越大，通过蜂窝铝吸收的变形能越接近定值（这是由于基于蜂窝铝的规格可预测 U_B 为 50 kJ）。因此，对质量大的车来说，车辆能够吸收的变形能与车辆的初始动能的比变高，结果导致越是质量大的车辆，壁障换算速度越大（参照式 (8-10)），这与车身刚度增大相关。并且发生车对车正面碰撞时，车辆的攻击性也会增大。同时，PDB 由于不会发生蜂窝铝的触底，车辆质量对壁障换算速度的影响得到缓和。因此可以认为，PDB 不会使质量大的车辆的攻击性比现阶段更加恶化。在 PDB 试验的初始阶段，其车辆减速度持续时间越短，后期车辆减速度越大。另外，由于车室侵入量也比较大，因此从车辆减速度和车室侵入量的角度看，PDB 试验比 UN R94 壁障试验更接近车对车正面碰撞的形态。

图 8-33 所示为轻型乘用车（车辆质量为 910 kg）和面包车（质量为 1890 kg）中，乘员前后方向的胸部减速度和车室内部前向位移量之间的关系。对于轻型车辆来说，由于

PDB 蜂窝铝的刚度较 UN R94 蜂窝铝更高，因此车辆减速度对乘员造成的载荷也更大，PDB 60 km/h 的试验接近于 100% 重叠率 50~55 km/h 的试验。只是，在轻型乘用车的 PDB 试验中，必须注意到安全气囊的展开可能会延迟。与此相对，面包车在 PDB 试验中不会发生像 UN R94 蜂窝铝这样的触底现象，因此在 PDB 60 km/h 试验中，由乘员被施加的车辆减速度导致的载荷反而比 ODB 64 km/h 时小。

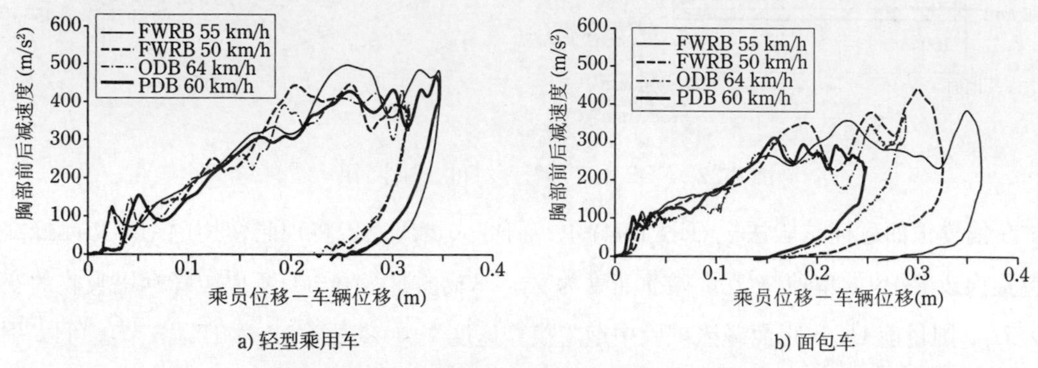

图 8-33 PDB 试验的驾驶席乘员的 GS 曲线图

8.3.4 ODB 试验

UN R94 的偏置可变形壁障 (ODB) 正面碰撞试验被尝试用来评估车身刚度。壁障载荷通过安装在 UN R94 蜂窝铝后面的载荷仪测量。据此得到的最大壁障载荷虽然可以作为车身刚度的指标，但是由于车身刚度与车辆质量相关，因此有时还会受到伴随蜂窝铝触底的发动机碰撞的影响。由于载荷仪安装于蜂窝铝的背部，碰撞力被分散，即使使用多分区载荷仪，也难以评估载荷的分布情况。

下面是通过 ODB 试验评估车身刚度指标的实例。可以认为，在达到对方车辆车室强度前，己方车辆的变形能吸收量越大，则刚性匹配越好。此时的变形能被视为车身刚度的评估指标。设对方车辆的车室强度为 350 kN，壁障载荷达到 350 kN 前的变形能为 U_{f350}。图 8-34 所示为 A 车（FR 车，1560 kg），B 车（FF 车，1500 kg）的载荷位移特性。A 车的 U_{f350} 为 147 kJ，B 车为 112 kJ。由于 B 车在壁障载荷达到 350 kN 前吸收的变形能较小，因此可以判断其车身刚度匹配较低。

下面将 U_{f350} 根据车辆质量规格化。设己方车辆的质量为 m_1，对方车辆的质量为 m_2，相对碰撞速度为 V_{R0}。在车对车正面碰撞中，己方车辆的最大变形能 U_1 可以用对方车辆的最大变形能 U_2 写成（参照第 12 章式 (12-20)）：

$$U_1 = \frac{1}{2}\frac{m_1 m_2}{m_1 + m_2}V_{R0}^2 - U_2 \tag{8-11}$$

此时，将对方车的 U_2 中代入车室不发生压溃时，仅通过车身前部结构吸收的最大变形能 U_{2max} 计算，得到的 U_1 就是己方车能够吸收的变形能。用车辆 2 的壁障换算速度 V_{B2} 表示 U_{2max}，可得：

$$U_{2max}=\frac{1}{2}m_2V_{B2}^2 \tag{8-12}$$

从 ODB 试验的载荷位移特性计算出的 U_{f350} 包含了蜂窝铝的变形能，因此将蜂窝铝壁障的变形能 U_B 减去，求车身变形能。将其除以车对车正面碰撞时己方车辆需要吸收的变形能，可得到：

$$R_{Uf350}=\frac{U_{f350}-U_B}{(1/2)[m_1m_2/(m_1+m_2)]V_{R0}^2-(1/2)m_2V_{B2}^2} \tag{8-13}$$

R_{Uf350} 越大，则车辆 1 对车辆 2 的刚度匹配性能越高。例如，将车对车正面碰撞中假定的相对碰撞速度 V_{R0}：90 km/h，对方车辆－小型车的车辆质量 m_2：900 kg，壁障换算速度 V_{B2}：60 km/h，及蜂窝铝变形能 U_B：50 kJ 代入式 (8-13) 后，可求得己方车辆的 R_{Uf350}。

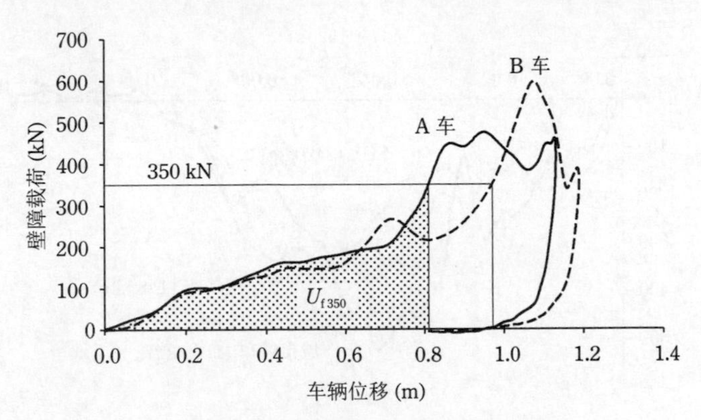

图 8-34　ODB 正碰试验的车身刚度评估指标 U_{f350}

8.3.5　MDB 试验

MDB 试验是将 MDB 作为标准车辆来碰撞试验车辆的试验，它直接模拟了车对车的正面碰撞试验。自 20 世纪 80 年代后期开始，NHTSA 将 MDB 试验作为侧面碰撞研究的一部分开始实施。MDB 试验不仅可以直接再现车对车正面碰撞试验中的 ΔV、车辆加速度、车身变形，还使在固定壁障碰撞试验中难以实现的倾角碰撞试验得以实施。有时 MDB 的蜂窝铝背部会安装多分区载荷仪测量载荷分布。在 MDB 试验中，试验车的冲击程度依赖于车辆质量，车辆质量越小，ΔV 越大，乘员受到的载荷就越大。另一方面，由于车辆质量大的车的 ΔV 小，因此难以评估乘员保护性能。

如图 8-35 所示，FIMCAR 项目对装有 PDB 的 MDB 试验展开了研究 [16]。蜂窝铝选用不易发生触底又能模拟车身刚度的 PDB，车辆的重叠率为 50%，蜂窝铝离地高度为 150 mm。MDB 的质量根据欧洲车辆的平均质量而选择了 1500 kg。碰撞速度选择 50 km/h（两车都在行驶）。根据德国的事故统计数据，该速度涵盖了 90% 的车对车正面碰撞事故。从图 8-36 可以看出，试验车的质量越小，车辆减速度就显示出越大的倾向。另外，也有通过 PDB 的变形尝试评估结构耦合作用或车身刚度的研究。

图 8-35 MDB 试验 [12]

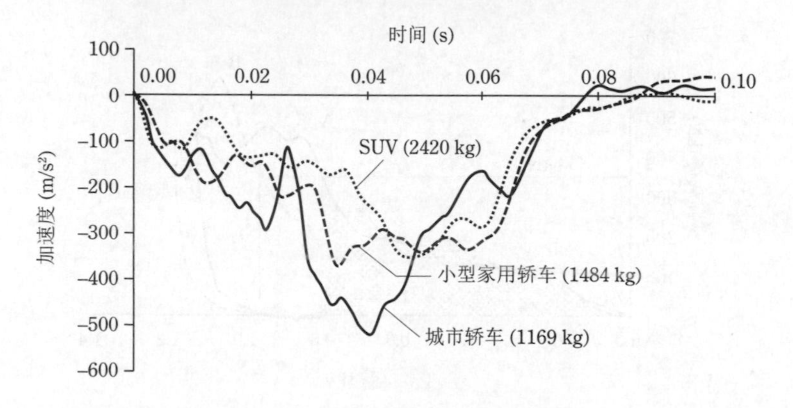

图 8-36 MDB 试验中试验车的加速度 [12]

蜂窝铝的触底和 MDB 的骑撞是 MDB 试验的技术性问题。为此，试验采用了较厚的蜂窝铝，且蜂窝铝的离地高度也被设定得较低。但是，两车行进的试验中难以确保两车相互接触位置的精度。在 MDB 撞向静止试验车的情况下，MDB 高速行驶。因此，与固定壁障试验相比，MDB 试验的可重复性、再现性仍是有待探讨的课题。另外，碰撞时 MDB 的偏转或俯仰运动是否与车对车正面碰撞有差异也有待研究。

MDB 试验包含了车辆质量这个在车对车正面碰撞事故中产生巨大影响的参数，因此，MDB 试验有与其对车正碰的车辆加速度相近这一优点。然而，MDB 试验中，对车辆最有效的改进对策，有可能不是对车辆结构的改善，而是为了降低加速度反而增加了车辆质量。综上，MDB 试验虽然可以说是重现车对车正面碰撞的理想试验，但仍存在许多课题尚待研究。

8.3.6 SEAS 试验

在 LTV (Light Truck Vehicle) 的美国自主法规中规定，在前纵梁比 Part 581 区域所在位置高且不满足方案 1 的情况下，必须根据方案 2 安装 SEAS。方案 2 的 SEAS 试验在一般情况下与 UN R94 的前方后下部防钻撞保护装置的载荷试验相同，是给 SEAS 施加静态载荷的试验。即在载荷装置的位移达到 400 mm 前，确认 SEAS 是否产生了 100 kN 的载荷 (图 8-37)。

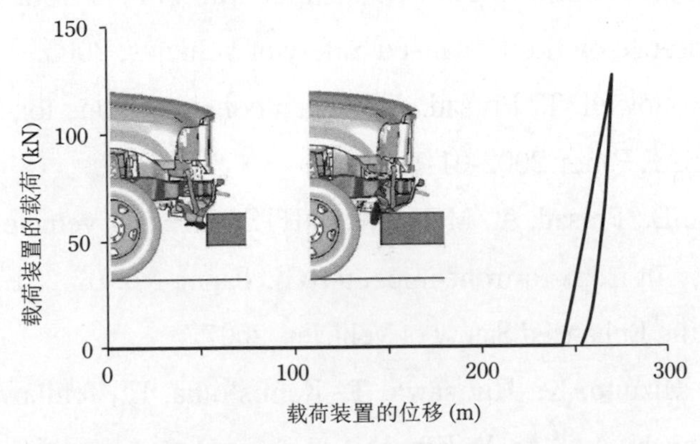

图 8-37 方案 2 的 SEAS 试验的载荷位移特性示例

本章参考文献

[1] Mori, T., Kudo, T., Kosaka, N., Motojima, H.. The study of the frontal compatibility with consideration OF intreraction and stiffness [C]. Paper No. 07-0105, 20th International Technical Conference on the Enhansed Safety of Vehicles, 2007.

[2] O'Reilly, P.. Status Report of IHRA vehicle compatibility working group [C]. Paper number 337, 17th 19th International Technical Conference on the Enhansed Safety of Vehicles, 2001.

[3] Evans, L., Waseilewsk, P.. Serious or fatal driver injury rate versus car mass in head-on crashes between cars of similar mass [J]. Accident analysis and prevention, Vol. 19, No. 2, 1987.

[4] Zobel, R.. Accident analysis and measures to establish compatibility [C]. SAE Paper 1999-01-0065, 1999.

[5] Frontal compatibility analysis with Option 2 LTV's and over ride barrier design for SEAS evaluation: preliminary analysis [R]. DOT HS 811 293, NHTSA. 2010.

[6] Thomson, R., Edwards, M.. Passenger vehicle crash test procedure developments in the VC-COMPAT project [C]. Paper number 05-0008, 19th International Technical Conference on the Enhansed Safety of Vehicles, 2005.

[7] 長谷川俊 . 車対車前面衝突時のコンパティビリティ性能に関する評価方法の研究 [D]. 東京都市大学学位論文，2011.

[8] Barbat, S.. Status of enhanced front-to-front vehicle compatibility technical working group research and commitments [C]. Paper number 05-463, 19th International Technical Conference on the Enhansed Safety of Vehicles, 2005.

[9] Summers, S., Hollowell, T., Prasad, A. Design considerations for a compatibility test procedure [C]. SAE Paper 2002-01-1022.

[10] Patel, S., Smith, D., Prasad, A., Mohan, P.. NHTSA's recent vehicle crash test program on compatibility in front-to-front impacts [C]. Paper No. 07-231, 20th International Conference on the Enhanced Safety of Vehicles, 2007.

[11] Yonezawa, H., Mizuno, K., Hirasawa, T., Kanoshima, H., Ichikawa, H., Yamada, S., Koga, H., Yamaguchi, A., Arai, Y., Kikuchi, A.. Summary of activities of the compatibility working group in Japan [C]. Paper No. 09-0203, 21st International Conference on the Enhanced Safety of Vehicles, 2009.

[12] Johannsen, H., Adolph, T., Edwards, M., Lazaro, I, Versmissen, T., Thomson, R.. Proposal for a Frontal Impact and Compatibility Assessment Approach Based on the European FIMCAR Project [J]. Traffic Injury Prevention, 14:sup1, S105-S115, 2013.

[13] Edwards, M.J., Happian-Smith, J., Byard, N., Davies, H.C., Hobbs, C.A.. Compatibility – the essential requirements for cars in frontal impact [J]. Vehicle Safety 2000, IMechE, 2000.

[14] Delannoy, P.. Compatibility: causes, constraints, improvements and evaluation proposal [C]. SAE Paper 2002-01-1023.

[15] United Nation Economic Commision for Europe. World Forum for Harmonization of Vehicle Regulations Working Party on Passive Safey [S]. Regulation No. 29, proposal for draft amendments, 2007.

[16] Versmissen, T., Welten, J., Rodarius, C.. FIMCAR X – MDB test procedure: test and simulation results [R]. Johannsen, H. (Editor): FIMCAR – Frontal Impact and Compatibility Assessment Research, Universitätsverlag der TU Berlin, Berlin 2013.

第 9 章

行人保护

在 2010 年日本国内的交通事故死亡人数（4863 人）中，行人死亡人数达 1714 人，占总数的 35.2%，多于汽车乘员的死亡人数 1603 人 (32.9%)。儿童和老年人遭遇事故频率较高，其中老年人的事故死亡率较高。随着日本老龄化进程的加剧，交通事故死亡人数中，行人死亡人数所占比例有逐年上升的趋势。为了减轻行人的损伤程度，通过优化车身结构实现行人保护成为一项重要的课题。为了评估汽车碰撞行人时人体的吸能特性及对行人的保护方法，模拟人体各部位的冲击器通常被用于行人保护法规试验中。

9.1 事故状况

行人在交通事故中直接受到汽车车身的撞击，受伤部位与其和车辆的相对位置有关。表 9-1 和表 9-2 给出了不同年龄行人的受伤部位（受伤程度 AIS 2 以上）和行人与车辆接触部位。表格内容以行人的整体损伤数量为对象，对于单个行人受到多处损伤的情况，计算多处损伤的数量。可以看出，在 AIS 2 以上的损伤中，头部和下肢占的比例最大。前风窗玻璃是最常导致成人（16 岁以上）头部损伤的部位，风窗玻璃框架 /A 柱、发动机罩顶部（上表面）对成人造成损伤的情况也较常见。在下肢伤害中，则是由于小腿部与保险杠接触造成的损伤所占比例较大。儿童（15 岁以下）多因与发动机罩顶部和风窗玻璃接触造成头部损伤，因与保险杠接触造成大腿部和小腿部损伤也较多。此外，大多数的损伤是由于行人与车身直接接触导致，而与路面接触造成损伤的情况相对较少。

行人交通事故的受伤部位及与车辆接触部位

（基于 16 岁以上，AIS 2~6，澳大利亚、日本、德国、美国的事故数据）[1] **表 9-1**

接触位置 ＼ 人体部位		头部	脸部	颈部	胸部	腹部	腰部	上肢	下肢					不明	合计
									整体	大腿部	膝部	小腿部	脚部		
车辆	保险杠	20	2	—	2	3	3	3	16	29	69	429	29	—	605
	发动机罩 / 挡泥板上表面	140	9	1	122	39	35	73	21	3	1	1	2	1	448
	发动机罩 / 挡泥板前沿	7	2	1	36	65	80	28	46	33	5	24	1	—	328
	风窗玻璃	303	52	11	28	3	10	22	1	—	—	1	1	—	432
	风窗玻璃框架 / A 柱	159	28	5	34	7	14	29	5	1	—	—	—	2	284

续上表

接触位置＼人体部位		头部	脸部	颈部	胸部	腹部	腰部	上肢	下肢					不明	合计
									整体	大腿部	膝部	小腿部	脚部		
车辆	前面板	—	1	—	8	13	6	5	9	9	10	32	3	—	96
	其他	33	7	—	29	9	12	11	6	4	5	26	13	—	155
	合计	662	101	18	259	139	160	171	104	79	90	513	49	3	2348
间接损伤		12	—	16	1	—	7	—	—	3	—	1	2	—	42
与路面接触		125	18	2	21	2	8	32	6	4	3	5	14	1	241
不明		19	6	3	18	9	16	20	1	4	9	28	3	6	142
合计（比例）		818 (29%)	125 (5%)	39 (1%)	299 (11%)	150 (5%)	191 (7%)	223 (8%)	111 (4%)	90 (3%)	102 (4%)	547 (20%)	68 (2%)	10 (1%)	2773 (100%)

行人交通事故的受伤部位及与车辆接触部位

（基于 15 岁以下，AIS 2~6，澳大利亚、日本、德国、美国的事故数据）[1] 表 9-2

接触位置＼人体部位		头部	脸部	颈部	胸部	腹部	腰部	上肢	下肢					不明	合计
									整体	大腿部	膝部	小腿部	脚部		
车辆	保险杠	4	—	—	1	2	—	3	3	30	7	47	2	1	100
	发动机罩 / 挡泥板上表面	83	6	1	17	5	8	17	2	—	—	—	—	—	135
	发动机罩 / 挡泥板前沿	8	—	3	7	13	5	7	4	7	1	6	—	—	61
	风窗玻璃	41	4	1	2	2	2	1	1	—	—	—	—	1	55
	风窗玻璃框架 / A 柱	9	—	—	1	—	—	2	—	—	—	—	—	—	12
	前面板	5	—	—	1	—	1	1	—	5	1	3	—	—	17
	其他	12	—	1	9	3	1	4	9	5	—	13	5	—	62
	合计	162	10	6	38	25	17	31	19	47	9	69	7	2	442
间接损伤		1	—	1	—	1	—	1	—	—	—	—	—	—	4
与路面接触		46	4	—	1	—	1	10	—	—	—	—	1	—	63
不明		8	—	—	1	1	—	5	—	3	—	4	—	1	23
合计（比例）		217 (41%)	14 (3%)	7 (1%)	40 (8%)	27 (5%)	18 (3%)	47 (9%)	19 (3%)	50 (9%)	9 (2%)	73 (14%)	8 (1%)	3 (1%)	532 (100%)

行人与车辆的碰撞速度和行人受损伤程度有较大的相关性。图 9-1 所示为行人死亡率和碰撞速度关系图。虽然事故数据的总体以及发生年份不同，死亡率也有不同，但碰撞速度在 40~60 km/h 的范围内时，行人的死亡率急剧上升。行人的死亡率 P 与碰撞速度 v (km/h) 的逻辑回归曲线可以表示如下：

$$P(v)=\frac{1}{1+\exp(-a-bv)} \tag{9-1}$$

上式中的系数为 $a=-6.9$，$b=0.090$（Rosen 等）；$a=-5.433$，$b=0.095$（Oh 等）[2]。此外，为了讨论行人事故中碰撞速度的影响，本书将碰撞速度在某值为止的受伤行人数通过累积频率分布表示。根据图 9-2 可知，大约 75% 的行人事故包含在碰撞速度 40 km/h 以下的范围内，这个速度是行人保护法规和车辆评估的临界速度。

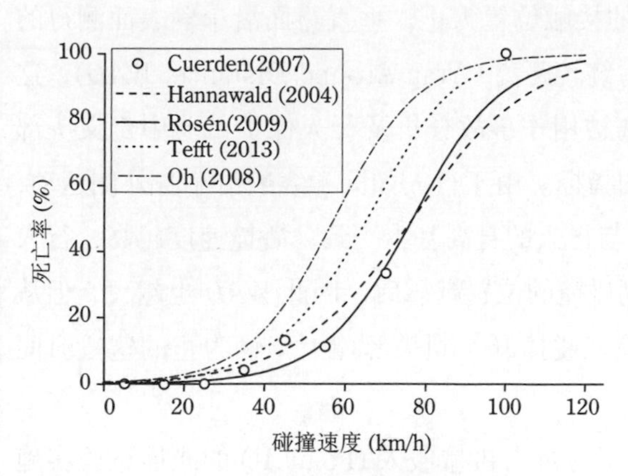

图 9-1 行人死亡率和行人与车辆的碰撞速度 [2]

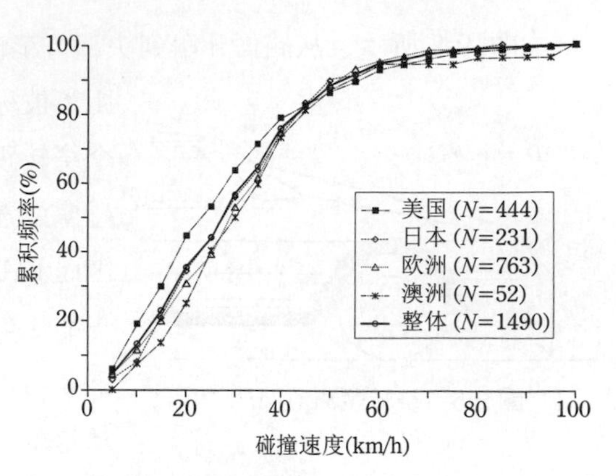

图 9-2 行人负伤事故中车辆碰撞速度的累积频率分布 [1]

9.2 行人的运动学响应

行人穿越道路时，侧面受到汽车碰撞的情况较多。因此，将步行姿势的侧面碰撞形态作为研究行人保护的标准姿态。在成年人与带发动机罩的车辆的碰撞中，行人绕车身前部结构旋转，进而倒在发动机罩上（图 9-3）。而后，下肢与保险杠碰撞，大腿及腰部与发动机罩前沿碰撞，胸部与发动机罩顶端碰撞，头部与发动机罩顶端或风窗玻璃碰撞，头部和胸部等在与车身接触前保持垂直姿势。行人与厢式车碰撞时，身体在发生轻微旋转的状态下，全身与车身发生短时间碰撞后被推向车辆前方并摔向路面（图 9-4）。由于和不同车型的碰撞中，行人的运动存在差异，因此导致所受损伤也不同。与带发动机罩的车辆碰撞时，行人的头部与下肢的损伤频率高；与厢式车碰撞时，行人的头部和胸部的损伤频率高。另外，在行人重心比保险杠位置低（如儿童）的碰撞情况下，儿童的旋转方向与图 9-3 相反，向车辆的前进方向旋转。

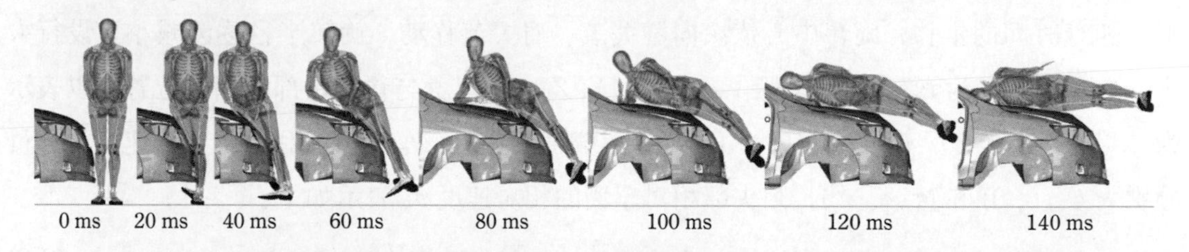

图 9-3 行人的运动（带发动机罩的车辆，碰撞速度为 40 km/h，行人身高为 175 cm）

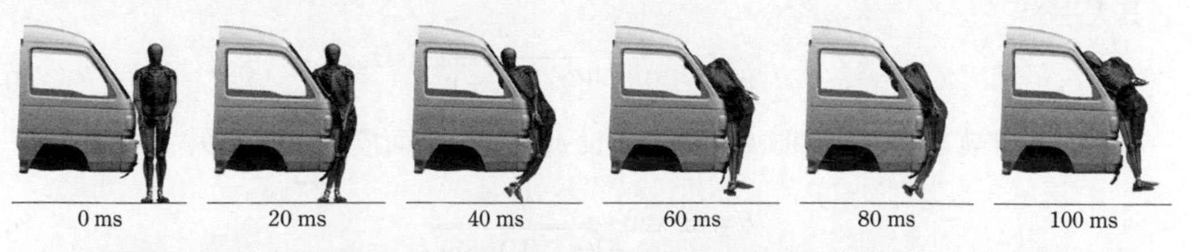

图 9-4 行人的运动（轻型厢式车，碰撞速度为 40 km/h，行人身高为 165 cm）

如图 9-5 所示，从路面开始到头部与车辆的接触位置为止，垂直路面沿车辆表面测得的距离被称为绕转距离 (Wrap Around Distance, *WAD*)，这个绕转距离被用作事故分析及行人保护试验中定义头部碰撞位置的指标。由于行人如同卷绕般沿车身外侧运动，因此 *WAD* 与行人的身高基本一致。碰撞速度越高，行人头部与车辆碰撞的位置越靠后，因此 *WAD* 也越大，但从下肢与保险杠碰撞开始到头部撞上车辆为止的这段时间却越短。

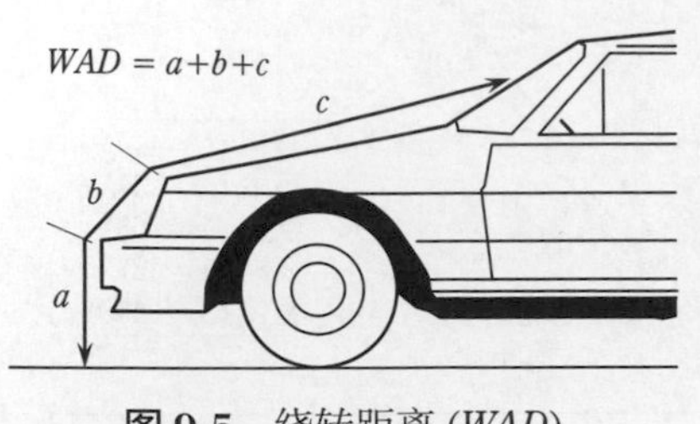

图 9-5 绕转距离 (*WAD*)

图 9-6 所示为碰撞速度为 40 km/h 的乘用车与行人机械假人 (Polar II) 的碰撞试验实施后的车辆状况。假人身高为 175 cm，体重为 78 kg。其小腿、膝部与保险杠碰撞，大腿与发动机罩前沿碰撞，胸部与发动机罩顶端碰撞，头部和面部与风窗玻璃下沿碰撞。假人头部的 WAD 为 1900 mm，头部损伤值 *HIC* 为 1219。可以看到，车身因发动机罩与腰部、风窗玻璃与头部发生碰撞而变形。

图 9-6 车对行人假人的碰撞试验 [3]

行人头部相对车辆的轨迹和旋转中心如图 9-7 所示。头部轨迹可分为以膝关节、髋关节、肩关节为中心旋转的三个区间。以膝关节为中心旋转时，旋转半径较大，头部轨迹接近水平。随着时间的推移，旋转中心依次向髋关节、肩关节移动，旋转半径逐渐减小。设行人头部的重心坐标为 (x, y, z)，车辆位置为 (X, Y, Z)，则车辆与行人头部的相对位置可以表示为 $(x-X, y-Y, z-Z)$。设车辆速度为 V，行人头部速度为 v，车辆速度和行人头部速度的分量分别为 $(V, 0, 0)$ 和 (v_x, v_y, v_z)，则头部相对车辆的相对速度 v_R 表示如下：

$$v_R = v - V = (\dot{x} - \dot{X},\ \dot{y} - \dot{Y},\ \dot{z} - \dot{Z}) = (v_x - V,\ v_y,\ v_z) \tag{9-2}$$

其大小为：

$$v_R = \sqrt{(v_x - V)^2 + v_y^2 + v_z^2} \tag{9-3}$$

v_R 指向头部轨迹的切线方向（图 9-7）。设 v_R 与 xoy 平面成的角度为 θ，可得：

$$\theta = \arctan \frac{v_z}{\sqrt{(v_x - V)^2 + v_y^2}} \tag{9-4}$$

行人头部相对车辆的相对合成速度如图 9-8 所示。由于行人面对车辆方向旋转，因此行人头部的水平方向速度 v_x 和垂直方向速度 v_z 皆增大，结果使行人头部相对车辆的相对合成速度也增大。随着碰撞时间的推移，头部水平方向的速度与车辆速度越来越接近 ($v_x \to V$)，头部相对车辆的相对合成速度减小，头部与车辆碰撞。由于头部与车身发生碰撞，使得头部突然达到与车辆相同的速度，因此相对合成速度接近 0。

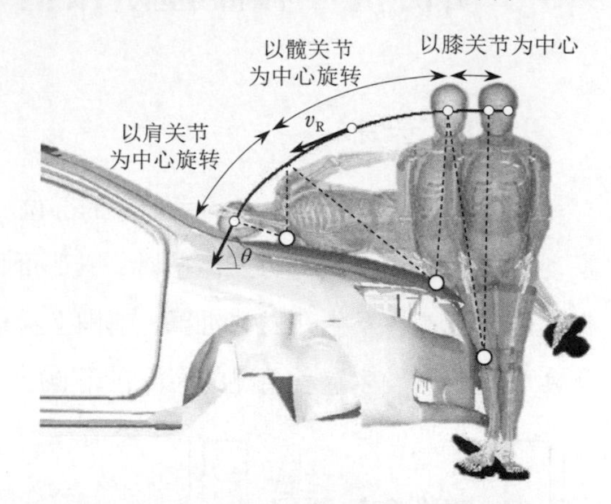

图 9-7 行人头部相对车辆的轨迹和旋转中心（碰撞速度为 40 km/h）

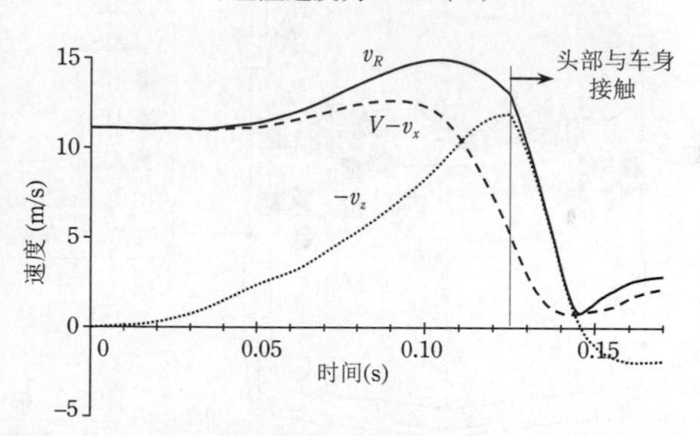

图 9-8 行人头部相对车辆的相对合成速度（碰撞速度 40 km/h）

在碰撞速度为 40 km/h 的情况下，有发动机罩的车辆将头部碰撞速度与车辆碰撞速度之比设为 0.8~1.2。基于此，假设车辆以 40 km/h 的速度与行人碰撞，在头部保护试验中，头部冲击器的速度在欧洲新车评估计划 (EuroNCAP) 中被设定为 40 km/h，在联合国行人保护法规 (UN R127) 中为 35 km/h。

碰撞时行人的运动学响应取决于行人的身高、车身形状、碰撞速度。行人身体各部位对应的运动学响应取决于与车身的碰撞速度。行人与车身相撞的部位受到与车身刚度相关的力而发生变形，当人体上产生的应力或应变等超过某个阈值时，便可认为损伤发生。

【例题 9-1】 车辆以速度 20 km/h 与静止的行人发生碰撞和行人以速度 20 km/h 与静止的车辆发生碰撞，哪种情况对行人的损伤更大？

【解答】 行人的损伤可以用变形能表示。设车辆的质量、初速度分别为 m_1、v_{10}，行人的质量和初速度分别为 m_2、v_{20}。根据动量守恒定律可得两者为一体时的共同速度为 $v_c=(m_1 v_{10}+m_2 v_{20})/(m_1+m_2)$。最大变形能 U_{max} 由动能的差得：

$$U_{max}=\frac{1}{2}m_1v_{10}^2+\frac{1}{2}m_2v_{20}^2-\frac{1}{2}(m_1+m_2)v_c{}^2$$

$$=\frac{1}{2}m_1v_{10}^2+\frac{1}{2}m_2v_{20}^2-\frac{1}{2}(m_1+m_2)\left(\frac{m_1v_{10}+m_2v_{20}}{m_1+m_2}\right)^2=\frac{1}{2}\frac{m_1m_2}{m_1+m_2}(v_{10}-v_{20})^2$$

因此，不论是车辆与静止的行人碰撞，还是行人与静止的车辆碰撞，$|v_{10}-v_{20}|$ 均为 20 km/h，两者的 U_{max} 相等，因此行人所受损伤相同。

9.3 损伤机理和碰撞耐限值

9.3.1 头部

头部是死亡事故中受伤频率最高的部位。在 20 世纪 80 年代至 90 年代发生的事故中，带发动机罩的车辆与成年行人碰撞时，其头部位置的比较如图 9-9 所示。可以看出，80 年代的头部碰撞位置多发生在发动机罩、前围上盖板及风窗玻璃下部，90 年代则多发生在风窗玻璃及 *A* 柱位置。发生这种情况的原因在于 90 年代后的车辆，其前部发动机舱被设计得较短。

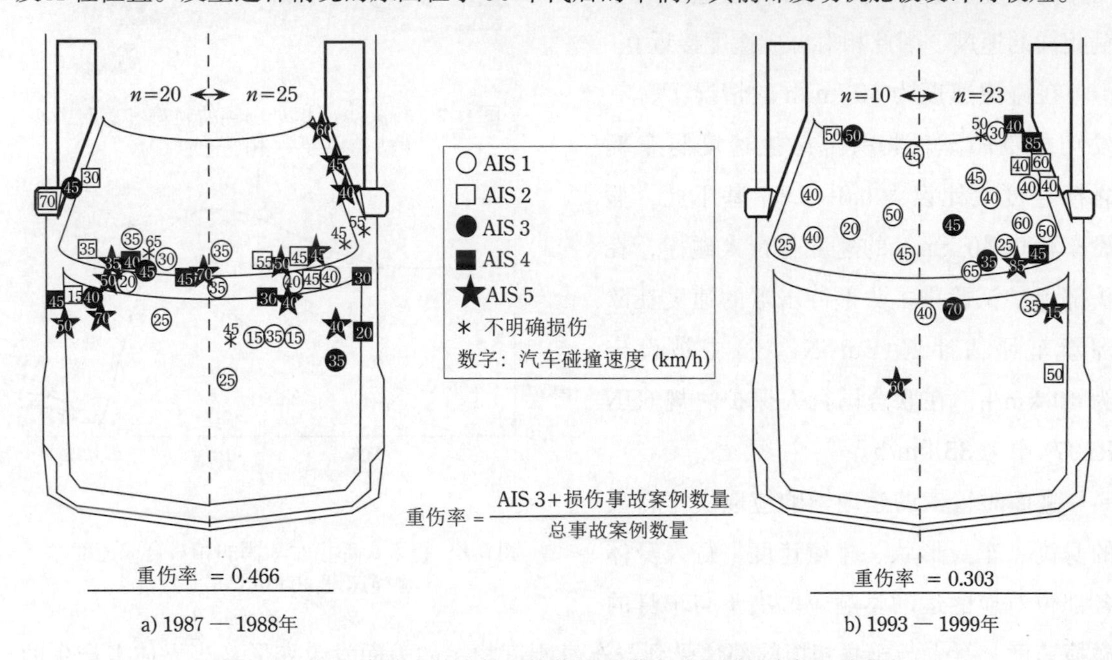

图 9-9 行人事故中的头部碰撞位置（带发动机罩的车辆，成人）

在头部损伤中，颅骨骨折、脑损伤、脑裂伤的情况较多。在头部与发动机罩的碰撞中，发动机罩板发生弯曲，可能导致头部与发动机舱内的高刚度零件（如发动机盖，螺栓等）碰撞并触底反弹，使头部受到冲击。头部与刚度较高的风窗玻璃下部和 A 柱碰撞时，其损伤程度 AIS 有变大的趋势。但头部与风窗玻璃中央部碰撞，造成损伤程度较低的情况居多，这是由于合成玻璃的中间膜使得玻璃的压溃变形量增大，对头部有较好的保护效果。

行人头部与车身碰撞时，头部在平移加速度和旋转加速度共同作用下发生损伤。与颅骨骨折和脑震荡相关的指标——头部损伤基准值 *HIC* 被广泛应用于头部平移加速度造成的损伤中。根据 Mertz 等人的研究 [4]，颅骨骨折与持续时间为 15 ms 时求得的 *HIC* 有很高的相关性，因此行人头部试验中也采用了 15 ms 持续时间的加速度值计算头部的 *HIC* 值。

利用模拟行人头部的头部冲击器可再现实际的行人事故中因头部碰撞造成的发动机罩变形情况。Hoyt 等人 [5] 利用头部冲击器的撞击试验再现了 14 例行人事故中发动机罩的变形情况，分析了事故造成的头部损伤程度 AIS、死亡率和试验计算得出的 *HIC* 之间的关系。其中，*HIC* 值 1000 为 AIS 3（重伤）的阈值，约相当于 7% 的死亡概率；*HIC* 值 1500 为 AIS 4~5 的阈值，约相当于 26% 的死亡概率。因此，根据 Hoyt 等人的试验分析，确定了 *HIC* 值是预测头部损伤的重要基准值这一事实。故在行人头部保护中，1000 被用作 HIC_{15} 的基准值，相当于 Mertz 的风险曲线 [6] 中 AIS 4 级损伤概率的 16%。

在头部和车辆的碰撞中，使用行人头部冲击器进行碰撞试验，结果显示与行人接触最多的部位为风窗玻璃及其周围。其 *HIC* 如图 9-10 所示。可以得出，实际行人碰撞事故中，头部碰撞位置的损伤程度 AIS（图 9-9）与风窗玻璃上的 *HIC* 分布对应，风窗玻璃中央部分的 *HIC* 较低。头部与 A 柱碰撞时的 *HIC* 值较高。若 A 柱和头部冲击器的距离大于冲击器半径时，则头部冲击器仅和风窗玻璃碰撞，不和 A 柱发生接触，因此此时的 *HIC* 在 1000 以下。在风窗玻璃下部和头部冲击器试验中，风窗玻璃变形后，头部冲击器和仪表盘上表面发生干涉，*HIC* 值较高。碰撞位置在车顶前缘时 *HIC* 值较低。头部冲击器的碰撞速度为 40 km/h 时，头部冲击器的最大动态变形量和 *HIC* 的关系如图 9-11 所示。若最大动态变形量增加，则 *HIC* 减少。与 *HIC* 值 1000 相当的发动机罩最大变形量为 80 mm。

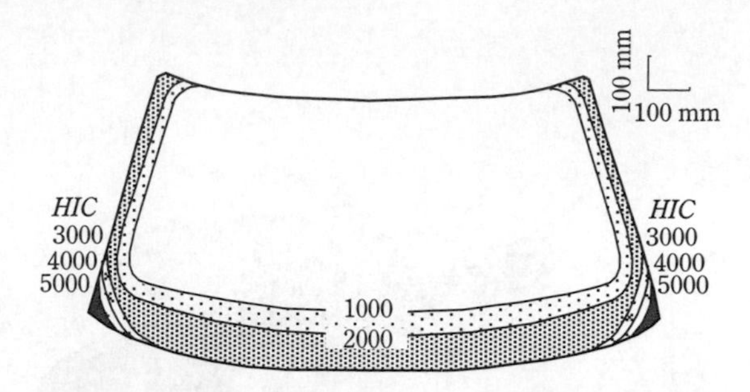

图 9-10 行人头部冲击器试验中风窗玻璃上的 *HIC* 分布 (40 km/h)

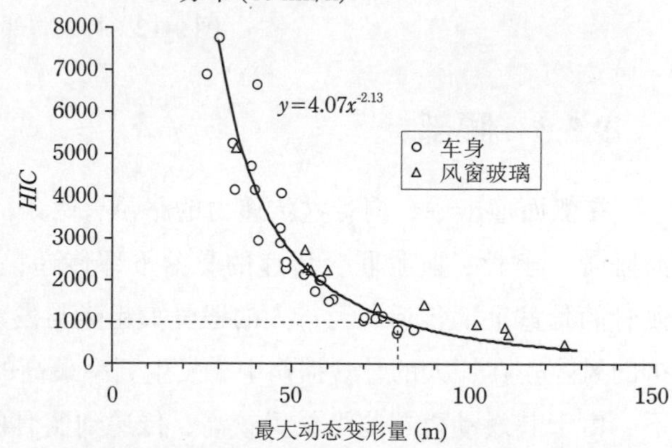

图 9-11 *HIC* 与冲击器的最大位移 (40 km/h)

9.3.2 胸部

车辆的前部结构和刚度决定了对胸廓的载荷（胸部相对车辆的碰撞速度）和变形模式。在与带发动机罩的车辆的碰撞中，行人绕车辆前部结构旋转。由于胸部的旋转半径小于头部，因此胸部与车辆的碰撞速度较小。胸部撞上发动机罩顶端时，由于发动机罩板分散了载荷，因此胸廓变形均匀（图 9-12 a)）。肩关节与发动机罩碰撞时，载荷向高刚度的胸廓上部传递。基于以上因素，行人与带发动机罩的车辆发生碰撞时，行人的肋骨变形量较小，胸部的损伤风险也较小。但是，根据尸体实验的报告，行人的胸廓变形量和变形速度与正面、侧面碰撞时的乘员受到的载荷等同。即使是在与乘用车碰撞的情况下，也有行人碰撞一侧的肋骨发生骨折的报告，特别是和 SUV 的碰撞中，有许多肋骨骨折的情况发生[8]。

另一方面，在与厢式车碰撞时，行人的侧向旋转较小，胸部以较高的速度与车身碰撞。厢式车的风窗玻璃框架刚度较高，但其上下位置的风窗玻璃和前板的刚度较低。因此，胸廓和风窗玻璃框架接触的部位发生的局部变形增大，成为导致肋骨骨折的重要原因（图 9-12 b)）。

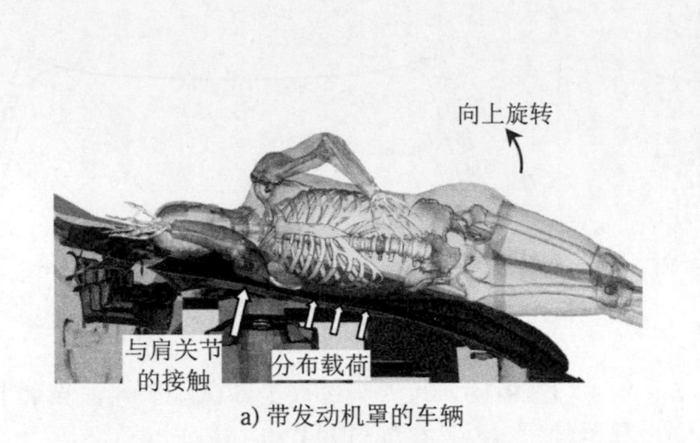

a) 带发动机罩的车辆

局部
载荷

b) 单厢车

图 9-12 行人胸部的变形[9]

9.3.3 腰部

在侧面撞击中，向骨盆传递力的路径有两条：一条是力从股骨的大粗隆开始经过髋臼，向耻骨、坐骨、耻骨联合传递的骨盆下部传递；另一条是力从髂骨开始，通过骶髂关节、骶骨的骨盆上部传递。若行人的股骨大粗隆与发动机罩前沿接触，则耻骨和坐骨有发生骨折的风险。在行人的骨盆损伤中，发生频率最高的是耻骨骨折。在与 SUV 发生碰撞的情况下，由于其发动机罩前沿位置较高，传递到髂骨的载荷会比传递到大粗隆的载荷更大，除导致耻骨骨折外，也可能导致髂骨骨折和骶髂关节受伤。

图 9-13 所示为腰部与发动机罩前沿的接触情况。在与中型轿车的碰撞中，人体以大粗隆为中心向发动机罩上方旋转，过程中没有观察到骨盆应力集中的现象。在与 SUV 的碰撞中，行人腰部的运动被阻止，上身以腰部为中心旋转，因此发动机罩前沿持续向大粗隆施加较大的力。在与厢式车的碰撞中，大粗隆和髋骨一起碰撞车的前板，腰部运动受到极大阻碍，骨盆承受到很大的作用力。

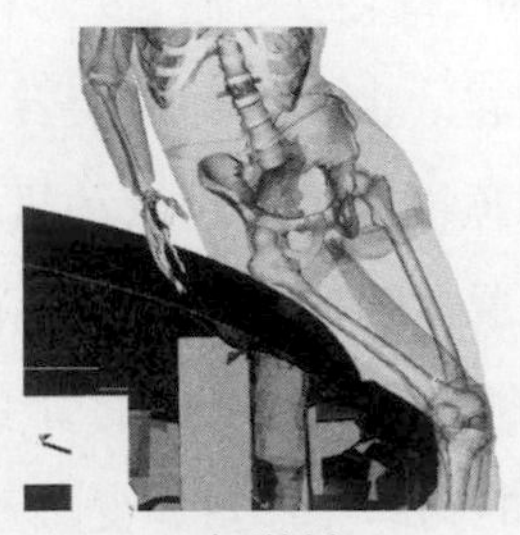

a) 中型轿车

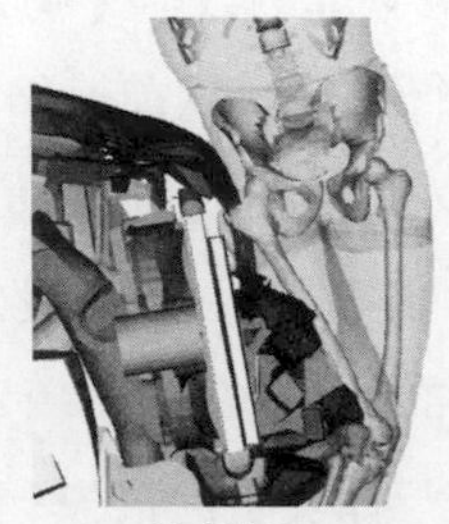

b) SUV

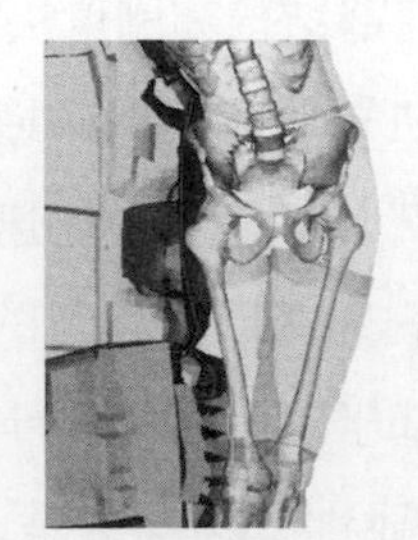

c) 厢式车

图 9-13 腰部和车辆的碰撞

9.3.4 下肢

下肢的损伤虽然很少危及生命，但发生频率高，导致后遗症的情况很多，所以它也是行人保护的重要课题。当人体与保险杠等车身部位接触时，长骨因弯曲而导致骨折，膝关节会因横向剪切和外翻造成弯曲，导致韧带损伤及髁部骨折（图9-14）。若小腿骨发生骨折，弯曲载荷就不会传递到膝关节，因此膝关节的损伤风险较小。

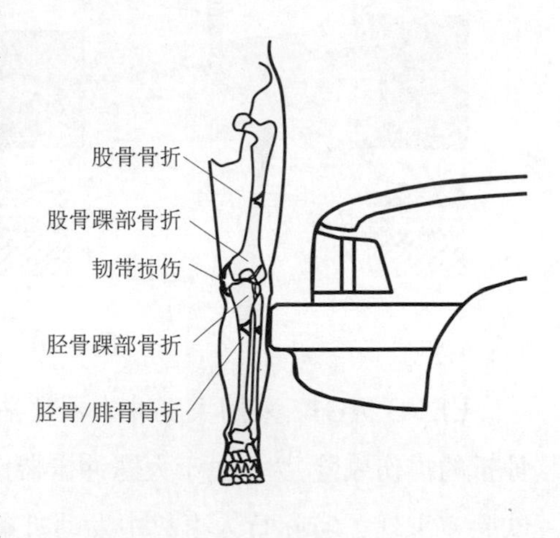

图9-14 下肢损伤[10]

图9-15所示为保险杠引起的下肢损伤分布情况。调查数据表明，近年来，关于下肢外伤的行人事故中，韧带损伤的比例减小，胫骨和腓骨骨折的比例增大。分析下肢力学特性时，采用以冲击器对尸体的下肢施加冲击，测出冲击器的加速度、冲击力和约束力的方法。求解小腿部、大腿部、膝部等单体力学特性时，可采用弯曲试验等测量载荷变形特性的方法。前者能得到下肢整体的力学特性和包含惯性力影响的载荷特性，后者能得到单体各部位的力学特性。向下肢施加冲击载荷时，由于骨骼的约束方式不同，会发生约束位置骨折等人为造成骨折的现象。

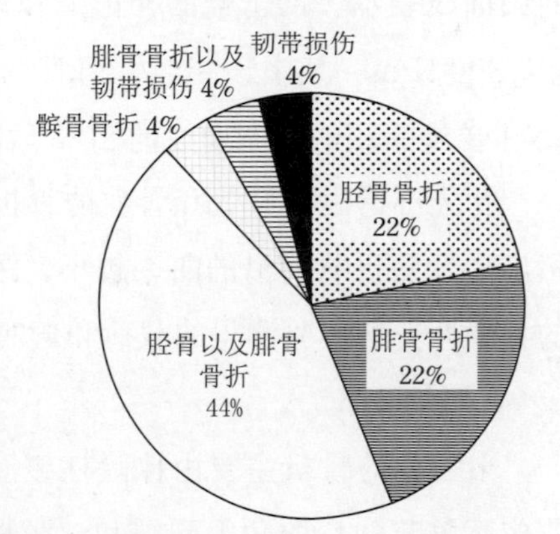

图9-15 保险杠引起的行人下肢损伤部位（AIS 2以上）的频率分布（N=193）[11]

1）大腿部

大腿部的骨折由股骨和发动机罩前沿的接触引发。又或者是人体大腿部和保险杠离地高度较大的车辆（如SUV）的保险杠接触，以及上身和小腿部的惯性力使股骨发生骨折等。

如图9-16所示，尸体的大腿部单体被施加来自外侧载荷(1.5 m/s)的三点弯曲试验[11]，此时的弯曲刚度为17.5 N·m/mm，股骨骨折的概率50%与弯曲力矩447 N·m对应。此外观察到，无论有无软组织，使骨折发生的载荷阈值都没有大的差别。

在实际的行人事故中，躯干和小腿部对大腿部施加力，这是大腿部上下位置的边界条件。汉诺威医科大学模拟了事故发生时行人的碰撞情况，进行了对全身完整尸体的大腿部施加冲击的试验。冲击外力是评估股骨骨折的一个重要的测试指标。测试结果显示，冲击外力为8.84 kN时，股骨骨折概率为20%；冲击外力为9.54 kN时，股骨骨折概率为50%[12]。

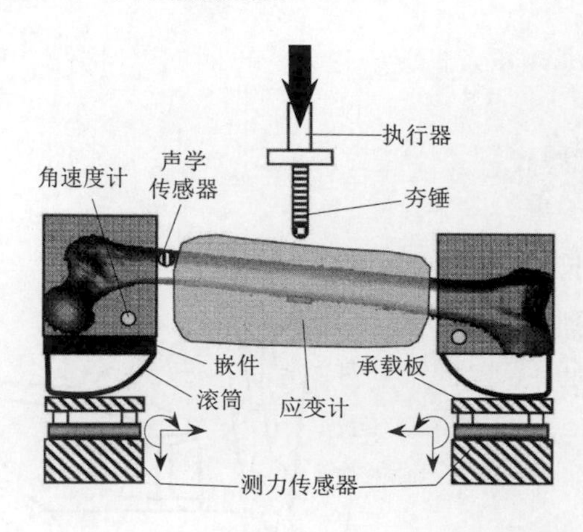

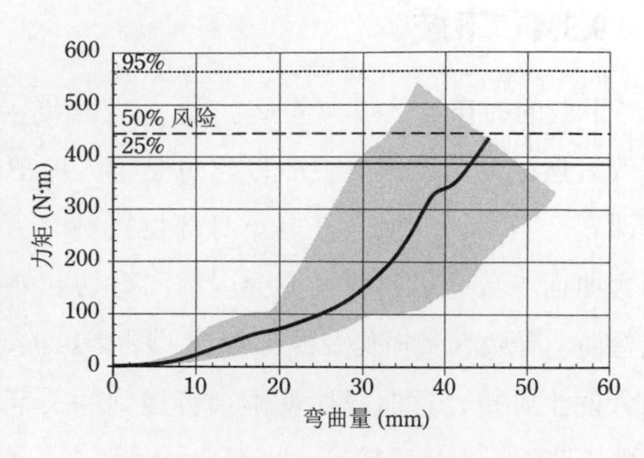

图 9-16 大腿部中央的弯曲特性 [12]

EEVC WG17 采用大腿冲击器评估了发动机罩前沿与行人碰撞时行人股骨骨折及骨盆骨折的损伤风险 [13]。由于大腿冲击器比人体大腿部的刚度大，EEVC 中使用大腿冲击器在试验室重现了实际行人事故中发动机罩前沿的变形状况，并探讨了大腿的损伤基准值。事故中行人的骨折风险使用由大腿冲击器测得的物理参数（冲击力和弯曲力矩）作为变量的回归曲线表示。冲击器的冲击力和弯曲力矩被用作股骨及骨盆的损伤基准，其值分别为 5 kN,300 N·m。其中，冲击力 5 kN 为 4.23 kN（逻辑曲线的回归曲线的 20% 风险值）和 5.58 kN（单纯累积的回归曲线的 20% 风险值）的平均值 (4.91 kN) 附近的值。

有分析指出，股骨和骨盆的骨折受发动机罩前沿的几何学形状影响较大 [14]。另有分析指出，发动机罩前沿的曲率越小，距地面高度越高，这些部位的损伤概率与由 EEVC 提案的大腿冲击器试验测得的载荷和弯曲力矩等损伤值的关联度越小。

2）小腿部

小腿骨的骨折主要由保险杠碰撞小腿，导致小腿产生弯曲力矩所造成。行人胫骨的弯曲使膝关节的弯曲角得到缓和。胫骨骨折的评估指标包括弯曲力矩和接触力。小腿部单体也和大腿部单体相同，通过实施来自外侧的弯曲试验得到如图 9-17 所示的载荷 – 弯曲量的关系。腓骨首先受到载荷，当其发生骨折后力矩下降。因此，从平均化的小腿部弯曲力矩特性中可以看出由于腓骨发生骨折而出现的平坦部分。小腿部载荷曲线的弯曲刚度为 11.2 N·m/mm，与小腿骨骨折概率 50% 对应的弯曲力矩为 312 N·m。

Bunketorp 等人 [15] 为了模拟完整行人的下肢受车辆正面碰撞的状况，在切断的下肢（单腿）上添加与上身部分质量相当的质量块 (47 kg)，使其与模拟了车辆前部的台车以 32 km/h 的碰撞速度发生碰撞（图 9-18）。试验使用了高刚度和低刚度的两种保险杠。在采用高刚度保险杠的碰撞试验中，十例中有七例发生了包括关节骨折的小腿骨骨折，此时小腿部的最大加速度达到或超过 200 g；采用低刚度保险杠的碰撞试验中，十例中有三例发生上述骨折，小腿部的最大加速度在 120 g 以下。需要注意的是，由于这些研究的实施时间较早，长骨的加速度并非是理想的指示骨折的物理变量，而弯曲力矩才是评价长骨骨折的重要指标。

EEVC WG17[13] 采用 TRL 下肢冲击器，对保险杠碰撞导致的胫骨骨折概率进行了评估。胫骨部位的加速度被采用为胫骨骨折的损伤基准，并且基于 Bunketorp 等人实施的冲击试验结果，150 g 被列为损伤基准值。该值相当于逻辑回归曲线中的胫骨骨折概率 40% 和单纯累积的回归曲线中的骨折概率 20%。

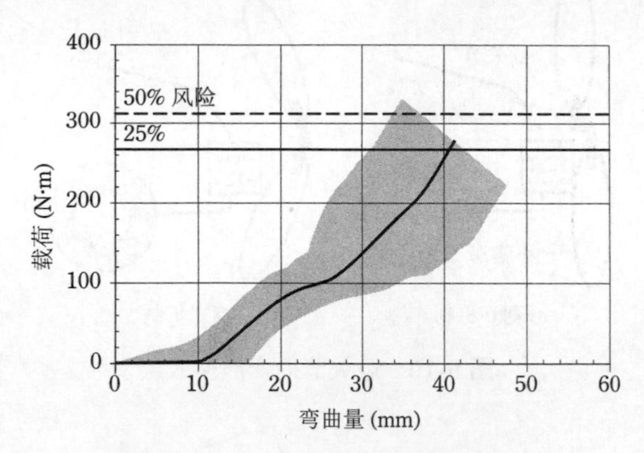

图 9-17 小腿部中央的三点弯曲试验

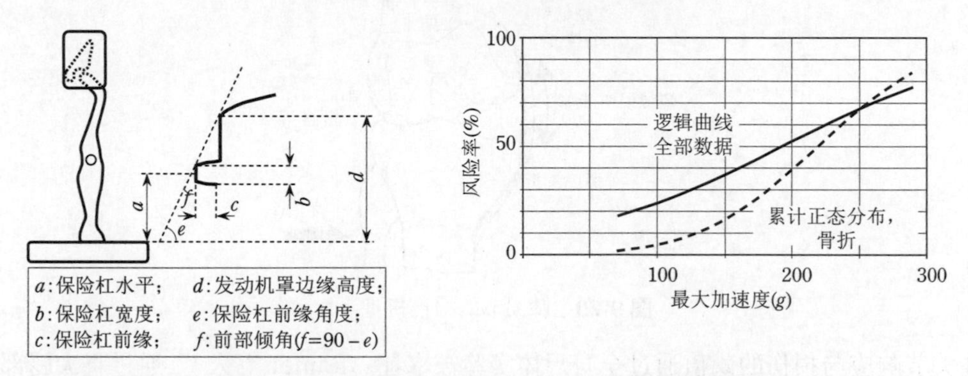

图 9-18 Bunketorp 实施的使用模拟车辆的下肢冲击试验和胫骨骨折风险曲线 [13]

3）膝关节

保险杠与膝关节的直接接触以及伴随传递至膝盖的载荷导致的膝关节变形是膝关节损伤的原因。如图 9-19 所示，膝关节有剪切和弯曲两种变形模式，保险杠和小腿刚接触时可观察到膝关节发生剪切，随下肢运动转为弯曲模式。剪切模式发生的原因是与保险杠的撞击造成大腿骨和小腿骨产生相对位移。另一方面，在弯曲模式下，除了膝部受到直接撞击，还伴随产生围绕人体前后轴的小腿部和大腿部的旋转。膝关节的剪切阻力由十字韧带的拉伸以及股骨髁和胫骨髁间嵴间的接触引起，与十字韧带的损伤相关联。弯曲阻力由股骨和胫骨踝部的接触以及侧副韧带的拉伸引起。在下肢受到的载荷中，弯矩的影响最大。在膝关节的损伤中，侧副韧带损伤和踝部骨折的频率最高（图 9-20）。若侧副韧带受损，十字韧带可能会在之后受到巨大载荷，进而也受到损伤。此外，各韧带受到的载荷还取决于韧带的位置和受冲击的角度。膝部受到横向冲击时，侧副韧带将受到较大载荷；而受到前后方向冲击时，十字交叉韧带将受到较大载荷。在行人事故中，保险杠使行人下肢外侧受到冲击的情况较多，有时前交叉韧带 (Anterior Cruciate Ligament, ACL) 会因直接撞击产生的拉力而受损。还有很多情况下，小腿部会被卷入保险杠下面，导致膝关节外翻变形，内侧副韧带 (Medical Collateral Ligament, MCL) 受到巨大的拉力，从而产生损伤。

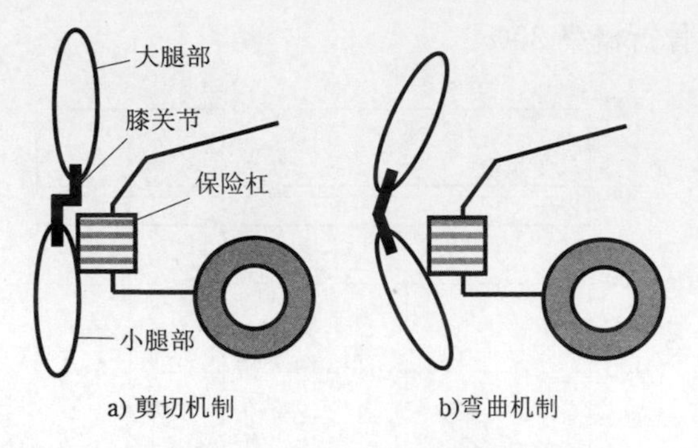

图 9-19 膝关节的变形模式

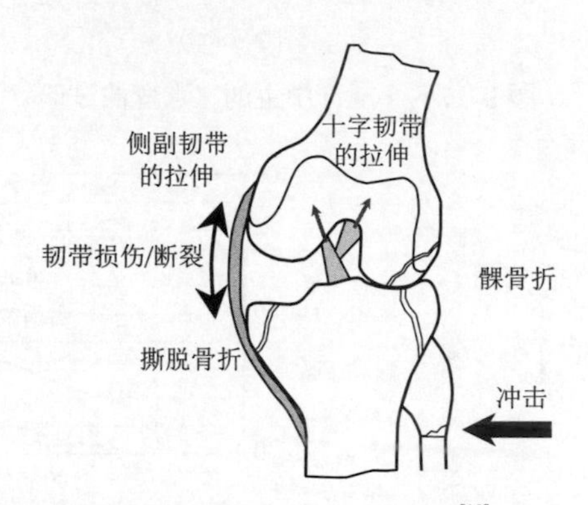

图 9-20 膝关节的损伤机理 [10]

膝关节响应与损伤的阈值通过全身尸体实验被求证。Ramet 等人 [16] 通过将大腿部进行约束起来，并施加准静态载荷，使膝关节受到弯曲或剪切力作用的方法，得出了膝关节的力学特性。当膝关节受到弯曲的载荷作用时，MCL 和半月板的损伤得到确认，屈膝角度的耐限值为 16°，弯矩耐限值为 100 N·m。当膝关节受到剪切载荷作用时，力对位移的斜率平均为 970 N/cm，障碍发生时的剪切位移为 12 mm，ACL 和 MCL 的断裂、半月板损伤发生时的剪切位移阈值被设为 20 mm。

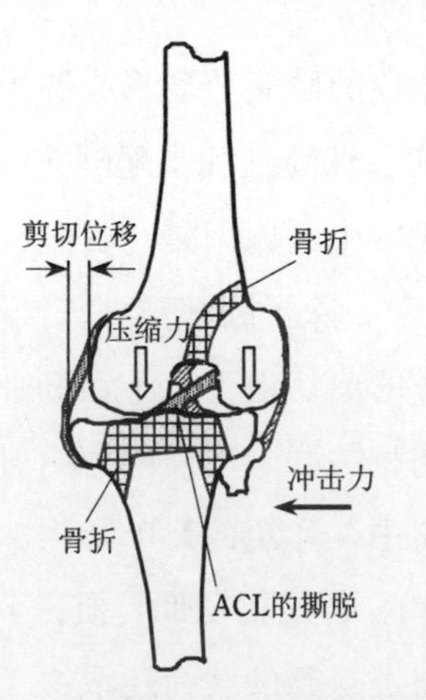

图 9-21 膝关节的剪切导致的损伤 [18]

Kajzer 等人 [17] 在下肢单体（单腿）上方添加了与上身部位（头部和躯干等）质量 (40 kg) 相当的载荷，实施了剪切载荷或弯曲载荷作用于膝关节时的撞击试验。在剪切试验中，发生了 ACL 损伤、胫骨髁间嵴和股骨踝部的接触导致的胫骨髁间嵴骨折（图 9-21），此时的平均载荷为 2.6 kN（碰撞速度为 15 km/h），3.2 kN（碰撞速度为 20 km/h）。在弯曲试验中，发生了 MCL 的破裂和撕脱，此时作用在膝部的最大弯矩的平均值为 101 N·m(16 km/h)，123 N·m(20 km/h)。

Kajzer 等人[17] 进一步通过冲击器对全身尸体的膝关节施加剪切、弯曲负载的撞击实验，以求得下肢的响应（速度为 20 km/h 以及 40 km/h 条件下）。在剪切实验中，剪切位移为 16 mm（载荷 2.4 kN）时发生了骨骺骨折，位移为 28 mm 时发生了干骺端骨折（载荷 2.9 kN）。在弯曲实验中，当平均弯曲角度为 15° 时，MCL 发生撕脱骨折；当平均弯曲角度为 16° 时，MCL 发生干骺端或骨骺骨折。TRL 下肢冲击器的膝关节部分就是基于上述膝关节的弯矩特性（参照图 9-35）被设计出来的，但是之后，这个弯矩被指出在计算中存在错误，明确了膝关节的弯曲刚度应该更低这一事实。全身尸体的膝关节剪切与弯曲实验如图 9-22。

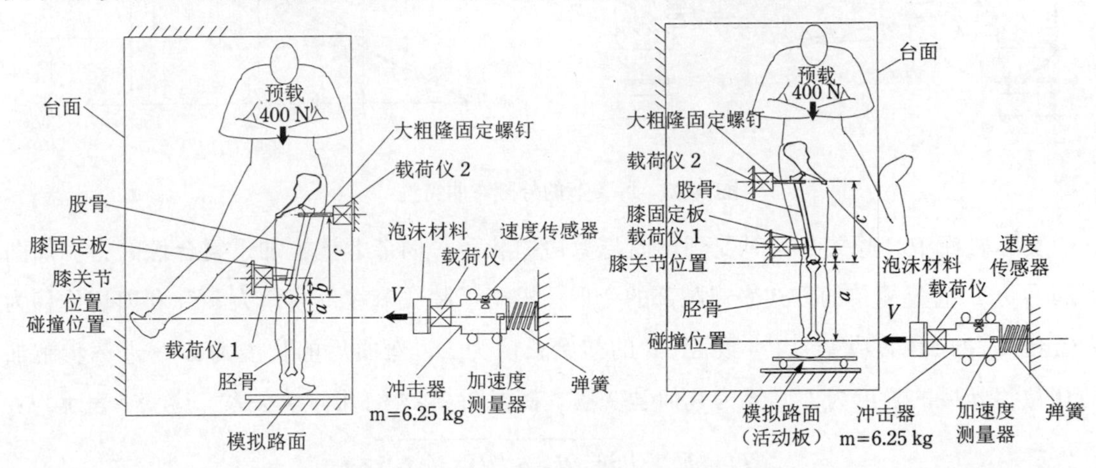

图 9-22 全身尸体的膝关节剪切与弯曲实验[18]

EEVC WG17 利用 TRL 下肢冲击器评估行人与保险杠碰撞时的膝部韧带损伤风险。下肢冲击器膝关节的剪切位移与弯曲角度被用为膝关节十字韧带和侧副韧带的损伤基准，该基准值分别被提议为 6 mm、15°[13]。膝关节的剪切位移量 6 mm 是基于初始长度约 30 mm 的前十字韧带在伸长 20% 后断裂这一推定制定的，它与剪切力 4 kN 对应。膝关节的弯曲角度 15° 则采用了 Kajzer 等人实施的全身尸体撞击实验中侧副韧带初始损伤发生时的值。膝关节的韧带损伤阈值包括韧带的应变、膝关节的弯曲角、剪切位移和通过施加给膝关节力而观察到的项目等（表 9-3）。此外需要注意的是，膝关节在动态载荷中的弯矩和剪切力将受到作用于膝关节的惯性力的影响。

膝关节韧带的损伤阈值 **表 9-3**

韧　带	韧带的伸长量 / 应变	膝关节运动学	载　荷
MCL 损伤	韧带伸长量 22 mm / 20%	膝弯曲角度 15°	弯矩 134 N·m
ACL 损伤	韧带伸长量 13 mm / 20%	剪切位移 6 mm	剪力 4 kN

在使用全身或是下肢单体冲击器的膝关节冲击试验中，下肢惯性力的影响不可忽视。这里，对膝关节单体施加四点弯曲的动态载荷（速率为1000°/s），得到了其力学特性[12]。膝关节发生损伤前，作用于膝关节的力矩和膝关节的弯曲角度呈线性关系，斜率为6.7~11.6 N·m/°（图9-23）。几乎在所有情况下，损伤均是最初发生在MCL，即胫骨或股骨附着部的韧带撕脱和断裂。另外，关于MCL损伤概率50%的阈值，通过声发射检测判断为117 N·m和弯曲角度13.9°；通过最大弯矩判断为134 N·m和弯曲角度18.2°。

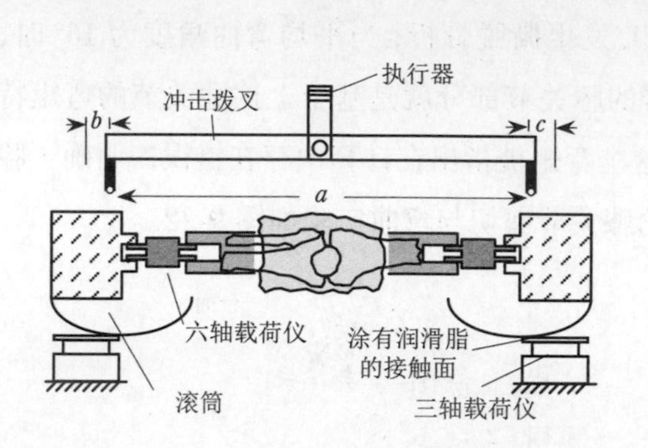

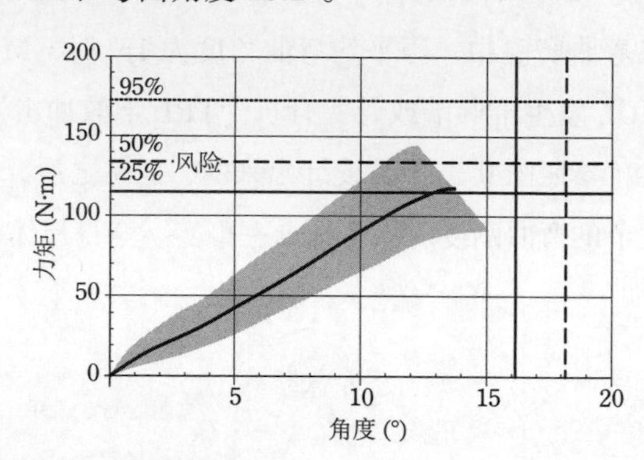

图9-23 膝关节的外翻弯曲特性[12]

实际碰撞中，膝关节同时受到弯曲与剪切的载荷，韧带上被施加了复合性的力。如图9-24所示，通过简单的方式表现膝部的变形，求出了膝关节在弯曲角为α(°)和剪切位移为d (mm)时的MCL应变ε[19]。设MCL的初始长度为L，弯曲后的长度为L'，进一步施加剪切位移d后的长度为L''，θ为几何学变量。根据图9-24的几何学关系，应变ε表示为：

$$\varepsilon=\frac{L''-L}{L}=\sqrt{\frac{\sin^2(\theta+\alpha/2)}{\sin^2\theta}+\left(\frac{d}{L}\right)^2}-1 \tag{9-5}$$

当应变ε达到断裂应变$\varepsilon_{\text{fail}}$时，解出上式的$d$，得到：

$$d=\sqrt{L^2(\varepsilon_{\text{fail}}+1)-\frac{L^2\sin^2(\theta+\alpha/2)}{\sin^2\theta}}=\sqrt{A-B\sin^2(C+0.0087\alpha)} \tag{9-6}$$

式中：$A=L^2(\varepsilon_{\text{fail}}+1)$；

$B=L^2/\sin^2\theta$；

$C=\theta$。

上式中的弯曲角α和剪切位移d的关系可以做成表示损伤阈值的曲线（图9-24）。对施加了剪切和弯曲载荷的膝关节单体试验数据进行回归分析，可以得到A=1189 mm^2，B=6850 mm^2，C=0.29 rad。图9-24中曲线的各截距为对膝部单纯施加弯曲或剪切载荷时的状态，分别为弯曲角度16.2°，剪切位移25.2 mm。另一方面，设MCL的破裂应变$\varepsilon_{\text{fail}}$为0.28，进一步根据膝关节的几何形状求解$L$、$\theta$，可得到$A$=1152 mm^2，$B$=6400 mm^2，$C$=0.26 rad。

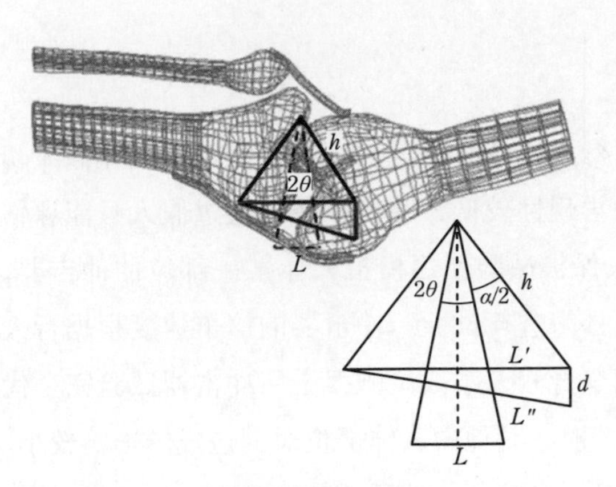

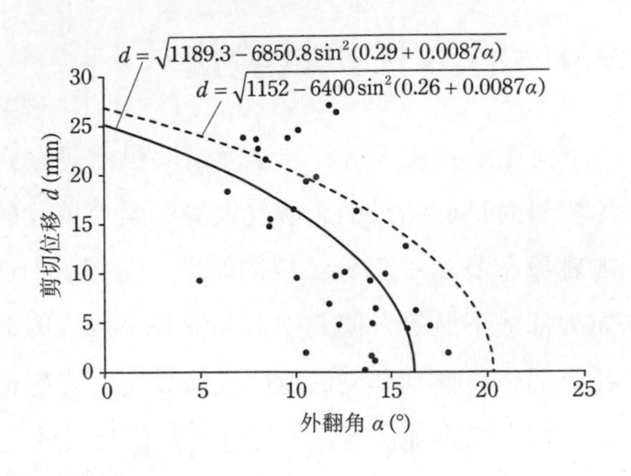

图 9-24 膝关节弯曲时的 MCL 的伸长（左），膝部的弯曲角和剪切位移组成的损伤阈值曲线（右）[19]

4）下肢保护

由于下肢受到来自保险杠、副保险杠、发动机罩前沿等车身前部的复杂载荷，因此，为了研究下肢整体的载荷，会用到如图 9-25 所示的随时间变化的弯矩曲线图。碰撞初期，来自副保险杠的撞击力向胫骨施加弯矩。此时，股骨由于受到从膝部传来的力矩与大腿部惯性力的分布产生与直接撞击方向相反的弯曲力矩。股骨受到发动机罩前沿的撞击后，弯曲力矩符号发生改变，撞击部位的弯矩增加。而膝关节上可传递的弯曲力矩则较小。并且，通过绘制最大 / 最小弯曲力矩线图，并将之与损伤阈值相比较，可以评估出下肢因弯曲造成损伤的风险。

利用车身对下肢进行保护的方法有：①为防止胫骨骨折，控制从副保险杠向下肢传递的载荷不超过某个水平（如在 4 kN~5 kN 之间）；②为减小膝部弯曲角，利用副保险杠、保险杠吸能缓冲材料、发动机罩前沿支撑下肢，使股骨和胫骨呈近似于一条直线的状态。为此需要将副保险杠设置在车辆前方，同时将其施加的载荷设定于某个水平上，并降低保险杠吸能缓冲材料的载荷。

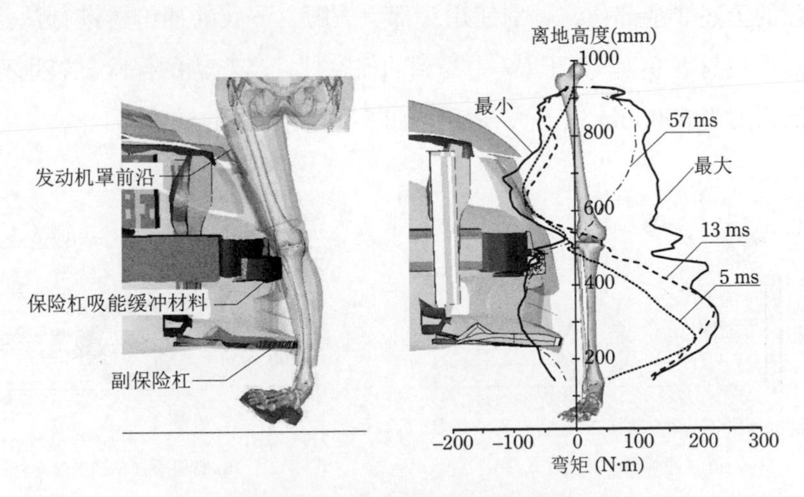

图 9-25 下肢变形和弯矩曲线图

9.4 行人保护试验法

使用全身假人进行的碰撞试验虽然对探究行人碰撞时的运动有效，但由于碰撞假人初始姿势对试验结果的影响较大等因素使试验的再现性较低，并且存在着通过假人只能评估出碰撞车身的一部分特性的问题。为此，行人保护试验使用模拟人体某一部位的冲击器，如头部或下肢等，使其撞击车辆各个位置的部件来进行试验。冲击器的撞击速度根据行人各个部位碰撞到车辆的速度进行设定。要想把全身假人某部位的撞击用冲击器试验完全代替，首先需要确认当行人的这个部位与车辆碰撞时，其他的人体部位对其造成的影响较小。例如，通过计算机模拟计算，可知头部和车辆碰撞时的等效质量（= 接触力 / 头部加速度）与头部的实际质量相同。这意味着头部碰撞时，颈部向头部施加的力与从车辆向头部施加的接触力相比非常小，评估该接触力已经能充分地求出头部加速度。另外，在下肢部件试验中，可以确认到保险杠撞击小腿部时，下肢冲击器的运动与行人全身碰撞中下肢的运动相同。但是，若在车辆保险杠位置较高的情况下，大腿部受到保险杠的撞击，下肢冲击器向车辆前方旋转，这跟行人全身碰撞时的下肢运动不一致，导致无法使用下肢冲击器进行试验。因此，要对保险杠较高的车辆实施大腿冲击器水平冲击试验。此外，为了使下肢冲击器的运动情况和全身试验时保持一致，也尝试了附加上身质量的方法。

行人保护试验以 EEVC 在 1994 年提出的行人保护试验法为原型，根据 EEVC WG17 于 1998 年提出的欧洲行人保护试验法（案）在经过 IHRA 的讨论后，制订出 UNR127、GTR 9 等法规。行人保护试验可分为下列 3 种：

（1）针对发动机罩顶端的行人（儿童和成人）头部保护试验。

（2）针对发动机罩前端的行人（成人）的腰部以及大腿部保护试验。

（3）针对保险杠的行人（成人）腿部保护试验。

对应车辆的上述 3 个部位，分别使用头部、大腿、下肢的冲击器进行试验。各个试验法中的损伤基准值见表 9-4。关于 (3) 中提到的保险杠，当车辆的保险杠特别高时（保险杠距离地面最低高度为 500 mm 以上），适用如图 9-26 b) 所示的试验法。

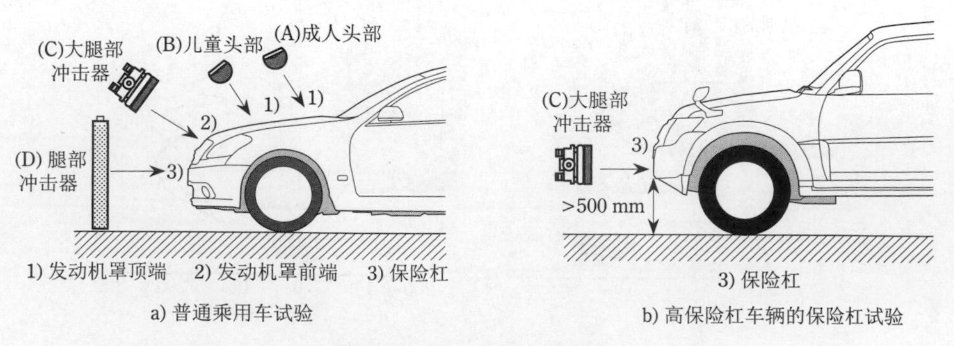

图 9-26 行人保护试验法

行人保护法规的损伤基准值 **表 9-4**

部位	项目			UN R127		EEVC WG17
导入年份				2015 年	2013 年	1998 年
头部	发动机罩前部（儿童头部）					
		冲击器质量		3.5 kg	同 2015 年	2.5 kg
		撞击速度		35 km/h	同 2015 年	40 km/h
		撞击角度		50°	同 2015 年	50°
		试验区域		*WAD* 1000 or BLE② +82.5 mm~1700 mm	同 2015 年	*WAD* 1000 mm~1500 mm
		判断基准		*HIC* ≤ 1000 1/2 区域 *HIC* ≤ 1700 剩余区域	同 2015 年	*HIC* ≤ 1000
	发动机罩后部（成人头部）					
		冲击器质量		4.5 kg	同 2015 年	4.8 kg
		撞击速度		35 km/h	同 2015 年	40 km/h
		撞击角度		65°	同 2015 年	65°
		试验区域		*WAD* 1700 mm~2100 mm or BRR③	同 2015 年	*WAD* 1500 mm~2100 mm or BRR
		判断基准		与儿童区域合计得 *HIC* ≤ 1000 2/3 区域 *HIC* ≤ 1700 剩余区域	同 2015 年	*HIC* ≤ 1000
腿部	LBRL① < 425 mm					
		冲击器		FlexPLI	TRL 下肢冲击器	TRL 下肢冲击器
		撞击速度		40 km/h	40 km/h	40 km/h
		判断基准	胫骨骨折	340 N·m（缓和域 380 N·m）	170 g（缓和域 250 g）	150 g
			膝弯曲	22 mm（MCL 伸长量）	19°（膝弯曲角）	15°（膝弯曲角）
			膝剪切	13 mm(ACL，PCL 伸长量）	6.0 mm(膝剪切位移）	6.0 mm（膝剪切位移）
	LBRL ≥ 500 mm（高保险杠车辆）			425 mm ≤ LBRL < 500 mm 时，选择下肢冲击器或大腿冲击器		
		冲击器		大腿冲击器	大腿冲击器	大腿冲击器
		撞击速度		40 km/h	同 2015 年	40 km/h
		判断基准	载荷	7.5 kN	同 2015 年	5 kN
			力矩	510 N·m	同 2015 年	300 N·m

注：① LBRL——保险杠下基准线。
② BLE——发动机罩前缘。
③ BRR——发动机罩后基准线。

9.4.1 头部试验

在 UN R127 中，使头部冲击器以自由飞行状态与发动机罩顶的碰撞位置进行碰撞（图 9-27），测量头部加速度并求出 *HIC*。在考虑到不同身高的行人头部与车辆的碰撞位置不同的情况下，使用成人头部冲击器 (4.5 kg) 和儿童头部冲击器 (3.5 kg) 对 *WAD* 规定的发动机罩顶成人的碰撞区域和儿童碰撞区域进行撞击试验。头部冲击器的碰撞速度为 35 km/h，撞击角度（与水平面所成角度）为成人头部冲击器 65°，儿童头部冲击器 50°。损伤基准值需满足 *HIC* ≤ 1000（发动机罩面积的 2/3）及 *HIC* ≤ 1700（发动机罩面积的 1/3）。

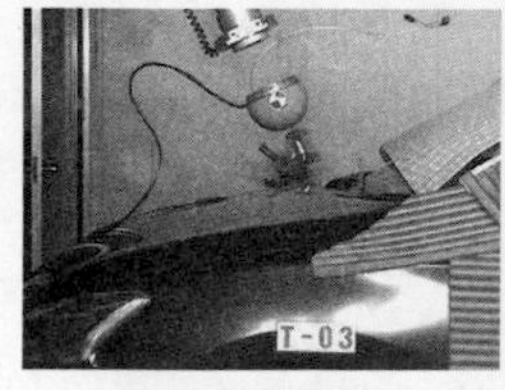

–20 ms（碰撞前）

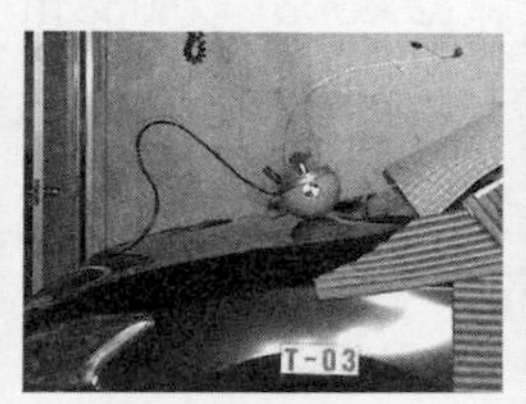

0 ms（接触）

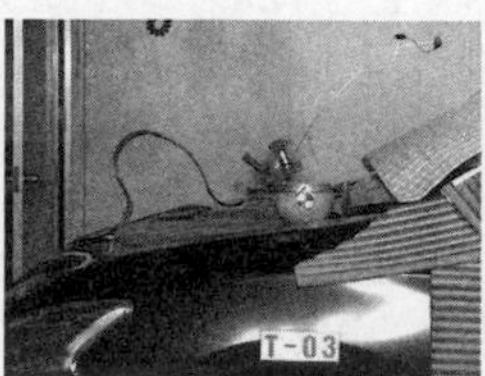

16 ms（变形最大）

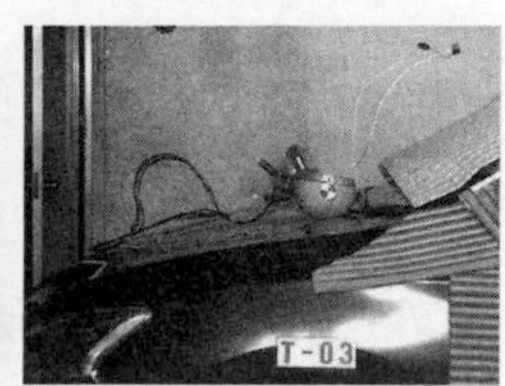

30 ms（分离）

图 9-27 头部冲击器的运动（碰撞速度为 35 km/h）

为了实现对头部的保护，车身结构中引入了吸收冲击能的发动机罩、吸收冲击的挡泥板、刮水器在轴向的滑动结构、发动机罩铰链弯折结构等。为了降低发动机罩上的 *HIC*，必须改善发动机罩的变形能吸收特性并保证整体刚性均一化。在控制内部结构框架的配置和刚度的同时，要防止发生头部与下方结构发生触底。当头部冲击器与发动机罩下方的发动机或支柱塔等发生接触时，便会产生较大的加速度（图 9-28）。

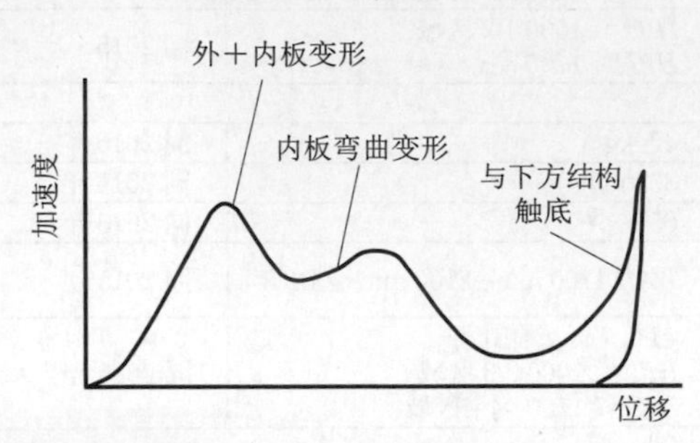

图 9-28 发动机罩顶部的头部冲击器试验中头部冲击器的加速度

【例题 9-2】 行人头部冲击器以 V_0=40 km/h 的初速度与发动机罩碰撞时，碰撞时的相互作用力使其以定值减速度 a_0 (m/s^2) 作减速运动（图 9-29）。根据此时头部冲击器得到的头部损伤基准值 *HIC* 来评估头部保护性能。

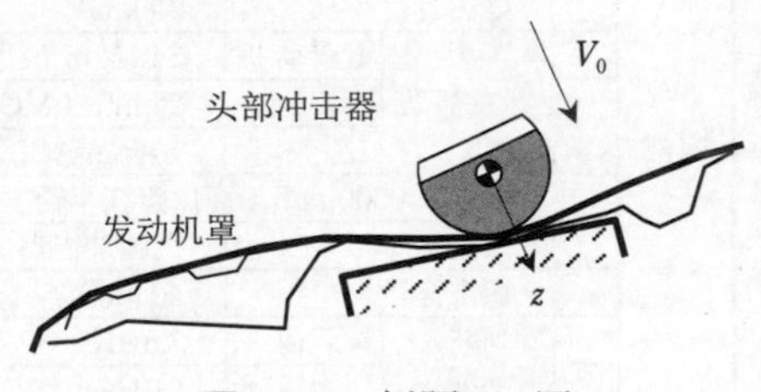

图 9-29 例题 9-2 图

（1）求使 *HIC* 值低于 1000 的减速度 a_0 的最大值。其中，冲击器的重心减速度只考虑 *z* 方向分量，*x*、*y* 方向的分量可以忽视。

（2）求此时发动机罩的变形量 *s*。其中，假定头部冲击器的变形可以忽视。另外，设头部冲击器质量为 *m*，求发动机罩的反作用力 *F* 的最大值。

【解答】（1）设冲击持续时间为 Δt。因为减速度为定值，则 $V_0 = a_0\,\Delta t$。据此，*HIC* 可表示如下：

$$HIC = (a_0 / \mathrm{g})^{2.5}\,\Delta t = V_0 a_0^{1.5} / \mathrm{g}^{2.5} \leqslant 1000$$

$$a_0 \leqslant 1000^{\frac{1}{1.5}} \mathrm{g}^{\frac{2.5}{1.5}} V_0^{-\frac{1}{1.5}} = 1000^{\frac{1}{1.5}} \times 9.81^{\frac{2.5}{1.5}} \times (40/3.6)^{-\frac{1}{1.5}} = 903\,\mathrm{m/s^2}$$

（2）发动机罩的变形量 *s* 为：

$$s = V_0^2 / (2a_0) \geqslant 11.11^2 / (2 \times 903) = 0.068\,\mathrm{m}$$

发动机罩的反作用力可以通过冲击器的质量与加速度的积计算：

$$F = ma_0 \leqslant 4.5 \times 903 = 4\,063\,\mathrm{N}$$

另外，将 *HIC* 用变形量 *s* 表示，得：

$$HIC = V_0 a_0^{1.5} / \mathrm{g}^{2.5} = V_0 [V_0^2 / (2s)]^{1.5} \mathrm{g}^{-2.5} = 2^{-1.5} V_0^4\, \mathrm{g}^{-2.5}\, s^{-1.5}$$

根据上式得到的 *HIC* 比图 9-11 的值要小，这是因为加速度波形被设为矩形波导致。

9.4.2 大腿冲击试验

大腿冲击器试验是使大腿冲击器通过引导的方式与发动机罩前端发生撞击，根据测定到的冲击力及弯曲力矩评价大腿部骨折的风险（图 9-30）。大腿冲击器试验是由 EEVC 提出的试验方法，但仅在 EuroNCAP 新车评估计划中实施，目前并不是法律规定的项目。大腿冲击器由前构件（模拟股骨）、后构件、泡沫材料、皮肤和承载架构成（图 9-31）。大腿冲击器的载荷由安装在前构件和后构件之间两处的载荷仪测量，弯曲力矩则通过前构件内侧的三处应变计测量。

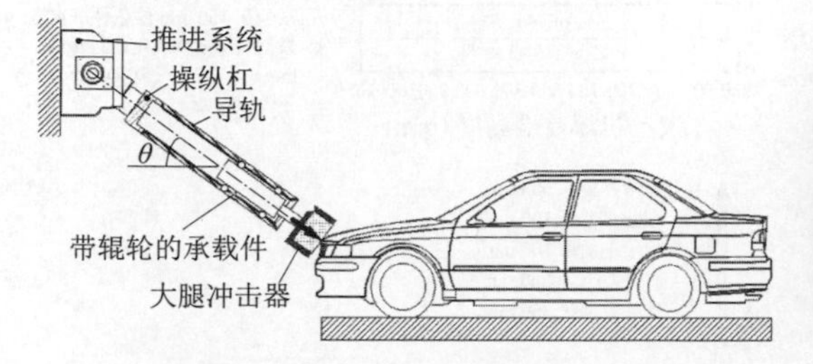

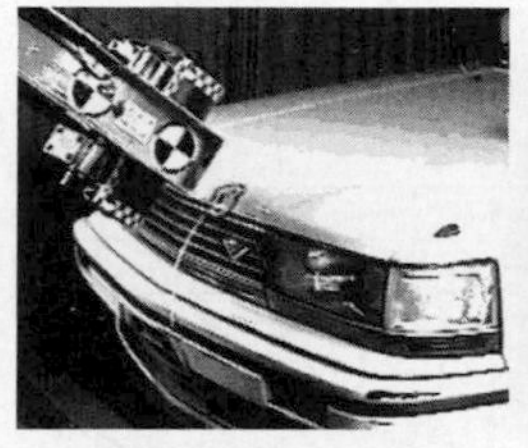
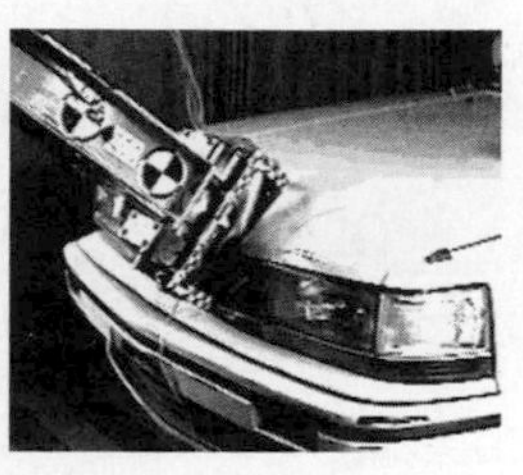

图 9-30 大腿冲击器的发动机罩前端冲击试验

大腿冲击器的撞击条件通过事故重现试验和 MADYMO 计算机仿真模拟求出。大腿冲击器的冲击角度（与水平面所成角）、冲击速度、冲击能量，可基于车辆发动机罩前端的高度和保险杠前缘（图 9-32）确定（如图 9-33 所示）。大腿冲击器的质量 M (kg) 可根据得出的冲击速度 V (m/s) 和冲击能 E (J) 计算如下：

$$M=\frac{2E}{V^2} \tag{9-7}$$

大腿冲击器的质量和冲击速度在冲击能量保持在同一水平上时，可允许出现 ±10% 的变化。在计算出的冲击能量在 200 J（下限值）以下时，不需要进行大腿冲击试验。冲击能在 700 J（上限值）以上的情况下，以 700 J 作为冲击能量进行试验。

使用大腿冲击器的发动机罩前端冲击试验的损伤基准值对应股骨骨折，且载荷为 5 kN，弯曲力矩为 300 N·m[13]。测出的最大载荷及三处的弯曲力矩最大值必须在损伤基准值以下。

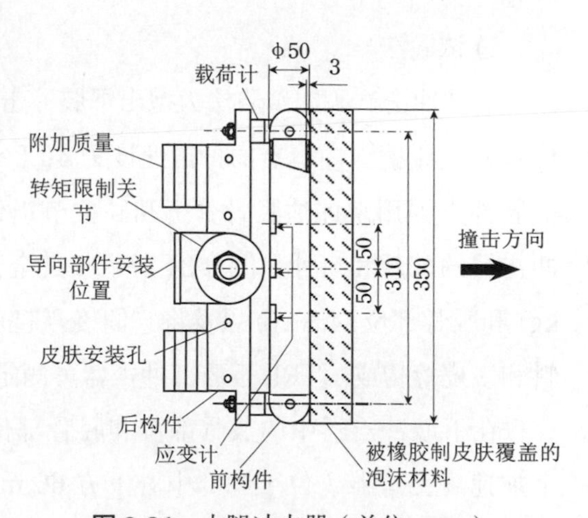

图 9-31 大腿冲击器（单位：mm）

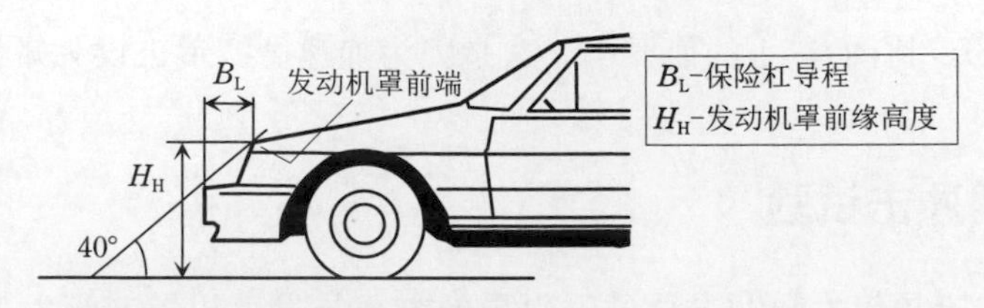

图 9-32 保险杠前缘和发动机罩前端高度的确定方法

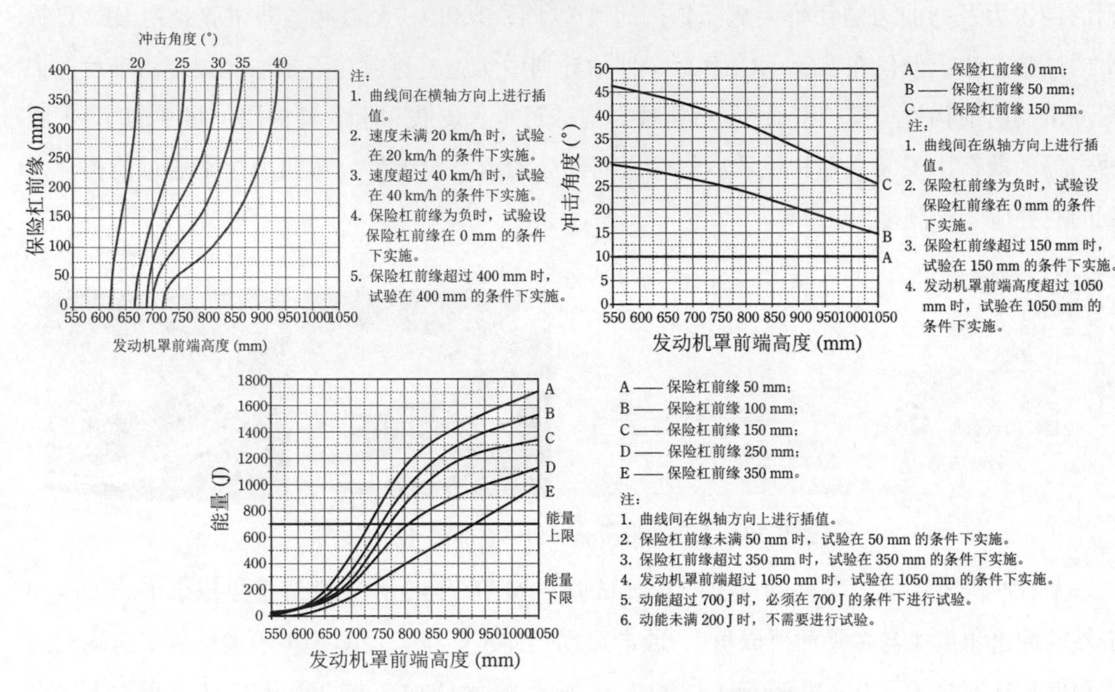

图 9-33 大腿冲击的冲击速度、角度、动能的确定方法

9.4.3 下肢冲击试验

1) 试验法

下肢冲击试验的试验法为抛出下肢冲击器，使其在自由飞行的状态下与发动机罩的撞击位置发生碰撞。冲击器的冲击速度为 40 km/h，并设冲击角度为在和保险杠接触时呈水平。下肢冲击器用来评估胫骨骨折和膝关节损伤的风险。在 UN R127 试验中使用的 TRL 下肢冲击器的外观和尺寸如图 9-34 所示。其全长为 926 mm，质量为 13.4 kg，由股骨部位 (8.6 kg) 和胫骨部位 (4.8 kg) 以及将它们接合起来重现膝部弯曲的膝部材料（左右 2 个）、泡沫材料和表皮等构成。TRL 下肢部冲击器可测定膝部剪切位移、弯曲角度及胫骨部位的加速度。

在下肢冲击器中的股骨部位和胫骨部位各安装一个角度计。另外，胫骨部还安装了一个加速度测量器（位于膝部中心下方 66 mm 的位置）。如图 9-35 所示，膝部的剪切位移 τ (mm) 由安装在大腿内部的剪切弹簧下端的位移 θ_1 (rad) 求得，可以通过下式算出：

$$\tau = 27.5\sin\theta_1 \tag{9-8}$$

下肢冲击器的剪切弹簧的刚度被调整为当施加 4 kN 的准静态剪切力给膝部时，膝部发生 7 mm 位移（准静态剪切校正试验结果）的状态。

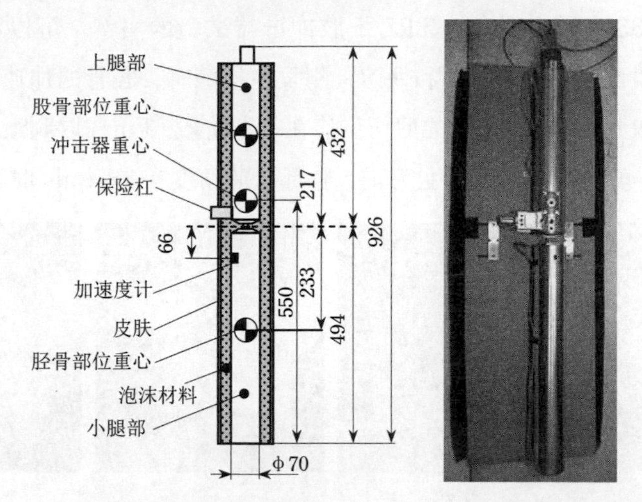

图 9-34 TRL 下肢冲击器概览（单位：mm）

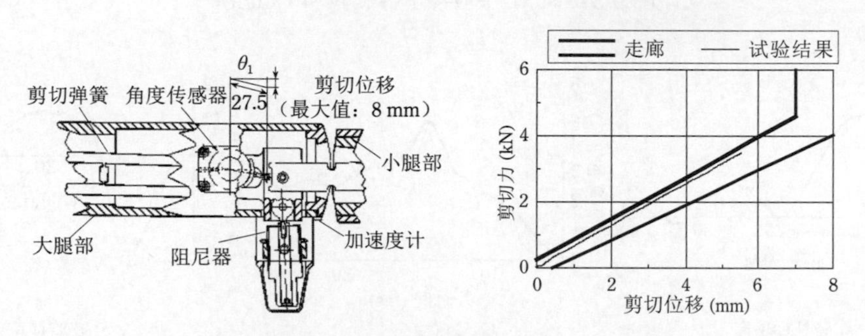

图 9-35 剪切弹簧（单位：mm）与刚度

股骨部和胫骨部之间安装的膝部材料在碰撞时可以发生弯曲，产生塑性变形。膝部的弯曲角度 BA(rad) 为股骨和胫骨所成的角（如图 9-36 所示），利用胫骨部侧面的角度测量值 θ_2(rad) 可计算出：

$$BA = \arcsin(1.3678\sin\theta_2) + \theta_2 \tag{9-9}$$

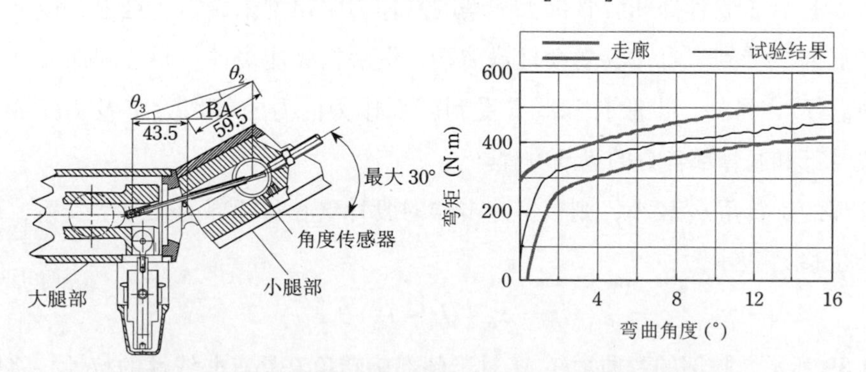

图 9-36 膝部的弯曲状况和弯曲刚度（左图单位：mm）

膝部构件的刚度为当膝部受到 500 N · m 的力矩后可产生 16° 弯曲角的状态（图 9-36）。UN R127 中的下肢冲击器试验算出的损伤基准值为剪切位移 6 mm，膝部弯曲角 19°，胫骨的加速度 170 g。

图 9-37 和图 9-38 为对小型车的 TRL 下肢冲击器试验的实例。可以看出，胫骨部先被减速，接着膝部产生弯曲变形。腿部和保险杠刚发生接触时，胫骨的加速度增大，碰撞初期 (6 ms) 时的最大值取到 138 g。膝部的剪切位移在初期阶段 (9 ms) 取到最小值 –2.8 mm，之后随着膝部的弯曲，剪切位移的符号变为正。膝部弯曲角度在 18.4 ms 时达到最大，为 4.8°。

图 9-37 TRL 下肢冲击器试验 (40 km/h)

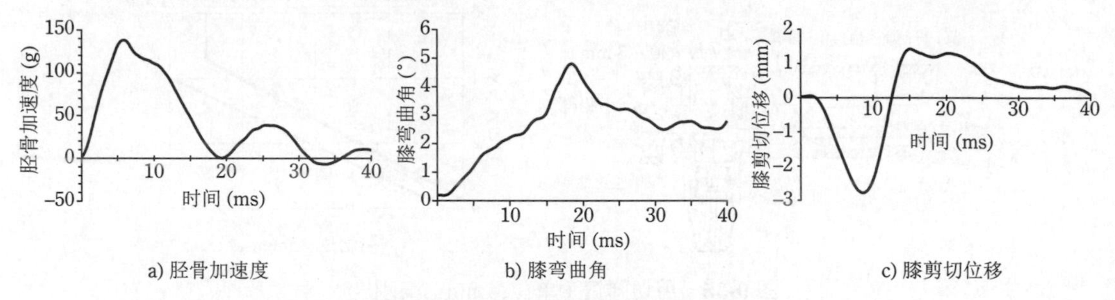

图 9-38 TRL 下肢冲击器的响应

2) 下肢冲击器的运动

TRL 下肢冲击器是由钢制的股骨部和胫骨部用膝部材料接合构成的。下肢冲击器的股骨部和胫骨部受到来自于车身前部的力，胫骨部被推出，膝部发生弯曲。上述情况可以通过由旋转弹簧接合了股骨部和胫骨部上下端的刚体力学模型来表示。这里，设下肢冲击器的股骨部和胫骨部受到来自车辆发动机罩前端、保险杠吸能缓冲材料、副保险杠的外力分别为 F_H、F_B、F_L，另外，设股骨和胫骨受到膝部作为内力的剪切力 T 及力矩 M 的作用。下面求解股骨部和胫骨部各自的运动方程。

设股骨部的旋转角 θ_1 较小，则根据冲击器的股骨重心和膝部的几何学关系，可以将股骨部的重心位移 x_1 表示为：

$$x_1 = x_0 - (L_1 - L_0)\,\theta_1 \tag{9-10}$$

如图 9-39 所示，膝部的弯曲力矩 M 对于膝部旋转角 θ 具有非线性的特性。将此膝部的

旋转弹性系数设为 k ($M=k\theta$)。则股骨部重心的平移运动和围绕重心旋转的运动方程式如下所示：

$$m_1\ddot{x}_1 = F_H + T \tag{9-11}$$

$$I_1\ddot{\theta}_1 = -F_H(z_H - L_1) + T(L_1 - L_0) + k(\theta_2 - \theta_1) \tag{9-12}$$

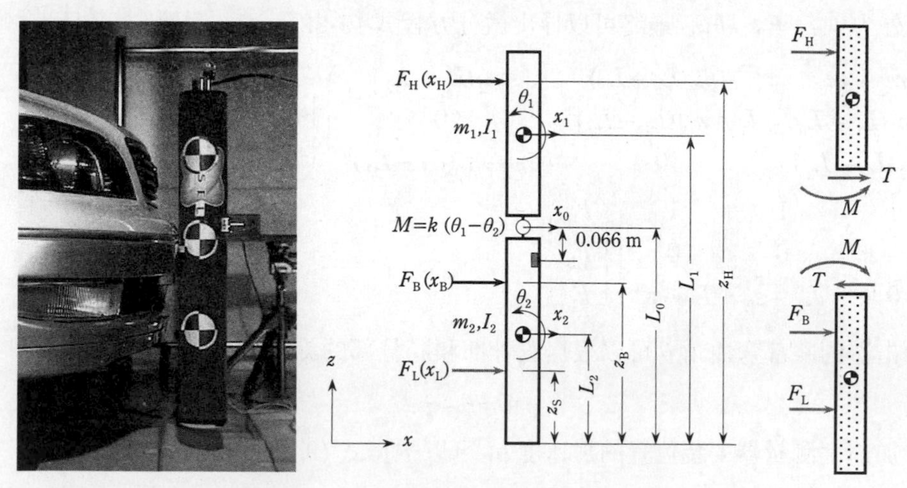

图 9-39 TRL 下肢冲击器的力学模型 [20]

注：L_1——股骨部重心到地面的距离；L_0——膝关节到地面的距离；L_2——胫骨部重心到地面的距离；z_B——外力 F_B 作用力位置到地面的距离；z_S——外力 F_S 作用力位置到地面的距离；z_H——外力 F_H 作用力位置到地面的距离；I_1——股骨部转动惯量；I_2——胫骨部转动惯量；θ_2——胫骨部的旋转角。

对于胫骨部，下式也成立：

$$x_2 = x_0 + (L_0 - L_2)\theta_2 \tag{9-13}$$

$$m_2\ddot{x}_2 = F_B + F_L - T \tag{9-14}$$

$$I_2\ddot{\theta}_2 = -F_B(z_B - L_2) + F_L(L_2 - z_L) + T(L_0 - L_2) + k(\theta_1 - \theta_2) \tag{9-15}$$

在式 (9-10)~ 式 (9-15) 中，选择膝部的位移和股骨部和胫骨部的旋转角 θ_1、θ_2 作为独立变量，并用这些变量和外力 F_H、F_B、F_L 表示冲击器的运动。将式 (9-10) 和式 (9-13) 中的 T 消去，则有：

$$m_1\ddot{x}_1 + m_2\ddot{x}_2 = F_H + F_B + F_L \tag{9-16}$$

将式 (9-10) 和式 (9-13) 代入式 (9-16) 中，可得：

$$(m_1 + m_2)\ddot{x}_0 - m_1(L_1 - L_0)\ddot{\theta}_1 + m_2(L_0 - L_2)\ddot{\theta}_2 = F_H + F_B + F_L \tag{9-17}$$

接着，表示股骨部旋转的运动方程式 (9-9) 中的剪切力 T，根据式 (9-10) 和式 (9-11) 得到：

$$T = m_1\ddot{x}_1 - F_H = m_1[\ddot{x}_0 - (L_1 - L_0)\ddot{\theta}_1] - F_H \tag{9-18}$$

将式 (9-18) 代入式 (9-12)，得：

$$-m_1(L_1 - L_0)\ddot{x}_0 + [I_1 + m_1(L_1 - L_0)^2]\ddot{\theta}_1 = k(\theta_2 - \theta_1) + F_H(L_0 - z_H) \tag{9-19}$$

同理，对于胫骨部，也根据式 (9-13) 和式 (9-14) 将剪切力 T 表示为：

$$T=-m_2\ddot{x}_2+F_B+F_L=-m_2[\ddot{x}_0+(L_0-L_2)\ddot{\theta}_2]+F_B+F_L \tag{9-20}$$

代入式 (9-15)，得到：

$$m_2(L_0-L_2)\ddot{x}_0+[I_2+m_2(L_0-L_2)^2]\ddot{\theta}_2=k(\theta_1-\theta_2)+F_B(L_0-z_B)+F_L(L_0-z_L) \tag{9-21}$$

根据式 (9-17)、式 (9-19)、式 (9-21)，对于膝部位移、大腿骨部和胫骨部的旋转角度 θ_1、θ_2 及外力 F_H、F_B、F_L，最终可以导出微分方程式 (9-22)：

$$\begin{pmatrix} m_1+m_2 & -m_1(L_1-L_0) & m_2(L_0-L_2) \\ -m_1(L_1-L_0) & I_1+m_1(L_1-L_0)^2 & 0 \\ m_2(L_0-L_2) & 0 & I_2+m_2(L_0-L_2)^2 \end{pmatrix}\begin{pmatrix}\ddot{x}_0\\ \ddot{\theta}_1\\ \ddot{\theta}_2\end{pmatrix}+\begin{pmatrix}0&0&0\\0&k&-k\\0&-k&k\end{pmatrix}\begin{pmatrix}x_0\\ \theta_1\\ \theta_2\end{pmatrix} = \begin{pmatrix}1&1&1\\ L_0-z_H&0&0\\ 0&L_0-z_B&L_0-z_L\end{pmatrix}\begin{pmatrix}F_H\\F_B\\F_L\end{pmatrix} \tag{9-22}$$

而冲击器的膝部弯曲角 θ 可以根据股骨部和胫骨部的旋转角写为：

$$\theta=\theta_1-\theta_2 \tag{9-23}$$

胫骨加速度测量器安装位置的加速度 a_T 可以根据式 (9-24) 得到：

$$a_T=\ddot{x}_0+0.066\ddot{\theta}_2 \tag{9-24}$$

包含冲击器的泡沫材料的变形量的发动机罩、保险杠吸能缓冲材料、副保险杠的变形量分别为：

$$\left.\begin{aligned} x_H&=x_0-(z_H-L_0)\theta_1\\ x_B&=x_0+(L_0-z_B)\theta_2\\ x_L&=x_0+(L_0-z_L)\theta_2\end{aligned}\right\} \tag{9-25}$$

因此，根据减振器的变形特性，如果对以上变形量给出载荷值 $F_H(x_H)$、$F_B(x_B)$、$F_L(x_L)$，则式 (9-22) 可以通过数值计算解出。

如图 9-40 所示，将根据式 (9-23) 和式 (9-24) 计算得出的膝部弯曲角和胫骨加速度与有限元解析得出的结果进行比较。碰撞初期，TRL 冲击器的胫骨部和保险杠吸能缓冲材料以及副保险杠碰撞，冲击器在近似于平移的状态下，胫骨加速度达到最大。随后，胫骨部从副保险杠反弹，冲击器整体发生旋转，并在和发动机罩的前端接触时，膝部弯曲角度达到最大。

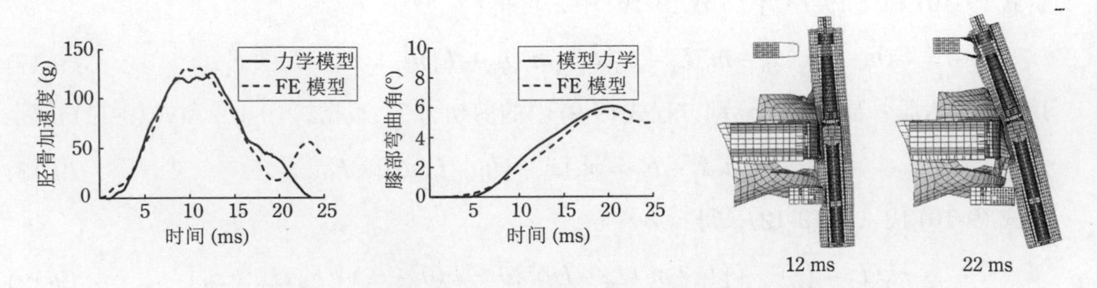

图 9-40 TRL 冲击器的力学模型

从式 (9-14) 和式 (9-24) 可知，膝部的剪切力 T 比外力 F_B、F_L 小，若胫骨部的角加速度较小，那么胫骨部的加速度可以通过保险杠吸能缓冲材料和副保险杠的外力 (F_B+F_L) 表示：

$$a_T \approx \frac{F_B + F_L}{m_2} \tag{9-26}$$

另外，若式 (9-15) 中的 F_B、$F_L \gg T$，$\ddot{\theta}_2 \approx 0$，则膝部的弯曲力矩可以近似如下：

$$M = k(\theta_1 - \theta_2) \approx F_B(z_B - L_2) - F_L(L_2 - z_L) \tag{9-27}$$

式 (9-27) 的右边为围绕胫骨部重心的外力 F_B、F_L 形成的力矩。因此，若副保险杠位于比胫骨重心更低的位置 ($F_2 > z_L$)，则保险杠吸能缓冲材料作用于胫骨的力矩 $F_B\,(z_B > z_L)$ 将与副保险杠作用的力矩 $F_L\,(L_2 > z_L)$ 呈相反方向，使胫骨部的旋转角度变小。这样就可以减小膝部弯曲角度。

改变车辆参数时，关于 TRL 下肢冲击器的有限元解析中 ($F_B + F_L$) 变量和 [$F_B\,(z_B - z_L)$–$F_L\,(L_2 - z_L)$] 的最大值与胫骨加速度 a_T 以及膝部弯曲角度 θ 的关系如图 9-41 所示。可以看出，胫骨加速度和膝部弯曲角度与这些变量呈线性关系。换言之，胫骨加速度是控制保险杠吸能缓冲材料和副保险杠载荷最大值的损伤参数值。另一方面，由于保险杠吸能缓冲材料和副保险杠产生的围绕胫骨体重心的力矩为主要参数，因此可以明确当碰撞发生时，膝部弯曲角度是胫骨体运动姿势（垂直角）的损伤参数值。

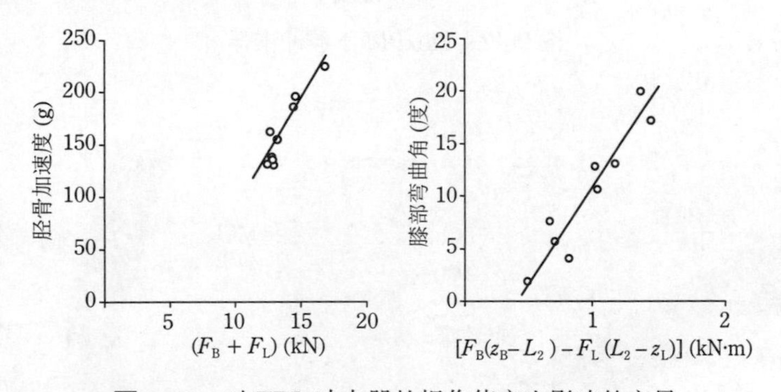

图 9-41 对 TRL 冲击器的损伤值产生影响的变量

3）FlexPLI

人体的胫骨会因为弯曲发生骨折，但 TRL 下肢冲击器的胫骨部是刚体，因此不会发生弯曲变形。因此，为了实现胫骨和股骨的弯曲，提高下肢冲击器的生物逼真度，JAMA/JARI 开发了 FlexPLI（图 9-42）[22]。其股骨和胫骨内部有 FRP 制的股骨芯和胫骨芯，并且贴有测量弯曲力矩的应变计（图 9-43），围绕骨芯装有黏合剂以及壳体，膝部具有和人体相同的韧带支撑构件，上下两块由代表韧带的钢缆和弹簧连接。此韧带模拟的是人体的右腿部分，左右不对称，冲击器主体由氯丁橡胶和橡胶片制成的皮肤所包裹。

FlexPLI 的胫骨、膝关节的弯曲特性被设计成与尸体实验的结果相同（参照图 9-17 与

图 9-23）。TRL 下肢冲击器的膝部弯曲刚度（图 9-36）比人体高出许多，而 FlexPLI 却具有与人体相似的弯曲特性。FlexPLI 中测量了胫骨力矩 (T1、T2、T3、T4)、股骨力矩 (F1、F2、F3) 及韧带的伸长量 (MCL、LCL、ACL、PCL)。使 FlexPLI 与 TRL 下肢冲击器同样以 40 km/h 的速度与车辆碰撞。在行人全身的运动中，由于腰部向发动机罩上移动，因此比起初始高度，下肢会往保险杠上方移动。为了模拟这个状态，在 FlexPLI 冲击试验中，距离地面的高度被设定为 75 mm。

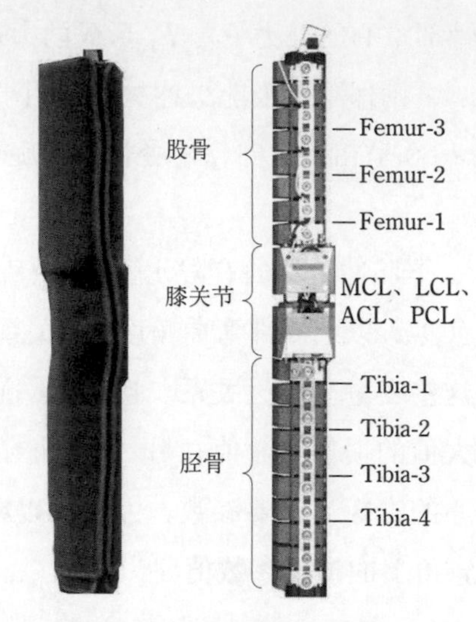

图 9-42 FlexPLI 下肢冲击器

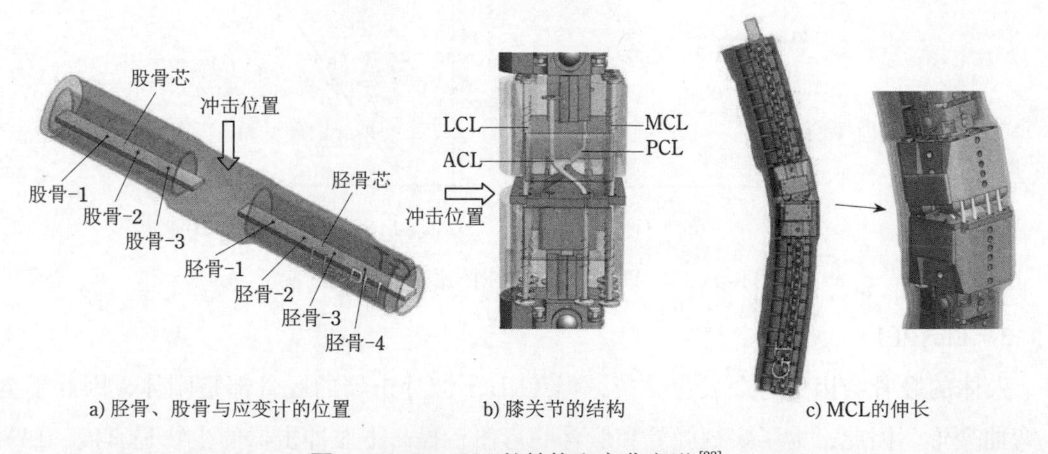

a) 胫骨、股骨与应变计的位置　b) 膝关节的结构　c) MCL的伸长

图 9-43 FlexPLI 的结构和弯曲变形 [23]

FlexPLI 试验情况和损伤值分别如图 9-44 和图 9-45 所示。可以看到，胫骨和股骨沿着车辆发生弯曲。在胫骨与保险杠下方碰撞时，T4 胫骨的弯矩从较早阶段开始达到最大，接着随时间变化，胫骨受到保险杠吸能缓冲材料的力，从下方开始按 T3、T2、T1 的顺序依次变大。虽然股骨的弯矩在初期呈负值，但当其与发动机罩前端接触后变为正值。膝部的剪切变形导致 PCL、ACL 的伸长量增大，随着时间变化，膝部发生弯曲，MCL 的伸长量增大。

之后，冲击器离开车身并旋转。

图 9-44　FlexPLI 试验 (40 km/h)

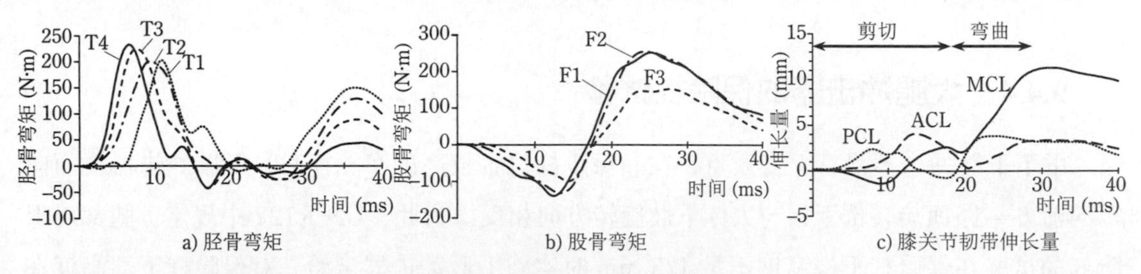

图 9-45　FlexPLI 的损伤值

在图 9-39 所示的力学模型中，胫骨受到来自于保险杠吸能缓冲材料和副保险杠的力的作用，因此可以认为胫骨上下端有与之平衡的力发生作用（实际上，如图 9-11 所示作用于胫骨部的外力与作用于胫骨的惯性力和膝部剪切力相平衡）。假设膝关节上的力矩可以忽视，则作用于胫骨的力矩将在保险杠吸能缓冲材料或副保险杠的某个位置上取得最大值 $M_{\max}$。

$$M_{\max}=\max\left[M(z_{\mathrm{L}}),M(z_{\mathrm{B}})\right]$$

$$M(z_{\mathrm{S}})=\frac{F_{\mathrm{B}}(L_0-z_{\mathrm{B}})+F_{\mathrm{S}}(L_0-z_{\mathrm{L}})}{L_0}z_{\mathrm{L}},\ M(z_{\mathrm{B}})=\frac{F_{\mathrm{B}}z_{\mathrm{B}}+F_{\mathrm{L}}z_{\mathrm{L}}}{L_0}(L_0-z_{\mathrm{B}}) \tag{9-28}$$

式中，$M(z_{\mathrm{B}})$ 表示外力 F_{B} 产生的力矩；$M(z_{\mathrm{S}})$ 表示外力 F_{S} 产生的力矩；$M(z_{\mathrm{L}})$ 表示外力 F_{L} 产生的力矩。从图 9-38 所示的模型中可以看出，通过数值计算求出的 $M_{\max}(t)$ 随时间变化的最大值与 FlexPLI 的胫骨弯曲力矩之间存在关联（图 9-46）。

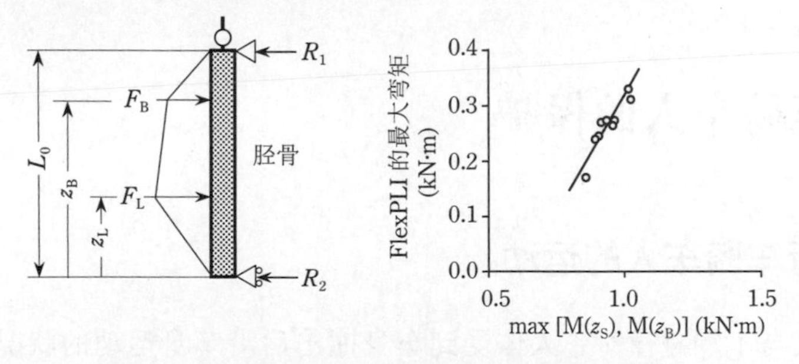

图 9-46　力学模型和 FlexPLI 的弯矩比较 [21]

FlexPLI 的胫骨弯矩和 MCL 伸长量与运用人体有限元模型计算得出的值有相关性 [24]。在 FlexPLI 中，胫骨骨折的评价指标为弯曲力矩，在 TRL 下肢冲击器试验中为胫骨加速度，两者是不同的变量。从式(9-26)可知，胫骨加速度由保险杠载荷大小表示，从式(9-28)可知，弯曲力矩由载荷的大小和作用点的位置表示。长骨的骨折由弯曲力矩引起，因此使用TRL冲击器不能正确地评估骨折风险。例如，保险杠吸能缓冲材料和副保险杠的载荷之和使胫骨产生加速度，若副保险杠的载荷较大，保险杠吸能缓冲材料的载荷较小，虽然胫骨加速度可能不会变大，但是在副保险杠与胫骨的接触位置，胫骨的弯矩变大，人体可能发生骨折。另一方面，可以确定TRL冲击器的膝部弯曲角度与FlexPLI中的MCL伸长量有一定的相关性。

9.4.4 大腿冲击器的保险杠试验

由于下肢冲击器没有上身质量，在和保险杠位置较高的车相撞时，下肢冲击器会面向车的前方 - 路面旋转倒下，与人体下肢旋转方向相反。为此，UN R127中规定，腿部对保险杠的试验在保险杠下端高度不足425 mm时实施下肢冲击器试验，对保险杠下端高度在500 mm以上的车辆实施大腿冲击器试验，在保险杠高度为425~500 mm时，实施下肢冲击器试验或大腿冲击器试验。大腿冲击器的试验如图9-47所示，用引导的方式使大腿冲击器对保险杠进行水平碰撞，测定冲击力和弯曲力矩。大腿冲击器的质量为9.5 kg，冲击角度水平，速度为40 km/h。试验分别在保险杠的中央和左右这三个位置进行。损伤基准值为冲击力7.5 kN，弯曲力矩510 N · m。最大冲击力和三处弯矩的最大值必须小于基准值。

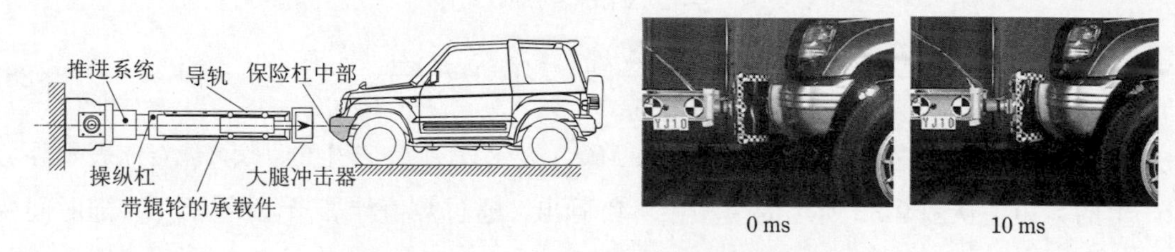

图 9-47 使用大腿冲击器的撞击试验

9.5 自行车骑车人的保护

9.5.1 自行车骑车人的运动

自行车骑车人与车辆碰撞时，人体受到车身撞击后沿车身运动的状况与行人的运动状况相似。因此，讨论对交通弱者的保护时，通常将自行车骑车人和行人放在同样的位置。2010年日本交通事故统计数据表明，自行车骑车人的死亡率(0.43%)低于行人的死亡率(2.42%)。这是由于在自行车事故中有一部分事故是只有车轮与车辆发生碰撞，并且自行车骑车人的平均年龄低于行人所致。自行车骑车人的受伤部位多为头部和下肢，与行人的受伤部位类似。

事故分析显示，自行车骑车人头部与车辆碰撞的位置比行人更靠后（图9-48）。头部与风窗玻璃碰撞的案例较多，甚至有碰撞位置在车顶的案例。图9-49所示为汽车与自行车碰撞导致车身变形的实例。可以看到，保险杠留有与自行车踏板和框架接触的痕迹。由于自行车有行车速度，故与车辆产生相对速度。相撞时，自行车骑车人在发动机罩上斜向移动，发动机罩上留下自行车骑车人腰部滑行导致的斜向接触痕迹和变形，风窗玻璃上留有头部和肩关节与车接触导致的变形。

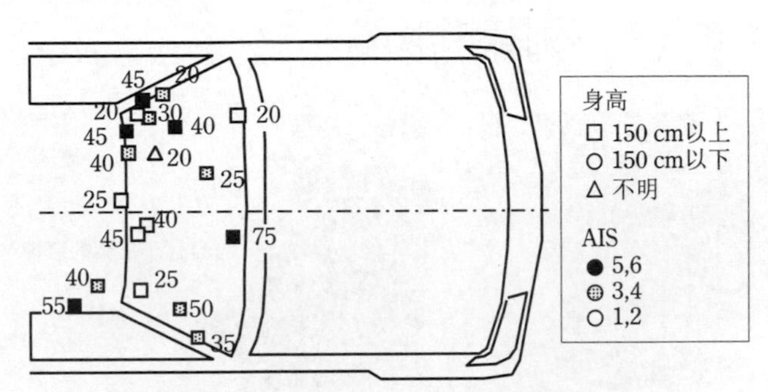

图9-48　自行车骑车人的头部碰撞位置[25]

注：图中的数字表示碰撞速度。

图9-49　汽车与自行车骑车人碰撞后车身的变形[25]

碰撞时，自行车骑车人沿车身运动。自行车骑车人的全身运动虽与行人类似，但也可以观察出一些差异。图9-50所示为自行车骑车人侧面与车辆碰撞后的分析案例。从车辆上方观察自行车骑车人可发现，其头部向着碰撞前自行车相对汽车的相对速度方向运动。头部从初始位置到碰撞位置的横向位移量为自行车骑车人的初速度和从碰撞开始后头部与车身接触为止的时间的积。自行车骑车人的腰部在发动机罩上向车辆后方滑行，头部的水平位移量变大。自行车骑车人的头部和车辆碰撞的位置比行人更靠车辆后部的原因有两点：自行车骑车人头部的初始位置较高和腰部在发动机罩上滑行。

自行车骑车人膝关节的位置比发动机罩前端高时，由于小腿部和发动机罩前端发生接触，膝关节上发生左右方向的剪切变形和弯曲变形（图9-51）。小腿部受到来自于发动机罩前沿和保险杠吸能缓冲材料的力，自行车则在反方向上撞击小腿，因此胫骨受到的弯矩有所减小。对行人的下肢保护来说，保险杠的高度、形状和力学特性比较重要，但对自行车骑车人来说，发动机罩前沿的影响更重要。

图 9-50　自行车骑车人的运动

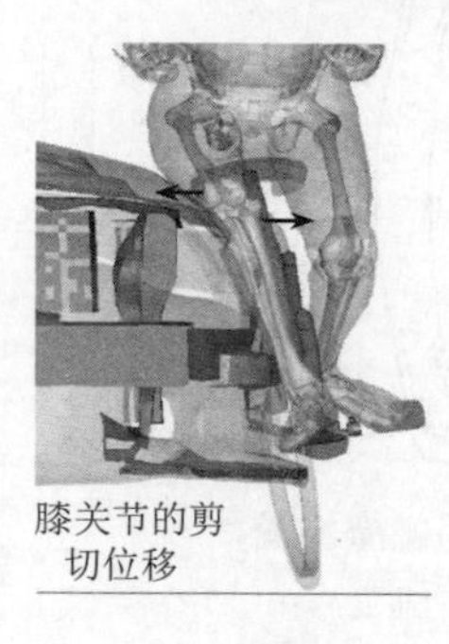

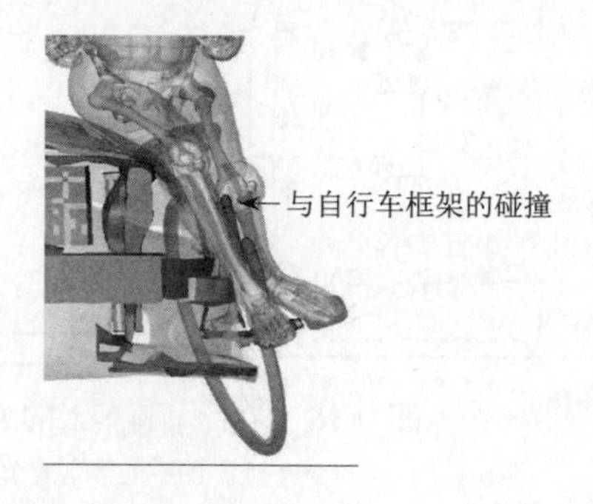

图 9-51　自行车骑车人下肢的运动

9.5.2　自行车专用头盔

对自行车专用头盔来说，舒适性、轻便性和冲击吸收性很重要。其中，冲击吸收特性是指令头盔在分散自行车骑车人头部受到的力的同时，通过缓和冲击力的大小防止头部损伤，以降低损伤风险。头盔由形成其外形的壳体（帽体）、吸收冲击的衬垫、帽带等固定装置、帽体内侧的着装体组成，如图 9-52 所示。帽体可防止突起物的陷入，通过变形吸收一部分机械能的同时，内侧连接的冲击吸收衬垫可大范围分散压力。冲击吸收衬垫则通过变形来减小头部加速度。虽然为了防止帽体局部变形，更希望使用刚度较高的材料，但考虑到头盔的轻便性，也有不使用硬壳而使用软壳的情况。冲击吸收衬垫多采用聚苯乙烯泡沫材料制作，材料的厚度和发泡率决定了其变形特性。碰撞发生时，确保头盔牢牢固定在头部很重要。若帽带松动而伸长，头盔可能发生从头部偏离而导致无法有效吸收冲击的情况。

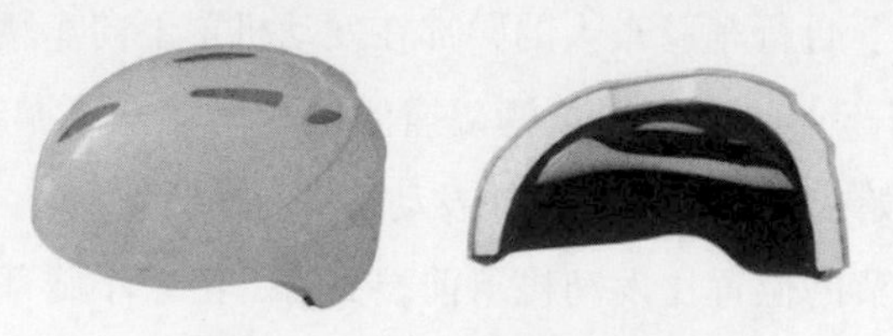

图 9-52　自行车骑车人头盔

前面已经对于头盔对头部损伤的防止效果进行了诸多分析。遭遇事故的自行车骑车人有头部受伤和未受伤的情况，研究人员使用可能成为导致受伤的因素，如是否佩戴头盔、自行车成员的年龄、性别、骑行环境等变数的统计模型来评估损伤风险。Thompson[26]的分析表明，自行车专用头盔有63%~88%的头部损伤防止效果，头部损伤和面部损伤的风险分别因使用头盔降低了85%和65%。

在澳大利亚和新西兰，自行车骑车人有义务佩戴头盔。关于采取法律手段使头盔佩戴义务化的有效性曾有诸多争论。由于事故数据分析中包含了各种混杂因素，因此，想要正确评估头盔的保护效果很困难。根据时间序列分析的结果，佩戴头盔被义务化后，可以确认头部损伤率下降，但由于伴随佩戴头盔成为必须，使用自行车的人数也有所减少，因此对头盔效果分析的结果仍有质疑[27,28]。对此，头盔的佩戴义务化后，由于确认头部损伤数和四肢损伤数的比确实有所下降[29]，因此可以得出头盔佩戴义务化可以有效减少头部损伤数的结论。

有质疑提出，头盔无法防止弥漫性轴索损伤等因头部旋转引发的脑损伤，甚至会有因为头部受到头盔质量载荷而导致损伤更恶化的可能性[25]。在给Hybrid II佩戴头盔，使其头部向路面下落时，由于头盔增加了头部质量，所以头部产生较大的角速度。对此，有以下两个实例反驳了上述观点：一个是佩戴头盔的自行车骑车人在事故中弥漫性轴索损伤较少；另一个是在有佩戴和无佩戴的头部冲击器斜向撞击试验中，头盔增加了头部的平移加速度，因而减小了角速度和角加速度[30]。

在自行车骑车人头部和汽车的直接碰撞中，由于除了头盔发生变形，汽车车身也发生变形，因此，头盔使头部加速度减小的幅度要小于与地面碰撞时的情况[31]。令行人头部冲击器从距地面高1.5 m的位置向地面自由下落，其*HIC*为6325，佩戴头盔后*HIC*下降至1100~1500。与此相对，在头部冲击器对汽车发动机罩的碰撞试验(35 km/h)中，*HIC*为731，佩戴头盔后*HIC*为500~600，降低的幅度较小。这是由于为了保护行人头部，发动机罩已经采用了低刚度的设计引起。另一方面，由于A柱刚度较高，即使佩戴头盔，在碰撞速度为27 km/h时，*HIC*仍超过1500。从这些结果可以推测出，与汽车的直接碰撞相比，头盔在自行车骑车人跌倒等跌向路面时（头部与路面碰撞的情况下）起到的保护效果更大。

下面用头盔对刚体面碰撞发生变形的力学模型[32]来分析对头盔施加的力和变形量的关系（图9-53）。假定壳体的刚度忽略不计，头盔的反作用力只从衬垫直接变形的领域（塑性区）传递。设头盔的半径为R，变形量为x，认为$x \ll R$，则接触面积A近似为：

$$A = \pi\{R^2 - (R - x)^2\} \approx 2\pi Rx \tag{9-29}$$

认为衬垫（泡沫材料）在接触区以一定的塑性应力σ_Y变形，则通过衬垫传达的力F为：

$$F = 2\pi Rx\sigma_Y \tag{9-30}$$

头盔的刚度 $k(k=F/x)$ 可表示为：

$$k=2\pi R\sigma_Y \tag{9-31}$$

例如，当 $R=160\ \mathrm{mm}$，$\sigma_Y=0.7\ \mathrm{MPa}$，则 k 为 $7\times10^5\ \mathrm{N/m}$。

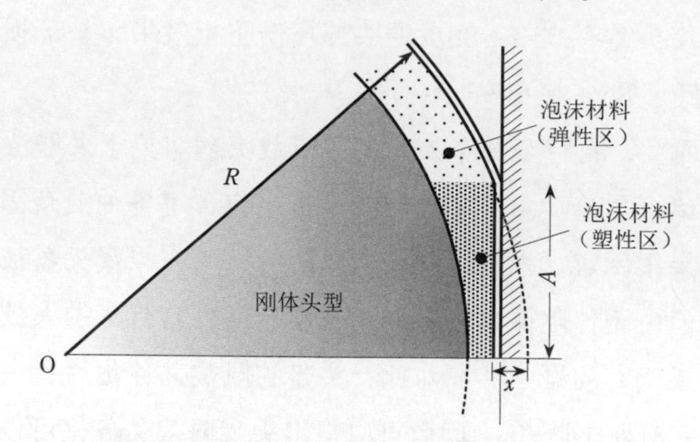

图 9-53 头盔对刚体面发生变形的力学模型

给刚体头型（质量为 5 kg）佩戴头盔，在离地面高度为 1.0 m（动能 50 J）时开始使头盔的前额部位、侧头部位向刚体下落头盔的载荷变形特性如图 9-54 a) 所示。由于头盔侧头部位的曲率 R 较大，因此刚度较高。图 9-54 b) 所示为头盔的前额部位从距离地面 3.0 m（动能 150 J）的位置下落至刚体平面时，接触力和头盔的变形量的关系。头盔的接触力相对于变形量呈线性增长，变形量接近衬垫厚度时发生触底，接触力急剧增加。

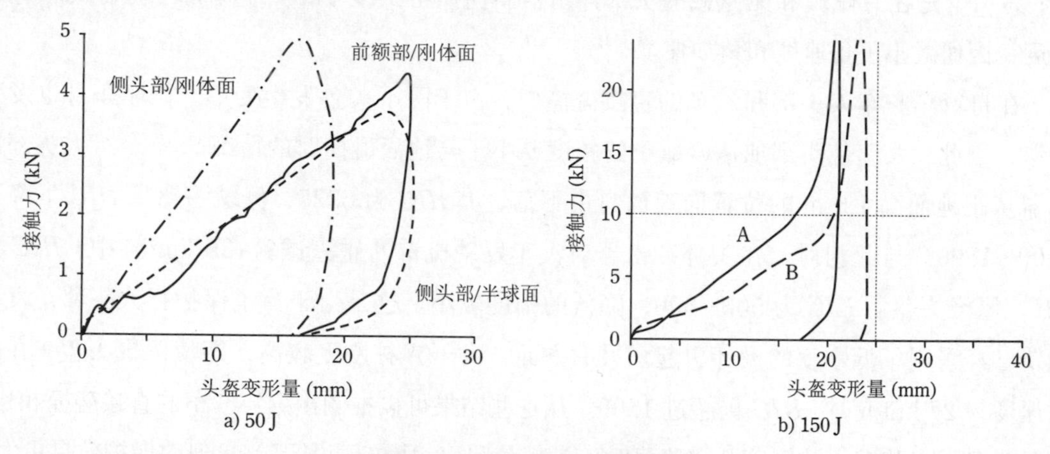

图 9-54 头盔的载荷变形特性

自行车头盔有多种规格，如美国规格 ASTM、欧洲规格 EN1078、澳大利亚 / 新西兰规格 AS/NZS 2063 以及竞技用头盔规格 Snell B90、B95 等（见表 9-5）。这些规格规定了头盔的冲击吸收性、固定装置的强度试验、固定性试验和视野的测定。设立冲击吸收性试验时，考虑了骑车人从自行车上落下时，头部与平坦的路面碰撞和与路缘石等突起物碰撞时对头部的保护。在 EN 1078 中，给对应头盔最大头部尺寸——ISO 头部模型上（镁合金制，尺寸 A、E、J、M、O）佩戴头盔，使其从距地面 1.5 m 的高度（相当于自行车骑车人的头部高度）下落至钢制平面砧座（图 9-55），以及从距地面 1.06 m 的高度下落至路缘石形状的砧座上。此时头部模型的最大加速度必须在 250 g 以下。此处的 250 g 与假人头部校正试验相同，都是基于尸体头部落下时头部的加速度响应设定的。

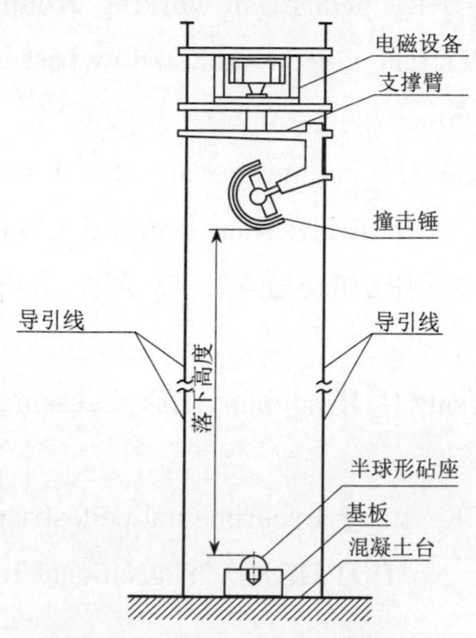

图 9-55 自行车头盔冲击吸能试验

自行车头盔的规格（冲击吸收性能试验） **表 9-5**

规　格	砧座 （冲击面）	速度 (m/s)	下落高度 (m)	头部模型 加速度 (g)
JIS T8134	平面	5.42	1.50	300 g 150 g　4 ms 以下
	半球	4.57	1.06	
EN1078	平面	5.42	1.50	250g
	路缘	4.57	1.06	
ASTM	平面	6.20	2.0	300 g
	半球	4.80	1.2	
	路缘	4.80	1.2	
AS/NZS 2063	平面	5.42	1.50	250 g 200 g　3 ms 以下 150 g　6 ms 以下
Snell B90	平面	6.33	2.2+	300 g
	半球	4.81	1.3+	
	路缘	5.17	1.2	
Snell B95	平面	6.63	2.2+	300 g
	半球	5.37	1.3+	
	路缘	5.37	1.3+	

本章参考文献

[1] Mizuno Y. Summary of IHRA pedestrian working group activities – proposed test methods to evaluate pedestrian protection offered by passenger cars [J]. Paper number 05-0138-O, 19th ESV, 2005.

[2] Rosén E, Stigson H, Sander U. Literature review of pedestrian fatality risk as a function of car impact speed [J]. Accident Analysis and Prevention, 43(1), 25-33, 2011.

[3] 交通事故総合分析センター [R]. 事交通事故事例調査.分析報告書,平成8年度報告書,1997.

[4] Mertz H, Prasad P, Nusholtz G. Head injury risk assessment for forehead impacts [C]. SAE Paper 960099.

[5] Hoyt T, MacLaughlin T, Kessler J. Experimental pedestrian accident reconstructions – Head Impacts [S]. Report No. DOT HS 807 288, National Technical Information Service, Springfield, VA, 1988.

[6] Mertz HJ, Irwin AL, Prasad P. Biomechanical and scaling bases for frontal and side impact injury assessment reference values [C]. Stapp Car Crash Conference, SAE Paper 2003-22-0009, 2003

[7] Mizuno K, Yonezawa H, Kajzer J. Pedestrian headform impact tests for various vehicle locations [C]. Paper number 278, 17th International Technical Conference on the Enhansed Safety of Vehicles, 2001.

[8] Crandall JR, Lessley DJ, Kerrigan JR. Ivarsson, B.J., Thoracic deformation response of pedestrian resulting from vehicle impact [J]. International Jounral of Crashworthiness, 11(6), 529-539, 2006.

[9] Han Y, Yang J, Nishimoto K, Mizuno K, Matsui Y, Nakane D, Wanami S, Hitosugi M. Finite element analysis of kinematic behaviour and injuries to pedestrians in vehicle collisions [J]. International Journal of Crashworthiness, 17(2), 141-152, 2012.

[10] Yang J. Impact biomechanics of the lower extremity in traffic accidents [D]. Chalmers University of Technology, Thesis, 1994.

[11] Matsui Y, Schroeder G, Bosch U. Injury pattern and response of human thigh under lateral loading simulating car-pedestrian impact [C]. SAE Paper 2004-01-1603, 2004.

[12] Ivarson J, Lessley D, Kerrigan J, Bhalla K, Bose D, Crandall J, Kent R. Dynamic response corridors and injury thresholds of the pedestrian lower extremities [C].

IRCOBI Conference 2004.

[13] European Enhanced Vehicle-safety Committee (EEVC). Improved test methods to evaluate pedestrian protection afforded by passenger cars [R]. EEVC Working Group 17 Report, 1998.

[14] Snedeker J, Muser M, Walz F. Assessment of pelvis and upper leg injury risk in car-pedestrian collisions: Comparison of accident statistics, impactor tests and a human body finite element model [C]. Stapp Car Crash Conference, 2003.

[15] Bunketorp O, Romanus B, Hansson T, Aldman B, Thorngren L, Eppinger R. Experimental study of a compliant bumper system [C]. SAE Paper 831623.

[16] Ramet M, Bouquet R, Bermond F, Caire Y, Bouallegue M. Shearing and bending human knee joint tests in quasi-static lateral load [C]. IRCOBI Conference, 93-105, 1995.

[17] Kajzer J, Cavallero C, Ghanouchi S, Bonnoit J, Ghorbel A. Response of the knee joint in lateral impact: effect of shearing loads [C]. IRCOBI Conference, SAE Paper 973326, 1990.

[18] Kajzer J, Schroeder G, Ishikawa H, Matsui Y, Bosch U, Shearing and bending effect at the knee joint at high speed lateral loading [C]. Stapp Car Crash Conference, SAE Paper 973326.

[19] Bose D, Bhalla KS, Untaroiu CD, Ivarsson BJ, Crandall JR, Hurwitz S. Injury tolerance and moment response of the knee joint to combined valgus bending and shear loading [J]. Journal of Biomechanical Engineering, 130(3), 031008-1-8, 2008.

[20] Yasuki T. An analysis of lower leg impactor behavior by physics model [J]. Journal of Biomechanical Science and Engineering, 3(2), 151-160, 2006.

[21] Mizuno K, Ueyama T, Nakane D, Wanami S. Comparison of responses of the FlexPLI and TRL legform impactors in pedestrian tests [C]. SAE Paper 2012-01-0270.

[22] Konosu A, Takahashi M. Development of a biofidelic flexible pedestrian legform impactor [C]. Stapp Car Crash Jounrnal, 47, 459-472, 2003.

[23] Awano M, Nishimura I, Hayashi S. Development of a new FlexPLI-Dyna model and investigation of injury from vehicle impact [J]. 21st ESV, 09-0099, 2009.

[24] 高橋裕公 . 衝突時の歩行者脚部傷害評価手法に関する研究 [D]. 名古屋大学学位論文，2014.

[25] Maki T, Kajzer J, Mizuno K, Sekine Y. Comparative analysis of vehicle-bicyclist and vehicle-pedestrian accidents in Japan [J]. Accident Analysis & Prevention, 35(6), 927-

940, 2003.

[26] Thompson DC, Rivera F, Thompson R. Helmets for preventing head and facial injuries in bicyclists (review) [J]. Cochrane Library, 2009.

[27] Robinson DL. Bicycle helmet legislation: Can we reach a consensus ?[J]. Accident Analysis and Prevention, 39, 86-93, 2007.

[28] Curnow WJ. The Cochrane collaboration and bicycle helmets [J]. Accident Analysis and Prevention, 37, 569-573, 2005.

[29] Bambach MR, Mitchell RJ, Grzebieta RH. Olivier, J. The effectiveness of helmets in bicycle collisions with motor vehicles: a case-control study [J]. Accident Analysis and Prevention, 53, 78-88, 2013.

[30] McIntosh AS, Lai A, Schilter E. Bicycle helmets: head impact dynamics in helmeted and unhelmeted oblique impact tests [J]. Traffic Injury Prevention, 14(5), 501-508, 2013.

[31] Mizuno K, Ito D, Yoshida R, Masuda H, Okada H, Nomura M, Fujii C. Adult headform impact tests of the three Japanese bicycle helemts into a vehicle [J]. Accident Analysis and Prevention, 73, 359-372, 2014.

[32] Mills NJ. Protective capability of bicycle helmets, British Journal of Sports and Medicine [J]. 24(1), 55-60, 2013.

第 10 章

儿童乘员保护

据日本厚生劳动省统计，2008 年 1~4 岁儿童的死亡人数为 949 人。其中，由意外事故引起的死亡所占比例最大 (17.1%)，而由交通事故引起的意外死亡比例为 28.2%。同年，5~9 岁儿童的死亡人数为 557 人，由意外事故造成的死亡占 23%，意外事故中由交通事故造成的死亡占 54.6%。面对如此高的儿童交通事故死亡率，我们应该认识到，对儿童进行保护是成年人的义务，尽可能将儿童在交通事故中的伤亡率降低至 0 是目前刻不容缓的研究课题。

从 2000 年开始，相关法规作出规定，未满 6 岁的儿童乘坐汽车时，必须使用儿童约束系统 (Child Restraint System, CRS)。由于儿童体格并非是成年人体格的简单缩小，因此为了完善在交通事故中对儿童的保护对策，了解儿童的身体特征是非常有必要的。本章将详细介绍在交通事故中，儿童身体各处的损伤特征、缩放比例、损伤标准值，以及基于 CRS 的儿童乘员保护及其试验法。

10.1　交通事故中儿童的外伤特征

儿童身体尺寸最大的特征是头部占全身比例较大。新生婴儿的头部质量占全身质量比例达30% 以上。儿童头部尺寸大、质量大，导致其身体的重心较高，发生碰撞时，头部位移较大且容易与汽车内部结构发生接触。因此，儿童头部受伤的概率比成人高。此外，如图 10-1 所示，由于儿童的腹部在身体躯干中所占比例大，所以该部位的受伤频率也高。图 10-2 所示为美国国内汽车碰撞事故中儿童乘员 AIS 2 以上的人体各部位损伤率，可以看出，头部损伤率最高，其次是上肢和腹部。

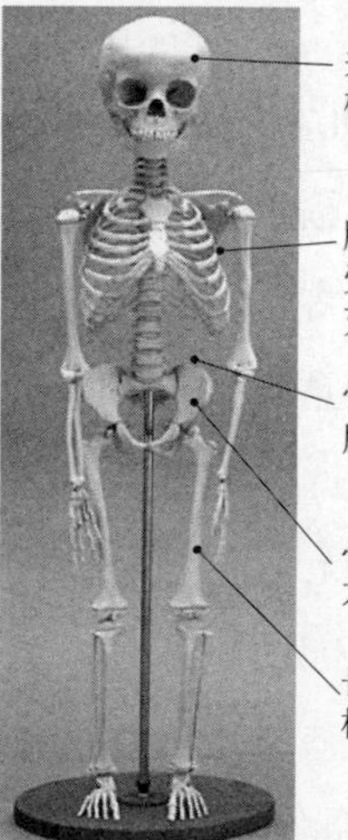

图 10-1　儿童的损伤特征

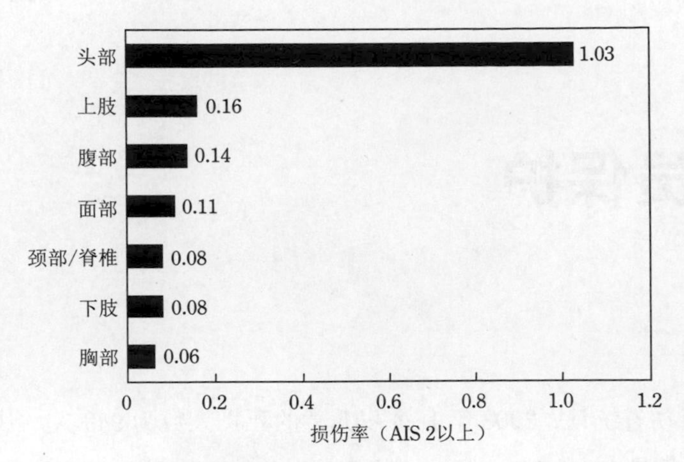

图 10-2 汽车碰撞事故中儿童乘员（15 岁以下）的受伤部位[1]

10.1.1 头部

在婴儿颅骨中，骨与骨之间的结合不紧密且骨的厚度较薄，因此柔软性高。由于颅骨因尚未完全闭合，因此，会在头顶形成两个没有骨头覆盖的膜状纤维性组织区域，分别称为前囟门和后囟门。后囟门在出生后 2~3 个月闭合，前囟门在出生后 18~24 个月期间慢慢闭合。颅骨的骨缝要到约 20 岁时才会完全闭合。在交通事故中，头部损伤是导致儿童重伤和死亡的主要原因。因此，头部是最需要保护的部位。儿童颅骨的柔软度高，不易发生骨折，又因其硬膜和骨质结合紧密，发生硬脑膜外血肿的情况也比较少见。与成人相比，儿童在遭受钝性撞击时发生对冲性脑损伤的概率较小，但发生弥漫性脑损伤的概率比发生病灶性脑损伤的概率大。

10.1.2 颈部

为了支撑头部的质量，儿童的颈部短且粗。发生汽车碰撞时，由于儿童乘员头部较重，脊柱柔软，其身体躯干弯曲幅度和颈部受载荷比成年人大。如果对儿童加以适当的约束，可降低其颈部的损伤频率。然而，当儿童的头部和汽车内部结构发生碰撞时，同时引发颈部损伤的可能性也很大。儿童的颈部损伤较多发生在寰枕关节至第二颈椎（枢椎）区域。因儿童的颈椎柔软且不易骨折，因此会出现颈椎骨未受损伤但颈髓受伤的情况。这种损伤无法用 X 射线诊断，被称为无骨折脱位脊髓损伤。

20 世纪 90 年代后期，出现了因安全气囊弹开导致儿童颈部损伤的新问题。副驾驶席上未佩戴安全带、处于离位状态的儿童乘员在气囊弹开的一瞬间，由于下颚下端受到气囊冲击，导致颈部受到过大的伸展载荷而发生损伤。对此，在美国联邦机动车安全标准 FMVSS 208（乘员正面碰撞保护）中，对因副驾驶席安全气囊弹开造成儿童乘员损伤的风险进行了评估（图 10-3）。

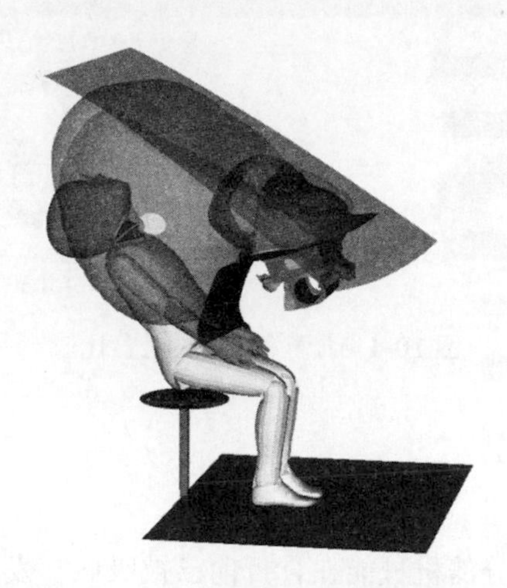

图 10-3 基于离位 3 岁儿童假人的副驾驶席安全气囊展开仿真 (FMVSS 208)

10.1.3 胸腹部

儿童胸部受到冲击时，由于胸廓柔软，所以肋骨不易骨折，但是胸部压缩量较大，易因压迫造成内脏损伤。同样，儿童腹壁和腹部的肌肉较薄，少许外力压迫就会对其造成严重的内脏损伤。另外，儿童的肋骨呈水平方向，且由于胸廓整体位置靠肋骨上端，因此肋骨不能对肝脏、脾脏等多数脏器提供保护。特别是位于右上腹的最大的腹腔脏器——肝脏，容易受到损伤。此外，儿童的骨盆尚小，不能完全容纳大肠、小肠和膀胱等器官，以至于其消化道也容易受伤。这些损伤通常是因为儿童乘员未使用儿童安全约束系统 (CRS) 而直接使用成人安全带，导致安全腰带滑离骨盆并移至腹部所致。

10.1.4 骨盆

儿童的骨盆由髂骨、坐骨及耻骨通过“Y 形”软骨柔和地连接而成。儿童骨盆关节柔软，可吸收更多的变形能量，对外力的适应性较强。一般来说，成年人中常见的骨盆环多处骨折在儿童身上较少见。儿童的骨盆损伤更多是骨盆单处骨折和由肌肉拉伸导致的撕脱性骨折。

成年人的髂前上棘发育完全，在车辆发生正面碰撞时，髂前上棘可以像锚一样防止安全腰带滑向腹部。而儿童的髂前上棘尚未发育完全，如何将安全腰带保持在骨盆上且不滑向腹部是必须考虑的问题。侧面碰撞时，因车门的撞击，成年人很容易发生骨盆骨折。而儿童在 7~8 岁前，软骨和柔软的髂骨可以吸收侧面传来的冲击，因此几乎不会发生骨盆骨折。8~12 岁的儿童在较多情况下仅发生碰撞侧的耻骨支骨折。12 岁以上的儿童与成人骨折形态相似，如图 10-4 所示。

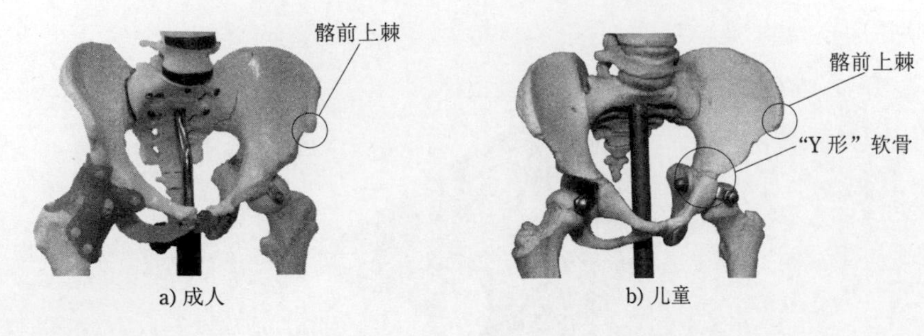

图 10-4 儿童和成人的骨盆比较

10.1.5 四肢

儿童的骨质柔韧，大部分的机械能在骨折前已被吸收。发生骨折时，由于儿童的骨外膜较成年人厚，因此，通常在骨折部位一侧的骨膜不出现断裂（青枝骨折）。所以相比成年人，儿童发生开放性骨折的概率较小。

儿童的长骨端尚存在骺板（即生长板），但骺板却是骨骼中最脆弱的部位，承受剪切载荷的能力较弱。因儿童的韧带、肌腱比骨骼强韧，以至于骺板成为骨折的高发区。从 Salter-Harris 骨端骨骺损伤分类中可知，骺板发生损伤是阻碍儿童骨骼生长的主要原因之一。

10.2 组织的材料特性

图 10-5 所示为 Currey 分别从 2 岁儿童和成人的股骨皮质骨中取样进行三点弯曲试验的结果。图 10-6 为股骨在不同年龄时的力学特性。虽然儿童的骨骼因尚未完全钙化，其弹性模量和抗弯强度均较低，但能够吸收大量的冲击能。Irwin 等人总结了头顶骨试验的结果，得到不同年龄时期骨骼的弹性模量，如图 10-7 所示。这些值是研究儿童损伤基准值的基础数据。

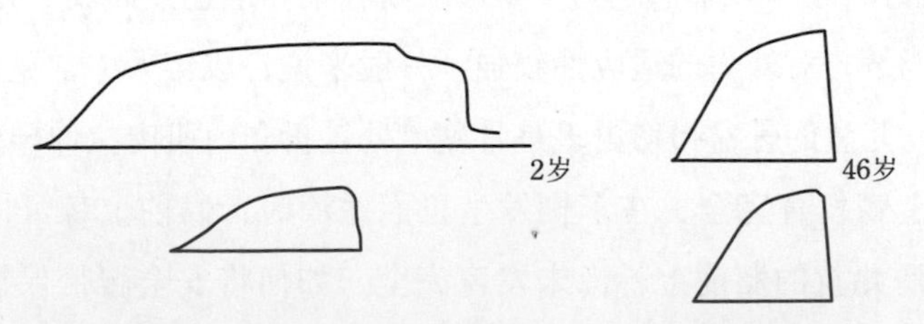

图 10-5 股骨皮质骨试验样本的三点弯曲试验 [2]

20 岁前，韧带和肌腱的强度随年龄增长不断增加。这是由于随年龄增长，人体内胶原蛋白中的水分减少，胶原蛋白的分子间交联增加。Yamada[5] 通过分析得到不同年龄阶段的跟腱拉伸强度，出生 9 个月的婴儿为 34.3 MPa，9 岁前为 52.0 MPa，成年人为 54.9 MPa。

Melvin[6] 通过研究得出，可以利用内插值法得到不同年龄段跟腱的抗拉张强度比，并分别计算出 1、3、6 岁儿童跟腱的抗拉强度值。跟腱的抗拉强度比可用于计算基于比例缩放法的颈部等软组织的抗拉强度。

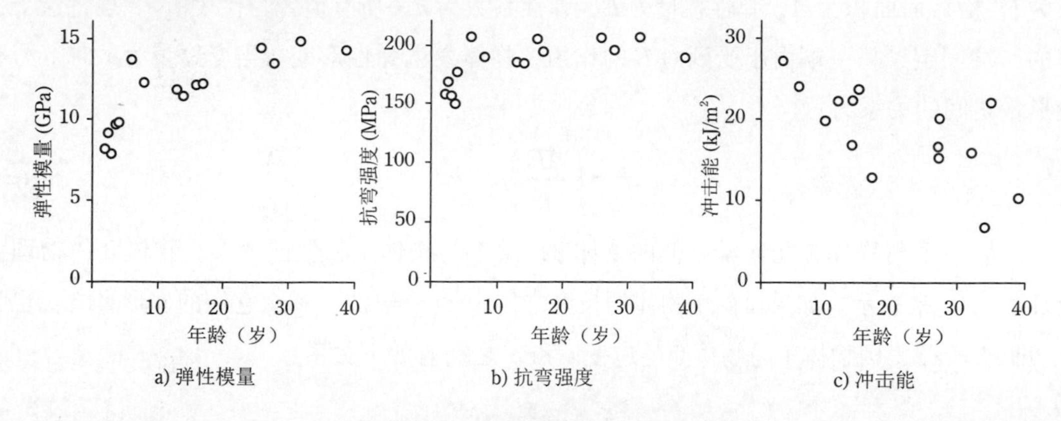

图 10-6　年龄与股骨特性 [3]

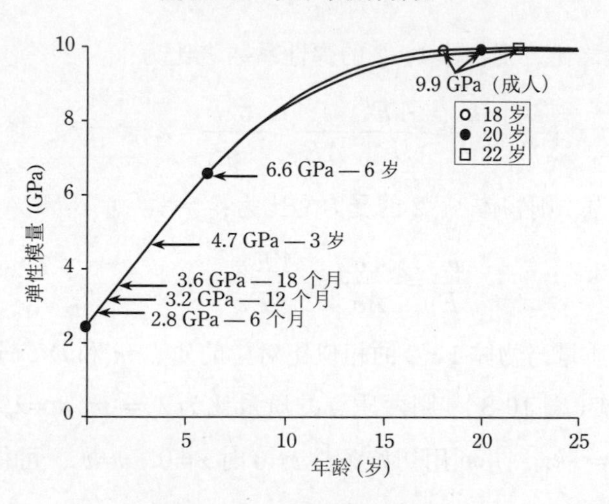

图 10-7　头顶骨的弹性模量 [4]

10.3　冲击响应与损伤标准值

人体损伤标准值以 50% 的标准体格成年男性各部位的耐受限度为参考值。出于医学伦理道德方面的考虑，以儿童为对象的试验很少，导致关于儿童人体的生物力学数据十分有限，很难直接获得判断儿童有无发生损伤的损伤标准值。因此，大多数情况下，需要通过采用相似性原理对 AM50 假人的碰撞响应特性及损伤值进行缩放来得到儿童假人损伤标准值。

10.3.1 比例缩放法

首先考虑两个形状相似的弹性体之间的静态变形关系。如图 10-8 所示，设某物体 1 的长为 l，横截面面积为 A，弹性模量为 E，弹性系数为 k（所有值皆为代表值）。现将这个物体的一端固定，另一端由于受到力 F 的作用，物体发生弹性形变。当变形量为 x 时，力和变形量之间的关系为：

$$F=\left(\frac{AE}{l}\right)x=kx \tag{10-1}$$

设另一个与物体 1 几何学相似的物体 2，发生与物体 1 相似的变形。物体 2 的物理量全部加「′」来表示。如果设两个物体的长度之比为 $\lambda_l(\lambda_l=l'/l)$，那么它们的变形量之比也为 λ_l，即 $x'=\lambda_l x$，则物体 1 与物体 2 的应变 ε 和 ε' 之间有如下关系：

$$\varepsilon=\frac{x}{l}=\frac{\lambda_l x}{\lambda_l l}=\frac{x'}{l'}=\varepsilon' \tag{10-2}$$

设 λ_E 为弹性模量之比，则物体 1、2 的弹性系数之比为：

$$\frac{k'}{k}=\frac{A'E'}{l'}\frac{l}{AE}=\frac{\lambda_l^2\lambda_E}{\lambda_l}=\lambda_l\lambda_E \tag{10-3}$$

同样，设 σ 为应力，则物体 1、2 的受力之比为：

$$\frac{F'}{F}=\frac{A'\sigma'}{A\sigma}=\frac{A'E'\varepsilon'}{AE\varepsilon}=\lambda_l^2\lambda_E \tag{10-4}$$

现在假设有两个质量与物体 1、2 的相似比对应的质点 m 和 m'，分别以速度 v_0 撞击物体 1、2，并发生反弹（图 10-8）。则两质点的质量比为 $\lambda_m=m'/m=\lambda_\rho\lambda_l^3$（$\lambda_\rho$ 为密度之比）。通过解运动方程 $m\ddot{x}=-kx$，并利用初始条件 $t=0$ 时 $x=0$，$v=v_0$，可得物体 1 的加速度 a、速度 v 和位移 x，即：

$$x=(v_0/\omega)\sin\omega t,\quad v=v_0\cos\omega t,\quad a=-v_0\omega\cos\omega t \tag{10-5}$$

其中，角频率 $\omega=\sqrt{k/m}$。同样，物体 2 的运动方程式为 $m'\ddot{x}'=-k'x'$，运用相似比可将其表示为 $(\lambda_\rho\lambda_l^3 m)(\lambda_l\ddot{x}')=-(\lambda_l\lambda_E k)(\lambda_l x')$，并解得：

$$x'=(v_0/\omega')\sin\omega' t',\quad v'=v_0\cos\omega' t',\quad a'=-v_0\omega'\cos\omega' t' \tag{10-6}$$

其中，物体 2 的角频率 ω' 可用 ω 表示为：

$$\omega'=\sqrt{\frac{k'}{m'}}=\sqrt{\frac{\lambda_l\lambda_E k}{\lambda_\rho\lambda_l^3 m}}=\lambda_\rho^{-0.5}\lambda_l^{-1}\lambda_E^{0.5}\omega \tag{10-7}$$

由式 (10-5) 和式 (10-6) 可知，通过运用相似比关系，物体 2 的运动可用相似物体 1 的运动表示。

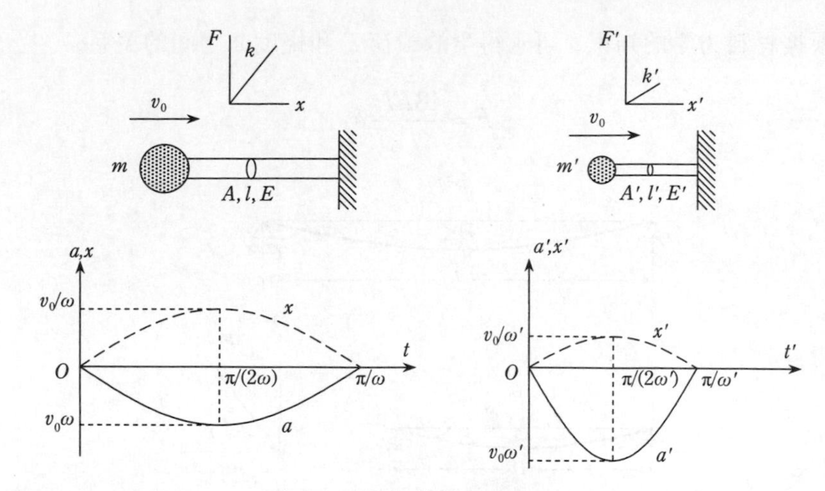

图 10-8　相似物体的碰撞响应

为了得到损伤值的缩放比例，需要求出相似物体发生相似变形时，物体各变量之间的关系。设定人体组织在达到某应变时发生损伤。当质点与物体发生碰撞时，由于物体受到惯性力 ma 的作用，物体产生与惯性力相应的应力 σ，并随物体形变产生相应的应变 ε，即：

$$ma = A\sigma = AE\varepsilon \tag{10-8}$$

当相似物体处于相似的变形状态时，两者的应变一致，即：

$$\varepsilon = \varepsilon' = \frac{ma}{AE} = \frac{m'a'}{A'E'} \tag{10-9}$$

以长度 l、时间 t、密度 ρ 和弹性模量 E 表达式 (10-9)，可写成：

$$\frac{\rho l^2}{E t^2} = \frac{\rho' l'^2}{E' t'^2} \tag{10-10}$$

式 (10-10) 中存在 4 个变量，选取长度、密度和弹性模量这 3 个变量作为自变量。此时，时间之比 λ_t 可以用其他变量的相似比表示，即：

$$\lambda_t = \lambda_\rho^{0.5} \lambda_E^{-0.5} \lambda_l \tag{10-11}$$

这里，将儿童和成年人的组织密度看作是相等的，即 $\lambda_\rho=1$，则所有的变量可由 λ_l 和 λ_E 表示。考虑到物理量之间的量纲关系，变量的相似比可写成：

$$\lambda_t = \lambda_E^{-0.5} \lambda_l \tag{10-12}$$

$$\lambda_v = \lambda_E^{0.5} \tag{10-13}$$

$$\lambda_a = \lambda_E \lambda_l^{-1} \tag{10-14}$$

【例题 10-1】　将成年人的股骨两端放在两个支撑点上，向股骨中央施加载荷 F 时，中央位置产生挠度。向与成年人股骨长度比为 λ_l，弹性模量比为 λ_E 的儿童股骨施加与刚才相同的边界条件。已知两者的变形相似，求 F，F' 和 δ，δ' 的关系。

【解答】　如图 10-9 所示，设表示成年人股骨的梁的长度为 l，弹性模量为 E，断面惯

性矩为 I_z。根据材料力学的知识，可求得梁的载荷 F 和挠度 δ 之间的关系。

$$F=\frac{48EI_z}{l^3}\delta$$

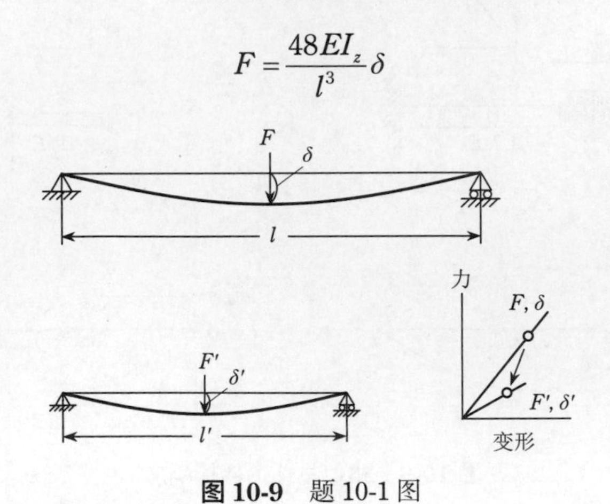

图 10-9 题 10-1 图

由于儿童的股骨与成年人的股骨发生相似变形（即应变相等）时，两者的挠度关系为 $\delta'=\lambda_l\delta$，则儿童股骨受到的载荷 F' 为：

$$F'=\frac{48E'I'_z}{l'^3}\delta'=\frac{48(\lambda_E E)(\lambda_l^4 I_z)}{(\lambda_l l)^3}\lambda_l\delta=\lambda_E\lambda_l^2\frac{48EI_z}{l}\delta=\lambda_E\lambda_l^2 F$$

【例题 10-2】 从图 10-8 所述问题中可知，物体 1、2 的最大加速度之比与式 (10-14) 不一致。因此，即使在质点与相似物体碰撞初速度相同，加速度达到最大时，物体 1、2 的应变也不一定相等。求解在最大加速度下，使物体 1、2 的应变相等的碰撞速度为多少（图 10-10）。

【解答】 根据式 (10-5) 和式 (10-6) 可知，物体 1、2 的最大变形量分别为 v_0/ω、v'_0/ω'。要使它们的应变相等，则有：

$$v_0/(\omega l)=v'_0/(\omega' l')$$

将式 (10-7) 代入上式，可得：

$$v'_0/v_0=\omega' l'/(\omega l)=\lambda_\rho^{-0.5}\ \lambda_E^{0.5}$$

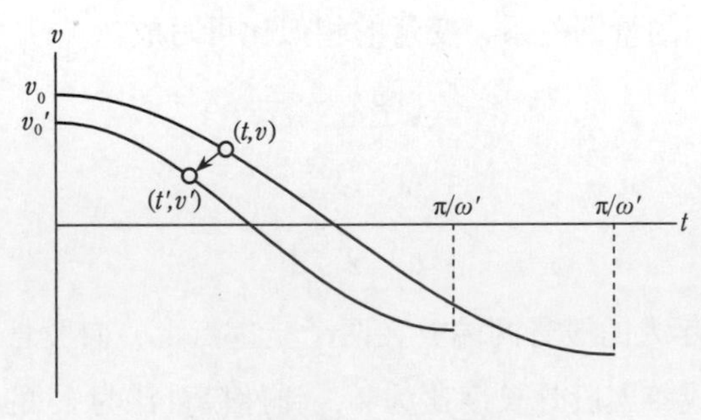

图 10-10 题 10-2 图

当 $\lambda_\rho=1$ 时，上式与式 (10-13) 一致，即 $t'=(\omega/\omega')t=\lambda_\rho^{0.5}\lambda_l\lambda_E^{-0.5}t$ 时，物体 2 的应变和时

刻 t 时物体 1 的应变相等。

10.3.2　冲击响应与损伤指标 [6]

表 10-1 所示为 FMVSS 208 中使用的损伤标准值。下面介绍儿童身体各个部位的冲击响应和损伤标准值。

FMVSS 208 中使用的损伤标准值　　　　**表 10-1**

损伤标准值			1 岁	3 岁	6 岁
头　部	HIC_{15}		390	570	700
颈　部	拉伸力 (N)		780	1130	1490
	压缩力 (N)		960	1380	1820
	$N_{ij}=(F_z/F_{zc})+(M_y/M_{yc})\leqslant 1$	F_{zc}(拉伸) (N)	1460	2120	2800
		F_{zc}(压缩) (N)	1460	2120	2800
		M_{yc}(弯曲) (N·m)	43	68	93
		M_{yc}(伸展) (N·m)	17	27	37
胸　部	加速度 (3 ms) (g)		50	55	60
	胸部变形量 (mm)		—	34	40

(1) 头部。

在 50% 标准体形的成人男性假人头部标定试验 (图 10-11) 中，假人头部从高度为 376 mm 的位置自由下落至水平刚性板。头部重心的最大加速度须控制在 225 g~275 g 的范围内。求从同样高度自由下落时儿童头部的加速度值。设头部碰撞刚性板的碰撞速度为 v_0，并假设成人与儿童头部的密度相等，即可通过式 (10-5) 与式 (10-6) 计算出头部最大加速度之比，如式 (10-15) 所示：

$$\frac{a'_{\max}}{a_{\max}}=\frac{\omega'}{\omega}=\sqrt{\frac{k'}{m'}\frac{m}{k}}=\sqrt{\frac{\lambda_k}{\lambda_m}}=\lambda_E^{0.5}\lambda_l^{-1} \tag{10-15}$$

头部的刚度可由代表颅脑、颅骨和头皮的串联弹簧简化表示。对于 3 岁以上的儿童，头部的刚度主要取决于颅脑的刚度，而颅骨刚度的影响则变得非常小 [4]。如将成年人和儿童的颅脑刚度看作相等，即 $\lambda_E=1$ 时，式 (10-15) 可写为 $a'_{\max}/a_{\max}=\lambda_l^{-1}$。另外，对于 3 岁以下的儿童，颅骨的弹性模量对头部的刚度有一定影响。但是，这种情况下通常使用儿童头骨之间的膜的刚度作为颅骨弹性模量进行计算。

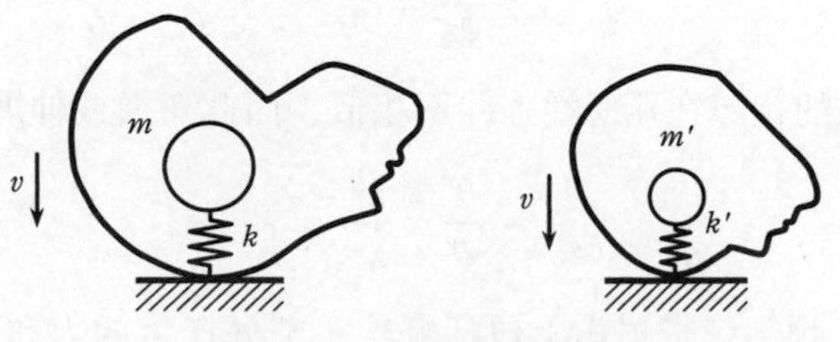

图 10-11　头部下落试验

头部损伤指标 (HIC) 由加速度 a 的 2.5 次幂与持续时间 t 相乘得到（见第 1 章 1.9.4 节）。HIC 值是判断脑损伤的重要指标，为得到儿童乘员的 HIC 值需要求出 HIC 的相似比[7]。在介绍损伤值的比例缩放法时，采用物体的应变来判断损伤是否发生。并且假设即使年龄不同，发生损伤时组织的应变相同。但是，由于不同年龄下脑组织发生损伤的应变是不同的，因此这里改用断裂强度 σ_f 这一指标来判断脑组织是否损伤。组织达到断裂强度时，式 $ma=A\sigma_f$ 成立，则加速度之比为：

$$\lambda_a = \lambda_{\sigma_f} \lambda_m^{-1} \lambda_A = \lambda_{\sigma_f} \lambda_l^{-1} \tag{10-16}$$

将 $\lambda_t=\lambda_l$ 代入，可求得 HIC 之比 λ_{HIC}：

$$\lambda_{\mathrm{HIC}} = \lambda_a^{2.5} \lambda_t = \lambda_{\sigma_f}^{2.5} \lambda_l^{-1.5} \tag{10-17}$$

表 10-2 为以成年男性 AM50 的 HIC_{15} 损伤标准值 700 为基础计算得到的儿童 HIC_{15}。这里，脑的软组织强度相似比使用了肌腱强度值。另外，6 岁儿童的 HIC_{15} 相似比值虽然超过了 1.0，但在 FMVSS 208 中，6 岁儿童的部分依然采用 HIC_{15} 的标准值 700 作为损伤值。

HIC_{15} 的比例缩放[6] **表 10-2**

项目 \ 类型	AM50	1 岁	3 岁	6 岁
长度相似比 λ_l	1.000	0.821	0.868	0.899
骨的弹性相似比 λ_E	1.000	0.320	0.474	0.667
肌腱强度相似比 $\lambda_{\sigma f}$	1.000	0.700	0.850	0.960
HIC 相似比 λ_{HIC}	1.000	0.551	0.823	1.060
HIC_{15} (FMVSS 208)	700	390	570	700

（2）颈部。

颈部的力学响应是通过枕骨髁处产生的力矩 M 表现的。其中，力矩 M 随着头部相对躯干的旋转角度 θ 的变化而变化（见第 1 章 1.10.3 节）。颈部产生的力和力矩通常是由于颈部的肌肉等软组织的反作用力而产生的。因此，研究成人和儿童的颈部特性时，可以认为两者的材料特性相同。设成年人和儿童颈部的前后、左右和上下方向的尺寸之比分别为 λ_x、λ_y、λ_z。颈部在弯曲或伸展时，弯曲力矩 $M=Fd=\sigma Ad$ 成立。其中，F 为颈部肌肉的力，A 为颈部横截面积，d 为力臂，σ 为应力。若成人与儿童的颈部肌肉产生相同的应力时，则力矩之比为：

$$\frac{M'}{M} = \lambda_x^3 \tag{10-18}$$

考虑到成人与儿童的颈部在几何学上并不相似，因此弯曲或伸展的旋转角度之比为：

$$\frac{\theta'}{\theta} = \frac{\lambda_z}{\lambda_x} \tag{10-19}$$

颈部的损伤指标（颈部韧带损伤）包括寰枕关节处产生的力和力矩两个参数。儿童的颈部损伤标准值使用了软组织的断裂应力，可通过按比例缩放成年人的数据求出。如以 λ_C

作为颈部的直径比，则可得力与弯曲力矩的相似比，即：

$$\lambda_F = \lambda_{\sigma_f} \lambda_C^2 \tag{10-20}$$

$$\lambda_M = \lambda_{\sigma_f} \lambda_C^3 \tag{10-21}$$

为了研究在安全气囊展开时处于非正常坐姿（离位）的儿童乘员可承受的颈部损伤耐受极限，Prasad 等人 [7] 用小猪进行试验。从试验结果看，因颈部伸展，导致寰枕关节和 C1-C2 关节（寰枢关节）处发生了损伤。在与小猪试验同样的试验条件下，他们还使用了 3 岁儿童假人进行试验，并对比了小猪颈部受到的损伤与 3 岁儿童假人颈部承受的载荷。如图 10-12 所示，结合假人上颈部的拉力和伸展力矩（后弯曲力矩），可预测颈部损伤程度。以上值也是计算颈部损伤指标—N_{ij} 的基础数据。表 10-3 列出了根据比例缩放法得到的不同体型乘员的 N_{ij} 值。它是利用相似比原理，通过式 (10-22)、式 (10-23) 和基于与 3 岁儿童的颈部损伤 AIS 3 以上的风险值 5% 相当的 N_{ij} 值 (F_{int}=2120 kN, M_{int}=26.8 N·m) 换算得到的。

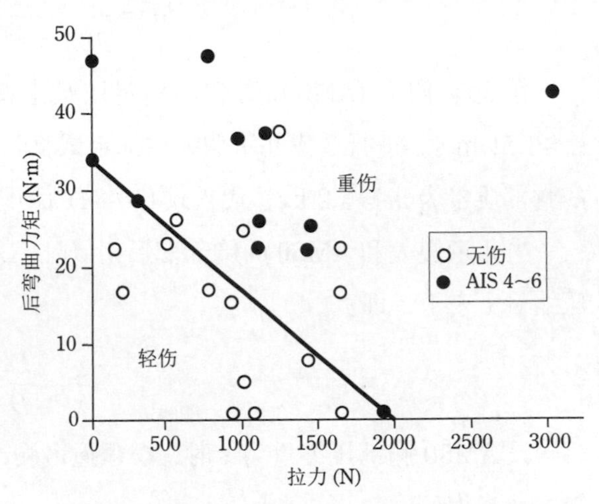

图 10-12　基于颈部拉力与弯矩的损伤预测 [8]

N_{ij} **的比例缩放** [6]　　**表 10-3**

项目 \ 类型	AM50	1 岁	3 岁	6 岁
颈部周长 C	383	224	244	264
颈部长度相似比 λ_C	1.57	0.918	1.00	1.13
腱的断裂强度 σ_f	5.6	3.91	4.76	5.39
腱的断裂强度相似比 $\lambda_{\sigma f}$	1.18	0.82	1.00	1.13
M_{int}（力矩的截距值）	122*	17.0	26.8	37.3
F_{int}（拉力的截距值）	6160*	1460	2120	2800

注：如处于正常坐姿 (FMVSS 208, AM50)，需将数据乘以 1.093。

（3）胸部。

设成年人和儿童的胸部长度相似比为 λ_l。在标准体格成年男性假人 (AM50) 的胸部标定试验中，摆锤（质量 M）以初速度 v_0 撞击假人胸部（质量 m，参照 2.4.1 节）。若设假人胸部的前后刚度为 k，胸部压缩量为 x_{max}，则胸部达到最大压缩变形时吸收的能量为 $0.5v_0^2\, mM / (m+M)$（参照第 9 章例题 9-2），故有：

$$x_{max} = v_0 \sqrt{\frac{mM}{k(m+M)}} \tag{10-22}$$

设在儿童的胸部标定试验中，摆锤的质量为 M'，撞击初速度为 v_0'。同时设儿童假人的

胸部压缩量 x_{max} 与胸部前后的厚度 D 之比和 AM50 相等 ($x_{max}/D=x'_{max}/D'$)，且摆锤的质量与撞击速度已定，则式 (10-23) 成立：

$$\frac{v_0}{D}\sqrt{\frac{mM}{k(m+M)}}=\frac{v_0'}{D'}\sqrt{\frac{m'M'}{k'(m'+M')}} \tag{10-23}$$

将 $k'/k=\lambda_E\lambda_l$，$m'/m=\lambda_l^3$，$D'/D=\lambda_l$ 代入式 (10-23)，可得到摆锤的质量和撞击速度的关系式为：

$$M'=\frac{\lambda_E M m' v_0^2}{m v_0'^2+M(v_0'^2-\lambda_E v_0^2)} \tag{10-24}$$

在 50% 假人 (AM50) 的胸部标定试验中使用的参数值为：M=23.4 kg，m=17.2 kg，v_0=6.71 m/s。进行 3 岁儿童假人的标定试验时，选用的摆锤 M'=1.7 kg。设 3 岁儿童假人的胸部质量为 m'=3.2 kg，代入式 (10-24) 后可得到摆锤的撞击速度 v_0'=6 m/s。

当儿童假人和 AM50 的胸部变形相似时，儿童的胸部变形压缩量 x' 可由 AM50 的胸部压缩量 x 表示，即：

$$\frac{x'}{x}=\frac{D'}{D}=\lambda_x \tag{10-25}$$

设 AM50 胸部压缩量为 x 时，摆锤撞击胸部产生的反作用力为 $F(x)$。根据式 (10-4) 可得关系式为：

$$\frac{F'(x')}{F(x)}=\lambda_E\lambda_y\lambda_z \tag{10-26}$$

其中，λ_y、λ_z 分别为胸部的左右、上下长度相似比。

如图 10-13 所示，利用式 (10-26) 和下文中式 (10-27)，将作用于 AM50 胸部的力和胸部压缩量形成的胸部冲击响应域 (x, F) 转换为儿童的胸部冲击响应域 (x', F')。

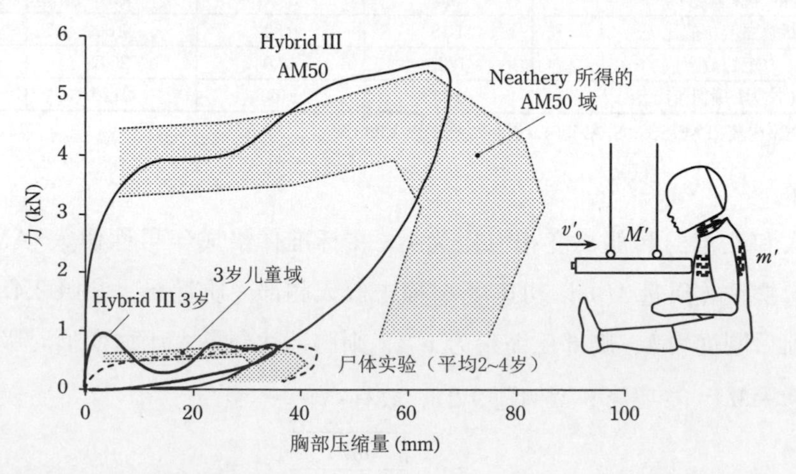

图 10-13 胸部冲击试验（摆锤质量 · 速度：3 岁儿童胸部冲击响应域 1.2 kg·6.7 m/s，Hybrid III 3 岁 1.7 kg·6 m/s，尸体实验 [9] 2.5 kg·6 m/s）

下面分析胸部损伤值中的胸部压缩量（胸椎相对胸骨的位移）和胸部加速度（胸椎处测得）的比例缩放。采用胸部厚度之比 λ_x 代表儿童假人与 AM50 成人的胸部压缩量之比。如果将儿童和 AM50 的密度视为相同，将使用体重计算得到的长度相似比 $\lambda_m^{-1/3}$ 代入式 (10-14)，可得到胸部加速度比：

$$\lambda_a = \lambda_E \lambda_m^{-1/3} \tag{10-27}$$

从式 (10-27) 可求得儿童 FMVSS 208 的损伤指标（表 10-4）。虽然在 FMVSS 208 法规中将胸部压缩量作为标准值，但由于在使用儿童安全座椅 (CRS) 的情况下，儿童胸部发生损伤的频率较低，因此在评价 CRS 安全性的 FMVSS 213 法规中，未将胸部压缩量这一指标包含在内。

胸部损伤值的比例缩放 [8]　　**表 10-4**

项目＼年龄	AM50	1 岁	3 岁	6 岁
基于胸部厚度的长度比 λ_x	1.000	0.485	0.557	0.617
基于体重的长度比 $\lambda_m^{-1/3}$	1.000	0.504	0.578	0.650
骨的弹性模量比 λ_E	1.000	0.320	0.474	0.667
胸部压缩量 (mm)	63	30①	34	40
胸部加速度 (g)	60	50②	55②	60

注：① 1 岁儿童假人 (CRABI) 的胸部压缩量指标未在 FMVSS 208 中采用。
② 根据 Mertz、Melvin 等人的研究，这些值在 FMVSS 208 中有所增高。

10.4　碰撞试验假人

儿童假人各个部分的尺寸和质量通过儿童的人体测量结果得到。刚度则是通过按比例缩放 AM50 假人的数据得到。根据儿童各部位在事故中的受伤频率，一般认为对婴幼儿的头部与颈部的损伤评估是必要的。对 6 岁及以上的儿童，胸腹部的损伤评估也很重要。

为了进行不同年龄儿童的碰撞试验，研究人员开发了不同年龄段的儿童假人。在美国，研究人员通过对 50% 的男性假人 (Hybrid III AM50) 进行比例缩放，研制了针对新生儿、6 个月、1 岁、3 岁、6 岁和 10 岁的儿童假人。联合国欧洲经济委员会 (UNECE) 的 UN/ECE R44（机动车儿童乘员用约束装置）法规中规定：要对 CRS 的安全性进行动态评估试验，并在试验中采用结构较简单的 P 系列假人。针对不同年龄儿童的碰撞试验使用的 P 系列假人有 P0、P3/4、P1.5、P3、P6 和 P10。UN/ECE R44 的修订版 UN R129 中则规定要使用生物逼真度更高，且支持测量多种物理参数的 Q 系列儿童假人 (Q0、Q1、Q1.5、Q3、Q6、Q10)。

Q 系列假人在设计上可以满足正面和侧面碰撞试验的要求（在美国，Q3s 假人在侧面碰撞试验中得到应用）。Q 系列假人的胸廓附于胸椎上，考虑到儿童的人体测量学和胸部形状，胸廓被制成圆锥台形，并采用了可变形的树脂材料制作。另外，树脂制的锁骨将胸廓和肩关节连接在一起，可传递侧向冲击载荷。三类不同的 3 岁儿童假人如图 10-14 所示。

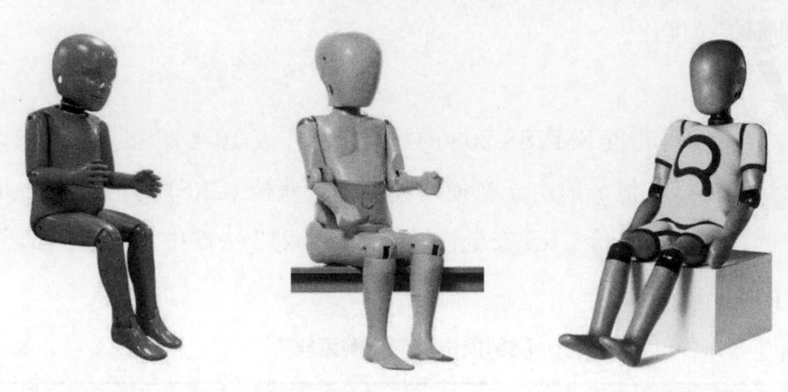

图 10-14 3 岁儿童假人（从左起依次为 Hybrid III 3 岁假人、P3、Q3）

10.5 儿童安全带

汽车安全带是根据成年人的体格设计制造的。如果被身高在 135~140 cm 之间的乘员直接使用，则很有可能造成安全带佩戴后位置不正确，如安全肩带通过颈部，安全腰带通过腹部等问题。因此，为了使汽车的约束系统更适合儿童的体型，必须使用 CRS。大量的事故统计数据和汽车碰撞试验已证实，使用 CRS 可有效防止儿童乘员损伤的发生。例如，日本警视厅的事故统计数据（2008 年）显示，正确使用 CRS 时，儿童的死亡重伤率仅为 0.68%，不使用时则达到 2.32%。可见，正确使用 CRS 对事故中儿童乘员的保护有重要意义。

然而，低使用率一直是 CRS 需要解决的问题。2014 年，日本警事厅及日本汽车联盟对 6 岁以下儿童 CRS 使用情况的调查显示，6 岁以下儿童在乘车时使用 CRS 的比例不超过 61.9%。即使是在使用的情况下，很多时候也存在误使用。其中，有 60.5% 的案例是由于 CRS 安装错误造成的，其中又有 70% 以上为安装 CRS 时，没有收紧汽车座位安全带。另外，常常出现儿童在佩戴 CRS 时用于约束儿童乘员的背带（五点式安全带）后依然有松弛的现象。以上这些误使用都有可能导致儿童乘员在遭受碰撞时向前的位移量增大等问题，使 CRS 无法发挥其应有的保护效果。此外，在现实使用中，儿童在 CRS 中的坐姿也是各种各样，与试验中假人的坐姿有很大区别。

10.5.1 CRS 的种类

对应不同年龄儿童的体格，CRS 分为后向式（婴儿用）、前向式（幼儿用）和增高垫式

（学龄儿童用）三种（图 10-15）。目前较为普及使用的是前、后双向安装的儿童安全座椅。

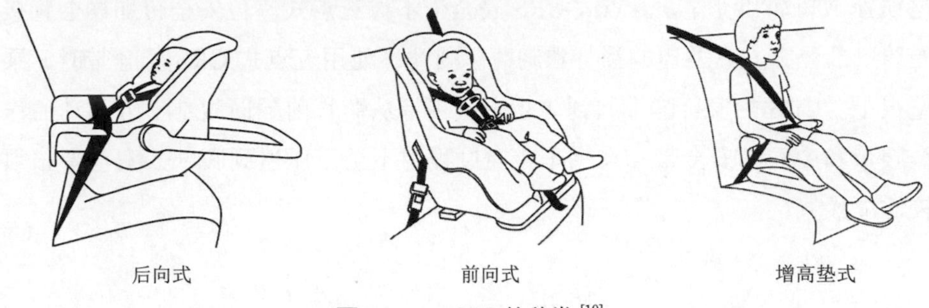

图 10-15　CRS 的种类 [10]

后向式 CRS 可在车辆发生正面碰撞时将冲击载荷分散到婴儿的整个背部，从而减小损伤。同时，由于靠背可以很好地托住婴儿的头部和躯干，所以婴儿颈部承受的载荷很小。因此，对于骨骼尚未发育完全的婴儿，后向式 CRS 是最适合的。并且，各国的事故统计数据也表明，采用后向式 CRS 是最有利于防止事故中儿童损伤的约束方式。在使用后向式 CRS 的事故案例中，受伤频率最高的部位为头部。这是由于碰撞时，头部和安全座椅靠背及防护罩接触，导致头部碰撞后反弹造成损伤。

后向式 CRS 的台车试验情况如图 10-16 所示。为使后向式 CRS 在正面碰撞时不向后倾倒，且考虑到婴儿坐在座椅中的舒适程度，后向式 CRS 在安装完成后，其椅背向后呈 45° 倾斜角。为使儿童的头部不与汽车内部发生接触且保护颈部不受损伤，要保证儿童的头部在碰撞过程中必须始终处于 CRS 的防护罩内。当儿童体格发育到脚部会和车辆座椅的靠背发生接触时，须改用前向式 CRS。或者在儿童年龄达到 1.5 岁后，其颈部可以承受正面碰撞的冲击力时，也可以改用前向式 CRS。

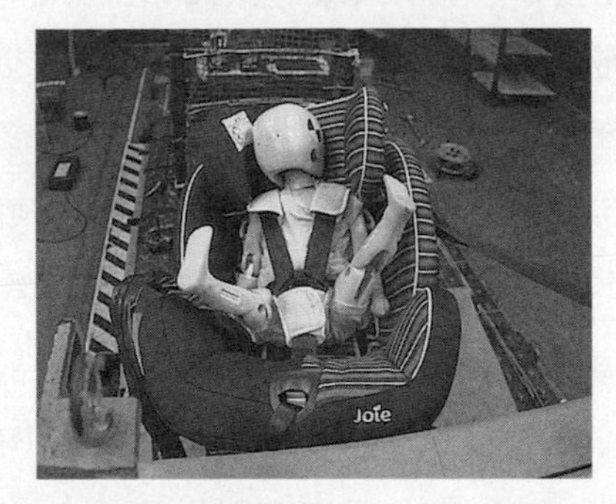

图 10-16　后向式 CRS 的台车试验 (JNCAP)

幼儿用前向式 CRS 通过汽车座椅安全带或 ISOFIX 固定在汽车座椅上，通过连接在壳体上的 CRS 安全带达到约束儿童乘员躯干的目的。在幼儿用前向式 CRS 中，以五点式安全带最常见。其中，安全腰带可以约束儿童骨盆的运动，肩带则可束缚儿童躯干，使之始终保持在座椅范围内（图 10-17）。在速度为 50 km/h 的正面碰撞中，CRS 安全带的张力最高可达到 2 kN。儿童身体中能承受如此大冲击力的部位只有骨骼。因此，必须使 CRS 安全带通过锁骨、胸廓和骨盆。五点式 CRS 安全带不像三点式座位安全带那样会直接压迫胸骨，它的约束部位为左右两边的锁骨和胸廓。因此，使用五点式 CRS 安全带时，乘员的胸部压缩量很小。CRS 的安全胯带起到防止安全腰带从髂骨前端向腹部上方移动的作用。为了使安全腰带和中间的安全带扣在汽车碰撞过程中不至于压迫到腹部，安全带扣须安装在躯干的较低位置。

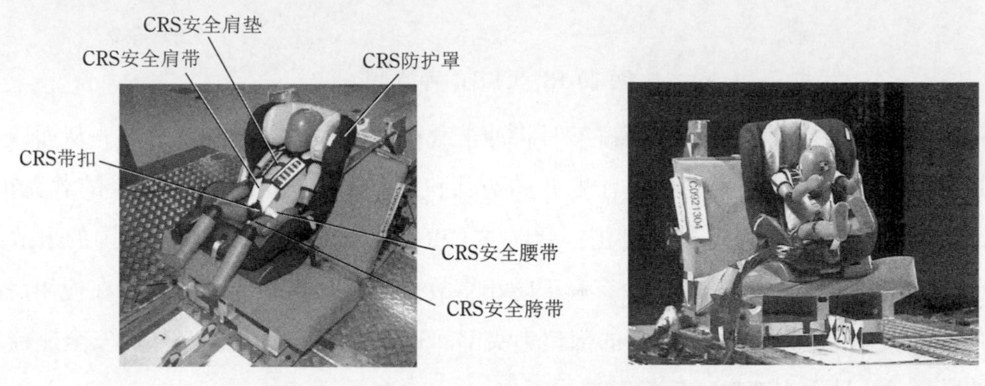

图 10-17 前向五点式 CRS 与儿童假人的运动特性

事故分析表明，使用前向式 CRS 时儿童的头部损伤最严重。虽然损伤多由儿童头部与车室内部结构接触而发生，但是，无论头部是否与车室内部结构接触，由角加速度引起的弥漫性脑损伤都很常见。相对于头部，颈部受伤的频率较低，然而一旦发生，便会是非常严重的损伤。一般情况下，胸部损伤很少发生。腹部的损伤通常是由 CRS 的安全带扣压迫腹部造成的，而肩部的伤害则以儿童的肩膀从 CRS 安全肩带中滑脱最为常见。

学龄儿童通常使用增高垫增加坐在汽车座位上的高度，因此要确保儿童佩戴安全带时，安全带通过儿童的髂骨和锁骨位置。交通事故分析结果显示，使用增高垫时，头部的损伤最严重。同时，由于成人安全带对学龄儿童有压迫力，肝脏、脾脏和肾脏等内脏的损伤也很常见。一般来说，高椅背增高垫的靠背配有安全肩带引导槽，可在斜向、侧面碰撞等各种碰撞情况下，使安全肩带始终保持在锁骨位置。发生侧面碰撞时，靠背的侧翼可以通过吸收碰撞能量来保护儿童头部和躯干等部位。同时，侧翼还可以防止儿童乘员睡眠时头部靠在车门上，使儿童保持正确的乘坐姿势。

利用座椅安全带固定 CRS 时，经常会出现安装完毕后安全带仍然松弛不紧固的误使用问题。为了防止这种错误，研究人员设计出了符合 ISO（国际标准化组织）标准的 CRS 固定方式（图 10-18）。ISOFIX 固定方式是指将安装 CRS 到汽车座位上时，不使用汽车座椅安全带，仅将 CRS 底下的 ISOFIX 接口插入车身上已有的 ISOFIX 锚固点中即可完成安装。另外，可使用支撑腿和上拉带（顶部栓带）防止 CRS 发生前向翻转。

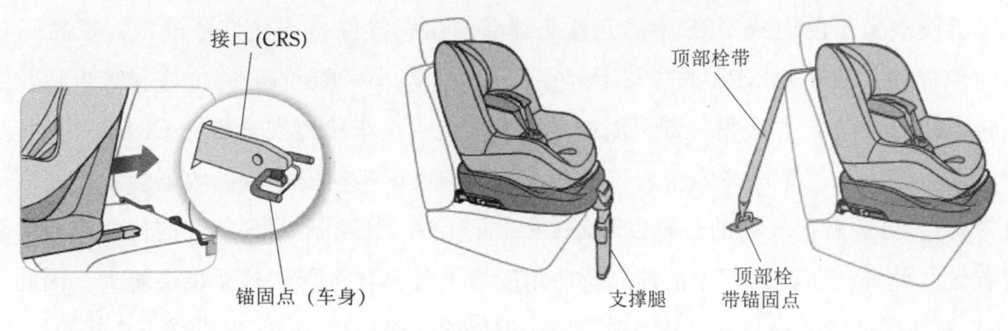

图 10-18　ISOFIX CRS[11]

10.5.2　乘员运动学响应

儿童乘员通过 CRS 安全带（背带）被约束于 CRS 中，同时，CRS 固定在汽车座位上，因此，儿童乘员在车内的约束方式是借由 CRS 与车室内部相连接，这种连接方式导致对于儿童乘员运动响应的分析变得非常复杂。

图 10-19 所示为台车试验中，使用前向式 CRS 的 3 岁儿童假人的运动响应和身体各部位的前向加速度 – 时间曲线。试验开始后，台车开始运动，同时 CRS 也开始移动，但由于受到汽车座椅安全带向后作用的拉力，CRS 的加速度逐渐增大。57 ms 时，CRS 安全带的拉力传递至约束在 CRS 中的儿童假人，但由于受到假人惯性力的作用，CRS 的加速度开始减小，同时，假人胸部和腰部的加速度开始增大，并在 75 ms 时达到最大。之后，假人头部的加速度在 105 ms 时达到最大，此时头部的前向位移量也几乎达到最大值。

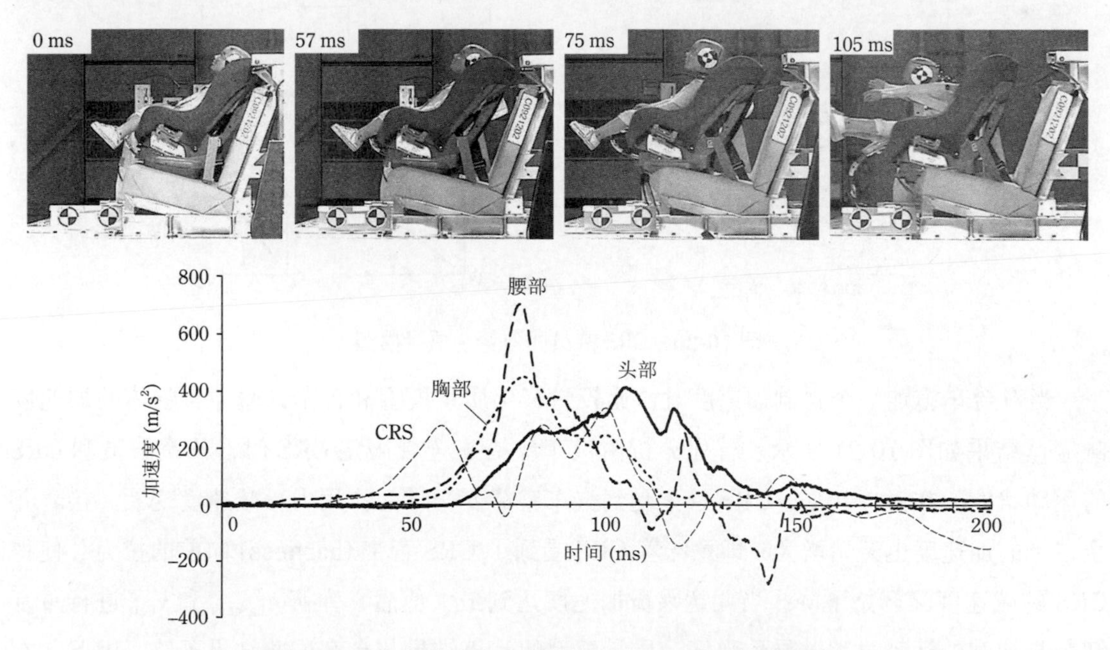

图 10-19　儿童乘员的运动学响应（UN R129 加速台车）

为了使乘坐于前向式 CRS 中的儿童头部前向位移量保持在允许范围内，控制好 CRS 的前向位移和儿童相对 CRS 的位移十分重要。为了减小 CRS 的前向位移和防止其发生前向翻转，CRS 的固定方法很关键。例如，通过三点式汽车座椅安全带对 CRS 进行固定时，需要使用可以卡住汽车座椅安全肩带的锁止机构和汽车座椅安全带的收紧装置。使汽车安全肩带穿过 CRS 背部较高的位置以降低 CRS 的重心，对控制 CRS 的前向位移和前向翻转非常有效。此外，当儿童躯干的前向弯曲角度增大时，其头部位移量也会增大。因此，增加 CRS 安全肩垫背面材料的摩擦系数可减小肩部的前向位移，同时也可减小头部的位移量。

下面通过汽车座位、CRS 和儿童乘员组成的弹簧 – 质量模型建立前向式 CRS 的儿童乘员运动方程，如图 10-20 所示。设儿童乘员的质量（如胸部质量）为 m，CRS 的质量为 m_{CRS}，连接乘员与 CRS 乘员的弹簧弹性系数为 $k_{harness}$，连接 CRS 和汽车座椅的弹簧弹性系数为 k_{belt}。乘员、CRS 和座位的位移分别用 x、x_{CRS} 和 X 表示，则乘员和 CRS 的运动方程如下：

$$m\ddot{x} = -k_{harness}(x - x_{CRS}) \tag{10-28}$$

$$m_{CRS}\ddot{x}_{CRS} = -k_{harness}(x_{CRS} - x) - k_{belt}(x_{CRS} - X) \tag{10-29}$$

将式 (10-28) 和式 (10-29) 相加，可得：

$$m\ddot{x} + m_{CRS}\ddot{x}_{CRS} = -k_{belt}(x_{CRS} - X) \tag{10-30}$$

式 (10-30) 表明，汽车座椅安全带受到乘员和 CRS 施加的惯性力的作用。

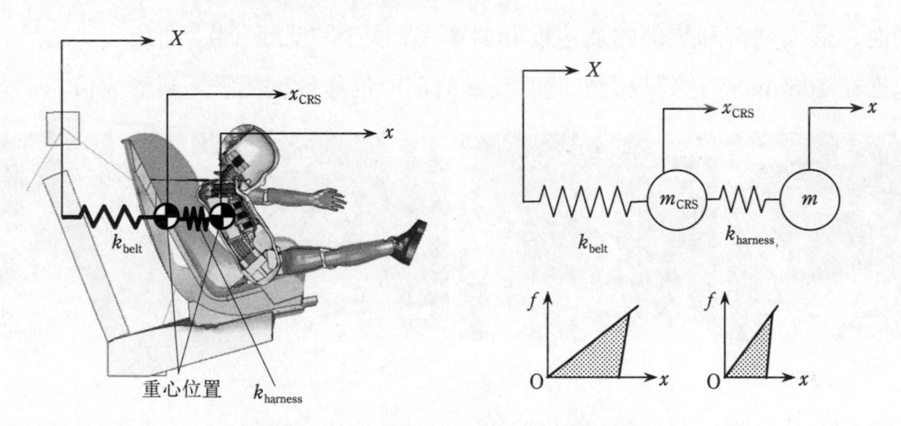

图 10-20 CRS 乘员的弹簧 – 质量模型

当对台车施加一个强制加速度时，比较弹簧 – 质量模型和台车试验中各物体的加速度响应，结果如图 10-21 所示。首先分析由汽车座椅安全带固定 CRS 时，儿童乘员和 CRS 的运动状态。在碰撞初期，CRS 首先受到汽车座椅安全带的作用力，减速度变大。接着儿童乘员的加速度也开始增大，即意味着 CRS 受到了 CRS 背带 (harness) 向前的拉力，使得 CRS 的减速度又开始下降。当儿童乘员加速度达到最大值后，弹簧 $k_{harness}$ 和 k_{belt} 进行重复卸载与加载的运动过程，导致弹簧 – 质量模型的计算结果与台车试验结果不符。因此，在

CRS质量较大的情况下，使用这种模型会使乘员的最大减速度几乎不发生变化。但是，从弹簧 k_{belt} 变形量变大的现象可以确定，质量大的CRS会使乘员相对座位的前向位移变大。而使用ISOFIX固定方式固定CRS时，由于CRS与汽车座椅直接固定，可以认为CRS和台车的加速度是等同的。

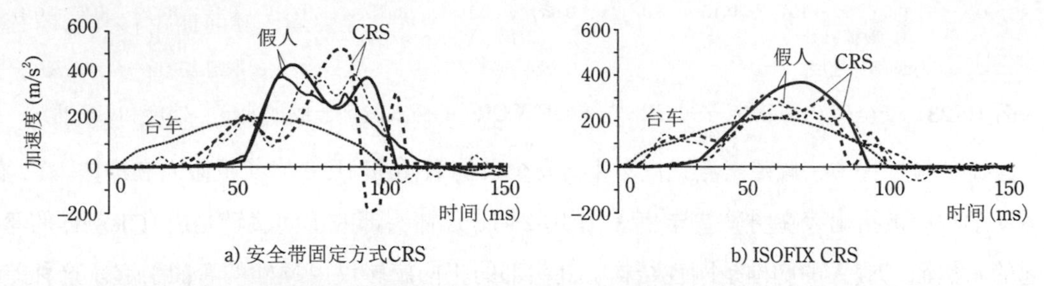

图10-21　质点模型的计算结果（粗线为弹簧－质量模型，细线为台车试验结果）

CRS的固定方式对乘员的运动响应有较大影响。图10-22所示为在加载UN R44减速度的台车试验中，Hybrid III 3岁儿童假人的运动特性。图10-22 a)、b)、c)分别为使用ISOFIX CRS、汽车安全带固定CRS且安全带无松弛和有100 mm松弛量的试验情况。从图10-20中可知，在ISOFIX CRS的试验中，由于ISOFIX接口与CRS下端的固定以及上拉带（顶部栓带）的作用，CRS的前向位移减少，同时连带儿童假人的前向位移减少。因此，我们认为使用ISOFIX的固定方式可使儿童头部与车室内的碰撞频率大幅下降，从而降低碰撞事故中儿童头部发生损伤的风险。

a) ISOFIX+顶部栓带固定

b) 安全带固定（安全带无松弛）

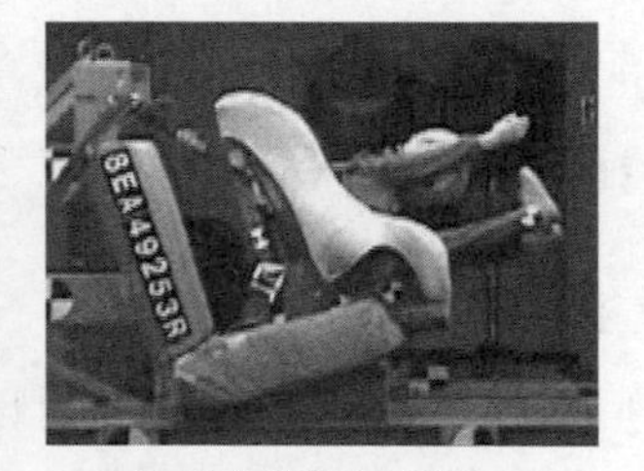

c) 安全带固定（安全带松弛量为100mm）

图10-22　CRS的安全带固定方式与ISOFIX CRS的假人运动特性

在使用座椅安全带固定方式且安全带有松弛的情况固定CRS下，碰撞时安全带的松弛量会通过安全带扣平均分配到安全肩带和腰带，假人的头部位移随松弛量的增大而增大。图10-23所示为假人胸部的三轴合成加速度－时间曲线、速度－时间曲线以及车室内减速度－位移曲线（GS曲线图）。使用ISOFIX固定CRS时，儿童乘员受约束的开始时刻早，乘员胸部与台车达到相同速度的时刻也较早。相比之下，使用汽车安全带固定方式且安全带有松弛量固定CRS时，乘员受到约束的开始时刻较晚，且约束开始时假人与台车已经有了较大的速度差，使得作用力急剧增大且作用于儿童假人上，致使假人胸部产生较大的加速度。

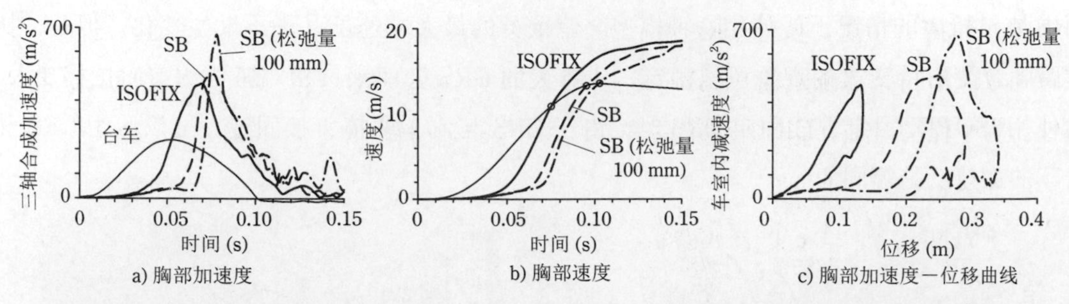

图 10-23 安全带 (SB) 固定方式 CRS 与 ISOFIX CRS 的假人胸部合成加速度、速度和 GS 曲线

碰撞试验过程中，佩戴三点式汽车座椅安全带的 Hybrid III 6 岁儿童假人和尸体（12 岁）的运动学响应被指出存在明显差异 [12]（图 10-24）。尸体头部的正向旋转是由脊椎整体的弯曲引起的。然而，假人的胸椎是刚性结构，其头部的正向旋转仅由颈椎的弯曲引起。这种差异导致假人颈部的剪切力、拉力和力矩值更大。但是，在头部的前方位移上，并没有发现儿童假人和儿童尸体有很大的不同。在仿真试验中，对比使用五点式安全带 CRS 的 Hybrid III 3 岁儿童假人和人体有限元模型（3 岁）的运动学响应可知，虽然两者的头部前向位移相同，但由于人体模型的脊椎整体可弯曲，所以其头部下沉量比假人更大。

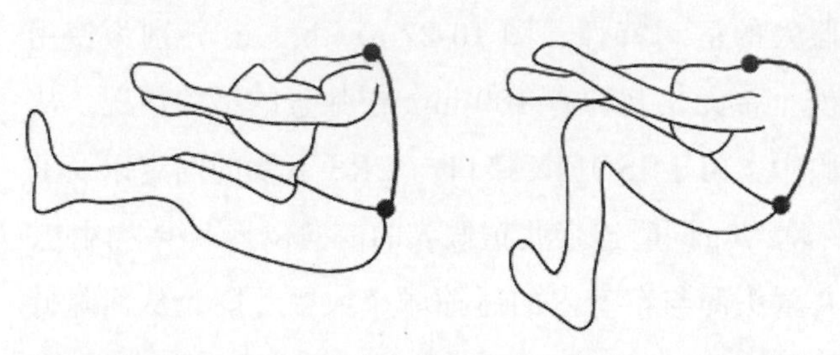

图 10-24 Hybrid III 6 岁儿童假人与尸体的运动比较 [12]

10.5.3 侧面碰撞

（1）乘员运动。

虽然车辆发生侧面碰撞的频率比正面碰撞低，但儿童在侧面碰撞中的重伤率却很高。在侧碰事故中，侧碰车辆（即试验车辆）受力的主方向与儿童乘员的受伤部位如图 10-25 所示。侧碰车受力的主方向分布在车左右两侧 45°~90° 之间。儿童乘员受伤较多的部位为头部和胸部，造成这些损伤的部件多为车门、门柱、CRS 和车前座。为防止儿童乘员在侧碰事故中受伤，保护头部最重要。因此，必须使儿童的头部始终保持在 CRS 的壳体内。

图 10-26 所示为在 ECE R95 法规中实行的实车正侧面碰撞试验中，乘坐在汽车后座的前向式 CRS 中的 Q3s 假人的运动学响应。碰撞开始后，车门扶手撞击 CRS 下部 (30 ms)，而后，CRS 侧面撞击假人的腰部和胸部 (40 ms)。紧接着，车门的腰线撞击 CRS 的上部 (60 ms)。由于车体受到侧碰后会有横向翻滚的趋势，因此车室受到撞击的一侧下沉。但即使如此，CRS 仍然向正侧方向移动。这使得 CRS 壳体侧面与车门撞击的位置相对初始位置要高一些。接着，假人头部侧弯，并与 CRS 壳体侧面相撞。由于 CRS 的上部和下部分别与车

门的腰线和扶手相撞，使得 CRS 和车门之间在乘员胸部垂直方向形成了间隙。这种“桥”式跨隙效应给与胸部碰撞的 CRS 壳体留出了侧面变形的余地，缓和了车门对胸部的作用力。另外，为了保护头部，CRS 侧翼的形状和变形能的吸收特性也非常重要。

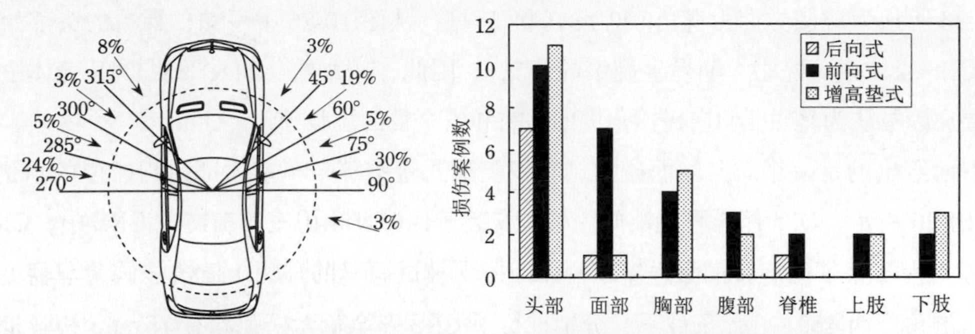

图 10-25　侧碰事故中侧碰车辆受力的主方向与儿童乘员的受伤部位（AIS 2 以上）[13]

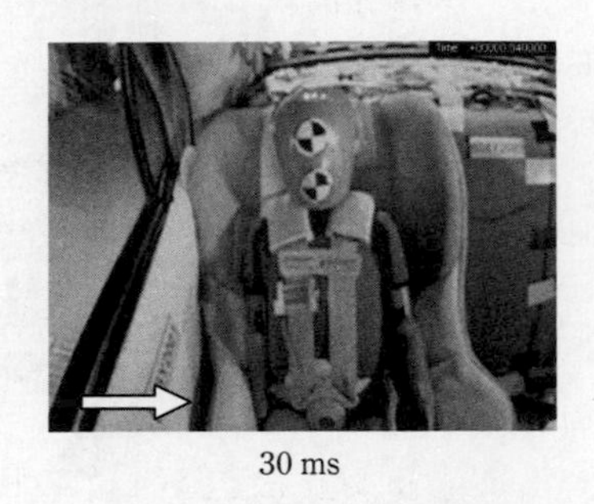

30 ms

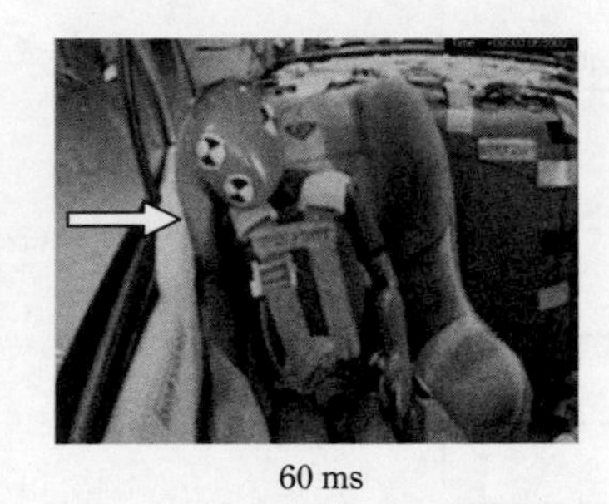

60 ms

图 10-26　小型车侧碰试验中儿童假人的运动

图 10-27 所示为侧面碰撞过程中车辆部件和人体部位的速度 – 时间变化图。碰撞开始时，车门先撞击 CRS。而后，CRS 将力传递给假人，假人的腰部、胸部和头部被持续加速，直到与侧碰车辆的速度相同为止。这个过程中，车门速度和车辆加速度是影响 CRS 乘客响应的两个主要因素。车门速度会对乘员腰部的加速度和胸部压缩量产生重大影响。而试验车辆加速度的影响会在碰撞的后半程显现。由于在侧碰过程中，乘员的头部最后才开始运动，因此，车辆加速度会对乘员头部的加速度造成重要影响。此外，后向式 CRS 安装于后座时，因 CRS 的侧翼与 B 柱靠近，故在车门接触 CRS 时，碰撞速度非常大。

（2）斜向侧碰。

在碰撞事故中，保护儿童乘员安全最重要的是令其头部始终保持在 CRS 壳体内。然而，根据

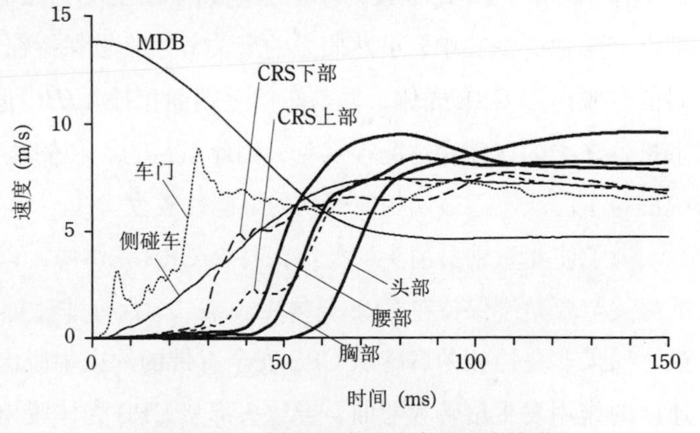

图 10-27　侧面碰撞试验中的速度变化

使用 CRS 的儿童乘员相关的侧碰事故调查分析显示，儿童乘员的头部与车室内部结构接触造成损伤的案例较多。其中有很多严重的损伤是因在车辆碰撞过程中，儿童乘员头部从 CRS 的壳体中脱出，头（面）部与座椅斜前方的车门内板或玻璃相撞所造成，如图 10-28 所示。图 10-26 所示为碰撞方向为直角 (90°) 的侧面碰撞，从图 10-26 中可知，乘员的头部始终保持在 CRS 壳体内（除去车辆发生翻滚的情况）。因此，儿童乘员的头部从 CRS 壳体中脱出的主要原因被认为是由于斜向碰撞角度的存在和安全带的松弛导致。

下面给出的是一个斜向侧面碰撞试验中验证儿童头部与车室内部结构碰撞的示例[15]。如图 10-29 所示，Q3s 侧碰假人被放置坐在安装于侧碰车辆后座的前向式 CRS 中，CRS 的固定方式为安全带固定。正面碰撞车辆（即撞向被试验车的车辆）撞击被试验车辆（侧碰车辆）的角度为 45°。在此条件下，分别进行了 CRS 安全带无松弛和有 75 mm 松弛量两种情况的试验。

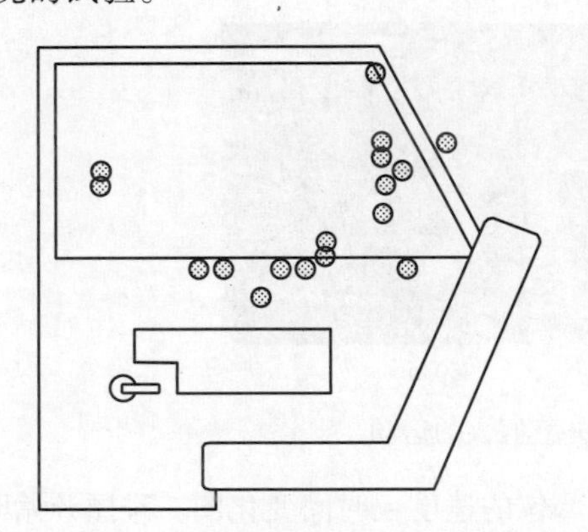

图 10-28 侧面碰撞事故中儿童头部与车室内的接触位置

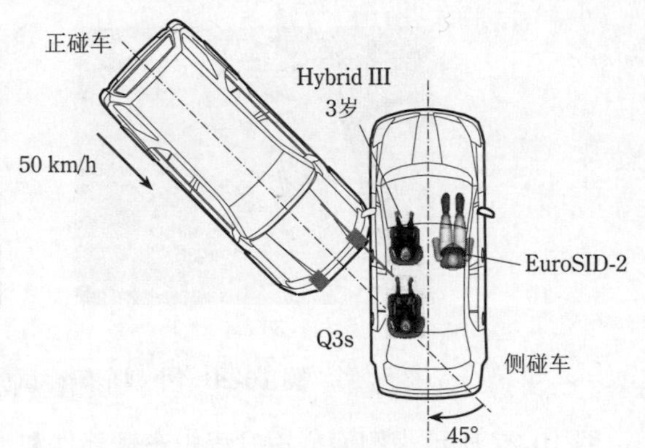

图 10-29 斜向侧面碰撞试验

图 10-30 所示为 CRS 安全带有 75 mm 松弛量的试验中假人的运动情况。碰撞过程中，由于假人的肩关节脱出 CRS 壳体并移动到门饰板处，使得假人头部的横向位移增大。最后头部撞击车室内部的位置为车门玻璃到车门上端面之间（*HIC* 值为 702）。而在 CRS 安全带没有松弛的试验中，虽然假人的肩关节始终被保持在 CRS 壳体中，但假人的头部依然从斜前方脱出了 CRS 壳体，并与车门上端面相撞（*HIC* 值为 299）。由于实际中像 CRS 安全带松弛之类的误使用情况很常见，因此可认为，在侧碰事故中儿童乘员头部从 CRS 壳体中脱出与车门或车门玻璃相撞受伤的可能性较大。

为了使儿童乘员的头部始终保持在 CRS 壳体中，以下两点非常重要。第一，碰撞一侧的肩关节要始终保持在 CRS 壳体中。第二，保证非碰撞侧的锁骨始终受 CRS 安全肩带的约束。如果非碰撞侧的肩膀从 CRS 安全肩带的约束中脱出，儿童的上半身就会因车辆斜向加速度的作用发生旋转和弯曲，导致头部从 CRS 壳体脱出，撞向车门上端面。此外，CRS 中连接左右安全带的胸夹对保持 CRS 肩带在碰撞过程中始终通过锁骨位置起到了重要作用。

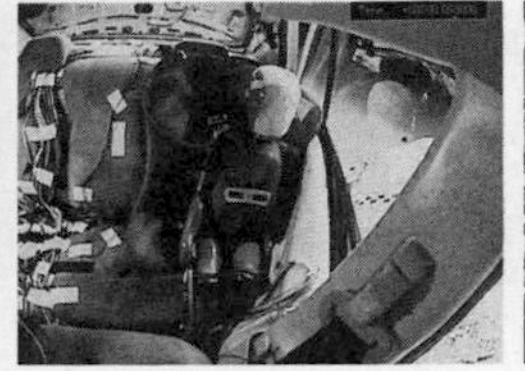

图 10-30　Q3s 假人的运动情况（松弛量为 75 mm）

10.5.4　认证试验

（1）UN R44。

UN R44 法规的动态正面碰撞试验方法如下：将被试的 CRS 安装在装有试验座椅（模拟实车座椅）的台车上。试验时需给台车一个可产生 50 km/h 速度差的加速度（使用加速台车时速度差为 52 km/h，如图 10-31 所示）。试验根据儿童的体重进行分组，0 组：10 kg 以下，0+ 组：13 kg 以下，I 组：9~18 kg，II 组：15~25 kg，III 组：22~36 kg。试验前，先申报该被试 CRS 是以哪个试验组为使用对象的制品，然后在对象组的范围内使用尺寸最大和最小的两个假人进行试验。其中，0+ 试验组是专为检测 1.5 岁以下的婴幼儿使用的后向式 CRS 设置的。全部的可供试验选择的儿童假人共有以下几种：P0（新生儿，3.4 kg）、P3/4（9 个月，9 kg）、P1.5（18 个月，11 kg）、P3（3 岁，15 kg）、P6（6 岁，22 kg）、P10（10 岁，32 kg）。0 组使用的假人为 P0、P3/4，0+ 组为 P0、P1.5，I 组为 P3/4、P3，II 组为 P3、P6，III 组为 P6 和 P10。其中，0 组与 0+ 组的试验是为后向式 CRS 的测试设定的。此外，支持前后双向安装的过渡型 CRS 在以 0 组与 I 组为使用对象进行试验时，向后安装时应使用 P0、P3/4 假人；前向安装时应使用 P3/4、P3 假人。

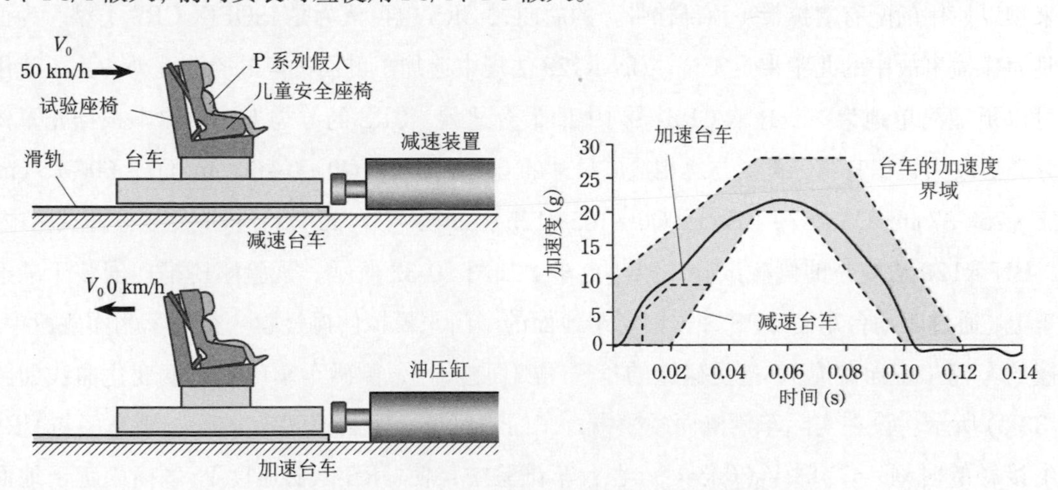

图 10-31　UN R44 试验（减速台车与加速台车）

试验座椅的上表面与座椅靠背前面的交线称为 Cr 线。前向式 CRS 试验规定，在碰撞过程中假人头部的前向位移不能超出 Cr 线 550 mm（如固定方式为 ISOFIX 且使用了防止前向翻转装置时，为 500 mm），向上的垂直位移不能超出 800 mm。后向式 CRS 试验中的规定值分别为 600 mm 和 800 mm。限制头部位移可以防止乘员头部与车室内部结构发生碰撞。此外，假人胸部的三轴合成加速度不能超过 539 m/s^2 (55 g)，胸部加速度的垂直分量不能超过 294 m/s^2 (30 g)（胸部加速度的垂直分量考虑了施加在颈部的力）。

（2）UN R129。

从 2013 年起，UN R44 的修订版 UN R129 开始生效 [16]，它将逐渐替换 UN R44 法规，直到成为唯一标准。第一阶段以通用型壳体式 ISOFIX Integral Universal CRS，身高 0~105 cm 为试验对象。这种 ISOFIX CRS 必须配备防止前向翻转装置，并且符合 UN R16 中规定的 CRF (Child Restraint Fixture) 尺寸范围。符合 UN R129 法规的 CRS 被称作 “i-Size”。从车的角度看，符合 i-Size 的车辆必须具备以下条件：可以搭载 R2 和 F2X 两种尺寸的 CRF，车辆的 ISOFIX 锚固点、上拉带（顶部栓带）锚固点和地板满足相关强度要求 (UN R14/R16 规定值)。如果汽车座椅能满足以上条件，就可以搭载所有的 i-Size CRS。第二阶段以 ISOFIX Non-integral（增高垫，身高在 100~150 cm）为对象，第三阶段适应于除前两个阶段以外的 CRS（即汽车座位安全带固定方式），直到最后 UN R129 完全取代 UN R44。

为了提高对乘员的保护性能，UN R44 中有多处被重新修订形成 UN R129。UN R44 中的 P 系列假人被生物逼真度更高的 Q 系列假人所代替。UN R44 中规定体重 9 kg 以上的儿童可以开始使用前向式 CRS，然而 UN R129 中明确规定 15 个月以内的儿童乘员必须使用后向式 CRS。通用型 CRS 的防止翻转装置在上拉带（顶部栓带）的基础上追加了支撑腿。因此，原来难以使用的配有上拉带（顶部栓带）的后向式 CRS 也可认为是 ISOFIX CRS 类型。为保护侧面碰撞事故中的儿童乘员安全，UN R129 法规中追加了侧面碰撞试验。此外，为了让用户可以更加简单地为孩子选购 CRS 系列中的最合适款，CRS 的分类方法由原本根据儿童体重分类更改为根据身高分类。与之相适应尺寸的 Q 系列假人 (Q0：0~60 cm; Q1：60~75 cm; Q1.5：75~87 cm; Q3：87~105 cm; Q6：105~125 cm; Q10：> 125 cm) 被应用于碰撞试验中。

UN R129 法规中的侧碰试验（减速台车）如图 10-32 所示。试验座椅横向安装于减速台车上，通过驱动台车使 CRS 冲击固定于地面的车门来模拟侧碰过程。在实车侧面碰撞中，碰撞的车辆（正面碰撞）、遭受碰撞的车辆（侧面碰撞）、侧碰车车门的速度变化曲线如图 10-33 a) 所示。设在实际车辆侧面碰撞中，车门相对于车辆的速度为 $V_R(t)$，则车门与 CRS 发生接触的时刻 $t=T_c$ 时 $V_R(T_c)=V_o$。在台车试验中，使 CRS 以初速度 V_o 碰撞固定于地面上的车门（如图 10-33 b)）。为了再现车室相对于车门的速度，使台车以速度 V_o 从时刻 T_c 开始以相对速度 $V_R(t)$ 的波形进行减速。

在实际的台车试验中，台车会以 25 km/h 的初速度碰撞处于静止状态的车门，并在规定好的域值内进行减速。与乘员损伤值相关的指标有头部位移（头部不能超过车门板上根据法规划线形成的特定的垂直面）、头部损伤基准 (*HPC*) 值为 600 (Q0, Q1, Q1.5) 与 800 (Q3, Q6)，头部加速度为 75 g (Q0, Q1, Q1.5) 与 80 g (Q3, Q6)。

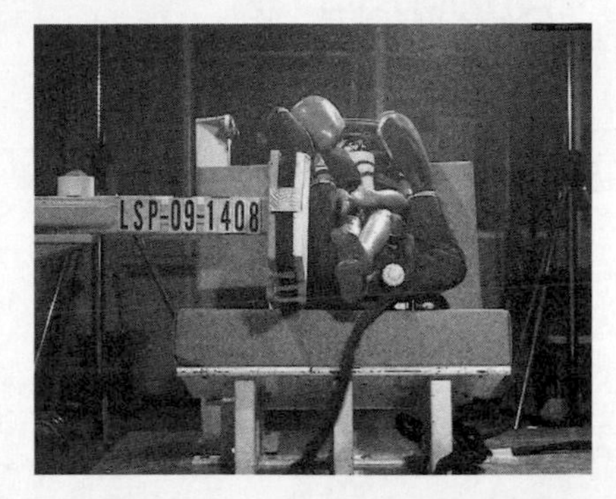

图 10-32　CRS 侧碰试验法（减速台车）[17]

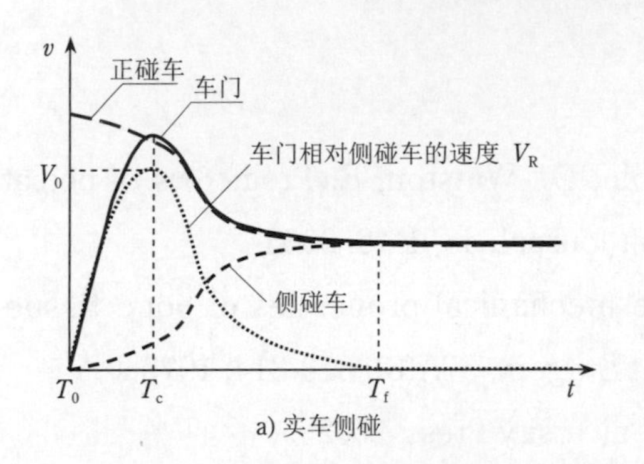

a) 实车侧碰

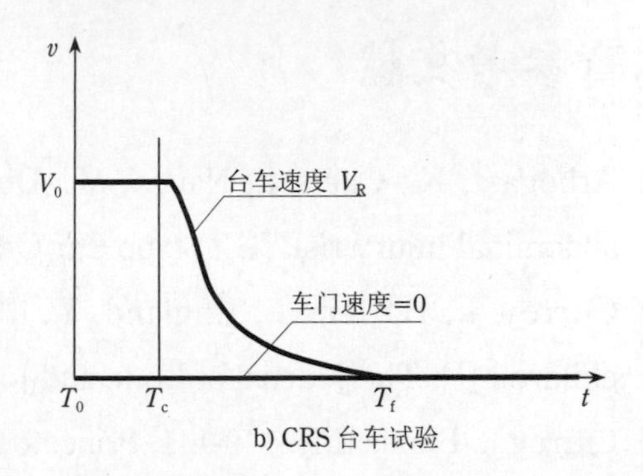

b) CRS 台车试验

图 10-33　减速台车试验中的速度变化

加速台车也用于 CRS 的侧面碰撞评估试验中。相对于减速台车系统，加速台车系统各部分之间仅有固定速度 V_0 是不同的。这是由于伽利略变换的关系，从各个系统的角度观察到的物体的运动是等价的。加速台车的速度是通过图 10-33 b) 中车门与台车的速度整体向下平移 V_0 得到的。在减速台车试验中，车门固定于地面，台车按照速度 $V_R(t)$ 的波形运动。而在加速台车试验中，车门的速度为一定值 $-V_0$，台车的速度为 $V_R(t) - V_0$。

在实际试验中，加速台车用到主、副两种台车。主台车（即车门台车）的上表面装有平移滑轨，副台车（即座椅台车）被安装在平移滑轨上，可做平滑运动（图 10-34）。因此，即使主台车平移滑动，副台车也会因惯性力作用停留在原来位置。固定在主台车上的车门以固定速度 $-V_0$ 运动。副台车因受到主台车上的蜂窝铝（控制副台车速度）的作用逐渐加速，按 $V_R(t) - V_0$ 的速度波形运动。图 10-34 b) 所示为与采用加速台车的 CRS 侧碰试验相关的速度图。由于车门是平面结构，因此，儿童乘员的腰部和胸部被同时加速，乘员的运动响应与实车侧碰时是不同的。乘员的头部因受到车门上端传递来的力，产生了非常大的加速度。所以在这类试验中，为减小儿童乘员头部的加速度，并使头部保持在 CRS 的壳体内，CRS 的侧翼形状和吸能特性非常重要。

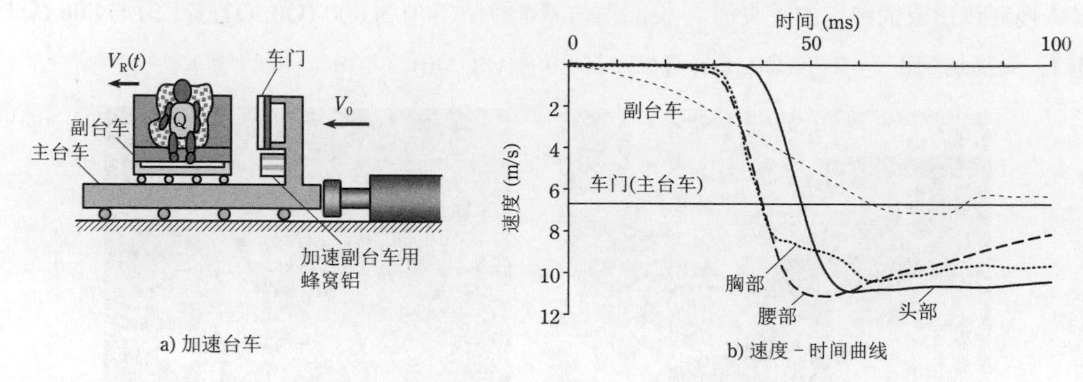

图 10-34 加速台车试验中各部分的速度变化

本章参考文献

[1] Arbogast, K., Chen, I., Nance, M., Durbin, D., Winston, F.. Predictors of pediatric abdominal injury risk [C]. Stapp Car Crash Journal, 48, 1-16, 2004.

[2] Currey, J., Butler, G., England, Y.. The mechanical properties of bone tissue in children [J]. The Journal of Bone and Joint Surgery, 57A(6), 810-814, 1975.

[3] Currey J.. Bones [M]. 140-141, Princeton University Press, 2002

[4] Irwin A. and Mertz H.. Biomechanical bases for the CRABI and Hybrid III child dummies [C]. SAE Paper 973317, 1997.

[5] Yamada, H.. Strength of biological materials [M]. The Williams and Wilkins Company, 1970.

[6] Eppinger, R. et al.. Development of improved injury criteria for the assessment of advanced automotive restraint systems – II [R]. NHTSA, 1999.

[7] AAMA. Proposal for dummy response limits for FMVSS 208 compliance testing [R]. Docket No. NHTSA 98-4405, Notice 1. AAMA S98-13, Attachment C, 1998.

[8] Prasad, P. and Daniel, R. A biomechanical analysis of head, neck, and torso injuries to child surrogates due to sudden torso acceleration [C]. SAE Paper 841656, 1984.

[9] Ouyang, J., Zhao, W., Xu, Y., Chen, W., Zhong, S.. Thoracic impact testing of pediatric cadaveric subjects [J]. Journal of Trauma, 61(6), 1492-1500, 2006.

[10] Weber, K.. Crash protection for child passengers [J]. UMTRI Research Review, 31 (3),

2000.

[11] CLEPA. i-Size pillars [C]. Informal document 55th session of GRSP (GRSP 55-37e-pdf), 55th GRSP, 2014.

[12] Shearwood, C.P., Shaw, C.G., Van Rooij, L., Kent, R.W., Crandall, J.R., Orzechowski, K.M., Eichelberger, M.R., Kallieris, D.. Prediction of cervical spine injury risk for the 6-year-old child in frontal crashes [J]. Traffic Injury Prevention, 4(3), 206-213, 2003.

[13] Mizuno, K., Iwata, K., Deguchi, T., Ikami, T., Kubota, M.. Development of a three-year-old child FE model [J]. Traffic Injury Prevention, 6, 361-371, 2005.

[14] Arbogast, K.B., Locery, C., Zonfirillo, M.R., Maltese, M.R.. Child restraint systems in side impact crashes [J]. Final report to the center for child injury prevention studies, 2009.

[15] Yoshida, R., Nomura, M., Okada, H., Yokohashi, M., Fujii, C., Mizuno, K., Yonezawa, H., Tanaka, Y., Hosokawa, N., Matsui, Y.. Identification of head injury mechanisms of a child occupant in a child restraint system in side collisions [C]. 22nd International Technical Conference on the Enhanced Safety of Vehicles, Paper number 11-0066, 2011.

[16] Economic Commission for Europe. Proposal for a new Regulation on Child Restraints Systems [S]. Geneua, 26-29, June 2012.

[17] Dorel. Presentation of a side impact step 1 proposal [C]. CRS-10-03, UN ECE GRSP Informal Group on Child Restraint Systems, 10th meeting, 2009.

第 11 章

挥鞭伤

挥鞭伤 (whiplash injury) 是指在车辆的低速碰撞中，伴随乘员头颈部运动发生的轻度颈部软组织损伤。这种损伤特别容易在停车中的车辆受到后方碰撞（追尾）的情况下发生。后方碰撞中乘员受轻伤的比例较多，死亡事故所占比小，但由于发生频率高，占保险金支付额度的比例大，社会成本也大。由于挥鞭伤为软组织的轻度损伤，很难通过 X 光或 MRI 等进行客观的诊断，因此损伤的判断主要是基于患者的诉说进行的。此外，由于挥鞭伤症状发展成慢性疾病的可能性较大以及使挥鞭伤发生的碰撞阈值不明确等原因，当事人与保险公司之间经常在身体损伤的支付和赔偿方面产生纠纷。

挥鞭伤作为发生在汽车后碰中的颈部损伤，由 Crowne 于 1928 年提出。使用“挥鞭”一词，是为了表现乘员的颈部在车辆后碰时发生如同鞭子一般柔软弯曲的运动。这种具有明显特征的运动会使颈部组织发生某种损伤，并引起多种症状（挥鞭伤症状）。由于“挥鞭”是仅表现了受伤机理而不是特定部位损伤的用语，因此临床上使用的是（外伤性）颈部扭伤、挥鞭伤相关障碍 (Whiplash Associated Disorder, WAD) 等用语。

挥鞭伤的相关障碍最初由魁北克州特遣部队 (Quebec Task Force) 于 1995 年定义，并做出系统的研究。魁北克的报告指出，“挥鞭是一种能量通过颈部传递导致的加速度 - 减速度的机理。它在车辆的追尾以及侧碰事件中经常发生，也会在跳水及其他事件中发生。冲击会引起骨或是软组织的损伤（挥鞭伤），并发展出多种症状（挥鞭伤障碍）。”虽然在上述定义中，碰撞方向仅被限于追尾和侧碰，但在正碰中也可见到挥鞭伤发生。

11.1　解剖学

颈部由第一颈部 (C1) 到第七颈部 (C7) 的 7 块脊椎骨组成（图 11-1）。其中，最接近颅骨的 C1、C2 与其他 5 块骨骼不同，前者被称为寰椎，后者称为枢椎。除此之外的椎骨 C3~C7 由椎体、椎弓、棘突、横突和上下关节突组成。椎弓围成的孔叫作椎孔，7 个颈椎叠在一起后，孔形成管状（椎管），其中有脊髓。颈部的横突上开有直径 3~5 mm 的小孔（椎管），颈部动脉从中间通过。寰椎上部有上关节面，与枕骨枕髁 (Occipital Condyle, OC) 形成寰枕关节，使头部能够前后运动，做出点头的动作。枢椎长有齿突，它嵌入寰椎前弓的椎孔中，头部和寰椎以此为轴进行旋转。

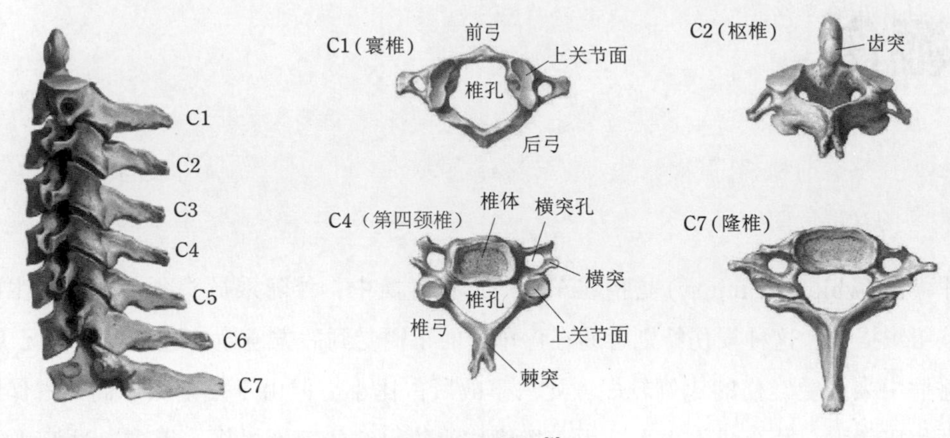

图 11-1 颈椎[1]

椎间的运动由椎间盘、关节突关节、韧带、肌肉共同决定（图 11-2）。椎间盘结合了上下椎体，可以根据脊柱的运动发生变形，以提高脊柱的可动性，同时也起到缓冲力学载荷的作用。关节突关节为上下重叠的椎弓上关节突和下关节突间的滑膜性平面关节。关节面虽薄，但被强有力的关节囊韧带所包围。椎间盘使椎体能在任意方向上运动，就像一个球形节点，如图 11-3 所示。同时，椎间关节还是决定运动方向的诱导因素，颈椎韧带限制了每个颈椎的运动区域。当颈部屈曲时，椎间关节的上关节面在下关节面上向前滑动。颈部的椎间关节面向后下方呈 45°，相比其他脊椎部位的关节面更接近水平。因此，颈部的椎间关节更容易进行水平面上的运动，如旋转和滑走运动，但稳定性差。

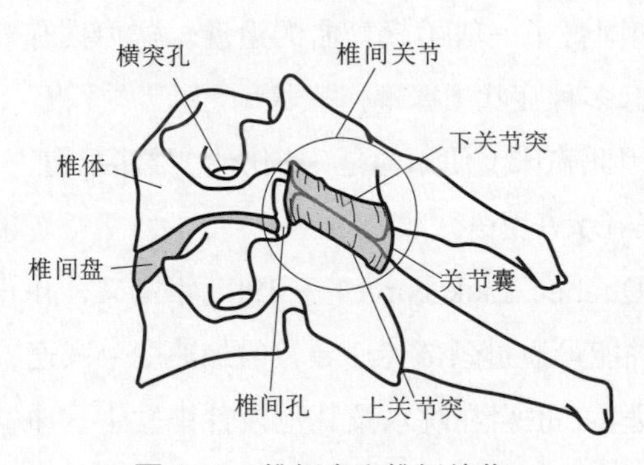

图 11-2 椎间盘和椎间关节

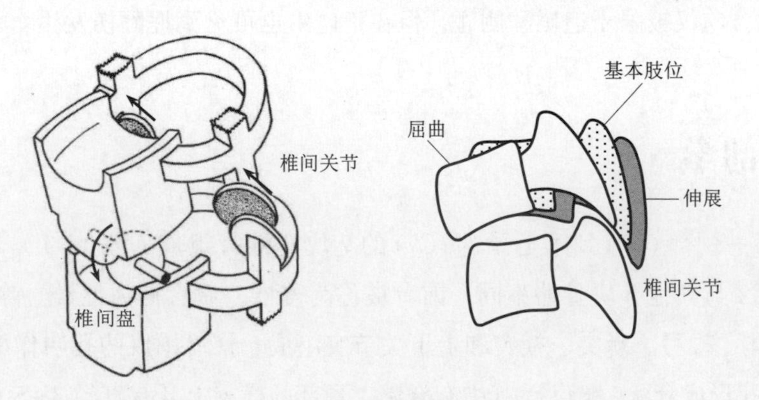

图 11-3 基于椎间盘和椎间关节的颈部屈曲运动[2]

脊髓处于椎管中，往上于枕骨大孔处与延髓相接，往下则延伸到第一腰椎下缘处。神经纤维束从脊髓表面向前后外侧伸出，形成前根以及后根（图 11-4）。前根由运动神经纤维构成，将动作电位 (impulse) 从脊髓向末梢传递。后根由感觉神经纤维构成，使动作电位从末梢向脊髓传递。在椎管中的后根中存在背根神经节 (dorsal root ganglion)，是神经节中有感觉神经的细胞体。背根神经节对外力十分敏感，即使只受到一点点压缩力作用，也会产生电活动和疼痛感。前根和后根汇合形成脊神经，并从椎间孔中伸出。在神经纤维中，脊髓到椎间孔出口的这部分叫作神经根。

在脊髓神经中，从颈部伸出的部分称为颈神经。第一颈神经到第八颈神经左右互为一对，总共八对。第一颈神经从枕骨和第一颈部之间伸出，其他的神经从椎间孔伸出。第八颈神经从第七颈部和第一胸椎间的椎间孔伸出。颈神经从椎间孔伸出后，分岔为较粗的前支和较细的后支。从后支向后方内侧分出的后支内侧支，分布于关节突关节囊及周围的韧带、肩部、背部的肌肉和皮肤。颈神经支配后头部、颈、肩、手腕和手的知觉和运动。脊神经的知觉神经纤维与皮肤有对应关系，节段地排列在一起（皮肤段）。因此，神经根症状会产生对应于神经支配领域的疼痛、放射性疼痛或感觉障碍。第二至四颈神经障碍的症状出现在以后头部、颈部的后、侧面以及上背部为中心的区域，第五至八颈神经障碍的症状表现在肩部、腕部、手和手指处。

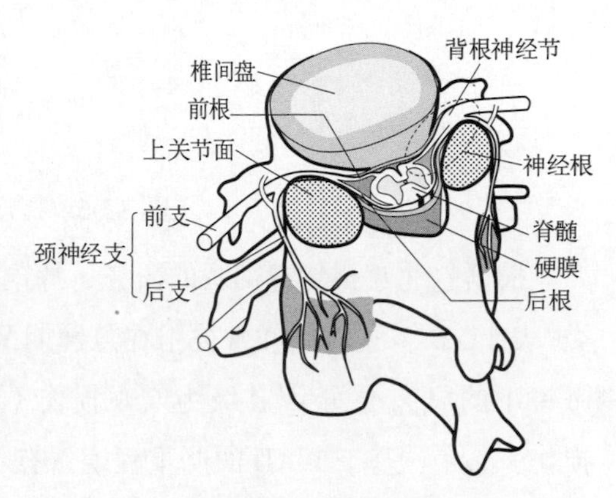

图 11-4　颈部的神经

11.2　挥鞭伤的症状

挥鞭伤症状分为刚受伤之后的急性期（受伤后 1 周 ~1 个月）、亚急性期（受伤后 1~3 个月）和慢性期（受伤之后 3 个月以上）3 个阶段，各个阶段可观察到其阶段特有的症状（图 11-5）。一般来说，挥鞭伤症状较少出现长期化的情况，80% 能在 1 个月以内治愈，需要 6 个月以上治疗时间的仅占 3%[4]。

受伤之初，由于轻微的脑震荡和颈部软组织损伤，会出现颈部疼痛、压迫感、紧张感、呕吐、意识混浊、头痛、上肢的麻痹感和无力感，但除去重症之外，大部分症状能在数小时内消失。在亚急性期中，由于支持颈部的组织损伤，常见到颈部疼痛、压迫感、紧张感、头痛、头重感、颈部运动受限、肩痛、呕吐、上肢的麻痹感、腰痛、颈部肌肉的压痛等症状。若挥鞭伤症状表现出超过 3 个月的慢性疼痛，则有可能是源于受损伤组织的疼痛，也可能是其他生理过程导致的疼痛的残留，总之，确定疼痛症状的原因很困难。在挥鞭伤症状中，也有由于心理或是社会原因导致的情况存在，因为这些原因，会出现初期为重症的患者恢复缓慢，甚至发展到慢性疼痛的情况。

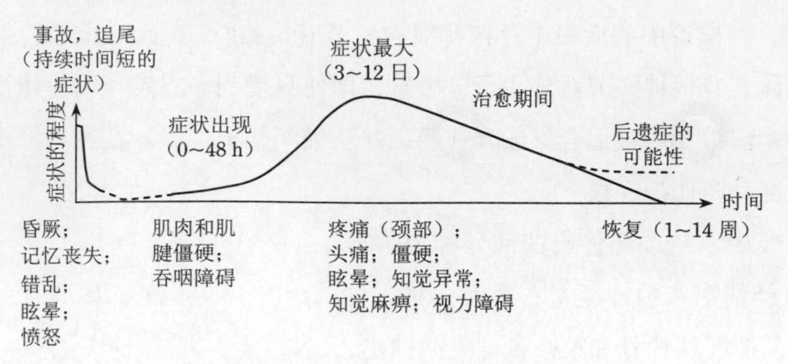

图 11-5　挥鞭伤症状随时间的推移 [3]

根据魁北克州特遣部队的研究，挥鞭伤相关障碍 WAD 在临床征兆和症状上被分为 5 大类(表 11-1)。这种分类常被用在急性期 WAD 的重症程度分类中。WAD I 级为微观损伤(显微镜下的肌肉损伤)，II 级为宏观损伤 (肌肉 / 骨骼 / 韧带等的损伤)，III 级为神经细胞的损伤 / 炎症。基于 WAD 的严重程度，有不同的治疗法和治疗时间。

根据魁北克报告的 WAD 分类　　**表 11-1**

级　别	症　状
WAD 0	对颈部无主诉 没有客观症状
WAD I	仅有颈部疼痛、僵硬、压痛的主诉 没有客观症状
WAD II	颈部主诉、肌肉骨骼症状 (可动限制，压痛)
WAD III	颈部主诉、神经学症状 (深部腱反射的减退或消失、肌力低下、感觉障碍)
WAD IV	颈部主诉与骨折或是脱臼

11.3　挥鞭伤的机理及损伤值

11.3.1　影响挥鞭伤的因素

设车辆质量为 m_1，初速度为 v_1 的车辆 1 与车辆质量为 m_2，初始速度为 v_2 的车辆 2 发生追尾，若设恢复系数为 e，则车辆 2 的速度变化 Δv_2 为 (参照式 (12-18))

$$\Delta v_2 = \frac{m_1}{m_1 + m_2}(1+e)(v_1 - v_2) \tag{11-1}$$

后碰车辆受到向前的加速度作用，并且由于靠背的作用，致使乘员也向前方加速（图 11-6）。

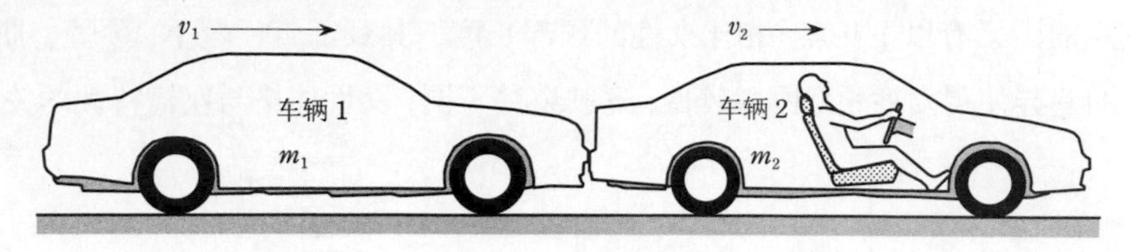

图 11-6 汽车的追尾

通过事故数据，可以对后方碰撞中车辆的冲击度（ΔV，车辆加速度）和挥鞭伤之间的关系进行分析，尤其是从安装在汽车上的数据记录仪获得的车辆加速度在分析中起到了很大作用[5,6]。根据分析结果，大多数的挥鞭伤在冲击度较低的情况下发生，具有代表性的 ΔV（撞击时的速度差）为 10~15 km/h。从图 11-7 上可以看出挥鞭伤症状和 ΔV、车辆平均加速度之间的关系。当 ΔV 为 15 km/h，平均加速度超过 4 g 时，挥鞭伤的发生概率增加，而 ΔV 为 30 km/h、平均加速度超过 7 g 的情况下发生的概率接近 100%。

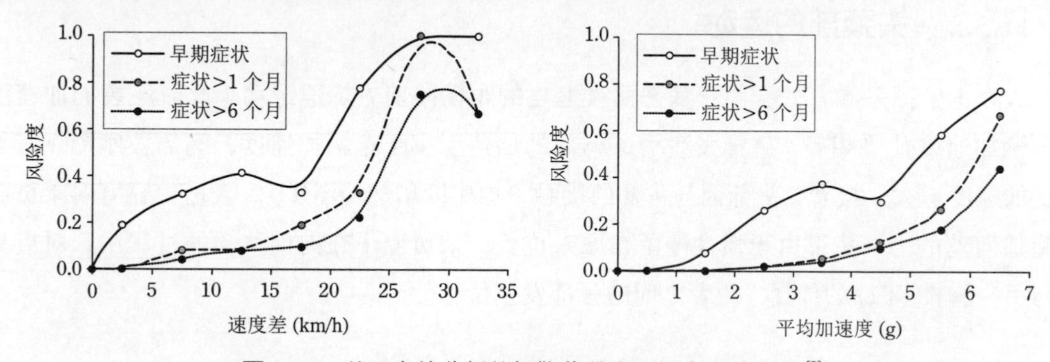

图 11-7 基于事故分析的挥鞭伤的发生概率和冲击度[5]

发生追尾的两辆车的车辆质量差会反映到加速度和 ΔV 中。己方车辆质量越小，对方车辆质量越大，发生挥鞭伤的概率就越高（参照式 (11-1)）。即使是质量相同的两辆车，发生挥鞭伤的风险度也可能有巨大差异，车体构造和座椅特性等也会对挥鞭伤发生的风险度产生影响。例如，对于车辆后保险杠后端装有牵引用拖车杆的车辆来说，安装部位周围的结构经过强化，刚度较高，但根据事故分析和实车试验，可以确认安装有拖车杆的车辆在受到追尾时，车辆的加速度变高，挥鞭伤发生的风险度增加。

座椅的特性对挥鞭伤是否发生有很大的影响。根据事故数据可知，使用防止挥鞭伤座椅能有效减少挥鞭伤发生的风险度。根据事故分析，在配备有防挥鞭伤座椅的车辆上，出现挥鞭伤后遗症的相对概率从 8.6% 降低到 4.3%[7]（图 11-8）。另外，由于头枕在合适的高度能够有效防止挥鞭伤的发生，但是在实际使用中却位置偏低，因此推断，若将头枕调整到正确的位置也可以进一步降低 42% 的损伤危险[8]。

根据乘坐位置，将发生挥鞭伤的风险程度从高到低排序，依次为驾驶席、副驾驶席、后排坐席。这可能是由于驾驶席乘员向前倾的坐姿使后头部与头枕的距离较大所致。另外，女性受挥鞭伤的风险比男性大，同时挥鞭伤防护座椅对女性的保护效果却更低。女性受挥鞭损伤的风险较高的因素有以下几点：相比女性的颈部长度，其颈部直径较小；颈骨、肌肉、韧带等解剖学上的差异使得女性颈部刚性较低；驾驶姿势不同；女性体格与座椅特性的关系等。

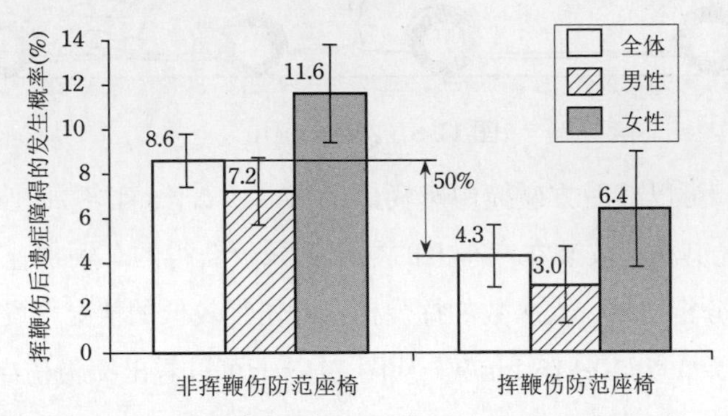

图 11-8 追尾事故中挥鞭伤后遗症障碍的发生概率 [9]

11.3.2 头颈部的运动

从静止坐标系看，处于停止状态而被追尾的车辆向前方加速运动。此时座椅的加速度和车辆加速度几乎相等。碰撞发生后，胸部的加速度小于车辆加速度，胸部被座椅靠背加速，加速度增大。接着，头部因与头枕的接触，加速度增加（图 11-9）。座椅靠背对乘员躯干施加向前的力，头部由于惯性停留在原来位置。乘员躯干在向前移动的过程中，对应头部与第一胸椎 (T1) 的位置，两者之间的颈部发生位移。

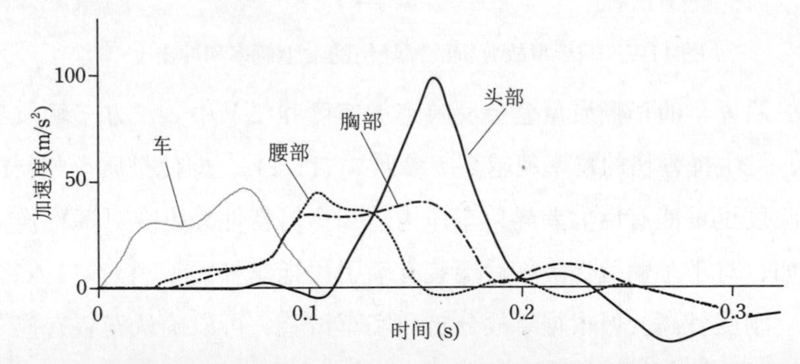

图 11-9 实车追尾的志愿者实验 (ΔV= 8.9 km/h) 中车辆与身体各部分的加速度 [10]

如图 11-10 所示，追尾碰撞过程中乘员的颈部运动分为三个阶段：头部后向移动、伸展、反弹。阶段 1（头部后向移动阶段）中，胸部受座椅靠背推动向前方向发生位移，但由于惯性作用，头部的位移发生延迟，头部保持在初始位置无旋转。颈部从下位颈骨开始按顺序伸展，暂时形成非生理性的“S 形”变形（上位颈椎屈曲，下位颈椎伸展）。一般认为，追尾碰撞中的轻度挥鞭损伤是在头部后向移动阶段发生的。此时颈骨间的角度变化要大于颈部自然伸展时的角度变化。

阶段2（伸展阶段）为从头部与头枕接触开始，到头部相对于胸部的后退量达到最大的时刻为止。由于胸部持续向前方运动，力传递到颈部，使上颈部的剪力和寰枕关节的力矩增加。结果，头部开始向后方旋转，颈部整体呈“C字形”伸展。阶段3（反弹阶段）为头部的反弹阶段。头部与头枕碰撞后，头部向前方反弹。此时，颈部呈与头部后向移动阶段相反的“S形”弯曲。

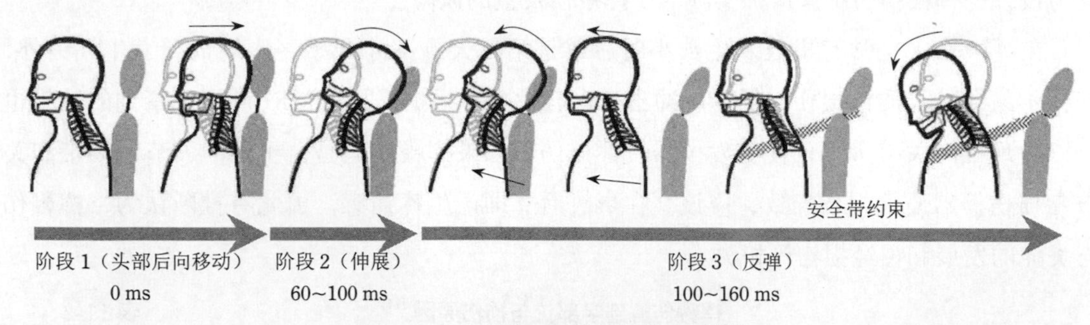

图11-10　追尾碰撞时的挥鞭运动[11]

在志愿者实验中，采用了射线活动摄影法(cineradiography)来研究颈部的运动（图11-11）。在头部后向移动阶段中，由于乘员受到来自座椅的力，脊椎从弯曲状态直立起来，使胸椎(T1)从下部向上顶起，在颈部处产生压缩力(44 ms)。颈部从下位颈部开始伸展，形成“S形”(110 ms)。此时，C5、C6之间的旋转角最大。颈部C5相对于C6的轨迹如图11-12所示。在颈部正常的自然伸展运动中，C5相对于C6如画弧线般旋转，旋转中心为C6，椎间关节面产生平滑运动。而挥鞭运动中可以观测到颈部在局部的急剧旋转，C5的瞬间旋转中心在C5内部。

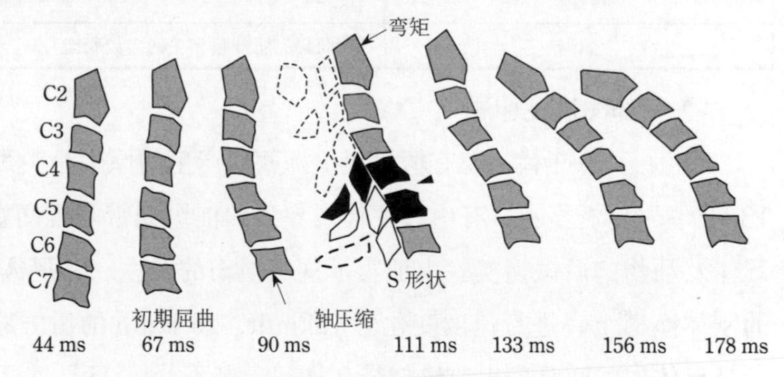

图11-11　志愿者实验（4 km/h，无头枕）的颈部轨迹[12]

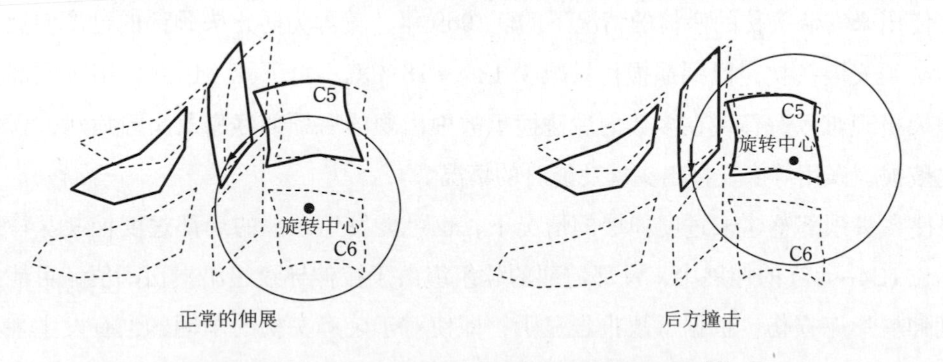

图11-12　颈部C5/C6的轨迹与C5的旋转中心[13]

11.3.3 挥鞭伤的产生机理

挥鞭伤的产生机理尚未得到医学方面的解答。挥鞭伤的初期损伤部位，有椎间关节、韧带、椎间盘、背根神经节、颈部肌肉等颈部的解剖学部位。关于挥鞭伤产生的原因有多种说法（表 11-2），其中有一种说法，推定症状的一部分是由器质性损伤引起的，与向颈部传递的力和颈部组织产生的形变有关。这种说法的间接证据，是有报告指出使用降低颈部受力设计的挥鞭伤防护座椅确实降低了挥鞭伤发生的风险。

在挥鞭伤中，常有事故发生数小时后或是第二天颈部才开始疼痛的情况发生。另外，其在不易导致器质性损伤的低速度冲击下也有发生。根据 CT 和 MRI 画面观察到的结果也可以发现椎间关节等部位没有发生器质性损伤。如果挥鞭伤只是由于椎间关节的韧带和关节囊损伤等器质性损伤导致，应该会在事故后立即产生疼痛感。由此有推断认为，挥鞭伤与炎症的发展和神经损伤等相关。

挥鞭伤解剖学部位与损伤原因 [14] **表 11-2**

解剖学部位	相关部位	损伤原因
关节突关节	C2/C3 C7/T1	关节囊的过度变形 滑膜襞被夹挤
韧带	枕髁 ~T1	过度变形
椎动脉	枕髁 ~C6	过度变形 / 受到夹挤
神经根	C3~T1	细胞膜的功能障碍
肌肉	与肌腱、肌外膜相关的多数肌肉	活动状态下的过度变形

1）颈部的过度伸展

20 世纪 60 年代，曾有假设提出挥鞭伤产生的原因是头颈部整体的过度伸展 [15]（图 11-13）。事故分析显示，有由过度伸展导致的前纵韧带和椎间盘撕裂等颈部损伤的案例发生。尸体及动物的后碰撞实验也证实了这些损伤的发生。将尸体以竖直坐姿安放在未装有头枕的刚体座椅上，进行速度变化为 15km/h，25 km/h 的后方碰撞台车试验，试验结果显示，三具尸体中的两具发生前纵韧带和椎间盘撕裂 [16]。只是需要注意的是，这样的颈部损伤是发生在使用未安装头枕的座椅的情况下的。1969 年，美国为防止头颈部的过度伸展，规定乘用车必须安装头枕，但颈部损伤只减少 13%~18%就不再下降。因此，用头颈部整体的过度伸展机理难以解释现在多数的后碰撞事故中出现的后颈部疼痛及头痛症状，仅可以解释头枕破损、误用等未发挥出头枕功能时的情况。

即使在头颈部整体未过度伸展的情况下，也可能发生颈部的局部过度伸展。特别是在颈部下位 (C4~C7) 的伸展中，颈部前部的软组织由于拉伸导致超出损伤阈值，可能发生局部过度伸展形态损伤。根据事故报告显示，即使对于装有头枕的车辆，也有发生乘员前纵韧带撕裂、椎骨前端剥离、椎间盘与椎体分离等颈部前部损伤的案例。试验和仿真模拟结果也显示，局部的过度伸展会导致损伤发生。另外，将尸体放置在装有头枕的刚体座椅上并对其从后方施加冲击时，也可观察到有过度伸展形态的颈部损伤发生[17]。仿真模拟的结果也显示，头部在后向移动阶段中，前纵韧带一些部分的变形接近于发生损伤的级别。

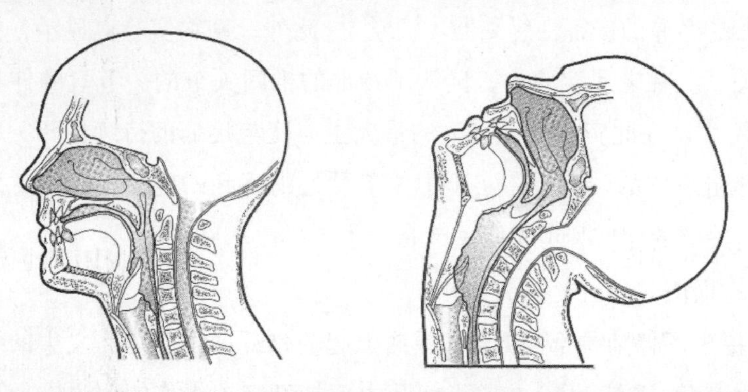

图 11-13 头颈部复合体的整体过度伸展；前纵韧带与椎间盘等颈部前方组织受到拉伸[18]

2）椎间关节的损伤

在追尾后的头部后向移动阶段中，当颈部变形为“S形”时，颈部下位的椎骨将发生局部伸展，在椎间关节沿关节面发生剪位移的同时，椎间关节产生前方分离，后方关节面压迫（图 11-14）。一般认为，与一般的椎间关节伸展运动不同的局部运动形态是挥鞭伤发生的主要原因。另外，颈部受到压缩后会使得肌肉和韧带松弛，使颈部的剪切模量下降[19]。这有可能使椎体的位移和施加在椎间关节上的载荷增大。

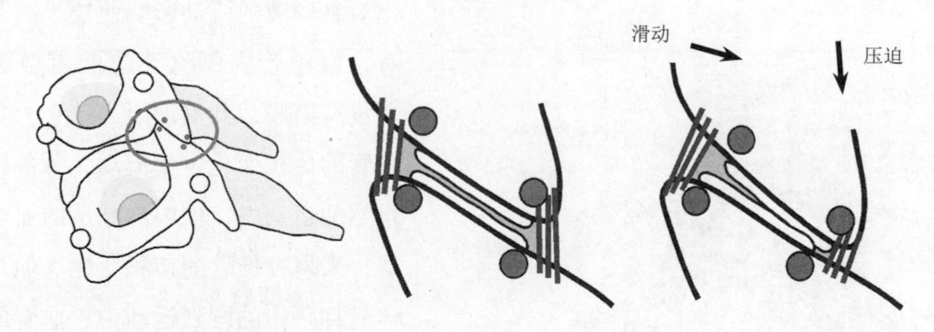

图 11-14 头部后向移动时颈部下位的运动；椎间关节发生前方拉伸，后方夹挤现象[20]

伴随椎间关节前方的分离，椎间关节囊向前方发生拉伸形变。在 C5/C6、C6/C7 的关节囊处发生的最大形变在自然的伸展状态下不超过 6%，但在施加后方冲击的尸体实验中达到 29%~40%[21,22]。这一数值相当于造成关节囊部分破损撕裂的最大形变 (35%~65%)。可以观察到，由于椎间关节处的拉伸载荷和剪切载荷，关节囊在组织被破坏前先产生了部分损伤[23]。并且，有报告指出，在头部旋转的姿态中，关节囊的最大形变可达到上述值的两倍[24]。另一方面，也有学说认为神经障碍的受伤机理为伴随椎间关节后方处的关节面碰撞，滑膜襞（关节囊的滑膜重叠卷折并突入关节腔形成滑膜襞，从关节囊内层的滑膜伸入关节腔内的薄褶皱状突出）发生夹挤，引发滑膜炎[12]。

由于神经传导阻滞具有缓和椎间关节疼痛的效果，于是可知在挥鞭伤的疼痛中存在与椎间关节相关的疼痛。在椎间关节的关节囊处，具有可以感知拉伸等机械性刺激的机械刺激感受器以及感受疼痛的侵害性感受器（痛觉）。此外，动物实验也显示，椎间关节与神经活动和疼痛感关联。在老鼠实验中，确认了颈部的椎间关节的关节囊的伸长与前足的疼痛症状并发的结果[25]。在此实验中，21% 的最大主应变与疼痛的持续性相关联，这个应变的大小与在后方冲击尸体的颈部单体实验中关节囊处观察到的应变等同。此外，人体有限元模型也由于椎间关节的伸展和剪切使关节囊产生同样大小的应变。

3）神经根的损伤

Aldman[26] 提出了伴随颈部的伸展 / 屈曲引起的颈部曲率变化而发生的椎管体积变化会造成椎管内压力变化，该压力会造成椎间孔内部神经组织损伤的假说。如果伴随椎管压力变化导致脊髓损伤，应该会造成包括下肢部位的各个身体部位神经障碍，但在挥鞭伤中却看不到这样的症状。对此，若假设压力变化将导致作为末梢性感觉神经细胞体的背根神经节（图 11-15）发生损伤，则能解释颈部痛、头痛、眩晕、视力障碍和上肢的神经症状等多种挥鞭伤症状。颈部的背根神经节损伤能在多方向的冲击载荷实验中被观测到，因此可以解释在不同冲击方向的事故中，挥鞭伤的症状较为类似的原因。

椎管的体积会随颈部的运动而变化。椎管内脑脊液的流动阻力较大，椎管内的体积变化对脑脊液的流动影响便较小。与此相对，沿椎管内侧流动的椎内静脉丛由于没有瓣膜，其流动阻力较小，且会因椎管的体积变化发生流动。颈部在通常自然的运动中，椎内静脉丛的血管会变动，来填补椎管的体积变化。但是，在伴随挥鞭伤的剧烈运动中，血管的流动阻力和流体的惯性质量会导致椎管内外间产生临时的压力梯度。可以认为，该压力梯度对背根神经节造成载荷，甚至产生一时的或是慢性的机能障碍。

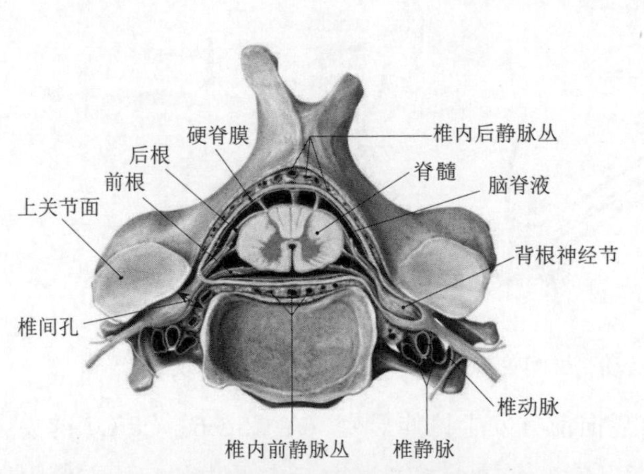

图 11-15 第四颈部处椎管中的脊髓和脊神经[27]

从猪的头部施加后向动态载荷的实验中，能够测量到椎管的压力变化（图 11-16），并且观察到背根神经节的损伤[28]。在此实验中没有发现椎骨、韧带和椎间盘有明显异常。这表明邻近节段没有发生超出损伤阈值的位移，并且可以推测出，相较于椎管的变形，压力变化是导致背根神经节变化损伤的主要原因。椎管内较大的压力变化与颈部开始伸展时的

"S形"变形有关。因此可认为此时颈部下位(C5, C6, C7)的过度伸展与挥鞭伤有关。

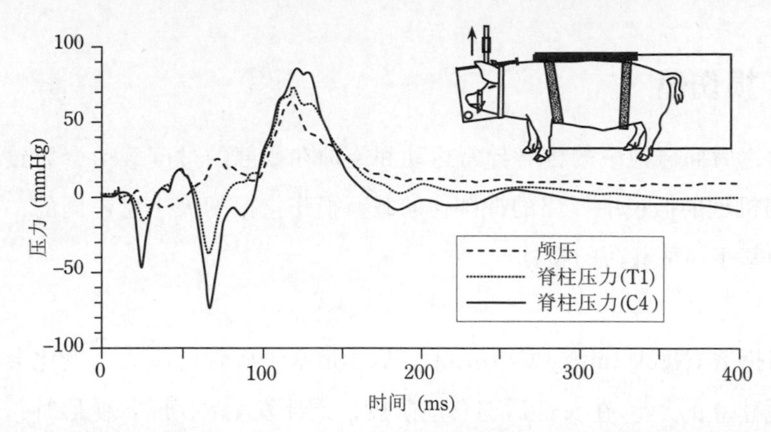

图 11-16 猪实验中椎管的脑脊液的压力变化(伴随颈部运动，压力急剧从负变正)[28]

4）肌肉损伤

肌肉的收缩会产生力。肌肉的收缩分为等长收缩和等张收缩(向心收缩、离心收缩)。肌肉在通常运动时，会随收缩力的发生而产生全长缩短的向心收缩。相对的，离心收缩是由于外力比肌肉的收缩力大时导致肌肉长度增加的现象。离心收缩时，肌节受拉超出肌纤维重叠范围而受到损伤的概率要比向心收缩高。

位于颈部前方的胸锁乳突肌参与颈部的屈曲，位于后方的头夹肌和头半棘肌等参与颈部的伸展。根据后方碰撞的志愿者实验可知，由于志愿者颈部有肌肉活动，因此其头部的运动比尸体小。在志愿者实验中，有很多例子可以看出，在冲击开始后的70~90 ms处，胸锁乳突肌的肌肉开始活动。这个开始时间包含在头部后退阶段中，因此认为肌肉活动有可能影响头部后退阶段中头颈部的运动或是肌肉损伤的情况。

胸锁乳突肌在头部后向移动和颈部伸展时，由于肌肉的起始点和停止点的长度增加，呈离心收缩状态(图11-17)。另外，由于肌肉产生的压缩力，颈部的轴向刚度虽增大，但剪刚度降低，因此可能影响到头颈部的运动和损伤情况。在挥鞭运动的回弹阶段，颈部屈曲，位于颈部后方的伸肌产生离心收缩。然而，虽然正面碰撞的载荷阶段比后面碰撞的反弹阶段冲击力更大，颈部的屈曲程度也更大，但挥鞭伤却没有如后面碰撞般报告得多。这个事实暗示，很难说明挥鞭伤回弹阶段中由于颈部屈曲导致的肌肉损伤为何会发生。一般来说，肌肉的损伤能被很快治愈，因此即使肌肉僵直这样的短期症状能够得到解释，但仍被认为

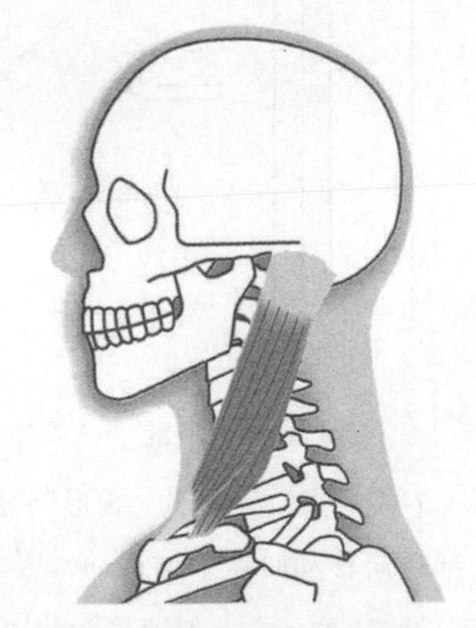

图 11-17 头部后向移动与颈部伸展时胸锁乳突肌的离心收缩

与慢性的挥鞭伤症状无关。

11.3.4 损伤值

可以认为，后面碰撞中的椎骨异常运动和施加在颈部的过度载荷会导致颈部损伤。不同的颈部损伤机理的假说中提出的挥鞭伤的载荷损伤指标的大小是不同的，可分为基于运动学的指标和基于颈部载荷的指标。

1）*NIC*

颈部损伤指数(Neck Injury Criterion, *NIC*)是基于椎管内压力的变化会导致背根神经节损伤的假说建立的[29]。在头部后向移动阶段，颈部发生“S形”变形时，颈部上位呈屈曲状态，椎管的体积增加，压力减小。而颈部下位呈伸展状态，椎管体积减小，压力增加。结果导致椎内静脉丛的血液从基底部沿向上方向流动，颈部下位和上位的压力耦合，颈部中位的流速变大（图11-18）。以上这个与颈部的运动同时发生的椎内静脉丛血流的压力变化被假定为背根神经节损伤发生的重要原因，它可以运用颈部运动学变量来表现。接下来，基于下面三个假定对颈部的“S形”变化导致的静脉丛血流进行公式化。

（1）血液的流动是沿着脊椎管方向或是横向的一维流动。

（2）椎管内的体积变化与头部和躯干的相对水平位移成正比。

（3）血液沿颈部的流动是由体积变化引发的，且流速与体积的变化率成正比。

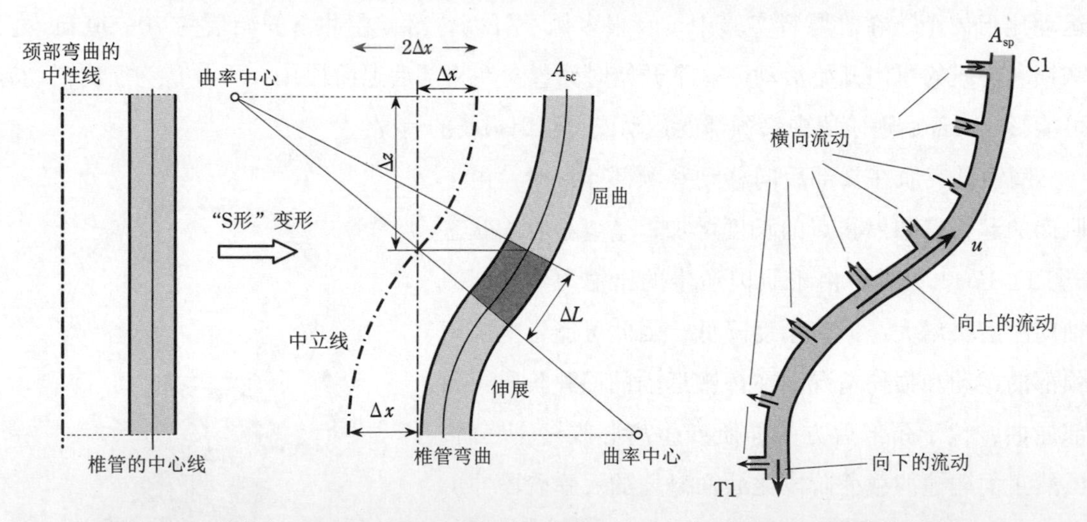

图11-18 椎管的“S形”变形引起的体积变化（左），与静脉丛的血流流向（右）

下面考虑与颈部的“S形”变形同时产生的颈部中位(C4)位置处的压力变化。由于头部后向移动时做平移运动，因此使用头部重心的加速度代替颈部上端（枕髁）的加速度。设T1的x方向加速度为a_x^{T1}，头部重心的x方向加速度为a_x^{Head}，则根据相对加速度$a_{rel}=a_x^{T1}-a_x^{Head}$，颈部上下端的相对水平方向速度$v_{rel}$可由式(11-2)表示：

$$v_{rel}=\int_0^t a_{rel}\,dt \tag{11-2}$$

颈部椎管的长度变化率可用颈部椎管的上半部分（或是下半部分）的长度变化 ΔL 和对应的相对水平距离变化 Δx 写成：

$$\frac{\Delta L}{\Delta t}=\frac{\Delta L}{\Delta x}\frac{\Delta x}{\Delta t}=\frac{\Delta L}{\Delta x}\frac{v_{rel}}{2} \tag{11-3}$$

设颈部 C4 位置的上下端静脉丛（截面积 A_{vp}）的血流速度分别为 u 和 0，因此静脉丛的体积变化可以近似为 $A_{vp}\cdot(u/2)$。若认为椎管的体积变化 ΔV 由静脉丛血流填补，则体积变化率 $\Delta V/\Delta t$ 可以用椎管的截面积 A_{sc} 表示为：

$$\frac{\Delta V}{\Delta t}=A_{vp}\frac{u}{2}=A_{sc}\frac{\Delta L}{\Delta t} \tag{11-4}$$

流速 u 可根据式 (11-3)、式 (11-4) 和静脉丛横向的泄漏系数 c_{leak} 得到，为：

$$u=(1-c_{leak})\frac{A_{sc}}{A_{vp}}\frac{\Delta L}{\Delta x}\cdot v_{rel}$$

设定 A_{sc}/A_{vp}，$\Delta L/\Delta x$ 的大小分别为 10，1/10。并且，当血液的流动较大时，泄露系数 c_{leak} 可以忽视，因此血液的流速 u 近似为：

$$u=v_{rel} \tag{11-5}$$

压力的变化产生流动。设流体密度为 ρ，黏度系数为 μ，作用于流体的力为 Z，则考虑了黏性的纳维叶－斯托克斯方程式（一维）(Navier-Stokes equation) 写为：

$$\frac{Du}{Dt}=-\frac{1}{\rho}\frac{\partial p}{\partial z}+\frac{\mu}{\rho}\frac{\partial^2 u}{\partial z^2}+Z \tag{11-6}$$

式 (11-16) 左边的 Du/Dt 为流速 $u(z,t)$ 关于位置和时间的函数，因此写为：

$$\frac{Du}{Dt}=\frac{\partial u}{\partial t}+\frac{\partial u}{\partial z}\frac{\partial z}{\partial t}=\frac{\partial u}{\partial t}+u\frac{\partial u}{\partial z}=\frac{\partial u}{\partial t}+\frac{1}{2}\frac{\partial(u^2)}{\partial z} \tag{11-7}$$

根据式 (11-6)、式 (11-7)，有：

$$\frac{\partial p}{\partial z}=-\rho\left\{\frac{\partial u}{\partial t}+\frac{1}{2}\frac{\partial(u^2)}{\partial z}\right\}+\mu\frac{\partial^2 u}{\partial z^2}+Z \tag{11-8}$$

可以认为，急剧的压力变化是挥鞭伤发生的主要原因，而黏性和体积力的影响则很小。忽略式 (11-8) 右边的 $\mu(\partial^2 u/\partial z^2)$ 和 Z，并根据式 (11-5) 的关系，压力变化可以写作：

$$\frac{\Delta p}{\Delta z}=-\rho\left\{\frac{\Delta u}{\Delta t}+\frac{1}{2}\frac{\Delta(u^2)}{\Delta z}\right\}=-\rho\left(a_{rel}+\frac{1}{2}\frac{v_{rel}^2}{\Delta z}\right)$$

以颈部上端（或是下端）到 C4 的血流为对象，将血液密度 ρ=1050 kg/m³ 和作为颈部长度的参数的 Δz=0.1 m 代入上式，可得：

$$\Delta p = -0.1 \cdot 1050\left(a_{\mathrm{rel}} + \frac{1}{2}\frac{v_{\mathrm{rel}}^2}{0.1}\right) \approx -1100\left(0.1 \cdot a_{\mathrm{rel}} + \frac{1}{2}v_{\mathrm{rel}}^2\right)$$

因此，C4 处受到的大气压负的压力变化大小为：

$$p_{\mathrm{a}} = -\Delta p = 1100\left(0.1 \cdot a_{\mathrm{rel}} + \frac{1}{2}v_{\mathrm{rel}}^2\right)$$

根据上式可以发现，p_{a} 的大小和猪的实验结果较一致。基于压力变化 p_{a}，损伤基准值 *NIC* 的定义如下：

$$NIC = a_{\mathrm{rel}} \cdot 0.2 + v_{\mathrm{rel}}^2$$

式中，$a_{\mathrm{rel}} = a_x^{\mathrm{T1}} - a_x^{\mathrm{Head}}$；$v_{\mathrm{rel}} = \int_0^t a_{\mathrm{rel}}\,\mathrm{d}t$，加速度使用 SAE 180 滤波器进行处理。

由此可见，*NIC* 可用头部重心和 T1 的相对加速度的差来计算，并和颈部的“S 形”变形相关联。设追尾碰撞开始到 150 ms 为止，到头部和头枕接触的时刻为止的 *NIC* 的最大值为 $NIC_{\max}$。$NIC_{\max}$ 的阈值为 15 $\mathrm{m^2/s^2}$，只要 *NIC* 在此值以下就不会发生长期障碍。此外 *NIC* 仅在头部后向移动阶段中有效，无法评估反弹阶段发生的损伤。

2）N_{km}

正面碰撞中的颈部损伤值 N_{ij} 由轴向力和弯矩组成（参照 1.10.3 节）。对挥鞭伤来说，颈部前后的剪力比轴向力更重要，因此 N_{km} 使用颈部的前后剪力和弯矩组合 [30] 表示。表 11-3 所示为 N_{km} 的 4 种类型。设枕踝的前后剪力为 F_x，绕枕踝发生的弯矩为 M_y，则 N_{km} 定义为：

$$N_{\mathrm{km}} = \frac{|F_x|}{F_{\mathrm{int}}} + \frac{|M_y|}{M_{\mathrm{int}}}$$

N_{km} 的阈值为 1。截距 F_{int}、M_{int} 为轻微症状 (AIS 1) 时的耐受限值。剪力不论正负，都使用 845 N，伸直力矩用 47.5 N·m，弯曲力矩用 88.1 N·m。以上值均为志愿者实验中不发生损伤的上限值。另外，N_{km} 还可以评估反弹阶段中颈部弯曲时受伤的风险。N_{km} 虽使用的是上颈部的载荷，而实际上挥鞭伤的常发部位为 C5、C6、C7 等较低部位，上颈部载荷 F_x、M_y 与颈部的“S 形”形变的形成时刻相关联。

N_{km} 的 4 种类型　　表 11-3

参　数	类　型	M_y	F_x
N_{fa}	前向弯曲	>0	>0
N_{fp}	后向弯曲	>0	<0
N_{ea}	前向伸张	<0	>0
N_{ep}	后向伸张	<0	<0

3）*NDC*

颈部位移基准 (Neck Displacement Criterion, *NDC*) 是一种将不发生损伤的颈部自然可活动范围 (natural range of motion) 用头部的位移和旋转角等运动学变量通过限制范围

(corrider) 表示的基准。它意味着，若数值超出限制范围外，则损伤风险高[31]。颈部的剪力、压缩力和弯矩反映了挥鞭伤的产生机理。可以认为，由于这些因素不断累积，导致了由头部枕髁 (OC) 到胸椎 T1 为止的颈部各个解剖学要素组成的颈部整体响应的发生，即产生头部的旋转以及前后上下位移。因此，即使挥鞭伤的产生机理和损伤发生的时刻不明确，也可通过 *NDC* 来评估与颈部整体相关的损伤风险。

图 11-19 a) 所示为后碰撞的全阶段中，头部枕髁 (OC) 相对 T1 的前后方向相对位移以及头部旋转角的关系所表示的颈部可动范围。下颈部的剪力和伸展力矩使下位颈部的椎间关节处产生载荷，这里认为该椎间关节受到的载荷与头部的后向位移及旋转角相关。x 轴的截距通过头部后向位移量 40 mm 处，该点为头部不发生旋转的后向位移，表示颈部的“S 形”变形。若头部的伸展角度进一步增大，那么颈部便会由“S 形”形变发展成过度伸展，头部发生更大的后向位移和旋转 (60°~80°)，包含上位颈部的全体颈部关节有遭受损伤的危险。

OC 相对 T1 的前后向位移及上下位移的可动区域如图 11-19 b) 所示。若对颈部施加压缩力，则肌肉和韧带产生的松弛会使颈部的剪刚度减小，椎骨的位移增大。因此，若 *NDC* 中头部的下方位移增大，则被容许的头部水平方向位移增加。通过将从台车等试验中得到的颈部响应轨迹绘制于图 11-19 a)、b) 中，并观察数值是否在限制范围内，可预估颈部的损伤风险。

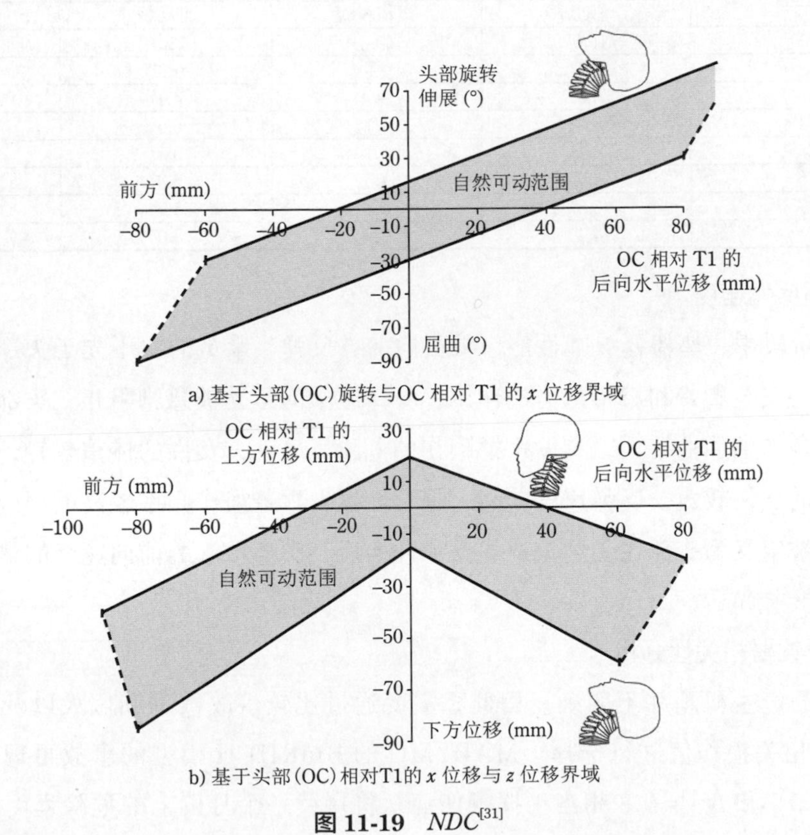

图 11-19 *NDC*[31]

4）*IV-NIC*

基于各椎骨的伸展、弯曲角超过生理界限 (physiological limit) 时颈部发生损伤的学说，IV-NIC 基准 (Intervertebral Neck Injury Criterion)[32] 由各个椎骨的旋转角 $\theta_{\mathrm{trauma},\ i}$ 与可动域的比值定义如下：

$$IV\text{-}NIC=\frac{\theta_{\mathrm{trauma},\,i}}{\theta_{\mathrm{physiological},\,i}}$$

IV-NIC 的评估范围为头部枕踝到 T1 的各椎骨之间。通过将颈部单体的下端固定，对上端施加力矩的试验可得出各椎骨之间的生理运动角 $\theta_{\mathrm{physiological},\ i}$ 见表 11-4。*IV-NIC* 与软组织的损伤有关，可详细预测出椎间位置、重伤度、时刻和模式等损伤发生的信息。但是，*IV-NIC* 需要各椎骨发生的旋转和人体一样，因此难以通过假人的数据得到 *IV-NIC*。

通过将尸体颈部单体装在 BioRID 假人上得到的 HUMON (Human Model of the Neck)，能够对 *IV-NIC* 和颈部损伤值进行比较 [33]。结果发现，*IV-NIC* 与 *NIC*，N_{km}，N_{ij} 存在相关性，*IV-NIC* 的损伤阈值相当于 NIC=14.4 m/s^2，N_{km}=0.33，N_{ij}=0.09。另外还得知，即使头部相对于 T1 的运动较小，颈部也会发生损伤。

IV-NIC 的阈值例 [34] **表 11-4**

椎骨间位置	伸展		屈曲	
	可动域	损伤阈值	可动域	损伤阈值
C0/C1	13.0°	—	11.5°	—
C1/C2	6.7°	—	10.4°	—
C2/C3	5.2°	—	4.4°	2.7
C3/C4	5.0°	1.1	6.6°	3.0
C4/C5	6.1°	2.1	5.5°	1.9
C5/C6	6.5°	1.5	5.3°	—
C6/C7	7.8°	1.8	5.5°	2.3
C7/T1	4.3°	2.9	3.0°	3.5

5）**头部反弹速度**

在反弹阶段中，座椅释放弹性能，乘员向前方反弹。乘员的躯干先于头部受到座椅的反弹。但由于安全腰带和肩带的力的作用，身体躯干的运动被急剧阻止，头部继续向前方移动，因此颈部的屈曲增大，有发生挥鞭伤的危险。另外，女性的体重较轻，座椅变形中弹性域所占的比例较大，反弹速度较高，是女性发生挥鞭损伤频率较高的原因之一。头部的反弹速度被定义为头部在受到头枕的反弹开始后，头部重心的前向速度的最大值，可以通过图像解析求解。

6）**事故数据相关性分析**

挥鞭伤的产生机理并不明确。因此，需要通过比较事故数据和假人以及电脑模型的损伤值，对相关损伤值进行选择。MADYMO 的 BioRID II 模型的事故再现模拟结果显示，$NIC_{\max}$=15 和 N_{km}=0.8 相当于挥鞭伤症状将持续一个月以上的危险程度的 20%（图

11-20）。NIC_{max} 和 N_{km} 分别根据不同的变量与损伤风险相关联，因此认为将两者并用是合适的。另外，通过根据事故数据对其他损伤值进行的挥鞭伤相关研究得知，除 *NIC* 外，颈部载荷、T1 加速度、头部相对 T1 的位移和角度等，也是与症状有很强相关性的损伤值（表 11-5）。另一方面，头部与头枕的接触开始时刻和头部反弹速度等数据与挥鞭伤的相关性较小。

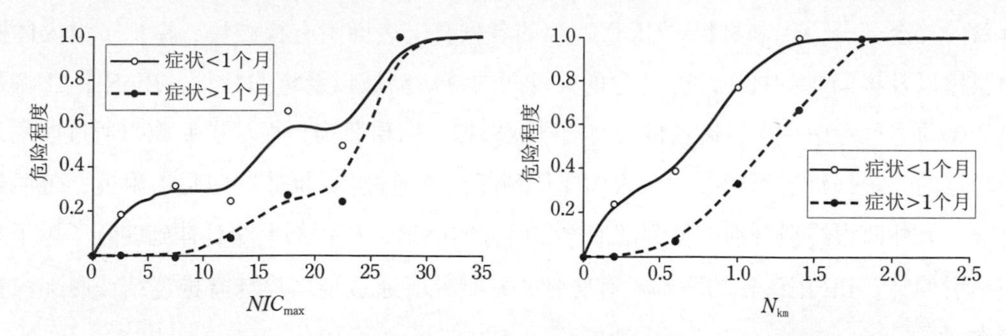

图 11-20　NIC_{max} 与 N_{km} 的受伤概率[5]

基于与事故数据相关性的损伤值　　**表 11-5**

受伤分类	Davidsson[35] 后遗障碍 <3.5%	Ono[36] WAD 2+ 危险度 5% ~95%	Kullgren[5] 超过一个月的症状 20%
NIC_{max}	25 m²/s²	8~30 m²/s²	15 m²/s²
N_{km}	—	—	0.8
上颈部剪载荷 F_x	210 N	340~730 N	—
上颈部拉伸载荷 F_z	—	475~1130 N	—
上颈部弯矩 M_y	—	12~40 N·m	—
下颈部剪载荷 F_x	—	340~730 N	—
下颈部拉伸载荷 F_z	—	257~1480 N	—
下颈部弯矩 M_y	—	12~40 N·m	5 N·m
相对 T1 的 OC 位移	22 mm	—	—
相对 T1 的头部角度	6°	—	—
T1 加速度 x	140 m/s²	—	—
L1 加速度 x	110 m/s²	—	—
L1 加速度 z	64 m/s²	—	—
椎间关节囊最大主应变	—	0.08~0.24	—
椎间关节囊剪应变	—	0.05~0.13	—
椎间关节囊最大主应变速度	—	2.68~10.8	—

11.4　BioRID

BioRID II（图 11-21、表 11-6）是为评估后方冲击中座椅与头枕的性能而开发的假人。Hybrid III 的颈部被指出在模拟后碰撞中的人体响应时刚度太高。为此，研究人员进行了针对 Hybrid III 颈部替换的研究，并开发出了 RID 颈部以及 TNO RID 颈部。此外，还开发出了专用于后碰撞的全身假人 BioRID。继 BioRID P1，P2，P3 之后，现已更新至 BioRID II。另外，还开发出了相对于 Hybrid III，具有柔软的颈部、脊椎，内装有 THOR 假人的胸腔的后碰撞用假人 RID 2。

BioRID II 的脊椎由颈部 C1~C7、胸椎 T1~T12 和腰椎 L1~L5 组成，与人体拥有相同数量的椎骨（图 11-22）。C1 的上表面与头部金属板连接，安装有上颈部载荷传感器。该脊椎（特别是胸椎）可使 BioRID II 实现接近于座椅靠垫和人体间的相互作用。除 T1 外的椎体均由树脂材料制成，上下分别有铰接点，可沿正中矢状面做旋转运动。T1、头部金属板和骨盆的接合部分为铝制材料。BioRID II 的各椎骨上表面附有橡胶块，模拟了由人体椎骨间的肌肉以及椎间盘的抗压缩性产生的椎骨间的可活动域以及弯曲特性。BioRID II 将颈部肌肉产生的力也考虑在内，通过椎骨间的刚度模拟了深层肌肉，而浅层肌肉则通过以颈部上端为起点的三根缆绳进行模拟。一根缆绳从颈部椎体通过 T4 椎体的阻尼器附近，再回到颈部上端。另外两根缆绳分别模拟颈部前方和后方的肌肉，从颈部上端延伸到安装于躯干右侧的缆绳引伸计。BioRID II 的胸部没有肋骨，硅制外套通过连结拴与脊椎连结，腹部内置且注满水。

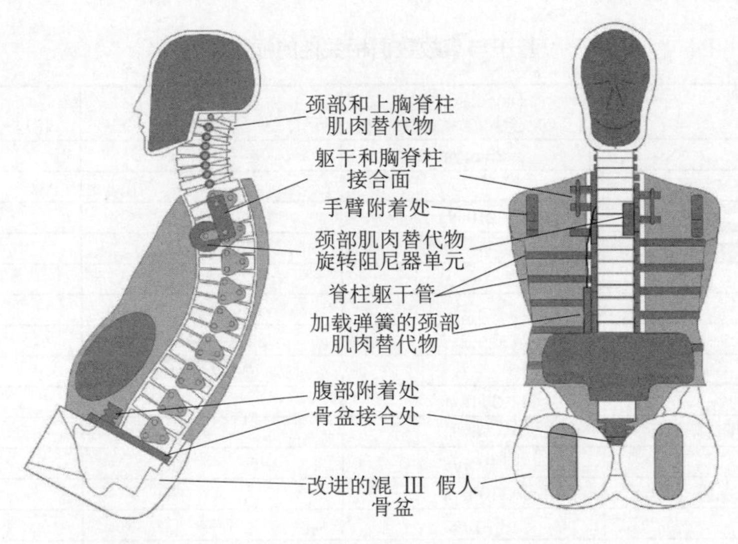

图 11-21 BioRID II

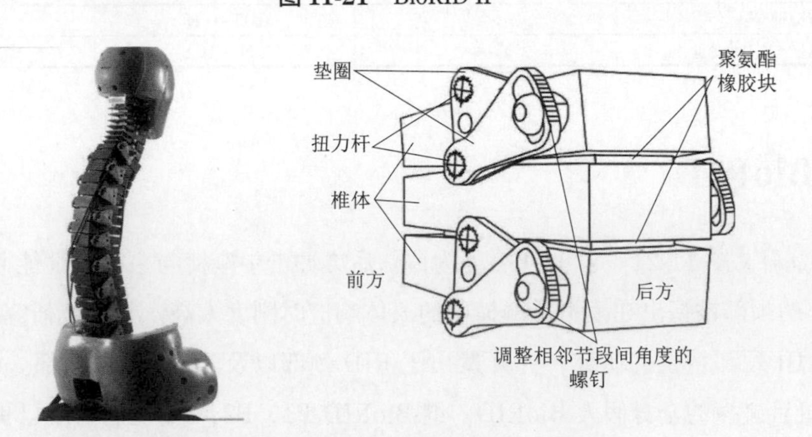

图 11-22 BioRID II 的脊椎结构（右为胸椎）

在美国，有报告称 Hybrid III 假人的后碰撞响应与尸体相同，可用于后碰试验[37]。但一方面，将 BioRID II、RID 2、Hybrid III 假人放在 ΔV（7~9 km/h，3.5 g 峰值）志愿者试验中比较发现，BioRID II 和 RID 2 的头部运动与志愿者类似，但 Hybrid III 却显示了不同的运动[38, 39]。其中，BioRID II 的生物逼真度最高，且具在引起头部响应时间延迟的颈部“S形”形变。另外，将 Hybrid III，BioRID P3 假人的响应与使用冲击器撞击志愿者及尸体胸背部的试验进行比较发现，比起 Hybrid III，BioRID P3 在低速、高速碰撞下，其头部相对于 T1 的位移和角度的生物逼真度更高[7]，而 Hybrid III 的低生物逼真度是由高刚度的胸部脊骨箱引起的。

11.5 试验法

挥鞭伤试验法适用于对座椅性能的评估，由 IIWPG（International Insurance Whiplash Prevention Group，由 IIHS、Thatcham、Folksam 等保险界组成）、EEVC、ISO、UNECE 和 NHTSA 等制定。试验法分为静态的头枕几何学位置测量试验和使用假人的动态试验。由 IIWPG 制定的试验法[40,41]通过动态试验的颈部载荷等基本损伤值来评估座椅的性能。EuroNCAP 则在 IIWPG 的试验方法中加入了基于挥鞭伤机理假说的损伤值进行评估[42]。本节将会对 IIWPG 和 EuroNCAP 这两种具有代表性的座椅评估试验法进行描述。

11.5.1 头枕的几何形状

为了抑制乘员颈部的“S 形”变形，必须将头枕调整到适合的位置。将头枕高度调到比头部重心高的位置，可以抑制头部相对躯干的后向位移。但是，为了追求更大程度地减轻损伤程度而将头枕提高到超过头部重心的高度是不可取的。若头部和头枕间的间隙在适当的位置，则后头部会在头部后向移动阶段的较早时刻就与头枕接触，使头部的后向位移减少，颈部的“S 形”形变也会减轻。若头部与头枕间距离较大，则后头部和头枕的相对碰撞速度增大，头部受到的冲击力也会增大，这将导致颈部上下端的力和力矩增大。仿真模拟的结果显示，将头部与头枕间的距离调整到 10 cm 以下时，可以有效减轻挥鞭伤，调整到 6 cm 以下为适当的距离。头枕的几何学位置被定位为评估挥鞭伤风险的最初步骤。

IIWPG 和 EuroNCAP 进行的是头枕几何学位置的静态评估。头枕可以调整上下 / 前后方向位置，并在可锁止的情况下，设定为调整到中间位置的状态。将头枕测量装置 (Head Restraint Measuring Device, HRMD) 安装在人体模型上的 H 点，来测量头枕相对平均体格男性头部的几何学位置（图 11-23）。IIWPG 中设定头枕上端与头顶部在垂直方向上的高度差为 6 cm 以内，头部和头枕间隙在 7 cm 以内为适当的头枕位置。EuroNCAP 则根据头

枕高度的范围 (–8~0 cm) 和头部与头枕间隙的范围 (4~10 cm) 为头枕位置进行评分。

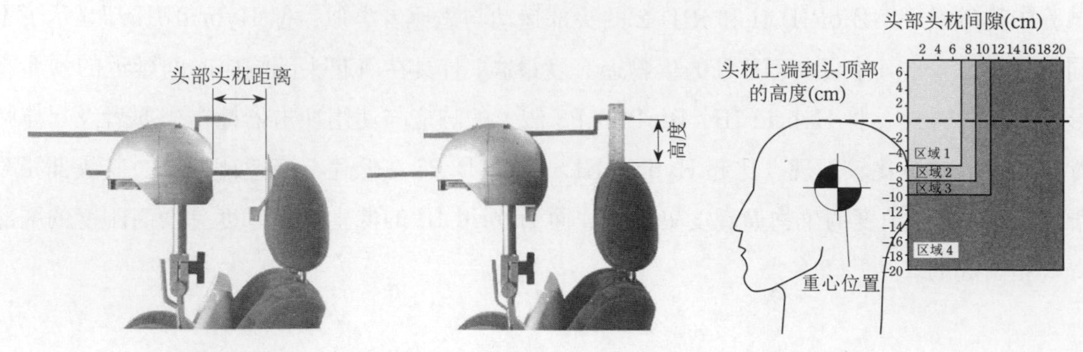

图 11-23 运用 HRMD 的头枕高度和头部头枕间隙的静态测量与评估

11.5.2 动态试验

针对挥鞭伤风险的座椅性能评估是将座椅固定在台车上，在假人处于就座状态下实施对台车施加后方冲击的动态试验。不使用实车进行后碰试验，而采用台车进行后碰试验（图 11-24）的理由如下：

图 11-24 后碰台车试验 (JNCAP)

（1）座椅是后碰时起到实质作用的保护装置，只要改变座椅的特性，即可降低挥鞭伤的风险。

（2）座椅的单体试验比起需要破坏整车的实车试验成本更低。

（3）在实际的后碰事故中，发现乘员的加速度波形多种多样，与车辆结构并无关系。虽然有可能通过改变车身结构来减低损伤风险，但是座椅一定是应该最优先被试验的重要部件。

IIWPG 和 EuroNCAP 试验法使用 BioSID II 假人进行实验。如图 11-25 所示，试验中台车被施加一定的加速度。IIWPG 中使用的是模拟了被追尾车辆的三角波加速度波形（中：速度差 16 km/h，平均加速度 5.5 g）。EuroNCAP 中除使用与 IIWPG 相同的三角波，还使用三种台形波（低:16 km/h，4.5 g，中:16 km/h，5.5 g，高:24 km/h，6.5 g）。其目的是，由于挥鞭伤的产生机理尚不明确，所以不对单一的加速度波形作最优化的座椅设计。

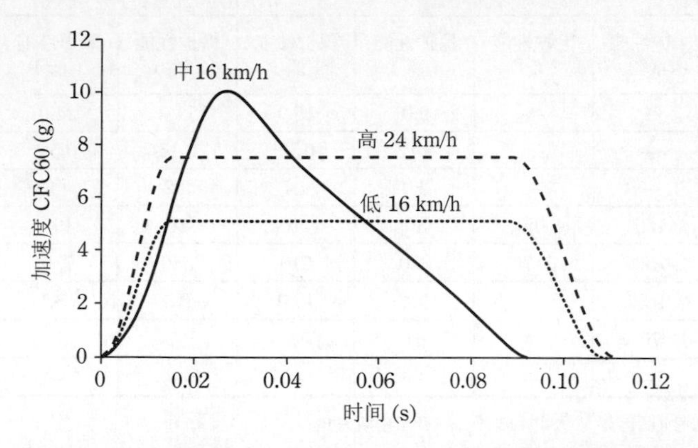

图 11-25 EuroNCAP 后碰台车试验中使用的加速度波形

IIWPG 的评价指标包括头部与座椅的接触时刻、T1 加速度和颈部载荷。头部和头枕必须在冲击开始后到 70 ms 为止的时间段内产生接触，且有 40 ms 以上的持续接触时间。假人的 T1 加速度必须小于 9.5 g。以上条件是基于预防挥鞭伤座椅的动态试验中被认定为良好的试验结果所制定。假人的响应根据上颈部的剪力和拉力进行评估（图 11-26）。在 IIWPG 实施的动态试验结果（2004 年）中，上颈部的剪力和拉力分别分布在 0~315 N 和 234~1365 N 之间。根据以上数值和 $(F_x/315)^2+[(F_z-234)/1131]^2$ 的值，可以对座椅性能进行评估。

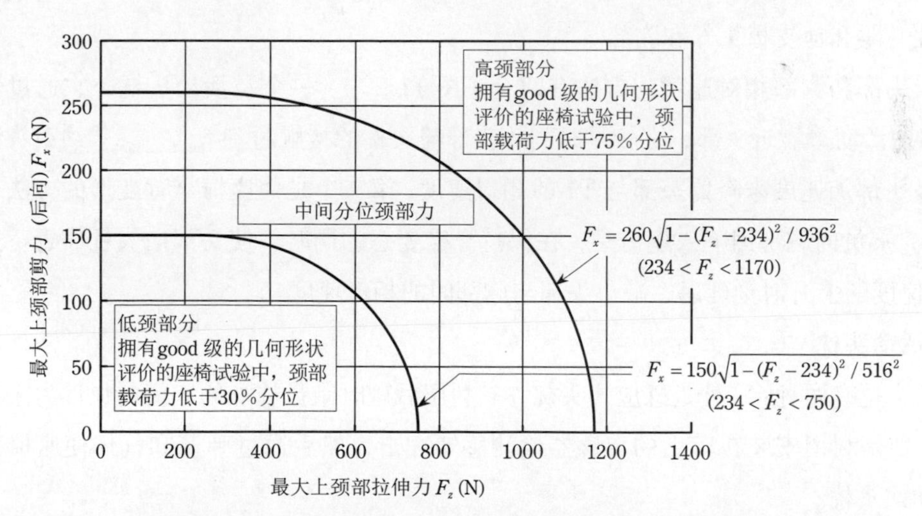

图 11-26 IIWPG 的座椅动态试验中的颈部载荷评估 [41]

EuroNCAP 使用的评估指标有 *NIC*、N_{km}、头部反弹速度、上颈部载荷 (F_x, F_z)、T1 加速度以及与头枕的接触时刻。加速度波形为高的情况下，为了防止乘员因座椅靠背产生变形被甩出车外，座椅的动态变形也被测量。表 11-6 中给出了调整范围的上限和下限值。

IIWPG 和 EuroNCAP 的评估值 **表 11-6**

损伤值	IIWPG		EuroNCAP 低脉冲		EuroNCAP 中脉冲		EuroNCAP 高脉冲	
	保护性能（高）	保护性能（低）	保护性能（高）	保护性能（低）	保护性能（高）	保护性能（低）	保护性能（高）	保护性能（低）
NIC	—	—	9.0	15.0	11.0	24.0	13.0	23.0
N_{km}	—	—	0.12	0.35	0.15	0.55	0.22	0.47
反弹速度 (m/s)	—	—	3.0	4.4	3.2	4.8	4.1	5.5
上颈部剪力 F_x(N)	150	260	30	110	30	190	30	210
上颈部拉伸力 F_x(N)	750	1170	270	610	360	750	470	770
T1 加速度 (g)	9.5	—	9.4	12.0	9.3	13.1	12.5	15.9
头枕接触时刻 (ms)	70	—	61	83	57	82	53	80
靠背变形评估	—	—	—	—	—	—	32°	—

注：EuroNCAP 所求的损伤值是从头部与头枕接触的时刻为止，反弹速度除外。

11.6 座椅设计

汽车座椅的设计方针为通过座椅对乘员能量的控制，实现将作用于颈部的力最小化。为了降低挥鞭伤的风险，必须缓和头部后向移动中颈部的“S 形”形变，因此减少头部和胸部的相对运动（相对速度），维持颈部的姿态非常重要。虽然说头枕的位置离头越近越安全，但是如果距离太近，会在乘员驾驶时与头部发生干涉，产生舒适度降低的问题。因此，需要让头部、躯干在驾驶时和座椅保持一定距离，而在后碰发生时利用头枕和靠背的动态变形特性，柔和地支撑头部和胸部。

降低头部和胸部相对速度的方法有两个（图 11-27）。一个是活动头枕，它通过使头枕向上 / 向前活动来靠近头部，在较早时刻（头部与头枕的接触时刻 $t_{\text{head contact}}$）约束头部，并通过提高头部加速度来降低头部与 T1 的相对速度；第二个是使座椅靠背变形的方法（被动式座椅）。乘员的胸部因陷入座椅中，在保持脊椎姿态的同时，使头部向头枕靠近。这能使 T1 的加速度的上升时刻延迟，减小头部与胸部间的相对速度。

1）活动头枕

活动头枕有两种：一种是感应式头枕，它利用后碰时乘员施加给座椅的惯性力来移动头枕；另一种是利用安装在车上的传感器检测感知冲击，然后通过弹簧和气体使座椅头枕活动的主动式头枕。

作为感应式头枕的一例，由 SAAB 开发的 SAHR (Self-Aligning Head Restraint) 由活动头枕和座椅靠背的设计组合而成（图 11-28）。在挥鞭伤导致颈部运动的头部后向移动阶段中，通过降低座椅靠背上部的刚性，使作用于上背部和下颈部的载荷下降。伸展阶段中，利用作用于乘员胸部的惯性力来按压座椅靠背内的压力金属板。由此，安装在金属板上的压杆发生旋转，使头枕向前上方移动。头枕对头部重心施加前上方向的力，颈部呈直立姿势或者弯曲姿势。反弹阶段中，头部和脊椎等受到均匀的反弹，乘员保持直立姿势。

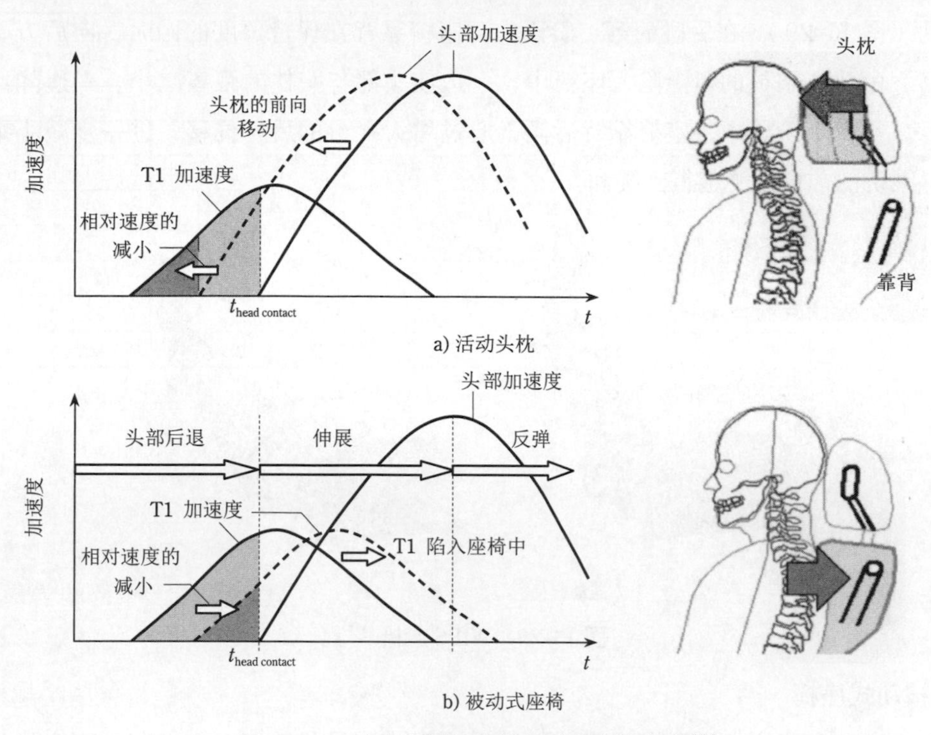

图 11-27 减小头部与胸部相对速度的方法[43]

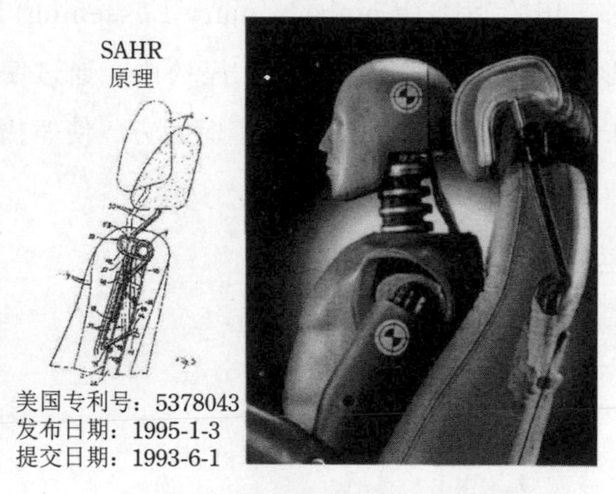

图 11-28 SAHR 座椅[44]

有时候，即使头枕的初始位置被设置得很高，但由于碰撞后座椅后倾，头枕的位置也会降低。不过，即使在这种情况下，活动头枕也会通过向上划过轨迹来有效约束头部。另外，当头枕在驾驶过程中没有被调整到合适位置，或由于乘员腰背前屈等多种多样的姿态导致头部与头枕间距变化时，活动头枕依然有可能抑制头部的后向位移。

2）反应式座椅

沃尔沃研发了可以利用座椅和头枕整体吸收碰撞能的 WHIPS (Whiplash Protection Study)

座椅[45]，其设计方针如下：①降低乘员加速度；②使相邻椎骨的相对运动和脊椎的角度变化最小化；③使乘员的前向反弹最小化。为此，需要用到活动躺椅的机械构造来控制座椅靠背的活动（图 11-29）。在后碰的第 1 阶段中，座椅靠背在保持角度的同时，向后方、上方发生位移。由此，乘员的躯干陷入座椅中，一边使头部与头枕的距离减小，一边降低乘员的减速度。在第 2 阶段中，座椅靠背后倾，通过增大乘员的后向位移，进一步减小乘员的加速度，乘员的前向反弹也得到缓和。

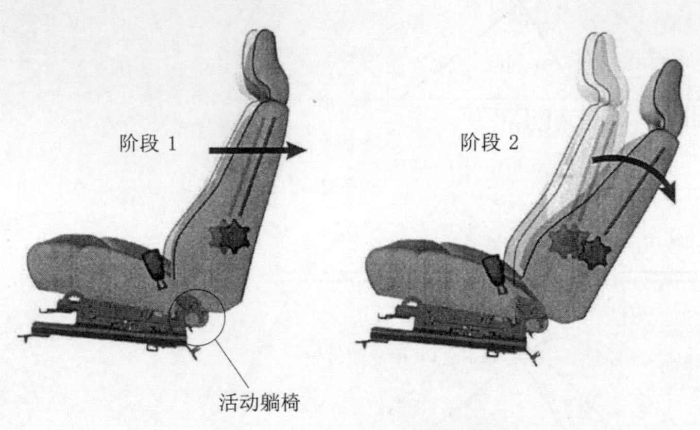

图 11-29 WIPS 座椅[45]

3）被动式座椅

被动式座椅利用座椅泡沫海绵材料的特性来吸收乘员的动能，在抑制颈部变形的同时约束乘员头部和躯干，如丰田的 WIL (Whiplash Injury Lessening) 座椅[43]（图 11-30）。为减轻颈部的“S 形”变形，被动式座椅使胸部陷入座椅中，通过使用刚性较高的头枕，同时支持头部和胸部。座椅靠背上方的支架配置在座椅后方，使座椅坐垫更容易变形，使碰撞初期乘员胸部容易陷入座椅。

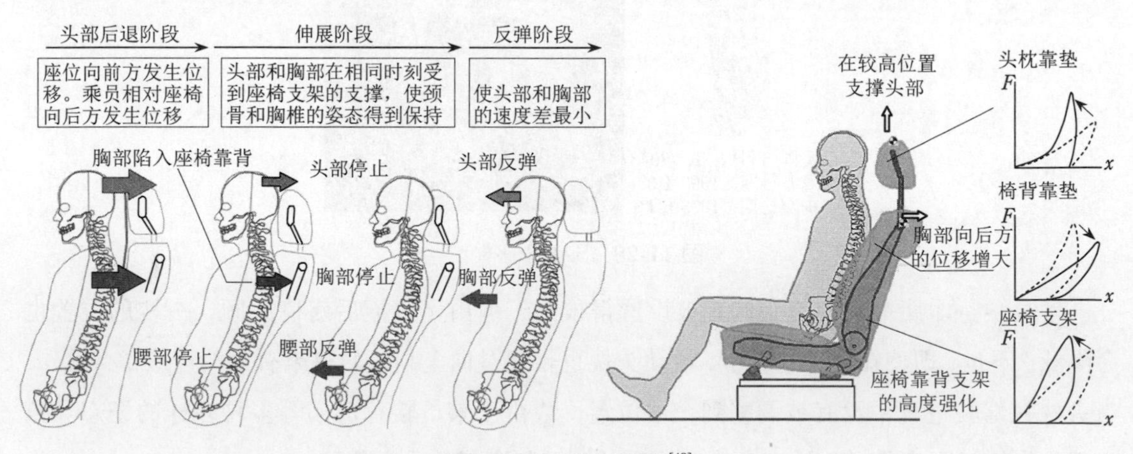

图 11-30 WIL 座椅[43]

本章参考文献

[1] Netter F.. Atlas of human anatomy [M]. professional edition (5th edition), Saunders, 2010.

[2] Castaing J., Burdin, P.. Anatomie fonctionnelle de l' appareil locomoteur [M].Vigot. 1984.

[3] Spangfort E.. Klinisk Bedömning av Whiplash patienten. In: Nackskadesymposium [J]. Are Sjukhus, 12, 71-77, FOLKSAM FoU, R 0619, S-106 60 Stockholm, Sweden.

[4] 遠藤健司 . むち打ち損傷ハンドブック第 2 版 [M]. 丸善出版，2012.

[5] Krafft M., Kullgren A., Malm, S., Ydenius, A.. Influence of crash severity on various whiplash injury symptoms: a study based on real-life rear-end crashes with recorded crash pulses [C]. 19th ESV conference, 2005.

[6] Kullgren A., Eriksson L., Boström O., Krafft M.. Validation of neck injury criteria using reconstructed real-life rear-end crashes with recorded crash pulse [C]. 18th ESV conference, 2003.

[7] Kullgren A., Krafft M.. Gender analysis on whiplash seat effectiveness: results from real-world crashes [C]. IRCOBI Conference, 2010.

[8] Viano D.C.. Role of the seat in rear crash safety [C]. SAE International, 2002.

[9] Siegmund G.P, King D.I., Lawrence J.M., Wheeler J.B., Brault J.R., Smith T.A.. Head/neck kinematic response of human subjects in low-speed rear-end collisions [C]. Stapp Car Crash Conference, 1997.

[10] 羽成守，藤村和夫 . 検証むち打ち損傷 [M]. ぎょうせい , 1999.

[11] Muser M., Walz F., Zellmer H.. Biomechanical significance of the rebound phase in low speed rear impacts [C]. IRCOBI Conference, 2000.

[12] Ono K., Kaneoka K., Wittek A., Kajzer J.. Cervical injury mechanism based on the analysis of human cervical vertebral motion and head-neck-torso kinematics during low speed rear impacts [C]. Stapp Car Crash Conference, 1999.

[13] Kaneoka, K., Ono, K., Inami, S., Hayashi, K.. Motion analysis of cervical vertebrae during whiplash loading [J]. Spine, 24(8), 763-770, 1999.

[14] Siegmund, G.P., Winkelstein, B.A., Ivancic, P.C., Svensson, M.Y., Vasavada, A.. The anatomy and biomechanics of acute and chronic whiplash injury, Traffic Injury Prevention [J]. 10, 101-112, 2007.

[15] Macnab I.. Whiplash injuries of the neck [J]. Manitoba Medical Review, 46, 172-174, 1966.

[16] Yoganandan N., Pinter F.A., Stemper B.D. Schlick M. S., Philippens M., Wismans J.. Biomechanics of human occupants in simulated rear crashes: documentation of neck injuries and comparison of injury criteria [J]. Stapp Car Crash Journal, 44, 189-204, 2000.

[17] Deng B., Begmen P.C., Yang K.Y.. Kinematics of human cadaver cervical spine during low speed rear-end impacts [J]. Stapp Car Crash Journal, 44, 171-88, 2000.

[18] Sterling M., Kenardy, J.. Whiplash: evidence base for clinical practice [M]. Churchill living stone, 2011.

[19] Yang, K., Begeman, P., Muser, M., Niederer, P. et al.. On the role of cervical facet joints in rear end impact neck injury mechanisms [C]. SAE Technical Paper 970497, 1997.

[20] Yoganandan N., Pintar F.A., Gennarelli, T.A.. Biomechanical mechanisms of whiplash injury [J]. Traffic Injury Prevention, 3(2), 98-104, 2002.

[21] Panjabi M.M., Crisco J.J., Lydon C., Dvorak J.. The mechanical properties of human alar and transverse ligaments at slow and fast extension rates [J]. Clinical Biomechanics, 13, 112-120, 1998.

[22] Pearson A.M., Ivancic P.C., Ito S., Panjabi M.M.. Facet joint kinematics and injury mechanisms during simulated whiplash [J]. Spine, 29, 390-397, 2004.

[23] Siegmund G.P., Myers B.S., Davis M.B., Bohnet H.F., Winkelstein B.A.. Mechanical evidence of cervical facet capsule injury during whiplash: a cadaveric study using combined shear, compression and extension loading [J]. Spine, 26, 2095-2101, 2001.

[24] Siegmund G.P., Davis M.B., Quinn K.P., Hines E., Myers B.S., Ejima S., Ono K., Kamiji K., Yasuki T., Winkelstein B.A.. Head-turned postures increase the risk of cervical facet capsule injury during whiplash [J]. Spine, 33, 1643-1649, 2008.

[25] Lee K., Thinnes J., Gokhin D., Winkelstein B.. A novel rodent neck pain model of facet-mediated behavioral hypersensitivity: implications for persistent pain and whiplash injury, Journal of Neuroscience Methods [J]. 137, 151-159, 2004.

[26] Aldman, B.. An analytical approach to the impact biomechanics of head and neck injury [J]. Proc. 30th Annual AAAM, 439-454, 1986.

[27] Schünke M. et al.. PROMETHEUS Lernatlas der Anatomie [M]. Kopf und Neuroanatomie, Thieme, 2006.

[28] Svensson M.Y., Aldman B., Lövsund P., Hansson H.A., Seeman T., Suneson A., Örtengren T.. Pressure effects in the spinal canal during whiplash extension motion–a possible cause of injury to the cervical spinal ganglia [C]. IRCOBI Conference, 1993.

[29] Boström O, Svensson M. Y., Aldman B., Hansson H. A., Håland Y., Lövsund P., Seeman T., Sunesson A., Säljö A., Örtengren T.. A new neck injury criterion candidate- based on injury findings in the cervical spinal ganglia after experimental neck extension trauma [C]. IRCOBI Conference, 1996.

[30] Schmitt K.-U., Muser, M.H., Niederer, P.. A new neck injury criterion candidate for rear-end collisions taking into account shear forces and bending moments [C]. 17th ESV Conference, 2001.

[31] Viano D, Davidsson J.. Neck displacements of volunteers, BioRID P3 and Hybrid III in rear impacts: implications to Whiplash assessment by a neck displacement criterion (NDC) [C]. Proc. of the Dynamic Testing for Whiplash Injury Risk IIWPG/IRCOBI Symposium, 2001.

[32] Panjabi M.M, Wang J-L, Delson N.. Neck injury criterion based on intervertebral motions and its evaluation using an instrumented neck dummy [C]. IRCOBI Conference, 1999.

[33] Ivancic P.C., Daohang, S.. Comparison of the whiplash injury creiteria [J]. Accident analysis and prevention 42, 56-63, 2010.

[34] Ivancic P.C., Panjabi, M.M., Tominaga, Y., Malcolmson, G.F.. Predicting multiplanar cervical spine injury due to head-turned rear impacts using IV-NIC [J]. Traffic Injury Prevention, 7(3), 264-275, 2006.

[35] Davidsson J., Kullgren A.. Evaluation of seat performance criteria for future rear-end impact testing [R]. EEVC WG12 report, 2014.

[36] Ono K., Yamazaki S., Sato F. et al.. Evaluation criteria for the reduction of minor neck injuries during rear-end impacts based on human volunteer experiments and accident reconstruction using human FE model simulations [C]. IRCOBI conference, 2009.

[37] Prasad P., Kim A., Weerappuli D.. Biofidelity of anthropomorphic test devices for rear impact [C]. Stapp Car Crash Conference, 1997.

[38] Philippens M., Cappon H., Van Ratingen M., et al.. Comparison of the rear impact biofidelity of BioRID II and RID 2 [J]. Stapp Car Crash Jounral, 46, 461-476, 2002.

[39] Linder A., Svensson M., Viano D.. Evaluation of the BioRID P3 and the Hybrid III in pendulum impacts to the back: A comparison with human subject test data [J]. Traffic Injury Prevention, 3(2), 159-166, 2002.

[40] RCAR. A procedure for evaluating motor vehicle head restraints static geometiric

criteria [S], 2008.

[41] RCAR. RCAR-IIWPG seat/head restraint evaluation protocol (version 3) [S]. 2008.

[42] Ratingen M., Ellway J., Avery M., Gloyns P., Sandner V., Versmissen T.. The Euro NCAP whiplash test [C]. 21th ESV conference, 2009.

[43] Sawada M., Hasegawa J.. Development of new whiplash prevention seat [C]. 19th ESV conference, 2005.

[44] Viano D.C., Olsen S.. The effectiveness of active head restraint in preventing whiplash [J]. The journal of trauma, 51(5), 959-969, 2001.

[45] Jakobsson L., Lundell B., Norin Han, Isaksson-Hellman, I.. WHIPS – Volvo's whiplash protection study [J]. Accident Analysis and Prevention, 32, 307-319, 2000.

第 12 章

事故再现

事故再现是指应用力学模型对交通碰撞事故进行重建。为了简化计算，多应用基于动量守恒定律的运动学模型进行分析。图 12-1 所示为事故再现的流程示意图。首先，根据事故现场的状况以及车身变形量计算车辆碰撞前的速度。其中，将碰撞时的车辆重心的速度差定义为 ΔV，它是事故再现的重要基础性参数。ΔV 可依据动量守恒定律求得，也可通过应用机械能守恒定律分析车身变形量计算求得。车辆碰撞后的速度可以通过分析车辆碰撞后的轨迹，从车辆最终停止位置反向推导得出。在此基础上，加上 ΔV 便可以得出车辆碰撞时的速度。同时，ΔV 也是车内乘员承受的速度差的表征，因此，ΔV 作为研究车辆碰撞程度的指标，被广泛应用于事故分析中，如分析 ΔV 与乘员损伤严重程度的关系等。

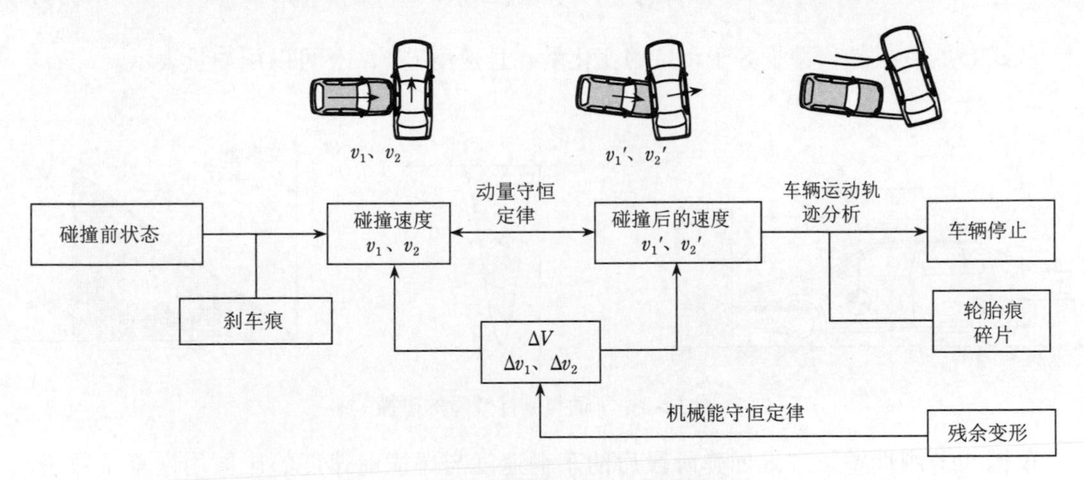

图 12-1 事故再现的流程示意图及 ΔV

在大部分汽车碰撞形态中，车辆的形变仅限于车身的某一部分，其他部位的形变量较小。例如，在图 12-2 所示的正面碰撞中，仅车辆的车身前部发生变形，而车室的形变量很小。因此，在多数事故再现中，车辆可看作为一个弹簧 - 质量模型，可应用质点及刚体力学

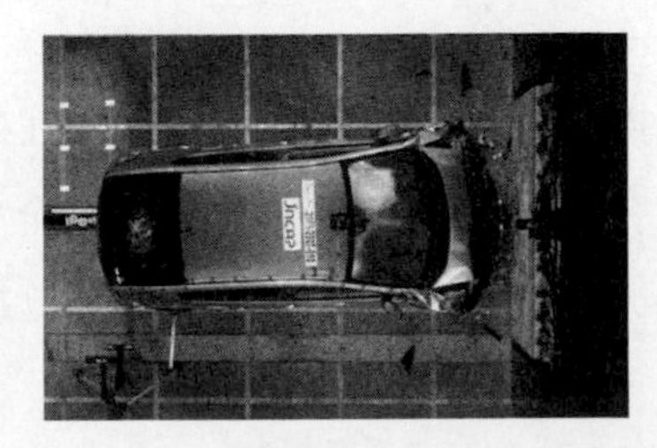

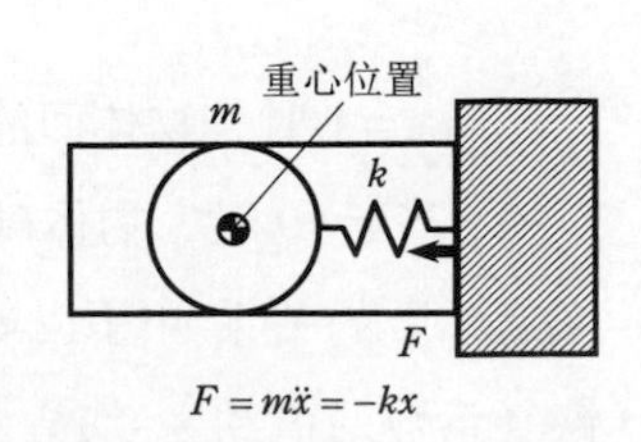

图 12-2 车辆与刚性壁障碰撞下的车身变形

对车辆碰撞现象进行分析。

12.1 一维碰撞

12.1.1 固定壁障碰撞

图 12-3 所示为车辆与刚性壁障的碰撞（100% 重叠刚性壁障碰撞）。100% 重叠率刚性壁障碰撞试验是测试车辆碰撞特性的最基本试验。因刚性壁障施加给车辆的冲击力 F 非常大，因此，可忽略冲击力以外的对车辆的作用力，如路面对轮胎的摩擦力等。设车的质量为 m，加速度为 a，车辆前方为正方向，则车辆的运动方程式为：

$$F=ma \tag{12-1}$$

冲击力 F 数值非常大，且作用时间短。由于 F 的作用，车辆的速度由碰撞前的 v（0 时刻）减速至 0 再增加至 $-v'$（t' 时刻）。刚性壁障施加给车辆的冲击可用冲量 P 表示。在冲击的持续时间内对式 (12-1) 进行时间积分，可以得到刚性壁障作用于车辆的冲量为：

$$P=\int_0^{t'} F(t)\,\mathrm{d}t=\int_0^{t'} ma\mathrm{d}t=m(v'-v)=m\,\Delta v \tag{12-2}$$

从式 (12-2) 可知，冲量等于动量的变化量，且速度差（ΔV）可以用冲量表示。

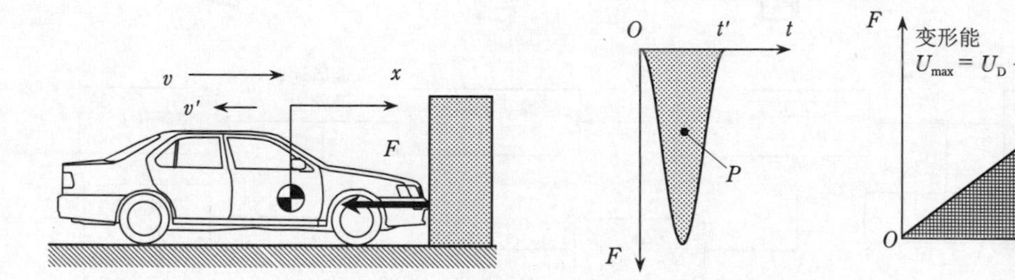

图 12-3 车辆与刚性壁障的碰撞

车辆冲击刚性壁障进入回弹阶段后的车辆速度与碰撞前速度的比值用恢复系数表示。恢复系数 e 为车辆回弹过程与压缩变形过程中受到的冲量之比，用速度可表示为：

$$e=-\frac{v'}{v} \tag{12-3}$$

当 $e=1$ 时，物体间的碰撞为弹性碰撞（或称完全弹性碰撞）；当 $0<e<1$ 时为非弹性碰撞；当 $e=0$ 时，物体碰撞后完全不发生回弹，称为完全非弹性碰撞。车辆的碰撞速度与恢复系数的关系如图 12-4 所示，碰撞速度越高，恢复系数越小，当碰撞速度为 50 km/s 时，恢复系数的值约为 0.1。

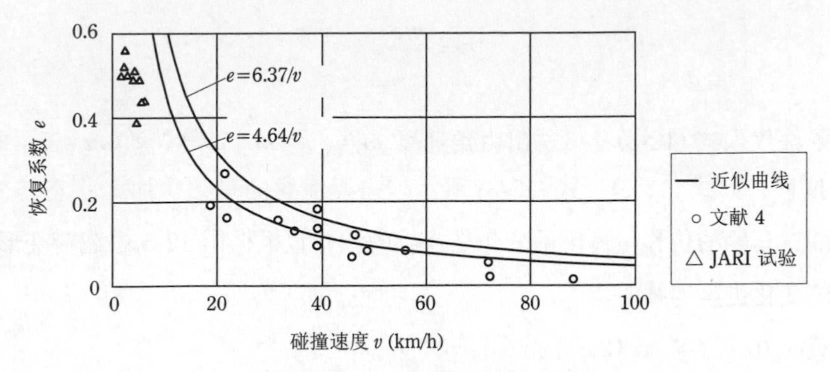

图 12-4 碰撞速度与恢复系数

车辆的动能随着车辆变形逐渐转变为车体的变形能。当车速减至 0 时，变形能达到最大值。随后，车辆开始回弹，最后以速度 v' 完全脱离刚性壁。车辆在低速条件下的碰撞可认为是弹性碰撞，但碰撞速度超过某一界限值时，则被视为非弹性碰撞。此时，车体留有残余变形（即永久变形），并造成能量损失（损失能量以 U_D 表示）。此时的车身变形量与最大变形量不同，被称为残余变形量 (residual deformation)。车辆与刚性壁障碰撞时，最大变形能 U_{max} 与车辆动能的初始值 $mv^2/2$ 相等，损失能量 U_D 可以根据车辆碰撞前后的动能求得，计算公式如下：

$$\begin{aligned} U_D &= \frac{1}{2}mv^2 - \frac{1}{2}mv'^2 = \frac{1}{2}mv^2(1-e^2) \\ &= U_{max}(1-e^2) \end{aligned} \tag{12-4}$$

从式 (12-4) 可知，当恢复系数 e 为 0 时，U_D 与 U_{max} 相等。当碰撞速度为 50 km/h 时，恢复系数 e 约等于 0.1。因此，e^2 的值接近 0，故可认为 U_D 与 U_{max} 的值几乎相等。

从动量与冲量的角度分析汽车碰撞现象时，碰撞时车辆运动的时间序列变化情况是无法得知的。因此，可以将车辆与刚性壁障的碰撞简化为弹簧－质量系统的瞬态响应问题，以分析对车体产生冲击作用时车辆的运动。如图 12-5 所示，设车辆加载（压缩）时的弹性系数（即车身刚度）为 k，卸载（回弹）时为 k'。在初始条件：时刻为 0 时，设质点（车辆）的速度（碰撞速度）为 v，位移为 0。设时刻为 0 时弹簧的长度为自然长度，则弹簧（车身）在压缩、回弹时的运动方程分别为：

$$\left.\begin{aligned} m\ddot{x} &= -kx \quad &\text{（加载时）} \\ m\ddot{x} &= -k'(x-C) \quad &\text{（卸载时）} \end{aligned}\right\} \tag{12-5}$$

其中，C 为残余变形量。根据机械能守恒定律，弹性系数可由碰撞速度 v 和最大变形量 x_{max} 表示为：

$$k=\frac{mv^2}{x_{\max}^2} \tag{12-6}$$

将初始条件代入式(12-5)，可得出由角速度 $\omega=\sqrt{k/m}$，$\omega'=\sqrt{k'/m}$ 表示的车辆加速度、速度和位移，如式(12-7)、式(12-8)所示。需要注意的是，从加载状态转变为卸载状态的变化点处，车辆的位移与速度的变化是连续的，并且根据图12-5中载荷变形特性可知，车辆加速度的变化也是连续的。

（1）加载时 $(0\leqslant t\leqslant \pi/(2\omega))$：

$$\left.\begin{aligned}\ddot{x}&=-v\omega\sin\omega t\\ \dot{x}&=v\cos\omega t\\ x&=\frac{v}{\omega}\sin\omega t\end{aligned}\right\} \tag{12-7}$$

（2）卸载时 $(\pi/(2\omega)\leqslant t\leqslant \pi/(2\omega)+\pi/(2\omega'))$：

$$\left.\begin{aligned}\ddot{x}&=-v\omega\cos\omega'\left(t-\frac{\pi}{2\omega}\right)\\ \dot{x}&=-\frac{v\omega}{\omega'}\sin\omega'\left(t-\frac{\pi}{2\omega}\right)\\ x&=\frac{v\omega}{\omega'^2}\left\{\cos\omega'\left(t-\frac{\pi}{2\omega}\right)-1\right\}+\frac{v}{\omega}\end{aligned}\right\} \tag{12-8}$$

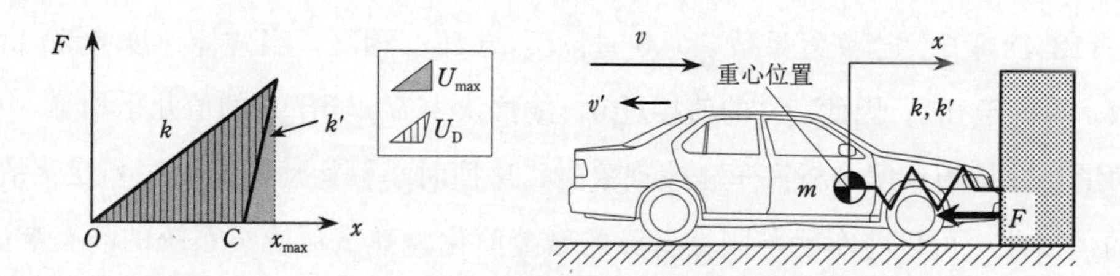

图12-5 100%重叠率刚性壁障碰撞的弹簧－质量模型

由于最大变形量 $x_{\max}=v/\omega'$，将 $t=\pi/(2\omega)+\pi/(2\omega')$ 代入式(12-8)的第3式，可求得残余变形量 $C=v(1/\omega-\omega/\omega'^2)$。并且，当 $t=\pi/(2\omega)+\pi/(2\omega')$ 时，从式(12-8)的第2式可求得车辆离开刚体壁障的速度 $v'=-v\omega/\omega'$。因此，恢复系数 e 可用弹簧的弹性系数表示为：

$$e=-\frac{v'}{v}=-\frac{1}{v}\left(-\frac{v\omega}{\omega'}\right)=\frac{\omega}{\omega'}=\sqrt{\frac{k}{k'}} \tag{12-9}$$

刚体壁障施加给车的冲量如式(12-10)所示，其最终结果与式(12-2)一致：

$$P=\int_{0}^{\pi/2\omega+\pi/2\omega'}F\,\mathrm{d}t=\int_{0}^{\pi/2\omega+\pi/2\omega'}m\ddot{x}\,\mathrm{d}t$$
$$=\int_{0}^{\pi/2\omega}(-mv\omega)\sin\omega t\,\mathrm{d}t+\int_{\pi/2\omega}^{\pi/2\omega+\pi/2\omega'}(-mv\omega)\cos\omega'\left(t-\frac{\pi}{2\omega}\right)\mathrm{d}t$$
$$=\left[mv\cos\omega t\right]_{0}^{\pi/2\omega}-\left[\frac{mv\omega}{\omega'}\sin\omega'\left(t-\frac{\pi}{2\omega}\right)\right]_{\pi/2\omega}^{\pi/2\omega+\pi/2\omega'}$$
$$=-mv-\frac{mv\omega}{\omega'}=m(v'-v) \tag{12-10}$$

下面将弹簧－质量模型应用于乘用车的100%重叠率刚性壁障碰撞试验分析中。已知车的质量m=1510 kg，碰撞速度v=55 km/h (15.3 m/s)。首先，对由安装于车室内的加速度计测得的数值进行积分，求出最大变形量$x_{\max}$与回弹后的速度v'。然后，根据式(12-7)的第3式求得在车辆最大变形时刻$t=\pi/(2\omega)$时的角速度$\omega=v/x_{\max}$。接着，根据式(12-9)，由v、v'、ω求得ω'。由式(12-7)和式(12-8)求得的车辆加速度与速度如图12-6所示。由图12-6可知，虽然自由度为1的弹簧－质量模型只能表现出加速度波形的概貌，无法表现出实际波形的高频波成分，但是在速度与位移上与实际波形相吻合。

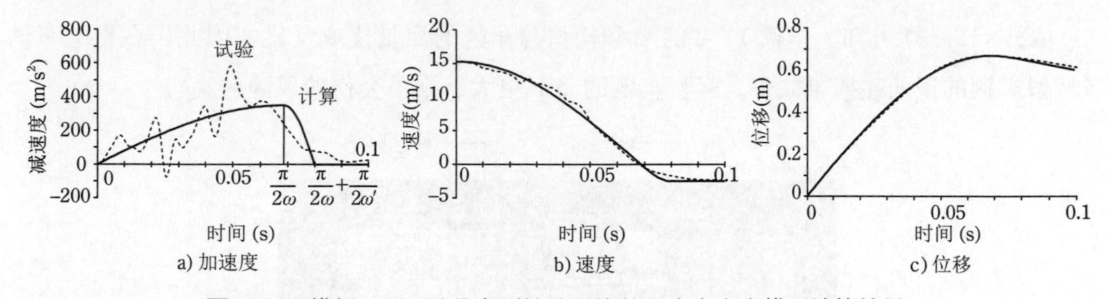

图12-6 模拟100%重叠率刚性壁碰撞的1个自由度模型计算结果

车辆以初始速度与壁障碰撞后，随着时间的推移，车身发生变形，当车辆离开壁障时，其速度与碰撞前的初始速度相比发生改变。以冲量与动量描述碰撞现象时，由于只有碰撞前后的速度为变量，因此无法获知碰撞过程中力与速度随时间的变化情况。然而，在事故再现分析的较多案例中，碰撞前后的速度非常重要，因此实际上经常使用计算较简单的基于动量守恒定律的数学模型。

12.1.2 车对车碰撞

图12-7所示为分析两车发生正面碰撞时的车辆运动特性图。设车1、2的初始速度分别为v_1和v_2（下标数字表示车辆1、2）。在车对车碰撞中，若碰撞产生的冲击力刚好通过两车的重心（称为对心碰撞），则车辆不发生旋转，可将车辆的运动看作是与碰撞方向相关的一维碰撞。碰撞过程中，车辆的速度－时间变化曲线如图12-8所示。根据作用力与反作用力定律（牛顿第三定律）可知，有大小相等、方向相反的冲击力分别作用于车辆1、2，使两车做加速或减速运动。当两车达到相同速度后，碰撞进入回弹阶段，两车分别以v_1'、v_2'的速

度分离。随后，由于车辆与路面间存在摩擦，车辆 1、2 减速并最终停止运动。设车辆 2 作用于车辆 1 的冲击力用 F 表示，两车的质量分别为 m_1、m_2，两车的加速度分别为 a_1、a_2，则根据作用力与反作用力定律可知，有：

$$F = m_1 a_1 = -m_2 a_2 \tag{12-11}$$

设车辆 1、2 的 ΔV 分别为 Δv_1、Δv_2。其中，ΔV 是碰撞时车辆的速度变化值，由式 (12-11) 在碰撞时间内对车辆加速度进行积分得到。因此，关于车辆 2 作用于车辆 1 的冲量 P 的式 (12-12) 成立：

$$\left.\begin{aligned} P &= m_1(v_1' - v_1) = m_1 \Delta v_1 \\ &= -m_2(v_2' - v_2) = -m_2 \Delta v_2 \end{aligned}\right\} \tag{12-12}$$

式 (12-12) 给出了冲量与 ΔV 的关系，即计算 ΔV 时需先求得冲量。车辆 1、2 的 ΔV 的比值如下所示：

$$\frac{\Delta v_2}{\Delta v_1} = -\frac{m_1}{m_2} \tag{12-13}$$

由式 (12-13) 可知，车辆 1、2 的 ΔV 比值与车辆的质量比成反比。因此，在重型车辆与轻型车辆的正面碰撞事故中，轻型车辆的 ΔV 更大，乘员受伤的风险较高。

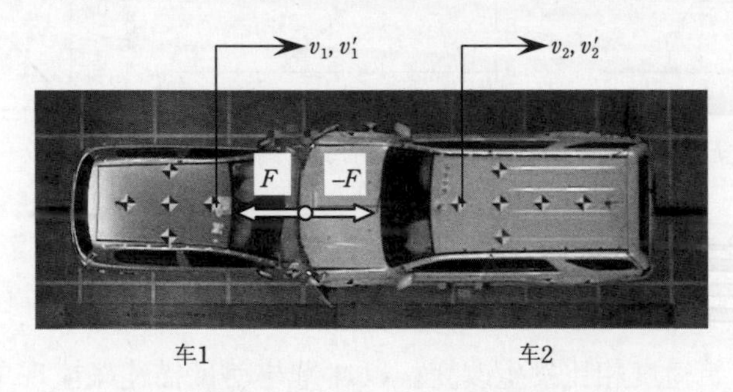

图 12-7 车对车正面碰撞

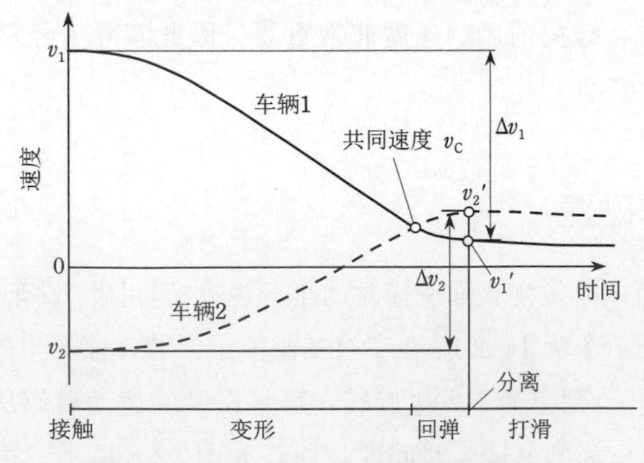

图 12-8 车对车正面碰撞中的速度变化

下面根据动量守恒定律，推导一维碰撞中车辆碰撞后的速度和 ΔV 的方程式。根据式

(12-12) 可知，将车辆 1、2 视为质点系时，由于冲击力仅作为两车的内力，所以两车碰撞前后动量守恒（动量守恒定律）：

$$m_1v_1+m_2v_2=m_1v_1'+m_2v_2'=(m_1+m_2)v_C \tag{12-14}$$

碰撞前后两车的动量总和相等，可认为两辆车之间是以冲量进行动量交换的。恢复系数如下：

$$e=-\frac{v_1'-v_2'}{v_1-v_2} \tag{12-15}$$

由式 (12-14)、式 (12-15) 可得出碰撞后的速度 v_1'、v_2'：

$$\left.\begin{aligned} v_1'&=\frac{(m_1-em_2)v_1+(1+e)m_2v_2}{m_1+m_2}\\ v_2'&=\frac{(1+e)m_1v_1+(m_2-em_1)v_2}{m_1+m_2}\end{aligned}\right\} \tag{12-16}$$

车辆 1、2 的共同速度 v_C 可以从式 (12-14) 中直接求出，也可以取式 (12-16) 中的恢复系数 e 等于 0，由式 (12-17) 求出：

$$v_C=\frac{m_1v_1+m_2v_2}{m_1+m_2} \tag{12-17}$$

车辆 1、2 的 ΔV 可根据式 (12-16) 求出，为：

$$\left.\begin{aligned} \Delta v_1&=v_1'-v_1=\frac{m_2}{m_1+m_2}(1+e)(v_2-v_1)\\ \Delta v_2&=v_2'-v_2=\frac{m_1}{m_1+m_2}(1+e)(v_1-v_2)\end{aligned}\right\} \tag{12-18}$$

由此得出车辆 2 作用于车辆 1 的冲量 P 为：

$$P=m_1\Delta v_1=-m_2\Delta v_2=\frac{m_1m_2}{m_1+m_2}(1+e)(v_2-v_1) \tag{12-19}$$

相反，若已知碰撞后车辆 1、2 的速度为 v_1'、v_2'，则根据动量守恒定律同样可以求得车辆碰撞前的速度。

车辆 1、2 的最大变形能之和 $U_{max}=U_{1max}+U_{2max}$，等于车辆 1、2 碰撞前的动能之和与两车达到共同速度时动能的差值，具体如下：

$$\begin{aligned} U_{max}&=\frac{1}{2}m_1v_1^2+\frac{1}{2}m_2v_2^2-\frac{1}{2}(m_1+m_2){v_C}^2\\ &=\frac{1}{2}m_1v_1^2+\frac{1}{2}m_2v_2^2-\frac{1}{2}(m_1+m_2)\left(\frac{m_1v_1+m_2v_2}{m_1+m_2}\right)^2\\ &=\frac{1}{2}\frac{m_1m_2}{m_1+m_2}(v_1-v_2)^2\end{aligned} \tag{12-20}$$

由此可知，车辆的最大变形能 U_{max} 与车身的刚度无关。根据式 (12-18) 和式 (12-20)，Δv_1、Δv_2 可用最大变形能 U_{max} 表示为：

$$\left.\begin{aligned} |\Delta v_1| &= (1+e)\sqrt{\frac{2\ m_2 U_{max}}{m_1(m_1+m_2)}} \\ |\Delta v_2| &= (1+e)\sqrt{\frac{2 m_1 U_{max}}{m_2(m_1+m_2)}} \end{aligned}\right\} \tag{12-21}$$

如式 (12-21) 所示，ΔV 也可由最大变形能 U_{max} 求得。其中，因恢复系数 e 取值在 0.1 左右，所以 $(1+e)$ 的值非常接近 1。综上所述，根据动量守恒定律式 (12-18) 或机械能守恒定律式 (12-21)，都可以求出 ΔV。因此，可用以上介绍的不同方法求解 ΔV，相互比较，以检验计算结果的正确性。

接下来分析碰撞过程中损失的能量。损失能量 U_D 可以用最大变形能 U_{max} 和恢复系数 e 表示为：

$$\begin{aligned} U_D &= \frac{1}{2}m_1 v_1^2 + \frac{1}{2}m_2 v_2^2 - \frac{1}{2}m_1 v_1'^2 - \frac{1}{2}m_2 v_2'^2 \\ &= \frac{1}{2}m_1 {v_1}^2 + \frac{1}{2}m_2 {v_2}^2 - \frac{1}{2}m_1(v_1+\Delta v_1)^2 - \frac{1}{2}m_2(v_2+\Delta v_2)^2 \\ &= -\frac{1}{2}m_1\Delta v_1(2v_1+\Delta v_1) - \frac{1}{2}m_2\Delta v_2(2v_2+\Delta v_2) \\ &= \frac{1}{2}\frac{m_1 m_2}{m_1+m_2}(1-e^2)(v_1-v_2)^2 \\ &= U_{max}(1-e^2) \end{aligned} \tag{12-22}$$

比较式 (12-22) 与式 (12-21) 可知，ΔV 可以用损失能量 U_D 表示为：

$$\left.\begin{aligned} \Delta v_1 &= \sqrt{\frac{2(1+e)m_2 U_D}{(1-e)m_1(m_1+m_2)}} \\ \Delta v_2 &= \sqrt{\frac{2(1+e)m_1 U_D}{(1-e)m_2(m_1+m_2)}} \end{aligned}\right\} \tag{12-23}$$

如图 12-9 所示，以 2 个自由度的弹簧 – 质量模型分析车对车的碰撞。代表车辆 1、2 的质点在碰撞接触面处用串联弹簧连接。碰撞开始时刻 $(t=0)$ 时，弹簧处于自然长度。设两车的质量分别为 m_1、m_2，位移为 x_1、x_2，加载时的弹性系数为 k_1、k_2，回弹时的弹性系数为 k_1'、k_2'，碰撞速度（初始速度）为 v_1、v_2，并且设碰撞接触面的位移为 x_3。车辆 1、2 达到共同速度前 $(0 \leqslant t \leqslant \pi/(2\omega))$ 的运动方程以及两车在碰撞接触面上力的平衡方程式如下：

$$\left.\begin{aligned} m_1\ddot{x}_1 &= -k_1(x_1-x_3) \\ m_2\ddot{x}_2 &= -k_2(x_2-x_3) \\ k_1(x_3-x_1) &= k_2(x_2-x_3) \end{aligned}\right\} \tag{12-24}$$

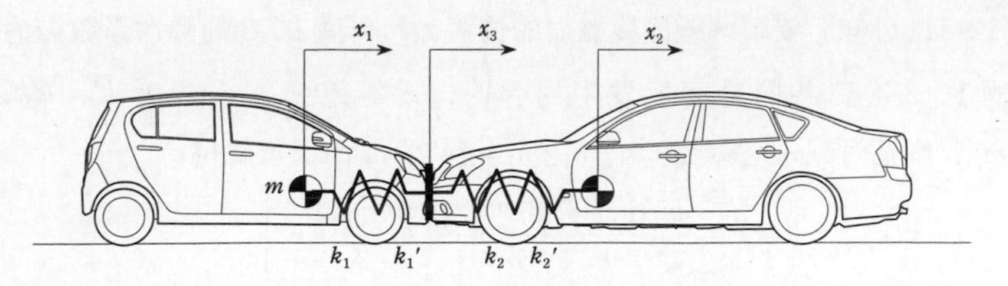

图 12-9 车对车碰撞的弹簧－质量模型

将等效弹性系数 $k_n=k_1k_2/(k_1+k_2)$ 代入，可将式 (12-24) 改写为：

$$\left.\begin{aligned} m_1\ddot{x}_1 &= -k_n(x_1-x_2) \\ m_2\ddot{x}_2 &= -k_n(x_2-x_1) \end{aligned}\right\} \tag{12-25}$$

设车辆 1、2 的相对位移为 $\alpha=x_2-x_1$，则式 (12-25) 可以简化为：

$$\ddot{\alpha}=-\frac{k_n}{m_n}\alpha \tag{12-26}$$

其中，等效质量为 $m_n=m_1m_2/(m_1+m_2)$。根据 0 时刻的初始条件 $\alpha\big|_{t=0}=0$，$\dot{\alpha}\big|_{t=0}=v_2-v_1$，可解式 (12-26)，得：

$$\alpha=\frac{v_2-v_1}{\omega}\sin\omega t \tag{12-27}$$

其中，$\omega=\sqrt{k_n/m_n}$。

从式 (12-25) 可知，$m_1\ddot{x}_1+m_2\ddot{x}_2=0$，将其与式 (12-27) 联立可得：

$$\left.\begin{aligned} \ddot{x}_1 &= \frac{m_n(v_2-v_1)\omega}{m_1}\sin\omega t \\ \ddot{x}_2 &= -\frac{m_n(v_2-v_1)\omega}{m_2}\sin\omega t \end{aligned}\right\} \tag{12-28}$$

$$\left.\begin{aligned} \dot{x}_1 &= -\frac{m_n(v_2-v_1)}{m_1}\cos\omega t+v_C \\ \dot{x}_2 &= \frac{m_n(v_2-v_1)}{m_2}\cos\omega t+v_C \end{aligned}\right\} \tag{12-29}$$

$$\left.\begin{aligned} x_1 &= -\frac{m_n(v_2-v_1)}{m_1\omega}\sin\omega t+v_C t \\ x_2 &= \frac{m_n(v_2-v_1)}{m_2\omega}\sin\omega t+v_C t \end{aligned}\right\} \tag{12-30}$$

取式 (12-30) 中的第 2 式与第 1 式的差值，可知当 $t=\pi/(2\omega)$ 时，两车的最大变形量之和为 $x_{max}=(v_2-v_1)/\omega$。如要求解两车各自的变形量，需先求解碰撞接触面的位移 x_3。由式 (12-24) 的第 3 式可得：

$$x_3=\frac{k_1x_1+k_2x_2}{k_1+k_2} \tag{12-31}$$

由式 (12-31) 可知，要求解碰撞接触面的位移 x_3，车辆 1、2 的弹性系数需为已知条件。

设车辆 1、2 达到共同速度后发生回弹时，设等效弹簧系数为 $k_n' = k_1'k_2' / (k_1' + k_2')$，$\omega' = \sqrt{k_n' / m_n}$，则在时刻 $\pi / 2\omega \leqslant t \leqslant \pi / (2\omega) + \pi / (2\omega')$ 内，可解得：

$$\left.\begin{aligned} \ddot{x}_1 &= \frac{m_n(v_2 - v_1)\omega}{m_1}\cos\omega'\left(t - \frac{\pi}{2\omega}\right) \\ \ddot{x}_2 &= -\frac{m_n(v_2 - v_1)\omega}{m_2}\cos\omega'\left(t - \frac{\pi}{2\omega}\right) \end{aligned}\right\} \tag{12-32}$$

$$\left.\begin{aligned} \dot{x}_1 &= \frac{m_n(v_2 - v_1)\omega}{m_1\omega'}\sin\omega'\left(t - \frac{\pi}{2\omega}\right) + v_C \\ \dot{x}_2 &= -\frac{m_n(v_2 - v_1)\omega}{m_2\omega'}\sin\omega'\left(t - \frac{\pi}{2\omega}\right) + v_C \end{aligned}\right\} \tag{12-33}$$

$$\left.\begin{aligned} x_1 &= -\frac{m_n(v_2 - v_1)\omega}{m_1\omega'^2}\left\{\cos\omega'\left(t - \frac{\pi}{2\omega}\right) - 1\right\} + v_C t - \frac{m_n(v_2 - v_1)}{m_1\omega} \\ x_2 &= \frac{m_n(v_2 - v_1)\omega}{m_2\omega'^2}\left\{\cos\omega'\left(t - \frac{\pi}{2\omega}\right) - 1\right\} + v_C t + \frac{m_n(v_2 - v_1)}{m_2\omega} \end{aligned}\right\} \tag{12-34}$$

在时刻 $t = \pi / (2\omega) + \pi / (2\omega')$ 时，车辆加速度变为 0，则碰撞过程结束。设车辆 1、2 的速度为 v_1'、v_2'，则从式 (12-33) 中可解得恢复系数 e 如下所示：

$$e = -\frac{v_2' - v_1'}{v_2 - v_1} = \frac{\omega}{\omega'} = \sqrt{\frac{k_n}{k_n'}} \tag{12-35}$$

因车辆 1、2 组成的系统不受外力作用，因此，从式 (12-29) 和式 (12-33) 中的速度可解得动量方程式为 $m_1\dot{x}_1 + m_2\dot{x}_2 = (m_1 + m_2)v_C = m_1v_1 + m_2v_2$，两车的动量守恒，且车辆 1、2 的重心为 $x_G=(m_1x_1+m_2x_2)/(m_1+m_2)$。由于 $\dot{x}_G = (m_1\dot{x}_1 + m_2\dot{x}_2) / (m_1 + m_2) = v_C$（定值），$x_G=v_Ct$。因此根据式 (12-30) 可知，车辆 1、2 的速度以重心位移 x_G 为中心发生振动。

因此，可将车对车 100% 重叠率正面碰撞试验的结果应用于弹簧 - 质量模型中。一般来说，首先以车对车碰撞的试验数据为基础，由式 (12-30) 推导出 $\omega=(v_2-v_1)/(x_{2\max}-x_{1\max})$（$x_{1\max}$、$x_{2\max}$ 分别指车辆 1、2 的最大位移），并求出 ω 值，再根据式 (12-35) 求解 ω'。这里使用固定壁障碰撞试验中求得的车辆 1、2 的特性来表现车对车的碰撞情况。设车辆 1、2 的质量分别为 m_1=1510 kg，m_2=820 kg，碰撞速度为 v_1=13.9 m/s (50 km/h)，v_2=−13.9 m/s (−50 km/h)。从 100% 重叠率刚性壁障碰撞试验得到的弹性系数分别为 $k_1=7.89\times10^5$ N/m，$k_1'=2.97\times10^7$ N/m，$k_2=1.01\times10^6$ kN/m，$k_2'=3.61\times10^7$ N/m。将上述条件代入式 (12-28) ~ 式 (12-30) 和式 (12-32) ~ 式 (12-34) 中，可计算得出自由度为 2 的模型的车辆运动方程。如图 12-10 所示，由 2 个自由度模型得出的速度、位移与试验结果吻合。

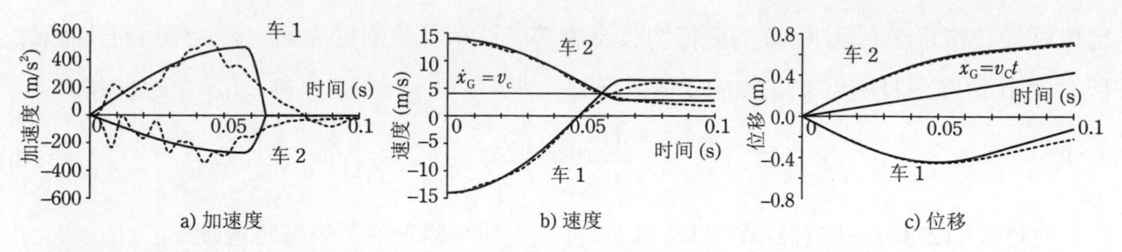

图 12-10　车对车正面碰撞的自由度为 2 的模型与试验结果对比（实线为模型，虚线为试验）

12.1.3　等效壁障速度

与 ΔV 具有相同作用的、可表示碰撞程度的参数还有等效壁障速度 (equivalent barrier speed)。其定义为：对于任意碰撞形态下的车身最大变形能，为使最大变形能等价，置换成 100% 重叠率刚性壁障试验时的碰撞速度称为等效壁障速度（图 12-11）。因此，质量为 m 的车辆的等效壁障速度 v_B 与最大变形能 U_{max} 的关系如下：

$$U_{max} = \frac{m v_B^2}{2} \tag{12-36}$$

在分析近似看作一维碰撞的车与车的碰撞中，两车各自的等效壁障速度的推导如下：设车辆 1、2 的最大变形能分别为 U_{1max}，U_{2max}，则根据式 (12-20) 可知变形能之和 U_{max} 为：

$$U_{max} = U_{1max} + U_{2max} = \frac{1}{2}\frac{m_1 m_2}{m_1 + m_2}(v_1 - v_2)^2 \tag{12-37}$$

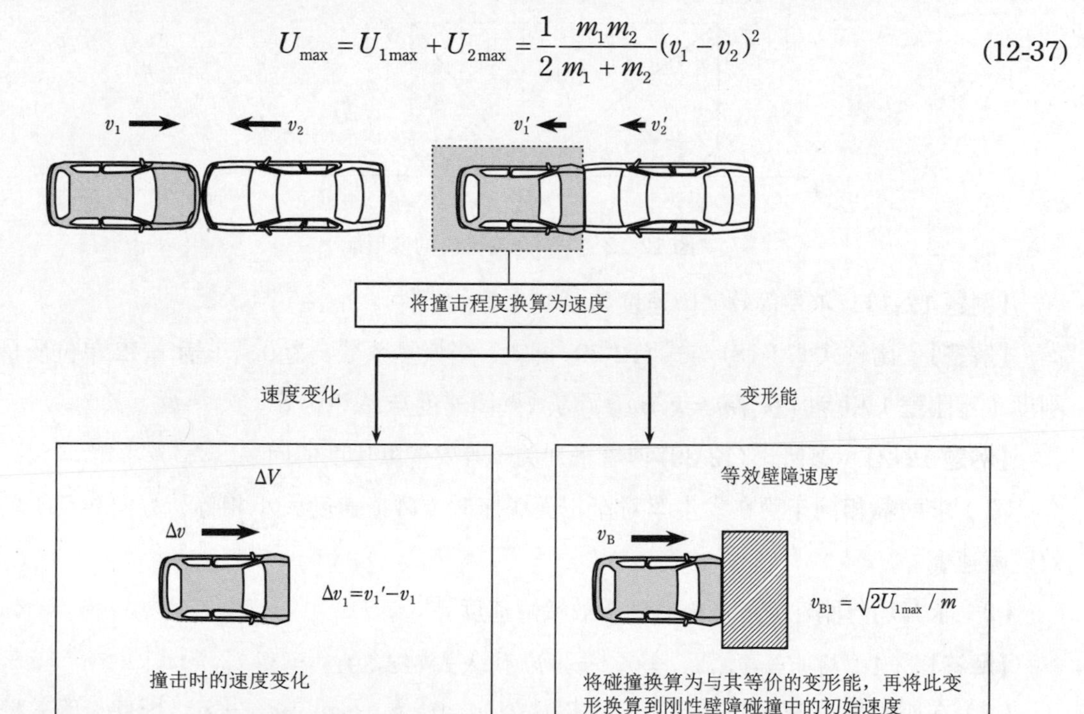

图 12-11　ΔV 与等效壁障速度

如图 12-12 所示，车辆 1、2 的载荷变形特性曲线呈线性关系。根据作用力与反作用力定律可知，作用于车辆 1、2 的碰撞力大小相等。设车身的刚度为 k_1、k_2，则可得出 $U_{1\max}$、$U_{2\max}$ 的比值与车身刚度 k_1、k_2 的比值成反比，即：

$$\frac{U_{1\max}}{U_{2\max}}=\frac{k_2}{k_1} \tag{12-38}$$

通过式 (12-36)、式 (12-37) 和式 (12-38) 可得到车辆 1 的等效壁障速度 v_{B1}，即：

$$v_{B1}=\left|v_2-v_1\right|\sqrt{\frac{k_2}{k_1+k_2}\frac{m_2}{m_1+m_2}} \tag{12-39}$$

等效壁障速度不仅与车身质量有关，也与车身的刚度有关。根据图 12-12 可知，即使是质量相同的车辆，如果车辆 2 的车身刚度 k_2 比车辆 1 的刚度 k_1 大，则车辆 1 碰撞后的变形程度更大，最大变形能 $U_{1\max}$ 也更大。若在固定壁障碰撞试验中获得等效的最大变形能，则车辆 1 的碰撞速度应比车辆 2 更大。另外，要得到车对车碰撞的等效壁障速度，两车各自的变形能需为已知条件，因此车辆的载荷变形特性也是必要条件。

在事故分析中，ΔV 是用于分析乘员损伤的相关指标，而等效壁障速度是将车身变形能换算为速度的指标，常用于对车辆的撞击程度、车身变形程度的分析等。

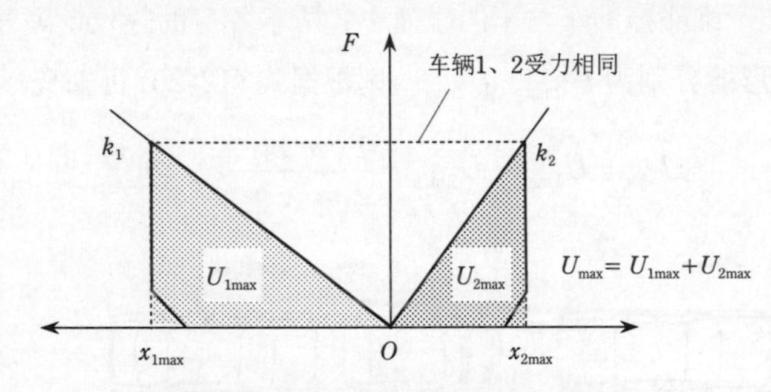

图 12-12 车对车碰撞时的变形能

【例题 12-1】 求使等效壁障速度与 ΔV 相等的条件。

【解答】 比较式 (12-18) 与式 (12-39) 可知，当恢复系数 e 为 0，车辆 1、2 单位质量的刚度（比刚度）相等时 ($k_1/m_1=k_2/m_2$)，等效壁障速度与 ΔV 相等。

【例题 12-2】 参照式 (12-39) 回答下列关于等效壁障速度的问题。

（1）求两辆相同车辆在发生车对车正面碰撞时（碰撞速度大小相等，方向相反）的等效壁障速度。

（2）求车辆与刚性壁障碰撞时的等效壁障速度。

【解答】（1）将 $v_1=-v_2$，$m_1=m_2$，$k_1=k_2$ 代入式 (12-39)，可得 $v_{B1}=\left|v_1\right|$。

（2）在刚性壁障碰撞的情况下，可以认为 $v_2=0$，$k_2\to\infty$，$m_2\to\infty$。因此，等效壁障速度与碰撞速度一致。

12.2　二维碰撞

12.2.1　动量守恒定律[2]

考虑到车辆在碰撞过程中绕 z 轴旋转运动的特点，本节从刚体运动的角度分析车辆在二维平面内的碰撞。由于冲击力作用于两车的时间很短，所以可认为在这段时间内，车辆1、2在几何学上的位置关系不变。如图12-13所示，假定车辆1、2的碰撞界面为一直线，冲击力作用于碰撞中心。碰撞界面是根据碰撞后车辆1、2的变形情况重新布置而成的（模拟碰撞时的冲击力接近最大时的状态），碰撞中心为碰撞界面的中心。

将车辆放在以碰撞中心点为原点 O，碰撞界面的法线方向 n 和切线方向 t 构成的坐标系中分析。设车辆1、2的质量和转动惯量分别为 m_1、m_2 和 I_1、I_2，重心的坐标分别为 (a_1, b_1)、(a_2, b_2)，碰撞发生前后车辆1、2重心的 n、t 方向的分速度与绕 z 轴的角速度分别为 v_{1n}、v'_{1n}、v_{1t}、v'_{1t}、ω_1、ω'_1、v_{2n}、v'_{2n}、v_{2t}、v'_{2t}、ω_2、ω'_2，车辆2对车辆1作用于碰撞中心的 n 方向以及 t 方向的冲量分别为 P_n、P_t，则碰撞前后车辆1、2的重心的动量及角动量的变化如下所示。

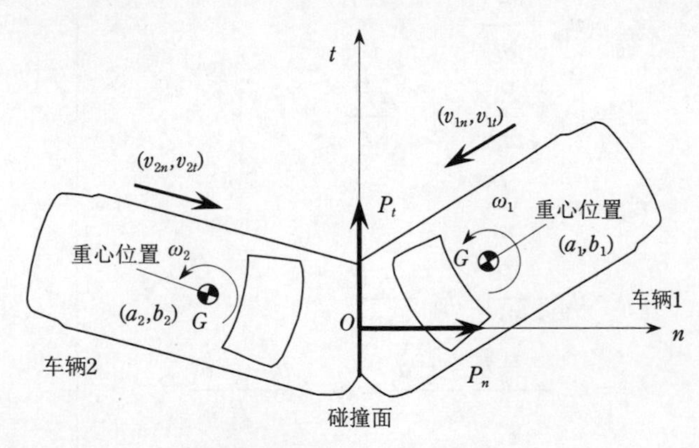

图12-13　刚体二维碰撞模型

$$
\left.\begin{aligned}
m_1(v'_{1n} - v_{1n}) &= P_n \\
m_1(v'_{1t} - v_{1t}) &= P_t \\
m_2(v'_{2n} - v_{2n}) &= -P_n \\
m_2(v'_{2t} - v_{2t}) &= -P_t
\end{aligned}\right\} \tag{12-40}
$$

$$
\left.\begin{aligned}
I_1(\omega'_1 - \omega_1) &= P_n b_1 - P_t a_1 \\
I_2(\omega'_2 - \omega_2) &= -P_n b_2 + P_t a_2
\end{aligned}\right\} \tag{12-41}
$$

在碰撞过程中，由于车辆1、2分别以角速度 ω_1、ω_2 旋转，因此，将两车重心的速度与旋转产生的切线速度相加，可得到碰撞发生前车辆1、2在碰撞中心处的速度 (v_{1Pn}, v_{1Pt})、(v_{2Pn}, v_{2Pt}) 为：

$$\left.\begin{aligned}v_{1Pn}&=v_{1n}+b_1\omega_1\\v_{1Pt}&=v_{1t}-a_1\omega_1\\v_{2Pn}&=v_{2n}+b_2\omega_2\\v_{2Pt}&=v_{2t}-a_2\omega_2\end{aligned}\right\}\tag{12-42}$$

对于碰撞后碰撞中心的速度 (v'_{1Pn}, v'_{1Pt})、(v'_{2Pn}, v'_{2Pt})，有下式成立：

$$\left.\begin{aligned}v'_{1Pn}&=v'_{1n}+b_1\omega'_1\\v'_{1Pt}&=v'_{1t}-a_1\omega'_1\\v'_{2Pn}&=v'_{2n}+b_2\omega'_2\\v'_{2Pt}&=v'_{2t}-a_2\omega'_2\end{aligned}\right\}\tag{12-43}$$

恢复系数 e 可以定义为碰撞界面的法线方向上碰撞前后的速度比值：

$$e=-\frac{v'_{2Pn}-v'_{1Pn}}{v_{2Pn}-v_{1Pn}}=-\frac{v'_{2n}+b_2\omega'_2-(v'_{1n}+b_1\omega'_1)}{v_{2n}+b_2\omega_2-(v_{1n}+b_1\omega_1)}\tag{12-44}$$

法线方向与切线方向上的冲量之比用冲量比 μ 表示为：

$$P_t=\mu P_n\tag{12-45}$$

综合式 (12-40)、式 (12-41) 和式 (12-45)，可将碰撞后车辆重心的速度用冲量表示为：

$$\left.\begin{aligned}v'_{1n}&=v_{1n}+\frac{P_n}{m_1}\\v'_{1t}&=v_{1t}+\frac{P_t}{m_1}=v_{1t}+\frac{\mu P_n}{m_1}\\v'_{2n}&=v_{2n}-\frac{P_n}{m_2}\\v'_{2t}&=v_{2t}-\frac{P_t}{m_2}=v_{2t}-\frac{\mu P_n}{m_2}\\\omega'_1&=\omega_1+\frac{P_n b_1-P_t a_1}{I_1}=\omega_1+\frac{b_1-\mu a_1}{I_1}P_n\\\omega'_2&=\omega_2+\frac{-P_n b_2+P_t a_2}{I_2}=\omega_2+\frac{-b_2+\mu a_2}{I_2}P_n\end{aligned}\right\}\tag{12-46}$$

将式 (12-46) 代入式 (12-44)，可求得冲量 P_n：

$$P_n=\frac{(1+e)(v_{2n}+b_2\omega_2-v_{1n}-b_1\omega_1)}{\dfrac{1}{m_1}+\dfrac{1}{m_2}+\dfrac{b_1^2}{I_1}+\dfrac{b_2^2}{I_2}-\mu\left(\dfrac{a_1b_1}{I_1}+\dfrac{a_2b_2}{I_2}\right)}\tag{12-47}$$

由于两车的接触界面十分粗糙，所以可认为在冲击力作用时间内，车辆 1、2 在碰撞界面切线方向上不发生滑动，即车辆 1、2 的接触点在切线方向上有相同的速度，且最终状态时 $v'_{1Pt}=v'_{2Pt}$ 成立。此时的 μ 称为临界冲量比，可用 μ_0 表示如下：

$$\mu_0=\frac{rA+(1+e)B}{(1+e)C+rB} \tag{12-48}$$

其中，

$$\left.\begin{aligned}r&=\frac{v_{2t}-a_2\omega_2-(v_{1t}-a_1\omega_1)}{v_{2n}+b_2\omega_2-(v_{1n}+b_1\omega_1)}\\A&=\frac{1}{m_1}+\frac{1}{m_2}+\frac{b_1^2}{I_1}+\frac{b_2^2}{I_2}\\B&=\frac{a_1b_1}{I_1}+\frac{a_2b_2}{I_2}\\C&=\frac{1}{m_1}+\frac{1}{m_2}+\frac{a_1^2}{I_1}+\frac{a_2^2}{I_2}\end{aligned}\right\} \tag{12-49}$$

在碰撞界面上，车身间摩擦系数很大且不发生滑动的情况下，由 $\mu=\mu_0$ 可直接求得车辆 1、2 碰撞后的速度（即 $P_t=\mu_0P_n$）。相反，在碰撞界面上，车身间摩擦系数较小且发生滑动的情况下，冲量比 μ 的大小比临界冲量比 $|\mu_0|$ 要小（$0\leqslant|\mu|<|\mu_0|$）。若将冲量比 μ 和根据式 (12-47) 求得的 P_n 代入式 (12-46)，即可求得碰撞发生后车辆的速度。

【例题 12-3】 如图 12-14，车辆 1、2 分别以 48 km/h、24 km/h 的速度发生直角侧面碰撞。已知车辆 1、2 的空车质量和转动惯量分别为 m_1=1125 kg，I_1=1750 kg · m^2；m_2=1125 kg，I_2=1750 kg · m^2。当车辆达到最大变形量时，两车的重心坐标分别为 (1.5, 0), (–0.66, 0.5)，车辆 1 在 n 方向上的速度 v_{1n} 为 –48 km/h (–13.3 m/s)，车辆 2 在 t 方向上的速度 v_{2t} 为 24 km/h (6.67 m/s)。设碰撞界面法线方向上的恢复系数 e 为 0.1，且车辆在碰撞界面切线方向上不发生滑动，求碰撞后车辆 1、2 的速度。

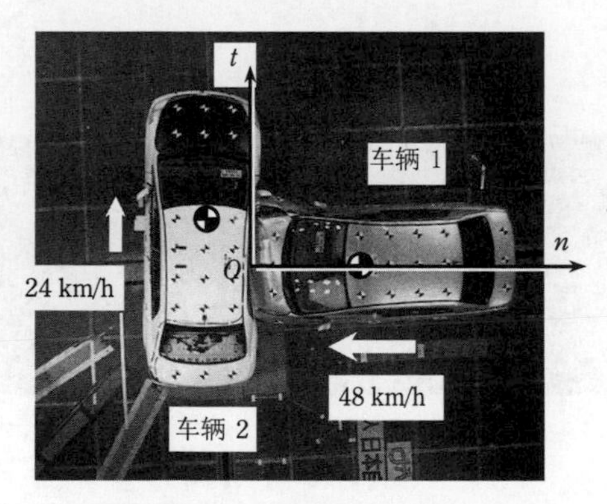

图 12-14 题 12-3 图

【解答】 由式 (12-49) 可知，r=0.5，A=1.92 × 10^{-3}，B=–1.89 × 10^{-4}，C=3.31 × 10^{-3}。冲量比 μ 可由式 (12-48) 解得，为：

$$\mu_0=\frac{0.5\times1.92\times10^{-3}+(1+0.1)\times(-1.89\times10^{-4})}{(1+0.1)\times3.31\times10^{-3}+0.5\times(-1.89\times10^{-4})}=0.212$$

冲量可以根据式 (12-47) 和式 (12-45) 得到，为：

$$P_n=\frac{(1+0.1)\times 13.3}{1/1125+1/1125+0.5^2/1750-0.212\times[0.5\times(-0.66)/1750]}=7480\,\mathrm{N\cdot s}$$

$$P_t=0.212\times 7480=1583\,\mathrm{N\cdot s}$$

再根据式 (12-46) 求得车辆 1、2 碰撞后的速度，即：

$$v'_{1n}=-13.3+7480/1125=-6.68\,\mathrm{m/s},\ v'_{1t}=1583/1125=1.41\,\mathrm{m/s}$$
$$v'_{2n}=-7480/1125=-6.65\,\mathrm{m/s},\ v'_{2t}=6.67-1583/1125=5.26\,\mathrm{m/s}$$
$$\omega'_1=-1583\times 1.5/1750=-1.36\,\mathrm{rad/s}=-77.9°/\mathrm{s}$$
$$\omega'_2=\{-7480\times 0.5+1583\times(-0.66)\}/1750=-2.74\,\mathrm{rad/s}=-157°/\mathrm{s}$$

由于作用于车辆的重心处的冲量为 $\boldsymbol{m(v'-v)=m\Delta v=P}$。因此，在碰撞发生前车辆重心速度向量 $\boldsymbol{v}$ 的基础上加上 ΔV 的向量 $\boldsymbol{\Delta v=P/m}$，即可得到碰撞后的速度向量 $\boldsymbol{v'=v+\Delta v}$。如将上述结果用图 12-15 所示的向量图表示，则可确认碰撞发生前后速度与冲量的关系。

通过图像解析法求出的碰撞后速度分别为：$v'_{1n}=-6.2$ m/s，$v'_{1t}=1.4$ m/s，$\omega'_1=-92$ °/s，$v'_{2n}=-6.5$ m/s，$v'_{2t}=5.3$ m/s，$\omega'_2=-160$ °/s，该结果与理论计算结果基本一致。从车室角度进行分析，可发现乘员的运动方向与车辆 ΔV（或是冲量）的方向相反。

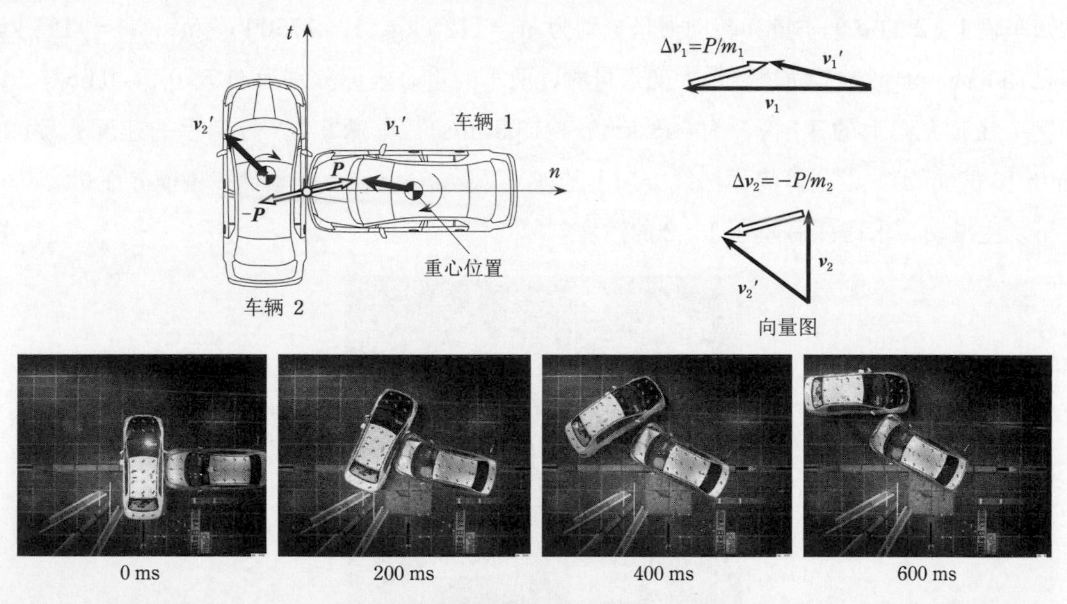

图 12-15　向量图

12.2.2　变形能与 ΔV

根据动量守恒定律，求解 ΔV 和碰撞前车辆速度的方法也适用于碰撞速度具有角度的二维碰撞。使用这种方法求解时，需要根据轮胎痕迹等求出车辆碰撞后的速度。但是，在碰撞角度较小的正面碰撞或追尾的情况下，由于轮胎痕迹混杂，所以求解 ΔV 非常困难。

相比之下，如果运用通过车身变形能求解 ΔV 的方法，则与碰撞现场情形无关，仅需测定碰撞后车身的残余变形量即可求得 ΔV。下面讲解根据变形能求解 ΔV 的方法。

图 12-16 所示的碰撞为两车冲击力的力线互不通过对方重心的偏心碰撞，分析车辆变形能与 ΔV 之间的关系。取碰撞界面的中心为原点 O，在这个点上车辆 2 作用于车辆 1 的冲量为 $\boldsymbol{P}$ $(P, 0)$。取冲量方向为 n 方向，在该坐标系中，车辆 1、2 的重心坐标分别为 (d_1, h_1) 和 (d_2, h_2)。设碰撞发生前后车辆重心在 n 方向与 t 方向上的速度分量分别为 v_{1n}、v'_{1n}、v_{1t}、v'_{1t}、v_{2n}、v'_{2n}、v_{2t}、v'_{2t}，车辆 1、2 在碰撞前后绕 z 轴旋转的角速度分别为 ω_1、ω'_1、ω_2、ω'_2，冲量线与车辆重心的距离为 h_1、h_2，碰撞界面的恢复系数为 e。

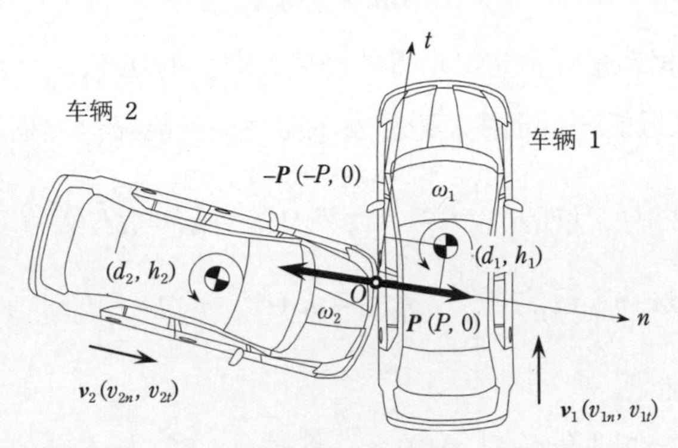

图 12-16 根据变形能求 ΔV

当车辆 2 给车辆 1 一个大小为 P 且通过原点 O 的冲量时，两车碰撞发生前后在冲量方向上的动量以及角动量的变化如下：

$$\left.\begin{aligned} m_1(v'_{1n} - v_{1n}) &= P \\ m_2(v'_{2n} - v_{2n}) &= -P \\ v'_{1t} &= v_{1t} \\ v'_{2t} &= v_{2t} \end{aligned}\right\} \tag{12-50}$$

$$\frac{I_1(\omega'_1 - \omega_1)}{h_1} = -\frac{I_2(\omega'_2 - \omega_2)}{h_2} = P \tag{12-51}$$

车辆 1、2 在原点 O 的冲量线方向上的碰撞前后的速度之比用恢复系数 e 表示为：

$$e = -\frac{v'_{2n} + h_2\omega'_2 - v'_{1n} - h_1\omega'_1}{v_{2n} + h_2\omega_2 - v_{1n} - h_1\omega_1} \tag{12-52}$$

将式 (12-50) 和式 (12-51) 代入式 (12-52) 可求得冲量 P 的大小，即：

$$P = \frac{(1+e)(v_{2n} + h_2\omega - v_{1n} - h_1\omega_1)}{\dfrac{1}{m_1} + \dfrac{1}{m_2} + \dfrac{h_1^2}{I_1} + \dfrac{h_2^2}{I_2}} = \frac{m_1 m_2 \gamma_1 \gamma_2 (1+e)(v_{2n} + h_2\omega - v_{1n} - h_1\omega_1)}{m_1\gamma_1 + m_2\gamma_2} \tag{12-53}$$

其中，$\gamma_1 = k_1^2/(k_1^2 + h_1^2)$，$\gamma_2 = k_2^2/(k_2^2 + h_2^2)$（$k_1$, k_2 为回转半径，$I_1 = m_1 k_1^2, I_1 = m_2 k_2^2$）。式 (12-53) 中的冲量 P 与式 (12-47) 中的冲量 P_n 在 μ=0 时相一致。这是预先在冲量方

向上设定坐标所致。ΔV 方向与冲量方向相同，由式 (12-50) 可将车辆 1、2 的 ΔV，即 $\Delta v_1 = v'_{1n} - v_{1n}$ 与 $\Delta v_2 = v'_{2n} - v_{2n}$ 用冲量表示为：

$$\Delta v_1 = \frac{P}{m_1},\ \Delta v_2 = -\frac{P}{m_2} \tag{12-54}$$

将式 (12-53) 代入式 (12-54) 可求得车辆 1、2 的 ΔV 分别为：

$$\left.\begin{aligned} \Delta v_1 &= \frac{(1+e)m_2\gamma_1\gamma_2(v_{2n}+h_2\omega-v_{1n}-h_1\omega_1)}{m_1\gamma_1+m_2\gamma_2} \\ \Delta v_2 &= -\frac{(1+e)m_1\gamma_1\gamma_2(v_{2n}+h_2\omega-v_{1n}-h_1\omega_1)}{m_1\gamma_1+m_2\gamma_2} \end{aligned}\right\} \tag{12-55}$$

式 (12-55) 即为根据动量守恒定律求得的碰撞方向上的 ΔV。

另一方面，根据机械能守恒定律，碰撞发生前后机械能守恒方程可表示为：

$$\begin{aligned} &\frac{1}{2}m_1(v_{1n}^2+v_{1t}^2)+\frac{1}{2}I_1\omega_1^2+\frac{1}{2}m_2(v_{2n}^2+v_{2t}^2)+\frac{1}{2}I_2\omega_2^2 \\ &=\frac{1}{2}m_1(v_{1n}'^2+v_{1t}'^2)+\frac{1}{2}I_1\omega_1'^2+\frac{1}{2}m_2(v_{2n}'^2+v_{2t}'^2)+\frac{1}{2}I_2\omega_2'^2+U_{\mathrm{D}} \end{aligned} \tag{12-56}$$

其中，U_{D} 为损失能量。

接下来，求冲量 P 与损失能量 U_{D} 的关系。将式 (12-50) 与式 (12-51) 代入式 (12-56) 中，得：

$$\begin{aligned} &\frac{1}{2}m_1 v_{1n}^2+\frac{1}{2}I_1\omega_1^2+\frac{1}{2}m_2 v_{2n}^2+\frac{1}{2}I_2\omega_2^2 \\ &=\frac{1}{2}m_1\left(v_{1n}+\frac{P}{m_1}\right)^2+\frac{1}{2}m_2\left(v_{2n}-\frac{P}{m_2}\right)^2+\frac{1}{2}I_1\left(\omega_1+\frac{Ph_1}{I_1}\right)^2+\frac{1}{2}I_2\left(\omega_1-\frac{Ph_2}{I_2}\right)^2+U_{\mathrm{D}} \end{aligned} \tag{12-57}$$

从式 (12-57) 中解出 U_{D}，并将从式 (12-53) 求得的 P 代入式 (12-57)，可得：

$$U_{\mathrm{D}} = \frac{m_1 m_2\gamma_1\gamma_2}{2(m_1\gamma_1+m_2\gamma_2)}(1-e^2)(v_{2n}+h_2\omega-v_{1n}-h_1\omega_1)^2 \tag{12-58}$$

比较式 (12-55) 与式 (12-58)，可得到由损失能量 U_{D} 表示的 Δv_1、Δv_2 为：

$$\left.\begin{aligned} |\Delta v_1| &= \sqrt{\frac{2(1+e)\,m_2\,\gamma_1\,\gamma_2\,U_{\mathrm{D}}}{(1-e)m_1(m_1\,\gamma_1+m_2\,\gamma_2)}} \\ |\Delta v_2| &= \sqrt{\frac{2(1+e)\,m_1\,\gamma_1\,\gamma_2\,U_{\mathrm{D}}}{(1-e)m_2(m_1\,\gamma_1+m_2\,\gamma_2)}} \end{aligned}\right\} \tag{12-59}$$

将恢复系数 $e=0$ 代入式 (12-58)，可求得最大变形能 $U_{\max}$ 为：

$$U_{\max} = \frac{m_1 m_2\gamma_1\gamma_2}{2(m_1\gamma_1+m_2\gamma_2)}(v_{2n}+h_2\omega-v_{1n}-h_1\omega_1)^2 \tag{12-60}$$

因为 $U_{\mathrm{D}}=(1-e^2)U_{\max}$，则式 (12-59) 中的 Δv_1、Δv_2 可用最大变形能 $U_{\max}$ 表示为：

$$
\left.\begin{aligned}
|\Delta v_1| &= (1+e)\sqrt{\frac{2m_2\gamma_1\gamma_2 U_{\max}}{m_1(m_1\gamma_1+m_2\gamma_2)}} \\
|\Delta v_2| &= (1+e)\sqrt{\frac{2m_1\gamma_1\gamma_2 U_{\max}}{m_2(m_1\gamma_1+m_2\gamma_2)}}
\end{aligned}\right\} \tag{12-61}
$$

式(12-61)给出了车辆 ΔV 与最大变形能 $U_{\max}$ 之间的关系，因此可通过车身变形能计算得出 ΔV。然而，用此模型求解 ΔV 时，要知道冲量线与重心的距离 h_1、h_2，因此冲量的方向(Principle Direction of Force, PDOF)需为已知条件。冲量的方向是由事故中车身受挤压变形的方向等因素决定的。

表12-1所示为根据动量守恒定律求解 ΔV 和通过变形能求解 ΔV 两种方法的对比。通常，碰撞角度较大时用动量守恒定律方法，而在车身变形的相关数据已知时，则较多使用变形能法。通过比较两种方法求得的结果，可验证各自方法求得的 ΔV 是否正确。

动量守恒定律解 ΔV 法与机械能守恒定律解 ΔV 法的比较 **表12-1**

方 法	基于车辆运动的方法	基于变形量的方法
理论背景	动量守恒定律	动量守恒定律 机械能守恒定律
所需数据	事故现场情况数据（碰撞位置、停止位置、车辆运动轨迹）	车身变形量、载荷变形特性
碰撞形态	斜向碰撞	所有的碰撞形态
优 点	不需要碰撞试验的数据 且可适用于钻撞等碰撞形态	计算精度高 不需要事故现场情况数据
缺 点	需要事故现场情况数据	需要车身刚度数据 难以适用于钻撞等碰撞形态

12.3 车身变形能

上一节提到，若已知车身变形能，则可计算出 ΔV。本节将分析通过测量车辆碰撞后的残余变形量求解车身变形能的方法，阐述从100%重叠率刚性壁障正面碰撞试验中求解表示残余变形量和最大变形能之间关系的系数，并将其应用在碰撞时车身多样的变形形态中的方法。

12.3.1 车身变形模型

图12-17所示为100%重叠率刚性壁障试验中，碰撞速度改变时车辆的载荷变形特性。从图12-17可知，即使碰撞速度发生变化，每条车身载荷变形特性的加载曲线也仍有重叠部

分。由此可知，低速度的载荷变形特性可以根据高速度的载荷变形特性推导得出。在100%重叠率刚性壁障碰撞试验中，车身的残余变形量 C 与碰撞速度 V 呈线性关系（图12-18），即：

$$V=b_0+b_1C \tag{12-62}$$

其中，b_0、b_1 是关于车辆特性的系数。可以看到，在图12-18中，直线没有通过原点，这是因为如果车辆碰撞速度未超过一定值时，车身的变形就会因弹性恢复而不留有残余变形量。

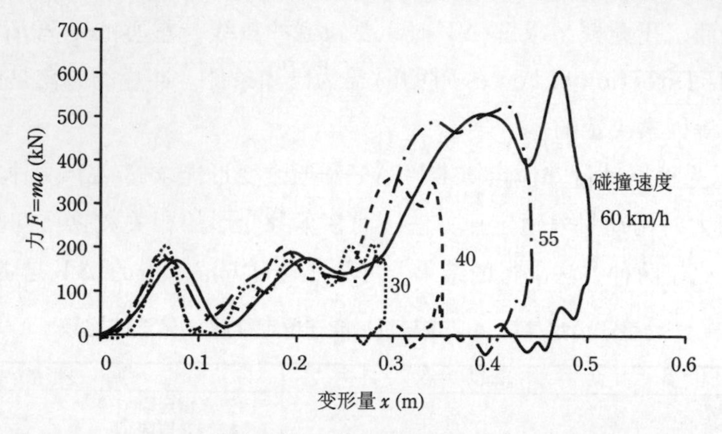

图12-17 100%重叠率刚性壁障试验中碰撞速度与载荷变形特性[2]

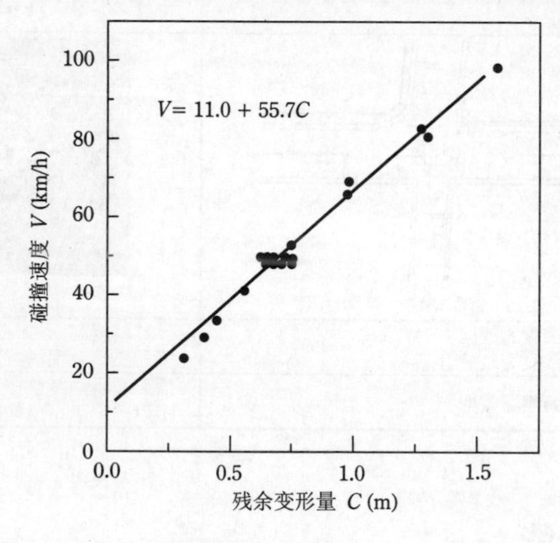

图12-18 刚性壁障碰撞中的碰撞速度与残余变形量的关系（基于1971—1972年的GM车计算得出）[1]

作为表示车辆碰撞特性的载荷变形模型，车身单位变形宽度受到的力 f 与残余变形量 C 之间的关系可近似表示为：

$$f=B\cdot C+A=B\left(C+\frac{A}{B}\right) \tag{12-63}$$

其中，A、B 是取决于车辆变形特性的系数。

图12-19所示为该模型的载荷变形特性。将车身外板测量到的残余变形量 C 与车身变形复原量 A/B 相加，可得到力 f 产生的最大变形量。

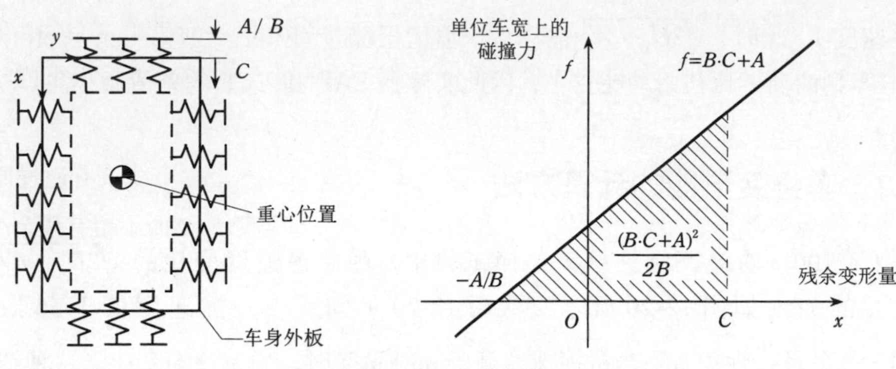

图 12-19 变形模型

对于残余变形的形状，取变形方向为 x 方向，与之垂直的方向为 y 方向。在 100% 重叠率刚性壁障试验中，由于车身变形平缓，残余变形量 $C(y)$ 为定值 C，与车宽方向位置 y 无关。车身最大变形能 U_{max} 由单位变形宽度的变形能（图 12-19）与车宽 W 的乘积所得，如下：

$$U_{max}=\frac{(B\cdot C+A)^2}{2B}\cdot W \tag{12-64}$$

设车辆质量为 m，由于 U_{max} 与碰撞前车辆的动能相等 $mV^2/2$，因此，碰撞速度 V 可表示为：

$$V=A\sqrt{\frac{W}{B\cdot m}}+\sqrt{\frac{B\cdot W}{m}}\cdot C \tag{12-65}$$

若设 $b_0=A\sqrt{W/(B\cdot m)}$、$b_1=\sqrt{(B\cdot W)/m}$，则式 (12-65) 与式 (12-62) 一致。或者也可以用 b_0、b_1 表示系数 A、B 为：

$$A=\frac{mb_0b_1}{W},\ B=\frac{mb_1^2}{W} \tag{12-66}$$

因此，由式 (12-63) 表示的车辆的载荷变形模型与式 (12-62) 表示的意义相同，即残余变形量和碰撞速度呈线性关系。

由式 (12-64) 可得到关于残余变形量 C 的线性关系，即：

$$\sqrt{\frac{2U_{max}}{W}}=d_0+d_1C \tag{12-67}$$

其中，$d_0=A/\sqrt{B}=b_0\sqrt{m/W}$，$d_1=\sqrt{B}=b_1\sqrt{m/W}$。在事故再现中，根据残余变形量求解最大变形能时，应首先计算出 ΔV。因此，经常使用残余变形能与最大变形能的关系表达式 (12-67) 进行分析。

在 100% 重叠率刚性壁障碰撞中，车辆的最大变形能 U_{max} 与碰撞前车辆的动能相等，因此，根据碰撞速度 v 得到的变形能 $U_{max}=mV^2/2$ 和碰撞时的车身残余变形量 C，即可求解系数 d_0、d_1。此时，$\sqrt{2U_{max}/W}$ 称为逼近因子能量 (Energy of Approach Factor, EAF)。若同时考虑车辆的回弹，只需用损失能量 U_D 代替最大变形能 U_{max}，即 $U_D=mv^2/2-mv'^2/2$

(v' 为回弹速度)。此时，$\sqrt{2U_D / W}$ 被称为压溃因子能量 (Energy of Crush Factor, ECF)。由于回弹时车辆的动能比初始动能较小，因此实际上 EAF 和 ECF 的差值微小。

12.3.2 车身变形能的计算方法

在小型车 100% 重叠率刚性壁障碰撞试验中，随碰撞速度变化的 $\sqrt{2U_{max} / W}$ 和残余变形量 C 的关系如图 12-20 所示。从图 12-20 可知，当碰撞速度低于 56 km/h 时，$\sqrt{2U_{max} / W}$ 和 C 呈线性关系。当碰撞速度高于 56 km/h 时，斜率逐渐变小。这种结果与残余变形量 C 的大小以及车室的变形程度相关。因此，当车身变形的等效壁障速度低于 56 km/h 时，可利用初始的 $\sqrt{2U_{max} / W}$ 和 C 的线性关系求解车身变形能。

式 (12-67) 中的系数 d_0、d_1 决定了车辆变形能和残余变形量之间的关系，不同车辆的 d_0、d_1 值是不同的。为了求解系数 d_0、d_1，同一车辆至少要进行两次碰撞速度不同的试验。在美国，通常将新车评估计划 (New Car Assessment Program, NCAP) 实施的高速度 100% 重叠率刚性壁障碰撞试验 (55~56 km/h) 和美国公路安全保险协会 (Insurance Institute for Highway Safety, IIHS) 实施的低速碰撞试验的结果结合，来求解同一车辆的 d_0、d_1。表 12-2 为基于 100% 重叠率刚性壁障碰撞试验结果求解的系数值 d_0、d_1，表中的数值皆已换算为车辆质量为 1000 kg 时的系数值。因此，计算质量为 m(kg) 的车辆时，需要将系数乘以 $\sqrt{m / 1000}$。

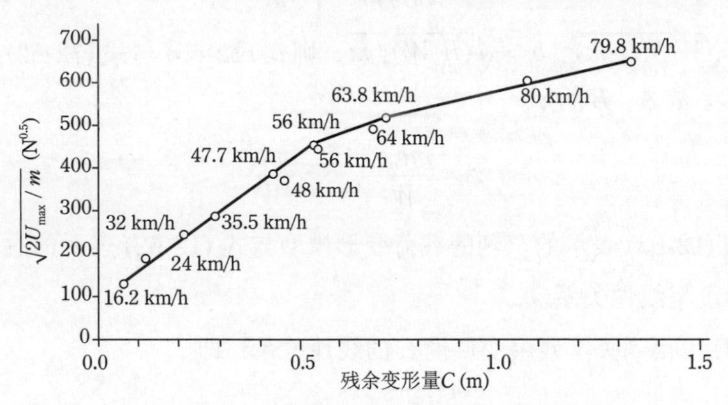

图 12-20 小型车 (Ford Escort) 的 EAF 和残余变形量 [3]

车身变形能的系数 (基于文献 [4]) **表 12-2**

车身形状	$\sqrt{2U_{max} / W} = d_0 + d_1 C$	
	d_0(N$^{0.5}$)	d_1 (N$^{0.5}$/m)
轿车 (FF)	64.17	733.9
轿车 (FR)	43.39	829.5
厢式车 (IBOX)	160.5	764.3
微型车	42.71	794.5
敞篷小货车	124.2	680.3
SUV	45.81	991.7

注：车辆质量为 m (kg) 时，d_0、d_1 乘以 $\sqrt{m / 1000}$。

然而，在实际的碰撞事故中，车身不会像与100%重叠率刚性壁障碰撞时那样发生同样的变形，而会变形为某一形状。下面介绍这种情况下的车身最大变形能的求解方法。取与变形方向垂直的方向为y方向，残余变形量$C(y)$为位置y的函数。对式(12-67)中每单位车宽的变形能$\sqrt{2U_{\max}/W}$在变形宽W上积分，即可求解最大变形能为：

$$U_{\max}=\int_0^W \frac{1}{2}(d_0+d_1C)^2\,\mathrm{d}y \tag{12-68}$$

计算实车的变形能时，首先需测量某一固定位置的残余变形量，然后根据式(12-68)求解变形能。因此，我们先将变形区沿变形宽度W分成5份（图12-21），并设各位置上的残余变形量为$C_1 \sim C_6$。将C_1与C_2等各个变形区间的变形量近似为直线，有：

$$\begin{aligned}U_{\max}&=\frac{Wd_0^2}{2}+d_0d_1\int_0^W C\,\mathrm{d}y+\frac{d_1^2}{2}\int_0^W C^2\,\mathrm{d}y\\&=K_1\,d_0^2+K_2\,d_0d_1+K_3\,d_1^2\end{aligned} \tag{12-69}$$

其中，

$$\left.\begin{aligned}K_1&=\frac{W}{2}\\K_2&=\frac{W}{10}\{C_1+2(C_2+C_3+C_4+C_5)+C_6\}\\K_3&=\frac{W}{30}\{C_1^2+2(C_2^2+\cdots+C_5^2)+C_6^2+C_1C_2+C_2C_3+\cdots+C_5C_6\}\end{aligned}\right\} \tag{12-70}$$

当推导K_2和K_3时，可利用满足条件$(u(0)=u_1, u(h)=u_2)$的关于x的一次函数$u=(u_2-u_1)x/h+u_1$的积分值$\int_0^h u\,\mathrm{d}x=(u_1+u_2)h/2$、$\int_0^h u^2\,\mathrm{d}x=(u_1^2+u_1u_2+u_2^2)h/3$求解。

车辆的变形域可划分为2种：因与对方车发生接触而产生的直接变形(direct damage)和由直接变形引起的间接变形(induced damage)（参照图12-21）。一般认为，计算变形能时，若将包含间接变形的碰撞区域划分为5等份，则可得到精度高的变形能。因此，通常将包含间接变形的车辆全体变形域应用于式(12-69)，以求解最大变形能$U_{\max}$。

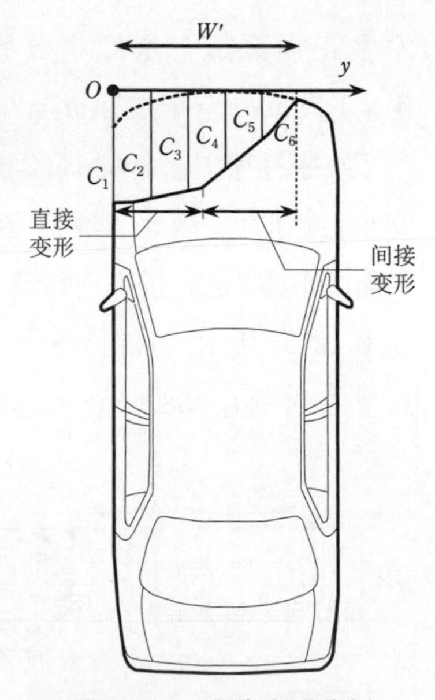

图12-21　车身变形分割

因此，通常计算变形能时，用车身变形能吸收分布图方法比采用系数d_0、d_1的方法更普遍。车身的前部被划分为格子形状，车身残余变形量对应的各单元格吸收的变形能如图12-22所示。当计算最大变形能$U_{\max}$时，将车身的变形图与格子相叠，取实际发生变形部分的数值总和并乘以车身质量$m/1000$和车宽W_0（如1.7 m，注意不是变形幅），即可求得最大变形能$U_{\max}$。

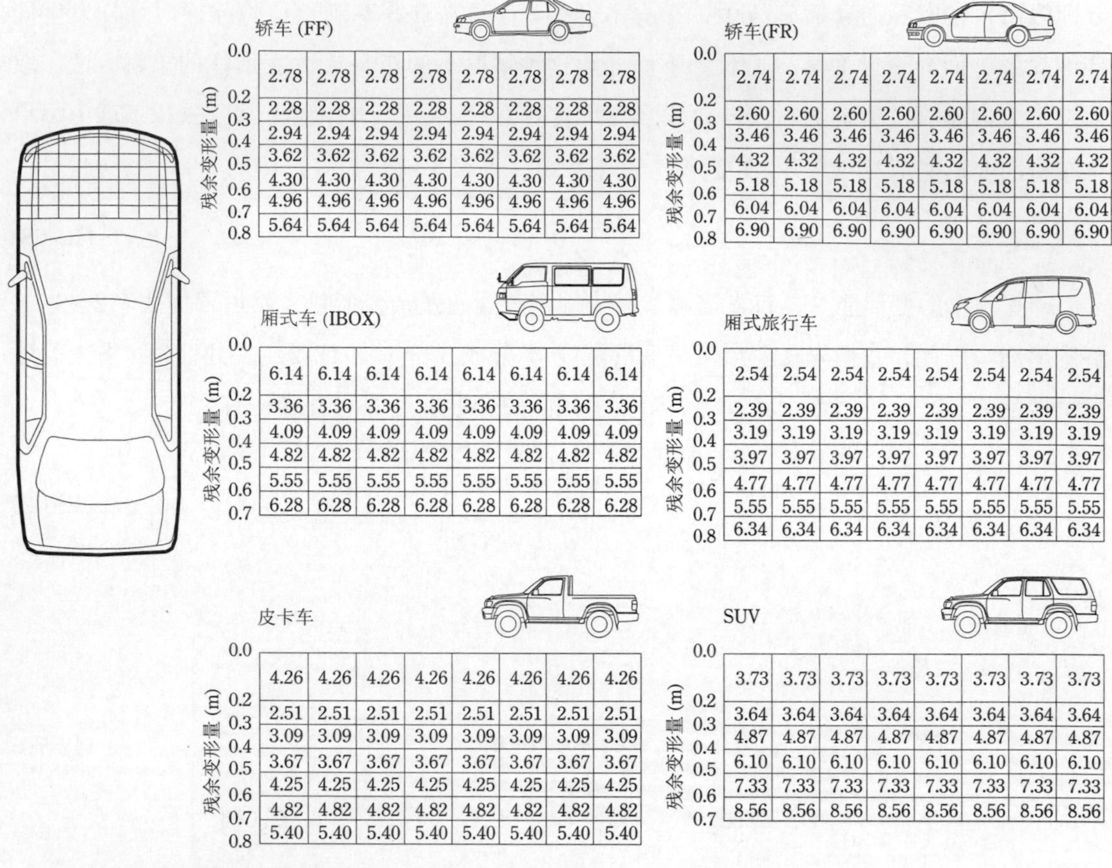

轿车 (FF)

残余变形量 (m)								
0.0–0.2	2.78	2.78	2.78	2.78	2.78	2.78	2.78	2.78
0.2–0.3	2.28	2.28	2.28	2.28	2.28	2.28	2.28	2.28
0.3–0.4	2.94	2.94	2.94	2.94	2.94	2.94	2.94	2.94
0.4–0.5	3.62	3.62	3.62	3.62	3.62	3.62	3.62	3.62
0.5–0.6	4.30	4.30	4.30	4.30	4.30	4.30	4.30	4.30
0.6–0.7	4.96	4.96	4.96	4.96	4.96	4.96	4.96	4.96
0.7–0.8	5.64	5.64	5.64	5.64	5.64	5.64	5.64	5.64

轿车(FR)

残余变形量 (m)								
0.0–0.2	2.74	2.74	2.74	2.74	2.74	2.74	2.74	2.74
0.2–0.3	2.60	2.60	2.60	2.60	2.60	2.60	2.60	2.60
0.3–0.4	3.46	3.46	3.46	3.46	3.46	3.46	3.46	3.46
0.4–0.5	4.32	4.32	4.32	4.32	4.32	4.32	4.32	4.32
0.5–0.6	5.18	5.18	5.18	5.18	5.18	5.18	5.18	5.18
0.6–0.7	6.04	6.04	6.04	6.04	6.04	6.04	6.04	6.04
0.7–0.8	6.90	6.90	6.90	6.90	6.90	6.90	6.90	6.90

厢式车 (IBOX)

残余变形量 (m)								
0.0–0.2	6.14	6.14	6.14	6.14	6.14	6.14	6.14	6.14
0.2–0.3	3.36	3.36	3.36	3.36	3.36	3.36	3.36	3.36
0.3–0.4	4.09	4.09	4.09	4.09	4.09	4.09	4.09	4.09
0.4–0.5	4.82	4.82	4.82	4.82	4.82	4.82	4.82	4.82
0.5–0.6	5.55	5.55	5.55	5.55	5.55	5.55	5.55	5.55
0.6–0.7	6.28	6.28	6.28	6.28	6.28	6.28	6.28	6.28

厢式旅行车

残余变形量 (m)								
0.0–0.2	2.54	2.54	2.54	2.54	2.54	2.54	2.54	2.54
0.2–0.3	2.39	2.39	2.39	2.39	2.39	2.39	2.39	2.39
0.3–0.4	3.19	3.19	3.19	3.19	3.19	3.19	3.19	3.19
0.4–0.5	3.97	3.97	3.97	3.97	3.97	3.97	3.97	3.97
0.5–0.6	4.77	4.77	4.77	4.77	4.77	4.77	4.77	4.77
0.6–0.7	5.55	5.55	5.55	5.55	5.55	5.55	5.55	5.55
0.7–0.8	6.34	6.34	6.34	6.34	6.34	6.34	6.34	6.34

皮卡车

残余变形量 (m)								
0.0–0.2	4.26	4.26	4.26	4.26	4.26	4.26	4.26	4.26
0.2–0.3	2.51	2.51	2.51	2.51	2.51	2.51	2.51	2.51
0.3–0.4	3.09	3.09	3.09	3.09	3.09	3.09	3.09	3.09
0.4–0.5	3.67	3.67	3.67	3.67	3.67	3.67	3.67	3.67
0.5–0.6	4.25	4.25	4.25	4.25	4.25	4.25	4.25	4.25
0.6–0.7	4.82	4.82	4.82	4.82	4.82	4.82	4.82	4.82
0.7–0.8	5.40	5.40	5.40	5.40	5.40	5.40	5.40	5.40

SUV

残余变形量 (m)								
0.0–0.2	3.73	3.73	3.73	3.73	3.73	3.73	3.73	3.73
0.2–0.3	3.64	3.64	3.64	3.64	3.64	3.64	3.64	3.64
0.3–0.4	4.87	4.87	4.87	4.87	4.87	4.87	4.87	4.87
0.4–0.5	6.10	6.10	6.10	6.10	6.10	6.10	6.10	6.10
0.5–0.6	7.33	7.33	7.33	7.33	7.33	7.33	7.33	7.33
0.6–0.7	8.56	8.56	8.56	8.56	8.56	8.56	8.56	8.56

图 12-22 车辆质量为 1000 kg 时每车宽 1 m 的变形能特性（单位：kJ）[4]

下面是一个车对车正面碰撞试验中，根据车身的变形量计算变形能并求解 ΔV 的例子。如图 12-23 所示，车辆 1、2 分别以 v_1=69 km/h (19.2 m/s)，v_2=23 km/h (6.39 m/s) 的速度发生正面碰撞，重叠率分别为 81% 和 69%。车辆 1、2 的全宽分别为 W_1=1.475 m、W_2=1.75 m，空车质量 m_1=780 kg、m_2=1370 kg。

碰撞过程中，车辆 1、2 的运动情况如图 12-24 所示。由于车辆 1 的碰撞速度大于车辆 2 的碰撞速度，因此车辆 2 受到来自车 1 前进方向的推动（从静止坐标系观察，两车的碰撞界面沿车辆 1 的行进方向移动）。车辆 1、2 分离后，两车皆呈顺时针方向旋转，最后停止运动。如图 12-25 所示，对在车室（B 柱下部）测得的加速度进行时间积分求得车室的速度。车辆 1、2 在时刻 t_1=58.1 ms 处达到共同速度 v_C=9.5 km/h。从碰撞开始至时刻 t_1 为止，与碰撞前相比，车辆 1、2 产生的速度差分别为 $|v_C - v_1|$=59.7 km/h，$|v_C - v_2|$=32.6 km/h。进入回弹阶段后，两车在时刻 t_2=79 ms 处分离。车辆 1、2 最终的 ΔV

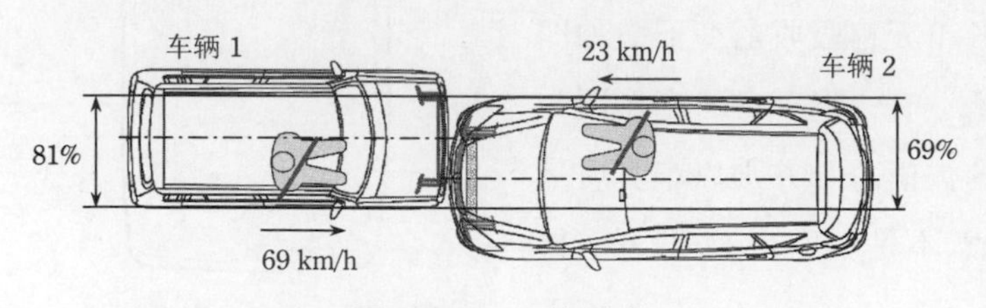

图 12-23 碰撞形态

分别为 Δv_1=69.8 km/h，Δv_2=38.1 km/h。

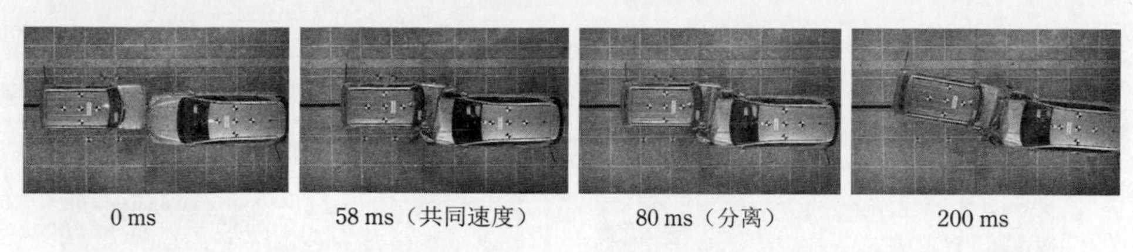

图 12-24 车辆 1、2 的碰撞运动情况

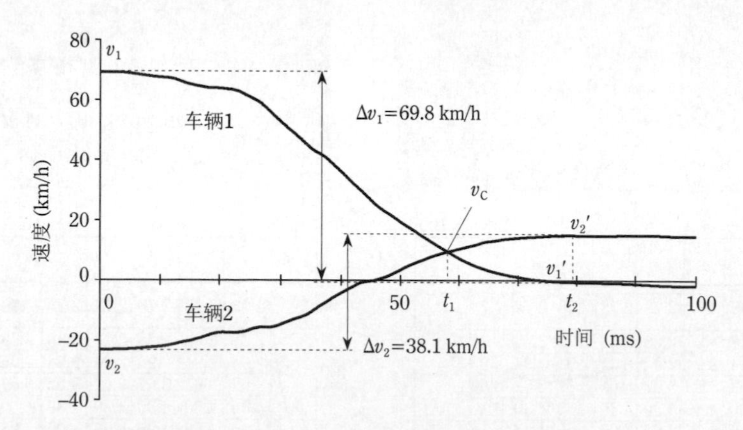

图 12-25 由加速度计测量值求得的速度变化

将图 12-26 所示的车辆 1、2 的变形与车身变形能吸收分布图相叠加，估算得到格子总数分别为 46.4×10^3、48.9×10^3 个。考虑两车的质量和车宽，计算得车辆 1、2 的最大变形能分别为：

$$U_{1\max} = 46.4\ (\text{kJ/m}) \times (780\ \text{kg}/1000\ \text{kg}) \times 1.48\ (\text{m}) = 53.6\ \text{kJ}$$

$$U_{2\max} = 48.9\ (\text{kJ/m}) \times (1370\ \text{kg}/1000\ \text{kg}) \times 1.74\ (\text{m}) = 116.6\ \text{kJ}$$

因此，在此碰撞过程中被吸收的最大变形能 $U_{\max}=U_{1\max}+U_{2\max}$=170.2 kJ。由于这个碰撞形态类似于冲击力通过双方重心的向心碰撞形态，因此可以利用式 (12-21) 求出 ΔV。取恢复系数 e 等于 0，则两车达到共同速度 v_C 为止的速度差分别为：

$$\left.\begin{aligned}|v_C - v_1| &= \sqrt{\frac{2\times1370\times170.2\times10^3}{780\times(780+1370)}} = 16.7\ \text{m/s} = 60.0\ \text{km/h}\\ |v_C - v_2| &= \sqrt{\frac{2\times780\times170.2\times10^3}{1370\times(780+1370)}} = 9.49\ \text{m/s} = 34.2\ \text{km/h}\end{aligned}\right\}\tag{12-71}$$

接着，从图 12-4 中读取出相对碰撞速度为 92 km/h 的一半，即速度 46 km/h 处的恢复系数 e=0.12，求出两车分离时刻位置的 ΔV 为：

$$\left.\begin{aligned}\Delta v_1 &= (1+0.12)\times60.0 = 67.2\ \text{km/h}\\ \Delta v_2 &= (1+0.12)\times34.2 = 38.3\ \text{km/h}\end{aligned}\right\}\tag{12-72}$$

将上述结果和由加速度计测得的值的积分结果比较后发现两者基本一致。此外，如果采用考虑偏心碰撞的公式 (12-61) 进行计算，则结果为 Δv_1=66.2 km/h，Δv_2=37.8 km/h，仅略小于由式 (12-72) 计算得到的结果。因此，分析类似于向心碰撞形态的汽车碰撞时，如果考虑到车辆旋转运动，虽 ΔV 的值会减小，但结果几乎不发生变化。其原因在于碰撞后车辆 1、2 具有的旋转动能非常小，此时可近似认为碰撞现象是一维的。

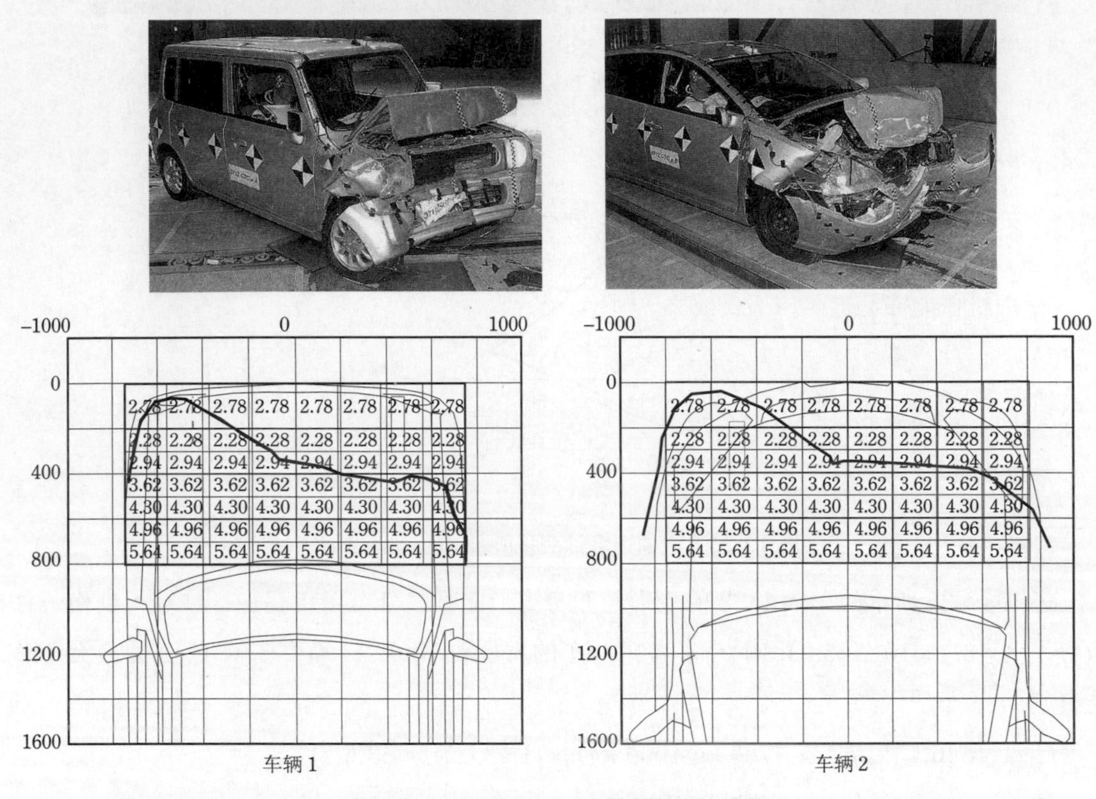

图 12-26 车辆 1、2 的车身变形能计算

【例题 12-4】（1）车辆 2 (1273 kg) 在等信号灯时被车辆 1 (1388 kg) 追尾（图 12-27）。车辆 1 在碰撞发生后共移动了 6.1 m（路面与轮胎的摩擦系数为 0.45），车辆 2 共移动了 8.2 m（摩擦系数为 0.4）。求车辆 1 的碰撞速度。

（2）使用变形能的方法计算车辆 1 的碰撞速度。已知车辆 1、2 的残余变形量分别为 0.15 m 和 0.34 m，并且两车的等效壁障速度 v_{B1}、v_{B2} 可根据残余变形量表示如下：

$$v_{B1}=82\times C+13\ (\text{km/h})$$

$$v_{B2}=53\times C+10\ (\text{km/h})$$

车辆 1　　车辆 2

图 12-27 题 12-4 图

【解答】（1）车辆 1、2 碰撞后的速度 v_1'、v_2' 如下所示：

$$\left.\begin{aligned} v_1' &= \sqrt{2\mu g s_1} = \sqrt{2\times 0.45\times 9.81\times 6.1} = 7.34\ \text{m/s} \\ v_2' &= \sqrt{2\mu g s_2} = \sqrt{2\times 0.4\times 9.81\times 8.2} = 8.02\ \text{m/s} \end{aligned}\right\}$$

设碰撞前车辆 1 的速度为 v_1，则根据动量守恒定律下式成立：

$$m_1 v_1 = m_1 v_1' + m_2 v_2'$$

$$\text{因此，}1388\ v_1 = 1388\times 7.34 + 1273\times 8.02$$

$$\text{即 } v_1 = 14.7\ \text{m/s} = 52.9\ \text{km/h}$$

（2）车辆 1、2 的等效壁障速度计算如下：

$$v_{B1} = 82\ C + 13 = 82\times 0.15 + 13 = 25.3\ \text{km/h} = 7.03\ \text{m/s}$$

$$v_{B2} = 53\ C + 10 = 53\times 0.34 + 10 = 28.0\ \text{km/h} = 7.78\ \text{m/s}$$

根据机械能守恒定律，下式成立。

$$m_1 v_1^2/2 = m_1 v_1'^2/2 + m_2 v_2'^2/2 + m_1 v_{B1}^2/2 + m_2 v_{B2}^2/2$$

因此，$1388 v_1^2/2 = 1388\times 7.34^2/2 + 1273\times 8.02^2/2 + 1388\times 7.03^2/2 + 1273\times 7.78^2/2$

即 $v_1 = 14.7\ \text{m/s} = 52.9\ \text{km/h}$

本章参考文献

[1] 石川博敏 . 衝突時の車両運動に関する研究 [J]. 自動車研究，第 12 巻，第 10 号 , pp. 403-410（平成 2 年）.

[2] Raymond M. Brach, R. Matthew Brach. Vehicle accident analysis and receonstruction method [C]. R-311, SAE, 2005.

[3] Kerkhoff, J., Husher, S., Varat, M., Busenga, A., Hamilton, K.. An investigation into vehicle frontal impact stiffness, BEV and repeated testing for reconstruction [C]. SAE Paper 930899, 1993.

[4] 久保田正美，國分喜晴 . 前面形状別の車体エネルギ吸収特性 [J]. 自動車研究，第 17 巻，第 1 号 , pp.19–22, 1995.